"南开大学－中国电建"京津冀碳中和联合工程研究中心项目
生物质资源化利用国家地方联合工程研究中心（南开大学）项目

可持续能源

——技术、规划和政策基础

原著第二版

宋 欣 鞠美庭 苏 锋 余冠杰 等译

（美） 约翰·伦道夫 吉尔伯特·M.马斯特斯 编著
　　　　John Randolph　　 Gilbert M.Masters

Energy for Sustainability:

Foundations for Technology, Planning, and Policy

· 北 京 ·

内 容 简 介

《可持续能源——技术、规划和政策基础》首先介绍了能源模式和发展趋势与能源基本原理，而后探究了可持续能源在建筑、电力、交通和土地方面的实际应用，此外还讨论了可持续能源相关的政策和规划，并附有丰富的图表、模型和实例，全面地展现了可持续能源的发展历程、专业基础、实际应用、发展前景和相关政策规划等。

本书可供广大能源、环境等领域研究人员和技术人员阅读参考，还可供对新能源、碳减排等感兴趣的社会各界人士阅读，同时，可作为能源、环境等专业的高年级本科生和研究生教材使用。

Energy for Sustainability：Foundations for Technology，Planning，and Policy，2nd edition by John Randolph，Gilbert M. Masters

ISBN 9781610918206

北京市版权局著作权合同登记号：01-2023-4320

图书在版编目（CIP）数据

可持续能源：技术、规划和政策基础/（美）约翰·伦道夫（John Randolph），（美）吉尔伯特·M.马斯特斯（Gilbert M. Masters）编著；宋欣等译.—北京：化学工业出版社，2023.12
书名原文：Energy for Sustainability：Foundations for Technology，Planning，and Policy
ISBN 978-7-122-44143-0

Ⅰ.①可… Ⅱ.①约… ②吉… ③宋… Ⅲ.①能源-可持续性发展-研究 Ⅳ.①TK01

中国国家版本馆 CIP 数据核字（2023）第 171649 号

责任编辑：满悦芝		文字编辑：杨振美	
责任校对：杜杏然		装帧设计：张 辉	

出版发行：化学工业出版社（北京市东城区青年湖南街 13 号　邮政编码 100011）
印　　装：河北鑫兆源印刷有限公司
787mm×1092mm　1/16　印张 41¼　字数 1025 千字　2024 年 3 月北京第 1 版第 1 次印刷

购书咨询：010-64518888　　　　　　　　　　售后服务：010-64518899
网　　址：http://www.cip.com.cn
凡购买本书，如有缺损质量问题，本社销售中心负责调换。

定　　价：398.00 元　　　　　　　　　　　　　　版权所有　违者必究

译者序

人类对能源的开发和利用促进了经济增长和生活水平的提高，推动了文明的进步。化石燃料深远地改变了世界。然而以化石燃料为基石的人类能源系统是不可持续的。化石燃料有功亦有过，其开采、加工、运输和使用对环境造成了严重的危害。面对日益严峻的能源和环境困境，由传统能源系统向可持续能源系统转型迫在眉睫。党的十九大报告中指出"推进能源生产和消费革命，构建清洁低碳、安全高效的能源体系"，突出了能源安全和能源可持续性在生态文明建设中的重要地位。大力发展可持续能源、推进能源系统转型，是我国社会主义生态文明建设的必由之路，也是建设人与自然和谐共生的社会主义现代化强国的重要前提。

我们之所以选择 John Randolph 和 Gilbert M. Masters 所编著的 *Energy for Sustainability：Foundations for Technology，Planning，and Policy* 进行引进和翻译，是因为该书详尽介绍了：可持续能源相关基础理论，包括能源历史回顾；建筑、交通和电力等重要能源相关领域的基础知识、前沿技术和发展前景，以及能源相关规划和政策问题；能源模型、示例及大量案例。这本书可以向读者展现多年来可持续能源研究所取得的综合成果，可作为能源、环境等领域研究和工作人员的参考书。

本书由宋欣（水电水利规划设计总院）、鞠美庭（南开大学）和苏锋（中水北方勘测设计研究有限责任公司）主持翻译并统稿。各部分翻译人员分别为：第一部分（第1～3章）张文进、宋欣、鞠美庭；第二部分（第4～5章）李奇伦、宋欣、鞠美庭；第三部分（第6～8章）余冠杰、何珊、苏锋；第四部分（第9～12章）龙俊、王冰雪、宋欣；第五部分（第13～15章）赖睿特、苏锋、鞠美庭；第六部分（第16～18章）王琦、李兰兰、鞠美庭。

余冠杰和张文进对全书进行了第一次统稿，宋欣、鞠美庭和苏锋对全书进行了第二次统稿。

本书得以翻译出版要感谢化学工业出版社的大力支持。

由于时间及水平有限，翻译可能存在疏漏之处，希望得到专家、学者及广大读者的批评指教。

译者

2023 年 12 月于南开园

本书的第一版于 2008 年出版,不到十年后,全球向可持续能源的转变顺利进行。本版遵循了第一版的大部分内容和格式,但进行了重大修订,以反映能源使用模式的重大变化。变动包括在能源效率和可再生能源方面的大规模投资,尽管燃料价格创下历史新低,但这些投资有利于减缓化石燃料的消耗量和碳排放的增长速度。本版阐述了理解并积极参与向可持续能源的转变所需的新的分析方法和数据。

我们面对的能源挑战和对应的解决方案是多维度的,涉及科学、技术、设计、经济、金融、规划、政策、政治和社会等多方面。因此,理解和推进向可持续能源的转变需要多学科的结合,涉及技术方面的科学家、工程师、设计师和经济学家("技术人员")以及规划者、政策制定者、社会科学家和民间团体("模糊人员")。我们的目标是使模糊的社会理论科学化,而让技术层面的理论变得更加易于理解。学习清洁能源转型的所有学生都需要理解涉及的数字,并能够使用、分析和解释它们。他们需要了解技术和设计过程,同时了解实现能源转型所必需的政策和社会机制。

为了实现这一目标,本书整合了能源数据分析、工程设计、生命周期经济成本效益、环境影响评估以及规划和政策措施等方面的内容。这本书是 80 年来能源模式、高效的可再生能源系统以及能源规划和政策教学与研究的综合成果。本书由六个部分组成:

Ⅰ.能源模式和发展趋势

Ⅱ.能源的基本原理

Ⅲ.建筑与能源

Ⅳ.可持续电力

Ⅴ.可持续交通和土地利用

Ⅵ.能源政策与规划

本书第一部分通过回顾能源对经济、环境质量和生活质量的重要性,为读者提供了"能源素养",包括当下全球和美国的能源生产和消费模式以及未来的能源前景。第二部分提供了关于能源物理、工程和经济学的基础知识,因为其涉及能源生产、转换和消费。第三、第四和第五部分探讨了三个最重要的用能行业的技术和发展机会,包括建筑、电力和交通行业。本书前五个部分讨论了一些政策问题,而政策和规划是第六部分的重点。第六部分介绍了能源政策的基本原理,以及公共政策和消费者选择在能源市场可持续化转变过程中的关键作用。能源是 21 世纪最复杂的问题之一,本书认为向可持续能源的转型正在发生。

理解数字是本书的另一个前提,如果不理解数字,就无法理解能量。技术人员赞成这一点:"数字方面的事马虎不得。"在本书中,能源分析方法和经济分析的目的是让读者定量地认识和理解能源系统。重点是简单、实用、基于粗估和电子表格的用于小规模系统的设计、调整和分析的工具，包括经济成本效益评估。除了分析方法，本书还广泛使用案例研究来展示当前的已有经验并说明各种可能性。在开始本书的阅读之前，简要介绍一下向可持续能源转变的最新情况。

向清洁、负担得起的可持续能源转型

社会开发和利用能源的能力推动了人类文明的进步，促进了人口和经济的增长。化石燃料改变了世界。就在 117 年前，也就是 1900 年，在石油和电力时代开始时，世界人口为 20 亿，全球经济规模为 1 万亿美元。今天，化石燃料使用量增加了 100 倍，世界人口增长到 76 亿，经济规模达到 75 万亿美元。文明的发展需要能量。

但是世界能源系统是不可持续的。虽然化石燃料在 20 世纪提供了巨大的好处，但燃料的提取、加工、运输和燃烧也损害了人类健康和环境，包括采矿影响、石油泄漏，特别是空气污染。最重要的是，以碳为基础的化石燃料燃烧导致的 CO_2 排放已经引发了全球变暖，科学告诉我们，除非我们能尽快控制 CO_2 排放量，能够在本世纪中叶之前将碳排放减半，且在 2100 年之前将其减少到零，否则全球变暖将产生灾难性的影响。这一方案在 2015 年 12 月的《巴黎协定》中得到 195 个国家的认同。实现这一目标需要能源转型，并通过技术、能源市场、政策和社会选择的进步，在能源供应阶段脱碳和提高能源使用效率。我们需要能源来实现可持续发展。我们需要清洁的、负担得起的、可持续的能源。

尽管 2017 年化石燃料市场供过于求，燃料价格也处于十年来的最低点，但向可持续能源的转型正在发生。尽管全球仍有 84％的市场能源依赖于化石燃料（美国为 81％），但能源使用效率的提高正在减缓能源需求的增长，随着价格下降，可再生能源如太阳能、风能等正在世界各地迅速发展。

以下是当今能源使用和新兴能源转型的一些指标。

（1）需求

在欠发达国家需求增长的推动下，全球能源需求量持续增长，尽管 2015—2016 年的增速要慢得多——为 0.9％。发达国家的需求自 2000 年以来一直保持稳定，美国 2016 年的能源需求量低于 1998 年，尽管在此期间其人口增长了 17％，经济增长了 35％。

（2）化石燃料

尽管数十年来燃料价格低迷，导致 2015—2016 年需求上升，但发达国家的石油消费继续停滞不前，2016 年美国的石油需求量比 2005 年减少 5％。创纪录的美国天然气产量压低了燃料价格，并增加了国内消费，特别是电力消费，但代价是煤炭消费的下降，从 2008 年到 2016 年，美国的煤炭消费下降了 37％。全球煤炭需求从 2000 年到 2013 年增长了 64％，但在中国和美国需求都减少的作用下，煤炭需求在 2013 年便达到了顶峰。由于得克萨斯州、北达科他州和宾夕法尼亚州的水力压裂技术的应用，美国石油和天然气产量从 2007 年迅速增长到 2015 年的创纪录水平。因此，石油进口占消费量的比例从 2008 年的 62％下降到 2015 年的 37％。美国所有能源的净进口量占能源需求的比例从 2005 年的 31％降至 2015 年的 9％，这是自 20 世纪 70 年代初以来未曾出现过的水平，接近能源独立。2016 年价格偏低制约了油气产量，净进口量比例升至 13％。

（3）碳排放与气候变化

当今全球能源系统面临的主要问题是气候变化。化石燃料 CO_2 排放已将大气中的 CO_2

浓度（体积分数）从 1880 年的 $260\mu L/L$ 提高到 2017 年的 $407\mu L/L$，引起全球变暖，在 2016 达到创纪录的高温。过去的 17 年是有气温记录以来最热的 18 年中的 17 年，其中包括 2014、2015、2016 和 2017 四个最热年份。气候变化的影响，包括极端天气、海平面上升和生态系统影响的迹象正在全世界范围内被观察到，并将在未来几年内持续增加。《巴黎协定》旨在通过减少碳排放来缓解这些未来的影响。尽管全球与能源相关的 CO_2 排放量从 2000 年到 2013 年增长了 37%，但 2014—2016 年内的排放量并没有增加。从 2000 年到 2016 年，发达国家的排放量减少了 8%，美国的排放量减少了 14%。从 2000 年到 2013 年，中国的排放量快速增加，但 2014—2016 年没有增长，原因是煤炭使用量减少。

（4）能源效率

在化石燃料价格创纪录低位的情况下，能源需求增长缓慢令人惊讶。能源需求量受经济增长速度的影响，但更为重要的方面在于其受能源效率显著提高的影响，如建筑、车辆、照明、电气设备和土地利用等方面的技术创新和设计水平都取得了很大的进步。净零能源建筑、电动和混合动力汽车、LED 照明、双效电机、智能电子控制和紧凑的城市形态对能源使用产生了重大影响。这些技术和设计刚刚开始获得市场份额。特别是在发展中国家，能源需求增长一旦站稳脚跟就停滞不前。

（5）可再生能源

可再生能源（水能、生物质能、风能、太阳能和地热能）占全球和美国市场能源的份额仍然仅为约 11%，但太阳能和风能是增长最快的能源。从 2010 年到 2016 年，全球太阳能光伏装机容量每年增长 38%，达到 305GW，美国太阳能每年增长 64%，达到 40GW。全球风电装机容量每年增长 16%，达到 487GW；美国风电装机容量每年增长 14%，达到 82GW。在美国，2015—2016 年间，风能和太阳能占所有新发电能力的 60%，相比之下，天然气占 34%，10% 的煤炭发电产能被淘汰。几乎所有的风电容量都来自公用事业规模的风电场，但大约 5/8 的太阳能装机容量是公用事业规模（>1~2MW），其余是分布式小系统，主要分布在住宅（<20kW）和商业（<1~2MW）建筑的屋顶和地面上。风能和太阳能的发展受系统成本稳步下降和政府激励政策的刺激，因此，风能和太阳能得以在许多电力市场与现有的燃煤、核能和天然气发电厂相互竞争。在美国，奥斯汀能源公司（Austin Energy）以不到 2.8 美分/(kW·h) 的价格签署了 2017 年太阳能采购合同，埃克西尔能源公司（Xcel Energy）的风能合同平均报价为 1.8 美分/(kW·h)。能源价格持续下跌。

（6）分布式能源

分布式能源（DERs）的发展，包括太阳能和其他与电网互联的能源、能效改进和需求响应技术，为社区能源自力更生和提高效率提供了机会。各种所有权和业务选择促进了发展，包括公用事业管理的计划和系统、独立的发电商、物业所有者系统、第三方能源服务公司、第三方太阳能租赁和购电协议以及社区共享系统。DERs 的有效实施还需要调整传统的电力公用事业商业模式。DERs 倡导者、公用事业公司和州公用事业监管机构继续就最有效、最高效和最公平的方法展开辩论，这是 2017—2018 年度重要的能源政策问题之一。

（7）清洁能源投资

2015 年，全球对清洁能源（几乎全部是风能和太阳能）的投资达到创纪录的 3600 亿美元，其中亚太地区占 54%，美洲占 24%。在美国，2016 年太阳能行业的就业人数增长到 26 万人，风能行业的就业人数增长到 8.8 万人，超过从事油气开采的 18 万人和煤矿开采的 5.3 万人。越来越多的公司承诺 100% 使用可再生能源，其中包括 43 家在 RE100 倡议下承诺的公司。其中包括宜家、谷歌、微软、高盛、塔吉特和沃尔玛。截至 2016 年，塔吉特和沃尔玛分别在其美国门店的屋顶上安装了容量为 148MW 的太阳能发电系统。

（8）化石燃料金融危机

与此同时，化石燃料行业，特别是石油和煤炭行业，面临着金融挑战。2016 年 1 月，《华尔街日报》（WSJ）报道称，25％的美国煤炭生产商破产，包括拱形煤炭（Arch Coal）、阿尔法自然资源公司（Alpha Natural Resources）、爱国者煤炭（Patriot Coal）和沃尔特能源（Walter Energy）。2016 年 1 月，规模较小的石油生产商正在申请破产，WSJ 报道称，由于加拿大和美国的石油勘探和生产公司 2015 年估计负债 3530 亿美元，"按当前价格计算，北美油气生产商每周都在亏损近 20 亿美元"。与此同时，化石燃料投资大幅下降。皮博迪煤炭（Peabody Coal）的股价从 160 美元跌至 5 美元。2017 年，美国的政策变化可能会增加化石燃料投资，但全球能源市场对石油和煤炭的影响可能比政策影响更大。

（9）化石燃料撤资

似乎市场状况还不够糟糕，一场以遏制气候变化为目的的化石燃料的全球性撤资运动正在如火如荼地进行。无化石组织（Fossil Free）列出了 498 家机构，它们从化石燃料公司撤走了所管理的 3.4 万亿美元资产。其中许多撤资决定都是基于道德原因做出的，但也有越来越强烈的商业因素导致撤资，而非继续投资化石燃料。如果要采取积极行动将全球气温上升控制在 2℃ 以内，在没有经济高效的碳捕集与封存技术（CCS）的情况下，价值 100 万亿美元的化石燃料资产可能永远不会被利用，包括目前石油储量的一半、天然气储量的四分之一和煤炭储量的 80％。因此，许多投资者认为化石燃料经济的前景更悲观，化石燃料投资的回报也很低。

（10）低碳核能和 CCS

随着核电的大规模扩张和 CCS 的实施，碳排放可能会减少。核能提供了全球 5％的能源（10％的电力）和美国 8％的能源（20％的电力），但该行业正在衰落。1989 年，全球有 420 个运行中的反应堆，到 2002 年才增长到 438 个的峰值；到 2016 年，有 402 个运行中的反应堆。目前在建的反应堆约有 58 座，其中 36％在中国，26％在俄罗斯和印度。但有些新反应堆和其他反应堆，包括美国的四个，都受到成本超支和融资困难的困扰。正在建造美国四个新反应堆的西屋公司（Westinghouse）于 2017 年破产，这给美国未来的新核电增添了又一层阴云。全行业的问题，如反应堆老化，福岛核事故后的安全问题、退役问题以及永久性废物管理的不确定性，都将阻碍核电的任何实质性增长。此外，CCS 也没有实现预期目标。一些示范项目并没有表明它是一种经济可行的能从化石燃料中隔离碳排放的方法。

（11）能源政策

《巴黎协定》是影响向清洁能源转型的重要国际政策指令。全球气温比工业化前水平最大上升 2℃，到 2100 年实现零碳排放的目标雄心勃勃，但具体的国家承诺远远达不到这一雄心壮志。国家、州和地方各级政府的公共政策对于继续推进减排和清洁能源投资是必要的。包括欧洲国家、中国和印度在内的主要碳排放国已经为可再生能源和能源效率设定了积极的目标。在美国联邦一级，国会对主要的清洁能源和气候变化目标一直保持沉默，但奥巴马政府采取了强有力的行政行动，包括《清洁空气法》规定的新的和现有的发电厂排放、车辆效率标准、家电能效和公共土地上的煤炭开发。2017 年，特朗普总统发布了行政命令，要求重新审查，并可能取消或减少其中的许多政策。2017 年 6 月，特朗普宣布他打算让美国退出《巴黎协定》。这些命令以及他对来自化石燃料行业的内阁和机构官员的任命

（他们对发展清洁能源和缓解气候变化的必要性持怀疑态度），可能会阻碍美国的可持续能源和气候保护的进程。这一切让我们拭目以待。与此同时，尽管联邦政策发生了变化，但许多州、城市、机构和私营公司仍在推进清洁能源的发展。各州可能会通过其公用事业监管、建筑法规和清洁能源激励措施在向可持续能源过渡过程中发挥重要作用。国家监管机构确定了分布式能源中必要的公用事业角色，包括需求侧效率、互联和净计量、可再生投资组合标准和公益基金。美国拥有模范能源政策的州包括加利福尼亚州、马萨诸塞州和纽约州。地方政府影响土地使用、建筑法规执行、交通和住房。拥有模范能源计划的美国城市包括俄勒冈州的波特兰、西雅图、奥斯汀和波士顿。110 多家私营公司（包括通用汽车、苹果、谷歌、沃尔玛）承诺 100％使用可再生电力。可持续能源运动正在发展壮大。

编者声明

　　本书是我们写的，但同时也是以众多单位、组织和个人的成果为基础完成的，他们致力于可持续能源的研究并为此付出了艰苦卓绝的努力。

　　他们的工作影响了我们对未来和能源状况的展望，他们的许多工作成果在本书中体现出来。他们的成果不仅仅是对我们编书工作的一种激励，同时也包含了对世界未来发展方向的启发。

　　在众多做出杰出贡献的个人中，我们特别感谢已故的亚瑟·罗森菲尔德（Arthur Rosenfeld），以及阿莫里·洛文斯（Amory Lovins）、莱斯特·布朗（Lester Brown）、埃隆·马斯克（Elon Musk）、斯蒂芬·纳德尔（Stephen Nadel）、迈克尔·利布里奇（Michael Liebreich）、彼得·卡尔索普（Peter Calthorpe）、理查德·斯旺森（Richard Swanson）、马克·雅各布森（Mark Jacobson）、丹尼斯·海斯（Denis Hayes）、约翰·霍尔德伦（John Holdren）、丹尼尔·卡门（Daniel Kammen）、拉尔夫·卡瓦诺（Ralph Cavanaugh）、迈克尔·布隆伯格（Michael Bloomberg）、保罗·霍肯（Paul Hawken）、梅克尔·施耐德（Mycle Schneider）和简·伍德沃德（Jane Woodward）等人的工作。

　　在众多组织机构中，我们特别感谢美国节能经济委员会（the American Council for an Energy Efficient Economy，ACEEE）、落基山研究所（Rocky Mountain Institute，RMI）、世界能源理事会（World Energy Council，WEC）、世界资源研究所（World Resources Institute）、彭博新能源财经（Bloomberg New Energy Finance，BNEF）、国际地方政府环境行动理事会（ICLEI）、领航研究（Navigant Research）、绿能科技研究（GTM Research，GTM）、清洁工艺（Clean Technica）、BP世界能源统计年鉴（BP Statistical Review）、欧洲能源数据公司（Enerdata）、气候和能源方案研究中心（Center for Climate and Energy Solutions）、国家可再生能源和能效奖励数据库（Database of State Incentives for Renewables and Efficiency）、太阳能工业协会（Solar Energy Industries Association）、忧思科学家联合会（the Union of Concerned Scientists，UCS）和美国绿色建筑委员会（the U. S. Green Building Council，USGBC）的工作。

　　在众多国际和政府代理机构中，以下机构的努力一直都在拓展我们对能源问题和向清洁能源过渡阶段的理解：国际能源署（the International Energy Agency，IEA）、联合国政府间气候变化专门委员会（the Intergovernmental Panel on Climate Change，IPCC）、欧盟委员会（the European Commission）、加州能源委员会（the California Energy Commission）、美国能源部（the U. S. Department of Energy，DOE）及其下属机构，包括能源信息署（the Energy Information Administration，EIA）、国家可再生能源实验室（the National Renewable Energy Laboratory，NREL）、劳伦斯·伯克利国家实验室（the Lawrence Berkeley National Laboratory，LBNL）、橡树岭国家实验室（the Oak Ridge National Laboratory，

ORNL）、阿贡国家实验室（the Argonne National Laboratory，ANL）和其他国家实验室。

我们也真诚感谢岛屿出版社（the Island Press）的工作人员在本书编写过程中所提供的独特见解和专业经验。特别感谢希瑟·博耶（Heather Boyer）、莎丽丝·西蒙尼（Sharis Simonian）、杰森·莱皮格（Jason Leppig）、卡罗尔·佩施克（Carol Peschke）等人出色的文案编辑工作。

最后，我们感谢能源领域的广大同僚和学生，他们启发并推动我们仔细思考并重新审视了可持续能源及其诸多方面，包括科学、技术、经济、规划、政策和社会等。

目 录

第一部分　能源模式和发展趋势

第二部分 能源的基本原理

第三部分 建筑与能源

第四部分   可持续电力

第六部分 能源政策与规划

第一部分　能源模式和发展趋势

第1章
能源危机和利用模式

能源是自然界和人类社会的基石。到达地球的太阳能被植物捕获并储存起来，通过生态系统流动，并孕育了地球上的所有生命。人类文明是在获取和使用各种能源的创新中产生的，最初是种植作物和养殖动物，逐步演变为制造使用化石燃料的机械。事实上，人类文明在每个阶段的进步都是由能源利用模式的变化引起的，这些变化为人口的增长和经济体系的发展提供了机会。

当今，人类社会进入史无前例的快速发展阶段。自1850年工业革命爆发以来，在石油、天然气和煤炭的推动下，世界人口、经济规模和能源使用量都大幅增长。但化石燃料的使用将会被不断衰减的燃料储量和随之而来的环境问题所限制，或许在大部分人开始意识到问题之前，这些限制便已经产生了。

比如具有代表性的气候变化正是由化石燃料消耗导致了碳排放量增加而引起的。此外，石油和天然气的限制供应，能源导致的政治和军事动荡，以及越来越不稳定且不断上升的能源价格导致的经济衰退，以上种种迹象都表明一些可预见的灾难正在逼近。

一些人认为我们正在向着人口逐步稳定并使用可持续能源的阶段过渡。的确，在2005—2017年间，可持续能源的效率和可再生能源都获得了前所未有的发展。可持续发展被定义为：既满足当代人需要，又不对后代人满足其需要的能力构成威胁的经济、环境、社会和政策发展模式。可持续能源是指一件产品在其生命周期内，能够以最小的经济、环境和社会成本支持社会当前和未来需求的能源生产和使用模式。产品生命周期指的是一件产品从取得未加工的原材料到制造、运输、使用至销毁、处置的过程。生命周期分析是可持续发展的基础，因为其目标是在较长时间内获取产品的全部成本。

2017年全球人口为76亿，联合国预计在2050年之前全球人口会增长到96亿，并且最终在2100年之前稳定在110亿。虽然对能源有巨大的需求，特别是在人口增长最多的发展中国家，但目前能源使用的增长最终可能随着人口增长的减缓而减缓。人口稳定化和更缓慢的能源增长并不意味着经济发展的减缓：随着能源效率的提高和经济结构变化继续使经济脱离能源、劳动力和材料的制约，在人口和能源增长放缓的同时，经济可能继续增长。

关键的不确定性在于人口和能源使用的过渡过程的发生是否足够迅速以避免前述灾难性后果。我们已在见证气候变化、能源来源、能源价格波动和政治动荡的影响。

在诺贝尔奖得主理查德·斯莫利去世（2005年）前的几年间，他列举了世界可持续发展所需要优先考虑的10个问题：

① 能源；

② 水；

③ 食物；

④ 环境；

⑤ 贫困；

⑥ 恐怖主义和战争；

⑦ 疾病；

⑧ 教育；

⑨ 民主；

⑩ 人口。

为什么能源问题高居榜首？斯莫利认为充足的、可获得的、负担得起的、清洁的、高效且安全的能源将一并解决所有其他问题。有了能源便能回收和处理水、种植粮食并管理环境。如果我们能获得食物和水，并创造一个清洁的环境，我们就需要能源来消除贫困和疾病，并发展教育和通信事业。满足这些基本条件，我们就能掌控恐怖主义和战争发生的根源，扩大民主并且稳定人口。能源是打开世界可持续发展系统的钥匙。我们需要可持续的能源。

我们需要能源逐步改造世界的思维来源于热力学第二定律，该定律表明物质和能量都趋向于退化到一种无序、混乱或者充满随机性的状态。只有高质量的能量流进入系统（同时低质量的能量流流出系统）才能够使得系统具有秩序和结构。这种有序性需要恒定的能量流来维持。地球上的自然界和人类社会只有通过获取能源才能产生秩序和结构。本书第 4 章将会详细阐明这个基本原则。

1.1 我们的能源困境

当今我们正处于能源困境中。简而言之，我们的能源问题包括以下三方面：

① 碳：全球气候正由于化石燃料产生的碳排放不断变化，但是在 2017 年化石燃料仍然为我们提供了 84% 的能源来源。

② 石油：世界上三分之一的能源仍然来自石油。除了某些非常规的石油矿床，开采石油会带来高昂的环境代价和影响，常规的石油储量集中在政局动荡的中东地区，石油产量达到峰值的日子正在迫近。

③ 全球需求量剧增：发展中国家需要更多能源以满足基本需要，在 2005 年至 2015 年期间，中国能源使用量翻倍。在 1970 年至 2002 年期间，世界能源使用量每年以 2% 的平均值增长，在 2002 年至 2012 年期间平均增长率为 2.3%。但在 2012 年至 2016 年期间，增长率降低至不足 1%。

同时有三个复杂的因素：

① 能源发展的趋势是向石油、煤炭的替代品过渡，同时能源的总需求量在增长，但两者的进程都很缓慢。我们像 20 世纪 70 年代一样依赖化石燃料。虽然发达国家能源需求量的增长已经稳定化，但也仅抵消了发展中国家的需求增长。

② 能源转型是困难的，由于涉及诸多不确定性、社会规范，并触及某些群体的既得利益。向可持续能源的过渡面临重重阻碍，包括所选用能源的不确定性及其影响，为了保护当前既得的经济和政治利益所进行的斗争，人们拒绝做出改变行为的本能。

③ 时间是有限的，我们才刚刚采取行动。在过去的三十年里，经济和环境已经清楚地

表明我们的能源模式是不可持续的。尽管警告不断，我们仍然没有为改变能源利用模式做出足够多的努力。

虽然我们仍面临可持续能源方面的重大挑战，但有迹象表明改变已经开始。本章提供了能源相关的背景，以帮助读者理解能源在人类历史上的重要作用和当今全球及美国的能源状况，从历史的观点考察随着人类文明发展而不断变化的能源模式。在此之后，介绍了近代的能源生产和消耗模式及能源发展趋势。本书第2章和第3章将会探讨环境、地理和地理政治学对能源趋势的微妙影响，并根据不同的能源需求消耗、经济因素和政策导向给出一系列关于未来能源的发展设想，包括那些会加快向可持续能源未来过渡的设想。

1.2　历史的观点：能源与文明

在人类文明发展过程中能源是最重要的原料。在人类历史上，人口增长、技术、生活质量和经济发展的每一个重要里程碑都与有目的地获取和转化能源的技术改革有关。我们最近才开始学习如何在不明显增加能源消耗量的前提下推动文明发展。可持续发展过程中面临的主要问题是在稳定人口增长的过程中应用这些经验。

约在10万年前，人们发现了敲击石头以引火取暖，这是人类引领的第一次明显的能源转变。在公元前8000年至公元前4000年，轮子和石器的发明以及驯养动物的技术推动了机械能的使用。公元前4000年至公元前1000年，利用木头、煤炭产生的热能不仅用于取暖、做饭，而且对陶瓷工艺和金属原料的应用至关重要，比如陶瓷（公元前4000年）、青铜（公元前2500年）和铁（公元前1500年）。

自公元1世纪初开始，水能和风能设备的应用扩展了人类在谷物磨坊和水泵中使用机械能的能力。截止到公元1400年，英国共有10000多架风车和5600余座水磨坊。帆船的历史可以追溯到公元前2000年的埃及，但是先进的航海术直到公元1250年后的航海贸易和探索时代才广为传播。

化石燃料的应用使整个世界开始发生变化。早在公元100年，煤炭和特定类型的石油就被用于加热和照明。但直到19世纪初，煤炭和石油才开始用于新发明的蒸汽机的燃料，之后陆续用于其他供热和机械发动机，使得工业、交通和农业发生了革命性变化。第一口商业油井（1859年）、内燃机的发明（1877年）、得克萨斯州（1901年）和伊朗（1908年）的石油发现、飞机的发明（1903年）以及T型车和组装生产（1908年）开创了石油、汽车和航空运输的时代。

电气时代起源于发电机和发动机的发明（1831年），并在1920年之后迅速发展。在电气时代彻底改变人们的生活水平之前，电灯（1879年）、制冷（1891年）和空调（1902年）以及发电和输电（1891年）等发明和技术已经产生。

1950年以后，化石燃料、电力（包括核能）以及电子和电信、农业、制造业和运输业相关技术的进一步发展，为全球扩张和前所未有的人口与经济增长奠定了基础。

直到1800年，由于能源使用和技术的限制，人口一直都限制在10亿人以内。1850年以前，人类社会必须依靠人和动物的劳动来耕地、收割庄稼、劈柴、采煤和运煤，以及运输人和物资，这不仅推动了牲畜市场，也推动了美国和其他地方非洲黑奴市场的发展。但1850年以后，新的化石燃料能源技术带来的工业、农业、交通和通信的进步，使社会摆脱了奴隶和动物劳动的束缚，并提高了农业和工业生产力。化石能源推动了人类文明的进步。

截止到 1927 年，世界人口增加到 20 亿，1974 年增加到 40 亿，1999 年增加到 60 亿，2011 年增加到 70 亿，2017 年增加到 76 亿。

世界经济总量从公元 1 年的大约 1500 亿美元增长到 1820 年的 1 万亿美元和 1870 年的 1.7 万亿美元。到 1950 年为止，工业革命使世界经济总量增长了 5 倍，达到 8.1 万亿美元，到 1975 年又增长了近两倍，达到 22.6 万亿美元，2014 年又增长了两倍多，达到 71.5 万亿美元（OECD，2001；World Bank，2014）。1980 年以前，多数能源分析人士认为，经济增长与能源消费有着千丝万缕的联系，但 1980 年以后，经济生产增长速度远远超过能源消费和人口增长速度。能源价格上涨和新技术提高了能源效率，服务业和信息业的增长速度高于能源和材料密集型制造业。

图 1.1 和表 1.1 显示了 1800 年以来人口、经济和能源使用量的巨大增长。这些指数增长率在历史上是令人印象深刻的，因为它们改变了我们所生活的世界的性质，但当我们展望未来，考虑如何维持、修正它们并为此承担后果时，这种感觉同样令人印象深刻。

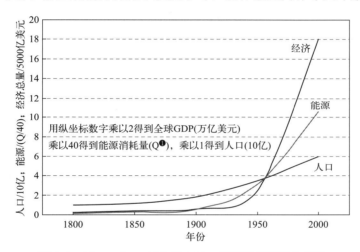

图 1.1　1800—2000 年全球人口、能源和经济增长情况

表 1.1　历史上的全球能源及其与人口和经济的关系

时间	人口	经济总量/美元	能源时代
公元前	<3 亿	<1000 亿	人力、畜力；木材热能
1—1800	<10 亿	<7000 亿	人力、畜力；木材和煤的热能；风能、水能
1800—1900	15 亿	9000 亿	煤蒸汽动力、电报、铁路、工业革命
1900—1950	20 亿	2 万亿	石油和电气时代开始；汽车、电话、航空旅行
1950—1980	40 亿	20 万亿	核能出现；集约化农业、计算机、太空探索
1980—2000	60 亿	36 万亿	信息时代；能源和经济增长率开始分化
2000—2015	74 亿	75 万亿	开始向可持续能源过渡；重点关注气候变化、能源获取、可再生能源

---

❶ Q，夸德（quad），$1Q=10^{15}$Btu。Btu，英国热量单位（British thermal unit），此处指热化学英热单位，1Btu$=1055$J。

1.3　全球能源供应和消费

　　从长远的角度来看，我们来关注一下过去几十年的情况，从而了解目前的能源形势。我们将分别关注全球和美国能源信息。这些数据来自几个来源，我们将使用比例计算、时间序列图和变化率并通过简单的分析来描述能源模式和趋势。侧栏 1.1 中描述了数据来源和一些分析方法。第 2 章和第 3 章将探讨这些趋势的含义以及它们对未来的预示。

1.3.1　随着发展中国家迎头赶上，能源需求量激增

　　能源需求量在 20 个世纪呈爆炸式增长，主要是由发达经济体的化石能源大量消耗推动的。但工业化国家和发展中国家之间的能源使用差距正在缩小。图 1.2 显示了 1900 年以来，特别是 1940 年以来商业能源的巨大增长。从 1970 年到 2015 年，能源消费量增长了 2.5 倍，直到 2000 年，消费量仍以每年 2% 的速度增长，从 2000 年到 2013 年，消费量以每年 2.4% 的速度增长，但 2014—2016 年的年增长率却降至 0.9%，当时消费量达到 556×10^{15} Btu，即 556Q。这只是商业化销售的能源，还不包括用于取暖和烹饪的 40Q 传统生物质燃料，也不包括越来越多的分布式太阳能产能。（见侧栏 1.2：Btu 是一种传统的英国能量单位，$1Btu = 1055J = 0.293W \cdot h$。Q 是美国能源机构使用的用于统计国家和全球能源生产和消费的标准单位，$1Q = 10^{15}$ Btu。$1Q = 25Mtoe❶ = 1.056EJ = 1.056 \times 10^{18}J$。第 4 章将讨论能量单位及其转换。）

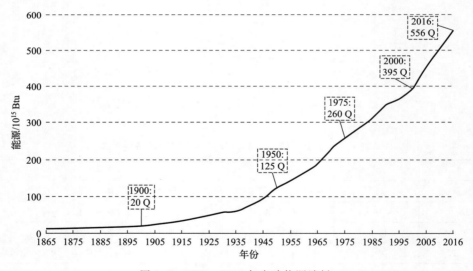

图 1.2　1865—2016 年全球能源消耗

　　这种能源消耗量增长大多发生在 2000 年以前的发达国家和 2000 年以后的发展中国家，由于预计的需求量，这种增长可能会继续下去。由于人口不断增长和社会发展需要，以及目前富国和穷国之间的经济和能源差距，这些发展中国家对能源的需求很大。图 1.3（a）给出了 2000 年以来世界和美国、所选的发展中国家（中国、印度和巴西）、发达国家（经合组

---

❶ toe，吨油当量，$1toe = 4.1868 \times 10^7 J$。

织）和较贫穷国家（非经合组织）的能源消费情况。2008 年后，非经合组织较贫穷国家的能源消费总量超过经合组织国家。2010 年后，中国超过美国成为第一大能源消费国。但可以看到，自 2012 年以来，能源需求增长逐步放缓。如前所述，2016 年消耗的 556Q 不包括世界约 27 亿穷人所使用的 40Q 传统生物质能源。

侧栏 1.1

能源及相关的经济和人口数据的获取、分析和解释

本章和后续章节中提供的大部分能源数据和信息来自几个机构和组织，包括以下几个数据库：

① 美国能源部下属的美国能源信息署（EIA）是美国能源数据最全面的来源。

② 国际能源署（IEA）提供了多个国家和地区的大量能源报告和可下载的数据，滞后时间为 2 年。

③ 经济合作与发展组织（OECD）提供经合组织和其他国家的一系列能源数据。

④ 能源数据情报和咨询公司（Enerdata）以 XLS 格式提供所有国家的综合的全球能源数据，大约有 6 个月的滞后时间。

⑤ BP 世界能源统计年鉴 6 月份发布前一年的所有国家、世界、地区、经合组织和非经合组织国家的能源报告和 XLS 格式的能源数据。

⑥ 美国国家实验室提供广泛的能源数据，包括交通、建筑、可再生能源和生物质能的 PDF 文件格式的年度能源数据手册。

⑦ 劳伦斯·伯克利国家实验室（LBNL）制作年度风能和太阳能市场报告，并提供可下载的数据文件。

⑧ 彭博新能源财经（BNEF）提供一系列来自世界各地的清洁能源投资和其他研究数据。其中大多数是基于客户端的，但也有一些数据是公开的，包括它的每周时事通讯。

⑨ 美国节能经济委员会（ACEEE）、绿能科技研究（GTM）和领航研究是收集清洁能源数据并进行研究的智囊团组织。所有网站都有电子邮件新闻源。ACEEE 的产品是免费的；绿能科技研究和领航研究则是基于客户端的，但仍有些信息是公开的。

要回答有关能源生产和消费模式及其趋势的问题，能源分析师需要知道如何获取数据并进行简单的统计计算。大多数数据源提供表格、图形的 HTML 和 PDF 文件，以及电子表格格式的可下载数据，该格式允许进行一系列分析并用图标呈现，如本章所述。要了解能源趋势，访问和分析最新数据以及各历史时期的数据非常重要。英国石油公司（BP）和欧洲能源数据公司（Enerdata）每年 6 月都会发布一份关于前一年世界能源的统计评论。EIA、IEA 和 OECD 提供的全球数据大约有 1 到 2 年的滞后时间。EIA 是美国数据的权威来源，数据产品种类繁多，其中最有用的如下：

① 每月能源评论，提供可下载的 PDF 和 XLS 格式的燃料和能源行业的消费、生产和价格数据，有 3 个月的滞后时间。

② 每周和每月的石油、天然气和电力数据报告。

③ 国际能源统计，提供所有国家的能源消费、生产、燃料和各项指标的交互式可下载数据，滞后时间为 2 年。

④ 州能源数据系统，每个州都有能源数据。

⑤ 美国能源地图系统，提供能源基础设施和资源的交互式地图。

访问和下载数据是一回事，但呈现和解释数据则是另一回事。大多数数据的解释需要简单的分析，包括平均水平、人均数量、每美元 GDP 所需的能源等指标。能源趋势分析将时间因素考虑进来，经常使用百分比变化和年均百分比变化作为重要指标。下面给出了一些用于此类分析的简单公式。可利用电子表格的快捷操作方式进行计算。

（1）A 的平均值计算

$$平均值 = \frac{所有值的总和}{值的个数} = \frac{\sum A}{n}$$

式中　A——具体数值；

$\quad\quad n$——A 值的个数。

（2）时间 1 和时间 2 之间值的变化率

$$变化率（\%）= 100\left(\frac{V_2}{V_1} - 1\right)$$

式中　V_1——时间 1 时的值；

$\quad\quad V_2$——时间 2 时的值。

（3）从时间 1 开始具有恒定周期（例如年）增长率情况下的时间 2 的 V 值

$$V_2 = V_1(1+r)^n$$

式中　r——周期增长率；

$\quad\quad n$——经历的周期数。

（4）从时间 1 的值到时间 2 的值的平均周期增长率

$$r = \left(\frac{V_2}{V_1}\right)^{1/n} - 1$$

式中　r——用小数和百分数表示的增长率。

（5）恒定或平均周期增长率的倍增时间

$$DT = \frac{70}{R}$$

式中　DT——倍增时间；

$\quad\quad R$——百分率，$R = 100r$。

可以使用图表操作处理电子表格格式的下载数据，以生成数据图形和随时间的变化趋势。

侧栏 1.2

整合能量单位

和美国 EIA 一致，我们使用万亿英热单位或者 Q 来描述能量。但世界各地还有其他整合能量单位。Q 乘以 1.056 便得到 EJ。

单位	定义	换算为 EJ	换算为 Q	换算为 Mtoe	换算为 PW·h
EJ	10^{18} J	1EJ	0.95Q	23.9Mtoe	0.278 PW·h
Q	10^{15} Btu	1.056EJ	1Q	25.2Mtoe	0.293PW·h
Mtoe	10^6 toe	0.042EJ	0.040Q	1Mtoe	0.0116PW·h
PW·h	10^{15} W·h	3.6EJ	3.4Q	86Mtoe	1PW·h

　　图 1.3（b）展示了人均能源消费量［见式（1.1）］。2016 年，世界人均能源消费量为 75MBtu。占世界人口 18％的经合组织国家每年人均能源消费量超过 184MBtu，而占世界人口 82％的非经合组织发展中国家每年人均能源消费量为 52MBtu。

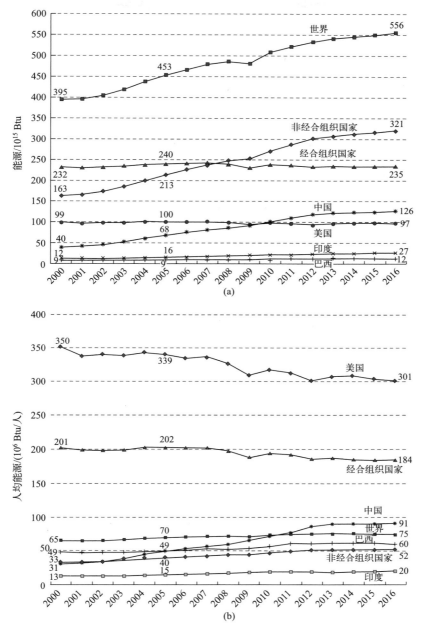

图 1.3　2000—2016 年按区域划分的世界能源消费量（a）和世界人均能源消费量（b）
（图 1.3~图 1.7 的数据来源：U. S. EIA，2017a；IEA，2017；BP，2017；Enerdata，2017）

　　2016 年，美国公民人均能源消费量为 301MBtu，日本人均消费量为 150MBtu，英国人均消费量为 125MBtu，中国人均消费量为 91MBtu（高于 2002 年的 33MBtu），印度人均消费量为 20MBtu，孟加拉国人均消费量为 5MBtu，埃塞俄比亚人均消费量约为 2MBtu。

能源消费量的这种差距非常重要，它是反映世界经济和社会差距的一个重要指标，在人类和社会对粮食、教育、就业、交通和其他必需品的基本需求得到满足之前，我们永远无法实现可持续的世界能源体系。随着发展中国家的进步，它们需要大幅增加能源使用量，为工业、运输、电气化、电信和公用事业提供动力，以满足人们的基本需求。这个过程正在发生，从 2000 年到 2016 年，非经合组织国家的人均能源消费量增长了 58%，而美国和所有经合组织国家的人均能源消费量分别下降了 15% 和 8%。

另一个振奋人心的迹象是美国和其他国家已经降低了其经济能源强度［见式（1.2）］。能源强度是指一个国家的经济对能源的依赖程度，即单位经济产出［国内生产总值（GDP）］所需要的能源。它是以每美元 GDP 所需要的能源来衡量的。能源生产率与能源强度或单位 GDP 所需能源成反比。如果能源强度低，该经济体的能源生产率和能源效率就高。自 1990 年以来，以基于购买力平价❶计算的 GDP（GDP_{ppp}）为衡量依据，全球能源强度提高了 34%，美国的能源强度提高了 38%。尽管美国经济的能源强度远高于日本、德国、法国、英国和瑞典，但以能源/GDP 计算，美国的能源效率是俄罗斯的 10 倍。

$$人均能源消费量 = \frac{总能源消费量}{总人口} \tag{1.1}$$

$$能源强度 = \frac{能源消费量}{GDP（美元）} \tag{1.2}$$

图 1.4 以 2000 年的指标值为基准，描述了 2000—2016 年的变化指标。自 2009 年以来，全球 GDP、能源和 CO_2 排放量一直在增长，但 2013 年后，能源和 CO_2 排放量增长有所放

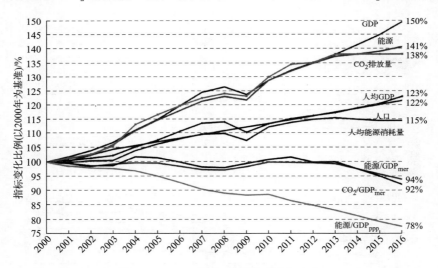

图 1.4　2000—2016 年的全球指标变化

❶ GDP 的衡量方法有两种，都以美元为基础。以市场汇率（mer）计算的 GDP（GDP_{mer}）只是以一个国家的货币来表示 GDP，并采用当前汇率。这种方法常常低估了货币的本地购买力。以购买力平价（ppp）计算的 GDP（GDP_{ppp}）将 GDP（仍以美元为单位）调整为可比较的本地购买力。对于美国，$GDP_{ppp}/GDP_{mer}=1$。在此十年中，对于世界，$GDP_{ppp}/GDP_{mer}=1.35$，巴西为 1.75，中国为 2.4，印度为 3.0。美国使用 GDP_{ppp} 衡量的能源强度比中国低 26%，比印度高 6%，比经合组织其他国家高 20%。

缓。2000 年以来，世界人口增长了 22%，而能源使用量（+41%）、全球 GDP_{mer}（+50%）和 CO_2 排放量（+38%）的增长均超过世界人口增长率。几乎所有人口、能源和 CO_2 排放量的增长都发生在发展中国家：人口和人均 GDP 增长了 22%～23%，人均能源消费量增长了 15%。但自 2013 年以来，人均能源消费量、单位 GDP CO_2 排放量和单位 GDP 能源消费量等指标有所下降。

1.3.2　对石油和化石燃料的持续依赖

自 1850 年以来，化石燃料为人类人口和经济的快速增长提供了能源，对此我们应当心怀感激。但是伴随着经济利益而来的环境问题也层出不穷：包括化石燃料燃烧导致的空气污染对人类健康的影响，化石燃料开采和运输对环境和社会的影响，它们在很大程度上被认为是"进步的成本"。1973 年，石油地缘政治给世界敲响了警钟。石油输出国组织（OPEC）对石油市场的影响力增加，美国的阿拉伯石油禁运令使油价飙升。1980 年、1991 年、2001 年和 2008 年的石油供应和油价波动也发出了类似的信号。20 世纪 90 年代，科学家发现越来越多的证据表明：化石燃料产生的 CO_2 排放量正在使全球气候发生改变，并产生了严重的后果，温室效应和全球变暖的理论受到了人们的高度关注。

尽管能源使用模式产生了这些影响，但世界所使用的能源类型变化不大。1980 年，全世界 90% 的能源依赖化石燃料，46% 的商业能源依赖石油。然而到了 2016 年，这一比例并没有太大下降，分别为 84% 和 34%。图 1.5 显示，从 2000 年到 2016 年，化石燃料使用量增长了 38%，从 338Q 增长到 468Q，CO_2 排放量相应增加。该数据显示，来自水力、风能、太阳能、生物质能、地热能和液体生物燃料的可再生能源从 30Q 增加到 63Q，增幅为 110%。

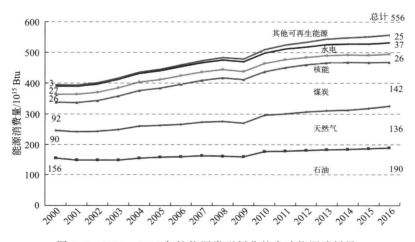

图 1.5　2000—2016 年按能源类型划分的全球能源消耗量

图 1.6 和图 1.7 给出了 2000 年至 2016 年间世界石油、煤炭和电力消费更详细的数据。图 1.6（a）显示，美国和经合组织国家的石油使用量略有下降，但在 2015—2016 年期间随着油价下降而有所回升，中国和非经合组织国家的石油消费量继续增加。图 1.6（b）显示了 2000 年至 2013 年间煤炭消耗量的巨大增长，尽管美国和经合组织国家煤炭消耗量下降，但是煤炭消耗量在中国增加了两倍，并在印度和所有非经合组织国家增加了一倍，这些都抵

消了美国和经合组织国家煤炭使用量的下降。但在 2014—2016 年间全球煤炭消费量下降了 5％，原因是中国和美国的消费量下降了，基本上所有的煤炭都用于发电。

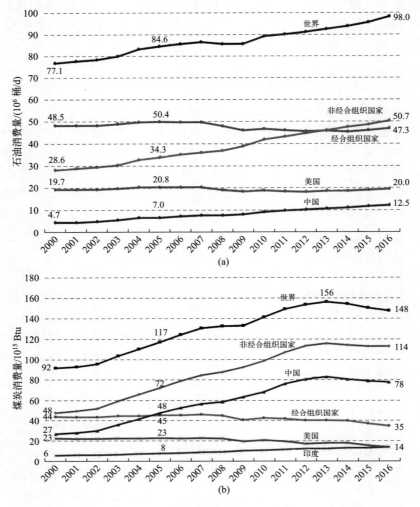

图 1.6　2000—2016 年世界石油（a）和煤炭（b）消费量

　　图 1.7（a）给出了 2000 年至 2016 年的用电量：世界用电量增长了 60％，中国用电量增长了近 5 倍，而美国用电量几乎没有变化。图 1.7（b）分析了供电能源，结果是：按所占比例计算，化石燃料发电和水力发电几乎没有变化，而非水力可再生能源增加了 7 个百分点，核能下降了 6 个百分点。

　　尽管化石燃料存在价格波动、供应中断和由于能源导致的政治冲突等诸多问题，并且人们越来越清楚地认识到燃料燃烧排放 CO_2 对全球气候的威胁，但在 2016 年，全球仍有 84％ 的能源依赖化石燃料。从 2000 年到 2013 年，全球煤炭产量从 53 亿短吨❶增加到 85 亿短吨，增长了 60％，占世界商业能源的 28％。尽管 2014 年至 2016 年煤炭占世界能源的比重下降至 26％，但降低的幅度却被石油和天然气的增幅所抵消。从 2000 年到 2016

---

❶ 1 短吨（sh ton）＝907.185kg。

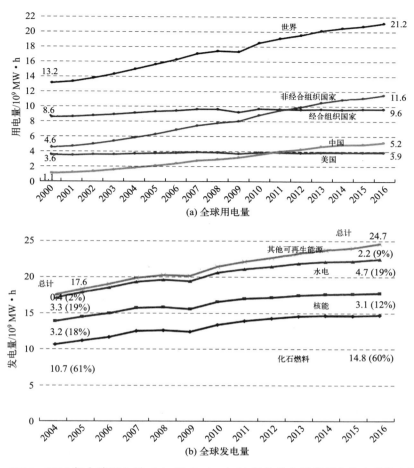

图 1.7 2000—2016 年全球用电量（a）和 2004—2016 年按发电能源划分的全球发电量（b）

年，全球石油产量从 7700 万桶❶/天增加到 9800 万桶/天，增长了 27%，占世界能源的 34%。全球天然气消费量从 87 万亿立方英尺❷增长到 132 万亿立方英尺，增长了 51%，占世界能源的 24%。相比之下可再生能源的增长速度更快，在 2000 年到 2016 年间增长了 106%，但仍仅占 2016 年世界商业能源的 11.1%，其增长速度还不足以抵消化石燃料的增长及其环境影响。

从趋势来看，或许最好的消息是通过提高能效和经济结构改革，全球经济的能源强度正变得越来越低，特别是在发达国家。自 2000 年以来，发达国家的能源消费量一直没有增长，自 2013 年以来，人均能源消耗量便一直在下降。如果发展中国家的能源强度继续提高，它们的经济发展就可以在不需要大量能源的情况下实现。

尽管如此，为满足庞大人口的基本生活需要，建设基础设施所需的物质和能源的总量也将是巨大的。因此发展中国家的能源消费量将不得不大幅增长。本书第 2 章和第 3 章将会探讨这些增长的一些后果和我们未来的选择。

❶ 1 桶（bbl）＝42 加仑（美）＝158.987L。
❷ 1 立方英尺＝1ft³＝0.028m³。

1.4　美国的能源供应和消费

我们应该更详细地调查美国的能源模式，因为美国的能源行为对其他发达国家和发展中国家有着重大影响。此外，如果要在世界其他地区发展的同时避免或推迟这些能源模式的不良影响，没有比从美国开始调查更好的选择了。

美国能源消费和生产的大量数据和分析可从各种来源获得，特别是美国能源部下属的能源信息署（EIA）。利用 EIA 的数据，本节重点介绍了美国能源状况反映的三个趋势：

① 自 1998 年以来，美国的能源消费量相对保持不变，从 2000 年到 2016 年，美国经济能源强度提高了 27％，而人均能源消费量下降了 15％。这是个好消息，标志着美国正从等量的能源中获得更多的经济产出。

② 电力消费从 2000 年到 2007 年显著增加，但在 2007 年到 2016 年间几乎没有增长。蒸汽发电产生 85％ 的电能，而这本身就是低效的。由于电能的用途广泛并且非常方便，人们越来越倾向于使用电能，能效的提高减缓了电力销售量的增长。化石燃料和核蒸汽发电每产生 1 单位电力就需要 3 个单位的原始能源，这些电力损失占 2016 年总用电量的 26％ 以上。节约 1 个单位的电力便可以节约生产它所需的 3 个单位的一次能源。

③ 2006 年，石油消费量持续增长，美国国内石油产量下降，造成了美国 60％ 的石油消费依赖进口。然而从 2008 年起，水力压裂技术开始应用于北达科他州和得克萨斯州的致密油层，到 2015 年石油产量增加了 75％。从 2007 年到 2015 年，石油消耗量下降了 6％，加上产量增加，美国的石油净进口量从 2005 年的峰值到 2015 年下降了 62％，仅占消耗量的24％。较低的油价带动了 2016 年的需求上升和产量下降。

1.4.1　在产量上升、消费持平、进口量下降的情况下，美国能实现能源独立吗？

在更深入地研究这些问题之前，让我们回顾一下美国能源利用的基本模式。图 1.8 显示了能源消费量相对于国内产量的历史性增长。

在 1973 年和 1980 年石油危机导致价格上涨、经济衰退和能源消耗量暂时下降之前，石油总消费量一直在稳步上涨。自 20 世纪 80 年代初以来，能源消耗在 2000 年增加到约100Q，从那时起到 2016 年能源消耗量基本上没有增加。直到 2005 年，美国国内的能源消费量仍然超过国内的能源产量，而不断扩大的能源缺口（2005 年能源消费量的 31％）由净进口（基本上是石油进口减去煤炭出口）填补。但从 2005 年到 2015 年，由于页岩天然气和致密油的水力压裂技术开始应用，美国国内的能源产量增加了 75％。加上消费量稳定下降，2015 年能源净进口量占消费的比重下降到 9％。2016 年能源产量下降，净进口量比重上升到 13％。

图 1.9 显示了 1990 年至 2016 年间美国能源消费量的变化和国内的能源结构。2007 年的美国仍然与 1990 年一样依赖化石燃料（均为 85％），但在 2011—2016 年，这一比例降至81％。总化石燃料的使用量在 2007 年达到峰值 86Q，在 2010—2016 年降至 78～81Q。2016年美国使用的石油和核能总量与 1990 年相差无几，但煤炭使用量减少，天然气和非水电可再生能源的使用量增加。美国的石油消耗量在 2004—2006 年达到 40Q 的峰值，而在 2011—2016 年降至 36Q 以下。煤炭、核能和可再生能源广泛应用于发电，石油用于运输燃料，天然气主要用于热能，发电量也不断增加。

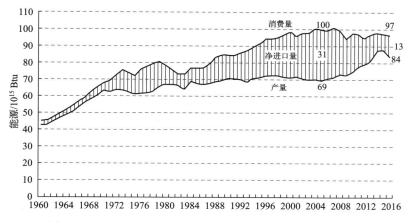

图 1.8 1960—2016 年间美国能源消费量、产量和净进口量
（所有美国能源数据的数据来源：美国 EIA，2017b）

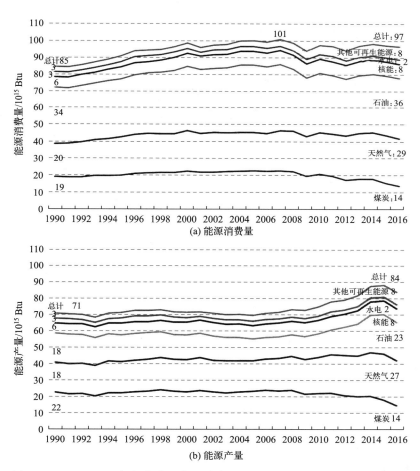

图 1.9 1990—2016 年间的美国能源消费量（a）和产量（b）（按种类划分）

图 1.9（b）给出了 1990—2016 年美国国内能源生产的趋势，显示出的能源产量变化趋势为：天然气从 18Q 增加了 9Q 至 27Q，石油从 18Q 增加了 5Q 至 23Q，非水电可再生能源从 3Q 增加了 5Q 至 8Q，核能在 2007 年达到峰值 8.5Q，到 2016 年下降到 8.3Q。

　　图 1.10 给出了 1990—2016 年间美国各行业的能源消耗。图 1.10（a）列出了交通运输业、工业、商业和住宅消耗的一次能源。好消息是能源总消费量自 2000 年以来便没有增长，这主要是能效提高的缘故。2016 年，住宅和商业建筑使用了 39％ 的一次能源（1990 年为 36％），工业消耗了 31％（1990 年为 38％），交通消耗了 29％（与 1990 年大致相同）。一次能源是指生产终端消耗的电力和燃料（即所谓的终端能源或现场能源）所需的总能量。图 1.10（b）统计了各行业的终端能源使用量，并计算了化石燃料和核能发电产生的电力损耗。由于建筑物耗电量约占美国总用电量的 75％，这些损失大多归因于住宅和商业。在美国使用的所有能源中，有 26％ 损失在发电上。

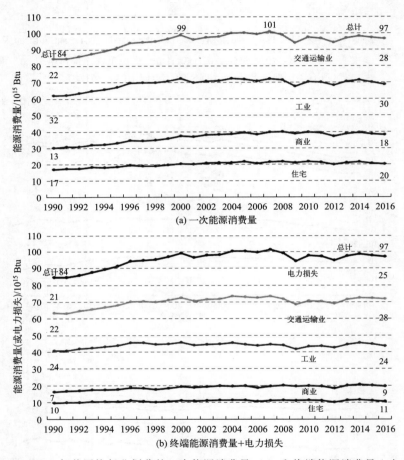

图 1.10　1990—2016 年美国按行业划分的一次能源消费量（a）和终端能源消费量＋电力损失（b）

　　图 1.11～图 1.13 回顾了美国化石燃料的趋势，这种趋势自 2008 年以来发生了巨大变化。图 1.11（a）与图 1.8 相似，是关于液体燃料的消费、生产和进口数据。美国液体燃料的 73％ 用于运输业。2008 年，由于经济衰退，液体燃料消费量下降。在 2013 年的经济复苏期间，液体燃料消费量一直保持在较低水平。2014—2016 年，由于石油和汽油价格下降，液体燃料消费量小幅度上涨，但仍低于 2007 年水平。全球油价下跌是美国和发达国家消费停滞的结果，尤其是美国石油产量的增加，造成了供应过剩。图 1.11（a）中的石油产量包括原油（2016 年为 890 万桶/天）和液化天然气（350 万桶/天），两者加起来可以与美国 1970 年的石油产量峰值相媲美，这是一个人们做梦也想不到的水平。图 1.11（a）中的"其

他"类等分为从生物燃料和精炼厂加工中获得的收益。

图 1.11 （b）关注的是美国原油产量的大幅增长，这是由得克萨斯州鹰福特和北达科他州巴肯油田的致密油层使用水力压裂技术推动的，这大大弥补了阿拉斯加、加利福尼亚州和其他州传统油田产量的下降。原油产量在 2015 年达到 960 万桶/天的峰值，由于油价低，2016 年下降到 890 万桶/天，到 2017 年年中略有回升，达到 910 万桶/天。

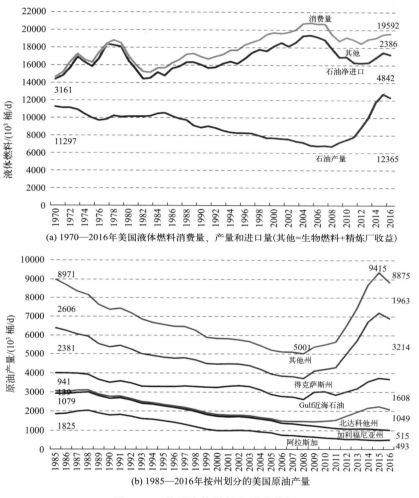

(a) 1970—2016年美国液体燃料消费量、产量和进口量(其他=生物燃料+精炼厂收益)

(b) 1985—2016年按州划分的美国原油产量

图 1.11　美国液体燃料和原油数据

美国的天然气产量同样引人注目。图 1.12 （a）显示了最近天然气消费量的增长，主要是在电力行业。这是由于水力压裂法提高了国内页岩气产量，从而降低了天然气价格造成的。图 1.12 （b）显示天然气产量在 2005 年到 2015 年间增长了 40%，这是由宾夕法尼亚州马塞勒斯和得克萨斯气田的页岩气产量造成的。由于天然气供应过剩和价格下跌，这种繁荣在 2016 年有所消退。

同时，美国的煤炭消费量和产量正在下降。图 1.13 显示了自 2008 年以来电力行业的电力消耗下降。随着电子工业协会项目的实施，预计这一下降趋势将持续下去。2012 年至 2020 年，美国将淘汰 50GW 的现有燃煤发电产能，即 16% 的现有燃煤发电量，仅 2015 年就将淘汰 13GW 的现有燃煤发电产能（见图 2.18）。

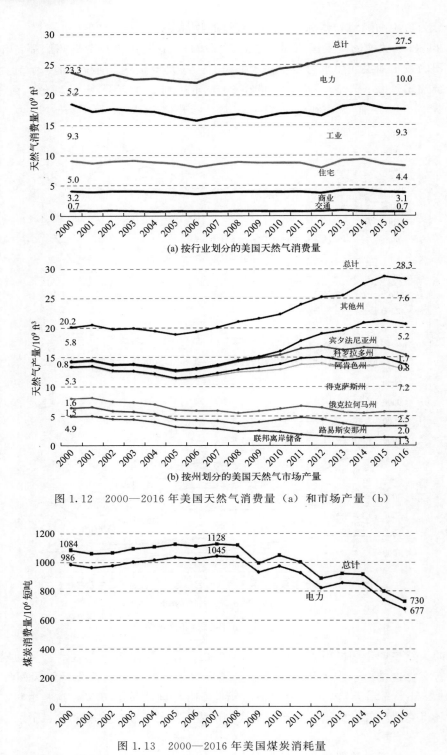

(a) 按行业划分的美国天然气消费量

(b) 按州划分的美国天然气市场产量

图 1.12　2000—2016 年美国天然气消费量 (a) 和市场产量 (b)

图 1.13　2000—2016 年美国煤炭消耗量

　　如图 1.14 (a) 所示，自 2007 年达到峰值以来，电力消费量便出人意料地停滞不前。从 2007 年前的历史经验来看，电力零售量的持续增长是能源规划的前提。截至 2016 年，电力消费尚未从 2009 年经济衰退期间的大幅下滑中反弹，这主要是由电力使用效率的提高造成的。此外，发电的能源也在发生变化，如图 1.14（b）所示。2004 年，燃煤发电占发电量的 50%，但在 2016 年降至 30%。2004 年，天然气只占发电燃料组合的 18%，到 2016 年上升到 34%。核能保持在 20%，非水力可再生能源（生物质、风能、太阳能、地热能）发电量从 2004 年的 2% 增长到 2016 年的 8%。

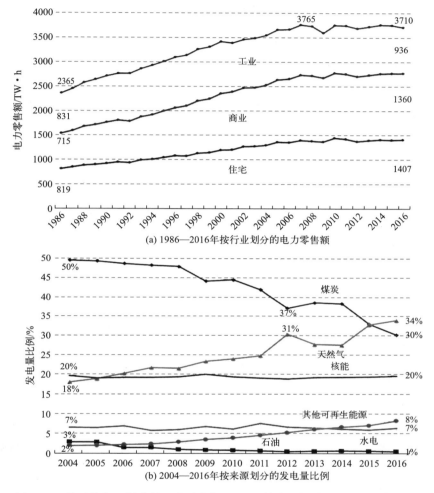

(a) 1986—2016年按行业划分的电力零售额

(b) 2004—2016年按来源划分的发电量比例

图 1.14　美国按行业划分的电力零售额（a）和按来源划分的发电量比例（b）

1.4.2　美国能源自 2007 年以来更清洁、更高效、更独立，但仍有很长的路要走

本书英文版第一版出版以来，美国的能源状况已经在安全和可持续性两方面得到了改善（我们未取证这一点）。图 1.15 对此进行了说明，它跟踪了一些以 2000 年水平为标准的指标，类似于图 1.4 中的全球指标。自 2000 年以来，美国 GDP（＋34%）和人口（＋15%）大幅增长，而能源指标有所改善。如前所述，能源消耗量一直保持在 2000 年的水平，因此人均能源消耗量（−15%）和每美元 GDP 所需的能源消耗量（−27%）下降。自 2000 年以来，CO_2 总排放量下降了 13%，每美元 GDP 的 CO_2 排放量提高了 35%。这一数字还反映了能源独立的程度，能源独立是能源政策数十年来的一个目标。"独立性百分比"指的是国

内能源生产与能源消费的比例，美国的这一比例在 2005 年达到历史最低点 69%，这意味着其 31% 的能源消费依赖于能源净进口。但到 2015 年，石油（＋9Q）、天然气（＋9Q）和非水电可再生能源的消费稳定和产量增加已经使独立性百分比提高到了 91%，这一比例仅在 2016 年下滑至 87%。在消费方面，自 2007 年以来，煤炭（－6Q）和石油（－4Q）使用量下降，低碳天然气（＋6Q）和非水电可再生能源（＋4Q）使用量增加，导致 CO_2 排放量下降 13%。

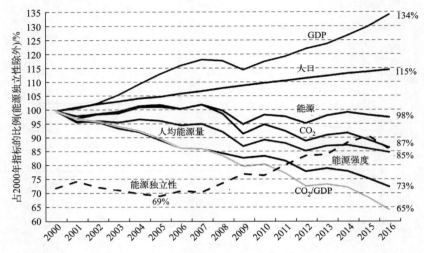

图 1.15　2000—2016 年的美国能源指标

为什么会这样？这对美国继续走可持续能源之路有什么启示？首先，水力压裂法的应用和可再生能源系统的先进能源技术使非常规的石油和天然气资源得以开发，这有助于抵消煤炭产量的下降并减少石油进口。其次，石油和天然气的市场价格一直不稳定，在 2008 年升至创纪录水平，然后在经济衰退期间下跌，并在 2016 年达到数十年以来的创纪录低点（每桶原油不到 30 美元，每加仑❶汽油不到 2 美元）。电价持续上涨。2008 年天然气和石油产品价格上涨，2015 年电力价格上涨，这些都刺激了对能源效率和节能行为的投资。即使在汽油和石油价格下跌的情况下，这些行动也带来了持久的好处。最后，公共政策刺激了对能源效率额外的投资和行动，包括：2009—2010 年的联邦刺激基金，该基金在清洁能源方面投资了 310 亿美元；联邦车辆和电器的能效标准；以加州为首的大量州激励措施和法规。2017 年，联邦政策的变化有利于化石能源进一步发展，但州和地方政策以及市场力量则继续支持清洁能源（见第 17 章和第 18 章）。

数据显示，提高能效和能源投资有助于减缓能源消费量增长，促进清洁能源的发展，可以在不增加能源消耗的情况下为不断增长的人口提供经济支撑。美国已经从更节能的盟国那里学到了不少东西，现在可以帮助和引导世界其他国家进一步将经济增长、能源消耗和碳排放区分开来。但要实现可持续能源，还有很长的路要走。尽管煤炭和石油的使用量在 2007 年至 2016 年间分别下降了 35% 和 5%，但美国仍然有 81% 的能源消耗依赖于化石燃料，37% 的能源消耗依赖于石油。自 2000 年以来，美国的人均能源使用量虽然下降了 15%，但仍是其他经合组织国家的两倍。

---

❶ 1 加仑（美）＝1US gal＝3.785dm^3。

1.5　本章总结

人类发展的科学和技术使能源应用于生产成为可能。纵观历史，能源的利用促进了人类社会和文明的进步。能源把人们从奴隶和动物的劳动中解放出来，让人类告别了农业社会，并带动了工业和通信的发展，使人们摆脱了空间的限制。截至 19 世纪中期，随着化石燃料的发展，能源的使用使人口增长了四倍，全球经济总量增长了七倍。

但我们的能源生产和使用模式是不可持续的。全球能源使用量持续增长，其中 84% 来自会产生 CO_2 的化石燃料。石油是我们最主要的能源来源，尽管最近非常规石油产量有所增加，但石油储量仍然集中在政局动荡的波斯湾。新兴经济体正在蓬勃发展，它们的发展需要大量能源，导致全球能源需求可能会继续以每年 1%～2% 的速度增长。非经合组织国家的人均能源消耗量仍约为经合组织国家的四分之一。我们距离一个公平的能源和经济体系还有很长的路要走。

自 2005 年以来，美国的能源模式发生了变化。目前美国仍有 81% 的能源依赖化石燃料，37% 的能源依赖石油。在 2000 年到 2016 年间，美国人口增长了 15%，经济总量增长了 34%，但能源需求一直保持稳定。自 2007 年以来，美国高碳煤和石油消耗量已经下降，下降的部分由低碳天然气和零碳排放的可再生能源增长抵消了。结果，CO_2 排放量在 2007 年到 2016 年间下降了 13%。与此同时，页岩气和致密油的产量提高了美国国内的能源产量，再加上能源消费的停滞，美国能源净进口的比例从 2005 年创纪录的 31% 降至 2016 年的 13%。

可持续能源：提高能效，减少碳排放，用其他能源替代石油

我们把能源问题简化为三个主要问题：石油、碳和日益增长的能源需求量。我们还可以从三个主要目标以及实现这三个目标的三种手段来描述解决能源问题的方法。我们需要：

① 提高能源使用效率，降低需求增长。我们在提高能源使用的效率和经济效益方面取得了进展，但当前仍存在重大机遇。

② 增加无碳能源，减少化石燃料的使用并减少碳排放。我们相信，包括太阳能、风能和生物质能在内的可再生能源会为我们提供实现无碳能源的最佳机会。人们对核工业的复兴和使用碳捕集与封存的洁净煤技术也有着浓厚的兴趣，但我们仍面临着经济、技术、安全和环境方面的不确定性因素。

③ 用其他能源替代石油，以避免石油依赖带来的经济、环境和安全后果。超过三分之二的石油被用于运输燃料，我们认为目前最好的选择是电力、天然气和生物燃料。

我们可以通过三种不同的方式来实现这些目标，能源市场很需要这些措施以实现快速转型，进而提高能源效率，增加无碳能源并取代石油：

① 先进的可持续能源技术。包括高效的能源生产和利用技术、可再生能源系统、智能电力系统和通信系统，以及清洁安全的化石燃料和核技术。

② 消费者、企业和社区选择通过转变自身行为，积极参与提高能效、推动可持续能源技术进步和资源保护的活动。消费者、企业和社区对可持续能源的选择受到经济、环境、社会、健康、安全等因素的影响，我们可以利用社会运动和公私非营利组织的形式使他们积极

参与进来。

③ 公共政策。通过投资、激励政策和法规来开发和部署可持续能源技术，以增加消费者、企业和社区的选择。这些政策可以参考国际协议以及联邦、州和地方政府的市场转型计划。

本书的其余部分探讨了我们在实现可持续能源的道路上面临的限制和机遇，重点围绕上述三个目标和三种方法展开讨论。本书的第三、第四和第五部分围绕三个主要的能源消耗行业进行编写：

① 建筑物消耗了将近一半的能源，其中包括供暖、制冷和电气设备的运行以及材料和建筑的蕴含能量。它们贡献了 40％的 CO_2 排放量，这是全球气候变化的主要原因。我们已经在建筑能效方面取得了进步，但是仍然存在巨大的改进空间。

② 建筑和工业使用的电力占能源消耗的 40％，并且还在不断增长。我们的电力来源正在发生变化：在美国，三分之一的电力来自煤炭，三分之一的电力来自天然气，五分之一来自核能，七分之一来自可再生的水电、风能、太阳能、生物质能和地热能。发电占美国 CO_2 排放量的 39％；风能和太阳能光伏发电在所有发电能源中的增长率最高，占 2015 年至 2016 年美国新增电能的 60％；天然气发电贡献了 33％的新增电能。

③ 交通运输消耗了三分之二的石油，96％的交通和运输能源依赖于石油。交通所需的能源取决于车辆效率、车辆行驶里程、出行方式（如汽车、公交、步行）的可用性和人们的选择，以及土地利用模式和燃料价格。可持续交通必须综合考虑这些因素以及替代燃料，如电力、天然气、生物燃料和氢。

在本书第六部分讨论这些能源消耗行业和能源政策之前，第一部分的第 2 章介绍了能源的来源和能源限制，第 3 章介绍了我们对能源未来的不同展望，第二部分介绍了能源科学的基础知识和生命周期分析。

第 2 章
能源与可持续性

我们目前的能源使用模式是不可持续的。本章提到了生命周期这一重要问题，生命周期理论关系到我们对化石燃料的依赖和更多的可持续能源发展机会。在给出可持续能源的定义和标准之后，我们将讨论主要能源的来源和能源持续增长带来的影响。

基于化石燃料的能源体系促进了人类文明的发展，但它们是不可再生的，并且资源的限制还带来了地质、地理、经济和政治等方面的挑战。随着近期致密油层、深海和油砂中非常规石油开采技术的发展，石油峰值论的范围——即全球石油产量达到峰值并随后下降的时间——已经改变。石油峰值出现的时间不仅取决于资源基础（即供应），还取决于能源消耗水平（即需求），而石油消耗水平也取决于能源的效率和成本、能源替代品和人们的主观选择。

除了石油，本章还讨论了储量更丰富的天然气和煤。许多人认为天然气是一种比石油和煤炭更清洁的燃料，可以作为向低碳能源未来过渡的重要燃料。但与煤炭供应相比，天然气使用对环境的影响更大。本章回顾了人类长期高度依赖碳基燃料对环境造成的影响，特别是主要由化石燃料燃烧和由此产生的 CO_2 排放导致的全球气候变化。此外，化石燃料是城市空气污染的主要来源，其开采和运输对人类健康和福利也产生了一些不利影响。大多数情况下，这些生命周期成本并没有完全反映在这些燃料的价格中。

最后，评估了我们在发展非碳基能源（包括核能和可再生能源）以及提高能源效率方面的进展。一度被认为是未来主力能源的核能，甚至在 2011 年日本福岛核电站事故发生之前就已经开始衰落。核电站事故促使人们把安全问题列入了限制核电大规模扩张的问题清单，该限制清单还包括核能高昂的经济成本、有限的私人投资、长期的废物管理和核武器扩散等因素。

与此同时，人们对能源效率和可再生能源寄予厚望，事实上它们最符合可持续能源的标准。人们仍未把握提高能效的机会，可再生能源在商业能源中所占的比例依然很小。但是，提高能效是最可持续的能源选择，第 1 章强调的消费趋势表明了能效的显著提高，特别是在发达国家。可再生风能和太阳能发电在美国和全球所有能源中增长最快。事实上，在 2017年，世界向可持续能效和可再生能源的过渡正在顺利进行。我们将在本章中介绍这些选择，并在整本书中强调它们。

2.1　可持续能源标准

在审查能源选择的影响之前，有必要进一步讨论我们所说的可持续能源的含义。在第1章中，我们定义了可持续性和可持续能源：

可持续性：经济、环境、社会和政治方面的先进模式，这种模式既满足当代人的需要，又不对后代人满足其需要的能力造成损害。

可持续能源：以最小的生命周期经济、环境和社会成本，支持社会当前和未来需求的能源生产和使用模式。

这两个定义都强调了两个重要的标准：

① 考虑的因素更全面：可持续能源不局限于短期的经济影响，而是同时考虑能源选择对社会、环境、人类健康、安全和经济的长期影响。

② 重视未来：根据定义，可持续能源旨在维持能源供应，以满足子孙后代的需要。为了实现可持续发展，我们的行动和选择既不应排除那些追随我们的人的选择，也不应给他们带来过度的经济和环境负担。

人类历史告诉我们，我们的祖先并没有太多考虑未来，他们尽了最大努力，糊里糊涂地渡过了人类生存的难关，并相信未来的人会自己解决各种问题。尽管有灾难、资源短缺、饥荒和战争，但文明还是进步了，我们就是这样走到了今天。

今天许多人和我们的祖先持有相同的观点：未来的人会自己解决各种问题。这些"只顾当下的思考者"相信人们会发现更多的石油或发现替代品。他们认为，通过技术进步，人们会找到更好的办法减少能源使用造成的不良影响，找到将煤炭清洁地转化为电能的途径；人们能发展可再生的能源和安全的核能，并学会更有效地利用能源。他们说："我会为我自己和我的家人担心，而更强大的经济和社会系统会处理好其余的事情。历史一直都是这样的。"

其他人则有不同的想法。他们环顾周围的世界，看到了挑战和机遇。这些挑战包括：随处可见的不平等和不公正；安全和自由之间的紧张关系；人类活动对当地、区域和全球环境的不良影响；一个具有极大不确定性的未来。唯一的机会来自他们已经认识到：与我们的祖先不同，我们有权利和义务在决定自己的命运的同时顾及未来。这种力量来自不断增长的经济财富、全球化的通信网络、人们对世界和未来不断增长的感知力以及人们塑造世界和未来的能力。

这些"未来思考者"认为未来的能源不会实现自给自足。从1973年石油危机的角度来看，今天就是未来，尽管"更强大的经济和社会系统"在1973年后的45年中被给予了极大的关注，但我们在可持续能源系统方面仍未取得很大进展。未来思考者认为：留给我们的时间不多了，我们不能坐以待毙，等着经济和社会系统自行解决未来的问题；现在的我们不仅有办法，而且有责任为未来的能源考虑。

未来思考者们认为，我们需要迅速、果断并团结一致地采取行动，以转向更可持续的能源生产和使用模式。理解改变所需的第一步是认识到问题所在。本章探讨了当前的能源模式对可持续发展的几个主要限制因素。

但是，我们如何为更可持续的能源做出个人、社区和社会的明智选择呢？鉴于前面列出的标准，有几个因素需要考虑：

① 能源的可再生性，或富足能源的长期可靠性。

② 生命周期经济效益和成本，包括成本效益和国家及地方的经济效益。

③ 生命周期环境效益和成本，包括对地方、区域和全球的环境影响。

④ 生命周期社会效益和成本，包括对人类健康、社区、公平和弱势群体的影响。

⑤ 生命周期安全效益和成本，包括对能源、环境和国家的影响。

⑥ 生命周期收益和成本的不确定性。

生命周期分析是可持续发展的基础，因为它的目标是在很长一段时间内，即"从摇篮到坟墓"，捕捉产品的全部成本和结果。我们将在第 5 章中看到生命周期分析涉及的具体技术，如净能量分析和经济与环境评估，并掌握从长远角度思考问题的能力。例如：

① 生命周期分析不仅要考虑燃煤发电厂的碳排放和其他空气污染物，还要考虑煤炭开采、加工、运输、发电厂运营和废灰处理的各种经济、环境、社会成本和效益。

② 生命周期分析不仅核算了太阳能光伏电池阵列发电的成本效益，还考虑了材料获取、生产过程和废物管理的成本和效益。

③ 生命周期分析不仅涉及从玉米或纤维素中获得乙醇的生产成本和能量效率，还考虑了生产乙醇所需的能源、肥料、灌溉水和产生的径流污染，以及生产和使用乙醇造成的 CO_2 和其他空气污染物排放，甚至包括对玉米和粮食价格的影响以及其他投入和产出。

④ 生命周期分析不仅核算了核电站的建设和运营成本以及电力销售收入，还考虑了整个核燃料循环：从采矿到加工，从核电站运营到长期的废物储存。同时还考虑了核电站安保和核电站退役后产生的一系列包括核武器扩散在内的问题。

2.2　化石燃料的资源限制

化石燃料产生于古代，是不可再生的。根据定义，化石燃料是有限的。我们要探讨的问题是：化石燃料在总量和空间上的限制如何影响它们的成本、资源竞争和能源安全。

2.2.1　重新审视石油峰值论：石油峰值是由生产还是消费驱动的？

几十年来，经济学家和地质学家一直在争论一个前壳牌石油公司（Shell Oil）和美国地质调查局（USGS）地球物理学家 M. King Hubbert 提出的模糊理论。Hubbert 在 20 世纪 50 年代中期曾准确地预测美国国内石油产量将在 1970 年达到顶峰，然后下降，并再也不会上升到那个峰值。Hubbert 还预测，世界石油将在 2000 年左右达到峰值。他于 1989 年去世，但他的思想遗产得以延续——今天人们一直在就他的理论及理论的有效性和含义进行争辩。

Hubbert 的基本理论是：由于石油是不可再生的，在地质、经济和市场条件一定的情况下，其产量将上升到顶峰，然后按钟形曲线下降（图 2.1）。随着资源变得越来越少，价格会上升，需求会下降。需要注意的是，除了石油供给以外的几个因素使这一完美的生产曲线复杂化，包括篡改供应量和石油价格〔正如 OPEC（石油输出国组织）40 年来所做的那样〕，以及开采非常规石油的新技术（如油砂加工、致密油水力压裂、深海石油钻探）。

石油生产的高峰出现在石油储量的高峰之后。1970 年，美国的原油产量在常规原油储

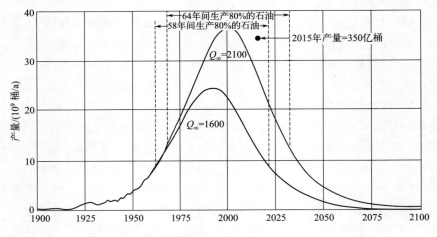

图 2.1　世界石油的理论产量（资料来源：Hubbert，1971）

量达到峰值的 11 年后登顶。生产钟形曲线下的面积是资源的最终可采量，也就是 Hubbert 所说的 Q_∞，在 20 世纪 60 年代，预估的原油产量为 21000 亿桶。这个数字对于理解我们的能源供应情况至关重要，所以我们需要更仔细地研究它。

石油储量是指以今天的价格，在经济上可开采的已知储量。储量通常被分为已探明储量和可能储量。石油储量不是固定不变的，它随着生产消耗不断减少，但又因为新发现、技术革新和更高的石油价格而增加。新发现、新技术和更高的石油价格使过去因成本昂贵而难以开采的石油储量变得有利可图。图 2.2 中方框代表石油总储量（或 Q_∞），可分为累计产量（2013 年石油产量为 12840 亿桶，并以 330 亿桶/年的速度增长）、剩余储量（2013 年为 16490 亿桶）、未知的或开采成本昂贵的常规储量［USGS（2012）估计为 5650 亿桶］和非常规储量。一旦科技突破或能源价格上涨，这些石油资源就会变成储备能源。将累计产量、现存储量和未发现的常规储量相加，便得出 Q_∞ 为 35000 亿桶。2000 年，美国地质调查局估计 Q_∞ 为 22500 亿～39000 亿桶。

图 2.2　不可再生资源的最大开采量。Q_∞ 包括迄今为止的累计产量和现存储量
（按今天的能源价格，经济上可开采的已知储量），以及在技术进步
或更高的能源价格推动下可开采的额外储量

图 2.3（a）追踪了 1976 年至 2015 年间的美国天然气和石油储量。在 2000 年以前，天然气储量一直稳步下降，在 2008 年以前，石油储量一直稳步下降。水力压裂技术和更高的燃料价格将页岩气和致密油矿藏转化为储量，这使得储量到 2013 年几乎翻了一番，但在 2014—2015 年间储量又开始下降，主要是由油气价格下跌导致的。

通过静态储量指数或 R/P 指数（储量除以年产量），我们可以衡量各类能源储量的强度，亦即如果能源的储量和年产量保持不变，能源储量可以维持的年数。事实上，产量和储量保持恒定的情况在现实中并不存在，石油储量不会像指数显示的那样真正耗尽。全球石油 R/P 指数为 50 年（$R=16490$ 亿桶，$P=330$ 亿桶/年）。图 2.3（b）显示了 1976 年至 2016 年间美国天然气和原油的产量及 R/P 指数。尽管 2005 年以后储量迅速增长，但产量也急剧增加，而且 R/P 保持在 8 年到 10 年之间（1990—2002 年），在 2005 年以后上升到 10～14 年。2016 年美国天然气 R/P 为 11 年，原油 R/P 为 10 年。一般来说，10 年或更小的 R/P

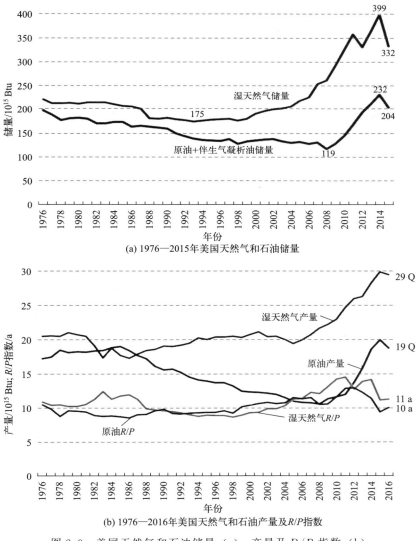

(a) 1976—2015年美国天然气和石油储量

(b) 1976—2016年美国天然气和石油产量及R/P指数

图 2.3　美国天然气和石油储量（a）、产量及 R/P 指数（b）
（全美和全球油气的数据来源：美国 EIA，2016，2017a，2017b）

指数表明资源基础薄弱。侧栏 2.1 介绍了气态和液态化石燃料的复杂情况，表 2.1 给出了美国这些不同形式的能源的储量。

侧栏 2.1

石油、天然气相关的术语及美国储量

解释关于液体和气态燃料的数据有时会使人感到困惑，因为数据的混编汇报往往采用不同的形式。以下是简短的术语清单，表 2.1 列出了美国 2014 年和 2015 年的年终储备量。

① 石油是一类广义的液态烃混合物，包括原油、伴生气凝析油、未成品油、成品油和天然气液体。

② 石油总产量一般包括原油、伴生气凝析油和天然气液体的产量。

③ 原油是天然地下储层中常压液态烃的混合物。

④ 伴生气凝析油作为液体从天然气中回收。它比戊烷重，但不包括天然气液体（丁烷和丙烷）。它被掺入原油中以提高质量，并经常与原油产量一起汇报。伴生气凝析油的储量是从天然气储量推断出来的，经常与原油储量一起汇报。

⑤ 天然气市场产量（也包括湿天然气）包括干天然气和天然气液体（NGLs）。

⑥ 从储层中提取的天然气经过轻烃回收，去除凝析油和非烃类气体以及现场损耗体积（例如，返回储层、逸散或燃烧）后，剩余的就是干天然气。

⑦ 天然气液体在地表保持气态，在天然气处理设施中以液体的形式分离。大约 70% 的 NGLs 来自天然气，30% 来自炼油过程。报告中的 NGLs 产量是石油总产量的一部分。天然气液体的储量尚未探明，往往是根据天然气储量推断出来的，通常作为天然气储量的一部分。

表 2.1　美国不同形式的天然气和石油储量

产品	2014 年储量	2015 年储量
原油	364 亿桶	323 亿桶
伴生气凝析油（LC）	35.5 亿桶	29.1 亿桶
原油＋LC	399 亿桶	352 亿桶
干天然气	369 万亿立方英尺	308 万亿立方英尺
天然气液体	150 亿桶	127 亿桶
总天然气	389 万亿立方英尺	324 万亿立方英尺

数据来源：U. S. EIA, 2016。

图 2.4（a）显示了 1965 年到 2016 年间美国石油产量与世界产量的关系，世界产量持续增长以满足发展中国家的需求。图 2.4（b）给出了原油储量最大的 9 个国家及其 R/P 指数。除加拿大外，中东波斯湾地区的储量占主导地位，加拿大的储量几乎全部是非常规油砂。除主要产油国俄罗斯和美国外，大多数国家的 R/P 指数都较高。得益于天然气液化生产，美国在石油总产量上可以与沙特阿拉伯和俄罗斯一较高下。事实上，在 2013—2016 年间，美国是最大的石油生产国，包括原油、伴生气凝析油和天然气液体。美国的高产量有利于降低全球石油价格和美国国内的汽油价格。图 2.5 列出了过去 15 年间石油和汽油的年均

价格，并显示了过去 10 年间石油和汽油价格的波动情况。2016 年，布伦特（Brent）原油均价为 45 美元/桶，美国普通汽油零售均价为 2.14 美元/加仑。截至 2017 年年中，原油价格在 45～55 美元/桶之间波动，普通汽油均价为 2.30～2.40 美元/加仑。

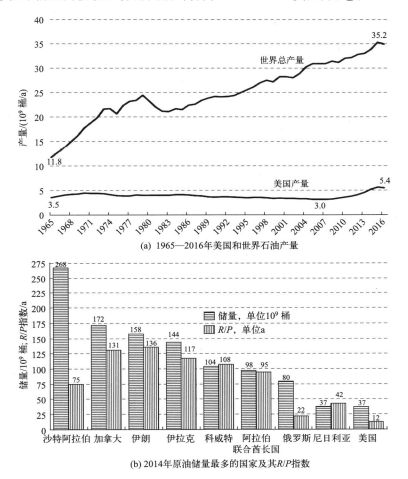

(a) 1965—2016年美国和世界石油产量

(b) 2014年原油储量最多的国家及其 R/P 指数

图 2.4　美国和世界石油产量（a）和 2014 年原油储量最多的国家及其 R/P 指数

图 2.5　2000—2016 年全球原油和美国汽油价格

　　鉴于 2017 年石油市场供过于求，美国产量增加，价格下降，我们是否仍应担心近期将出现石油危机高峰？很多事情都不确定。许多问题的答案可能会决定石油生产、消费和价格的未来模式以及石油峰值的命运。

　　① 美国石油生产繁荣将持续多久？美国的致密油生产造成了目前的石油供应过剩和油价下跌。这些价格已经使得成本昂贵的石油开采变得不再有利可图，生产商们正在努力偿还他们沉重的债务。许多公司已经破产。然而，在 2015 年，美国 EIA（2015b）预测到 2020 年美国原油产量将增长到 10200 桶/天（2014 年为 8680 桶/天），随后在 2040 年下降到 9100 桶/天。其他人对资源的强度则不那么乐观。由于单个的水力压裂井使用寿命不长（3 年的产率下降为 60%～90%），石油生产需要连续且昂贵的钻井。如图 1.11（b）所示，当前的石油繁荣和预期的未来产量主要来自北达科他州的巴肯油区和得克萨斯州的鹰福特油区。图 2.6（a）显示了 2014—2016 年 EIA 对这两个主要致密油田（2016 年之前为实际产量）的产量预测，以及休斯（Hughes，2014）基于相同数据所进行的更保守的"深度钻探"分析。休斯预测在 2016 年石油产量将达到顶峰，之后以每年 10% 的

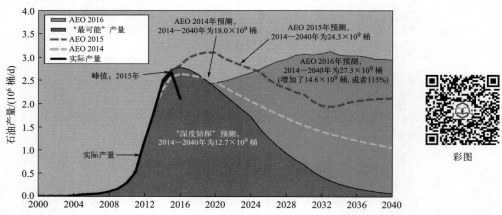

(a) 休斯的致密油产量预测。图中对比了截至2040年休斯的"深度钻探"(2014)对两大致密油田(巴肯和鹰福特)的致密油产量预测和美国EIA年度能源展望(AEO)的预测结果以及2016年之前两个油田的实际产量(来源：Hughes，2016；©Hughes GBR Inc, 2015。经Post Carbon Institute许可使用)

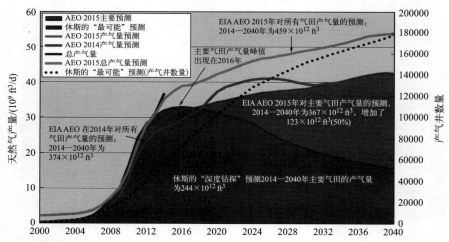

(b) 休斯的页岩天然气产量预测。图中对比了美国主要地区页岩天然气产量的休斯"深度钻探"(2014)预测和美国EIA 2014年、2015年的AEO预测(来源：Hughes，2015；©Hughes GBR Inc, 2015。经Post Carbon Institute许可使用)

图 2.6　休斯的致密油（a）和页岩天然气（b）产量预测

速度下跌。然而，到 2017 年，水力压裂技术的钻机生产商已经提高了钻机的生产力（以及盈利能力），尽管钻机数量从 2015 年到 2017 年直线下降，但每台钻机的产量却翻了一番（U. S. EIA，2017c）。

② 致密油和其他非常规石油的水力压裂技术会扩大全球石油供应吗？美国在致密油开采方面的技术经验可能会扩散到其他产油国，并增加石油储量，但似乎不会增加太多。美国 EIA 在 2016 年对全球页岩气和石油资源的评估中给出了潜在储量的最佳指标。如表 2.2 所示，页岩矿床中可采的致密油储量可增加全球供应 4190 亿桶，仅占目前原油储量的 25%。美国和俄罗斯份额最大，各占 18%，这些储量可能使俄罗斯的石油储量增加一倍，使美国的石油储备增加两倍。石油和天然气行业在 2016 年提高了井产量（每台钻机的产量）。因此，2016 年 EIA 对美国技术可采致密油储量的预测从 2014 年的 480 亿桶跃升至 780 亿桶（U. S. EIA，2017b）。

表 2.2　技术可采致密油占现有储量比例

国家	技术可采致密油资源/10^9 桶	占现有储量的比例/%
1.美国	78	223
2.俄罗斯	75	94
3.中国	32	123
4.阿根廷	27	—
5.利比亚	26	—
6.澳大利亚	16	—
7.委内瑞拉	13	—
8.墨西哥	13	171
9.巴基斯坦	9	—
10.加拿大	9	5
11.其他国家	121	—
总计	419	25

资料来源：U. S. EIA，2015a，2017a。

③ 较低的油价将持续多久？这在很大程度上取决于当前供过于求的状态将持续多久以及石油出口国的生产决策。在沙特阿拉伯的领导下，OPEC 和 11 个非 OPEC 国家决定减产，油价从 2016 年初的不到 30 美元/桶升至 2017 年初的 54 美元/桶。2017 年 5 月，他们将减产计划延长至 2018 年 3 月。但沙特拥有庞大的石油储量和较低的生产成本，这让他们面临着一个难题：降低产量会提高油价，他们也会从中受益；但维持产量会使油价保持低位，从而长期占领石油能源市场并保持 OPEC 数十年的石油储备和生产能力。沙特人意识到，高油价会促使市场转向其他替代能源，不仅是更昂贵的非常规石油，此外还有天然气、可再生能源和能效的技术进步，而保持低油价能够减缓这种转变，同时未来的石油价格还会受到碳排放价格的影响。

④ 世界石油消费会继续增长吗？随着中国、印度和其他国家的私人汽车持有量不断增加，发展中国家对交通燃料的潜在需求巨大。从 2002 年到 2014 年，中国每千人拥有的汽车数量增长了 8 倍。石油消费量不仅取决于未来的石油价格，还在很大程度上取决于未来的碳排放成本、载具能效以及对目前基于化石燃料的交通运输方式的替代，特别是电动载具的发

展。尽管预计 2017 年全球石油需求将升至 9800 万桶/天，但有人猜测，消费量减少将压倒石油产量增加的趋势，最终导致石油产业的灭亡。国际能源署认为，清洁能源运动可能会从能效、电动汽车和燃料转换等方面使石油需求从 2017 年的 9800 万桶/天减少到 2040 年的 7400 万桶/天（BNEF，2017a）。这可能是保守估计，因为在 2017 年，中国、法国和英国已经宣布了禁止内燃机汽车的计划，而通用和福特也宣布他们正在为清洁能源市场做准备。

2.2.2　天然气：页岩气技术扩大了未来的供应，但能持续多久？

从 2000 年到 2013 年，全球天然气产量和消费量增长了约 38%，达到 120 万亿立方英尺，储量在 2015 年增长了 40%，达到 7311 万亿立方英尺，全球 R/P 指数为 60 年。图 2.7 给出了 2014 年七大天然气生产国的天然气产量、储量和 R/P 指数。美国和俄罗斯是主要的天然气生产国。美国的天然气服务于国内市场，而俄罗斯的天然气通过输往欧洲的管道服务于更大的市场。俄罗斯、伊朗和卡塔尔的天然气储量最高。虽然伊朗和卡塔尔拥有丰富的天然气储量，但除非通过昂贵的液化天然气（LNG）技术，他们很难将其产品销往大型天然气市场，而液化天然气需要昂贵的进出口终端。

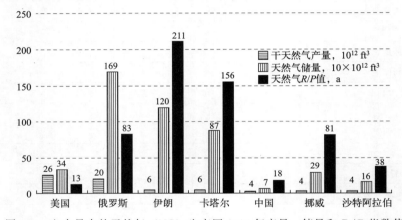

图 2.7　七个最大的天然气（NG）生产国 2014 年产量、储量和 R/P 指数值

与美国的石油产量一样，天然气产量自 2005 年以来大幅增长，几乎翻了一番，从 14 万亿立方英尺增加到 2016 年的 28.7 万亿立方英尺［见图 1.12（b）］。从 2000 年到 2014 年，美国天然气储量也增加了一倍，但随着价格下降，储量也有所下降（图 2.3）。尽管美国天然气储备量要比其石油储备量大，但与俄罗斯、伊朗和卡塔尔相比，美国的天然气储备量仍显薄弱（2016 年 $R/P=11$）。美国最近的天然气产量增长是由于水力压裂法在天然气页岩矿床上的应用，迄今为止，美国在天然气储存和生产方面的资源投入并不经济。水力压裂过程如图 2.8 所示，图中强调了水力压裂的需水量。在深达 1 万英尺的水平井中，水、沙子和化学物质的混合物在高压下注入，地层岩石破裂并保持开口的小裂缝，从而使天然气能够在井中流动。三年内油井产量的递减率为 74%～82%，因此，在水力压裂过程中，连续钻井是维持生产的必要手段（Hughes，2014）。回收的废水会被清除并储存在坑内或被处理。如第 2.3 节所述，这种做法并非没有影响。

美国天然气产量的增加［图 1.14（b）］使气价从 2008 年的峰值大幅下降到 10 多年来的最低水平（图 2.9），并导致了天然气消费量特别是电力行业消费量的增加［图 1.14（a）］。

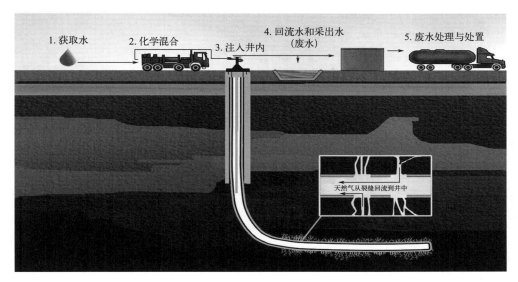

图 2.8　水力压裂过程，强调了所需的水（来源：U. S. EPA，2016a）

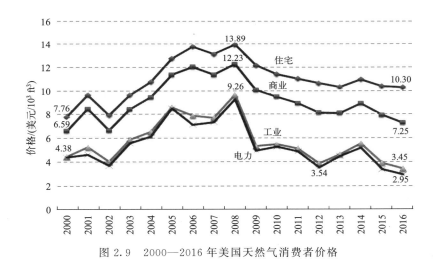

图 2.9　2000—2016 年美国天然气消费者价格

那么，天然气的未来会怎样呢？

① 美国天然气生产的繁荣将持续多长时间？比石油繁荣还长。美国 EIA（2015b）预计，到 2040 年，美国天然气产量将继续以 1.4% 的年均速度增长，直到 2040 年之后才会达到峰值。几乎所有增加的产量都来自页岩气水力压裂，其中一半以上来自海恩斯维尔（洛杉矶和得克萨斯）和马塞勒斯（宾夕法尼亚）地层。一些人认为 EIA 过于乐观，预计页岩气产量最早将于 2016 年达到峰值，如图 2.6（b）所示。EIA 预计这些气田的产量将持续增长到 2040 年，而休斯（2014，2015）预计 2016 年后将出现产量下降。未来的天然气生产取决于经济增长、消费量和市场价格，很多因素都是不确定的。

② 水力压裂技术会扩大美国和全球天然气供应吗？这项技术增加了天然气储量，而且增长可能还将持续下去。尽管从技术上讲，致密页岩气的可采储量仅能增加 25% 的现有储量（表 2.2），表 2.3 显示了美国 EIA 对页岩气的预估：全球天然气储量将增加 112%。美

国（15％）和中国（14％）拥有最大的份额，页岩气资源会使其目前的天然气储量分别增加200％和600％以上。但是很多因素都是不确定的。

表 2.3　技术可采页岩气与现有储量的比较

国家	技术可采页岩气储量/10^{12}ft^3	占现有储量的比例/％
1. 中国	1115	637
2. 阿根廷	802	—
3. 阿尔及利亚	707	—
4. 美国	623	202
5. 加拿大	573	—
6. 墨西哥	545	—
7. 澳大利亚	429	—
8. 南非	390	—
9. 俄罗斯	285	17
10. 巴西	245	—
11. 其他国家	1535	—
总计	7577	112

数据来源：U. S. EIA，2015a，2017a。

③ 天然气价格低迷将持续多久？由于运输和贸易方面的限制，天然气价格主要基于国内市场。美国价格仍然有些波动（图 2.9），这将取决于供求关系：持续的强劲生产将压低价格；消费量的增加尤其是电力行业消费的增加可能会抬高气价。碳排放会使气价上涨，但涨幅不会像石油和煤炭那样大。此外还有很多不确定因素。

④ 世界天然气消费量会继续增长吗？全球天然气消费量从 2003 年的 93 万亿立方英尺增加到 2016 年的 131 万亿立方英尺，年均增长 2.6％。用天然气取代煤炭的压力依然存在，天然气可能会用作运输燃料，取代更多的石油。液化天然气的接入管道和基础设施用途有限，限制了全球天然气市场的发展。管道和基础设施条件抑制了生产过剩地区与有需求地区之间的天然气贸易。约 20％的国际天然气贸易是通过液化天然气完成的，其中近一半销往日本和韩国。液化天然气贸易量可能会增加，比如美国将会在 2017 年向波兰和其他欧洲国家供应液化天然气。

2.2.3　煤炭更丰富，但受到环境条件的限制

世界煤炭消费量在 2013 年增加（图 1.8）至约 87 亿短吨，但由于中国和美国的需求减少，2014—2016 年间煤炭消费量下降。全球煤炭储备总计约为 980 亿短吨，R/P 指数超过100 年。美国的煤炭产量低于 1.0 亿短吨/年，预估储量为 256 亿短吨，R/P 指数超过 250年。煤炭资源在总量上并不限制其开采和使用。

但煤炭的开采、加工，特别是燃烧过程会对人类和环境健康构成重大威胁。这些构成了影响和限制煤炭消费量持续增长的主要因素。控制碳排放和气候变化的行动可能需要人们放弃大多数煤炭储备，或许还有一些石油和天然气储备，这些搁置的资源将永远不会被开发。我们带着这个问题进入下一节。

2.3　化石燃料的环境限制

众所周知，化石能源的确促进了人口和文明的繁荣。可以肯定的是，历史上的我们从使用煤到使用石油，再到使用天然气，从能源中获得了巨大的利益。但是，人类健康和环境也为化石燃料的开采、加工、运输和燃烧付出了代价。这些不良影响造成了燃料相关的最大的持续性风险。本节将讨论全球气候变化、地方和区域空气污染以及燃料开采和运输的影响。

2.3.1　气候变化与能源

2014 年政府间气候变化专门委员会（IPCC）第五次评估表示：气候变化曾经被认为是未来才会考虑的问题，但随着人类引起的气候变化继续加剧，不良影响不断增加，全球范围内的气候变化已经显著地影响到了当下。这些影响包括极端天气的频率增加、海平面上升，就连影响农业、供水和生态系统的自然界也发生了变化。

人们观察到气候变化的影响。随着全球温度和 CO_2 排放量持续上升，最近的深入评估证实了气候变化的存在、产生原因、影响以及我们必要的行动（IPCC，2014）。IPCC 说明了 2007 年至 2014 年间直接观察得到的和经过科学分析得到的气候变化的影响，包括按物理（水、冰川、海平面、海岸侵蚀）、生物（野火、陆地和海洋生态系统）和人类管理的系统（粮食生产、人类健康和福利）分类的影响所处的位置，以及气候变化对这些影响的相对贡献。IPCC 在 2014 年得出的结论是：人类活动引起的气候变化已经在世界各地造成重大影响，而且这些影响正在加剧。

美国气象学会与美国国家海洋和大气管理局（NOAA）发布了一份国际年度气候状况报告，由来自世界各地的 450 名气候科学家撰写而成。2016 年第 27 届年度气候状况（Blunden，Arndt，2017）记录了主要的异常气候和天气，包括：

① 几乎所有地方都出现了创纪录的高温，2014 年、2015 年和 2016 年是自 1879 年有现代气温记录以来最热的三年。

② 美国 15 个与天气或气候相关的重大灾害（洪水、飓风、野火、极端风暴）给美国造成了 460 亿美元的损失。

③ 随着冰川连续 37 年的消退，海平面连续四年上升 0.25 英寸。

④ 整个 2016 年，至少有 12％的地球表面处于严重干旱状态，这是有气温记录以来最长的一段时间。

2016 年世界范围内发生若干起重大气候异常事件，包括飓风、温度变化异常、严重高温或干旱等（NOAA，2017a）。美国国家海洋和大气管理局（NOAA）及其国际合作伙伴会联合提供年度气候异常时间世界地图，并保持月度和年度更新。详情可见美国国家海洋和大气管理局国家气候数据中心（NCDC）官网。

人们的担忧已经从气候变化对环境的影响扩大到气候变化对全球经济的影响。事实证明，如果什么也不做，我们将要为气候变化付出最沉重的代价。经济评估表明，即使当前的目标是将全球温升控制在 1850—1900 年水平以上 2℃（到 2016 年已经增加了 1.0℃），经济损失也将达到数万亿美元，预计占 2030 年全球收入的 1.7％，占 2050 年全球收入的 3.4％，占 2100 年全球收入的 4.8％。在美国，持续当前的 CO_2 排放增长速度将导致占 GDP 约

2.5％的经济损失，集中在中西部各州的东南部和南部（Melillo et al.，2014；Houser et al.，2015；Hsiang et al.，2017）。

（1）CO_2 排放和大气浓度增加提高了气温

全球变暖和气候变化是由人为排放的温室气体造成的，其中能源消耗贡献了 78％。这些温室气体中最重要的是 CO_2，占总温室气体的 76％ 和能源温室气体的 92％（表 2.4）。2017 年 8 月，大气中的 CO_2 浓度（体积分数）已从工业化前的 $260\sim270\mu L/L$ 和 1960 年的 $315\mu L/L$ 升至 $407\mu L/L$（图 2.10）。请参见 NOAA（2017b）的月度更新。

表 2.4 2014 年全球和美国温室气体排放

温室气体类别	划分方式									
总温室气体（以 CO_2 当量计）/10^6t	按气体类别划分/%				按行业划分/%					
	CO_2	CH_4	N_2O	氟化气	能源	农业	工业	废弃物	土地利用	船用燃料
全球 45000	76	16	7	2	78	5	11	3	3	1
美国 6673	82	10	5	3	90	4	8	3	—7	2
能源温室气体（以 CO_2 当量计）/10^6t	按行业划分/%					
	能源	电力	工业	交通	住宅和商业	无组织排放和农业
全球 35100	92（32300×10^6t）	43	19	18	12	8
美国 6023	90（5415×10^6t）	31	21	27	12	9

资料来源：IEA，2016；U.S. EIA，2015b；WRI，2016。

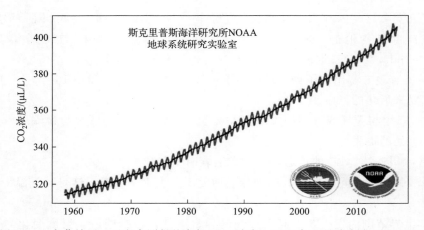

图 2.10 在莫纳罗亚天文台测得的大气 CO_2 浓度，2017 年 8 月浓度为 $407\mu L/L$，
每年升高 $3\mu L/L$（资料来源：U.S. NOAA，2017b）

2016 年，全球气温比 20 世纪平均气温高 1.07℃（1.93℉），比 1880—1900 年的水平高 1.2℃。我们已经达到 2℃ 升温设想的一半以上。2001—2016 年是有气温记录以来最热的 17 年中的 16 年，2014 年、2015 年和 2016 年都是有记录以来最热的年份（图 2.11）；2017 年的整个 7 月都在挑战 2016 年的气温榜首位置［参见 NOAA（2017a）的最新更新］。从 1998 年到 2013 年，根据陆地-海洋指数（Land-Ocean Index）测量的全球温度相对稳定，这让气候变化科学家（以及气候变化怀疑论者）开始谈论"地球失去热量的情况"。科学研究表明

全球升温的停滞是暂时的，由信风增加导致的上升流将热量储存在变暖的海洋深处（Steinman et al.，2015），更新的数据则显示这种升温停滞可能从未发生过（Karl et al.，2015）。事实上，2014 年、2015 年、2016 年和 2017 年是有记录以来最热的年份。

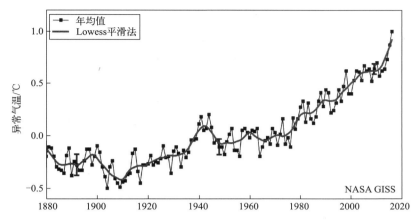

图 2.11　基于陆地和海洋数据的全球平均气温，在 2014 年、2015 年和 2016 年创下最高气温纪录。在有气温记录以来最热的 17 年中，有 16 年在 2000 年后，另一年为 1998 年（来源：NASA，2017）

　　二氧化碳的全球排放量从 1950 年的 50 亿吨增长到了 2013 年的 330 亿吨，其间保持稳定增长。在 2000 年前，碳排放增长主要来源于发达国家，而在 2000 年后，发展中国家成为碳排放增长的主要原因 [图 2.12（a）]。由此发展中国家的碳排放量一度被认为将持续增长，但根据 IEA（国际能源署）的报告，2014—2016 年间全球碳排放量并未增加。图 2.12（a）还显示印度的碳排放量从 2000 年到 2016 年增加了一倍，而美国和其他经合组织国家的碳排放量减少了不止 9%。如果全球碳排放量可以稳定下来或到达峰值并开始下降，那将大大有益于对气候变化的保护。

　　图 2.12（b）显示了人均能源 CO_2 排放量。自 2000 年以来，发达国家下降了 17%，美国下降了 25%。尽管如此，美国的人均排放量（15.7 吨/人）仍然是其他经合组织国家（7.7 吨/人）的两倍，是中国的 2.5 倍（6.2 吨/人），是印度的 9 倍（1.7 吨/人）。2016 年全球人均排放量为 4.4 吨/人，自 2000 年以来增长了 13%，但自 2010 年以来就没有增长。CO_2 排放量增长减缓是通过能源效率提高、天然气代替煤炭以及更多地使用可再生能源实现的。

　　(2) 气候变化情景

　　尽管需要将全球变暖限制在比工业化前水平高出 2℃ 的范围内，但很少有官方预见到 CO_2 排放停滞或下降的前景（见第 3 章）。IPCC 为 CO_2 排放和 CO_2 浓度设计了几种情景，称为典型浓度路径（RCPs）。2℃ RCP 2.6 路径要求到 2080 年将 CO_2 排放量大幅减少至零，这将使 CO_2 浓度保持在 400~450μL/L。另一方面，RCP 8.5 路径会使 2050 年的 CO_2 排放量增加一倍，并且使 CO_2 浓度在 2100 年增至 1000μL/L。政府间气候变化专门委员会第五次评估的部分内容如图 2.13 所示，气候变化的相对风险（a）取决于自 1870 年以来的 CO_2 累积排放量（b），这取决于今后几十年的年度温室气体排放量（c）。要达到 430~480μL/L 的 CO_2 浓度累积和将温度上升限制在 2℃ 内（50% 可能性）的目标，CO_2 排放量需要保持在 3000Gt 以下。我们已经达到约 2000Gt 温室气体排放量，仅剩下约 1000Gt 的限值用于未来的排放。高排放的 RCP 8.5 路径将使全球平均温度相对于 1850—1900 年升高 3.5~6℃，

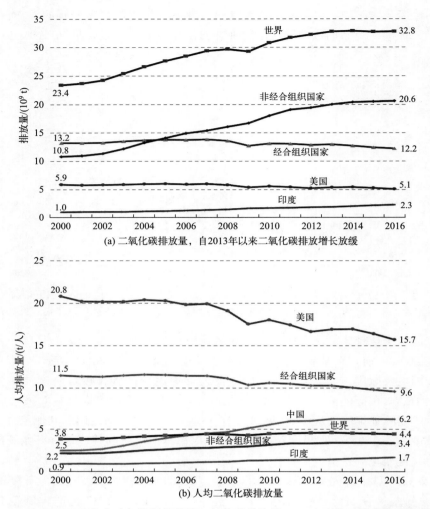

图 2.12　2000—2016 年全球与能源相关的二氧化碳排放量（a）和人均二氧化碳排放量（b）

（数据来源：U. S. EIA，2017a；IEA，2016，2017a）

低排放的 RCP 2.6 路径将温度增加的幅度限制在约 1~2℃。气候变化的相对风险（濒危物种、极端天气和影响面积）将随着温升超过 2℃ 而显著增加。

（3）最大 CO_2 排放量和搁置的化石燃料资产

许多人认为，气候变化是本世纪世界面临的与能源相关的最大挑战，也是转向可持续能源的最重要原因。缓解气候变化及其影响所需的 CO_2 排放限制很可能对未来可燃烧的化石燃料数量构成限制。IPCC 第五次评估综合报告（AR5）估计：在 2011 年至 2100 年之间温升不超过 2℃ 的前提下，允许排放的与能源相关的 CO_2 最大量为 630~1180Gt，其中 CO_2 排放量为 630Gt 时实现 2℃ 目标的概率是 90%，而 CO_2 排放量为 1180Gt 时实现目标的概率为 10%（IPCC，2014）。这使得大多数分析家得出结论，世界需要将未来的 CO_2 排放量限制在 1000 Gt。

越来越清楚的是，如果我们不捕集排放的 CO_2 并永久封存起来，世界将无法使用所有的化石燃料资源，并且仍将生活在 1000Gt 的 CO_2 排放限制中。表 2.5 给出了煤炭、石油和天然气的全球储量和它们的 CO_2 排放系数，以及使用所有化石燃料储量后产生的总 CO_2 排

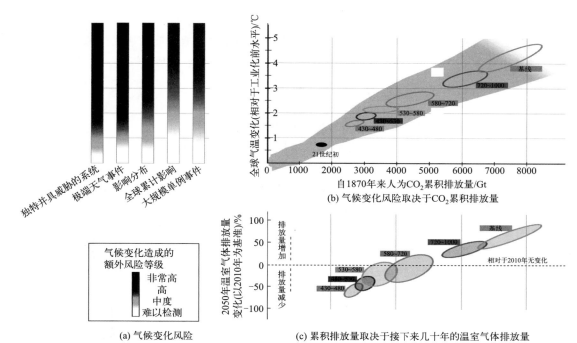

图 2.13　气候变化带来的未来风险。这取决于二氧化碳累积排放量，而二氧化碳累积排放量
取决于未来几十年的年度温室气体排放量。1870 年后的温室气体累积排放量低于 3000Gt
CO_2 当量是将 CO_2 浓度保持在 430～480μL/L 范围内的保证，也是将温度上升限制
在 2℃内（可能性为 50%）的必要条件。这需要使 2050 年的温室气体排放量控制
在 2010 年排放量的一半以下（资料来源：IPCC，2014）

放量。3000 Gt 的 CO_2 总量是排放限值的三倍。第 6 列显示了排放总量为 1000Gt CO_2 的情景，它将使用当前 3/4 的天然气储量、当前 1/2 的石油储量和 1/6 的煤炭储量。第 7 列显示了在当前的生产率下这些有限的储备将持续的时间。如果不使用碳捕集与封存技术，这种情况将使全球煤炭储量的 83%、石油储量的 50% 和天然气储量的 25% 埋藏在地下无法使用。这些搁置的能源价值 100 万亿美元。

表 2.5　1000Gt 二氧化碳限制以及因此搁置的化石燃料储量

燃料	全球储量	全球产量	CO_2 排放系数	总储量燃烧后 CO_2 排放量	有限使用储量产生的 CO_2 排放量(1/6 煤、1/2 石油、3/4 天然气)	现有年产量下的能源使用年限(1/6 煤、1/2 石油、3/4 天然气)	有限使用储量后的搁置能源量(1/6 煤、1/2 石油、3/4 天然气)
煤炭	872×10^9 t	7.9×10^9 t/a	2.24t/t	1955Gt	325Gt	19 年（总储量可用 112 年）	726×10^9 t
石油	1.6×10^{12} 桶	33×10^9 桶/a	0.43t/桶	709Gt	350Gt	25 年（总储量可用 50 年）	825×10^9 桶
天然气	7.31×10^{15} ft³	120×10^{12} ft³/a	54.4t/10^6 ft³	397Gt	300Gt	45 年（总储量可用 60 年）	1.83×10^{15} ft³
总计				3061Gt	975Gt		

（4）碳捕集与封存可减少化石燃料的 CO_2 排放
一种使用更多化石燃料储量并减少 CO_2 排放量的方法是在碳释放到大气中之前将其捕获

并隔离在永久存储区中。长期以来，碳捕集与封存（CCS）一直被认为是一种潜在的改变游戏规则的技术，它将允许在控制碳排放的同时继续使用化石燃料。有希望的捕集技术包括：

① 使用整体煤气化联合循环技术（IGCC）将煤和氢气转换为天然气，并在燃烧前捕集合成气-氢气。

② 煤粉锅炉和天然气联合循环工厂的燃烧后 CO_2 捕集。

③ 使用纯氧的富氧燃烧产生高 CO_2 浓度的烟气。

有希望的封存方案包括向盐岩地层和含水层、不可开采的深层煤层、提高石油采收率（EOR）的油层以及枯竭的石油和天然气储层中注入二氧化碳。

正在开发的项目希望证明 CCS 在技术和经济上的可行性。2014 年底，加拿大装机容量为 110MW 的萨斯克边界坝（Sask Power Boundary Dam）燃煤电厂进行改装，开始了 95% 的燃烧后 CO_2 捕集，捕集量总计 1Mt/a 通过管道输送 66km，并注入油田以提高采收率。休斯敦附近的 NRG 能源公司开发的耗资 10 亿美元的帕里什·佩特拉·诺瓦（Parish Petra Nova）项目于 2017 年初上线。该项目设计用于捕获燃烧后 90% 的 1.6×10^6 t/a 的 CO_2，通过 82 英里❶长的管道运输以提高陆上采收率。该项目在最初 6 个月运行良好。

然而，2017 年年中，作为清洁煤旗舰的 CCS 项目失败了。密西西比州肯珀县的 IGCC 发电厂设计有 CCS 技术，可捕获 65% 的 3.5×10^6 t/a 的 CO_2，这些 CO_2 将通过 60 英里长的管道运输用于提高陆上采收率。该项目已经耗资 75 亿美元，比预算高出 40 亿美元，碳捕集计划比预期晚了 3 年。2017 年 6 月，工厂所有者南方公司决定放弃 IGCC-CCS 项目，转而使用天然气（Condliffe，2017）。世界各地还有 18 个其他 CCS 示范项目处于规划阶段（MIT CCS Database，2015）。

大多数人认为如果不使用 CCS 技术，化石燃料就不会有气候友好的前景。尽管示范项目取得了一些技术进展，但 CCS 仍然受到技术和成本问题以及由碳排放价格为零或较低而导致的财政激励不足的困扰。

2.3.2 局部和地区性空气污染

化石燃料燃烧不仅是 CO_2 排放的主要来源，而且还是影响人类健康和生态系统的空气污染物的主要来源。所有主要的空气污染物，包括细颗粒物（PM）、硫氧化物（SO_x）和氮氧化物（NO_x）、一氧化碳（CO）、臭氧（O_3）和一些有毒金属如汞，都与化石燃料燃烧有关。如表 2.6 所示，2013 年，美国 78% 的主要空气污染物来自燃料燃烧，而 2006 年这一比例高达 90%。这些污染物不仅影响世界各地城市的人类健康，而且有些还通过远距离输送，产生酸雨和其他沉降物，使水和生态系统退化。

表 2.6 美国空气污染物排放情况

污染物种类	排放量/（10^6t/a）				来源/%		
	1970 年	1990 年	2006 年	2013 年	能源	固定源	移动源
SO_2	31	23	14	5	97	94	2
CO	197	144	88	59	86	12	74

❶ 1 英里（mile，mi）=1609.344m。

续表

污染物种类	排放量/（10^6t/a）				来源/%		
	1970 年	1990 年	2006 年	2013 年	能源	固定源	移动源
PM_{10}	12	3	3	3	57	35	22
$PM_{2.5}$	—	2	2	2	51	34	14
NO_x	27	25	18	13	84	34	59
VOCs	34	23	14	14	42	5	37
总计	302	218	137	96	78	19	60

资料来源：U. S. EPA，2015。

美国的好消息是：主要通过技术控制和燃料燃烧的缓慢增长，在减少空气污染物排放方面已经取得了相当大的进展。表 2.6 显示：1970 年至 2013 年间，标准空气污染物的总排放量减少了 2/3，自 1980 年以来减少了 62%。自 2000 年以来，污染物减排效果显著。从 2000 年到 2014 年，CO 排放下降了 42%，挥发性有机化合物（VOCs）下降了 18%，SO_x 下降了 69%，NO_x 下降了 41%，一次 $PM_{2.5}$（颗粒物直径$\leqslant 2.5\mu m$）下降了 32%。这些减排发生在人口、车辆行驶里程和经济都有所增加的背景下。发电厂和工业等固定源是 SO_x、PM 和 NO_x 以及汞等几种有毒污染物的主要来源。以老式燃煤电厂为主的发电厂排放了 2/3 的 SO_x，1/4 的 NO_x，以及大约 40% 的汞和 CO_2。车辆等移动源是 CO、VOCs 和 NO_x 的主要贡献者，后两者是城市烟雾和臭氧的成因。

美国的污染物排放减少改善了环境空气质量，从 2000 年到 2013 年，美国污染物水平降低，消减了 59% 的 CO，62% 的 SO_2，29% 的 N_2O，34% 的 $PM_{2.5}$ 和 18% 的 O_3。坏消息是，即使有了这些污染物减排，2014 年美国仍有近一半的人生活在没有完全达到清洁空气标准的地区，但这比 2005 年的一半人口的总数有所下降。美国环保署 2016 年（U. S. EPA，2016b）的数据显示，美国的空气质量在过去十年中有所提高，但仍有数百万人暴露在主要由化石燃料燃烧造成的不健康环境中。空气污染严重地区如萨克拉门托、达拉斯和休斯敦，在 2016 年有超过 40 天空气污染指数超标。

贫穷国家的城市空气质量则要差得多，那里的人们继续忍受着与能源相关的空气污染对公共健康的严重危害。世界卫生组织（WHO，2016）整理了世界范围内近 3000 个地区从 2008 年至 2015 年的年均 PM_{10} 浓度水平。作为参考，美国 PM_{10} 的年平均最高标准是 $50\mu g/m^3$，美国和欧洲以外的大多数城市空气质量都达到这一标准，而大部分欧美城市空气质量远高于此标准，可低于 $20\mu g/m^3$。但许多亚洲城市的空气质量超出这一标准，在污染特别严重地区，如印度北部、巴基斯坦、阿富汗及阿拉伯半岛部分地区，PM_{10} 浓度可超出标准三倍以上，达到高于 $150\mu g/m^3$ 的水平。

世界卫生组织（WHO，2014）估计：2012 年，由于空气污染而过早死亡的人数为 700 万人（占总死亡人数的 1/8），是先前估计的两倍多，这使空气污染成为全球最大的健康威胁。其中约 600 万死亡发生在东南亚和西太平洋地区，其中 56% 的死亡与室内空气污染有关，44% 与室外空气污染有关。在中国，空气污染是积极提高能效、发展可再生能源的主要原因之一。

2.3.3　燃料提取、运输和其他影响

空气污染和气候变化并不是化石燃料使用的唯一负面影响。燃料的提取、加工和运输可

以对环境以及人类健康和福利产生重大影响。在勘探和开发油砂、页岩气和致密油、深水石油、北极矿床等非常规"前沿"资源的同时，风险也在增加。一起来看下面几个案例：

① 美国阿巴拉契亚地区开采煤矿过程的山顶移除（MTR）案例。通过移除山顶覆盖层，然后填充山谷来处置覆盖层材料的方法来开采煤层。到 2012 年，阿巴拉契亚地区大约 2200 平方英里的森林因为山顶移除过程被清除。研究表明，MTR 采矿具有无法缓解的严重环境影响，包括对水源溪流和濒危物种栖息地的破坏以及一系列对人类健康的影响（U. S. EPA，2005）。

② 煤炭加工和残余灰分处置的影响，包括泥浆池破裂和化学泄漏。例如，2008 年田纳西州罗恩的 TVA Kingston 工厂粉煤灰泥浆池破裂，泄漏了 3 亿加仑的有毒污泥，覆盖数百英亩❶。2014 年，位于北卡罗来纳州杜克能源的一个粉煤灰泥浆池发生泄漏，将 3500 万加仑有毒泥浆排入丹河。同样在 2014 年，自由工业公司将 7500 加仑的煤炭加工有毒化学物质泄漏到供水取水口上方的埃尔克河，为弗吉尼亚州西部查尔斯顿（Charleston）都会区的 30 万居民提供了一份"请勿使用"的忠告。

③ 深水石油钻井带来了常规作业和重大事故的石油泄漏风险。例如在 2010 年的墨西哥湾，英国石油公司（BP）发生了一起"深水地平线号"（Deep Water Horizon）油井漏油事件。这起历史上最大的海上石油泄漏事件排放了 490 万桶（2.1 亿加仑）原油，近 3 个月后泄漏量才达到峰值。漂移的石油被冲上了从路易斯安那州到佛罗里达州狭长地带的海滩。英国石油公司已经向一个信托基金支付了 600 亿美元，用于罚款、民事和刑事和解。

④ 加拿大油砂是一种富含天然沥青的沉积砂，提供了另一种非常规石油来源。这种被许多人称为"脏油"的物质的开采和加工给加拿大的公司和监管部门提出了巨大的环境挑战。有加拿大皇家专家团队呼吁加大对油砂开采的关注力度，并针对其对下游居民造成的影响和区域水质以及整体环境水平进行严格监控（Royal Canadian Expert Panel，2010）。同时，开采油砂用于生产石油带来更高的桶均温室气体排放量，"这对加拿大履行其国际承诺构成了重大挑战"。

⑤ 页岩气和致密油的水力压裂技术显著增加了美国的油气产量，但并非没有影响。这些问题包括对供水、地表和地下水资源的污染威胁，潜在的温室气体甲烷泄漏以及由注入压裂砂-水-化学浆和废水引起的地震（Jackson et al.，2014）。

⑥ 使用卡车和火车运输煤炭，使用油罐列车运输石油以及使用管道运输石油和天然气都对人类健康和环境构成了威胁。从 2009 年到 2013 年，美国的铁路油罐列车从 1 万辆增加到 40 万辆，当时美国石油产量的 10% 由铁路运输。然而，油罐列车发生的事故有所增加，2014 年报告了 141 起泄漏事故，是 50 年来平均水平的 6 倍。西弗吉尼亚州的碳山（2015年）、弗吉尼亚州的林奇堡（2014 年）和魁北克（2013 年）发生的一系列重大事故导致了 47 人死亡，让人们产生了通过监管降低风险的紧迫感。2016 年至 2017 年，美国各地发生了针对大量管道项目的大规模抗议活动，包括从阿尔伯塔油砂区延伸到内布拉斯加州和得克萨斯州的 Keystone 输油管道，从北达科他州油田延伸到伊利诺伊州的达科他州输油管道，以及来自马塞勒斯页岩地区的众多天然气管道。

我们需要重点理解的是：所有能源都对人类健康和环境有一定的影响，但它们的影响类型和程度各不相同。回顾一下：可持续能源具有最低的生命周期成本；核电的碳排放可以忽

---

❶ 1 英亩=4046.873m²。

略不计，但却会产生放射性废物对环境造成影响，在发生事故和废物处置时面临着风险和不确定性；生物燃料生产对土地和水造成了与集约化农业相关的影响；风能利用导致鸟类死亡率升高并影响美感；大规模太阳能系统会影响敏感的生态系统。

注：本书英文版第一版第 59 页的表 2.5 "能源造成的温室气体排放以外的环境影响"，现在可以在岛屿出版社网站上找到。该表突出显示了能源对环境的诸多影响，包括化石燃料、核能和可再生能源。

2.4　核能：曾经的伟大希望，现在正在衰落

许多人仍然将核能视为能够满足日益增长的能源需求，并同时减少碳排放以缓解气候变化的关键非碳能源。一些人预言核能会伴随着高效率、低成本、标准尺寸和配备安全系统的先进技术而复兴，即所谓的第三代核电技术、第三代＋核电技术和第四代核电技术。然而，自本书英文版第一版以来，甚至在 2011 年日本海啸引起的福岛核泄漏之前核工业便一直在衰落，这对未来的核工业复兴是一个重大打击。如每年夏天发布的详细的《世界年度核工业状况报告》(*World Nuclear Industry Status Report*)（WNISR，2016）所述：核能还受到工厂老化、退役问题、投资有限、成本超支和持续的废物管理的不确定性等问题的困扰。

① 装机容量和发电量都在下降。本书前面提及的发电量图表［图 1.7（b）和图 1.5］显示了这种下降，图 2.14 也是如此。2016 年运行的反应堆有 402 个，比 2002 年的峰值少 36 个，2010 年的总装机容量峰值为 367GW，截至 2016 年已降至 348GW，与 20 年前的水平相当。2006 年年度核电发电量达到创纪录的 2660TW·h，2015 年下降 11％至 2441TW·h，相当于1999 年的水平。全球核能发电量占比在 1996 年达到 17.6％的峰值，在 2015 年下降到 10.7％。美国是最大的核能发电国家，2015 年发电量约有 800TW·h，其次是法国（420TW·h，约占其电力需求的 75％）、俄罗斯（175TW·h）、中国（170TW·h）和韩国（150TW·h）。

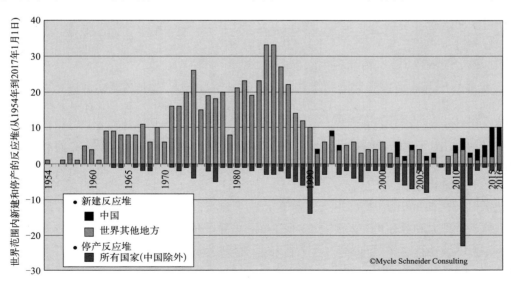

图 2.14　核电正处于衰退期。2016 年正在运行的反应堆有 402 个，而 2002 年和 1989 年分别为 438 个和 420 个。最近增加的大多数反应堆都在中国（来源：WNISR，2016。经 Mycle Schneider 许可使用）

② 关停的核反应堆数量超过新建的反应堆数量。图 2.14 显示，在 1991 年至 2000 年期间，新建反应堆的数量远远大于关停数量（52 比 30），在 2001 年至 2010 年期间，这一数字持平（32 比 32）。在 2011 年至 2016 年年中期间，关停的反应堆略多于新建反应堆，部分是由于福岛核事故，这场事故对日本和德国的影响尤其严重。

③ 新项目施工延误。2016 年年中，正式在建的反应堆有 58 座，装机容量为 56.6GW，其中 21 座在中国，9 座在俄罗斯，6 座在印度。然而，其中几个项目面临着不确定性。8 个反应堆已经"在建"超过 20 年，3 个反应堆已经"在建"超过 12 年。有些已确定开工日期的项目都经历了从几个月到两年多不等的施工延误。

在美国，位于田纳西州的 TVA's Watts Bar-2 于 2016 年上线，目前已有四座反应堆在建：南卡罗来纳州的 Summer-2 和 Summer-3 以及佐治亚州的 Vogtle-3 和 Vogtle-4。Watts Bar-2 的建造始于 1973 年，在 1988 年停止施工时，第二代核能系统设计完成了 80%，在 2007 年恢复建造。建成时，它成为美国 20 年来建成的第一个新反应堆。

Summer 和 Vogtle 系列项目采用第三代核电技术＋AP1000 设计，它们的成功可能对美国核电的未来至关重要。Vogtle 和 Summer 项目都面临施工延迟和成本超支的问题。尽管联邦政府为 Vogtle 项目提供了 83 亿美元的贷款担保，但因成本持续上升，Vogtle 项目仍面临着财务问题。2017 年西屋公司破产（见下文）将这些工厂置于危险之中。西屋公司的母公司东芝为公用事业公司南方电力天然气公司和桑蒂库珀公司提供了 22 亿美元的担保以完成 Summer 反应堆，但在花费 90 亿美元后，公用事业公司取消了该项目。他们估计该项目的总成本可能为 250 亿美元。对于 Vogtle 项目，东芝公司保证向公用事业公司格鲁吉亚电力和南方核电提供 37 亿美元的投资，以使其在 2017 年 7 月接管该项目，他们已经决定这样做。尽管佐治亚州公共服务管理局的一名顾问得出结论认为继续开发 Vogtle 扩建项目是不经济的，应该停止，但该局在 8 月份投票决定，如果能够在经济上完成该项目，就继续进行该项目，尽管它的最终成本可能为 270 亿美元。

这对美国核电的未来不是一个好兆头，但另外 12 个反应堆被核管理委员会（NRC）列入综合建设和运营许可的审查名单，包括 6 个 AP1000 反应堆（先进压水反应堆）和 2 个 ABWR（先进沸水反应堆）以及 6 个新型的仍需 NRC 认证的反应堆［EPR（第三代原子能反应堆）和 ESBWR（经济简化型沸水反应堆）］。

④ 核能供应商和新设计发展缓慢。几乎所有运行中的反应堆都使用 20 世纪 70 年代和 80 年代的所谓第二代设计。第三代反应堆涉及对第二代的一些改进［如通用电气（GE）的 ABWR，1997 年通过 NRC 认证］，包括预期的安全和经济改进［如西屋公司的 AP1000 于 2005 年通过 NRC 认证，法国欧洲加压反应堆（EPR）和通用日立的经济简化型沸水堆（ESBWR）均未通过 NRC 认证］，并提出了尚未商业化的第四代反应堆设计理念（例如热能和快中子增殖反应堆）。核能行业有几家供应商，但该行业仍由法国国有企业阿海珐（AREVA）和法国电力集团（EDF）、加拿大原子能公司（AECL），以及私营的美国-日本合资公司通用日立和西屋电气（东芝的子公司）主导。核电供应商和公用事业公司都面临着财务挑战和信用评级下降的问题。2017 年，东芝因财务问题宣布剥离其西屋子公司，西屋申请破产。随着业绩的下滑，整个核能行业的工程人才和专家减少了。

⑤ 反应堆老化，核电许可证延期和退役。由于过去 20 年的核能发展有限（全世界每年新建 3.5 个反应堆），核反应堆正在迅速老化。初代反应堆的设计年限为 40 年，大多数第二代反应堆已接近设计寿命。然而，反应堆许可证正在延期。在美国，100 家核电厂中的 72

家又获得了 20 年的许可证延期，但是老化的核电厂正面临着越来越高的运营成本，一些反应堆难以与天然气发电竞争。有趣的是，美国 46％的核能是由独立发电商（IPPs）生产的，而不是公用事业公司，这些独立发电商必须在市场上竞争才能出售它们的电力（否则根本不能运营）。2014 年 5 月，美国爱克斯龙电力公司的三个独立发电商反应堆未能在其年度拍卖中获得向 PJM 电网提供电力的合同。PJM 服务于哥伦比亚特区和从俄亥俄州到新泽西州再到北卡罗来纳州的 13 个州。

世界第二大核能发电国法国也有一些老化的反应堆。58 个反应堆的平均寿命为 29.4 年，其中 27 个反应堆的寿命超过 31 年。法国决定，在永久核废料管理系统获得批准之前，只延长 10 年的许可证有效期。截至 2016 年年中，全球共有 164 个反应堆被关停，这些反应堆必须退役，以容纳其放射性物质。这一数字在未来几年仍将增长。国际原子能机构（IAEA，2014）表示：“核电在退役后仍有大量工作要做。”

⑥ 核能与天然气和可再生能源的经济性对比。核能未来面临的最大问题或许是经济问题。新建、融资以及运营老旧核电站的成本的不确定性正在困扰着核电行业。美国近一半的核反应堆由独立发电商拥有，独立发电商生产的核电必须在电力市场上与天然气和可再生能源竞争。2017 年，包括纽约州、伊利诺伊州、康涅狄格州、俄亥俄州和新泽西州在内的几个州已经通过或正在考虑为核电站提供财政补贴的政策，以维持它们的运行。财政问题甚至在“核能法国”也很明显，法国拥有最大的核能运营商（国有企业 EDF）和世界上最大的核能建筑商（AREVA）。两家公司都有财务困难：EDF 正在亏本运营，穆迪将其前景从稳定下调为消极；AREVA 在五年间亏损 100 亿欧元后在技术上破产，其股票价值比 2007 年的峰值下降 96％。虽然大量的私人投资已经投向了可再生能源和天然气，但由于面临诸多的不确定性，核能行业几乎没有投资。

⑦ 核废物管理的不确定性。2014 年 8 月，美国 NRC（2014）发布了其最终规定：在反应堆使用寿命结束后继续在核电厂中储存核燃料，直到将核电厂的废物进行最终处理并清除。由于法院诉讼，这一规定被推迟了几年，该规定消除了美国核能行业和公用事业公司面临的一个关键的短期不确定性问题。尽管这种原位存储方法可能会使核电厂退役复杂化，但由于美国缺乏永久性的核废料储存设施，这项规定是有必要的。尽管国会于 2002 年批准了内华达州的尤卡山核废料储存库，但美国于 2011 年终止了对该项目的资助。《福布斯》（Conca，2014）报道说，尤卡山永远不会成为核废料处置库，因为“太多的政治、经济和工程障碍阻碍了这一进程”。其他国家也面临着类似的长期的废物管理问题。

2.5　向清洁能源的过渡正在发生：能效和可再生能源

全球正在从化石燃料过渡到可再生能源。随着化石燃料资源的减少，空气污染的加剧以及人们对不稳定气候的担忧日益加重，煤炭、石油和天然气的未来都蒙上了一层阴影，新的世界能源经济格局正在形成。以煤炭和石油为主要燃料的旧经济正在被以太阳能和风能为主导的新经济所取代（Brown et al.，2015）。

莱斯特·布朗（Lester Brown）的《大转变：从化石燃料转向太阳能和风能》的开篇预示了清洁能源的未来，并指出这种转变正在进行中。确实，风能和太阳能是世界上增长最快的能源，几乎看不到尽头。尽管风能和太阳能仍然只占能源使用总量的很小一部分，但这种情况可能会迅速发生变化，特别是在能源利用效率方面取得重大进步时。

2.5.1 能源效率正在不断改进

为了减少对化石燃料的依赖和实现长期可持续发展，我们在短期投资方面的最佳选择是提高能源生产和使用的效率，并开发可持续的可再生能源。但能源效率应当排在第一位，因为它提供了短期内减少石油和碳排放需求的最佳机会，是我们所有的能源选择中成本效益最高的。随着收益的不断累积，能效具有持久的价值，而由此产生的低需求会使得能源供应变得更加容易。高能源需求是大转型的最大威胁，因为通过扩大太阳能和风能规模，更容易实现低能源消耗的供应。通过提高效率，发展中世界可以绕过发达国家所经历的传统的无效率时期。

有必要说明一些用于表示能源使用效率的术语。之前我们已经引入了经济能源强度［式（2.1）］的概念：

$$能源强度 = \frac{能源消耗量}{GDP} \qquad (2.1)$$

美国和世界经济体的能源强度继续提高（见图1.4和图1.15）。能源强度的提高主要是由于两个因素：能源价格上涨和政府标准推动了能效投资，以及能源强度较低的经济行业进行了经济结构调整。

能源效率不同于能源强度。能源转换效率［式（2.2）］是将一种形式的输入能量转换为另一种更有用形式的输出能量的转化率，例如将电厂锅炉中输入的煤中的化学能转换为热能，将涡轮机中的机械能转换为电厂发电机中的有用电能。如果能从一个单位的输入能量中转换出更多有用的能量，就能更有效地转换能量。

$$能源转换效率 = \frac{有效的输出能量}{所需的输入能量} \qquad (2.2)$$

能源功能效率［式（2.3）］是衡量从消耗的能源中获得的功能的指标。我们并不真正需要能量，而是需要能量提供的功能。我们需要取暖，照明，人员和材料的运输，娱乐，通信，食品生产、保存和制备，工厂作业，机械工具，能源为我们提供的其他生活和劳动必需品，以及一些改善生活的功能。如果能用更少的能量提供这些功能，我们就可以更有效地利用能量。

$$能源功能效率 = \frac{提供的功能}{消耗的有用能} \qquad (2.3)$$

能源转换和功能效率的提高并不需要改变能源的最终去向，即能源提供的功能、帮助人们进行的活动和对生活水平的提高不发生变化。

此处将节约能源定义为个人或社区通过减少能量提供的功能来节约能量的行为，例如在家里：

① 通过用新的超高效煤气炉（同样的有效输出能量，更少的能源输入）取代旧的煤气炉，可以提高能源转换效率。

② 通过在房屋中增加隔热层（同样的功能，消耗的有用能更少）可以提高能源功能效率。

③ 在供暖季节，可以通过降低恒温器夜间的温度来实现节能（功能更少，能源消耗更少）。

在第1章中回顾的能源数据表明我们在能源效率方面已经取得了长足的进步：

一是全球能源消费仍在增长，但自 2000 年以来，尽管人口和经济有所增长，发达国家的能源消费量却没有增长。发展中国家的能源消费增长自 2012 年以来也有所放缓（图 1.3）。

二是自 1998 年以来，尽管人口和经济显著增长，美国能源消费总量却基本保持不变。从 2000 年到 2016 年，经济能源强度（能源消费量/GDP，以美元计）下降了 27%，人均能源消费量下降了 15%（图 1.15）。

三是从 2007 年到 2016 年，美国液体燃料消费量下降了 5%，煤炭消费量下降了 35%，电力消费量下降了 2%。

四是能源效率正不断提高，但仅仅是在建筑、车辆、照明、电器和土地使用方面开始起步，还有更多的方面有待改进。

① 向净零能源（ZNE）建筑物迈进。建筑物消耗占全球和美国能源消耗的 40% 以上。技术和政策刺激了节能建筑的发展。欧盟和加利福尼亚州有两个针对 ZNE 的重要驱动政策正在等待授权。欧盟指令 2010/31/EU 要求成员国制定计划，到 2020 年在新建筑中实现接近 ZNE 的目标，这是其 20/20/20 目标（CO_2 排放量减少 20%，可再生能源达到 20%，到 2020 年的能源需求量减少 20%）的一部分。在美国，加州在 2014 年对其建筑法规第 24 条进行了修订，要求在 2020 年前所有新的住宅建筑都需要实现 ZNE，在 2030 年前所有新建商业建筑都需要实现 ZNE。为了实现 ZNE，需要在保温、照明、电器和暖通空调（例如：96% 的高效燃气炉、微型分离式热泵和地源热泵）、现场发电以及"智能建筑"控制等方面显著提高成本效益。这些举措可能会给全球建筑行业带来革命性的变化。

更先进的技术和建筑物使建筑热效率得到了显著提高。在欧洲经验的引领下，德国被动式房屋协议一类的技术和实践正在美国慢慢实施。美国大多数州的建筑规范都是基于新住宅的《国际节能规范》（IECC）和美国采暖、制冷与空调工程师学会（ASHRAE）的新商业建筑规范 ASHRAE 90.1 修订的。这两个建筑规范每 3 年更新一次，2015 年 IECC 规定的建筑热效率比 2006 年版本高 45%，2016 年 ASHRAE 90.1 的目标是比其 2004 年版本的建筑热效率高 45%。

新建建筑效率的提高尚不足以减少能源的消耗，因为现有的建筑将在未来几十年内占主导地位。对现有建筑进行节能改造的新方案将会更好地把建筑科学和技术应用到建筑领域，如在空气密封、湿度控制、隔热、改善照明和电器效率以及智能控制等方面的节能改造。

② LED 照明的进步。发光二极管（LED）照明已经从 2008 年的小众市场发展到 2015 年以后的市场主力灯具。由于价格下降和 LED 固有的优点，即高效、高质量的照明和长寿命，预计 LED 的销量将会持续增长。有人预计，2030 年美国固态 LED 照明节省的电力将相当于美国所有预期风力发电量的 150%，亦即预期太阳能发电量的 10 倍，这相当于 2000 万个家庭的用电量（见第 8 章）。这使 LED 的价值和能效在总体上得到了正确的评价。

③ 车辆效率提高。在 20 世纪 90 年代，汽车效率的提高被美国汽车尺寸的增加所抵消。与建筑物一样，改进的技术（例如混合动力驱动、较轻的车身材料、燃油喷射、先进变速器）和政府政策［例如，美国企业平均燃油经济性标准（CAFE）规定到 2025 年将燃油效率翻一番］已经影响了市场。2013 年，美国销售的轻型汽车每加仑燃油平均行驶 24.1 英里，自 2004 年以来增加了 5 英里/加仑。2005 年，市面上只有少数几款混合动力汽车，而现在有 50 种之多，占据美国机动车市场的份额超过 3%。2005 年，插电式电动汽车主要还

是概念车，现在美国市场上已有 20 多款车型，2017 年累计销量为 68 万辆，而且还在增长。

④ 美国的车辆行驶里程稳定。大多数分析师早就预测，美国的车辆行驶里程（VMT）将继续以 1990 年至 2005 年间的每年 2.3% 的增速增长。2008 年，较高的燃料价格和随后的经济衰退导致 VMT 自 20 世纪 70 年代以来首次下降。2013 年，VMT 增长保持平稳，人均车辆行驶里程连续第九年下降，在 2014—2016 年间，由于天然气降价，VMT 才略有增加。

⑤ 更高效的电机、电子设备和电器。美国和其他国家的能效标准带来了技术改进，先进的技术实现了更低的能源消耗，并且通常不会增加成本。美国节能经济委员会（ACEEE，2014）估计：到 2030 年，2012 年实施的标准（美国能源部最终确定了 10 项额外标准）将为消费者节省 1.1 万亿美元的能源成本，相当于 196Q 或美国两年的能源总使用量。

⑥ 全球能源效率改进仍然存在巨大潜力，而美国的能效潜力排名很靠后。国际能源署估计：具有成本效益的能效潜力仅被挖掘了约四分之一，其中建筑和发电的能效潜力最有待发掘。在 2016 年 ACEEE 的国际能效排名中，美国在 16 个国家中排名第八，远远落后于排名第一的德国和其他 OECD 国家，同时也落后于中国（排名第六）。

2.5.2　可再生能源增长迅速但贡献依然很小

自本书英文版第一版出版以来，可再生能源在世界范围内实现了前所未有的增长。在 2004 年到 2016 年间，全球风电装机容量增加了 10 倍，太阳能装机容量增加了 76 倍，生物质发电装机容量增加了 2.5 倍，生物乙醇产量翻了两番，生物柴油产量增长了 10 倍。2004 年可再生能源领域的年度投资还不足 400 亿美元，2015 年便已达 3290 亿美元。自 2009 年以来，大部分对可再生能源的投资都是由太阳能和风能驱动的，而自 2011 年以来则主要是由太阳能驱动的。不过与化石燃料相比，可再生能源在全球能源总量中的贡献依然很小。先前的图表显示：可再生能源约占全球商业能源的 11%，如果包括用于供暖和烹饪的传统生物质能源，则为 20%。可再生能源中只有 3% 来自可再生能源发电和生物燃料，4% 来自生物质和地热，4% 来自水电。

2.5.2.1　全球风能与太阳能

图 2.15 显示了 2004 至 2016 年间全球风能和太阳能的显著增长。在这十几年中，风力发电装机容量平均每年增长 16%（每 4.5 年翻一番），太阳能发电装机容量每年增长 38%（每 1.9 年翻一番）。从 2013 年到 2016 年，风能和太阳能的年增长率分别为 15% 和 29%。2016 年，中国占全球新增风电装机容量的 45%，占全球累计装机容量的 46%，而美国和德国的这一比例分别为 22% 和 14%［图 2.16（a）］。

太阳能光伏（PV）模块的成本从 2008 年的 6 美元/W 大幅降低到 2016 年的 0.60 美元/W，促使太阳能发电量自 2009 年底以来从 23GW 增长到 2016 年的 305GW，7 年内增长了 13 倍（图 2.15）。2005 年到 2012 年，欧洲引领了太阳能产业的扩张，德国仍以 14% 的全球总产能排名第三，2016 年意大利的产能占 6%，位居第五。自 2012 年以来，欧洲的太阳能增长有所放缓，但中国（2016 年占全球太阳能装机容量的 26%）、美国和日本的增长速度有所加快，分别占 2016 年全球新增装机容量的 45%、19% 和 11%［图 2.16（b）］。印度以 9GW（占世界总量的 3%）的装机容量排名第七，2016 年以 4GW（占全球总量 5%）的增量排名第四。

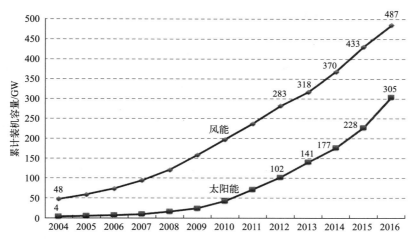

图 2.15　2004—2016 年的全球风能和太阳能累计装机容量。自 2010 年以来，风电装机容量每年增长 16%，每 4.5 年翻一番；太阳能装机容量每年增长 38%，每 1.9 年翻一番（数据来源：IEA，2017b；GWEC，2017）

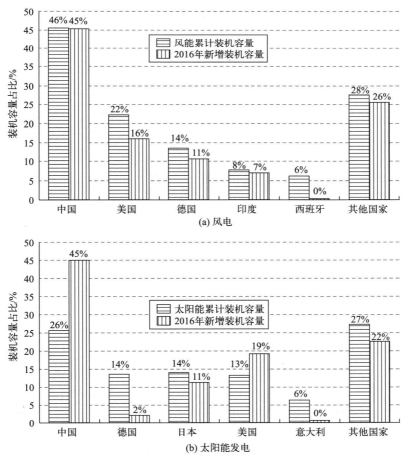

图 2.16　2016 年选定国家/地区风电（a）和太阳能发电（b）累计装机容量和年新增装机容量对比（数据来源：IEA，2017b；GWEC，2017）

2.5.2.2　美国风能和太阳能能源

美国风力发电增长强劲，但每年的发展受到联邦生产税抵免（PTCs）到期和延期的严重影响。图 2.17（a）显示了 2000—2016 年间的新增和累计风电装机容量。年度波动反映了 PTCs 到期和临时续约。2016 年风力发电量仍不到美国总发电量的 10％，但这是新增发电量的一个主要因素。

图 2.17（b）显示，美国太阳能光伏装机容量从 2010 年的 2.1GW 增长到 2016 年的 40.4GW，年增长率为 64％。2016 年总装机容量的 62％来自公用事业规模（>5MW）系统（25GW），38％来自分布式住宅（<20kW）和商用（<5MW）系统（15.4GW）。美国小型系统的分布式太阳能市场已经呈现爆炸式增长。2016 年初，太阳能装机数量达到 100 万台。加州拥有美国一半以上的太阳能装机容量。

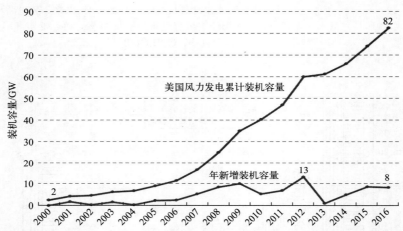

(a) 2000—2016年间美国风电年新增装机容量和累计装机容量。生产税抵免(PTCs)到期和延期影响下的美国风电装机容量增长（数据来源：WISER，Bolinger，2017）

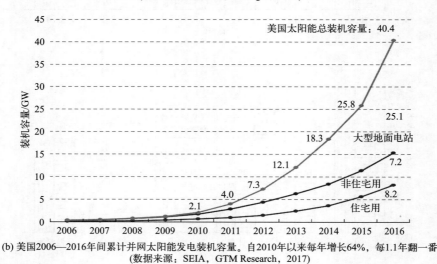

(b) 美国2006—2016年间累计并网太阳能发电装机容量。自2010年以来每年增长64%，每1.1年翻一番（数据来源：SEIA，GTM Research，2017）

图 2.17　美国风电（a）和并网太阳能发电（b）装机容量

图 2.18 给出了按能源划分的公用事业规模的新增和退役装机容量。2016 年，风能（8.7GW）占美国总新增装机容量的 32%〔天然气（9GW）为 33%〕。太阳能（7.7GW）占 28%，仅包括公用事业规模的增长，不包括 2016 年新增的 3.4GW 分布式太阳能。与此同时，煤电装机容量继续下降：自 2002 年以来，已退役的煤电装机容量为 53GW，主要集中在 2012—2016 年（U. S. EIA，2017b）。2015 年，全球风能和太阳能的新增装机容量也超过了总新增装机容量的 60%。

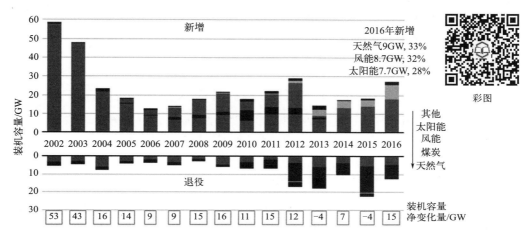

图 2.18　2002—2016 年间美国公用事业规模的装机容量新增和退役情况。新增加的电能主要依靠天然气、风能和太阳能。图中不包括 2016 年安装的 3.4GW 分布式太阳能。自 2002 年以来，已有 53GW 的煤炭产能被淘汰。5 座核电站（5GW）在 2013—2016 年间退役，但 Watts Bar（1GW）于 2016 年上线，这是自 1996 年以来的第一座新核电站
（来源：U. S. EIA，2017c）

2.5.2.3　生物质能

全球性的生物质能利用意义重大。生物质能的来源多种多样，包括食物、饲料、材料、化工原料在内都是生物质能。生物质能的用途包括商业化的生物质热能、生物燃料和发电，以及非商业化的用于烹饪和取暖的传统生物质，后者主要出现在发展中国家。全球生物质能总量为 53Q，约占全球能源需求的 10%。其中一半以上用于传统的烹饪和加热，相关能量损失约为 85%。"现代生物能源"不包括传统的生物质能，但包括热能〔约占全球生物能源终端市场 60% 的份额（不计损失）〕、生物燃料（约 30%）和电力（约 10%）。

如图 2.19 所示，2002 年至 2010 年生物燃料产量显著增长，但 2013 年有所放缓。这主要是由于美国占据了世界市场的一半份额，并且其生物乙醇的增长放缓。欧洲占世界生物柴油市场 45% 的份额。

2007 年，生物乙醇在美国被视为日益增长的交通燃料。2007 年《能源政策法案》推行的可再生燃料标准（RFS）要求：截止到 2022 年，要在运输燃料中使用 360 亿加仑的生物乙醇。如图 2.19 所示，生物乙醇产量一直在增长，直到 2010 年停滞在不到 140 亿加仑，2016 年略有提高，达到了 153 亿加仑，但这个增长率远远达不到 RFS 要求的水平。低油价和从非食品纤维素材料中生产乙醇的低成本技术开发进展缓慢阻碍了生物乙醇产量增长（见第 14 章）。

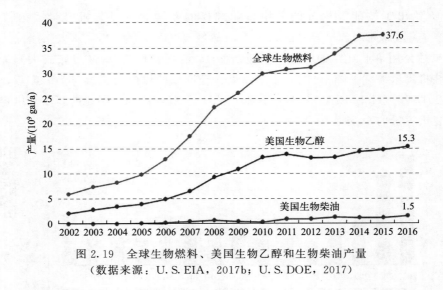

图 2.19　全球生物燃料、美国生物乙醇和生物柴油产量
（数据来源：U. S. EIA，2017b；U. S. DOE，2017）

2.5.2.4　其他可再生能源：水电和地热

2015 年，全球水电装机容量达到 1064GW，总发电量达到 3940TW·h。中国拥有全球 28％的产能，世界最大水电站（22.5GW）三峡大坝项目于 2012 年投入运行，第三大水电站 9.2GW 的溪洛渡项目于 2014 年投入运行。位于巴西和巴拉圭边境的伊泰普水电站（14GW）于 1991 年全面投入运营，每年发电约 100TW·h，与三峡差不多。巴西的水力发电量占全球产能的 8.6％，其次是美国（7.5％）和加拿大（7.4％）。

2015 年，地热资源提供了大约 151TW·h 的能源，在电力、直接供热和制冷之间平均分配。地热发电能力总计 13.2GW，并一直以每年约 3％的速度增长。地热发电量最大的三个国家是美国（27％）、菲律宾（14％）和印度尼西亚（11％）。地热直接利用最多的国家是中国（占 21.7GW·h 总量的 28％）、土耳其（13％）、日本（10％）和冰岛（9％）（REN21，2016）。这种直接的地热利用未采用热泵节能技术。

2.5.2.5　对可再生能源的大量私人和公共投资

也许，向清洁能源过渡的最佳指标是全球性的对可再生能源的私人和公共投资正在不断增加。包括生产和研究在内，投资在 2011 年达到创纪录的 3180 亿美元，但在 2012 年和 2013 年都以每年约 10％的速度下降。然后在 2014—2015 年间反弹至 3490 亿美元。2012—2013 年间的大部分投资下降来自欧洲和美国，而中国的投资持续增长，占 2014 年全球清洁能源总投资的 30％左右。投资增长放缓在很大程度上是可再生能源价格下降造成的。例如，从 2011 年到 2016 年，投资没有增长，保持在每年约 3000 亿美元，但年度清洁能源产能在此期间却增长了 70％（BNEF，2017b；Frankfurt School UNEP Centre/BNEF，2017）。参见第 3.6 节。

2.6　本章总结

可持续能源需要以最小的生命周期经济、环境和社会成本，以及影响最轻的不良结果来支持当前和未来的社会能源需求，我们需要可持续的能源生产和使用模式。我们目前的能源使用模式是不可持续的。本章回顾了人类对石油和化石燃料的持续依赖，以及这种依赖给人类未来带来的重大风险。这些风险与能源供应、价格波动、气候变化、空气污染以及人类健康、经济和环境息息相关。

化石燃料的最大限制可能来自我们需要减少碳排放以缓解气候变化。气候变化正在发生，它的不利影响正在世界范围内被观察到，并正在变得更糟，而减轻其影响的最好办法就是向低碳能源过渡。除非能够以经济上可行的方式捕获并隔离化石燃料燃烧产生的 CO_2（从 2017 年来看这似乎值得怀疑），否则我们可能需要将大部分化石燃料资源，特别是煤炭留存在地下，而不能用掉它们。一些人对核能代替化石燃料仍抱有希望，但由于经济、政治和社会因素，核能也不算一个好的选择。

我们已经开始向可持续能源过渡。由于能源效率的提高，全球和美国的能源消费增长已经放缓。在美国，尽管人口和经济都有显著增长，但 2016 年的能源消耗低于 2000 年。能效提高的潜力刚开始显现，净零能源建筑、双效和电动汽车、LED 照明、高效设备和高效的土地利用技术才刚刚出现在市场上。世界和美国都在见证可再生能源发展的热潮，风力发电量每 4 年翻一番，太阳能应用规模每 2 年翻一番。尽管在全球和美国的能源使用中仍然只占一小部分，但由于增长快速，成本持续下降，同时考虑到可再生能源产生的环境效益以及其在社会和政治方面的可接受性，可再生能源在不久的将来会发挥重要作用。

目前的能源模式是不可持续的，但有迹象表明，向可持续能源的转变已经开始。然而，能源的未来是不确定的。下一章将呈现能源未来的各种愿景。

第 3 章
能源未来

> 我们就像佃农，在我们应该利用大自然取之不尽、用之不竭的能源——太阳、风能和潮汐的时候，却砍倒了我们房子周围的栅栏以获取燃料。我会把我的钱押在太阳和太阳能上。多么强大的力量啊！我希望我们不必等到石油和煤炭用完后才解决这个问题
>
> ——托马斯·爱迪生致亨利·福特和哈维·费尔斯通（1931）

第 1 章和第 2 章讨论了在努力发展更可持续的能源使用模式时所面临的石油、碳排放和需求等关键问题。这项任务的一个重要方面是思考未来，并设计一个情景，以阐明在规划、政策、消费者选择和技术发展方面的可能性，并为之后的行动提供信息。

在本书英文版的 2008 年版中，人们对可持续能源的追求是充满希望的，但却没有付诸现实行动。正如我们当时所写的那样："尽管过去三十年来出现了各种经济、金融、安全和环境信号，但能源市场、政府、社会和人民并没有有效地做出回应，以发展更可持续的能源生产和使用模式。"

2017 年的情况大不相同。第 1 章和第 2 章中回顾的数据表明，我们正处于从以化石燃料为主的能源系统向越来越依赖高效率和可再生能源系统的重大转变的转折点。我们面临的挑战是发展一条最有效、破坏性最小的未来可持续能源之路。但这一挑战因政治风向的转变而变得复杂。在美国政府致力于能源转型 8 年后，新上任的特朗普政府似乎又致力于推进传统化石燃料发展。

展望未来的能源是一项复杂的任务，许多人和机构都在研究这些问题，分析关于未来的各种选择。他们拿出电脑模型和"水晶球"，为未来的能源、技术和政策制定最新的方案和建议。尽管通往可持续能源的道路需要行动，而不是预测和设想，但一个好的起点是提供有意义的未来情景，并阐明问题，打开我们的视野去寻找新的机会，并激励市场、政府和人民采取行动。

本章首先着眼于不断变化的能源系统的复杂性，以及由此带来的规划未来所面临的困难，介绍了对未来的三种基本思考方法：推演和预测未来；评估需求；设计路线图以构建一个规范和理想的未来，并开发和使用情景研究方法，以说明未来的不确定性和诸多可能性。然后，本章介绍了一些由政府机构［如美国 EIA，国家可再生能源实验室（NREL），IPCC］、分析师（如 Jacobson，Lovins）、组织［如 IEA，世界能源理事会（WEC），可持续发展解决方案框架］和金融机构（例如花旗集团，彭博）对未来能源的设想。这些例子说明了情景研究法，也为我们的能源未来提供了不同的视角：重点在于减少碳排放，提高能源的

使用效率，以及发展可再生能源。

3.1　不断变化的能源系统的复杂性

能源系统控制着世界的脉搏，能源系统由一系列复杂的因素决定，这些因素包括技术、经济、全球金融、地缘政治、社会价值观、自然资源和环境。这种复杂性限制了我们预测未来能源的能力。

在过去的 7 年里，世界能源理事会（WEC）根据对 24 个国家委员会 800 名能源领导人的调查，编制了每年一次的《全球能源问题监测报告》。图 3.1 显示了 2017 年 WEC 的全球能源监测结果，它说明了能源系统的复杂性和创建一个准确的未来能源图景的困难。该报告从三个方面对全球宏观经济、商业环境、地缘政治学、区域性问题以及能源的技术和愿景进行了分析。图 3.1 中包括对能源行业的影响（横轴）、影响的不确定性（纵轴）和需要解决问题的紧迫性（气泡的大小）。世界经济论坛对主要地区和个别国家进行了类似的评估（WEC，2017）。

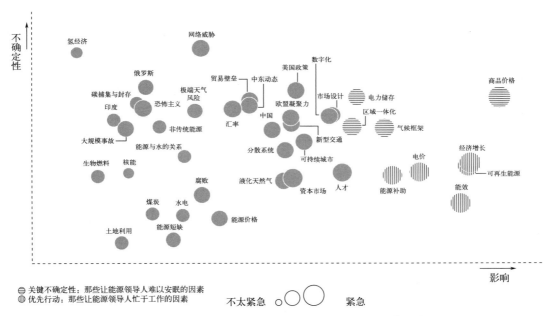

图 3.1　WEC 2017 年全球能源监测报告所描述的影响能源未来的因素（来源：WEC，2017）

高不确定性和高影响问题（位于图中右上角）是"关键不确定性"，低不确定性和低影响问题（左下角）是"弱的信号"。对于 2017 年，最关键的不确定性是能源商品价格、电力储存、气候框架和能源区域一体化［克服国家和地区之间能源分配不均和能源分配无效的政策（例如传输、管道、贸易）］。除了能源价格之外，影响最大的问题和最优先的行动应该在能源效率、可再生能源和化石燃料补贴方面（2012 年估计有 2 万亿美元的政府支出/收入损失）。与 2016 年的监测报告相比，2016 年大选后 2017 年美国政策的不确定性增加，影响减小。自 2010 年公布第一份报告以来，能源效率、可再生能源和电力储存的优先级有所提高，而核能和碳捕集与封存技术（CCS）的优先级却下降了。能源和商品价格以及气候框架仍然是关键的宏观经济不确定性因素。

3.2　未来规划和展望

尽管能源方面的复杂程度在不断上升，但我们仍需要了解当前的趋势会把我们带到何处，我们会面临哪些机遇和挑战，以及我们可以采取哪些积极行动来决定自己的命运，而不是让命运主宰我们。有多种方法可以预见能源的未来，我们需要评估其后果并确定如何实现它们。在本章中，我们区分了以下三种未来能源情景（以及相应的方法和后续介绍的应用示例）：

① 一切照旧（BAU）的未来：在不考虑未来的能源技术、经济、市场、政策和消费行为（例如推演和预测方法，如美国 EIA AEO 参考案例）等重大变化的情况下，扩展当前数据的趋势所推演的未来。

② 未来情景设计：基于能源技术、经济、市场、政策和消费行为的不同假设的合理未来（例如路线图和情景分析方法，如 IEA 世界能源展望，WEC 世界能源情景，彭博新能源财经新能源展望）。

③ 规范的未来：指人们所期望的未来条件（DFCs），基于人类需要或期望条件的可能的未来（例如，解决方案楔形分析和路线图方法，如 IEA 450 情景，RMI/Lovins 的重塑能源情景，以及 Jacobson 的解决方案项目）。

下面介绍四种展望未来的方法：推演和预测法强调趋势分析；未来路线图法旨在最大限度地开发特定技术或达成某个目标；开发解决方案楔形工具法从需求评估入手确定人们所期望的未来条件，然后研究满足这些需求的部分或整个"楔形"的各种方法；而情景开发包含了任何未来情景的不确定性，确定了主要影响因素，并使用定量分析或故事线来阐明不同的未来可能性。

3.2.1　推演和预测

对于展望未来，一个共同的出发点和大多数未来情景的基础是推演和预测。两者之间存在以下差异：

① 推演是过去趋势向未来的延伸。它能识别趋势并将其延伸到未来，而不考虑限制条件或变化。推演方法帮助我们看到将现有趋势延伸到未来意味着什么，即一切照旧的未来。推演可以帮助我们认识到变革的必要性。

② 预测是基于当前驱动力、限制条件和机会的相关预期和假设，进行修正后的对未来的展望，包括对未来条件的预估。如果需要几种不同的假设，预测会描述一种或几种可能的未来。预测通常是一个基于若干因素的模型，例如能源价格、经济增长和人口。

预言未来的能源是一项充满风险的任务，政府和机构过去试图所做的推演已经偏离了目标。然而更重要的是，这种展望未来的方法缺乏创意。推演方法假设经济和人口因素是主要的决定因素，并且两个因素可以预测和建模。但这种模型往往忽视一些重大变化的影响，因此倾向于预测当前趋势下的未来。半个世纪前，当能源模式倾向于遵循一致的趋势时，这种做法还是可行的。但自 20 世纪 70 年代以来，能源价格波动、经济状况和新技术大大降低了对未来进行推演的准确性，特别是较长期的预测。此外，推演很少包含其他方法在设计过程中要求做的规范性处理，或很少对人们的期望进行分析。

美国能源部（DOE）能源信息署（EIA）和国际能源署（IEA）分别使用模型预测方法为国内和全球能源编制年度能源展望。EIA 的年度能源展望（AEO）是每年 1 月编制的，并向前展望大约 25 年。它基于国家能源建模系统（NEMS）进行分析，该模型在很大程度上依赖于对能源价格的预测，而实际价格的波动限制了其预测结果的有效性。

EIA 声明：AEO 中的预测结果不是关于未来会发生什么的陈述，而是在给定假设和方法的条件下对可能发生的情景的陈述。AEO 参考案例的预测方法假设趋势会与历史上和当前的市场行为、技术、人口变化以及当前的法律法规相一致。参考案例在预测过程中未反映出待定或拟议的立法、法规和标准的潜在影响（U. S. EIA，2015）。

EIA 在回顾性审查中准备对其之前的 AEO 报告进行年度评估（U. S. EIA，2015）。关于每年一次的能源消耗量的重要指标，过去的 AEO 没能准确预测。图 3.2 显示了 AEO 过去对 2015 年的推演结果与 2015 年现实情况的对比。AEO 的预测一直高估了实际消费量。在 1994 至 2014 年间，AEO 对总能耗的预测高出了 81%。

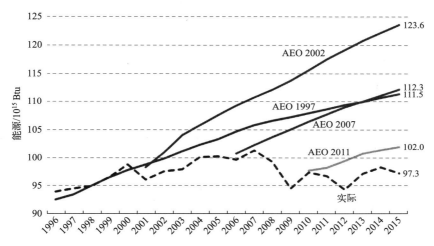

图 3.2　EIA 对一次能源消耗量的年度能源展望预测（不同年份预测与实际对比）。EIA 一直在高估未来的能源消耗（数据来源：U. S. EIA，2016）

推演和预测有其局限性，因为趋势难以反映未来包含的不确定性，而且将趋势直接反映为未来缺乏创造力。然而，该方法确实提供了一个有用的基准，我们可以根据不同的假设或期许的未来条件比较不同的未来情景。本章将使用这些官方的能源展望，正如一切照旧的未来（BAU）所预测的那样。

3.2.2　技术路线图

路线图或蓝图并不试图预测将会发生什么，而是通过设计一条通向未来的合理路径，来描述在所选的技术或目标最大化的条件下未来可能发生的事情。路线图是能源倡导者用于开发、交流他们感兴趣的技术以及这些技术相关的诸多可能性的流行方法。顾名思义，路线图研究不仅明确了特定技术下的潜在能源的生产或节约，而且还确定了实现这些目标的政策和投资途径。这种方法为人们感兴趣的技术的推广提供了一种乐观并且貌似合理的途径。

本书英文版的 2008 年版列出了从 2001 年到 2006 年进行的 14 种路线图的研究。在此后进行了更深入的探讨，包括国际能源署根据其能源技术展望（ETP）（IEA，2017）推广的

24 种技术路线图。它们包括表 3.1 中列出的一系列低碳能源、技术和消费行业。每个路线图均基于 ETP 的 2℃情景（2DS），描述了如何转变所有能源领域的技术，以实现有 80％的可能性将全球平均温升限制在 2℃。请访问国际能源署网站查看这些路线图。

表 3.1　IEA 技术路线图研究（上次更新日期截至 2017 年）

路线图研究内容	时间	路线图研究内容	时间
热电生物质能源	2012 年	地热与电力	2011 年
生物质能发展引导	2017 年	高效、低排放的燃煤发电	2012 年
生物燃料运输	2011 年	氢和燃料电池	2015 年
碳捕集与封存（CCS）	2013 年	水电	2012 年
CCS 的工业应用	2011 年	核能	2015 年
水泥	2009 年	太阳能供暖与制冷	2012 年
催化化学工业	2013 年	太阳能光伏	2014 年
电动和插电式混合动力汽车	2011 年	太阳能热电	2014 年
节能建筑围护结构	2013 年	智能电网	2011 年
节能建筑：供暖和制冷设备	2011 年	分布式网络中的智能电网发展引导	2015 年
能源储存	2014 年	风能	2013 年
上路车辆燃油经济性	2012 年	风能发展引导	2014 年

3.2.3　需求评估和解决方案楔形工具

普林斯顿大学的斯科特·帕卡拉（Scott Pacala）和罗伯特·索科洛（Robert Socolow）（2004）开发了设计能源情景的第三种方法：使用"解决方案楔形"工具。该方法的应用是为了在未来稳定碳排放以缓解气候变化，目前已应用于其他研究，如当地气候行动规划（见第 15 章和第 18 章）。普林斯顿的碳减排倡议（CMI）将他们的方法扩展到稳定化楔形游戏中，让学生和社团自主选择他们的气候变化解决方案（参见普林斯顿网站）。根据 CMI 楔形游戏（Princeton CMI，2012），该方法步骤如图 3.3 所示。

① 确定期望的未来条件（DFC）　这是这项研究的需求评估和主要目标，必须用定量的术语来表示。图 3.3（a）说明了现状（2010 年碳排放量为 8Gt/a，预计 2060 年将增加到 16Gt/a）和选定的 DFC（到 2060 年碳排放量稳定在 8Gt/a）。因此，DFC 要求到 2060 年减少 8Gt/a 的排放量。

② 将实现 DFC 所需的操作分成增量或楔形　仅依靠一个解决方案，要在 2060 年前实现 8Gt/a 的碳减排让人感到力不从心，但我们可以综合多种可能的解决方案。如果综合考虑每个解决方案，使每个方案都完成目标的一小部分，任务便不那么令人畏惧。在图 3.3（b）中，所需的 8Gt/a 的碳减排被划分为 8 个楔形，每个楔形到 2060 年完成 1Gt 的碳减排。

③ 确定实现一个或多个楔形的多个解决方案选项　这个游戏确定了几种解决方案：能效提高、可再生能源、化石燃料战略、生物储存和核能。

④ 根据整体解决方案楔形，分析并量化每个楔形可以达到的效果　换句话说：每个楔形代表的技术方案需要采取哪些措施才能完成一个减排目标？技术路线图的研究结果可能决

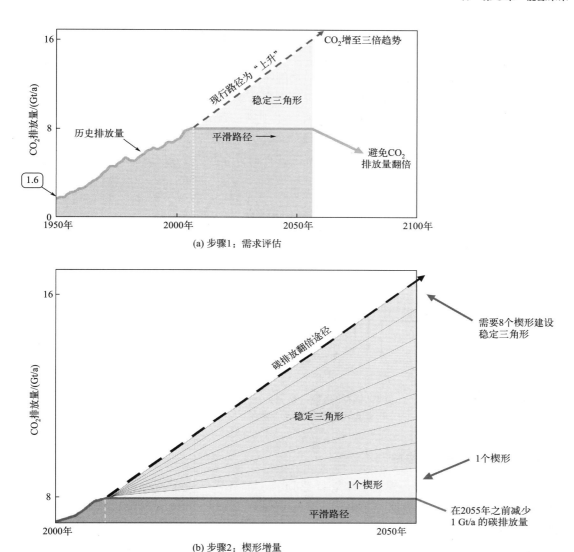

(a) 步骤1：需求评估

(b) 步骤2：楔形增量

图 3.3　解决方案楔形工具分析步骤〔来源：Princeton，CMI，2012。经普林斯顿大学
减缓碳排放倡议（CMI）允许使用〕

定该技术可以实现减排目标的数量。在该楔形游戏中，到 2060 年有 15 个潜在的 1Gt 碳减排
楔形被量化：

a. 4 个能效楔形：车辆、减少行驶里程、建筑物、发电。

b. 4 个可再生能源楔形：风力发电、太阳能发电、风能生产氢气、生物燃料。

c. 4 个化石燃料楔形：煤改气、使用 CCS 的化石电力、使用 CCS 的煤合成燃料、使用
CCS 的化石基氢。

d. 2 个生物储存楔形：林业储存、土壤保持储存。

e. 1 个核电楔形。

⑤ 从潜在的解决方案楔形中选择足够数量的楔形以实现 DFC　注意跨行业匹配楔形
（游戏最多只需要 6 个电力楔形，5 个运输楔形，5 个热能楔形或直接燃料楔形），并考虑成
本和实施过程中可能存在的挑战和影响。

3.2.4　情景设计

在所有类型的未来规划中，情景设计都是阐明可能性的实用工具。该方法考虑了在预测模型中不容易体现的诸多不确定性，并将讨论内容从单纯的定量分析扩展到了定性考虑。

情景设计是对未来的不同设想，情景取决于不同的假设和路径（图 3.4）。情景设计可以充分发挥想象力，鼓励大胆的思维，从而激发关于未来的讨论和创造力。近年来，该方法已变得更加系统化，并越来越多地应用于解决各种商业、行业、政府政策和社区问题。

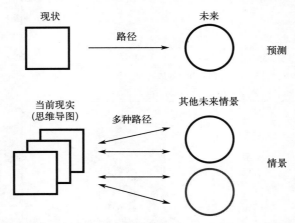

图 3.4　情景和预测对比图。根据当前的趋势，预测会产生一个未来。情景扩展了代表当前的因素，并设想了创造其他未来情景的多条路径

3.2.4.1　2×2 情景分析矩阵

全球商业网络（GBN，现在是摩立特德勤的一部分）开发了一种情景分析方法，该方法使用参与性流程开发了由两种影响因素决定的 2×2 矩阵，包含 4 种未来情景。该方法的过程包括四个步骤：

① 提出关于未来的重点关注问题。

② 找出影响该问题答案的驱动力或影响因素。对影响因素进行优先级排序、分组，并最终将其组合成两个关键的不确定因素，这两个不确定因素充当 2×2 情景矩阵的坐标轴。

③ 设计每个未来情景下的故事线，用以描述矩阵 4 个象限中与 4 对影响因素组合相关联的未来。故事线应尽可能反映准确的技术信息。

④ 为每个象限的未来情景命名。

蓝图和故事线一旦被开发出来，就可以用来进行讨论，并用以确定在实现理想情景或防止不理想后果时需要面对的挑战和机遇。尽管由此产生的四种未来情景旨在具有同样的合理性并保持价值观中立，但通常只有几种未来情景是合理的，而其中一种可能是最理想的。情景设计有助于整理人们对未来的看法，消除设想中的偏见，集中讨论技术要求，挑战一成不变的观点，促进不同技术组合的发展，并形成对于未来的基于概率论的预测，而不是决定论的看法。

侧栏 3.1 用本书英文版第一版中描述的示例说明了这种情景设计方法：电力研究所在

2005 年进行的电力行业情景设计。这项研究旨在评估未来 20 年内影响美国电力行业的主要因素。该研究确定了天然气价格是一个关键因素，但没有考虑或预测可再生电力成本降低的影响。

本书英文版的网站（参见岛屿出版社网站关于本书的链接）上给出了 2×2 矩阵情景分析法的第二个示例：英国国家电网在 2015 年对 2030 年英国使用电力、天然气和脱碳指标的预测。

3.2.4.2　多因素情景：命名和量化

2×2 矩阵并不适合所有的情况，因为有时很难将影响未来能源的复杂因素归纳为两种影响因素。有几项研究已经纳入了一些因素，以设计未来情景的故事线并确定其影响。该方法不包括 2×2 矩阵法的简单分步过程，而是考虑了更多的因素。侧栏 3.2 说明了这种方法，描述了未来研究所对"重塑能源未来"的研究。

侧栏 3.1

电力研究所的电力行业未来情景（2005 年）

2005 年，电力研究所（EPRI）使用了一种情景设计方法，将电力规划中明显的不确定性纳入其中。它遵循基本的情景开发方法：

① 重点问题是在未来 20 年内，美国能源服务的需求和潜在外部因素会怎样影响电力技术。

② 明确引起变化的主要因素，并确定了以下两个主要影响因素：

a. 主要燃料市场（天然气）的变化；

b. 能源行业以外的社会价值的变化，特别是人们对 CO_2 的认知。

③ 通过驱动因素建立 2×2 矩阵，并为得出的四种未来情景设计故事线。

④ 为这些情景命名。

图 3.5 显示了 20 年时间跨度下的四种情景：

① 拒不让步——在一个动量策略中，世界生活在更高的天然气价格和 CO_2 的潜在影响下，这不是一个完美的世界，但是比成本更高的其他替代情景要好。

② 救援物资供应——低成本和储量丰富的天然气刺激经济的增长和发展。

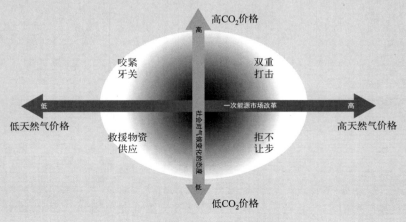

图 3.5　EPRI 电力行业未来情景（资料来源：EPRI，2005）

---

③ 双重打击——高天然气价格和社会对环境的高度关注影响了经济，需要技术效率的进步来应对世界挑战。

④ 咬紧牙关——在短期内做出痛苦的改变，以防止气候变化和其他危机带来更痛苦的后果。无碳替代品最终降低了碳燃料的成本。

EPRI 对情景分析的评估表明：假设在 2005 年，由于天然气价格高，外部性成本低，美国大部分地区将处于东南象限（拒不让步）。然而，研究人员设想：如果环境成本上升，天然气价格继续上涨，形势就会向矩阵的东北象限（双重打击）移动。他们还设想，如果天然气价格下降，环境成本保持在低水平，形势就会转移到西南象限（救援物资供应），或者如果环境成本上升，随着时间的推移，形势会转移到西北象限（咬紧牙关），这会最终导致传统燃料的需求下降。世界不同地区和美国不同州的运动趋势可能是不同的。

在这项研究中，EPRI 强烈推荐了传统化石燃料的有关技术，包括碳捕集、先进的煤炭和核能技术、先进可靠的燃料运输系统，以及修缮现有的火电、核能和天然气发电厂。EPRI 确实提出了更好的排放控制措施，但对高效能源技术和可再生能源却只字不提，尽管这些似乎是"双重打击"或"咬紧牙关"未来情景下的合乎逻辑的成分。

电力研究所的 20 年预期已经过去了 10 年，2017 年的当前视角是：由于到目前为止天然气和 CO_2 的价格都很低，所以情景一直在向"救援物资供应"靠拢，但这些情况可能会在未来 10 年内发生变化。事实上，随着非碳替代品压低碳燃料的成本，《巴黎协定》可能会推动"咬紧牙关"情景的发展。事实上，自这项研究完成以来的 10 年里，主要的变化是可再生电力的增长，这在 2005 年是没有预见到的，但现在可再生电力是导向很多未来能源情景的一个因素。

侧栏 3.2

重塑能源未来：四个情景

未来研究所（2011）开发了"能源未来的四个可能情景"。这四个情景根据六个"动因"进行评估：基础设施、治理、生活质量、资源、环境和经济。该项目旨在推动关于未来能源情景和相关影响因素的讨论。

① 增长——上涨的浪潮：现在是能源行业的繁荣时期，因为化石燃料和可再生能源都在增长并且有利可图。大公司仍在能源行业占据主导地位。随着海平面的上升，关于气候变化的争论还在继续。

a. 基础设施：在能源、电网和传感器方面的个人和公共投资带来了大量能源基础设施。

b. 生活质量：能源可靠、充足，但价格昂贵。由气候变化造成的天气灾害不断增加。

c. 环境：化石燃料的部分减少减缓了碳排放的增长，但由于美国等国家的碳减排政策微乎其微，全球气温继续上升。适应气候而非缓解气候变化成为应对气候问题的首要策略。

② 限制——分担负担：主要问题（石油泄漏、核危机、气候变化加剧）汇聚在一起，为政府更直接地控制能源行业创造了政治意愿。政府实施了一系列强制性的提高能源效率的措施，以迫使需求侧对现有的能源供应端做出反应，并减少碳排放。传感器技术允许监管机构设置恒温器以最大限度地提高效率，并分担能源短缺、成本和减排的压力。

a. 经济：能源行业的增长和创新大幅减少。化石燃料的实际成本核算表明其价格昂贵，令人望而却步。而大多数投资机会存在于能效、微电网、可再生能源和维护服务等领域。

b. 生活质量：人们普遍认为，政府的刚性限制是必需的，而且比其他方案更好。到 2025 年，几乎每个人都会被我们使用能源的方式造成的灾难所触动。我们必须行动起来，尽管人类的生活自由减少了，但社区组织却比以往任何时候都更紧密、更强大。

③ 崩溃——停摆：神奇的技术突破永远不会到来，替代能源没能及时扩大规模，能源成本过高就导致了需求和利润的减少。政府负债累累，并因此削减了对能源研发的投资，日益折旧的能源电网基础设施维护使政府难以为继。经济困境和气候破坏恶化的双重打击使中央政府陷入混乱。在能源崩溃的边缘，一个新的能源未来应运而生——社区采用新技术生产了足够的能源，实现了自给自足。

a. 治理：美国无效的联邦政府使社会领导权出现真空。一些州试图填补这一空白，但开始草根恢复运动的是通过数字共享和知识网络联系起来的地方和社区组织。

b. 生活质量：对于大多数人来说，生活不那么稳定，面临着更多的不确定性，他们发现很难满足基本生活需求并保持稳定的收入。但社区以富有创造力的方式团结在一起，致力于发现新的解决方案，并在旧的废墟上重建新的秩序。

c. 环境：能源系统崩塌为减少碳排放创造了奇迹，2025 年的碳排放远低于 1990 年的水平。虽然热惯性仍在使大气变暖，但变暖的速度正在放缓，这为避免全球气候灾难提供了一线希望。

④ 转型——新的黎明：人类的聪明才智、技术突破和世界各地的资源投入使社会能够利用大量的太阳能。这种丰富而实惠的能源有助于减缓气候变化，为人类社会转型赋能，标志着文明的转变。

a. 治理：致力于解决能源危机的国际合作和资源分配推动了优先级的转变。美国虽然在此方面行动缓慢，但在能源危机和气候灾难之后最终改变了政策。私人和公共投资以及协同合作实现了能源领域的重大技术突破。

b. 经济：就像互联网创造了一批意想不到的新公司一样，新能源行业将成为世界市场的主要力量。虽然有些因素阻碍了新能源技术的发展，如发明专利被纳入强制性的许可计划，但知识共享依然推动了创新的步伐，为能源市场创造了巨大的机会。

3.3　官方对能源未来的展望：美国 EIA 和 IEA 展望

政府机构的推演和预测为当前生产和消费模式下的未来提供了一个良好的视角，即所谓的"一切照旧"（BAU）的未来情景。能源部下属的能源信息署（EIA）是美国能源数据搜集、分析和预测的主要机构。总部设在巴黎的国际能源署（IEA）成立于 1974 年，是一个独立的组织，致力于确保其 29 个成员国及更多国家使用可靠、平价和清洁的能源。IEA 成员包括除智利、冰岛、以色列、墨西哥和斯洛文尼亚之外的所有经合组织国家。

每年，EIA 和 IEA 都会编写能源前景报告，对未来 30 年至 40 年的能源生产和使用进行推演和预测。

3.3.1　美国 EIA 2017 年年度能源展望：一切照旧的未来

　　美国 EIA 的年度能源展望（AEO）现在是以 2 年为周期，分别制作一份偶数年的完整报告和一份奇数年的简化版报告。AEO 进行了一个参考案例推测，它假设趋势将会和历史与当下的市场行为保持一致，这是美国的"一切照旧"情景。由图 3.2 可看到，EIA 的 AEO 在成功预测方面的记录很差，几乎所有年份都高估了未来的能源消耗。从历史上看，AEO 还包含了关于油价和经济增长的不同假设的案例。2014 年 AEO 的完整版报告首次增加了情景案例，对可再生技术的成本和价格及其对碳排放的影响进行了不同的假设，但在随后的版本中便不再使用这些案例。

　　图 3.6～图 3.9 显示了 2017 年的 AEO 预测。关于经济增长、能源价格、石油和天然气能源技术，AEO 提供了不同假设下的参考案例及其区别。

　　① 图 3.6（a）显示，在所有假设下，AEO 都认为未来的主流能源消费量相当稳定，到 2040 年约为 100Q。

　　② 图 3.6（b）显示，除了"不采用清洁电力计划"的假设外，所有假设下的由能源使用产生的 CO_2 排放量保持在约 5Gt 的恒定值。

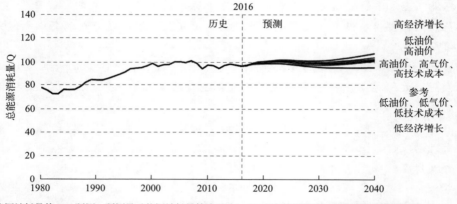

(a) 能源消耗量的AEO预测。预测显示能源消耗量较为平稳，EIA所有情景假设下的能源消耗量区别不大

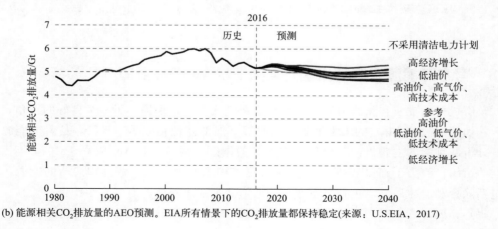

(b) 能源相关CO_2排放量的AEO预测。EIA所有情景下的CO_2排放量都保持稳定(来源：U.S.EIA，2017)

图 3.6　美国 EIA 2017 年 AEO 预测

③ 图 3.7（a）预计，到 2040 年，石油和天然气将成为主要能源，化石燃料仍占总能源的 80％左右。

④ 图 3.7（b）预计天然气将占美国国内能源产量的 40％，而可再生能源仅占 16％左右。

⑤ 图 3.8 认为，除非美国环境保护署（U. S. Environmental Protection Agency）的清洁电力计划（CPP）被废除（正如特朗普政府提出的那样），否则煤炭发电量将继续下降。如果这样，煤炭价格会略有上升，然后在 2040 年之前保持不变。有了 CPP，可再生能源将在 2027 年左右超过煤炭；如果没有 CPP，煤炭将在 2040 年甚至更晚的时间超过可再生能源。

⑥ 图 3.9 显示，尽管化石燃料远景尚好，但 AEO 预测：风能和太阳能将继续在成本上与其他供电能源竞争。2022 年，平准化度电成本（LCOE，levelized cost of energy）和平准化度电节约成本（LACE，levelized avoided cost of electricity）的计算结果表明：其他能源会与天然气竞争。LACE 计算新能源替代后产生的电力价值，用于评估 LCOE。

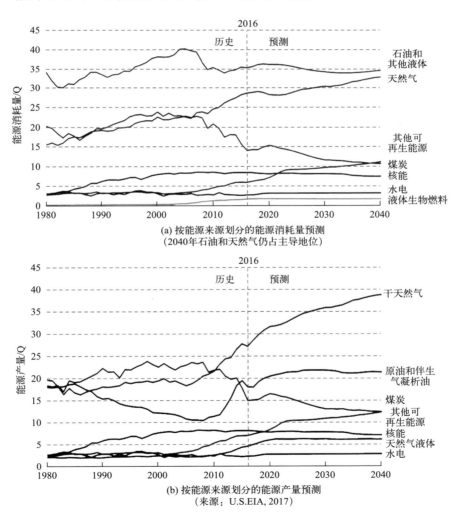

(a) 按能源来源划分的能源消耗量预测
(2040年石油和天然气仍占主导地位)

(b) 按能源来源划分的能源产量预测
(来源：U.S.EIA, 2017)

图 3.7　按能源划分的美国 EIA 2017 年 AEO 预测

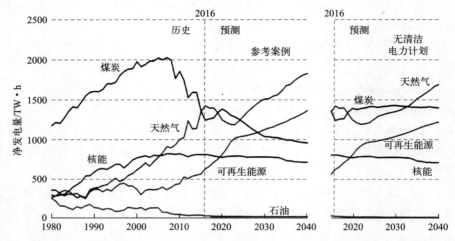

图 3.8　截至 2040 年不同能源的发电量。能源结构预测对政策很敏感；AEO 对煤炭和可再生能源的预测在有 CPP 和没有 CPP 的情况下有区别（来源：U. S. EIA，2017）

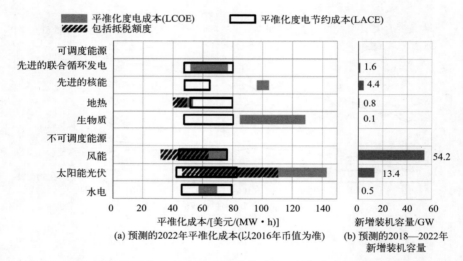

图 3.9　EIA 2017 年 AEO 预测的 2022 年电能平准化成本。风能和太阳能作为供电能源比天然气更具竞争力，特别是税收抵免方面。平准化度电成本（LCOE）计算每千瓦时的成本，平准化度电节约成本（LACE）计算新供电能源替代时产生的电力价值（来源：U. S. EIA，2017）

3.3.2　美国 EIA 国际能源展望

美国 EIA 的 2016 年《国际能源展望》（IEO）预测：到 2040 年，全球能源消费将从 2016 年的 556Q 以年均 1.5% 的增速达到 810Q，其中发展中国家将占主导地位（年均 2.2%），而发达国家增长较小（年均 0.5%）。图 3.10（a）显示了对经合组织和非经合组织国家的预测，说明了这一差异。EIA 表明全球仍会有 78% 的能源供应依赖于化石燃料，可再生能源会增长到 15%，核能也会不断增长，但到 2040 年仍只占 6%〔图 3.10（b）〕。有趣的是，在图 3.10（b）中，EIA 预测 CPP 存在与否影响着全球的能源趋势。这些 EIA 预测是在《巴黎协定》之后进行的，但这些假定的前提是没有新的政策来控制碳排放。

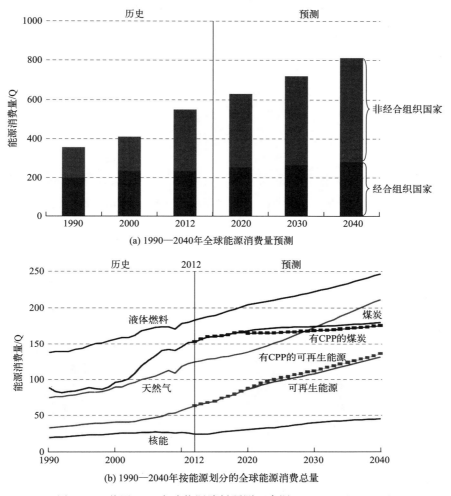

(a) 1990—2040 年全球能源消费量预测

(b) 1990—2040 年按能源划分的全球能源消费总量

图 3.10　美国 EIA 全球能源消耗预测（来源：U. S. EIA，2016）

3.3.3　IEA 2016 年世界能源展望核心案例

　　国际能源署的《世界能源展望》（WEO）比美国能源信息署的《国际能源展望》（IEO）更关注气候变化。其核心案例被贴上了新政策情景（NPS）的标签，这不仅代表了当前能源需求和能源类型的趋势，也代表了新政策和已宣布政策的谨慎实施。因此，新政策情景不仅是一个简单的 BAU 情景，它也被认为是 WEO 的所有情景设计中最有可能成功的情景。2016 年 WEO 的新政策情景涉及 150 多个国家，包括 2015 年 12 月在巴黎举行的 COP21 气候会议（第二十一届联合国气候变化大会）中提交的国家自主贡献（INDC）气候承诺中关于能源行业的部分。

　　① 图 3.11 显示了新政策情景和备受推崇的 IEA 的 2℃情景（2DS）下的预期能源相关 CO_2 排放量，该情景提供了实现全球最大温升 2℃所需的排放轨迹。

　　② 图 3.12 显示了新政策情景下未来能源需求的剧烈变化，从 1990—2015 年间高度依赖高碳燃料变为 2015—2040 年间高度依赖低碳燃料。

　　③ 图 3.13 比较了 2016 年 WEO 和 2015 年 WEO 对风能和太阳能的预测。尽管 WEO

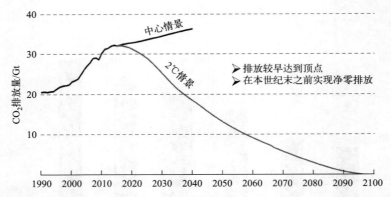

图 3.11 国际能源署中心情景中与能源相关的 CO_2 排放量,包括巴黎承诺和 2℃情景。目前的承诺不能将温升限制在 2℃以内(来源:IEA,2016b)

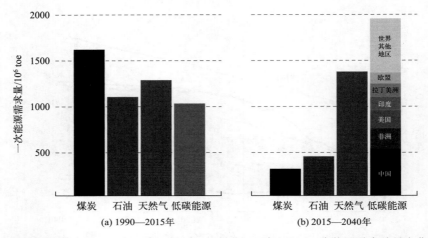

图 3.12 国际能源署对 1990—2015 年(a)与 2015—2040 年(b)一次能源需求总量变化的预测。到 2040 年,低碳燃料和技术(主要是可再生能源)提供了能源需求增长的一半(来源:IEA,2016b)

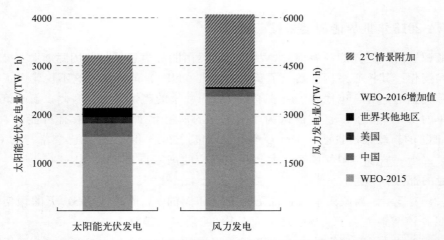

图 3.13 国际能源署对 2040 年太阳能光伏和风力发电量的预测。更强有力的太阳能光伏和风能政策使可再生能源在 IEA 的主要情景下占 2040 年发电量的 37%,在 2℃情景(2DS)下占发电量的近 60%(来源:IEA,2016b)

看到了增长——特别是中国的风能和太阳能增长，但这一预测与国际能源署所认为的 2℃ 情景（2DS）的需要相差甚远。

彭博新能源财经（Bloomberg New Energy Finance）警告称：国际能源署对清洁能源的 WEO 预测严重低估了实际情况。图 3.14 给出了 BNEF 的分析，它将过去 WEO 对风能和太阳能的预测与现实进行了比较。尽管国际能源署随后每年都会向上修正（自 2000 年以来，风能上调 5 倍，太阳能上调 14 倍），但预测都没有跟上现实。这就是 BNEF 预测（图 3.14 中的虚线）更看好风能和太阳能的原因。

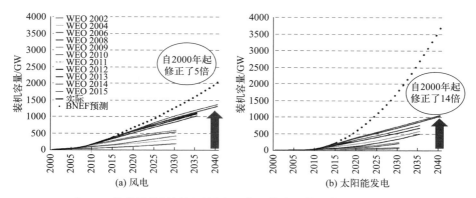

图 3.14　BNEF 和 IEA 的世界能源展望对风电和太阳能发电装机容量在不同年份增长量的预测。WEO 每年都会向上修正风电和太阳能发电的预测，但它们仍然与现实不符，与 BNEF 的预测相去甚远（来源：BNEF，2016。经 BNEF 许可使用）

3.4　未来能源情景：不同的假设、不同的路径、不同的未来

由于影响未来能源模式的不确定性太多，许多私营能源公司、公用事业公司、非营利性能源利益协会、智囊团研究公司和政府机构已经设计了大量的未来能源情景。各类未来能源情景都依赖于关于技术、经济、金融投资、政府政策以及社会价值观和行为的一些假设。以下描述了三项情景研究：国际能源署的全球能源展望（2016）和能源技术展望（2016），以及联合国气候变化框架公约（UNFCCC）/政府间气候变化专门委员会（IPCC）情景（2002，2014）。本书（英文版）网站上描述了一个有趣的额外情景研究：国际能源理事会的世界能源情景（2013，2015）。

3.4.1　国际能源署的世界能源展望：对预期未来条件的展望

多年来，国际能源署的世界能源展望（WEO）不仅如前所述预测了当前的能源趋势，而且还开发了一些替代方案。本书（英文版）第一版中呈现的 2006 年世界能源展望包括一个参考预测情景和一个替代政策情景，替代情景可以在参考案例的基础上将 2030 年的碳排放量减少 17%。随后的 WEO 版本和其他 IEA 报告更进一步采用了这种情景设计方法，基于 IEA 能源路线图对预期未来条件进行展望。

IEA 的年度 ETP 研究包括三种情景，这些情景由能源模式决定，而这些能源模式又与全球气温经过不同幅度的上升，最终高于工业化前水平有关。这三种情景分别为：

① 6℃情景（6DS）与世界能源展望的当前政策情景（CPS）一致。它在很大程度上是对当前趋势的延伸，因此它是世界范围内的"一切照旧"情景。到 2050 年，全球一次能源和温室气体（GHG）排放量较 2012 年将增长约 65%。到 2100 年，全球气温将比工业化前高出近 4℃，到 2500 年前将上升 5.5℃。

② 4℃情景（4DS）与世界能源展望的新政策情景一致。它考虑到各国最近限制排放和提高能源效率的承诺，这将在 2100 年之前把温升限制在 3℃以内，到 2500 年前限制在 4℃以内。

③ 2℃情景（2DS）与世界能源展望的 450 情景一致，450 情景指的是大气中 CO_2 水平为 $450\mu L/L$。它提供了一条通往新能源系统的途径和减排策略，这一情景与将全球温升限制在 2℃以内（可能性达到 50%）一致。为了实现这一情景，需要在 2050 年之前将 CO_2 排放量基于 2012 年的水平减少 60%。

其他 IEA 情景评估了国家自主贡献（INDC）方面的承诺能在多大程度上将温升限制在 2℃以内。

① INDC 情景表明了各国对 UNFCCC 在 2015 年 12 月巴黎 COP21 会议上提交的承诺声明和对 INDC 的初步评估。

② 架桥情景为从 INDC 情景到 450 情景或 2℃情景的长期实现提供了桥梁。它包括五项近期政策措施，这些措施可能使全球温室气体排放量在 2020 年左右达到峰值：

a. 提高能源效率；

b. 减少低效燃煤电厂的使用和未来新建；

c. 到 2030 年将可再生能源投资增加至 4000 亿美元；

d. 逐步取消对化石燃料消费的补贴；

e. 减少石油燃烧的甲烷排放和天然气生产。

图 3.15 展示了 2016 年 ETP 预测的技术对向 2℃情景迁移的影响，可再生能源和能源效率提高提供了所需碳减排量的三分之二。图 3.16 显示了架桥情景下国家碳排放量和 GDP_{ppp}（购买力平价）的预计变化。架桥情景认为发展中国家，尤其是中国会随着碳排放量的小幅增长而显著扩大其 GDP_{ppp}，而美国和欧洲则伴随排放量减少提高了 GDP。

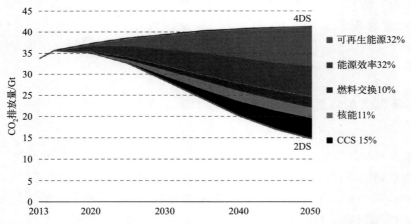

图 3.15　IEA 能源技术展望预测能源效率和可再生能源将为 2℃情景的发展提供大部分路径
（来源：IEA，2017）

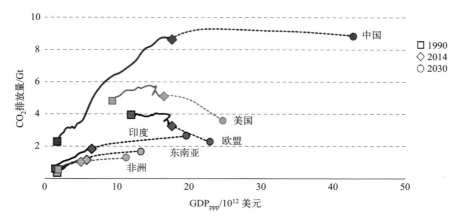

图 3.16　架桥情景下 IEA 预测的国家碳排放量和以 2013 年为基准的 GDP_{ppp} 的变化
（来源：IEA，2016b）

3.4.2　IPCC/UNFCCC 的未来情景

3.4.2.1　IPCC 的《第三次评估报告》和《第五次评估报告》

IPCC 的评估报告提出了几种全球发展和温室气体排放的情景，以阐明未来气候面临的挑战和机遇。《第三次评估报告》（IPCC，2002）使用 2×2 矩阵方法描述了各种未来情景，其中两种情景可以将温室气体排放降低到可接受的水平。这些情景在本书的第一版中进行了描述，在本书英文版的网站上可以查阅。该矩阵的影响因素有两个，一是全球（1）到本地/区域（2）连续体的全球发展战略，二是从经济（A）到环境（B）连续体的主要目标。也就是说，如果经济增长情景（A1）是非化石燃料密集型情景（A1T），那么 B1（全球环境）和 A1（全球经济情景）对于脱碳最为有效。

在最新的《第五次评估报告》（AR5）（IPCC，2014）中，IPCC 采用了另一种方法来描述不同的未来情景，第 2 章中已进行了介绍。AR5 探讨了针对这些不同结果的温室气体排放途径情景，并为实现这些情景从 2010 年开始提高低碳能源的供应（图 3.17）。为了使 RCP 2.6 途径达到 CO_2 450 μL/L 和 2℃温升的情景，低碳能源供应占比需要从 2010 年的 15% 增长到 2030 年的 25%、2050 年的 60% 和 2100 年的 95%。即使仅为了实现 CO_2 580～720 μL/L 和 3℃温升，也需要在 2030 年前使低碳能源达到 20%，并将这一比例在 2050 年前增长到 40%，在 2100 年前增长到 75%。

3.4.2.2　2015 年 INDC 对未来全球排放和气温控制承诺的评估

在 2015 年 12 月的巴黎联合国气候变化大会上，各国提交了 INDC 减排承诺。政府间气候变化专门委员会编写了有关承诺内容的综合报告。由 Fawcett 等人（2015）进行的深入研究结果如图 3.18 所示。图 3.18（a）显示了四种排放情景下能源和工业产生的 CO_2 排放：IPCC《第五次评估报告》基准（RCP 8.5）；《第五次评估报告》2℃情景（RCP 2.6）；短期 INDC 影响（至 2030 年）；INDC 路径的延续（"巴黎——持久的雄心"）和"巴黎——增长的雄心"。由于全球碳循环和气候系统的不确定性，CO_2 排放情景对全球气温的影响必

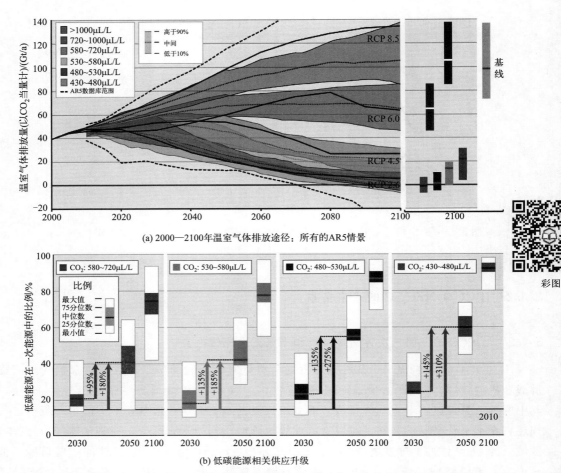

(a) 2000—2100年温室气体排放途径：所有的AR5情景

(b) 低碳能源相关供应升级

图 3.17 IPCC《第五次评估报告》对温室气体排放途径与低碳能源相关升级的预测。将 CO_2 浓度保持在 430～480μL/L 的范围需要使低碳能源占比从 2010 年的 15％增长到 2030 年的 25％、2050 年的 60％和 2100 年的 92％（来源：IPCC，2014）

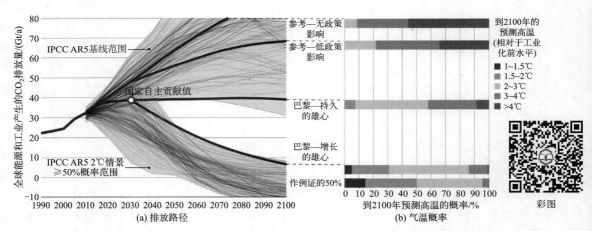

(a) 排放路径

(b) 气温概率

图 3.18 IPCC《第五次评估报告》情景和《巴黎协定》相关的排放路径、气温概率以及到 2100 年的后续目标。尽管碳循环和气候系统存在不确定性，但需要在《巴黎协定》之外采取有力的减排措施，以增加将全球温升限制在 2℃以内的可能性（来源：Fawcett et al.，2015。经 AAAS 许可转载）

须从概率学而非确定性的角度来看待，如图 3.18（b）所示。甚至在"巴黎——增长的雄心"排放情景下，实现温升低于 2℃ 的平均概率也仅提高了约 30%（Fawcett et al.，2015）。

3.5　可能的能源未来：可持续能源路线图

相比于到目前为止本章所讨论的未来情景研究，有一个国际运动（Go 100%）提倡更快地向高水平的可再生能源转型并减少碳排放。因此，越来越多的能源研究强调更高的能源效率、能源脱碳以及更多地使用可再生能源的可能性。这些研究大多使用路线图方法来探索技术潜力，或者结合私营企业和政府战略将各种可能的途径拼凑起来。本节描述了四个可持续能源未来的例子。本书英文版的网站上介绍了第五项研究——有 144 个成员国的国际可再生能源机构（IRENA）对 2030 年的路线图研究。

3.5.1　阿莫里·洛文斯的"重塑能源"

阿莫里·洛文斯（Amory Lovins）的高效率/可再生能源理论——"软能源道路"和"赢得石油结局"的愿景在这本书英文版的第一版中得到了强调。2011 年，洛文斯和他在落基山研究所（Rocky Mountain Institute）的同事们为美国设计了一个新的能源情景，名为"重塑能源"（Reinventing Fire）。如图 3.19 所示，这个观点强调能源效率的提高，比如在建筑（每平方英尺消耗的能源比今天减少 50%~75%）、工业（产量几乎翻了一番，而能源消耗减少 10%）、机动车（每加仑燃料行驶里程达到 125~240 英里）和电力（80% 来自可再生能源）方面。他在对美国的未来规划中承诺将创造 5 万亿美元的净经济价值，并大幅减少碳排放，而不需要石油、煤炭或核能。洛文斯（2012）在 TED 演讲中对"重塑能源"做了一个很好的阐述，不妨看看。

3.5.2　国家可再生能源实验室对可再生能源未来的研究：　2050 年前实现美国 80% 的电力可再生

国家可再生能源实验室（NREL，2012）制作了《可再生电力的未来研究报告》。通过模拟，该研究表明："已经商用的发电新能源，包括风能、太阳能、地热、水电和生物质技术，再加上更灵活的电力系统，足以在 2050 年提供美国总发电量的 80%，同时平衡美国每个地区每小时的电力供需。"图 3.20 给出了 2050 年各种可再生能源发电普及后的电能结构，可再生电能的基线为 20%。查阅研究数据和可视化数字请登录 NREL 官方网站。

3.5.3　美国的深度脱碳途径

深度脱碳途径项目（Deep Decarbonization Pathways Project，DDPP）是由可持续发展解决方案框架（Sustainable Development Solutions Network，SDSN）牵头的一个全球项目，由 15 个研究小组组成，代表了占全球温室气体排放量 70% 的国家。这些团队已经在各自的国家制定了深度脱碳的路线图或方案。2014 年的《美国深度脱碳途径报告》是由劳伦斯·伯克利国家实验室、太平洋西北国家实验室和 E3 咨询公司（能源和环境经济学公司）组建的一个团队编制的（Williams et al.，2014）。

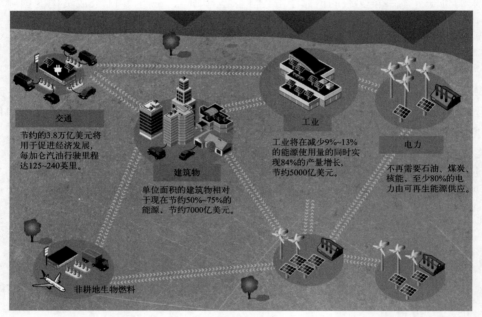

图 3.19   洛文斯在 2012 年设计的 2050 年"重塑能源"情景。高能效和 74％的可再生能源
可取代石油、煤炭和核能（来源：Lovins，2011。经落基山研究所许可转载）

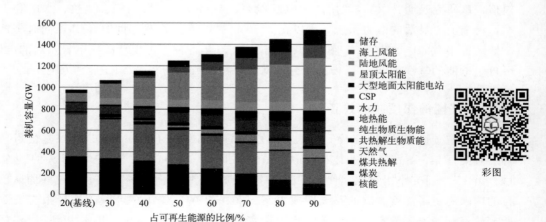

图 3.20   2050 年美国各种可再生能源发电技术普及后的电力结构。整合可再生能源，
到 2050 年可实现 80％的电力可再生（来源：NREL，2012）

使用全球变化评估模型和路径的研究发现：在 2050 年前将美国的温室气体排放量控制在低于 1990 年水平的 80% 在技术上是可行的。有很多成熟的或接近商用的技术，意味着有多种替代路径来实现这一目标。基本战略是实现高能效和发电过程脱碳，最终将能源电气化，并将其余的能源转换为低碳燃料。实现这些减排的边际成本不是很高（不到 GDP 的 1%），而且不包括由此产生的公共效益，如减少了气候变化和空气污染产生的人力和基础设施成本。这些可行的途径为美国能源体系在未来 35 年内的转型提供了信心，但并不会带来生活方式的重大变革。如果转变从现在开始，大多数变化可能会通过基础设施的替换来实现，这些替换将遵循能源生产和产品消费的自然替换率。

研究发现，五个关键因素决定了备选脱碳途径的可行性：

① 碳捕集与封存技术（CCS）的可行性和应用；

② 生物质供应和分配；

③ 各种情况下主要发电能源的结构；

④ 基于变化的风能、太阳能和基本负载核能的电力平衡；

⑤ 燃料转换和效率提高。

例如，如果没有 CCS，低碳电力的选择范围就缩小到可再生能源和核能，这两种能源都需要储能来平衡发电量和需求。储能技术组合（电池、抽水储能、电解）、生物质供应和使用的限制以及 CCS 的可行性都会影响燃料转型决策。

这项研究开发了四种深度脱碳情景，这些情景产生于对这五个关键要素进行的不同选择。

① 可再生能源占优情景：风能和太阳能大规模应用，电力供需高度平衡（按月计），包括可再生能源发电技术（P2G）（电解产生的氢气被甲烷化并输入现有的天然气管道系统）。生物质资源也被气化并通过管道运输，成为工业和货运的主要非电力燃料。

② 核能占优情景：通过液氢生产实现电力平衡（按周计），液氢与生物燃料一起服务于运输液体燃料供应的无碳化。天然气仍然是主要的管道气，主要用于工业。

③ CCS 高度发展情景：保持供应侧和消费侧的能源结构现状。煤在发电燃料组成中仍然占有相当大的份额，大量的 CO_2 被捕获并储存，剩余的 CO_2 排放量必须通过在工业和生物质精炼中使用 CCS 技术来减少。燃料转换仅限于建筑物和机动车电气化。生物柴油则用于货运。

④ 混合情景：仅有电力行业应用 CCS 技术，在发电中平衡使用可再生能源、核能、天然气与 CCS。不可调度的可再生能源和核能与水电、灵活的终端能源负荷、用于管道气脱碳的生物质气和可再生能源发电技术相平衡。

图 3.21（a）和图 3.21（b）说明了相对于 2014 年水平和 2050 年参考案例（基于 EIA 的年度能源展望参考案例）的四种情景，预测了 2050 年四种情景下的最终能源需求和与能源相关的 CO_2 排放量。能效提高降低了最终能源消耗，燃料转型和 CCS 技术则进一步降低了 CO_2 排放。表 3.2 给出了四种情景下能源方面的详细数据。

这项研究没有对最理想途径做出判断或提出建议。然而，考虑到这些技术的现状，CCS 高度发展情景、核能占优情景以及混合情景下的 CCS 和核能部分似乎前景更好。

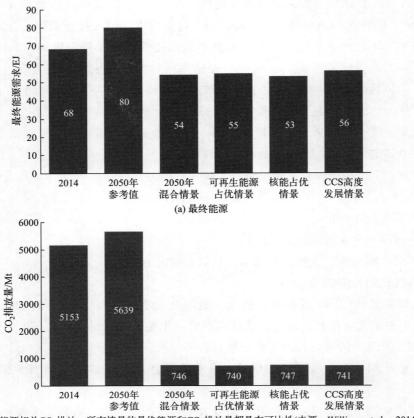

(a) 最终能源

(b) 能源相关CO_2排放。所有情景的最终能源和CO_2排放量都具有可比性(来源：Williams et al.，2014)

图 3.21　美国深度脱碳途径

表 3.2　美国深度脱碳途径的四种情景

指标	单位	2014 年	参考值	混合情景	可再生能源占优情景	核能占优情景	CCS 高度发展情景
排放量	Mt	5153	5639	746	740	747	741
最终能源[1]消耗量	EJ[2]	68	80	54	55	53	56
电力份额	%	20.8	24.1	42.9	42.9	43.0	40.5
电力燃料（H_2）份额	%	0.0	0.0	8.5	8.8	12.3	0.9
净发电量	EJ	15	20	30	32	32	24
风能发电	%	5.4	7.2	39.2	62.4	34.1	14.2
太阳能发电	%	0.4	4.0	10.8	15.5	11.3	5.3
核能发电	%	19.2	15.2	27.2	9.6	40.3	12.7
天然气发电（CCS）	%	0	0	12.2	0.0	0.0	26.3
天然气发电（无 CCS）	%	21.9	31.4	0.5	2.8	4.6	0.0
煤炭发电（无 CCS）	%	41.5	28.1	0.0	0.0	0.0	0.0
煤炭发电（CCS）	%	0.0	0.0	0.0	0.0	0.0	28.6
气态能源最终消耗量	EJ	16.2	17.1	11.8	16.0	8.2	10.6
化石燃料份额	%	100	100	6.4	17.1	58.1	81.2

指标	单位	2014 年	参考值	混合情景	可再生能源占优情景	核能占优情景	CCS 高度发展情景
生物质份额	%	0.0	0.0	81.9	60.2	35.3	6.1
氢气合成气份额	%	0.0	0.0	11.7	22.7	6.6	0.0
液态能源最终消耗量	EJ	34	37	15	12	18	19
液态生物质能	%	2.0	2.3	0.8	1.0	24.0	28.8
液态石油	%	80.6	78.7	43.4	41.8	13.9	32.5
液态氢气	%	0.0	0.0	20.7	10.3	32.6	2.6
液态原料	%	12.8	15.1	34.1	45.5	28.7	29.3
美国人口	亿	3.23	4.38	4.38	4.38	4.38	4.38
人均能源	GJ/人	211	183	123	125	121	128
人均 CO_2 排放量	t/人	16.0	12.9	1.7	1.7	1.7	1.7
美国 GDP	B2012 $ [3]	16378	40032	40032	40032	40032	40032
能源强度	MJ/美元	4.17	2.00	1.351	1.37	1.32	1.40

资料来源：Williams et al.，2014。

[1] 最终能源＝终端能源。

[2] 1EJ＝0.95Q。

[3] B2012 $ ＝10 亿美元（2012 年币值）。

3.5.4　100% 解决方案项目：风能、水能、太阳能一应俱全

2009 年，斯坦福大学的马克·雅各布森（Mark Jacobson）在《科学美国人》杂志（*Science American*）上发表了一篇封面文章，探索了到 2050 年实现全球可持续能源的道路。从那时起，雅各布森和许多合作者在科学期刊上发表了关于全球、个别国家和美国个别州向 100% 可再生能源过渡的文章（如：Jacobson et al.，2015，2017a）。这项工作的累积成果催生了解决方案项目，这是一项加速向 100% 清洁和可再生能源过渡的运动。

雅各布森的研究结果在 2015 年 11 月他向美国众议院能源和商业委员会所作的证词中得到了最好的总结（Jacobson，2015）：

① 该研究制定了到 2030 年将全球 139 个国家和美国 50 个州的能源基础设施转变为清洁、可再生的风能、水能和太阳能（WWS）的路线图，使用现有技术为所有电力、交通、供暖、制冷、工业以及农业、林业和渔业提供 80% 的能源，到 2050 年达到 100%。图 3.22 和图 3.23 显示了到 2050 年实现所有终端能源 100% 可再生的全球和美国路线图，并显示了从传统燃料到 WWS 发电的转换。

② 如果全球所有国家都能实现可持续能源的转变，将产生以下效益：

a. 消除全球每年 400 万至 700 万由空气污染导致的过早死亡和相关损失；

b. 消除全球变暖及其成本；

c. 在 35 年内创造 2000 多万个全球就业机会，弥补化石燃料和核能行业就业机会的损失；

d. 稳定能源成本，因为燃料成本几乎为零；

e. 通过创建能源独立区来减少国际冲突；

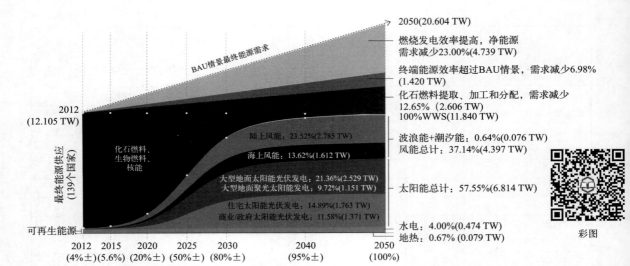

图 3.22　在 100％可再生能源的 WWS 情景下，至 2050 年全球所有用电的需求变化
（预测 139 个国家的能源供应和需求；最终能源需求中，所有能量用途包括：
电力、供暖、交通运输、工业）

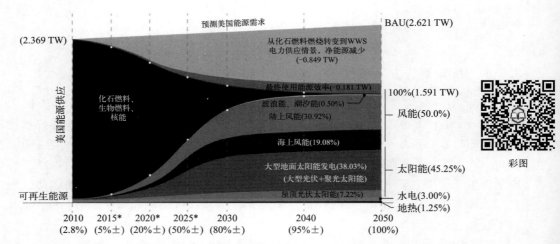

图 3.23　根据 100％可再生能源的 WWS 路线图预测的 2050 年美国所有用电需求变化
（＊代表中期目标。来源：Jacobson et al.，2015。经 Mark Z. Jacobson 许可使用）

f. 通过下放权力降低恐怖主义风险；

g. 将能源的社会成本（商业、健康、环境和气候成本）降低 60％。

过渡的主要障碍既不是技术障碍，也不是经济障碍，而是社会和政治障碍。

雅各布森等人的研究表明，这一未来可以通过电气化实现，从而消除在燃烧燃料以获取能源的过程中导致的污染和低能效的现象。放弃燃烧发电后，用于供电的一次能源将减少 32％，另外 7％的减少可能是由终端能源的效率提高带来的。

① 电力方面，用于发电的 WWS 系统包括陆上和海上风能、屋顶和公用事业规模的太阳能光伏产业、聚光太阳能发电厂、太阳能集热、地热发电和热能、现有水电站以及一些小型潮汐能和波浪能系统。

② 地面交通方面的技术包括具有快速充电功能的电池电动汽车（BEV）和其他改用电

池的轻型交通工具。蓄电-氢燃料混合动力电池（HFC）将在重型长途陆上运输和水上运输中占据主导地位。

③ 电解低温氢与电池为飞机提供动力。

④ 地源热泵和空气源热泵，以及一些电阻加热用于供暖和制冷。

⑤ 使用电动热泵、电阻供热和太阳能预热器加热水。

⑥ 使用电导或电阻。

⑦ 工业高温过程使用电弧炉、感应炉、介质加热器和一些燃料氢。

⑧ 蓄电包括抽水蓄能、蓄电池和太阳能储存，多余的电力用来生产氢气并加热水和岩石。

⑨ 使用地下水和岩石蓄热，使用水和冰蓄冷。

这些路线图要求积极提高能效并向电力转换。对于美国来说，具体要达成的目标包括：

① 发电厂：到 2020 年，不再建造新的燃煤、核能、天然气或生物质发电厂。2020 年后的所有新发电厂都是 WWS 模式的。

② 住宅和商业供暖、烘干和烹饪：到 2020 年，所有的新设备都是电动的。

③ 轻型公路运输：到 2025—2030 年，所有新车都是电气化的，并有配套的基础设施。

④ 重型卡车运输：到 2025—2030 年，所有新车都实现电气化或使用电解氢，并配套基础设施。

⑤ 远程水运货运：到 2025—2030 年，新船全部实现电气化或使用电解氢，新建港口全部电气化，港口复电正在进行。

⑥ 铁路和公共汽车运输：到 2025 年，所有新的火车和公共汽车都实现基础设施电气化。

⑦ 越野运输、小规模海上运输：到 2025—2030 年，所有新生产的产品都实现电气化。

虽然技术、经济和私人投资是这些路线图的关键因素，但短期政策措施可以促进向 WWS 转型。在美国各州，雅各布森等人列出以下策略优先级：

① 能效措施：鼓励将天然气热能和水热转换为热泵；鼓励节能照明；通过融资、奖励和退款等措施促进建筑物的能效改进；修订建筑法规。

② 能源供应措施：增加可再生能源组合标准（RPSs），延长和创建 WWS 税收抵免，实施公用事业排污收费制度，简化太阳能和风能许可程序，激励家庭或社区太阳能储存。

③ 公用事业规划和鼓励措施：鼓励公用事业规模的电网存储，要求需求响应和灵活的电网管理机制，实施虚拟电网计量制度，使用分时费率以缓解高峰用电负荷，鼓励分布式太阳能和夜间充电。

④ 交通运输：促进公共交通，增加安全步行和自行车出行的基础设施，鼓励商用和私人车辆向电池电动汽车过渡。

⑤ 工业流程：鼓励工厂使用电力并就地使用 WWS 发电。

雅各布森等的路线图显示，到 2050 年向 100% 无碳能源的过渡在技术上是可行的，在美国所有州基本实现 WWS 普及，从而取代化石燃料、CCS、核能和生物质能是可以实现的。他们的研究表明，这种转变将带来经济和就业的正效益并对环境和人类健康产生重大影响，有利于进一步解决气候变化问题。这项工作为全球的能源革命提供了技术基础。

该路线图指出，这一转变的障碍主要来自社会和政治方面，就好像这些仅仅是偶然发生的事一样，但事实并非如此。路线图列出了一些一般性的政策措施，但这些措施缺乏引领能源转型的特殊性。路线图不包括碳价格，而许多人认为碳价格是推动化石燃料转型过程中所必需的"价格信号"。路线图没有考虑化石燃料、核能和基础设施方面的沉没成本，以及持有这些投资的人的政治和经济权利。虽然路线图的收益可能大于成本，但这些收益和成本并不是平均分配的。在这一情景中，既有受益者（如清洁能源行业、能源消费者、公共卫生、气候），也有输家（如化石燃料和核工业）。变革是艰难的，实现这些路线图设想的能源革命可能还需要社会、经济和政治转型。

克里斯托弗·克拉克（Christopher Clack）和其他 20 名合作科学家在 2017 年对雅各布森等人的研究进行了批评，并将文章发表在《美国国家科学院院刊》（*Proceedings of the National Academy of Sciences*）上（Clack et al.，2017）。该文章的前提是，深度脱碳研究（如第 3.5.3 节描述的 DDPP）得出这样的结论：与其他途径（如雅各布森的 100% WWS）相比，使用核能、碳捕集与封存以及生物能源降低了成本。文章指出：雅各布森等的研究使用了一些无效的建模工具，并出现了建模错误和无效的假设，例如高估了美国潜在的水电产量，而且没有充分考虑所需的输电基础设施。这篇文章在雅各布森和克拉克之间引发了一场"激烈的科学辩论"（Mooney，2017）。雅各布森等（2017b）认为克拉克等人的前提和主张是"明显错误的"，克拉克随后发布了针对逐个问题的回应（Vibrant Clean Energy，2017）。尽管这场辩论言辞激烈，但这场辩论提供了有用的对话内容——关于未来能源选择的科学分析和实现脱碳的最佳途径。

3.6　能源市场力量和投资情景

虽然许多能源预测和情景设计是基于数据趋势、模型分析、技术和经济可行性分析以及期望的未来条件进行的，但能源的未来将由私人投资推动。在评估能源未来时，能源金融界的分析师们关注的焦点与电影《征服情海》（*Jerry McGuire*）中的罗德·蒂德韦尔（Rod Tidwell）相同——"让我看到钱！"——他们认为，未来真正的预兆是当前和预期的能源方面的私人投资流动。

3.6.1　能源投资和撤资

能源投资评估包括两个方面：对清洁能源的投资和对化石燃料的撤资。2011—2013 年，清洁能源投资已升至总能源投资的 20% 左右，这还不包括对能源效率的投资。在近 1 万亿美元的化石燃料投资中，大部分用于上游石油和天然气生产。来自彭博新能源财经的数据［图 3.24（a）］显示了从 2004 年到 2016 年每年的清洁能源投资。2015 年的清洁能源投资达到创纪录的 3490 亿美元，但在 2016 年下降了 18%，跌至 2870 亿美元。尽管自 2011 年以来的投资增长有限，但由于太阳能和风能的价格下跌了如此之多，投资者们获得了更多的实惠。图 3.24（b）显示，自 2011 年以来，投资一直保持平稳，但在此期间，年度可再生能源增加了 70%（BNEF，2017a；Liebreich，2017；Frankfurt School-UNEP Centre/BNEF，2017）。

私人投资决策涉及公司、金融机构、风险资本家和管理资产的机构投资者（AUM）。例如，RE100（百分百可再生能源）计划于 2014 年启动，目的是让大公司承诺在特定年份之前百分百使用可再生能源。截至 2017 年 10 月，包括宜家、高盛、通用汽车、谷歌、微软、苹果、惠普、强生、耐克、飞利浦、星巴克和沃尔玛在内的 111 家公司已经做出承诺。截至

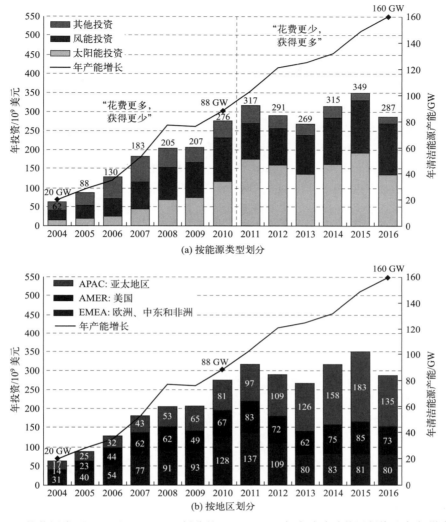

图 3.24 按能源类型 (a) 和地区 (b) 划分的 2004—2016 年全球清洁能源投资和年新增产能。
2012 年至 2016 年间，投资趋于平稳，但由于太阳能和风能价格下跌，年度新增产能继续上升
（数据来源：Frankfurt School-UNEP Centre/BNEF，2017；BNEF，2017a）

2016 年，沃尔玛在其美国门店安装了 464 个太阳能系统，总装机容量为 145MW，塔吉特则
安装了 300 个系统，总装机容量为 147MW（SEIA，2016）。截至 2016 年，谷歌为其国内和
国际设施购买的可再生能源合同总装机容量总计 2.6GW，使其成为世界上最大的可再生能
源企业买家。这些承诺不仅仅代表了良好的公共关系，还表明清洁能源投资的经济收益非常
有吸引力，因为能效和可再生能源有稳定的现金流和运营可预测性，非常适合债务融资。

资产管理公司中也有一种从化石燃料撤资的运动。到 2017 年为止，无化石组织列出了
746 家机构，这些机构从化石燃料公司撤资总计 4.85 万亿美元。气候变化机构投资者小组
（IIGCC）有 140 多个成员，他们代表了 21 万亿美元的机构投资，碳信息披露项目（the
Carbon Disclosure Project）与掌控 100 万亿美元资产的机构投资者合作，以更好地评估和控
制气候变化的影响。气候债券倡议组织（the Climate Bonds Initiatioe）的成员拥有 34 万亿
美元的机构投资，他们与全球债券市场合作以解决气候变化问题。挪威政府养老基金（全球

最大的主权财富基金）宣布将不再过多接触煤炭方面的公司投资。2014年，洛克菲勒兄弟基金（Rockefeller Brothers Fund）宣布将不再在其8.5亿美元的投资组合中投资化石燃料，该宣布震惊了世界。该基金对化石燃料的敞口为7%，到2015年降至4%，到2017年降至不到0.1%。2015年11月，拥有近0.7万亿美元资产的全球最大的金融资产管理公司之一——德邦安联（Allianz SE）决定减少其对煤炭公司的投资，并在未来6个月内增加对风力发电公司的投资，这影响到42亿美元资金的流向（Arabella Advisors，2016）。以上许多撤资决定都是基于道德原因做出的，但也有越来越强烈的商业原因导致了化石燃料撤资，而非投资于化石燃料。2015年和2016年初，化石燃料库存大幅下降。如果采取积极的行动将全球气温上升控制在2℃以内，价值100万亿美元的化石燃料储量可能永远不会被燃烧，这些储量高达目前石油储量的一半、天然气储量的四分之一和煤炭储量的80%（见表2.5）。因此，许多投资者认为化石燃料经济前景黯淡，而且化石燃料投资的回报也很低。

3.6.2 花旗集团预测：能源达尔文主义Ⅱ

花旗集团的全球视角与解决方案项目（Citi GPS）在2015年的能源达尔文主义Ⅱ（EDⅡ）中研究并分析了金融市场和机构可以提供的解决方案，以促使世界向低碳过渡。这项研究的结论是：走低碳道路的增量成本很小，可以负担得起，投资的回报也是可以接受的，同时还有很大的可能避免负债。

这项研究比较了两种情景：

① 不作为情景：允许宏观经济驱动需求和供应，忽略CO_2排放的影响，根据短期经济学和即时燃料供应满足能源需求。

② 采取行动情景：在考虑CO_2排放和经济因素的条件下，塑造新的能源未来。该情景考虑到了避免气候变化所带来的效益，以及由气候变化造成的全球GDP损失和化石燃料资产搁置成本。这一情景旨在将全球温升控制在2℃以内。

EDⅡ没有为其情景量化未来的能源消耗和结构。然而，表3.3给出了一个指标：比较了采取行动和不作为两种情景下的2020年发电燃料组合，以及国际能源署当前政策情景（CPS）和450情景下的燃料组合。与450情景相比，采取行动情景拥有更多的可再生能源和更低的化石燃料发电量。

表3.3　Citi GPS预测的2020年全球发电的燃料组合　　　　　　单位:%

燃料类型	花旗采取行动情景	花旗不作为情景	IEA 450 情景	IEA 当前政策情景
化石燃料	58.3	67.4	60.3	64.1
可再生能源	12.4	5.8	10.3	9.0
核能	12.3	10.7	12.3	11.3
水电	17.0	16.0	17.0	15.6
总计	100	100	100	100

来源：Citi GPS，2015。

研究发现（Citi GPS，2015）：

① 对于采取行动情景（190.2万亿美元）和不作为情景（192.0万亿美元），2015年至2040年的累计能源投资基本上是相同的。采取行动情景下的可再生能源和效率方面的投资

被化石燃料成本的节省所抵消。

② 由于气候变化的预估影响，到 2060 年，不作为情景下的全球 GDP 将比采取行动情景减少 72 万亿美元。

③ 由于两种情景下的累计能源投资基本相同，考虑到不作为情景对 GDP 的负面影响以及采取行动情景下更清洁空气的额外好处，本研究得出结论——"为什么不呢?"，故采纳采取行动情景。

④ 然而，这条行动道路对某些人来说将是痛苦的：如果将气温上升控制在 2℃ 以内，基于当前价格的价值 100 万亿美元的化石燃料储量可能永远不会被燃烧。投资者开始关注这一前景，并与化石燃料公司接洽以评估其投资的潜在风险。Citi GPS 根据当前价格估计了潜在的不可燃烧碳的价值，使用 CCS 技术时价值为 109 万亿美元，不使用 CCS 技术时价值为 111 万亿美元。Citi GPS "对 CCS 的风险-回报方程持保留态度"，因此得出结论：CCS 不会对搁置的化石燃料价值产生重大影响。

⑤ 虽然近几年清洁能源的投资有所扩大，但与需求相比规模依旧较小。清洁能源投资的潜在经济效益具有吸引力，因为清洁能源的运营具有可预测性和稳定的现金流。

⑥ 到目前为止，清洁能源的投资显得有限并不是因为投资者缺乏胃口。有一个规模庞大的、拥有数百万亿美元资产的投资者群体希望转向绿色投资。

对于需要大规模投资的新兴市场而言，我们需要的是足够优质的投资模式。花旗集团考察了一些关键的投资方式，包括绿色债券（固定收益工具，其收益将专门用于为"绿色项目"提供资金）、Yieldco 模式（一种投资于多个项目的模式，通过组合效应降低风险，而不是单一项目的投资）和担保债券（有资产担保的债券，同时也受益于发行人，或其他机构如政府或超国家组织的担保从而降低风险，并可能带来更高的信用评级）(Citi GPS，2015)。

3.6.3　彭博新能源财经的新能源展望

彭博新能源财经（BNEF）在全球 14 个主要城市拥有 200 名员工，依靠母公司彭博（Bloomberg）在 192 个地点的 15000 名员工，BNEF 每天发布 5000 条新闻。BNEF 跟踪和分析能源金融数据，并为能源投资者和政策制定者提供信息。每年 1 月，首席执行官迈克尔·利布里奇（Michael Lienbreich）和主编安格斯·麦克龙（Angus McCrone）都会对今年做出 10 项预测。以下是他们对 2017 年的 10 项预测（BNEF，2017b）：

① 全球对清洁能源的投资将与 2016 年持平，并相比 2015 年减少 18%，中国和日本的投资有所下降。但是相比于基于负荷的能源，基于成本的可再生能源正变得越来越有竞争力。

② 随着价格下跌，电池和智能电表将出现井喷式增长。

③ 2016 年，中国的新增太阳能装机容量将下降，但全球太阳能装机容量的增长略高于 77GW。

④ 风能将新增 59GW，超过 2016 年的 57GW，但低于 2015 年创纪录的 63GW 增量。

⑤ 煤炭和石油的价格涨势将逐渐平息。

⑥ 美国天然气价格将保持在 3 美元/10^{12}Btu 以上。

⑦ 电动汽车年销量将突破百万大关。

⑧ 企业正在热火朝天地购买可再生能源。世界上最大的 10 家上市公司中有 7 家承诺使

用 100％的可再生电力。

　　⑨ 电网安全和电网弹性将受到应有的重视。

　　⑩ 气候辩论将再次升温。特朗普政府退出《巴黎协定》，而其他国家显然无意效仿。

　　从图 3.14 中看到：BNEF 对风能和太阳能的预测远远超过大多数政府预测，特别是美国能源信息署和国际能源署。BNEF 在 2017 年的《新能源展望》（NEO）中预测，从 2016 年到 2040 年，电力行业的新增产能将发生重大转变，当 90％的新增产能是可再生能源和其他灵活的产能时（图 3.25），可再生能源的新增产能将超过已有的化石燃料产能。在 BNEF 情景下，从 2016 年到 2040 年，全球化石燃料发电量占比将从 60％下降到 29％，核能将从 5％下降到 3％，水能和生物质将从 18％下降到 13％，太阳能将从 5％增加到 32％，风能将从 7％增加到 15％。天然气发电的比例将从 24％降至 14％，但燃气发电量将增加 10％，不是作为过渡的燃料，而是作为黏合剂将系统整合在一起，在可再生能源有限的情况下使能源供应更具灵活性。

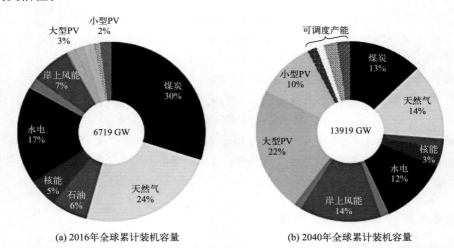

(a) 2016年全球累计装机容量　　　　(b) 2040年全球累计装机容量

图 3.25　BNEF 预测的 2015 年和 2040 年按来源划分的全球总电力容量以及新增容量
（来源：BNEF，2017c。经彭博新能源财经许可使用）

　　除了太阳能和风能将主导电力行业的未来，BNEF 新能源展望的其余关键信息如下：中国和印度为电力行业提供了 4 万亿美元的机会；电池和新的便利能源增强了可再生能源的覆盖范围；电动汽车（EV）增加了用电量并有助于平衡电网；欧洲和美国的燃煤发电体系将会崩溃，并且煤电会在 2026 年达到峰值；全球供电的碳排放将在 2028 年达到峰值，然后下降（Henbest，2017；BNEF，2017b）。BNEF 预计，到 2040 年，电动汽车销量将占全球轻型汽车市场的 54％，占道路轻型汽车的 33％（BNEF，2017c）。这可能是保守估计，因为 2017 年中国、法国和英国已经宣布了禁止内燃机汽车的计划，通用汽车和福特汽车也宣布他们正在为这个市场做准备。

3.7　本章总结

　　能源的未来将对全球经济、气候环境和社会发展的命运产生深远影响。这是一场豪赌，存在很大的不确定性。国家、企业和投资者拥有数万亿美元的化石燃料资产，这些燃料如果投入使用将加速全球变暖的步伐，并影响自然系统和赖以生存的数亿人类。

但是，历史性的《巴黎协定》旨在开启《卫报》（*The Guardian*）（2015）所说的"化石燃料时代的终结"。可再生能源和能效改进技术正在迅速发展，但即使它们的潜力很大，目前仍只占我们商业能源的11%。其他无碳能源、核能和化石燃料碳捕集与封存技术，正受到成本上升和其他问题的困扰，因此专业人士认为它们在未来只会做出很小的贡献。为了实现《巴黎协定》的目标，在没有大规模的碳捕集与封存技术的情况下，一半以上的化石燃料储备将不得不永远滞留在地下。很难想象化石燃料的既得利益者会心甘情愿地屈服于这种情况。

尽管如此，能源分析师仍在继续开发未来的能源情景，展示向清洁能源转型的机会。可再生能源和能效改进正在快速发展，就连美国能源信息署（EIA）和国际能源署（IEA）的"一切照旧"情景也预测，到2040年，全球能源需求将每年降低1.0%～1.5%，可再生能源占商业能源的比例将增长至15%。本章中回顾的其他未来能源情景则更进一步：

① 国际能源署的架桥情景和450情景将使2030年CO_2排放量从新政策情景的37.5亿吨分别减少到31.0亿吨和25.5亿吨，这两种情景都需要增加对能效和可再生能源的投资。

② 落基山研究所的重塑能源情景表明，到2050年，美国可以抛弃石油、煤炭和核能，所有一次能源都依赖于风能、太阳能和地热（三者合计43%），天然气（26%），非耕地生物燃料（23%），氢气（4%）和水电（4%），同时产生5万亿美元的新经济价值，并提高能源适应性和安全性。

③ 国家可再生能源实验室的未来可再生电力研究表明，通过在美国各地区以小时为单位进行模拟，今天已商业化的风能、太阳能、地热、水能和生物质能等可再生发电量，再加上更灵活的电力系统，在平衡电力供需的情况下足以满足2050年美国80%的发电量。

④ 深度脱碳路径项目发现，到2050年，通过多条途径在美国实现温室气体排放量低于1990年水平的80%在技术上是可行的，这些途径包括能效提高、发电过程脱碳、大规模电气化，以及将其余的终端能源转换为使用低碳燃料。这些措施的增量成本不到GDP的1%，除此之外，深度脱碳路径还降低了气候变化和空气污染所带来的人力和基础设施成本。所有的四种情景（高可再生能源情景、高核能情景、高CCS情景和混合情景）都将使2050年的终端能源使用量比参考案例减少32%，与2014年相比减少20%；CO_2排放量与参考案例相比减少87%，与2014年相比减少85%。高可再生能源情景则表明78%的电力和76%的终端能源将来自可再生能源。

⑤ 由斯坦福大学马克·雅各布森牵头的解决方案项目表明，到2030年，139个国家和美国50个州向清洁和可再生能源（风能、水能和太阳能）的转型在技术和经济上都是可行的，即到2030年实现80%的能源转型，在2050年实现100%的转型。这样做将挽救全球每年因空气污染而过早死亡的400万～700万人，并减少相关成本。此外，该方案还将消除全球变暖的趋势，能源转型还能创造2000多万个就业机会，弥补因化石燃料和核能行业衰落而导致的就业机会减少。因为新能源燃烧的成本接近于零，转型将会稳定能源成本，社会能源成本将降低60%。此外还降低了国际冲突的风险。

⑥ 花旗集团Citi GPS项目的能源达尔文主义Ⅱ行动方案则侧重于对能效的改进和对可再生能源的投资，以实现将全球气温上升控制在比工业化前水平高2℃的范围。花旗集团通过投资经济分析，研究了避免气候变化带来的好处，还核算了由气候问题导致的全球GDP损失和搁置的化石燃料资产成本。结论表明，到2040年，采取行动情景的累计投资与不作

为情景相当，但到了2060年，采取行动情景将使全球GDP比不作为情景高出72万亿美元，此外能源转型还有享受更清洁空气的额外好处。

⑦ BNEF预计，到2040年，太阳能和风能将占据主导地位，约占总发电量的一半（加上水力发电和生物质发电为60%）。到2040年，随着电动汽车占轻型汽车销量的54%和上路汽车的33%，电力将成为主要的能源来源。这还只是保守估计。

向可持续能源过渡的最重要因素是投资。据国际能源署估计，到2035年，能源的累计投资将为40万亿美元，能效投资将为8万亿美元。而据花旗集团估计，从2015年到2040年的累计能源投资将高达190万亿美元。

尽管如此，影响清洁能源和可持续能源运动的主要短期不确定性因素依然是美国联邦能源政策的戏剧性转变——从奥巴马致力于清洁能源和气候保护，到今天特朗普致力于振兴化石燃料行业并减少环境监管。但是相比美国联邦政策，能源市场以及通过投资（和撤资）引导市场的个人和机构将对我们的能源未来产生更大的影响。

当我们在接下来的章节中探索能源技术、市场、规划框架、政策和社会选择时，牢记这些未来能源的愿景对学习本书是很有帮助的。

第二部分　能源的基本原理

第4章
能源科学的基本原理

4.1 简介

在探索一系列能够帮助我们过渡到更可持续的能源系统的技术之前，我们必须对能源本身有一个清晰的认识。能量主要来自太阳，流经整个生态系统，为包括我们身体在内的所有生物提供生存、生长、修复组织、繁殖和做功的能力。这样一来，其形式可能会发生变化，从流经太空的电磁辐射，到植物中储存的化学能，到使我们保持温暖的热能，到我们爬山时的势能，再到我们滑雪下山时的动能。我们使用很久以前植物收集和储存的太阳能来供暖、发电和驱动汽车。随着能源在自然界和人类社会中的传播，它不断地从一种形式转变为另一种形式。尽管在储存、转换和使用能源的过程中能量并没有损耗，但它的质量却在不断地退化，变得越来越没用，最终变成相对无用的低温热源。

理解能量是理解宇宙以及物理和生命系统如何工作的关键之一。实际上，能量的一个简单定义就是它是做功的能力。我们自己的感官知觉和个人经验使我们对能量的转换和流动产生了内在的理解。我们了解热传递（如果只是穿上或脱掉夹克）。我们了解燃烧过程中释放的化学能（当我们加速开车到下一个红绿灯时）。我们知道运动物体的能量（要是能躲开那辆迎面驶来的汽车就好了）。我们还知道在温暖的篝火前取暖的辐射能。我们甚至对熵这个相当深奥的概念也有了一些了解，因为当我们为自己的家制造一件漂亮的家具时，我们的工作间里堆满了锯末和废料。当然，我们对许多重要的能源系统有着直观的理解：例如冰箱、电灯、汽车和熔炉，如果只是操作它们，我们可能对它们的实际工作只有一个模糊的概念。

虽然对能量的物理和化学方面的深入解释远远超出了这本书的范围，但是我们可以相当容易地对这些能量的转换和流动形成一种直观的并略微定量的感觉。这里介绍的名词和基本原则将为理解后面章节中描述的能源系统提供必要的基础。

本章一开始介绍能源的概念本身，以及一些单位和能量转换概念。然后会探讨一些基本形式的能源，包括机械能、热能、化学能、电能、核能和电磁能。当然，社会关心的不是焦耳或英国热量单位（Btu），而是如何将各种形式的能量转换成有用的功，从而为我们的啤酒降温，为我们的房子供暖，并把我们带到我们想去的地方。根据热力学第一和第二定律，我们可以在理论上明确用能量可以做什么，不能做什么（比如制造永动机）。有了这些基础知识，我们将为后续章节做好准备，并进一步探索一些重要的能量转换系统。

4.2　能源科学基础

到底什么是能量？对于这个看似简单的问题，要给出一个精确的答案却是异常困难的。一个普遍的定义是，能量就是"做功的能力"，那么，你和我都有做功的能力，这意味着我们就是能量吗？虽然这听起来可能很有趣，但爱因斯坦著名的物质与能量的关系式 $E = mc^2$ 却说：是这样的。我们有质量，质量与能量是密不可分的。但是，什么是做功呢？功可以定义为移动物体所需的力和物体移动的距离的乘积。但是每次都思考这些难道不会觉得很辛苦吗？此外，功并不是能量的唯一形式。例如，热是另一种形式的能量。那么什么是热？热是由于物体之间的温度差异，从一个物体传递到另一个物体的能量。那么，温度又是什么呢？

能量是一个复杂的概念。但仅仅依靠直觉我们也可以走得更远，即能量是导致物理变化的能力。能量使我们可以让物体变得更热，移动得更快，上坡，等等。

4.2.1　热力学第一、第二定律的介绍

能量可以在任何给定的过程中改变形式，例如：木材中的化学能在篝火燃烧中转化为热能和光能；大坝后面的水的势能在旋转涡轮机时转化为机械能，然后通过水电厂的发电机转化为电能。热力学第一定律表明：我们应该能够考虑这些过程中的每一点能量，这样一来最终的能量就和开始时一样多。通过适当的计算，甚至可以解释涉及质量转化为能量的核反应。

要应用热力学第一定律，首先必须定义正在研究的系统。该系统可以是我们想要在其周围画出假想边界的任何事物，它可以是树、核电站，或者一个烟囱释放出的大量气体。在全球气候变化的背景下，该系统很可能就是地球本身。通常，我们真正想知道的是一个系统如何有效地将一种形式的能量转换成另一种形式的有用能量。例如，我们可能想知道发电厂将煤中的化学能转换成电能并输送到输电线路的效率。我们可以把第一定律写成下面的形式。

$$\text{进入系统的能量} = \text{传递的有用能量} + \text{损失的能量} \tag{4.1}$$

我们需要有用的能量，这就引出了下面关于系统能量效率的定义：

$$\text{能量效率}(\eta) = \frac{\text{传递的有用能量}}{\text{输入的能量}} \tag{4.2}$$

实际上，我们感兴趣的大多数系统都涉及多个能量转换过程，每个转换过程都有其自身的效率。要找到从头到尾的整体效率，我们只需将各个效率相乘即可。例如，考虑效率为 35% 的发电厂将电能输送到效率为 92% 的输电线路上，该输电线路再将电能输送到效率为 5% 的白炽灯。如图 4.1 所示，总效率仅为 1.6%。

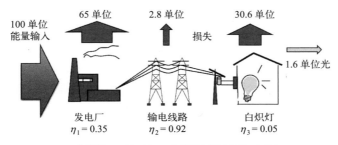

图 4.1　白炽灯的一次能源效率

在图 4.1 所示的例子中，大约需要三个单位的输入能量才能将一个单位的能量传递给负载，这对于美国电网来说是一个相当准确且方便的规则。例如，如果我们把一个 60W 的白炽灯换成一个 10W 的 LED 灯，灯省下的 50W 实际上可以为发电厂节省近 150W 的输入功率。这将节省一大笔资金。

总而言之，热力学第一定律告诉我们，能量在穿过宇宙时既不会被创造也不会被消灭。换句话说，第一定律给了我们一个记账系统，让我们能够记录能量的数量。

另外，热力学第二定律告诉我们：即使在变换过程中没有能量损失，也会有能量质量的损失。能量的质量与它为我们做有用的事情的能力有关。例如，电是一种非常高质量的能源，因为它可以完成从给电视供电到为房屋供暖的所有工作。你可以用一杯咖啡来暖手，但你肯定不能把你的电脑插到咖啡里。热力学第二定律告诉我们，不管我们怎么努力，每次我们用能量做一些事情，总有一些能量质量的损失，这通常意味着一些能量最终会变成无用的余热。我们可以想象有很多过程满足热力学第一定律，但却知道它们一定不会发生。我可以通过一个电热元件来加热我的咖啡，但是我不能把这个电热元件加热后，还指望能得到等量的电力。热力学第二定律通过告知我们过程发展的方向来解释这些问题：由电到热容易，由热到电很难。

热力学第二定律的影响是深远的。它"打破"了很多幻想，比如否定了永动机的可能，否定了让一杯热咖啡从厨房的冷空气中窃取热量并自动升温的可能；它决定了当前汽车发动机可能的最大效率，以及也许有一天会超越发动机的燃料电池。它还告诉了我们关于不断增加的宇宙混乱状态之类的奇怪事情。当你打扫你的房间时，它就变得更有秩序；但为你的吸尘器发电的发电厂却正在创造更多的混乱，因为它把一大块有组织的煤转化成无序的气体和颗粒物，并从烟囱中排放。我们将在第 10 章中更仔细地探讨热力学第二定律，该定律讨论了热机和发电厂等问题。

4.2.2　关于单位

威廉·汤姆逊（开尔文勋爵）曾说：

当你可以衡量自己所说的内容并用数字表达时，你就对它有所了解；但是当你无法衡量，无法使用数字表达时，你的知识便是贫乏的，不能令人满意。这也许是知识的开始，但你的思想几乎还没有达到科学的阶段。

在美国，能源单位通常使用英制单位（有时也称为美制单位）和国际单位制（SI），因此熟悉这两种系统是很重要的。在国际单位制中，质量、长度和时间的单位是千克（kg）、米（m）和秒（s）。在英制中，它们是磅-质量（lbm）、英尺（ft）和秒（s）。

请注意，我们已经引入了一些潜在的混淆。这个磅-质量是什么？一磅不就是一磅吗？在美国常见的用法中，磅是力的单位（lbf），而不是质量的单位。我们说某物重 6 磅，是指它在秤上施加的力，而不是其质量。如果我们将 6 磅重的物体放在月球上，而月球的引力要小得多，那么它的重力大约只有 1 磅。但是，它在地球或月球上的质量是相同的。但是，只要我们停留在地球表面的海平面上，一磅就是一磅。也就是说，1lbm 的质量会重 1lbf。

国际单位制避免了这种混乱，它总是参考一个物体的质量，而不是重力。因此，地球上 1kg 的物体与月球上 1kg 的物体质量相同（图 4.2）。

牛顿第二定律将质量（m）和重力（W）与局部重力加速度联系起来，在地球表面的局部重力加速度为 9.807m/s^2 或 32.174ft/s^2。为了方便计算，我们称加速度为 g，近似为 9.8m/s^2 和 32.2ft/s^2。牛顿方程为

$$W = mg \qquad (4.3)$$

在国际单位制中

$$W(\text{N}) = m(\text{kg}) \times g(\text{m/s}^2)$$

在英制单位中

$$W(\text{lbf}) = m(\text{slug}❶) \times g(\text{ft/s}^2)$$

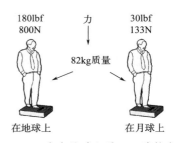

图 4.2　一个在地球上重 180 磅的人在月球上重 30 磅，然而他的质量没有变

如果你在地球表面施加 1N 的力，它会记录 0.2248lb，相当于一个小苹果的重力。奇怪的巧合，不是吗？牛顿还给出了力、质量和加速度之间惊人的重要关系：

$$力 = 质量 \times 加速度 \qquad 或 \qquad F = ma \qquad (4.4)$$

1N 的力将使质量为 1kg 的物体以 1m/s^2 的加速度加速。

功是能量的一种形式，可以定义为力乘以距离。在国际单位制中，力的单位是牛顿（N），距离的单位是米（m）。这个乘积，牛顿·米（N·m），定义为焦耳（J）：

$$1 焦耳 = 1 牛顿 \cdot 米 \qquad 或 \qquad 1\text{J} = 1\text{N} \cdot \text{m}$$

在英国和美国的单位中，能量可能用英国热量单位（Btu）来测量，1Btu 是将一磅水升高 $1℉$❷所需的能量。一个较老的热量单位是卡路里（cal），它的定义是将 1g 水升高 $1℃$ 所需的热量（更准确地说，是将 1g 水从 $14.5℃$ 升高到 $15.5℃$）。1cal 大约是 1J 的 4 倍。请注意，有趣的区别在于：国际单位制（SI）将能量解释为力乘以距离，而基于卡路里的英国系统则建议从热量角度衡量能量。

4.2.3　能量和功率的区别

我们都有烦恼，在流行媒体中不断滥用能量和功率单位会特别令人讨厌。当我们读到一个新的电力系统被描述为每年输送多少千瓦的时候，这是一个提示，说明作者不是很懂能源。因为你不想被视为没接受过教育，所以让我们掌握正确的术语。

功率是单位时间的能量。它是一个速率。例如，在国际单位制中，功率通常以焦耳/秒（J/s）表示。为了纪念发明往复式蒸汽机的苏格兰工程师詹姆斯·瓦特，1J/s 被指定为 1 瓦（1W）。

$$1\text{W} = 1\text{J/s} = 3.412\text{Btu/h}$$

因此，用 kW/a 来描述就像是某种能量加速度单位，即 J/s^2。这根本说不通。功率为 10kW 的电加热器 2 小时会消耗 20 千瓦·时（$20\text{kW} \cdot \text{h}$）的能量。使用天然气的热水器，每小时消耗 16000Btu（功率），持续半小时后会消耗 8000Btu（能量）的天然气。

表 4.1 给出了能量和功率单位的换算系数。因为数字可以从非常小的数量（例如纳米

---

❶ $1\text{slug} = 14.593903\text{kg}$。

❷ $T(℃) = \dfrac{5}{9}[T(℉) - 32]$。

级）到超大级［例如艾焦耳（EJ），1EJ＝10^{18}J］，用一个词头来搭配这些单位是很方便的。表4.2列出了一些常见的词头。

表 4.1 能量和功率单位的换算系数

项目	单位	换算关系
能量	1 英国热量单位（Btu）	＝778 英尺•磅（ft•lb）
		＝252 卡路里（cal）
		＝1055 焦耳（J）
		＝0.2930 瓦特•时（W•h）
	10^{15}Btu	＝1055×10^{15}J
		＝2.93×10^{11}kW•h
		＝172×10^6 桶（42gal）石油当量
		＝36.0×10^6t 煤当量
		＝0.93×10^{12}ft^3 天然气当量
	1 焦耳	＝1 牛顿•米（N•m）
		＝9.48×10^{-4}Btu
		＝0.73756ft•lb
	1 千瓦•时（kW•h）	＝3600kJ
		＝3412Btu
		＝860kcal
		＝2.66×10^6ft•lb
	1 千卡（kcal）	＝4.185kJ
功率	1 千瓦（kW）	＝1000J/s
		＝3412Btu/h
		＝737.56ft•lb/s
		＝1.341hp
	1 马力（hp）	＝746W
		＝550ft•lb/s
	10^{15}Btu/a	＝0.471×10^6 桶/d
		＝0.03345 太瓦（TW）

表 4.2 常见的词头

数量	词头名称	符号	数量	词头名称	符号
10^{-12}	皮	p	10^3	千	k
10^{-9}	纳	n	10^6	兆	M
10^{-6}	微	μ	10^9	吉	G
10^{-3}	毫	m	10^{12}	太	T
10^{-2}	厘	c	10^{15}	拍①	P
10^{-1}	分	d	10^{18}	艾	E

① 在美国经常使用 quad［由 quadrillion（10^{15}）缩写而来］。

4.3　机械能

能源有多种形式，工程师的主要任务是设计将能源从一种形式转换成另一种形式的系统。我们可能想要利用阳光（电磁能）来运行我们的电视（电能），或将汽油（化学能）转化为运动（动能），或者可能想要使铀裂变（核能）产生蒸汽（热能）来驱动涡轮机（转动能）。在探索这些系统之前，我们需要对这些不同形式的能量做一个简单的介绍。

我们在高中物理课上最熟悉的能量系统通常是那些基于移动重物的系统，把它们拿起来获得势能，把它们放下来展示动能，转动轮子来展示回转力，等等。这些机械能的例子不仅直观易懂，而且很容易分析，并很好地介绍了 300 多年前伊萨克·牛顿爵士对我们理解物理科学的惊人贡献。

4.3.1　势能和动能

将重物从一个高程提升到另一个高程需要能量，并且在此过程中，重物获得了势能；也就是说，如果我们将其放下，它就有潜力做一些功。把重物提起需要克服重力，重力的大小用力乘以距离来描述。物体的重力等于物体的质量（m）乘以局部重力加速度（g）。当升至高度 h 时，其相对于原始高度的势能表示为：

$$E_p = 重力 \times 高度 = mgh = Wh \tag{4.5}$$

如果我们在真空中从高 h 处扔下一个质量为 m 的物体（这样就没有空气摩擦使其减速），所有的势能都会转化为动能：

$$E_k = \frac{1}{2}mv^2 \tag{4.6}$$

结合式（4.5）和式（4.6）可以得出物体落地前的移动速度：

$$v = \sqrt{2gh} \tag{4.7}$$

解决方案 4.1 提供了这些关系和转换因子的简单示例。

4.3.2　压力能

能量的定义特征是它使功得以完成。受压气体会推动活塞运动，而大坝后面的水压会推动涡轮旋转，因此，压力能实质上是势能的另一种形式。

图 4.3 所示的水力发电系统演示了刚才介绍的三种形式的机械能。压力容器（连接管道）中的水在压力释放时能够做功，所以也有与压力相关的能量。最后，当水流动时，有移动物体的动能。水力发电系统通过三种形式的能量之间的转换工作：从势能到压力能，再到动能。发电站里的涡轮和发电机将这些能量最终转化为电能。

在电站厂房上方的水库中，通过公式（4.5）可以估算出水库的可用势能：

$$E_p(\text{J}) = m(\text{kg}) \times 9.8\,\text{m/s}^2 \times h(\text{m}) \tag{4.8}$$
$$或 \quad E_p(\text{ft} \cdot \text{lb}) = W(\text{lb}) \times h(\text{ft})$$

为了求得水流过涡轮时所能产生的能量，可以利用两种单位制。

$$P(\text{kW}) = \eta \times \frac{Q(\text{gal/min}) \times H(\text{ft}) \times 8.34\,\text{lb/gal}}{60\,\text{s/min}} \times \frac{\text{kW}}{737.56\,\text{ft} \cdot \text{lb/s}} = \frac{\eta Q(\text{gal/min}) H(\text{ft})}{5300}$$

$$\tag{4.9}$$

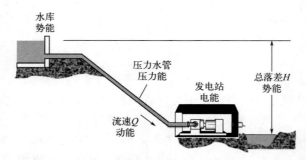

图4.3　水电系统将能量从势能转换成压力能，再转换成动能，最后转换成电能

或者用国际单位制表示为：

$$P(\text{kW})=\eta 9.81 Q(\text{m}^3/\text{s}) \cdot H_N(\text{m}) \tag{4.10}$$

η 是势能转化为电能的总效率。该效率包括管道中的摩擦损耗，涡轮机效率，与涡轮机转速匹配的齿轮或皮带效率，以及发电机将轴的转动能量转换为电能传递到用电器的效率。因此，总的效率是

$$\eta = \eta_{压力管}\ \eta_{涡轮机}\ \eta_{齿轮}\ \eta_{发电机} \tag{4.11}$$

解决方案4.2举例说明了这些公式的应用。

解决方案4.1

爬楼梯时的能量和卡路里

有一个流行的手机应用程序使用气压变化来估计你一天爬楼梯的等效次数，并将其转换为卡路里。假设一段楼梯有12英尺高，一天结束时一个180磅的人爬了20段楼梯。假设身体将甜甜圈转化为功的效率是20%，那么需要多少个含有150千卡能量的甜甜圈呢？注意，食物的能量（俗称卡路里）实际上是能量单位（千卡）。

解决方法：

用英制单位根据式（4.5）可得

$$E_\text{p}=180\text{lb}\times20\ \text{段}\times12\text{ft}/\text{段}=43200\text{ft} \cdot \text{lb}$$

我们可以用表4.1将其转化为卡路里的能量

$$E_\text{p}=\frac{43200\text{ft} \cdot \text{lb}}{0.73756\text{ft} \cdot \text{lb/J}\times4.185\text{J/cal}\times1000\text{cal/kcal}}=14\text{kcal}$$

需要的甜甜圈个数为

$$\frac{14\text{kcal}}{150\text{kcal/个}\times20\%}=0.47\ \text{个}$$

只有半个甜甜圈，不是很多！

解决方案4.2

一个小村庄的微型水利工程

农村地区的一个小村庄想要创建一个微水电项目来增强光电系统。他们想要挖掘一条高出村庄约300ft的小溪，并把水注入一个储水罐。假设系统的能量损耗为40%（压力管道、涡轮、发电机），调整水箱的尺寸，使其每天能够提供20kW·h的电力。还要确定供应峰值功率需求15kW所需的压力管道流量。

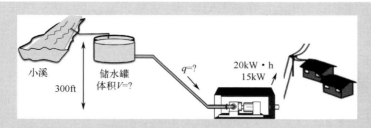

解决方法：

使用式（4.8）和表 4.1

$$20kW \cdot h = 0.60 \times 300ft \times V(gal) \times 8.34lb/gal \times \frac{kW \cdot h}{2.66 \times 10^6 ft \cdot lb}$$

$$V = 35438gal$$

为提供 15kW 的峰值功率，由式（4.9）可知，压力水管流量为

$$Q(gal/min) = \frac{5300 P(kW)}{\eta H(ft)} = \frac{5300 \times 15}{0.6 \times 300} = 442 gal/min$$

4.3.3　转动能

　　虽然转动能实际上是动能的一种形式，但它值得单独考虑，因为它与通常的质量以某种线速度运动的概念截然不同。过去的内燃机在等待下一波燃料燃烧时，通常使用大而重的旋转飞轮来保持曲轴转动。詹姆斯·瓦特原来的蒸汽机上甚至也有一台内燃机。这些缓慢移动的飞轮仍然是有用的，因为它们可以平衡不断变化的需求以及可再生供应，使发电机得以保持一个恒定的速度。目前人们的兴趣主要集中在用高速、轻型飞轮来储存能量。这些新型飞轮可能会在不间断电源（UPSs），风力涡轮机或光伏发电的备用储存器，甚至电动汽车等应用中取代电池。

　　类似于式（4.6），转动能可以表示为

$$E_k(转) = \frac{1}{2} I \omega^2 \tag{4.12}$$

其中，I 是物体的转动惯量，ω 是转速度。对于一个转动的轮子，根据它的转动惯量与质量（m）、半径（r）和形状系数（k）之间的关系得到了下面这个更有用的动能的表达式：

$$E_k(转) = \frac{1}{2} kmr^2 \omega^2 \tag{4.13}$$

　　对于一个自行车轮子，基本上所有的质量都在外围，这时 $k=1$；对一个厚度均匀的实心圆盘而言，$k=0.5$。

　　请注意，旧式的飞轮质量很大，但转速非常低。有了新的复合材料，就有可能在轻量化的结构中储存大量的能量，利用的原理是能量与转速的平方成正比。例如，一个旋转速度为 20000r/min 的碳复合材料飞轮，其在相同质量下所能储存的能量是一个旋转速度仅为 10r/min 的老钢飞轮的 400 万倍。

　　飞轮可以用作不间断电源系统的核心。公用电源可用于推动飞轮旋转，但公用电源通常直接为负载（例如建筑物）供电。在断电的情况下，能量通过发电机从飞轮中提取出来，在断电期间为负载供电。

4.4　热能

当我们谈论机械能时，我们侧重于做功，也就是说，实际上是在探究移动物体的力乘以距离以及诸如此类的东西。现在，我们想谈论另一种形式的能量，在日常术语中称之为热（heat）。为了更加谨慎，我们应该称之为热能（thermal energy），但是出于简便的目的，本书中只需称之为热（heat）即可。

4.4.1　温度

我们都很清楚温度是什么，但是定义它有点棘手。首先，要意识到我们用来描述温度的形容词通常是相当模糊的。我们可以说户外是100℉时是"热的"，但如果这是咖啡的温度，可能会说它是"温暖的"，如果100℉是烧烤后的木炭团的温度，我们将描述它正在变"冷"：上下文引导我们用文字来描述温度，但是这个数值到底是什么意思呢？我们的测量设备（例如温度计）实际上测量的是什么？

在此过程中，你已经了解到，使用普通温度计测量的温标是基于水的冰点，或者更准确地说，基于冰水混合物的温度，以及水的沸点（在一个大气压下）。在摄氏温标（Celsius scale）下（1948年以前称为centigrade scale），水的冻结温度为0°，沸腾温度为100°。华氏温标下冰点为32°，沸点为212°。两者之间的关系是

$$T(℉)=1.8T(℃)+32 \quad 或 \quad T(℃)=\frac{5}{9}\left[T(℉)-32\right] \tag{4.14}$$

华氏温标和摄氏温标基于水的冰点和沸点，并将温度外推到任何数值，无论温度高低。但是在热力学中，定义一个不依赖于水的性质并且有一个绝对最小值为零的温标是有价值的，低于这个温度则是不可能的。在经典物理学中，绝对零度对应于所有分子运动停止的点。然而，在量子力学中，分子无法停止所有的运动，因为这违反了海森伯不确定性原理，该原理断言：你永远无法确切知道一个粒子在做什么。所以在绝对零度，仍然有一个很小的但非零的能量，称为零点能量。

有两种温度系统使用绝对零度作为参考温度。在国际单位制系统中，它是开尔文温标，以开尔文勋爵（1824—1907）命名。此标度中的温度单位是开尔文K（不是开氏度或°K；度数的指定在1967年被正式取消）。在这个标度上，绝对零度对应于−273.15℃（四舍五入为−273℃）。请注意，开尔文温标上的温度区间和摄氏温标上的温度区间是一样的。也就是说，10℃的温差和10K的温差是一样的。

在英制系统中，温度标度以威廉·兰金（William Rankine）（1820—1872）命名，单位设计为R（Rankine）。绝对零度对应于−459.67℉（四舍五入为−460℉），兰金和华氏温标上的每一度变化都是相同的。也就是说，10R的变化等于10℉的变化。

以下是使用绝对温标时的简便转换公式：

$$T(K)=T(℃)+273, \quad T(R)=T(℉)+460 \tag{4.15}$$

4.4.2　内能和热容

打开一壶水下面的燃烧器，我们知道能量将进入水中，提高它的温度。但是这个过程中没有做功，也就是说，没有力乘以距离。这意味着至少有两种方法可以改变系统的能量：我们可以移动物体，做功；或者我们可以传递热量，从而改变系统的内能。

热量可以定义为由于温度差在两个系统（火炉和水壶）之间传递的能量。严格地讲，不应该说物体内有热量，也不应该说增加热量或从物体中吸收热量。物体即使被加热后也不含热量，它们所包含的是热能。这显得令人困惑？当然。这个术语与定义中的传递部分有关，即热的存在仅仅是因为两个物体之间的温差，在这种情况下，能量是从一个对象移动到另一个对象的。幸运的是，我们不想在本书中过于严苛，因此您可以放松并使用对热量的直观理解。

势能和动能是可观察到的，能量的宏观形式易于观察和理解。较难想象的是与所研究系统的原子和分子结构相关的微观形式。这些微观形式的能量包括分子的动能（我们用温度计测量）以及分子之间、分子内部的原子之间和原子内部作用力的能量。这些微观形式的能量之和称为系统的内能，用符号 U 表示。物质拥有的总能量 E 可以描述为其势能 E_p、动能 E_k 和内能 U 之和。

$$E = U + E_k + E_p \tag{4.16}$$

现在可以将热力学第一定律改为：对于一个封闭的系统（即不必担心物质和能量会通过边界流入、流出），如果我们向系统添加热量（Q），系统做了功（W），最终的能量变化结果等于内能变化量（ΔU）、动能变化量（ΔE_k）和势能变化量（ΔE_p）的和。

$$Q - W = \Delta U + \Delta E_k + \Delta E_p \tag{4.17}$$

通常，人们感兴趣的是温度变化引起的物质内能的变化。例如，我们可能想要热一些的水并将其储存在一个水箱中，以便可以洗热水澡；或者我们可能想要设计一栋能容纳很多热量的房屋，以吸收白天的太阳能，并将其储存起来，然后在夜间释放热量，以使房屋能够一整夜保持温暖。

对于大气压下的液体和固体，其质量（m）经过温度变化（ΔT）时，能量的变化（ΔE）为

$$\Delta E = mc\Delta T \tag{4.18}$$

其中，c 称为物质的比热容，物理意义是把单位质量的物质升高一度所需要的能量。例如，水的比热容是：

$$c = 1\,\text{Btu}/(\text{lb} \cdot \text{℉}) = 4.18\,\text{kJ}/(\text{kg} \cdot \text{℃}) \tag{4.19}$$

表 4.3 列举了几种选定物质的比热容。值得注意的是，在列出的物质中，水的比热容最高；事实上，它比几乎所有其他常见物质的比热容都要高。这是水的一种非常不寻常的性质，这种性质在很大程度上使得海洋能对缓和沿海地区的温度变化起主要作用。

表 4.3 还包括了一些代表性物质的密度，以及密度与比热容的乘积，即体积比热容。体积比热容是一个重要的概念，因为它告诉我们随着温度的升高，在给定体积的材料中可以存储多少热能。通常情况下，设计过程的困难在于找到一种在尽可能小的空间内尽可能多地散发热量的方法。请再次注意水是如何以最小的体积储存最多的热量的——水的储热能力是混凝土的两倍多，而混凝土是被动式太阳能房屋中储存热量的另一种最常用的物质。

有关如何使用这些概念的示例，请参见解决方案4.3。

表 4.3　选定物质的比热容和体积比热容

物质	比热容		密度/(lb/ft³)	体积比热容 /[Btu/(ft³·°F)]
	[kJ/(kg·℃)]	[Btu/(lb·°F)]		
水	4.18	1	62.4	62.4
空气（20℃）	1.01	0.24	0.081	0.019
铝	0.90	0.22	168	37
混凝土①	0.88	0.21	144	30
铜	0.39	0.09	555	50
干土①	0.84	0.2	82	16
汽油	2.22	0.53	42	22
钢铁①	0.46	0.11	487	54

① 代表值。

解决方案 4.3

在混凝土或水中储存热量

在一个晴朗的冬日，200ft² 朝南的窗户允许 1000Btu/ft² 的太阳能通过被动式太阳能房的蓄热体吸收。你希望房子在白天储存能量，并在晚上释放能量以保持温暖。你可以用窗户后面的水管来储存能量，或者可以用混凝土地板吸收能量。如果太阳把这些物质加热20°F，它们的体积分别是多少？

1000 Btu/ft²
200 ft²　　　　　　混凝土地板　　　水柱

解决方法：

要储存的总能量为 200ft² × 1000Btu/ft² = 200000Btu。使用来自表4.3的值，我们发现：

$$V_{混凝土} = \frac{200000\text{Btu}}{30\ \dfrac{\text{Btu}}{\text{ft}^3 \cdot °\text{F}} \times 20°\text{F}} = 333\text{ft}^3$$

如果混凝土的厚度为 6in，则需要覆盖 666ft² 的建筑面积。在此示例中，混凝土地板的表面积与收集太阳能的窗户面积之比为 666/200 = 3.3，这接近于被动式太阳能设计的经验法则，即 1ft² 朝向南的窗户大约需要 3ft² 的蓄热板。

至于水墙蓄热的想法：

$$V_{水} = \frac{200000\text{Btu}}{62.4\ \dfrac{\text{Btu}}{\text{ft}^3 \cdot °\text{F}} \times 20°\text{F}} = 160\text{ft}^3$$

因此，提供相同数量的储能容量所需的水量大约是混凝土的一半，当然，水是一种更难吸收热量的储存介质。

4.4.3　固体、液体和气体

分子内原子间的吸引力很强。反过来，分子之间会产生微小但可感知的引力，这种引力被称为范德瓦耳斯力（范德华力）（以 19 世纪荷兰物理学家约翰内斯·范德·瓦耳斯的名字命名），即分子具有轻微的"黏性"。在低温下，分子相当温顺；也就是说，它们没有太多的动能，这些黏性的力足够把它们保持在一个有序的阵列中。也就是说，分子处于固态，即结晶状态。

当这些分子被加热时，它们开始频繁地振动，并且在某个点（称为熔点温度）上，它们获得了足够的能量从晶体中脱离出来，现在可以开始滑动。这些变暖的分子仍相互接触，但它们现在的运动足以填满所在容器的形状。即，该物质已经从固态转变为液态。熔化物质所需的能量称为熔化潜热。例如，熔化冰所需的熔化潜热为 333kJ/kg（144Btu/lb）。这个数值等同于使物质从液体变成固体，也就是使物质冻结所需散发的热量。

某些物质在熔化时吸收热量，在凝固时又把热量释放出来，这种能力使得"热电池"成为可能，有时甚至可以用来储存被称为"冷"的东西（图 4.4）。在电价通常很低的夜晚制冰，然后在第二天融冰以提供空气调节功能，这是给建筑物降温的最经济有效的方法之一（参见解决方案 4.4）。

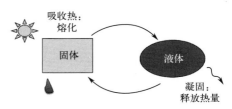

图 4.4　相变材料可以起到热电池的作用

解决方案 4.4

用一吨的冰来给你的房子降温

假设你想把 1 吨（2000 磅）重的冰拖进一个小房子里，让它融化。冰需要吸收多少热量才能全部融化？如果这需要 12 个小时才能实现，那么平均降温速率是多少呢？

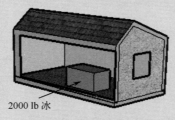

2000 lb 冰

解决方法：

我们知道水的熔化潜热是 144Btu/lb，所以融化一吨冰需要的热量是

$$2000lb \times 144Btu/lb = 288000Btu$$

如果融化一吨冰需要 12 个小时，这个房间的平均散热率，也就是房间的冷却速率将会是

$$冷却速率 = \frac{288000Btu}{12h} = 24000Btu/h$$

事实上，美国评价空调制冷能力的标准方法是根据它所能提供的制冷量（单位为吨），1 吨＝12000Btu/h。因此，在这个例子中，我们实际上有一个"2 吨"的空调。作为比较，一个典型的窗机空调可以提供 1 吨的制冷量。

在当前减少建筑物冷负荷的努力中，冰不是人们唯一感兴趣的相变材料。当温度接近所需的室内空气温度时，这些材料会发生相变，这样可以防止热屋顶将白天的太阳热量转移到室内空间。

简单地考虑了固-液相变后，如果再增加热量，分子可以获得更多的动能，以至于微弱的范德瓦耳斯力不再构成约束，此时分子可以向任何方向飞行。这便是气相。气体和液体一样能适应容器的形状，但气体的不同之处在于：气体容易膨胀或压缩。我们将在后面讨论空调系统时看到，气体的膨胀和压缩是至关重要的。从液态转变为气态的温度称为沸点，水的沸点为 100℃（212℉）。这种转变所需要的能量叫作蒸发潜热。水在 100℃ 时转变为蒸汽所需的蒸发潜热是 2257kJ/kg（972Btu/lb）。

4.5 电能

最新的研究表明，宇宙中只有四种基本力。第一种是引力。另外两种是原子内部的力，称为弱相互作用力和强相互作用力。第四种是一个带电物体对另一个物体施加的电力。法国物理学家查尔斯·奥古斯丁·德·库仑（1736—1806）首先解释了第四种力，其成果被称为库仑定律。

$$F = k\frac{q_1 q_2}{d^2} \tag{4.20}$$

该公式采用国际单位，其中 F 的单位为牛顿（N）；q_1 和 q_2 为各物体的电荷，单位为库仑（C）；两个物体之间的距离 d 以米（m）为单位；系数 k 为 $9 \times 10^9 \mathrm{N \cdot m^2/C^2}$。

为了把这种现象形象化，可以想象一个围绕着每个电荷的不可见的电场。把一个测试电荷引入电场时，我们可以测量电场对该电荷施加的力，所以即使看不见它，我们也知道它的存在。电场是存在的并能对电荷施加力这一简单的概念在电气工程领域有着广泛的应用。

4.5.1 电流

1 库仑的电荷等于 6.242×10^{18} 个电子的电荷——那是很多电子——但是当说到让电子为我们工作时，有些电子比其余那些更有用。任何特定类型原子核的吸引力都很容易克服。大多数电子与原子核的结合太紧密，对我们没有什么用处；有些电子离原子核足够远，这些自由电子很容易从一个原子移动到另一个原子，如果受到一个轻微电场的作用，它们就能沿着一个特定的方向弹跳，这种电荷流构成了电流。

一般来说，电荷可以是负的，也可以是正的。在铜线中，唯一的电荷载体是带负电荷的电子。然而，在霓虹灯中，在电场的影响下，正离子向一个方向运动，负电子向另一个方向运动，每个电荷都对电流的产生做出了贡献，总电流是它们的和。按照惯例，不管正电荷是否恰好在图中显示，电流的方向都被认为是正电荷流动的方向。因此，在导线中，向一个方向运动的电子构成了向相反方向流动的电流，如图 4.5 所示。

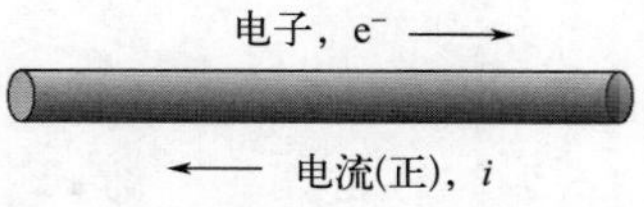

想象一根导线，当 1 库仑的电荷在 1 秒内通过一个给定的点时，将此时的电流定义为 1 安培（符号为 A），以 19 世纪物理学家安德烈·玛丽·安培命名。在方程式中，电流 i 是指单位时间 t 内经过点或通过区域的电荷流 q。

电子，e^- ⟶

⟵ 电流(正)，i

图 4.5 按照惯例，电流和电子的移动方向相反

$$i = \frac{q}{t} \tag{4.21}$$

当电荷仅以一个稳定的速率在一个方向上流动时，被称为直流电（DC）。例如，电池可以提供直流电。沿着导线流动的那些电子实际上运行相当缓慢（大约 1in/min），但是它们通过移动大量电子来弥补缓慢的速度。

当电荷以正弦波的形式来回流动时，称为交流电（AC）。在美国，电力公司提供的交流电的频率为 60 个周期每秒或 60 赫兹（Hz），即电子流每秒改变 60 次方向。鉴于电线中电子缓慢的净速度以及经常变化的电流方向，夜间为灯泡供电的电子与灯泡购买时所带的电子几乎相同。

直流电和交流电的例子如图 4.6 所示。

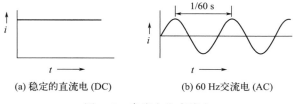

(a) 稳定的直流电 (DC)　　　　(b) 60 Hz交流电 (AC)

图 4.6　直流电和交流电

4.5.2　电压

电子不会在电路中流动，除非有能量帮助它们前进。这个"推力"是用伏特（V）来测量的，电压的定义是给一个单位电荷 q 的能量（w，单位为 J）。

$$v = \frac{w}{q} \tag{4.22}$$

例如，一个 9V 的电池为其储存的每库仑电量提供 9J 的能量。电压是电荷做功的电势能。势能的机械形式总是相对于某个参考状态进行测量，电压也是如此。因此，9V 电池的正极比负极的电压高 9V。

4.5.3　电路的概念

一个简单的电路由一个能量源（例如电池）、一个负载（例如灯泡或烤面包机，或你想要供电的其他东西）以及一些将电流从电源传递到负载并返回的连接导线组成。再次提醒，电路必须具有电子的返回路径，电子不能一路到达灯泡然后掉落到地板上。

在一个简单的直流电路中，如图 4.7 所示，负载可以通过对流过电子的阻力（电阻，R）来表征。另一方面，通常认为导线是电阻为零的理想导体。施加于该电路的电压（v）、流经电路的电流（i）与负载提供给该电流的电阻 R（欧姆，Ω）之间的关系为

$$v(\text{V}) = R(\Omega) \times i(\text{A}) \tag{4.23}$$

这种看似简单的关系被称为欧姆定律，该命名是为了纪念德国物理学家乔治·欧姆，他最初的实验得出了这个极

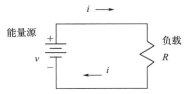

图 4.7　简单电路示例。一个简单直流电路包括一个能量源、一个负载和使电路连通的连接导线

其重要的关系。

4.5.4 电力与能源

电路可以有许多不同的目标，但是可以通过其目的是传输信息还是传输电力来区分它们。笔记本电脑中的大多数电路都可以通过检测电压的存在（0s）或不存在（1s）来处理信息。在这种情况下，功耗是一件坏事，因为它会使电池消耗更快。然而，在这本书的背景下，我们的目标是产生和传输大量的电力来做真正的工作，这些工作不仅可以为笔记本电脑电池充电，还可以为全国的工厂、城市和地区供电。

回到图 4.7 的简单电路，我们可以推导出电压、电阻和电流之间的一些重要关系，然后把它们与功率和能量联系起来。回想一下，电压是给予单位电荷的能量（$v = w/q$），电流是电荷绕电路运动的速度（q/t）。将这两者与能量传递速率（$p = w/t$）结合起来，得到：

$$p = \frac{w}{t} = \frac{w}{q} \times \frac{q}{t} = vi \tag{4.24}$$

所以传递给负载的功率是负载上的电压乘以通过负载的电流。将式（4.24）和欧姆定律式（4.23）结合起来，我们就有三种方式来表达传递给电阻性负载的功率：

$$p = vi = \frac{v^2}{R} = i^2 R \tag{4.25}$$

当 v 的单位为 V，i 的单位为 A，R 的单位为 Ω 时，上述表达式均以 W 为单位（1W = 1J/s）。

将功率瓦特（W）或千瓦（kW）乘以耗电时间小时（h），得到的能量单位是瓦·时（W·h）或千瓦·时（kW·h）。解决方案 4.5 中的例子说明了这些电的单位之间的关系。

4.5.5 电流和电压的有效值

描述直流电压和电流是很简单的，但是如果墙上插座的正弦电压是 120V 交流电，这意味着什么？当你的断路器额定电流是 80A 又意味着什么？如果能有一种方法来描述交流电压和电流的特性，这样我们就能写出类似于式（4.25）中所示的交流功率关系，这样岂不更好？

让我们从电阻负载的瞬时功率耗散方程开始：

$$p = i^2 R \tag{4.26}$$

在式（4.26）中，功率用小写字母 p 表示，它是随时间变化的量。我们可以用下列表达式描述电阻中耗散的功率平均值：

$$P_{avg} = (i^2)_{avg} R = (I_{eff})^2 R \tag{4.27}$$

解决方案 4.5

手电筒的功率与能量

假设一个强光手电筒使用四节 1.5V 电池为 18W 白炽灯的灯丝供电，请算出灯丝的电阻和电流。

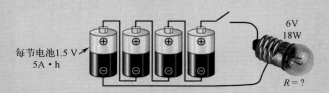

解决方法：

电池串联连接，因此电压总和为 6V。由于功率为电压（单位 V）乘以电流（单位 A），流经灯泡的电流为

$$i=\frac{18W}{6V}=\frac{18V\cdot A}{6V}=3A$$

由欧姆定律 $v=Ri$，灯丝电阻为：

$$R=\frac{v}{i}=\frac{6V}{3A}=2\Omega$$

电池通常根据其安培小时（A·h）容量进行评估，粗略地说，就是电池所提供的安培数乘以它所能提供的该安培数的小时。每个 1.5V 电池所能提供的能量为：

$$E=1.5V\times5A\cdot h=7.5W\cdot h$$

四节电池可以提供的总能量为

$$4\times7.5=30V\cdot A\cdot h=30W\cdot h$$

这个灯泡的功率是 18 W，所以我们可以期望手电筒能够提供足够的光的时间为

$$t=\frac{30W\cdot h}{18W}=1.67h$$

式（4.27）介绍了电流的有效值 I_{eff}，以这种方式定义有效值的好处是，平均耗散功率的计算公式看起来与式（4.26）中描述的瞬时功率非常相似。电流有效值的定义如下：

$$I_{eff}=\sqrt{(i^2)_{avg}}=I_{rms} \tag{4.28}$$

电流的有效值是电流平方的平均值的平方根，即电流的均方根（rms）值。式（4.28）中给出的定义适用于任何电流函数，无论是正弦函数还是其他函数。

让我们从一个正弦电压开始，然后求它的均方根值：

$$v=V_m\cos\omega t \tag{4.29}$$

根据式（4.28），电压的均方根为

$$V_{rms}=\sqrt{avg(V_m\cos\omega t)^2}=V_m\sqrt{(\cos^2\omega t)_{avg}} \tag{4.30}$$

已知 $\cos^2\omega t$ 的平均值是 1/2，我们得到以下重要关系：

$$V_{rms}=V_m\sqrt{1/2}=\frac{V_m}{\sqrt{2}} \tag{4.31}$$

也就是说，正弦信号的均方根值，不管是电流还是电压，或者别的什么，都等于振幅除以 $\sqrt{2}$。解决方案 4.6 演示了式（4.31）的用法。

在传统的交流电力系统中使用均方根值的便利之处在于，它允许我们使用类似于前面描述的直流电路的方程。

$$P=I^2R=\frac{V^2}{R}，有时\ P=IV \tag{4.32}$$

需要注意的是，要使 $P=IV$ 有效，电流和电压必须是同相的。如果它们不同相，情况就会变得更加复杂，像下面这样的方程就必须合并。

$$P=IV\cos\theta \tag{4.33}$$

其中，θ 是电压和电流的相位角差（相位差），$\cos\theta$ 称为功率因子。

103

解决方案 4.6

墙上插座的电压

在美国，供应给标准家庭插座的是正弦 120V、60Hz 的电能。将电压描述成时间的函数，功率为 100W 的电视将消耗多少电流（有效值）？

解决方法：

由式（4.31），电压的振幅（大小，峰值）是

$$V_m = \sqrt{2}V_{rms} = 120\sqrt{2} = 169.7V$$

角频率 ω 是

$$\omega = 2\pi f = 2\pi \times 60 = 377 rad/s$$

因此波形（函数）是

$$v = 169.7\cos 377t$$

（可以同样写成 $V = 169.7\sin 377t$）

电视所消耗的电流，使用有效值可以写为：

$$I = \frac{P}{V} = \frac{100W}{120V} = 0.83A$$

4.6 化学能

正如从基础科学中回忆的那样，物质是由分子构成的，分子是由原子构成的，原子是由质子、中子和电子构成的。虽然物理学家们正在试图理解更小的粒子，但出于目的，我们可以就此打住，只考虑如何收集和利用原子和分子之间的化学反应所产生的能量。

4.6.1 原子和分子

你还记得质子和中子形成原子核，质子数称为原子序数，并标识了这是什么化学元素。质子和中子的质量几乎相同（中子重一些），但是质子带有正电荷，而中子是电中性的。质子和中子数目的总和称为质量数。原子核中的质子和中子集中在一起，称为核子。

原子核周围是一群非常轻的带负电荷的电子，它们的数量与带正电荷的质子的数量相等，这就形成了一个电中性原子。原子的大部分体积是空的。例如，如果把一个典型原子的外层电子环放大到整个地球的大小，它的原子核只有几百英尺厚。

具有相同化学名称（例如，氦）的所有原子均具有相同数量的质子，但并非所有此类原子都具有相同数量的中子。具有相同原子序数，但质量数不同的元素称为同位素。例如，氦总是有两个质子（按定义），但它可能有 1 至 8 个中子。几乎所有氦原子都只有一个中子（He-3），大约一百万个氦原子中有一个具有两个中子（He-4），具有两个以上中子的氦的同位素是不稳定的，会在短时间内发生核反应。

描述一种给定同位素的较常用方法是在它的化学符号中，把质量数写在左上角，原子序数写在左下角。例如，铀（有 92 个质子）的两种最重要的同位素是：

$$^{235}_{92}U \qquad ^{238}_{92}U$$

$$\text{U-235} \qquad \text{和} \qquad \text{U-238}$$

当提到特定的元素时，通常会省略原子序数下标，因为它给化学符号增加的信息很少。因此，"U-238" 和 "He-3" 是描述这些同位素的常用方法。

当原子彼此靠近时，它们的外层电子可以互相作用，在原子之间建立足够强的作用力从而使原子结合在一起。邻近的原子共享外层电子，形成共价键，一对原子中的每个成员提供一个彼此共享的电子。通过这些共价键结合在一起的原子组成了分子。

4.6.2　化学计量学：化学反应中的质量平衡

质量守恒定律可应用于化学反应，该定理给出了产生一定量产物需要的反应物的量的信息。平衡方程式使每一种原子在方程式的两边出现的数目相同，并通过随后的计算确定所涉及的每一种化合物的数量，这就是所谓的化学计量学。

考虑下面的简单反应：甲烷（CH_4）被氧化（燃烧）产生二氧化碳和水。因为我们的大部分能量来自天然气，而且天然气的主要成分是甲烷，所以这个反应非常重要。

$$CH_4 + 2O_2 \longrightarrow CO_2 + 2H_2O \tag{4.34}$$

让我们用式（4.34）帮助回顾一下化学反应。首先，请注意所写的反应式是平衡的；也就是说，反应式左侧的碳、氢和氧原子的数目与右侧的数目相同。

现在，我们可以将方程式解释为 1 分子甲烷与 2 分子氧气反应生成 1 分子二氧化碳和 2 分子水。但是，根据每种物质的质量来描述此反应（例如，"当燃烧一定量的 CH_4 时，向大气中排放了多少克的 CO_2？"）更有用。为了做到这一点，我们需要确定原子和分子的原子量和分子量，我们需要把大量的分子聚集成叫作"摩尔"的块。

元素的原子量是用原子质量单位（amu，u）表示的，其中 1amu 被定义为 C-12 质量的十二分之一（C-12 有 6 个质子和 6 个中子）。为什么要用原子质量单位来测量质量，而不是用质量数（质子数加上中子数）来表示质量呢？为了回答这个问题，回想一下化学元素广泛存在于自然界中的各种同位素——例如，大多数碳原子（C-12）中有 6 个中子，但有些碳原子有 8 个中子（C-14）。这表明，自然生成的碳混合物的原子量略高于 12。因为一种元素的质量数和原子量是如此的相似，所以我们将不再考虑它们之间的区别，而是按照某种标准的工程实践来估计原子量（例如 C 的原子量是 12amu 而不是 12.011amu）。

分子的分子量就是组成分子的原子的原子量之和。因此，CH_4 的分子量（近似于）为 $12 + 4 \times 1 = 16$amu。如果我们用一种物质的质量除以它的分子量，结果就是用摩尔（mol）表示的量（物质的量）。例如，32g CH_4，除以 16g/mol，等于 2mol CH_4。

用摩尔来表示化学反应的特殊好处是，1mol 任何物质所包含的分子数目完全相同（$1mol = 6.02 \times 10^{23}$ 个），这为我们解释式（4.34）中给出的化学反应提供了另一种方式。

$$CH_4 + 2O_2 \longrightarrow CO_2 + 2H_2O$$
$$1mol\ CH_4 + 2mol\ O_2 \longrightarrow 1mol\ CO_2 + 2mol\ H_2O$$

现在我们可以用"1mol CH_4 与 2mol O_2 反应生成 1mol CO_2 和 2mol H_2O"来描述该反应。我们可以首先使用（四舍五入的）原子量将每种成分转化为物质的量（mol）然后再将其转化为质量（g）。

$$CH_4 = 12 + 4 \times 1 = 16(g/mol)$$
$$O_2 = 2 \times 16 = 32(g/mol)$$
$$CO_2 = 12 + 2 \times 16 = 44(g/mol)$$

$$H_2O = 2 \times 1 + 16 = 18(g/mol)$$

现在我们有了表示甲烷氧化过程的第三种方法：

$$CH_4 + 2O_2 \longrightarrow CO_2 + 2H_2O$$

$$16g\ CH_4 + 64g\ O_2 \longrightarrow 44g\ CO_2 + 36g\ H_2O$$

注意，质量在最后这个表达式中是守恒的；也就是说，方程左边为 80g，方程右边也是 80g。

4.6.3 焓：从能量层面看化学反应

我们用于工业化社会的大部分能源是通过燃烧化石燃料获得的，主要是煤、石油和天然气。凭直觉，我们知道燃烧燃料可以将化学键中储存的能量转化为热能，我们可以利用它做功。释放热量的化学反应，如燃料燃烧时发生的化学反应，称为放热反应。向另一个方向进行的反应（即需要吸收热量才能发生的）称为吸热反应。

就像我们使用化学计量法来对化学反应进行质量平衡一样，我们可以使用所谓的焓（H）来帮助我们进行能量平衡。就像物质的热力学性质经常出现的情况一样，焓的精确定义是很微妙的，因此无法简单地解释。但是，我们可以这样想：它是衡量利用其构成元素形成一种物质所需的能量的一种方法，这种情况下的能量被称为生成焓。

表 4.4 列出了一些选定物质的生成焓。需要注意的是，气态氧和氢的焓为零。焓需要一个参考点，就像其他形式的能量（例如势能）需要一个参考点一样，而焓标上的零点适用于标准温度和压力（STP）条件（25℃和 1 个大气压）下化学元素的稳定形式。例如：在 STP 条件下，氧的稳定形式是分子 O_2，它的焓值是 0，但是原子氧（O）是不稳定的，它的焓值不是 0。

表 4.4 选定物质的生成焓 (STP)

物质	分子式	状态	$H/(kJ/mol)$
氢气	H_2	气体	0
氧原子	O	气体	247.5
氧气	O_2	气体	0
水	H_2O	液体	-285.8
水蒸气	H_2O	气体	-241.8
甲烷	CH_4	气体	-74.9
二氧化碳	CO_2	气体	-393.5
甲醇	CH_3OH	液体	-238.7
乙醇	C_2H_5OH	液体	-277.7
丙烷	C_3H_8	气体	-103.9
辛烷	C_8H_{18}	液体	-250.0
葡萄糖	$C_6H_{12}O_6$	固体	-1260

还要注意，焓依赖于物质的状态；也就是说，液态水的焓不同于气态水蒸气的焓。对于水，这种差异非常重要，稍后我们将看到这一点。

在化学反应中，产物（右侧）和反应物（左侧）之间的焓差告诉我们反应中释放或吸收了多少能量。当最终产物的焓比反应物少时，就会放出热量；也就是说，反应是放热的。通过化学计量和焓分析的结合，我们可以轻而易举地确定化石燃料的许多重要特性，例如燃烧过程中释放的能量和碳。解决方案 4.7 提供了这种计算的示例。

解决方案 4.7 中介绍的过程可用于估计 CO_2 排放速率。表 4.5 汇总了许多化石燃料的 CO_2 排放情况。

表 4.5　不同燃料燃烧时 CO_2 的生成量

燃料	CO_2 生成量/(lb/MBtu)	燃料	CO_2 生成量/(lb/MBtu)
煤炭（无烟煤）	229	柴油和燃料油	161
煤炭（沥青）	206	汽油	157
煤炭（褐煤）	215	丙烷气	139
煤炭（亚烟煤）	214	天然气	117

资料来源：美国能源信息署网站，2016 年。

如解决方案 4.7 中所述，当我们进行焓计算时，有时区分燃料的高热值（HHV）和低热值（LHV）很重要。回想一下第 4.4.3 节，要使水从液态变为气态需要大量能量（称为蒸发潜热）。化石燃料燃烧时，部分能量最终会以产生的水蒸气的形式释放出来。高热值包括所有可能捕获的热量，可以冷凝水蒸气并将得到的热能用于其他过程。低热值则没有这部分能量。

使用 LHV 的理由通常是，燃烧过程中产生的水蒸气的潜热几乎总是和其他燃烧气体一起逸散在烟道之外，所以不应该计算在内。另一方面，现在有非常有效的家用火炉，它们特意通过冷却废气来捕集潜热，使水蒸气凝结。然而，对于应该使用哪种方法，人们几乎没有达成一致。美国能源信息署的年度能源评估所提供的所有能源数据基本上都是 HHV，而世界上大多数国家的标准是 LHV。

表 4.6 给出了几种燃料 HHV 的燃烧情况，以及 HHV 与 LHV 的比值。由表 4.6 可知，HHV 与 LHV 的差异不大。

表 4.6　一些物质的燃烧热

燃料	燃烧热（HHV）	HHV/LHV
煤（沥青）	14000Btu/lb	1.05
燃料乙醇	84262Btu/gal	1.11
燃料油（2#）	140000Btu/gal	1.06
汽油	125000Btu/gal	1.07
氢气	61400Btu/lb	1.18
煤油	135000Btu/gal	1.06
甲醇	64600Btu/gal	1.14
天然气	1025Btu/ft³	1.11
颗粒（用于颗粒采暖炉，优质）	8250Btu/lb	1.11
丙烷	91330Btu/gal	1.09
木材（20%湿度）	7000Btu/lb	1.14

解决方案4.7

甲烷燃烧产生的热量和碳排放

为了演示焓的使用，让我们回到式（4.34）中给出的甲烷燃烧反应式，但现在让我们写出每种物质的相关焓值，如表4.4所示。注意，我们必须决定释放的 H_2O 是水蒸气还是液体。在这种情况下，我们假设它是液体，这意味着我们将使用高热值（HHV）。

$$CH_4 \quad + \quad 2O_2 \quad \longrightarrow \quad CO_2 \quad + \quad 2H_2O(l)$$
$$(-74.9) \quad 2\times(0) \qquad (-393.5) \quad 2\times(-285.8)$$

焓的变化与反应有关

$$\Delta H = \sum H_{\text{产物}} - \sum H_{\text{反应物}}$$

以 CH_4 表示为

$$\Delta H = [-393.5 + 2\times(-285.8)] - [(-74.9) + 2\times 0] = -890.2 (\text{kJ/mol})$$

因为焓变的值是负的，所以意味着反应放热。1mol（16g）甲烷释放出890.2kJ热量，也就是55.64kJ/g。

为了确定碳排放，我们注意到1mol（16g）甲烷生成1mol（44g）二氧化碳。再加上1g CH_4 释放的能量是55.64kJ

$$\frac{44g}{16g} \times \frac{1g}{55.64kJ} \times \frac{10^3 kJ}{MJ} = 49.4 g/MJ$$

或者，以更常用的美制单位计算，这意味着燃烧过程中每生成100万英热单位（10^6Btu）的热能约释放117磅二氧化碳。

4.7 太阳能

使我们的星球保持适宜的温度，为我们的水文循环提供动力，创造风和天气，并为我们提供食物和纤维的能量来源是大约9300万英里外的一颗不起眼的黄色矮星——太阳。为太阳提供能量的是氢原子聚合形成氦的热核反应。这个过程遵循爱因斯坦著名的 $E = mc^2$ 方程，每秒大约有40亿千克的质量被转换成能量。在过去的40亿到50亿年里，这种聚合反应一直可靠地持续着，预计还会再持续40亿到50亿年。

太阳的中心温度估计在1500万K左右，但是这个难以置信的高温会随着能量释放从核心到表面40万英里的路径而降低。太阳表面向太空辐射出约 3.8×10^{20}MW 的电磁能量，其波长与5800℃左右的物体所发出的电磁波非常接近。

在大气层之外，地球平均接收到约 1.35kW/m^2 的辐射能。有些能量被反射回太空，有些则被大气层吸收，当然地球上每个地方都有一半的时间没有阳光。其结果是，实际上每平方米的太阳能平均只有约160W实际到达地球表面。从这个角度来看，仅仅照在美国路上的阳光就相当于全球化石燃料的消耗总量。还有一些人声称：世界上没有哪个国家在各种用途上所消耗的能源能与照射在建筑物上的阳光一样多。

接下来的章节将探讨如何将阳光转换成有用的能量形式，但现在我们先探讨电磁能本身的特性。

4.7.1　电磁辐射

电磁辐射可以用称为光子的离散的零质量的能量粒子来描述，也可以用各种波长和频率的电磁波来描述。两者都是正确的，使用哪种描述方法主要取决于对所描述的特定现象而言，采用哪种方法更方便。电磁辐射的起源是带电粒子的运动。当原子相互碰撞或吸收入射的质子导致原子暂时转变为高能态，即不稳定状态时，就会发生这种现象。随着激发原子的松弛，光子被释放。辐射也可能是核衰变反应或其他核和亚核过程的结果。电磁辐射可以穿过真空、空气或其他物质。

当所描述的现象为正弦波时，电磁辐射的振动波长和频率之间的关系如下：

$$\lambda = \frac{c}{\nu} \tag{4.35}$$

式中　λ——波长，m；

　　　　c——光速，3×10^8 m/s；

　　　　ν——频率，Hz，$1\text{Hz} = 1\text{s}^{-1}$。

当用光子来描述辐射能时，频率与能量的关系为

$$E = h\nu \tag{4.36}$$

式中　E——光子的能量，J；

　　　　h——普朗克常量，6.6×10^{-34} J·s。

式（4.36）表明光子的频率越高（波长越短），能量越高。

无线电波、微波、可见光和 X 射线都是电磁辐射的例子。每一种光的特征是其波长固定在电磁波谱的某一部分上。如图 4.8 所示，电磁光谱范围从波长数千米的长波无线电波延伸到波长在 10^{-12}m 附近的 γ 射线。太阳光只覆盖了这些波长中的一小部分，$200 \sim 2500$nm（$1\text{nm} = 10^{-9}$m），而可见光部分——使我们能够看到东西的部分——从 400nm 延伸到 700nm。

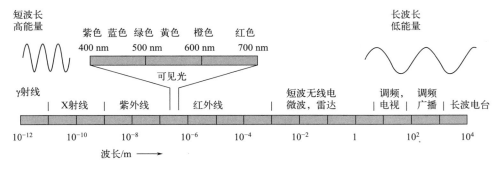

图 4.8　电磁辐射光谱

4.7.2　太阳光谱

每个物体都会发出热辐射，其特性取决于物体的温度。通常用于描述物体放射出多少辐射能以及电磁能量的特征波长的方法，是将其与一种被称为黑体的理论抽象物相比较。黑体被定义为完美的发射体和完美的吸收体。作为一个完美的发射体，黑体单位表面积比任何实

际物体在相同温度下都辐射出更多的能量。作为一个完美的吸收体，它吸收所有照射到它表面的辐射能。也就是说，黑体既没有反射也没有透射。

具有表面积 A 和热力学温度 T 的黑体辐射能量的总功率由斯特蕃-玻尔兹曼定律给出：

$$E = \sigma A T^4 \qquad (4.37)$$

式中　E——黑体总辐射功率，W；

　　　σ——斯特蕃-玻尔兹曼常数，$5.67 \times 10^{-8}\,\mathrm{W/(m^2 \cdot K^4)}$；

　　　T——热力学温度，K，K=273+℃；

　　　A——物体的表面积，$\mathrm{m^2}$。

实际物体释放的辐射并没有我们假设的黑体那么多，但大多数都非常接近这个理论极限。实际物体放射出的辐射量与黑体放射出的辐射量之比称为物体的发射率。沙漠、干地和大部分林地的发射率约为 0.90，而水、湿沙和冰的发射率均约为 0.95。一个人的身体，无论他是什么肤色，其发射率都在 0.96 左右。

虽然式（4.37）给出了黑体的总辐射功率，但它并没有描述与辐射相关的波长范围。一个称为普朗克定律的更复杂的方程提供了能量的光谱分布，图 4.9 给出了一个例子。该图将 5800K 黑体的光谱与到达地球大气层外的太阳能的实际光谱进行了比较。相近的吻合度表明，太阳可以合理地模拟为一个 5800K 的黑体。

任何两个波长之间的光谱分布曲线下的面积就是该区域内的总辐射功率。在图 4.9 中，太阳光谱被分为三个区域：紫外线、可见光和红外线。地外太阳系光谱中大约一半（47%）的能量包含在可见光波段（$0.38 \sim 0.78\,\mu\mathrm{m}$）：这些可见光让我们看到东西。紫外线（UV）只占有 7% 的能量，但由于波长短，紫外线具有更强的能量，对生物的伤害尤其大。幸运的是，平流层的臭氧在那些危险的波长到达地球表面之前便过滤掉了其中的大部分。红外（IR）部分的能量占总能量的 46%。这些光子帮助我们保暖，但它们对我们的视觉没有帮助。以后，当我们描述节能建筑技术时，我们将学习到办公建筑的窗户涂料设计为仅透射可见光以实现自然采光，同时阻挡了紫外线，以保持衣物不褪色，并反射红外线，从而减少室内的空调负荷。

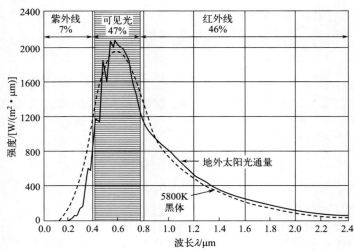

图 4.9　地外太阳系光谱（实线）与 5800K 黑体光谱（虚线）的比较。图中还显示了太阳光谱中紫外线、可见光和红外线部分占太阳能的比例

4.7.3　温室效应

波峰所在的波长有时是描述黑体辐射的一种简便方法。温度较高的物体的波峰处于较短的波长，如维恩位移律所描述的那样：

$$\lambda_{max}(\mu m)=\frac{2898}{T(K)} \tag{4.38}$$

据该方程式预测，5800K 的太阳在大约 $0.5\mu m$ 处有一个峰值，与图 4.9 一致。表面约 15℃（298K）的地球应在约 $10\mu m$ 处显示其光谱峰（图 4.10）。

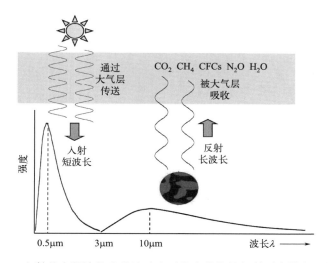

图 4.10　入射的太阳波长比从地球表面发出的长波辐射更容易穿过大气层

入射太阳光的波长（短）和从地球表面辐射到太空的波长（长）之间的巨大差异对于理解温室效应至关重要。事实证明，大气层对来自太阳的短波辐射基本上是透明的，但对试图从地球表面穿过大气层返回外层空间的长波红外波段就不透明了。温室气体，包括 CO_2、CH_4、N_2O 和水蒸气，通过优先吸收地表释放的辐射，就像地球周围的隔热毯一样，使地球比在没有这些气体的情况下要热 19℃ 左右。如解决方案 4.8 所示，如果没有自然发生的温室效应，地球将是几乎无法居住的冰冻星球。我们目前对全球变暖的担忧是基于升温带来的毁灭性的后果。

解决方案 4.8 中提出的计算表明：如果没有现有的温室效应，地球的平均温度将比目前的实际温度低 34℃ 左右。也就是说，地球温度将远低于 0℃，所有的水都将冻结成固体。我们应当非常感谢温室效应。

解决方案 4.8

估算没有温室气体的地球温度

　　想象一个位于太阳和地球之间的透明环。地球和环的半径 R 相同，设置环是为了让任何通过环的太阳能（S，W/m^2）都能到达地球，任何错过环的阳光也会错过地球。一部分的太阳辐射直接反射回太空，称为反射率（α）。

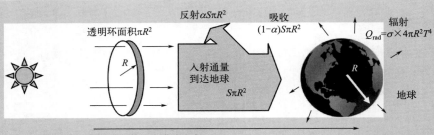

解决方法：

（1）入射太阳能

通过环并到达地球的太阳能通量＝$S\pi R^2$

到达地球被反射的通量＝$\alpha S\pi R^2$

到达地球被地球吸收的通量＝$(1-\alpha)S\pi R^2$

（2）从地球辐射出的太阳能

假设地球是一个表面温度均匀的黑体，地表温度＝T

地球的表面积＝$4\pi R^2$

从地球到太空的辐射＝$\sigma A T^4 = \sigma \times 4\pi R^2 T^4$

（3）能量守恒

入射太阳能＝从地球辐射出的太阳能

$(1-\alpha)S\pi R^2 = \sigma \times 4\pi R^2 T^4$

地球的反射率 α 是 0.31（31%），入射太阳能通量在大气中称为太阳常数 S，大约是 $1370\mathrm{W/m^2}$。对上述平衡温度方程求解，得到：

$$T = \left[\frac{S(1-\alpha)}{4\sigma}\right]^{1/4} = \left[\frac{1370\mathrm{W/m^2}(1-0.31)}{4\times 5.67\times 10^{-8}\mathrm{W/(m^2\cdot K^4)}}\right]^{1/4} = 254\mathrm{K} = -19℃ = -2℉$$

4.7.4　太阳能与生命

尽管本书的重点是捕获、转换和使用能量来解决生活中的物质问题（热水淋浴和冰镇啤酒），但是如果没有自然界免费提供给我们的能源服务，我们今天所熟知的生活将不复存在。阳光为生物圈提供了基础。绿色植物以高能量的化学键将阳光封存起来，只使用水和二氧化碳作为原料，利用这些原料制造糖，糖是地球上所有生命的基本能源。另外，它们还向大气中输送新鲜的氧气。如今使生命得以在地球上繁衍生息的叶绿素对光子的捕获过程也与亿万年前封存的古老的太阳能有关，现在我们以化石燃料的形式对其加以利用。

光合作用的过程利用了叶绿素，即植物和某些藻类叶绿体中的绿色色素。叶绿素吸收太阳光谱的红光部分（0.7μm 左右），而其他色素吸收短波长的蓝光。注意：绿光几乎不被吸收，而是被反射，这就是为什么植物的叶子对我们来说是绿色的。

绿色植物进行光合作用的一个简单例子是这样的：太阳的光子提供了将水和二氧化碳转化为糖（这里是葡萄糖 $C_6H_{12}O_6$）所需的能量，剩余的氧气被释放到大气中。

$$6CO_2 + 6H_2O + 光 \longrightarrow C_6H_{12}O_6 + 6O_2 \quad \Delta H = 2820\mathrm{kJ/mol} \tag{4.39}$$

如上所述，焓变是正的，这意味着生成每摩尔葡萄糖需要消耗 2820kJ 的能量。以 180g/mol（葡萄糖的摩尔质量）计算，结果是存储了 15.7kJ/g 的能量。植物每年捕获的太阳能的量是巨大的，大约 3000EJ（$3000×10^{18}$ J），这几乎是人类能源使用量的 10 倍。第 14 章将探讨如何以生物质燃料的形式使用这些能源。

太阳能转化为生态系统中生物质的总效率差别很大。一些估计表明，总效率理论上的最大值约为 5%，但实际的生态系统通常远远低于这个值。一片健康的玉米地可能会吸收夏季 1%～2% 的阳光，而一片草原可能只会吸收 1% 的十分之几。

式（4.39）的逆反应总结了生物利用储存的化学能来满足自身能量需求的呼吸作用。

$$C_6H_{12}O_6+6O_2 \longrightarrow 6CO_2+6H_2O \quad \Delta H=-2820kJ/mol \quad (4.40)$$

呼吸作用会消耗掉植物在光合作用过程中吸收的部分能量，从而减少了以植物为食的动物所能获得的能量。沿着食物链向上发展时，满足下一个营养级的呼吸需求所需的能量消耗比例会增加。一个普遍的估计是，每当在食物链中向上移动一个等级，从植物到食草动物，从食草动物到一级食肉动物等，只有大约 10% 的能量转移到下一级。这一论点可以被再次证明，食肉动物需要的土地面积是食草动物的 10 倍，这也是有些人选择成为素食者的一个经常被提及的原因。神奇的光合作用和呼吸作用是依靠一系列酶和核苷酸进行的，如二磷酸腺苷（ADP）和三磷酸腺苷（ATP），它们可以传输和接受电子，从而允许化学反应进行 DNA 和蛋白质的生物合成，细胞结构的组装，溶质分子的运输，神经和感官的信息传递，肌肉的收缩和运动以及生命中所有其他奇迹般的行为。

4.7.5　食物的热量

阳光成了我们吃掉的卡路里，所以让我们简单地看一下食物。营养学界传统上使用大卡（Cal）来表示食物的可代谢能量含量，其中 1Cal＝1kcal＝4.185kJ。他们通常不遵守使用大写 C 的惯例，所以当人们谈论食物卡路里时，他们实际上是指千卡（kcal）。表 4.7 提供了一些典型食物中的热量。

表 4.7　食物热量的例子

食物	热量/kcal	食物	热量/kcal
比萨（3.2 盎司）	260	格兰诺拉燕麦卷	120
巨无霸汉堡	560	脱脂酸奶 6 盎司	100
奶昔（10 盎司）	350	脱脂牛奶 8 盎司	85
薯条（大份）	400	麦片 $1\frac{1}{4}$ 杯	110
燕麦麸松饼	330	生的胡萝卜	30
蛋糕甜甜圈	270	冰山球生菜一个	70
夹馅面包	160	普通百吉饼	150
核桃派（9 英寸，1/8）	430	一片全麦面包	70
花生酱杯（1 杯）	140	苹果（一个中等大小的）	70
香草冰激凌	380	烤大比目鱼 4 盎司	195

表 4.8 提供了一些成年人在进行各种活动时燃烧热量速率的一些估计值。人体静止时的基础值称为基础代谢率，它相当于提供呼吸和血液循环等基本功能所需的能量。

表 4.8　成年人单位体重大约消耗的热量

活动	热量消耗速率		
	kcal/(h·kg)	kcal/(h·lb)	W/70kg
基础代谢	1.06	0.48	86
看电视	1.06	0.48	86
开车	2.65	1.20	215
游泳（慢速）	4.24	1.93	345
步行（4mi/h）	6.35	2.89	517
慢跑（5mi/h）	7.94	3.61	646
跑步（8mi/h）	13.76	6.26	1121
骑行（13mi/h）	9.40	4.27	765
快速跳舞	8.82	4.01	718

表中还显示了一个 70kg（154lb）的人所放出的热量，单位为 W。例如，一个 154lb 的成年人看电视相当于坐在房间里的一个 86W 的加热器。当我们查看建筑物的供暖和制冷要求时，我们会发现我们需要考虑人员和设备自身提供的供暖。

结合表 4.7 和表 4.8，我们可以进行简单的计算，这很有启发性。例如，我们可能会想，一个 180lb 的人要花多长时间才能通过慢跑消耗掉午餐吃的巨无霸汉堡和奶昔。

午餐热量＝560＋350＝910（kcal）

慢跑消耗热量的速率＝3.61kcal/(h·lb)×180lb＝650kcal/h

慢跑时间＝910kcal/650(kcal/h)＝1.4h

4.8　核能

我们对重力的概念都很熟悉。牛顿和开普勒利用微积分和一些简单概念的计算表明，两个物体之间的引力与它们质量的乘积成正比，与它们距离的平方成反比，由此可以预测太阳系的行为。类似地，在电气世界中，我们知道相反的电荷相互吸引的力与它们的电荷成正比，与它们之间的距离成反比。引力和电场力都存在于原子核中，因此我们可能想知道这些力是如何相互作用的。原子核之间的引力将它们拉在一起，而带相同电荷的粒子之间的电场力却试图将质子推开。引力远远弱于电斥力，这意味着原子核应该会飞散。但事实当然不是这样。

原来有一种非常强大的力量把原子核连接在一起。将原子核分裂成单个的质子和中子所需要的能量称为核结合能。这就是爱因斯坦著名的关系式的由来。

$$E = mc^2 \tag{4.41}$$

式中　E——能量，J；

　　　m——质量，kg；

　　　c——光速，$2.998×10^8$ m/s。

如果想象用单个的电子、质子和中子来造一个原子，我们会发现得到的原子的质量比它的各个组成部分的质量之和还轻。用式（4.41）转换成能量单位的质量差就是原子的结合能。

4.8.1　放射性的本质

对许多人来说，只要一提到放射性，就会联想到癌症、出生缺陷和蘑菇云。但是放射性也有造福人类的一面。放射性元素（称为放射性同位素或放射性核素）可以用作标签或标识符，以帮助阐明复杂的化学反应；实际上，这种用途曾对于阐明光合作用——这一极其重要的过程起到过至关重要的作用。放射性同位素还提供了一种精确的方法来确定历史和地质事件的日期。放射性同位素提供了一种重要的方法，可以将辐射直接聚焦到肿瘤上，帮助治愈癌症患者。

放射性这个术语是指原子核的不稳定性。为了使原子核中的质子和中子达到更稳定的结构，放射性原子会发出各种形式的辐射，把自己从一种化学元素转变成另一种化学元素。1896 年，亨利·贝克勒尔用一种叫作沥青铀矿的含铀矿石，首次报道了一种自然发生的元素衰变。贝克勒尔观察到的辐射现在被称为 α 粒子。α 粒子是一个有两个质子、两个中子的氦原子核，他观察到的反应可以描述如下：

$$^{238}_{92}\text{U} \longrightarrow {}^{234}_{90}\text{Th} + {}^{4}_{2}\text{He}(\alpha \text{粒子}) \qquad T_{1/2} = 4.51 \times 10^9 \text{a} \qquad (4.42)$$

回想一下，一个化学符号左下方的数字是原子核中的质子数，而左上方的数字是质子数加上中子数之和。当一个 U-238 原子（有 92 个质子）释放出一个 α 粒子时，它会失去两个质子，变成一种新的元素——钍，它有 90 个质子。因为原子核失去了四个核子，它的质量数从 238 降到了 234。

式（4.42）中还显示了 U-238 的半衰期，约为 45 亿年。也就是说，如果今天我们拥有 1kg U-238，那么在 45 亿年后，一半的铀将被转化为钍，而我们仅剩下 0.5kg 铀。90 亿年后，我们将剩下一半的一半，即 0.25kg 铀。图 4.11 说明了半衰期的概念。

当 α 粒子穿过物体时，其能量会随着与其他原子的相互作用而逐渐消散。它的正电荷吸引经过的电子，从而提高电子的能级，并可能将其完全从核中去除（电离）。α 粒子非常大且容易停止。我们的皮肤能有效抵抗外源的 α 粒子，但内部摄入（例如通过吸入）的 α 粒子可能会对人体产生极大危害。

放射性核素除了能以粒子发射的方式衰变外，还能以其他方式衰变。许多放射性核素的中子相对于质子数来说太多了，它们通过将其中一个中子转化为质子加一个电子而衰变，而电子则从原子核中释放出来。这些带负电荷的电子被称为负 β 粒子

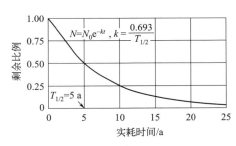

图 4.11　假定放射性同位素呈指数衰减，半衰期为 5 年

（β⁻）。发射的 β⁻ 会导致原子序数增加 1，而质量数保持不变。下面的反应是一个 Sr-90 衰变为 Y-90 的例子：

$$^{90}_{38}\text{Sr} \longrightarrow {}^{90}_{39}\text{Y} + \beta \qquad T_{1/2} = 29\text{a} \qquad (4.43)$$

原子核也有可能因为质子太多而不平衡，在这种情况下，质子可能变成中子，同时抛出一个带正电荷的电子，或称为正电子，被称为 β⁺。这类反应的一个例子是 N-13 转化为 C-13：

$$^{13}_{7}\text{N} \longrightarrow {}^{13}_{6}\text{C} + \beta \qquad T_{1/2} = 9.96\text{min} \qquad (4.44)$$

当 β 粒子穿过材料时，也能够使组织中的原子离子化，并且可以在更大的组织深度进行

电离。α粒子可能进入组织的距离小于 $100\mu m$，而 β 粒子可能会深入几厘米。但是，我们可以通过适度的屏蔽来阻止它们进入人体。例如，厚度1cm左右的铝就足够了。

式（4.42）～式（4.44）说明了具有质量的实际粒子的自发辐射，但通常也会释放电磁 γ 辐射。γ 射线的波长非常短，在 $10^{-11} \sim 10^{-13}$ m 的范围内。短波长意味着单个光子具有很高的能量，并且容易引起对生物有害的电离，这些射线难以控制，可能需要几厘米厚的铅才能提供足够的屏蔽。

所有这些形式的电离辐射对生物都是危险的。由这种辐射引起的电子激发和电离使分子变得不稳定，导致化学键的断裂和其他分子损伤。随后的化学反应链产生了辐射之前不存在的新分子。暴露在电离辐射下会导致癌症、白血病、不育症、白内障、寿命缩短，以及染色体和基因突变，而这些突变会遗传给后代。

4.8.2　核裂变

所有拥有超过 83 个质子的元素都具有天然的放射性，它们会释放出 α、β 和 γ 射线的组合。此外，其他的核反应为我们提供了诱人的潜能，我们可以利用原子核内部的能量。就在第二次世界大战之前，核科学家发现，铀的一种特定同位素 U-235 在受到中子轰击时会裂变或分裂。如图 4.12 所示，当 U-235 吸收中子时，它会变成不稳定的 U-236，U-236 几乎立即分裂开来，释放出两个裂变碎片以及两个或三个中子，并剧烈爆发 γ 射线。该过程释放的大部分能量是以裂变碎片的动能形式存在的。在核反应堆中，该动能用于加热水产生蒸汽，蒸汽带动涡轮机和发电机旋转。

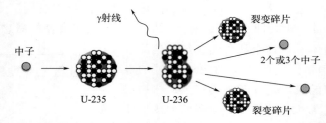

图 4.12　U-235 的裂变产生了两个放射性裂变碎片，外加 2 个或 3 个中子和 γ 射线

产生的裂变碎片总是具有放射性的，对其安全处置的担忧引发了围绕核反应堆的许多争议。典型的裂变碎片包括 Cs-137，它集中在肌肉中，半衰期为 30 年；还有 Sr-90，它集中在骨骼中，半衰期为 8.1 天。裂变碎片的半衰期往往不超过几十年，因此经过几百年的时间，它们的放射性将下降到微不足道的水平。

下面是裂变反应的一个例子：

$$^{235}_{92}\text{U} + n \longrightarrow\ ^{143}_{55}\text{Cs} + ^{90}_{37}\text{Rb} + 2n + 184\text{MeV} \tag{4.45}$$

请注意，反应式两边的核子是平衡的，有大量的能量被释放出来，在这里以百万电子伏特（MeV）表示。虽然式（4.41）用能量单位焦耳来表示质量到能量的转换，但这种单位在与核反应有关的计算中很少用到，因为它太大了，不方便。更常见的测量方法是电子伏特（eV）或百万电子伏特（MeV），其中 $1\text{eV} = 1.60 \times 10^{-19}\text{J}$。解决方案 4.9 中提供了如何在涉及核能时混合使用这些单位的示例。

从图 4.12 可以立即看出，一个中子就可以使一个 U-235 原子裂变，从而产生两三个新的中子。这些中子可以继续引起其他原子的裂变，从而有可能使核电站发生可控的、自我维持的链式反应，或者像原子弹那样发生不可控的、爆炸性的链式反应。然而，制造一枚铀弹需要的 U-235 的浓度远远高于常规核电站。

U-235 是自然界中唯一的可裂变物质，但它只占天然铀的 0.7%，剩下的 99.3% 中大部分是 U-238，它不会裂变。建造一个核反应堆需要 U-235 的浓度达到 3% 左右，但要建造一枚核弹，U-235 浓度必须超过 90%。铀的浓缩过程极其困难，而且是制造 U-235 级核弹的主要障碍。然而，还有另一种方法是在常规反应堆中制造裂变钚（Pu），然后将其从反应堆废物中分离出来。事实上，摧毁长崎的原子弹就是这样制造出来的，现在所有拥有核武器的国家都是这样做的。

反应堆中的大部分铀是同位素 U-238，但它不能裂变。然而，当它吸收一个中子时，可以通过以下反应转化成钚，而钚是一种裂变材料（图 4.13）。

$$^{238}_{92}\text{U}+\text{n}\longrightarrow{}^{239}_{92}\text{U}\xrightarrow{\beta}{}^{239}_{93}\text{Np}\xrightarrow{\beta}{}^{239}_{94}\text{Pu}\qquad(4.46)$$

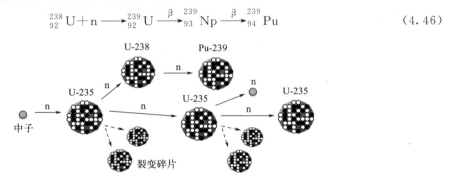

图 4.13　核反应堆中产生的钚是一种可用作反应堆燃料或核武器的可裂变物质的来源

钚具有放射性，衰变时会释放出 α 粒子，其半衰期为 24360 年。这个衰变过程不会在自然界中发生，我们生产的钚将会存在好几万年。钚是一种令人担忧的材料，不仅因为它可以用于制造核武器，而且因为它被许多人认为是人类已知的毒性最大的物质。它与其他寿命较长的锕系元素一起存在于核废料中，这导致需要从本质上永久隔离这些废料。

通过将极少量的物质转化为极大量的能源，核能可以帮助我们摆脱对化石燃料的依赖以及气候和其他环境不利因素的影响。但一般而言，我们不能不劳而获，核能自身也面临着一些挑战，这些挑战涉及经济、放射性废料的处置、发生事故的可能性，以及担心钚落入坏人之手的风险。

解决方案 4.9

核能和化学能

在一个典型的裂变反应中每个 ^{235}U 原子释放约 200MeV 能量。这与燃烧天然气（甲烷）释放的能量相比如何？

解决方法：

对于 U-235，首先把每个原子产生的 200MeV 能量转换成以焦耳为单位：

$$200\text{MeV}\times1.60\times10^{-22}\text{kJ/eV}\times10^{6}\text{eV/MeV}=3.2\times10^{-14}\text{kJ}$$

铀原子非常重，所以换算成单位质量为：

$$\frac{3.2\times10^{-14}\text{kJ}\times6.023\times10^{23}\text{mol}^{-1}}{235\text{g/mol}}=82.02\times10^{6}\text{kJ/g}$$

回忆一下解决方案 4.7，燃烧 1mol CH_4 释放的 HHV 能量是 890.2kJ，则单位质量 CH_4 产生的能量为：

$$\frac{890.2\text{kJ/mol}}{(12+4\times1)\text{g/mol}}=55.6\text{kJ/g}$$

U-235 的核反应释放的能量是 CH_4 的化学反应所释放能量的 160 多万倍。

对煤炭进行的类似评估考虑了核燃料中 U-235 的浓度以及具有代表性的煤的类型，得出的结果是，1 吨核燃料提供的能量大约与 100000 吨煤相同。

4.8.3 核聚变

核裂变依赖于原子分裂的能力，而核聚变则相反。在核聚变中，正是与融合核相关的质量损失创造了我们所追求的能量。太阳是一个安全工作着的核聚变装置的完美例子；一个不太完美的例子是热核弹。太阳内部发生的反应包括许多步骤，但可以概括为四个氢原子结合形成 He-4。

$$4{}_{1}^{1}\text{H} \longrightarrow {}_{2}^{4}\text{He}+2\beta^{+}+\text{能量} \tag{4.47}$$

对地球上的人来说，最有希望的聚变反应是将各种氢同位素结合形成氦。氢只有一个质子，在自然界中的氢几乎没有中子。然而，非常小的一部分氢，大约占自然产生的氢的 0.015%，在其原子核中有一个中子和质子，这种同位素有一个特殊的名字，氘（D）。另一种氢的重要的同位素有两个中子，叫作氚（T）。下面是氘-氘（D-D）反应的一个例子。

$$ {}_{1}^{2}\text{H}+{}_{1}^{2}\text{H} \longrightarrow {}_{2}^{3}\text{He}+\text{n}+3.3\text{MeV} \tag{4.48}$$

水中大约每 5000 个氢原子中就有一个是氘，所以海洋中有足够的氘来供应未来数百万年世界上所有的能源需求。这种氘-氘（D-D）反应提出了一个极端的挑战：需要在比太阳内部更热的条件下反应才能进行。

一个更有希望的第一代聚变反应堆是基于以下 D-T 反应中的氘和氚：

$$ {}_{1}^{2}\text{H}+{}_{1}^{3}\text{H} \longrightarrow {}_{2}^{4}\text{He}+\text{n}+17.6\text{MeV} \tag{4.49}$$

这里的技巧是找到足够的氚。氚的半衰期只有 12 年，自然界中也不存在大量的氚，因此，如果要利用这个反应为未来提供更多的能量，我们就必须找到制造氚的方法。产生氚的一种方法是在裂变反应堆中将 Li-6 暴露在中子轰击下，如下所示：

$$ \text{n}+{}_{3}^{6}\text{Li} \longrightarrow {}_{2}^{3}\text{He}+{}_{2}^{4}\text{He}+4\text{MeV} \tag{4.50}$$

D-T 聚变已经取得了重大进展。2005 年，一个由欧盟、印度、日本、中国、俄罗斯、韩国和美国组成的联盟同意在法国南部建造一个名为"国际热核实验反应堆"（ITER）的托卡马克核聚变示范反应堆。该设计包括 500MW 的目标输出功率，大约是传统核反应堆的一半大小。该反应堆的建造开始于 2013 年，并有希望能在 2027 年之前开始完整的 D-T 聚变实验。

4.9 本章总结

在本章中，我们试图奠定基础，以了解接下来将要使用的各种能源技术。现在，你应该了解了能量单位，它们之间的转换以及描述非常小的值（例如纳米）和非常大的数量（例如艾焦耳）的方法，我们还对能量和功率进行了重要区分。功率是一个速率，也就是说，它是单位时间的能量，有些功率单位听起来像速率（例如 Btu/h），而其他功率单位听起来却不一样（例如 kW）。如果单位使用不当，可能会失去可信性（例如 kW/h）。

我们探索了自然界储存能量的方式，包括与做功相关的势能和动能，从温暖的物体转移到寒冷的物体上的热能，储存在原子之间的化学键中的化学能，普照万物的太阳光中的电磁能，原子裂变或聚变时释放的能量，以及最后改变了 20 世纪的电能，这些能源为我们今天享受所有的技术发明创造了前提条件。

在自然界和人类构建的所有物理系统中，能量不断地从一种形式转变为另一种形式。热力学第一定律告诉我们能量是守恒的；也就是说，我们可以制定包括从质量到能量的转换在内的平衡表。因此，说我们已经消耗或"用完"了一些能量显得有点用词不当，我们只是改变了它的形式。但当我们这样做的时候，我们在不断地降低能量的质量，这就是热力学第二定律的由来。

第一定律与能量的数量有关，第二定律与能量的质量有关。当我们使用能量时，能量的质量会不断下降；也就是说，越来越多的热量变成了废热。第二定律也提供了能量流动方向的信息。在餐桌上，热咖啡变凉、冷啤酒变暖都没有问题，但相反的事情不会自然地发生。对第二定律的一个更微妙的解释是，宇宙在不断地走向越来越严重的无序状态。冷热分离的有序性变成了热的随机同一性。当冰融化时，分子的有序排列就变成了无序的、随机排列的分子的集合。

在接下来的章节中，这里介绍的能量流概念将应用于实际系统。我们将讨论诸如如何调整系统规模、评估其性能、评估其对环境的影响以及确定其经济价值等问题。

第 5 章
能量分析与生命周期评估

作为个人、社区和社会，我们希望做出明智的能源选择和投资，这些选择和投资具有成本效益，有助于我们的能源经济可持续发展。要做到这一点，我们必须解决一些并不总是容易回答的基本问题。

例如，作为个人，我应该购买混合动力车、电动车还是高效炉？我是否应该在阁楼中增加隔热层？我应该在屋顶上安装太阳能电池板吗？为了有效地回答这些问题，我们需要知道这些决策对个人财务的影响，这就需要有关节能和投资成本的信息。我们还可能需要评估我们面临的能源选择对全球环境的影响，然后将其与财务影响进行比较。做到这点并不容易。

作为一个社区，我们的市政公用事业应该投资风电场还是一项节能计划？我们应该加强建筑节能规范还是为提高现有建筑物的效率提供激励措施？同样，这需要能源和经济分析来评估节能和成本。但是，如果社区投资具有其他长期影响，例如促进当地经济发展和就业，或减少对当地或全球环境的影响，我们也可以证明这样的社区投资是合理的。同样，评估这些都不容易。

作为社会，我们应该承诺通过车辆、电器或建筑能效标准来提高效率吗？我们应该通过一个可再生的电力组合标准来加速可再生能源的使用，还是应该要求更多地使用替代燃料？我们应该如何在化石燃料、核能、可再生能源和能源效率的补贴与税收优惠和激励措施之间取得平衡？

只有在能源、经济成本效益、环境成本和效益方面提供可靠的信息，我们才能有效地回答这些棘手的问题。本章介绍以下四种基本的分析方法，为能源决策提供合理的依据：

① 生命周期评估；

② 能量分析；

③ 经济成本效益分析；

④ 环境评价。

生命周期评估是可持续性分析的基础，该方法为我们提供了一个时间和标准方面的能源分析的广泛框架。它迫使我们全面审视全过程的能源、经济、社会和环境影响。

能源分析是确定和比较能源消耗和生产的不同选项的第一步。这可能涉及复杂的生命周期净能量分析，但最有用的能量分析是通过计算简单的能量消耗或粗略估计转换效率来完成的。这些计算需要一些模板或监测的能量数据，一些能量转换知识（如第4章中所述），以及一些代数和量纲分析来得到正确的单位。我们可以使用更精细的方法来改进这些简单的计算，甚至可以使用包含更详细的数据和操作假设的计算机模型来改进这些简单的计算，但本书主要介绍简单的方法。

经济成本效益是指在经济和财务成本效益分析中引入能源分析。能源选择需要投资，我们希望明智地使用有限的财政资源。经济成本效益方法需要能源分析，以了解需要能源的数量，能源供应、生产或消费的经济价值，系统的资本成本和经营成本以及金钱的时间价值。

环境评价不仅需要考虑经济影响，而且还要确定能源选择对自然和人类环境的影响。它可以使用一系列影响指标，如温室气体（GHG）和空气污染物排放、有毒物质排放、土地和水的需求、人类健康影响、风险和不确定性、美学影响和生态影响等。其中一些指标可以用经济术语表述（并纳入经济评估），但其他指标则不能。社会影响包括人类健康、就业和社会公平。

在探讨能源、经济和环境分析方法之前，首先介绍生命周期评估的一些基本原则。

5.1 生命周期思想和可持续性分析的原则

我们经常根据今天对成本和收益的看法来做决定，但忽略了长期成本和收益。例如，我们可能认为购买 50 美分的白炽灯比购买 2 美元的发光二极管（LED）灯更明智，因为它更便宜。但是生命周期的思考告诉我们相反的做法是正确的：尽管 LED 灯的初始价格更高，但是生命周期用电成本决定了它更便宜。

在决策时同时考虑初始"资本"成本和运营成本是生命周期的第一种思维方式。但是，我们感兴趣的不仅是购买和使用一种产品所产生的影响，而且还包括从获得材料到制造、运输、安装、操作和最终处置一种产品的全部成本和收益，即从摇篮到坟墓（全过程）的成本和收益。

假设我们为能源和其他产品支付的价格中包括所有这些成本，但通常情况下不包括。燃煤发电一直是美国最便宜的电力，但我们为它付出的代价不包括在生物群落上开矿的成本，汞、NO_x、SO_x 和颗粒物排放对人类健康的影响，二氧化碳排放对全球气候变化的影响，以及在土壤和水中处理灰烬的花费。我们试图制定环境法规，将这些成本纳入企业成本，但它并没有考虑到整个生命周期的成本和效益。

生命周期"从摇篮到坟墓"的思维贯穿于从产品开发到处置的整个过程中，不断向前和向后拓展着我们的思维。McDonough 和 Braungart（2002，2013）合作并进一步扩展了这个思维，想象最终废物作为再生资源用于其他用途，亦即他们所称的"从摇篮到摇篮"，他们重新设计了人类活动，不仅为了减少影响，还为了改善环境，即他们所说的"上升周期"。

我们稍后将应用生命周期评估方法分析以下内容：

①"内含"能源，即开发、加工、制造和运输用于建筑或其他产品的材料所需的能源（第 8 章）；

②"从井口到车轮"评估，用于比较从燃料井口到车辆或乘客行驶里程的不同运输方案的全部能源、经济和环境成本（第 13 章和第 14 章）。

虽然大多数能源和环境法规并没有促进全生命周期的思考，但最近发展起来的自愿性认证系统和标识系统已经包含了生命周期的成本和影响，其中包括针对工业环境管理系统（EMSs）的国际标准化组织（ISO）14000 系列标准，美国绿色建筑委员会的 LEED 绿色建筑认证以及在欧洲广为流行的绿色标签系统。

生命周期分析评估活动或产品在其生命周期中的性能。绩效指标包括能源使用、经济成本、社会效益和环境影响。ISO 14000 标准规定了四个步骤：

① 定义目标和范围，包括系统边界和影响指标；

② 列出有影响的活动清单（inventory）；

③ 评估影响；

④ 计算和解释结果。

该过程的核心是清单和评估。生命周期清单贯穿系统从摇篮到坟墓的各个阶段，并对所有进出流量进行详细的跟踪。图 5.1 显示了从摇篮到坟墓的房屋建设中使用木制品的系统，包括输入和输出。"门到门"表明物质的流入和流出仅用于产品制造。

由于所涉及的流程众多且复杂以及缺少详细信息，这不是一项容易的任务。通过重点关注一些影响指标，例如能源消耗、碳排放和污染物排放，可以简化该流程。这些指标是清单数据（物料数量）与影响系数或特征因子（单位数量物料的影响）的乘积：

$$\text{清单数据} \quad \times \quad \text{影响系数} \quad = \quad \text{影响指标} \qquad (5.1)$$

（例如,1b 钢铁）　（例如,1b 二氧化碳/1b 钢铁）　（例如,1b 二氧化碳）

这很简单，但难点在于找到准确的清单数据和可靠的系数。我们将在第 5.5 节中讨论其中一部分。

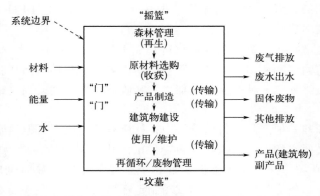

图 5.1　生命周期清单和评估在建筑建设中使用木材产品的例子

5.2　能量分析

能量分析首先应用能源工程原理来测量、估计或预测能源消耗和能源效率。例如，在第 6 章中，我们将学习如何利用热传递定律、建筑物的大小和材料包络信息以及根据我们所在地冬天的寒冷程度预测建筑物在冬天的热量损失。我们可以使用该信息来计算取暖燃料的需求，并比较不同假设条件下的建筑隔热和材料的需求，从而决定我们对建筑设计的选择，或者是否需要增加保温材料或高效炉。

此外，我们可以使用灯泡、汽车、空调、冰箱和其他消费品的能效标准来计算运行能耗需求和有用的能源输出。我们可以利用这些能源信息来计算成本效益和环境影响，这样就可以明智地选择需要购买和使用的产品。

我们也可以用能量分析来计算产生能量所需要的能量。这是我们需要的能源，例如：种植玉米并将其加工成生物燃料乙醇；利用泵将波斯湾的石油提取出来、运输并提炼成汽油；制造和安装光伏组件来发电。通过将包括间接输入在内的输入能量与输出能量进行比较，我们可以了解能量选择的可行性。如果生产所需的输入能量多于我们获取的能量，则应该暂停，除非在此过程中我们可以用某种类型的可再生能源代替可耗尽的石油或排放碳的化石燃料。

本书用大篇幅介绍了能量分析的应用，在此概述所使用的各种方法非常有用。最终，我们希望从能源和系统中获得有用的能源（及其提供的功能），并且想知道获取能源所需的能源、金钱和环境成本。通常，能量分析通过比例（除法）或差异（减法）将有用的能量输出与必要的能量输入进行比较。

净能量分析通过评估间接能量输入来进行。能量分析中有三点需要引起注意：一是注意利用量纲分析得到的能量和时间的单位；二是定义正在评估的系统边界；三是注意时间段，因为一些能量输出和输入是连续的（例如下面例子中的 $\dot{E}$），有些是一次性的（例如下面例子中的 E）。通常以 1 年（年产值和年投入量）作为分析的时间单位。

在讨论用于能源分析的具体指标之前，我们需要定义一些术语。图 5.2 帮助定义了术语，并介绍了在转换设备或系统中进行能量分析所使用的度量标准。讨论每个指标时，可以参考该图。

$\dot{E}_O$＝有效能量（或功率）输出，通常为能量/时间（例如，能量/年）

$\dot{E}_D$＝操作过程中的直接能量（或功率）输入（例如使用点的燃料或电力直接输入，能量/年）

E_I＝用于生产和运输到使用点的总间接能量输入（a）转换装置（一次性能量）和（b）直接能量（连续能量）输入

$\dot{E}_{IC}$＝用于系统运行和维护以及燃料循环（燃料的提取、加工、运输）的间接连续能源成本（例如，能量/年）

E_{IOT}＝系统初始建造或制造及其寿命结束退役时的一次性能源成本，由一次性能源提供，但可以通过除以系统寿命（以年为单位）换算为年度能源，从而获得以能量/年表示的数值。换句话说，

$$E_I = t_s \dot{E}_{IC} + E_{IOT} \tag{5.2}$$

或者对于 $\dot{E}_I$，年度间接能量输入：

$$\dot{E}_I = \dot{E}_{IC} + \frac{E_{IOT}}{t_s}$$

式中　$\dot{E}_{IC}$——持续间接能量输入，能量/年；

　　　E_{IOT}——一次性间接能量输入，能量；

　　　t_s——系统的寿命，a。

前面的章节讨论了有用的能量输出 $\dot{E}_O$ 和直接能量输入 $\dot{E}_D$，即能量转换系统的燃料或能量输入。然而，制造直接输入的能量和我们使用的转换系统需要能量，而"间接能量输入"试图把这一点考虑进去。例如：

① 对于柴油发电机，直接能量输入（$\dot{E}_D$）为每年消耗的柴油燃料。间接能量输入（E_I）包括"燃料循环"中提取、提炼和运输石油及柴油产品所需的能量，将柴油产品运至发电机现场，以及制造发电机并将其运至销售点和使用点所需要的能源，操作和维护发电机的能源，以及使用寿命结束后对其进行处置的能源。燃料循环和发电机运行的间接能量输入为每年的连续成本（$\dot{E}_{IC}$），而使发电机停止运行的间接能量输入为一次性成本（E_{IOT}）。

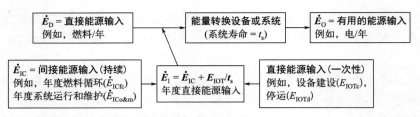

(a) 用于能源分析的指标

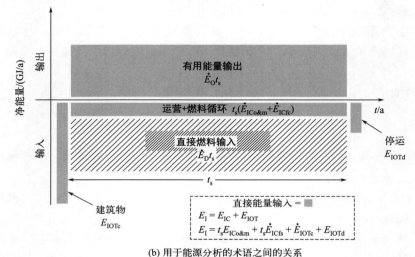

(b) 用于能源分析的术语之间的关系

图 5.2　用于能源分析的指标及其关系

② 对于太阳能光伏＋电池系统，直接能量输入是阳光，本质上是免费的，所以 $\dot{E}_D = 0$。间接能量输入是指制造光伏组件、电池等组件及其运输和现场安装所需的能量，以及系统的一次性成本（E_{IOT}）和属于连续成本的维护费用（$\dot{E}_{IC}$）。

下面描述了图 5.2 中以粗体显示的能源分析指标，从能源直接转换效率开始。

5.2.1　直接转换效率（η）

直接转换效率是能源系统评估中最有效的效率和性能指标。它描述了系统将直接输入能量转换为输出能量的效率。

$$直接转换效率 = \eta = \frac{\dot{E}_O}{\dot{E}_D} \quad 0 \leqslant \eta \leqslant 1 \tag{5.3}$$

当我们在能量转换过程的公共点开始和结束时，这个度量标准对于比较选项非常有用。例如，我们可以比较电解氢的燃料电池汽车与锂离子电池的纯电动汽车"从发电厂到车轮"的累积效率。通过将每个组件从相同的起点（发电厂）到相同的终点（到车轮的能量）的效率相乘，我们可以算出累积的直接转换效率。这类似于我们在解决方案 4.2 中提到的确定微型水电站的效率的方式。

表 5.1 的第 4 列和第 5 列给出了这两个系统的组件效率。累积效率只是组件效率的乘积。每个选项的累积效率是多少？

$$\eta = \eta_{累积} = \prod_{i=1}^{n} \eta_i$$

燃料电池汽车：$\eta_{累积} = \eta_{动力装置} \times \eta_{变速器} \times \eta_{电解器} \times \eta_{氢气压缩机} \times \eta_{燃料电池} \times \eta_{发动机-车轮}$

$\eta_{累积} = 0.33 \times 0.96 \times 0.85 \times 0.90 \times 0.60 \times 0.92 = 0.134 = 13.4\%$

纯电动汽车：$\eta_{累积} = \eta_{动力装置} \times \eta_{变速器} \times \eta_{充电器} \times \eta_{电池} \times \eta_{发动机-车轮}$

$\eta_{累积} = 0.33 \times 0.96 \times 0.93 \times 0.93 \times 0.92 = 0.252 = 25.2\%$

表 5.1 通过不同组件跟踪累计效率。基于这些假设，纯电动汽车的能效大约是燃料电池汽车的两倍。

表 5.1　比较纯电动汽车和燃料电池汽车的直接转换效率

系统	转换	组件效率/%	燃料电池汽车累计直接转换效率/%	纯电动汽车累计直接转换效率/%
动力装置	燃料到 kW·h	33	33.0	33.0
变速器	kW·h 到 kW·h	96	31.7	31.7
电解器	kW·h 到 H_2	85	26.9	—
氢气压缩机	H_2 到 H_2	90	24.2	—
燃料电池	H_2 到 kW·h	60	14.5	—
充电器	kW·h 到 A·h	93	—	29.5
电池	A·h 到 A·h	93	—	27.4
发动机-车轮	kW·h 到 ft·lb	92	13.4	25.2

当我们试图比较没有相同起点和终点的系统和能源时，直接转换效率是有限制的。例如，直接计算柴油发电机和光伏电池系统的直接转换效率：

① 对于每小时消耗 1gal 柴油（138000Btu/gal）的 10000W 柴油发电机，直接转换效率是多少？

$$\eta = \frac{\dot{E}_O}{\dot{E}_D} = \frac{10000W}{1gal/h \times 138000Btu/gal \times \dfrac{W \cdot h}{3.412Btu}} = 0.25 = 25\%$$

② 在全日照条件下（1000W/m^2），面积 60m^2 功率为 10000W 的硅光伏电池的直接转换效率是多少？

$$\eta = \frac{\dot{E}_O}{\dot{E}_D} = \frac{10000W}{60m^2 \times 1000W/m^2} = 0.166 = 16.6\%$$

因此，柴油发电机有 25% 的效率，光伏系统有 17% 的效率。这能说明整个故事吗？这两个系统在同一点结束，但开始时不同。柴油系统需要稳定的不可再生燃料供应，这些燃料需要能量才能生产并到达现场。光伏系统不需要直接或连续的间接能量供应（除少量维护外），但需要间接的一次性能源，包括最初用于制造光伏模块和系统平衡（BOS）组件的能源，以及运输和现场安装所需的能量。

其他指标，例如能源投资回报率、能量回收时间和净能量，应考虑间接能量消耗以及能源和系统的差异。

5.2.2　能源投资回报率（EROI）

能源投资回报率（EROI）忽略了直接输入的能量（$\dot{E}_D$），将有用的输出能量（$\dot{E}_O$）与间接输入的能量（$\dot{E}_I$）（即获取能量需要消耗的能量）进行比较。它指出了除直接燃料能量输入外，必须投入多少能量才能得到一个单位的有用能量。如式（5.4）所示，EROI 可以表示为总 E_O 除以 E_I 或年度 $\dot{E}_O$ 除以年度 $\dot{E}_I$（连续间接输入 $\dot{E}_{IC}$ 和一次性间接输入 E_{IOT} 除以系统寿命 t_s 的和）。

$$能源投资回报率（EROI）= \frac{E_O}{E_I} = \frac{\dot{E}_O}{\left(\dot{E}_{IC} + \dfrac{E_{IOT}}{t_s}\right)} \tag{5.4}$$

EROI 必须大于 1。如果该数值小于 1，则系统将花费更多的间接输入能量来产生有用的输出能量，这不值得。EROI 越高，效果越好。实际上，一些分析家认为，现代社会的单个能源系统和能源的 EROI 必须高于 3，并且要实现高质量的生活，所有能源的 EROI 必须高于 10（Lambert et al.，2014）。但是结果取决于基本假设（例如系统边界）和数据输入，因此很难比较不同的研究。EROI 作为一种比较能源选择的方法，其基本缺陷在于它假设所有能源在质量和来源方面都是相同的。例如，如果用可再生石油和低碳能源代替可耗尽的石油和其他排放碳的化石能源，则拥有较低 EROI 的系统或能源可能是值得的。

不同能源和系统的 EROI 分析近年来激增。查尔斯 A.S. 霍尔（Hall et al.，1986，2014）和卡特勒·克利夫兰（Cleveland，2005；Cleveland et al.，1984）被视为 EROI 研究的创始人，他们与多个合作者和其他分析师的工作仍在继续，包括墨菲（Murphy et al.，2011），戴尔（Dale et al.，2011），兰伯特（Lambert et al.，2014），盖格农（Gagnon et al.，2009），吉尔福德（Guilford et al.，2011）和劳杰伊（Raugei et al.，2012，2016），等等。

化石燃料的 EROI 下降。表 5.2 列出了许多有关石油、天然气、煤炭，包括风能和太阳能在内的电力以及生物燃料的结果。他们的研究表明，随着常规能源的枯竭，我们在化石燃料生产中的能源投资收益正在减少。例如，在石油生产的初期，油藏易于开采，间接能源投资较低。1930 年初期，美国的油气生产 EROI 为 100，这意味着仅需 1kJ 的能量即可生产 100kJ 的石油或天然气。1950 年，煤炭生产的 EROI 为 100。随着这些资源的枯竭，我们不得不去更深更远的地方开采石油，而这需要更多的能源。到 2000 年，石油和天然气的 EROI 下降到 20，到 2007 年下降到 11。到 2007 年，煤炭的 EROI 下降到 60，即需要更多的能量来生产能量。

随着我们朝着更多非常规化石燃料的方向发展，深海石油矿床、重质原油矿床、油砂、页岩气和致密油需要更多的能源来开采和加工，从而降低了 EROI。加拿大油砂的 EROI 估计范围为 3～5（Brandtet et al.，2013）。这是对碳排放的双重打击，因为仅仅为了生产有用的燃料，却需要燃烧更多的化石燃料。

这些可燃物 EROI 数据比较了可燃物的能量输出值和间接能源投入值（例如，开采煤炭所需的能源）。大多数研究不包括运输、加工或精炼燃料或将燃料转化为有用能源的能量输入（例如，在发电厂燃烧煤，包括能量损失）。对电力生产方案的 EROI 研究考虑了这些增加的投入和损失。由表 5.2 可知，带洗涤器的煤电和联合循环天然气发电的 EROI 为 5。核动力的 EROI 估计为 5～8。水电的 EROI 非常高，为 40～60。

太阳能和风能的 EROI 正在提高。与化石燃料的 EROI 在下降不同，风能和太阳能光伏发电的 EROI 在提高，因为这些新技术提高了生产过程中的能源效率，这也是它们价格下降的原因之一。根据表 5.2，风能 EROI 为 20，太阳能光伏 EROI 从 2000 年的 7 提高到 2013 年的 16。在生物燃料方面，乙醇 EROI 的估值非常低，玉米乙醇为 0.8～4.8，而纤维素柳枝稷乙醇为 8，甘蔗乙醇为 9。来自大豆的生物柴油 EROI 大约是 5.5。

当然，所有的结果都取决于间接能量输入的假设，这些假设因研究的不同而不同，因此很难对它们进行比较。一些"元"研究试图在共同的假设下汇总结果，表 5.2 的数据反映了这些结果。

表 5.2　选定能量来源和系统的 EROI

来源或系统	EROI	文献来源
美国石油、天然气生产，1930	100	Cleveland（2005）
美国石油、天然气生产，1970	30	Cleveland et al.（1984），Hall et al.（1986）
美国石油、天然气生产，2000	20	Cleveland（2005）
美国石油、天然气生产，2007	11	Guilford et al.（2011）
全球石油、天然气生产，1999	35	Gagnon et al.（2009）
全球石油、天然气生产，2006	18	Gagnon et al.（2009）
加拿大石油、天然气、油砂生产，2010	11	Cleveland（2005）
美国煤炭生产，1950	100	Cleveland（2005）
美国煤炭生产，2000	80	Cleveland（2005）
水电站水库发电	40～60	Gupta，Hall（2011）；Raugei（2016）
风能发电	20	Gupta，Hall（2011）；Raugei（2016）
核能发电	5～8	Gupta，Hall（2011）；Lenzen（2008）
煤炭发电（带有二氧化硫洗涤器）	5	Gagnon et al.（2002）
天然气联合循环发电，2000	5	Gagnon et al.（2002）
生物质发电	5	Gagnon et al.（2002）
燃料电池产生电力，天然气重组产生氢气	2	Gagnon et al.（2002）
光伏模块（晶体硅），2000	7	Knapp，Jester（2001）
光伏系统（多晶硅），2005	9	Bhandari et al.（2015）
光伏系统（多晶硅），2013	16	Bhandari et al.（2015）
美国玉米乙醇燃料	1.4～4.8	Shapouri et al.（2004），Farrell et al.（2006），Gallagher et al.（2016）
美国玉米乙醇燃料	0.8	Pimentel，Patzek（2005）
美国柳枝稷提炼的乙醇燃料	8.3	Farrell et al.（2006）
美国大豆生物柴油	5.5	USDA（1998），Pradhan et al.（2011）
美国大豆生物柴油	0.7	Pimentel，Patzek（2005）

"能量悬崖。"EROI 的研究人员试图用图形的形式来传达数据和趋势，例如图 5.3 中的"净能量悬崖"。它描绘了 EROI 与社会净能量的关系。随着 EROI 的下降（水平轴向右），净能量占提取总能量的比例呈指数下降，当 EROI ＜5 时，净能量急剧下降（跌落悬崖）。

图中绘制的是表 5.2 中给出的选定来源的 EROI 值。该数据显示了美国石油和天然气 EROI 的下降和太阳能光伏 EROI 的上升。

由于在 EROI 研究中假设的重要性，在比较结果时最好要谨慎。所有研究均应仔细阐明目标，包括包含系统边界的能量流图，确定所有能量输入和输出，指定数据需求和来源，并说明如何将其用于 EROI 计算中（Murphy et al.，2011；Lambert et al.，2014）。

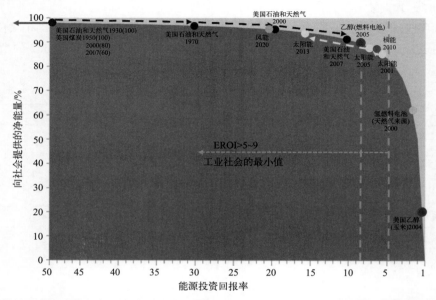

图 5.3　净能量悬崖：净能量与选定来源和日期的 EROI。化石燃料越来越难获得，所以其 EROI 在下降，而太阳能和风能技术在进步，其 EROI 在上升（据 Lambert et al.，2014 绘制）

5.2.3　净能量 (NE) 或能量平衡

净能量（NE）类似于 EROI，但它使用差值而不是比值来比较有用的输出能量与输入能量。如式（5.5）所示，它与 EROI 有关。

$$净能量(NE) = E_O - E_I = E_O\left(1 - \frac{E_I}{E_O}\right) = E_O\left(1 - \frac{1}{EROI}\right) \tag{5.5}$$

因为这是绝对值而不是无量纲的比值，所以其计算的是单位能量或燃料的能量，例如 Btu/gal。Farrell 等（2006）认为，NE 指标比 EROI 更为可靠，尤其是存在关于如何处理副产品能量、饲料的能量以及主要产品以外的燃料输出的问题时（见图 14.12）。例如，乙醇的生产不仅产生乙醇液体燃料，而且还生产副产品饲料和具有能源价值的固体燃料。EROI 值在很大程度上取决于将副产品能量视为负输入（在分母中）还是正输出（在分子中），对于净能量来说这并不重要。

5.2.4　能量回收时间 (EPBT)

能量回收时间（EPBT）是指一个能量系统用输出能量来恢复其一次性输入能量的时间。它由一次性投入的能量除以每年的能量输出得出。对于风能和光电等可再生能源系统来说，这是一项特别有用的指标，其成本主要是由一次性开发决定的。对于这样的系统，它等

于 t_s/EROI。

$$\text{能量回收时间（EPBT）}=\frac{E_I}{\dot{E}_O}=\frac{t_s}{\text{EROI}} \qquad (5.6)$$

EPBT 的一个很好的例子是克纳普和杰斯特（Knapp et al.，2001）对 PV 模块的研究。他们估算了用于制造和安装两种光伏组件的总间接输入能量：

① 对于晶体硅光伏组件：$E_I=E_{IOT}=5600\text{kW}\cdot\text{h}/\text{kW}_p$，即模块每输出 1kW 峰值功率需要间接输入的电能为 5600kW·h。

② 薄膜铜铟硒（CIS）组件：$E_I=E_{IOT}=3100\text{kW}\cdot\text{h}/\text{kW}_p$。

模块的峰值功率（kW_p）出现在太阳能峰值（$1\text{kW}/\text{m}^2$）处。美国某站点太阳能的典型平均值为 $1700\text{kW}\cdot\text{h}/(\text{m}^2\cdot\text{a})$。这意味着每个模块平均每年将为美国生产 1700kW·h 的电能。由电线、逆变器、工作温度等导致的系统损耗由 0.8 的性能比（PR）来弥补。该研究计算了两种类型光伏组件的 EPBT。给定这些值，EPBT 计算就很容易。以下是晶体硅光伏 EPBT 和 EROI 的计算：

$$\text{EPBT}=\frac{E_{IOT}}{\dot{E}_O}=\frac{5600\ \dfrac{\text{kW}\cdot\text{h}}{\text{kW}_p}}{\dfrac{0.8\times1700\ \dfrac{\text{kW}\cdot\text{h}}{\text{kW}_p}}{\text{a}}}=4.1\text{a}$$

这些模块的预期寿命（t_s）为 30 年，因此两个光伏模块在其生命周期内都有一个良好的能源回收期。假设 PR 为 0.8，我们可以计算这些模块的 EROI：

$$\text{EROI}=\frac{t_s}{\text{EPBT}}=\frac{30\text{a}}{4.1\text{a}}=7$$

这里应用了表 5.2 和图 5.3 给出的 2000 年晶体硅光伏组件的数值。从那时起，晶体硅光伏组件的生产效率提高了（这反映在价格上）。研究表明，到 2013 年，多晶硅光伏系统（包括系统平衡组件）的 EPBT 下降到不到 2 年，EROI 计算的值为 16（Bhandari et al.，2015）。值得注意的是，班达里（Bhandari）的综合研究协调了以前研究的多晶光伏组件，效率为 12.3%。到 2015 年，典型的商业光伏组件模块效率为 16%～18%，因此 EPBT 和 EROI 可能继续提高（参见第 11 章）。

有关生物乙醇能量平衡的讨论见 14.3.3。

5.3　能源审计、能源数据监测、能源控制和管理

我们希望利用能源分析的结果做出明智的能源选择，并设计和管理能源系统，更有效地使用能源。能源分析需要高质量的信息，最好的数据来自对系统、能源消耗和所执行功能的物理监控。

随着智能电表、数据显示、基于网络和电话的应用软件以及智能恒温器、照明和电器的互联网 Wi-Fi 控制技术的发展，能源监测和控制领域正在迅速发生变化。这些技术中有许多超越了为能源分析收集能源数据的范畴，允许消费者通过智能手机或公用事业单位远程控制能源设备，作为能源效率或需求响应计划的一部分。智能电表、智能建筑设备、效率和响应程序将在后面的章节中讨论，在这里介绍一些方法与监视和控制设备。

能源监测可以很简单，比如查看你每月的电费账单，或者记下汽车加油时的里程表读数，这样你就可以计算出每加仑汽油的行驶里程。它也可以像安装一个多功能的计算机数据记录器一样复杂，它可以检索关于能源使用和环境条件的数据，并通过无线技术将结果发送到远程接收地点。新的技术和消费品正在迅速改变能源数据采集的性质。无论使用什么方法，要记住的一点是：数据越好，分析和结果就越好，随后的决策也就越明智。

能源监测是能源审计的一个重要组成部分，是评估能源消耗和确定可能的效率改进措施的分析方法。在回顾一些基本的能源监测方法之前，我们需要介绍能源审计。

5.3.1 能源审计

能源审计应用能源分析方法来评估家庭、政府机构、私营商业和工业公司的能源消费模式和趋势以及能源利用机会。审计主要适用于建筑物（见第 6 章），但也适用于运输车队和工业过程。这很重要，是能源管理服务的第一步。

美国采暖、制冷与空调工程师学会为建筑能源系统和审计制定了标准，该学会将能源审计分为三个级别：

级别 1：走访或视觉评估——快速评估寻找容易识别的能源问题和解决方案，并帮助确定所需的监视和分析范围。

级别 2：能源调查和分析——该标准下的审计包括对历史公用事业计费数据、分表数据的监视，并在必要时使用监视和诊断设备。标准审计将确定潜在的节能措施（ECMs），并计算其成本效益。

级别 3：资本密集型改造的详细分析——这种广泛的审计超越了基本的分析，可以使用计算机模拟，更详细的监控以及对建筑物或工业重大改造的更复杂的经济评估。

级别 1 和级别 2 审计的基本过程包括以下步骤：

① 执行初步走访以确定审计目标和目的。

② 分析能源供应商的账单数据，确定能源消费趋势。

③ 尽可能使用细分数据。

④ 审查能源系统和设备、建筑围护结构、照明等方面的规范、机械图纸和其他信息，以评估提高效率的机会。

⑤ 进行设备巡检和诊断，包括对用户进行访谈和使用诊断设备，如照明监视器和鼓风机门（针对漏风）。

⑥ 使用计量装置和数据记录器监控能源系统和设备。

⑦ 综合调查结果。

⑧ 识别潜在的 ECMs，进行选项的经济分析，并准备最终报告，给出建议。

我们将在下面讨论有关账单数据的第 2 步和有关监视的第 6 步，在下一节中讨论有关经济分析的第 8 步，并在第 6~8 章中讨论建筑物的其他审计方法。

5.3.2 能源账单信息监控

能源公用事业公司与提供燃料和电力的公司监控能源销售情况，以达到记账的目的。电力和天然气公司在居民家里安装了用于累计的电表和煤气表，通过每月读取这些电表和煤气表的数据来确定居民用电和用气量，并据此收费；燃油经销商给油箱加满油，用流量计测量销售的数量；加油站也使用流量计来测量我们在加油站购买的数量。我们可以利用这些监测到的能源销售信息来计算能源消耗和使用效率。

在家庭中，公用事业账单是能源监测数据的最佳来源，正如上一节所讨论的，它也是能源审计的第一个数据源。这些账单提供了月度天然气消耗记录［单位为 therm（撒姆），1 撒姆 = 100000Btu = 100ft^3（2.83m^3）天然气］和用电量（kW·h）以及峰值用电需求（kW）。我们可以把结果作图，看看月与月之间、供暖与制冷季节、年与年之间的变化。这些数据可以告诉我们新电器或节能措施带来的能量使用变化。大多数公用事业单位为其客户提供在线查询历史使用情况和计费数据的功能，这些数据通常以可下载的电子表格格式或图形的形式提供。侧栏 5.1 给出了一个例子。

侧栏 5.1

从公用事业网站获取能源使用数据

我登录了电力公司网站，下载了我家的历史用电情况和账单数据，我的全电气化住宅面积为 1800ft^2，位于采暖度日数为 5000℃·d 的布莱克斯堡。在这个网站上，可以生成表格和图形化的数据表单，如图 5.4 所示，将我们 2016 年的月用电量与威拉德大道所有邻居的平均用电量进行了比较，这些邻居大部分都使用燃气供暖。我们有一个净计量 6kW 的太阳能光伏系统，很容易看出自身发电对净使用量的影响。从 5 月到 10 月，我们的系统向电网输送的电力（通过倒转电表）比从电网接收的电力还要多。一个月反向传输的电力会补给到下一个月，到 12 月我们还没有用完产能。2016 年我的总净用电量为 2400kW·h（平均 200kW·h/月），年账单为 264 美元（22 美元/月）。

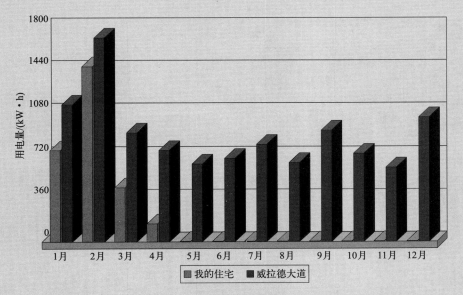

图 5.4　用户可从公用事业网站获得的公用事业数据示例

这张图对比了我们的全电气化住宅 2016 年的每月用电量与威拉德大道邻居的用电量，他们大多使用燃气取暖。我们的 6kW 太阳能光伏系统在 5 月到 10 月期间创造了比我们使用的还要多的电能，这笔返还将延续到 11 月和 12 月。

人们已经开发了一些更复杂的方法用来跟踪和分析公用事业账单数据。当其他能量监测方法不可用时，该方法可用于评估能效改进措施，如房屋节能改造的影响。由于能源消耗的账单数据由公用事业单位储存，因此可以随时访问。改进前后的能量数据样本可以根据天气变化进行校正，并将改进前后的结果进行比较，以得到改进后的节能效果。例如，普林斯顿大学开发的分析性计算机软件"普林斯顿记分法"（PRISM）使用公用事业账单和天气记录中的数据来评估和分析历史上的供暖和制冷能源使用情况。其他能源服务供应商提供公用事业账单数据跟踪软件和在线服务，以帮助企业和机构管理其能源使用。例如 UtilVision 的能源管家（energywatchdog）和阿布拉克萨斯（Abraxas）能源咨询公司的 Metrix 4 公用事业计费系统。

5.3.3　能源数据记录

能源数据记录涉及使用仪表和数据记录器来测量能源使用情况，并实现能源分析和评价研究的功能。最常用的电表是公用事业公司用于计费目的的电表，如建筑物或住宅单元上的电表和煤气表。我们可能需要比这些仪表提供的更详细的或特定现场的数据，所以我们细分为更小的单元以及单个设备和器具来获得这些能源使用细节。一些电表测量电力消耗，而另一些电表则测量电器或燃气装置运行的时间。一些可编程的通信恒温器（PCTs），如Ecobee，记录此信息并将其传递到网络上的网站门户［参见图5.5（d）］。PCT还允许用户远程控制温度。"运行时间"仪表记录设备的累计运行时间，适用于石油和天然气炉以及冰箱等恒温控制设备。对于石油和天然气炉，如果我们知道运行时间和炉的燃烧速率（每分钟消耗的燃料量），就可以计算燃料的使用量。图5.5描述了市场上的几种分表。

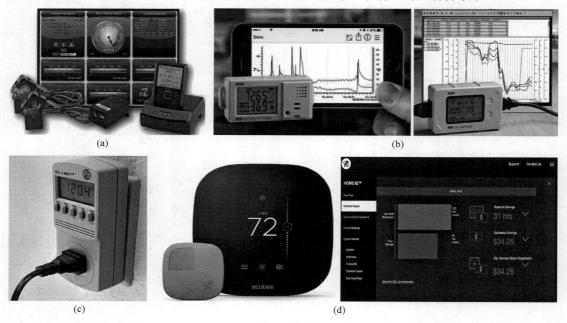

图5.5　能量分表和数据记录的例子

（a）能量探测器（TED）使用电流传感器测量电路电流，从而在多个电路中测量能量和电力使用情况，并通过手持设备和互联网门户传送数据。（b）Onset 使各种具有无线数据访问（基于网络或蓝牙）或 USB 上传功能的 HOBO 数据记录器（左）和数据记录器插头（右）成为可能。（c）Kill-A-Watt 插头负载监视器。（d）Ecobee 可编程通信恒温器通过智能设备实现远程操作，收集运行期和其他使用数据，并通过网络传递信息数据记录器是存储从不同传感器检索到的数字数据的电子设备。这些传感器可以测量温度、压力、光线、运行时间、天气状况和能量参数。数据可以很容易地下载到计算机并转换成电子表格形式。在不通电话线的地方，有些记录器配有调制解调器或遥测系统，因此可以远程检索数据。图 5.5 说明了一些用于能源分析的数据记录器。Onset 的 HOBO 系列数据记录器可以通过编程来收集各种数据，放置在某个位置来收集数据，然后插入计算机的 USB 端口来下载数据。

插头负载监视器将插头插入墙上的插座，并测量与之相连的电器所消耗的能量（kW·h）和功率（kW）。一些插头负载监视器具有数据跟踪［如 Onset 的插头负载监视器，见图 5.5（c）］或对所连接设备进行远程控制的功能。

电流传感器（CTs）被多种设备用来监测电力。在电路导线周围放置一个环状的可拆卸 CT。电流通过导线产生磁场。磁场通过电流互感器的线圈，产生与电流成比例的电压。电压由电子器件测量并转换成电流读数。电路电压直接测量，并用简单的乘法［电压（V）乘以电流（A）］得到以 kW 为单位的功率。能量消耗量（kW·h）记录为功率（kW）乘以运行时间。图 5.5（a）显示了一种流行的 CT 监视器——能量监视器（TED），它可以监视多个电路，并且具有方便的手持式显示，家用实时仪表盘显示（IHD）并带有查看历史记录和数据记录图形等功能。市面上的其他 CT 监视器包括 EnviR、Wattvision 和 Emonitor。

物联网（IoT）每天都给我们带来新的产品用以监控、显示和控制我们的小工具和家电。这种功能适用于个人和某些情况下的公用事业，以方便管理能源使用，特别是电力使用，从而减少成本。这些产品包括一些已经提到的产品（智能电表、可编程通信恒温器、家用显示器、即插即用控制器）、信息枢纽或门户、智能家电和照明设备，以及与太阳能发电、存储和电动汽车充电相关的集成产品。第 8 章的侧栏 8.3 介绍了其中一些设备，并展示了它们如何成为智能能源家庭的一部分。最具创新性的产品包括谷歌的 Nest PCT、Ecobee 的 PCT、三星的 Smart Things、苹果的 HomeKit、Ceiva 网关集线器和 Homeview 的 IHD，以及飞利浦的 Hue 照明系统。

5.4　能源系统经济分析

我们已经讨论了测量能源消耗和效率的各种方法。出于许多目的，我们想要尽量减少能源的使用，并最大限度地提高效率，增加能源为我们提供的功能。我们希望加快使用清洁、可再生能源，减少传统能源的污染和其他影响。有些人会转向可持续能源，不是因为它可以节省成本，而是因为他们认为这对地球的未来有益，或者只是觉得这样做很有趣。

然而，如果我们希望每个人都转向可持续能源，我们最好确保它的经济性。作为个人、社区和社会，我们的经济资源是有限的，我们需要明智地投资这些资源，否则我们将几乎没有剩余资源来满足生活的其他需要。虽然经济分析不能反映我们作为个人和社会的所有价值观，但它是了解某些选择是否值得做的第一步。

在这一节中，我们进一步将能源评估方法纳入经济分析。但是记住，这一切都是从能量分析开始的。首先我们需要量化能源使用和效率，然后可以根据能源效率和价格对这些能源数据进行经济价值评估，再计算其成本效益和经济可行性。

在讨论成本效益评价之前，介绍能源的货币价值、生命周期成本和货币时间价值的概念很重要。

5.4.1　能源经济价值

把能源转换成货币相当容易，因为能源是在市场上买卖的。能源价格由市场决定，受政府政策影响。例如，燃料油主要以市场为基础，汽油在以市场为基础的同时征收联邦税和州税（收取更多的费用是因为收入主要用于道路建设和维护），而零售天然气和电力的市场受监管（因为客户主要是被它们提供的公用设施吸引来的）。政府补贴、税收和环境政策对不同能源的价格有一系列的影响。稍后我们将讨论政策对能源价格的影响。

能源价格一直不稳定。表 5.3 给出了 2000 年至 2016 年美国部分燃料和电力的名义价格，以及相应的每 10^6 Btu 的价格。图 2.5 还显示了 2000 年以来原油和汽油价格的波动性。如表 5.3 和图 2.9 所示，天然气价格也出现了波动。与天然气或燃油相比，高质量的电力单位能源成本则要高得多。从 2000 年到 2016 年，美国居民电价平均以每年 2.7% 的速度稳定增长。

表 5.3　美国 2000—2016 年零售汽油、住宅天然气和电力的价格

年份	普通汽油 /（美元/gal）	天然气住宅用 /（美元/1000ft³）	电力住宅用 /［美分/(kW·h)]	普通汽油 /（美元/10^6 Btu）	天然气住宅用 /（美元/10^6 Btu）	电力住宅用 /（美元/10^6 Btu）
2000	1.46	7.76	8.24	12.18	7.52	24.15
2001	1.38	9.63	8.58	11.53	9.33	25.15
2002	1.31	7.89	8.44	10.94	7.65	24.74
2003	1.52	9.63	8.72	12.63	9.33	25.56
2004	1.81	10.75	8.95	15.10	10.42	26.23
2005	2.24	12.70	9.45	18.67	12.31	27.70
2006	2.53	13.73	10.40	21.11	13.30	30.48
2007	2.77	13.08	10.65	23.06	12.67	31.21
2008	3.21	13.89	11.26	26.78	13.46	33.00
2009	2.32	12.14	11.51	19.29	11.76	33.73
2010	2.74	11.39	11.54	22.85	11.04	33.82
2011	3.48	11.03	11.72	28.97	10.69	34.35
2012	3.55	10.65	11.88	29.60	10.32	34.82
2013	3.44	10.32	12.13	28.69	10.00	35.55
2014	3.30	10.97	12.52	27.49	10.63	36.69
2015	2.33	10.38	12.65	19.45	10.06	37.07
2016	2.07	10.26	12.58	17.28	9.94	36.86

数据来源：U.S. EIA，2017。

我们利用这些能源价格将能源消耗转化为经济成本。解决方案 5.1 给出的实例表明，将热能转化为经济成本取决于燃料类型。

如果我们想提前计划或预测未来的成本，就必须考虑未来的价格将如何变化，因此，时间成为能源和经济分析中的一个重要因素。

解决方案 5.1

计算供暖账单

据我估计，给我和邻居的房子供暖（我们将在第 6 章讨论如何计算）需要同样多的能量（4×10^7 Btu/a）。她的电热踢脚板以 100% 的效率运行（所有的电能都在房子里以热量形式消散），而我的天然气炉和强制空气系统以 80% 的效率运行（另外的 20% 在废气和管道系统中损失）。如果我为 1therm（1therm ＝ 10^5 Btu）的天然气（NG）支付 1.10 美元，而她为 1kW·h 的电支付 11 美分，那么我们每个人每年为供暖支付多少钱？

解决方法：

我的房子：使用燃气炉，效率为 80%，1therm 天然气 1.10 美元

$$\eta = \frac{\text{有用加热能量}}{\text{NG 能量输入}}$$

或

$$\text{NG 能量输入} = \frac{\text{有用加热能量}}{\eta} = \frac{4 \times 10^7 \, \text{Btu/a}}{0.80} = 5 \times 10^7 \, \text{Btu/a}$$

$$\text{NG 消耗} = \text{NG 输入（Btu）} \times \frac{\text{价格}}{\text{NG（Btu）}} = 5 \times 10^7 \, \frac{\text{Btu}}{\text{a}} \times \frac{1.10 \, \text{美元}}{10^5 \, \text{Btu}} = 550 \, \text{美元/a}$$

我邻居的房子：使用电阻炉，效率为 100%，1kW·h 电力 0.11 美元

$$\text{电力消耗} = 4 \times 10^7 \, \text{Btu} \times \frac{0.11 \, \text{美元}}{\text{kW·h}} \times \frac{\text{kW·h}}{3412 \text{Btu}} = 1290 \, \text{美元/a}$$

5.4.2 生命周期成本和金钱的时间价值

5.4.2.1 生命周期成本

如果我们要理解一个系统的全部能量需求，我们需要展望未来，并考虑更长期的投入。例如，对于核能的大量投入，我们不仅要考虑未来的能源需求，而且要考虑核电站建设和运营以及燃料开采和浓缩的经济成本，还要考虑核电站的退役和废物处置问题，这些废物的寿命可能比我们人类的历史更长。在 2005 年，为了回应 2004 年的一场官司，美国环境保护署提议为拟议中的尤卡山核废料场制定辐射暴露标准，以保护该地区的人们 100 万年！这 100 万年的规划给政府的能源和经济分析师带来了新的挑战。

同样的生命周期成本问题甚至与购买电器或灯泡等日常个人决定具有更加密切的关系。我们都倾向于选择一开始比较便宜的高耗能产品，但实际上，在产品的整个生命周期中，它们的价格要贵得多。解决方案 5.2 演示了白炽灯、紧凑型荧光灯（CFLs）和 LED 灯的生命周期成本的简单计算。我们简化了这一过程，没有考虑灯泡制造和处理的全部成本以及更换灯泡的人工成本。从这个案例中很容易看出 LED 是如何占领照明市场的（参见 8.2.3 节关于 LED 革命的介绍）。

解决方案 5.2

灯泡的生命周期经济成本

2007 年的《能源独立与安全法》规定，到 2012—2014 年，灯泡的能效标准至少要比标准白炽灯低 27%。虽然你仍然可以买到符合这一标准的"环保白炽灯"（43W 800lm），但它们的价格不再是 0.30 美元，而是每盏 1.25 美元左右。市场最初转向紧凑型荧光灯（CFL，13W 800lm），但随着价格的下降，很快转向了发光二极管（LED）灯（9W 800lm）。在 2017 年，你可以在家得宝（Home Depot）或劳氏（Lowe's）买到 6 个装 800lm、13W 的 CFL，价格为 9.98 美元（每个灯泡 1.66 美元），8 个装 9W 的 LED，价格为 8.98 美元（每个灯泡 1.25 美元）。白炽灯持续 1000 小时，荧光灯持续 10000 小时，LED 持续 15000 小时（许多 LED 持续 25000 小时）。白炽灯和 LED 灯可以调光，但 CFL 不行。

因此，让我们计算三种选择的生命周期成本，假设电价为 0.12 美元/(kW·h)。假设白炽灯的成本为 0 美元。

① 43W 白炽灯，800lm，1000 小时寿命，$0/个。

② 13W CFL，10000 小时寿命，1.66 美元/个（2017 年 8 月数据）。

③ 9W LED，15000 小时寿命，1.25 美元/个（2017 年 8 月数据）。

解决方法：

这三个灯泡产生的光通量是一样的，但是我们需要将这三个灯泡的使用寿命标准化到 15000 小时。我们将忽略更换 15 次白炽灯和 1.5 次 CFL 的人工成本以及灯泡制造和处理的影响。

（1）白炽灯：77.40 美元

灯泡花费：0 美元/个×1 个/1000h×15000h＝0.00 美元

能源花费：43W×15000h×kW·h/1000(W·h)×$0.12/(kW·h)＝77.40 美元

生命周期花费＝77.40＋0＝77.40 美元

（2）紧凑型荧光灯（CFL）：25.89 美元

灯泡花费：1.66 美元/个×1 个/10000h×15000h＝2.49 美元

能源花费：13W×15000h×kW·h/1000(W·h)×$0.12/(kW·h)＝23.40 美元

生命周期花费＝23.40＋2.49＝25.89 美元

（3）LED 灯泡：17.45 美元

灯泡花费：1.25 美元/个×1 个/15000h×15000h＝1.25 美元

能源花费：9W×15000h×kW·h/1000(W·h)×$0.12/(kW·h)＝16.20 美元

生命周期花费＝16.20＋1.25＝17.45 美元

与零灯泡成本的白炽灯相比，LED 的生命周期成本节省：77.40－17.45＝59.95 美元

与 CFL 相比，LED 的生命周期成本节省：25.89－17.45＝8.44 美元

你可以查看当前价格并重新计算一下。我打赌 LED 会做得更好。

5.4.2.2 金钱的时间价值

经济分析承认货币有时间维度。如果我们借钱，由于利息的原因，我们要还的钱比我们

借的多。如果我们要投资宝贵的现金，我们应该考虑把它放在一个有保障的投资账户里所能获得的无风险回报。因此，人们认为明天的 1 美元不如今天的 1 美元有价值。我们使用经典的现值方程，用折现率将未来的美元折现为现值：

$$P = \frac{F}{(1+d)^n} \tag{5.7}$$

式中　P——美元的现值；

　　　F——n 年后美元的价值；

　　　d——折现率。

这是复利方程的反函数，复利方程计算的是以年利率投资的美元的增长：

$$F = P(1+i)^n \tag{5.8}$$

式中　P——美元的现值；

　　　F——n 年后美元的价值；

　　　i——利率。

如果我有 100 美元，把它投入一项投资，保证每年 4% 的回报率，那么 10 年后投资的价值是多少？复利每年使年底的余额增加 4%。下表列出了每年的增长速度：

时间	今天	1 年后	2 年后	3 年后	4 年后	5 年后	6 年后	7 年后	8 年后	9 年后	10 年后
价值/美元	100	104	108.16	112.48	116.99	121.67	126.53	131.59	136.86	142.33	148.02

复合增长方程还可以用来计算未来价值：

$$F = P(1+i)^n = 100(1+0.04)^{10} = 148.02 \text{ 美元}$$

如果我期望在 10 年后得到 100 美元的回报，假设折现率为 4%，则现值是多少？

$$P = \frac{F}{(1+d)^n} = \frac{100}{(1+0.04)^{10}} = 67.56 \text{ 美元}$$

考虑到能源分析涉及的期限较长和高折现率，金钱的时间价值是很重要的。对于短期和低折现率的情况，忽略货币的时间价值通常不是问题。下面的例子说明了这条原则。

(1) 如果折现率是 0.5%（低），那么 10 年（长期）后 100 美元的现值是多少？

$$P = \frac{F}{(1+d)^n} = \frac{100 \text{ 美元}}{(1+0.005)^{10}} = 95.13 \text{ 美元}$$

(2) 如果折现率是 10%（高），那么 6 个月（短期）后 100 美元的现值是多少？

$$P = \frac{F}{(1+d)^n} = \frac{100 \text{ 美元}}{(1+0.10)^{0.5}} = 95.35 \text{ 美元}$$

(3) 如果折现率是 10%（高），那么 10 年（长期）后 100 美元的现值是多少？

$$P = \frac{F}{(1+d)^n} = \frac{100 \text{ 美元}}{(1+0.10)^{10}} = 38.55 \text{ 美元}$$

在每种情况下，忽略折现率并令 $P=F$，低的 d 或短的 n 只会产生很小（5%）的误差，而忽略高的 d 和长的 n 则会产生很大（62%）的误差。

如何选择折现率？许多因素有助于形成适当的折现率：现行利率（以及未来的利率）、全面通货膨胀率、燃料和电力价格的通货膨胀或通货紧缩、替代投资的预期收益等等。所有这些因素都是不确定的，所以要做一些猜测。考虑到这些不确定性，一个简单的方法是合适的。主要因素是利率和燃料价格的通货膨胀。

$$d = i - r \tag{5.9}$$

式中　d——折现率；

　　　i——利率；

　　　r——能源价格的通货膨胀率。

利率（i）视情况而定。如果通过单利贷款进行节能改造，i 为贷款利率。如果使用现金储蓄，i 应该为基于替代投资的预期回报。你可以把事情想象得比实际情况更复杂。例如，如果钱是通过房屋抵押贷款借的，利息支付享受税收减免，那么精确的 i 应该是抵押贷款利率乘以（$1-\%$税级）。但考虑到其他不确定因素，如燃油价格通胀率，这种详细程度通常是不必要的。由于价格存在波动（见表 5.4），很难对燃油价格通胀进行估计。

文献讨论了用于评估能源系统和项目的适当的折现率。用于程序评估的值通常为 $6\% \sim 8\%$（参见第 16 章）。基于折现率的货币时间价值用于下面描述的大多数经济分析方法。

5.4.3　成本效益的经济评估

社会和环境因素促使一些人做出可持续的能源选择，但经济因素在推动对更高效、可再生的能源系统和节能行为的广泛投资方面最为重要。有几个指标用于评估经济成本效益和比较投资。这些措施需要进行能源分析，以评估一种选择相比另一种选择所节省的能源和节省的这些能源的美元价值。（对于能源生产系统来说，"节能"就是避免使用传统能源。）这些措施中的大多数都将未来的美元储蓄折现。

5.4.3.1　简单投资回收期

简单投资回收期（SPP）给出了一项能源效率改善措施或一个生产系统需要多少年的时间来弥补基于其能源和经济节约的初始成本投资。SPP 适用于短期或低折现率的情况，因为它忽略了金钱的时间价值以及较小的运营和维护成本。尽管有这些限制，SPP 还是成本效益最直观、最有用的度量之一。

$$简单投资回收期(a) = SPP = \frac{IC}{AES \times Pr} \tag{5.10}$$

式中　IC——初始资本成本（或者两种选择的成本差值），美元；

　　　AES——每年节约的能源，单位有 $kW \cdot h/a$、Btu/a；

　　　Pr——能源价格，单位有 $\$/(kW \cdot h)$、$\$/Btu$。

解决方案 5.3 给出了低流量莲蓬头的 SPP 示例；我们将通过各种评估经济成本效益的方法来举例说明。

投资回报率（ROI）是一种流行的经济衡量方法，它等于简单投资回收期的倒数。一般来说，投资回报率大于 10% 是非常好的投资。计算如下：

$$投资回报率(\%/a) = ROI = \frac{100}{SPP} = \frac{100(AES \times Pr)}{IC} \tag{5.11}$$

式中　AES——每年节约的能源；

　　　Pr——节能价格；

　　　IC——初始资本成本。

回到莲蓬头，我们可以计算出低流量莲蓬头投资的回报率：

$$ROI = \frac{100}{SPP} = \frac{100}{0.173} = 580\%$$

这种投资回报率是大多数 CEO 乐于向股东汇报的。

解决方案 5.3

低流量莲蓬头的简单回收期

我们五口之家搬进了我们有 50 年历史的房子里，房子里用的是老式的大流量莲蓬头。我考虑过用低流量的莲蓬头代替，但我想计算一下投资的回报情况，以确保获利最大。每个新的莲蓬头售价 10 美元。

为了进行能量分析，我测量了新旧莲蓬头的流量：旧莲蓬头花了 1 分钟装满一个 5 加仑的水桶，低流量莲蓬头花了 2.5 分钟装满水桶。温水的温度是 $100°F$；当我用冷水时，温度是 $60°F$。我有三个十几岁的儿子，全家每周淋浴 25 次，平均每次淋浴时间为 10 分钟。假设我的燃气热水器以 75% 的效率运行，我为天然气（NG）支付的费用为 1 美元/撒姆（1 撒姆＝100000Btu）。下面是能量分析结果：

（1）旧莲蓬头的能量消耗

$$流速 = 5gal/min$$
$$流动时间 = 25\ 次/周 \times 10min/次 \times 52\ 周/a = 13000min/a$$
$$热水流量 = 5gal/min \times 13000min/a = 65000gal/a$$

① 热水需要的能量：

利用式（4.18）

$$E = mc\Delta T = 65000gal/a \times 8.34lb/gal \times 1Btu/(lb \cdot °F) \times (100°F - 60°F) = 21.7 \times 10^6 Btu/a$$

② 加热水需要的天然气能量：

$$\eta = 有用加热能量/NG\ 能量输入$$
$$NG\ 能量输入 = 有用加热能量/\eta$$
$$NG\ 能量输入 = (21.7 \times 10^6 Btu/a)/0.75 = 28.9 \times 10^6 Btu/a$$

（2）新莲蓬头的能量消耗

$$流速 = 5gal/2.5min = 2gal/min$$
$$热水流量 = 2gal/min \times 13000min/a = 26000gal/a$$

① 热水需要的能量

利用式（4.18）

$$E = mc\Delta T = 26000gal/a \times 8.34lb/gal \times 1Btu/(lb \cdot °F) \times (100°F - 60°F) = 8.68 \times 10^6 Btu/a$$

② 加热水需要的天然气能量

$$NG\ 能量输入 = (8.68 \times 10^6 Btu/a)/0.75 = 11.56 \times 10^6 Btu/a$$

（3）能量节省

$$NG\ 能量_{旧莲蓬头} - NG\ 能量_{低速莲蓬头} = (28.9 - 11.56) \times 10^6 Btu/a = 17.34 \times 10^6 Btu/a = AES$$

所以可以计算 SPP

$$SPP = IC/(AES \times Pr) = (10\ 美元/个 \times 3\ 个)/(17.34 \times 10^6 Btu/a \times 1\ 美元/10^5 Btu) = 0.173a = 63d$$

因此，这笔投资将在两个月后通过节约的天然气收回，然后节约量将继续累积。额外的节省来自减少的水费。

5.4.3.2 能源节约成本和平准化度电成本

如果我们想比较能源投资的成本与当前或未来的能源价格，我们想知道能源节约成本（CCE）或平准化度电成本（LCOE），它衡量生命周期内通过效率或生产投资所达到的节约单位能源所需的成本，即能源节约成本（CCE）或生产单位能源所需的成本，即平准化度电成本（LCOE）。我们将 CCE 用于评价能效措施，而将 LCOE 用于风能和太阳能等能源生产系统。年度运营维护成本（o&m）（如果有）可以包括在内。此度量标准使用折现率考虑了通过资本回收系数（CRF）得出的货币时间价值。CRF 是经典的抵押贷款利率因子，它将一次性的成本支出（例如房屋价格，或者能源投资的初始资本成本）分散到分期还款中。CRF 和其他有用的经济分析因子将在侧栏 5.2 中定义。我们可以按如下方式计算 CCE：

$$能源节约成本（CCE）= \frac{IC \times CRF + o\&m}{AES} \tag{5.12}$$

$$平准化度电成本（LCOE）= \frac{IC \times CRF + o\&m}{AEP} \tag{5.13}$$

式中 IC——初始资本成本；

CRF——资本回收系数；

o&m——年度运行维护成本，美元；

AES——年度能源节省，能源单位/年；

AEP——年度能源生产，能源单位/年。

CCE 和 LCOE 是非常有用的经济度量方法，因为它们计算了单位能源节省或产生的成本，可以与现有或预期的能源费率或价格以及其他竞争的选项进行比较（参见图 3.9 对发电选项的 LCOE 比较），包含了金钱的时间价值以及年度运行维护成本（如果有的话）。解决方案 5.4 使用低流量莲蓬头示例说明了 CCE 计算。

解决方案 5.4

低流量莲蓬头的能源节约成本

上述低流量莲蓬头投资的 CCE 是多少？假设莲蓬头的使用寿命为 20 年，折现率为 3%，o&m=0。

$$CRF = d(1+d)^n/[(1+d)^n - 1] = 0.03 \times 1.03^{20}/[1.03^{20} - 1] = 0.054/0.806 = 0.067$$

$$CCE = IC \times CRF/AES = 30 \text{ 美元} \times 0.067/[(17.34 \times 10^6 \text{Btu/a})/(10^5 \text{Btu/therm})]$$
$$= 0.01 \text{ 美元/therm}$$

因此，在未来的 20 年里，这项投资将以每撒姆天然气 1 美分的比例节约成本，而目前的价格是 1 美元每撒姆。任何使当前价格下降的选择都是不错的投资，但目前能使价格下降 1% 是显而易见的。

5.4.3.3 生命周期节约的现值

节约的现值（PVS）根据假定的折现率（d）计算以现在的美元计量的能源投资在全生命周期的成本节约总额。它可以包括年度运行维护费用（如果有的话）。未来每年的美元储蓄净额（假设每年都是统一的）通过统一现值系数（UPVF）折现为现值（见侧栏 5.2）。

PVS 可以与总投资成本进行比较。下面是计算方法：

$$节约的现值(PVS) = (AES \times Pr - o\&m) \times UPVF \tag{5.14}$$

式中　AES——年度能源节约，能量单位/年；

　　　Pr——节约能源的价格；

　　　o&m——年度运行维护成本，美元；

　　　UPVF——统一现值系数。

上述低流量莲蓬头投资的现值是多少？假设莲蓬头的使用寿命为 20 年，折现率为 3%，o&m=0。

$$UPVF = \frac{(1-d)^n - 1}{d(1+d)^n} = \frac{1.03^{20} - 1}{0.03 \times 1.03^{20}} = \frac{0.806}{0.054} = \frac{1}{CRF} = 14.9$$

$$PVS = (AES \times Pr - o\&m) \times UPVF = \left(17.34 \times 10^6 \frac{Btu}{a} \times \frac{1\ 美元}{10^5 Btu} - 0\right) \times 14.9 = 2584\ 美元$$

这是 30 美元投资的结果！

侧栏 5.2

经济分析因子

(通常作为商务计算器上的功能按钮提供)

$$复合增长因子(CGF) = (1+d)^n$$

乘以金额，CGF 将以年复合增长率 d 增长到第 n 年。CGF 为 PVF 的倒数。

$$现值系数(PVF) = \frac{1}{(1+d)^n}$$

乘以美元金额，PVF 将在 n 年内以折现率 d 将该金额折现。PVF 为 CGF 的倒数。

$$资本回收系数(CRF) = \frac{d(1+d)^n}{(1+d)^n - 1}$$

乘以美元金额，它将一次性成本平均分推到 n 年中，每年支付的金额相等；用于计算年度按揭付款。CRF 为 UPVF 的倒数。

$$统一现值系数(UPVF) = \frac{(1-d)^n - 1}{d(1+d)^n}$$

取 n 年的年度支付或货币节约值，并将其折现为总现值。UPVF 为 CRF 的倒数。

5.4.3.4　生命周期净现值

净现值（NPV）就是整个生命周期内现值与投资的初始资本成本之间的差值。考虑到金钱的时间价值，这给我们提供了一种简单的衡量利润或投资收益的方法。如果 NPV 为正，则表示该系统具有成本效益。显然，NPV 越大越好。计算方法如下：

$$净现值(NPV) = PVS - IC \tag{5.15}$$

式中　PVS——储蓄的现值；

　　　IC——初始资本成本。

在解决方案 5.3 中给出的低流量莲蓬头投资的净现值是多少？

$$NPV = PVS - IC = 2584 - 30 = 2554\ 美元$$

5.4.3.5　效益成本比率

效益成本比率（B/C）比较折合成年率的成本节约值和折合成年率的成本，以提供效益与成本的比率。如果 B/C 大于 1，说明投资具有成本效益。显然，这个比例越大越好。

$$效益成本比率 = \frac{B}{C} = \frac{PVS}{IC} \tag{5.16}$$

式中　PVS——储蓄的现值；

　　　IC——初始资本成本。

上述低流量莲蓬头投资的 B/C 是多少？

$$\frac{B}{C} = \frac{PVS}{IC} = \frac{2584}{30} = \frac{86}{1} = 86$$

5.4.4　使用电子表格进行经济分析

这些计算并不太复杂，但考虑到经济因子的数量很多，计算可能很乏味。因此经济分析师很久以前就编制了表格就丝毫不显得奇怪，最近他们又研制了新的计算器功能和互联网乘法器，以简化这些烦琐的计算。更好的方法是轻松地执行这些计算，这样我们就可以改变假设并用于不同的场景。电子表格为我们提供了这种功能，我们将在许多分析中使用表格进行计算。

表 5.4 是为能源和经济分析开发的电子表格。电子表格的精妙之处在于，一旦主程序设置好，它就可以用于手边的分析。在生成新的数据项时，表格将自动执行新的计算。因此很容易改变假设条件，输入相应的值，然后查看所有的新结果，而不需要实际进行计算。低流量莲蓬头示例中就采用了表格计算。如您所见，AES 和 Pr 值是用适当的匹配单元输入的。所有值都与前面部分的结果匹配。

表 5.4　经济 AES 和效率的提高（使用电子表格计算低流量莲蓬头例子的成本效益）

项目	缩写	数值	单位	值列的计算公式
年度节能或生产	AES	17.34	$10^6\,\text{Btu/a}$	（使用适当的能源单位）
总成本	IC	30	美元	
能源价格	Pr	10	美元$/10^6\,\text{Btu}$	
年度运行维护成本	o&m	0	美元	
年度价格增长率	r	0.03	%/100	
利率	i	0.06	%/100	
折现率[①]	d	0.03	%/100	$i-r$
年数	n	20	a	
资本回收系数[①]	CRF	0.0672		$d(1+d)^n/[(1+d)^n-1]$
复合增长因子[①]	CGF	1.8061		$(1+d)^n$
现值系数[①]	PVF	0.5537		$1/(1+d)^n$
统一现值系数	UPVF	14.8775		$[(1+d)^n-1]/[d(1+d)^n]$
现值	P	100.00	美元或其他单位	
现值复合增长因子[①]	F	180.61	美元或其他单位	$F=P^{①}\times CGF$

续表

项目	缩写	数值	单位	值列的计算公式
未来价值折现的现值[①]	P	100.00	美元	$P = F^{①} \times PVF$
简单的投资回收期[①]	SPP	0.173	a	$SPP = IC/(AES^{①} \times Pr)$
保守能源成本[①]	CCE	0.116	美元/10^6Btu	$CCE = (IC^{①} \times CRF + o\&m)/AES$
现值节约[①]	PVS	2584	美元	$PVS = (AES^{①} \times Pr - o\&m)^{①} \times UPVF$
净现值[①]	NPV	2554	美元	$NPV = PVS - IC$
效益成本比率（B/C）[①]	BCR	86.0		$BCR = (AES^{①} \times Pr - o\&m)/(IC^{①} \times CRF)$

① 计算值。

5.4.5　成本效益和市场渗透

那么我们如何解释经济分析的结果呢？我们所说的"成本效益"是什么意思？成本效益如何驱动经济行为？在什么情况下人们会选择投资于能效或可再生能源？

技术上，成本效益被定义为净正经济价值。使用我们的经济衡量方法，成本效益是：

① 简单的投资回收期比投资寿命短，要知道未来的储蓄既不会因能源价格上涨而被夸大，也不会被折现为现值。

② 能源节约成本（CCE）和平准化度电成本（LCOE）低于当前或预期的能源价格。我们可以对广泛的能源效率和生产措施进行 CCE 或 LCOE 比较。

③ 节约的现值大于投资的成本。

④ 净现值大于 0，说明至少是正效益。

⑤ 效益成本比率大于 1，或效益超过成本。

我们知道人们总面临如何投资的选择。如果我们要大规模地改变能源模式，可再生能源和效率必须有效地与其他投资选择竞争，我们需要知道成本效益如何转化为消费者的选择和市场渗透。但我们也知道，人们是根据其他价值观做出选择的。全生命周期分析包括对环境影响的评估，我们将在下面讨论，并在第 16 章中探讨更广泛的市场渗透和转型问题。

5.5　能源和材料系统的环境分析

除了经济评价外，生命周期分析的目的是评价能源和材料选择对环境的影响。能源的开采、运输和使用对环境有广泛的影响。当我们在材料中寻找能量时，我们知道各种材料（例如：钢铁、木制品、混凝土、化学品、农产品等）的获取、加工、运输、使用和处置对能源投入和环境产出都有影响。其中一些影响是由政府监管的，而这些监管的成本通常会转嫁给消费者，所以它反映在能源价格上。然而，这些影响中有许多没有受到管制，表现为经济外部性，在经济市场中没有得到充分的考虑。因此，如果我们想要可持续地分配能源和物质资源，我们需要应用生命周期分析，它结合了经济和环境分析，以及能源和物质选择的短期和长期（从摇篮到坟墓）的影响。

如 5.1 节所述和图 5.1 所示，生命周期分析需要定义系统边界和流程，以及整个系统从摇篮到坟墓的输入（例如：材料、能源和水）和输出（例如：排放物、废水和废物，以及有用的产品）。分析需要使用的材料和能量的清单数据和影响系数来确定影响：

清单数据×影响系数＝影响指标

本节讨论了用于生命周期和环境分析的环境影响系数的来源和示例。这些系数给出了各种来源和用途的每单位能量或每种材料的环境影响。正如我们需要各种能源选择的能源价格（例如，每千瓦时的价格）来计算能源的经济成本一样，我们需要针对不同能源和材料的环境系数（例如，每千瓦时的影响）来计算能源和材料的环境成本。

美国能源部国家可再生能源实验室（NREL）开发了用于生命周期分析的生命周期清单（LCI）系数数据库。该项目为数百个产品和工序提供了有用的数据，其中一些列于表 5.5。数据以可下载的电子表格格式提供，以便于访问和集成到生命周期分析中。见国家可再生能源实验室网站。

表 5.5 NREL 生命周期清单（LCI）中包含的选定产品和流程

项目	产品和流程	项目	产品和流程
农业产品	玉米生产	主要燃料燃烧	公用事业涡轮机的生物质燃烧
	油菜籽生产		电厂锅炉烟煤燃烧
	大豆生产		工业锅炉中馏分油的燃烧
	小麦（田间生产）		工业锅炉中天然气的燃烧
建筑及建筑产品	锯木材，软木，刨平的，窑中烘干		木质燃料燃烧
	定向纤维板	主要燃料生产	沥青煤生产
	胶合板		原油萃取
发电	沥青煤		天然气萃取和加工
	天然气		炼油
	天然气涡轮热电联产		铀燃料生产
	核能	运输	公交车，柴油
制造业中使用的材料	原铝生产		校车，柴油
	二次铝生产		轻型商用卡车，汽油
	钢铁生产组合		小客车，汽油
	路边收集的混合可回收物品		联合运输车，柴油
	木质纸浆		货运飞机运输

图 5.6 给出了 LCI 数据概念。每个过程或产品都有来自自然的输入和输出，来自"技术领域"的输入，以及产品或流程的输出。表 5.6 和表 5.7 说明了石油炼制（每 1000 磅石油产品）和汽油乘用车行驶（每 100 英里）的数据。

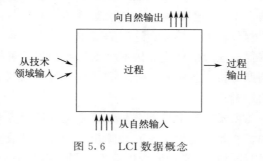

图 5.6 LCI 数据概念

表 5.6　炼油厂的 LCI 数据样本

输入或输出		单位	每 1000lb 输出
技术领域的输入			
原油，炼油厂		lb	1034.00
电能		kW·h	62.66
液化石油气		gal	0.11
天然气		ft³	146.60
残油		gal	2.69
运输，海运，平均混合油耗		t·mi①	1472.00
运输，包装，平均混合油耗		t·mi	0.37
运输，管道，成品油		t·mi	136.00
自然界的输入、输出			
醛类	空气	lb	0.04
氨	空气	lb	0.02
二氧化碳，化石燃料燃烧	空气	lb	7.85
一氧化碳，化石燃料燃烧	空气	lb	13.30
烃类（除了甲烷）	空气	lb	2.03
甲烷	空气	lb	0.07
氮氧化物（NOₓ）	空气	lb	0.33
颗粒物	空气	lb	0.24
二氧化硫	空气	lb	2.35
废水化学需氧量（COD）	水体	lb	0.23
氮气	水体	lb	0.02
油或油脂	水体	lb	0.01
总悬浮物	水体	lb	0.03
固体废物	废物	lb	5.60
过程的输出：产品和副产品			
汽油（0.421）		lb	421
馏出燃料油（0.219）		lb	219
蒸馏油或航空煤油（0.091）		lb	91
石油焦炭（0.060）		lb	60
残油（0.049）		lb	49
其他（0.260）		lb	260

① t·mi，吨·英里。

表 5.7　汽油轿车（37mi/gal，每加仑燃料行驶 37 英里）的 LCI 数据样本

输入或输出		单位	每 100 英里
技术领域的输入			
原油，炼油厂		gal	2.68
运输，海运，平均混合油耗		t·mi[①]	9.49
运输，包装，平均混合油耗		t·mi	1.34
运输，管道，成品油		t·mi	13.99
运输，火车，柴油动力		t·mi	2.59
运输，联合运输车，平均混合油耗		t·mi	1.39
输出到自然			
氨	空气	lb	0.0034
二氧化碳，化石燃料燃烧	空气	lb	32.4455
一氧化碳，化石燃料燃烧	空气	lb	0.5545
烃类（除了甲烷）	空气	lb	0.0476
甲烷	空气	lb	0.0018
二氧化氮	空气	lb	0.0070
一氧化氮	空气	lb	0.0605
氮氧化物	空气	lb	0.0675
一氧化二氮	空气	lb	0.0012
颗粒物，<2.5μm	空气	lb	0.0003
颗粒物，<10μm	空气	lb	0.0011
二氧化硫	空气	lb	0.0006
挥发性有机化合物（VOCs）	空气	lb	0.0488
过程的输出			
运输，客车，汽油		mi	100

① t·mi，吨·英里。

如何使用生命周期清单？例如，我每年驾驶一辆汽车行驶 1.5 万英里，每加仑汽油可以行驶 25 英里，我可以根据表 5.7 中的数据估算车辆运行的输入量和空气排放量。这不包括生产汽油所需的输入和输出，但是我可以使用表 5.6 中的数据进行估算。解决方案 5.5 说明了该过程。

解决方案 5.5

每年驾驶汽车行驶 15000 英里有什么影响？

表 5.8 是我用于计算的电子表格。第 1 列和第 2 列给出了表 5.6 中的影响系数。第 3 列和第 4 列针对炼油厂的汽油产量（而不是原油产量）和每加仑 25 英里（而不是每加仑 37 英里）的汽车的具体问题进行了调整。第 5 列和第 6 列给出了我每年使用汽车所需的输入和输出，包括汽车排放和炼油厂为生产我每年使用的汽油所需的其他必要输入（原油、电力和天然气）和输出（废水、固体废物和其他石油产品）。第 7 列增加了炼油厂和汽车操作以提供总输入和总输出，第 8 列和第 9 列计算了炼油厂和操作占总输入和总输出的比例。

以一氧化碳（CO）排放量的计算为例进行说明，利用表 5.8 中数据。

清单数据×影响系数＝影响指标

对于炼油厂：

$$3719\text{lb}\times\left(\frac{13.30\text{lb}}{1000\text{lb}}\times\frac{1000\text{lb}}{421\text{lb}}\right)$$

$$=3719\text{lb}\times31.59\,\frac{\text{lb}}{1000\text{lb}}=118\text{lb}$$

对于汽车行驶：

$$\text{lbCO}_{oper}=15000\text{mi}\times\left(\frac{0.55\text{lb}}{100\text{mi}}\times\frac{37}{25}\right)=15000\text{mi}\times0.81\,\frac{\text{lb}}{100\text{mi}}=122\text{lb}$$

在每加仑汽油行驶 25 英里的情况下，汽车行驶 15000 英里消耗的汽油的运输过程和用于汽油生产的炼油厂产生的 CO 排放总量为：

$$118\text{lb}+122\text{lb}=240\text{lb}$$

值得注意的是，CO、碳氢化合物（HC）和甲烷的空气排放分别来自汽车行驶和炼油厂，但 99% 的 CO_2 和 91% 的 NO_x 来自汽车行驶，99% 的 SO_x 与 100% 的废水和固体废物来自炼油厂。还要注意，为了生产必要数量的汽油，炼油厂要同时生产 5144 磅石油产品或 1425 磅非汽油产品 [(5144—3719) 磅]。

表 5.8　使用生命周期清单计算包括燃料精炼在内的汽车运输的影响

项目	单位	炼油厂，每1000lb石油产品	炼油厂，每1000lb汽油，列 1/0.421	37mi/gal 汽车，每100 英里	25mi/gal 汽车每 100 英里列 3×37/25	15000 英里，25mi/gal 提炼厂	15000 英里，25mi/gal 操作	合计	占炼油厂的比例/%	占操作的比例/%
列数		1	2	3	4	5	6	7	8	9
技术领域输入										
汽油	gal			2.68	3.97		595	595	0	100
汽油	lb			16.75	24.79		3719	3719	0	100
原油	lb	1034	2456				9133	9133	100	0
电力	kW·h	62.66	149				553	553	100	0
天然气	ft³	146.6	348				1295	1295	100	0
向自然界的排放										
CO	lb	13.30	31.59	0.55	0.81	118	122	240	49	51
CO_2	lb	7.85	18.64	32.45	48.03	69	7204	7273	1	99
烃类	lb	2.00	4.75	0.05	0.07	18	11	29	61	39
挥发性有机物（VOCs）	lb			0.05	0.07	0	11	11	0	100
NO_x	lb	0.33	0.78	0.13	0.19	3	29	32	9	91
颗粒物	lb	0.24	0.57	0.0014	0.0021	2	0.3	2.3	87	13
SO_x	lb	2.35	5.58	0.0006	0.0009	21	0.1	21.1	99	1
甲烷	lb	0.07	0.17	0.0020	0.0030	0.6	0.4	1	58	42
废水中化学需氧量（COD）	lb	0.23	0.55			2		2	100	0
固体废物	lb	5.60	13.30			50		50	100	0

续表

项目	单位	炼油厂，每1000lb 石油产品	炼油厂，每1000lb 汽油，列 1/0.421	37mi/gal 汽车，每 100 英里	25mi/gal 汽车每 100 英里，列 3×37/25	15000 英里，25mi/gal		合计	占炼油厂的比例/%	占操作的比例/%
						提炼厂	操作			
输出或产品										
汽油	lb	421	1000			3719		3719	100	0
总石油产品	lb	579	1375			5114		5114	100	0
运输	mi			100			15000	15000	0	100

5.5.1　化石燃料燃烧产生的空气污染物和碳排放

当前能源使用对环境造成的最严重影响可能是化石燃料燃烧产生的空气污染。如表 2.6 所示，能源使用占美国空气污染排放的 78%，其中约 19% 来自固定源，主要是发电厂，60% 来自移动源，主要是乘用车。在过去的 30 年里，通过技术控制减少排放已经取得了很大的进展。事实上，尽管人口增长、车辆行驶里程增加、经济增长，但总排放量还不到 1970 年的一半。尽管如此，许多美国城市仍没有达到国家清洁空气标准，还需要进一步改善。全球城市的空气质量要差得多（第 2.3.2 节）。

由于与全球气候变化相关的影响，化石燃料排放的二氧化碳和其他温室气体受到越来越多的关注。"碳足迹"，即与个人或社区能源使用模式相关的碳排放，已成为衡量能源使用对环境影响的有用的总体指标。表 5.9 列出了各种燃料的二氧化碳排放量。在化石燃料中，天然气的排放比例最低，约为石油产品的 75%，煤炭的 57%。生物质燃烧也会排放二氧化碳，但人们认为生物质燃料是碳中性的，因为它排放"生物源性质"的二氧化碳，也就是最近由植被从大气中吸收的二氧化碳。

表 5.9　不同燃料的 CO_2 排放率

燃料	lb 每单位	kg 每单位	lb/10^6Btu	kg/10^6Btu
车用汽油	19.6/gal	8.9/gal	157.2	70.9
馏分油和柴油	22.4/gal	10.2/gal	161.3	73.2
天然气	117.1/10^3ft^3	53.1/10^3ft^3	117.0	53.1
丙烷	12.7/gal	5.8/gal	139.1	63.1
煤	4931/短吨	2237/短吨	205.7	93.3
生物质[①]	0	0	0	0

① 生物质包括生物炭。根据政府间气候变化专门委员会制定的国际温室气体核算方法，生物碳是自然碳平衡的一部分，不会增加大气中二氧化碳的浓度。

让我们来研究两个重要的能源使用行业：电力和建筑。它们的排放影响系数或排放率非常重要。我们将在第 13 章讨论运输业的排放率。在本节的最后，我们将探讨一种日益流行的计算家庭碳足迹的方法。

5.5.2　电力排放率

表 5.10 给出了煤炭、石油和天然气发电的排放率，以及全国平均排放率和非化石燃料

发电的排放率。煤的所有污染物排放量都是最高的。相比于煤炭，天然气生产每 $MW \cdot h$ 电力的 CO_2 排放率为煤的 40%，NO_x 为煤的 20%，SO_x 排放率不到煤的 2%。木材和其他生物质发电产生的氮氧化物与煤差不多，碳排放是煤的 70%，但其排放的生物质二氧化碳是"当代"碳，而不是"化石"碳，因此它被认为是当代自然碳循环的一部分，可以实现零温室气体排放。

表 5.10　美国不同来源电力的平均排放率　　　　　　单位：$lb/(MW \cdot h)$

项目	2004 年全国平均水平	2016 年全国平均水平	煤	天然气	石油	生物质	氢	核能	风能	太阳能	地热能
CO_2	1392	982[2]	2202	870	1969	0	0	0	0	0	53
SO_x	6	1.1	4.4	0.08	13.4	—[1]	0	0	0	0	—
NO_x	3	0.7	2.0	0.4	3.4	2.0	0	0	0	0	0
净产生电力/($GW \cdot h$)	3970	4080	1240	1380	24	63	266	806	227	37	17

数据来源：U. S. EIA，2017。

① 可忽略。

② $982 lb/(MW \cdot h) = 0.45 kg/(kW \cdot h)$。

当然，对于一个通常由电网的混合电源供电的特定地点，全国的平均值可能不是太精确。EPA 的 eGRID 数据库根据各州的发电组合给出了各州的排放率。表 5.11 给出了 2002 年和 2014 年四个州的数据库和能源组合的价格。

表 5.11　选定州的电力排放率和能源组合

项目	华盛顿		加利福尼亚		弗吉尼亚		西弗吉尼亚	
	2002 年	2014 年	2002 年	2014 年	2002 年	2014 年	2002 年	2014 年
排放率/$[lb/(MW \cdot h)]$								
CO_2	287	225	633	553	1232	877	2071	1976
SO_x	1.6	0.08	0.17	0.054	5.8	0.86	12.9	2.37
NO_x	0.6	0.14	0.56	0.22	2.6	0.69	5.8	1.80
能源组合/%								
煤	8	6	2	0.4	51	27	98	96
天然气	1	10	49	60	10	27	<1	<1
核能	9	8	19	9	37	39	0	0
氢	76	68	17	8	0	0	2	2
其他可再生能源	6	8	12	21	2	5	0	2
净产生电力/$[1000(GW \cdot h)]$	—[1]	116	—	198	—	77	—	80

数据来源：U. S. EPA eGRID2004。

① 无相应数据。

美国环保署 2015 年（U. S. EPA，2015）对全美各州的发电结构和碳排放率展开了一项调查，结果显示有近半数的州煤炭发电占比仍在 50% 以上，碳排放率高于 $1000 lb/(MW \cdot h)$，个别州煤炭发电占比达到了 75％以上，碳排放率甚至高达 2000lb/（MW·h），如怀俄明州、肯塔基州、印第安纳州等。这些煤炭发电占比较高的州的总体碳排放率要远高于煤炭发电占比较低的州［典型的如华盛顿州、俄勒冈州、爱达荷州等，其整体碳排放率低于 500lb/（MW·h）］。各州详细的碳排放率和发电结构详见 eGRID 数据库。

解决方案 5.6 中的例子表明：电力对环境的影响显然不仅取决于消耗，还取决于电力的来源。可以在 EPA 官方网站查看 EPA 的"电力分析器"，这是一个交互式的在线计算器，可以根据用户的邮政编码和每月用电量进行用电影响的计算。

解决方案 5.6

电力对碳排放的影响取决于你住在哪里

假设作者的家庭每个月平均消耗 500kW·h。每户每年因电力消耗而产生的排放量是多少？

解决方法：

马斯特斯在华盛顿和加利福尼亚州都有工作，所以我们会计算这两个州的排放量。伦道夫住在弗吉尼亚州，但是美国电力公司为他提供服务，美国电力公司的大部分电力都是在弗吉尼亚州产生的，所以我们应该使用弗吉尼亚州的排放率。

他们的年用电量为 500kW·h/月×12 月＝6000kW·h＝6MW·h。在华盛顿，2014 年的二氧化碳排放量是 225lb/（MW·h）×6MW·h/a＝1350lb/a。在西弗吉尼亚州，二氧化碳排放量为 1976lb/（MW·h）×6MW·h/a＝11856lb/a，是华盛顿的 9 倍！表 5.12 给出了 2002 年和 2014 年的其他排放以及加利福尼亚州和弗吉尼亚州排放率的解决方案结果。

表 5.12　2002 年和 2014 年 500kW·h/月电力消耗的年度排放量　　　　单位：lb

项目	华盛顿		加利福尼亚		弗吉尼亚		西弗吉尼亚	
	2002 年	2014 年	2002 年	2014 年	2002 年	2014 年	2002 年	2014 年
CO_2	1722	1350	3798	3318	7392	5262	12162	11856
SO_x	9.6	0.48	1.0	0.32	5.8	5.2	77.8	14.2
NO_x	3.6	0.8	3.4	1.3	2.6	4.1	34.8	10.8

5.5.3　评估能源使用对环境的其他影响

除了空气质量和气候变化，能源使用对环境还有许多其他影响，但它们不像空气排放那样容易评估。第 2.3.3 节列出了化石燃料开采和运输的其他影响，本书英文版第一版的表 2.5（现在可以在网站查看）说明了影响的广泛范围，并对其严重性和风险进行了限定。

5.5.4　计算你的碳足迹

随着人们越来越关注全球气候变化，越来越多的人对确定自己的能源消耗以及对温室气体排放的影响感兴趣，这有助于人们采取措施减少或抵消这些排放。人们可以通过提高能源效率、节约能源，以及从现场可再生能源系统或电力供应商购买"绿色能源"来减少排放

（见 18.1.3.4）。

为了帮助消费者评估他们的碳排放，一些组织开发了碳计算器，将生态足迹的概念应用于碳排放。生态足迹方法旨在计算个人或家庭对环境的影响，包括材料和能源的消耗以及碳排放和废物的产生。碳足迹关注的则是来自能源和其他消费的二氧化碳排放。本书英文版第一版展示了一个碳足迹计算器电子表格，可以在本书英文版网站上找到。

与个人、住宅、设施或社区活动相关的碳排放有三个范围或级别（参见 18.2.4.1 的波特兰气候行动计划）：

① 范围或级别 1：所有来自家庭或设施的直接排放（例如：烟囱或排气管排放）。

② 范围或级别 2：购买电、热或蒸汽的间接排放。

③ 范围或级别 3：包括货物和食品运输在内的开采、生产和运输过程中的其他间接排放。

目前已经开发了几种在线碳计算器。最好的一种也许是由加州大学伯克利分校的"凉爽气候"网络制作的。它不仅包括一个详细的范围 1、范围 2 和范围 3 的计算器，而且还有一个邮政编码级别的全国地图，显示了包括旅行、家庭、食品、商品和服务在内的家庭平均二氧化碳排放量。侧栏 5.3 对其进行了描述。

侧栏 5.3

加州大学伯克利分校的 CoolClimate 网络家庭计算器和 CoolClimate 地图

加州大学伯克利分校的 CoolClimate 网络（图 5.7）是最好的在线家庭碳足迹计算器之一。它不仅估算了范围 1 中的能源使用的直接碳排放，还估算了范围 2 和 3 中的购买电力、食品、商品和服务的间接碳排放。这些以邮政编码分区表示的平均值用彩色在线地图表示。平均值基于当地的公用事业来源和关于交通和收入的人口普查数据，这些数据被用作食品、商品和服务消费的代表。为计算个人住户的废气排放量，用户须输入个人资料，包括住户人数、收入、能源使用量、车辆行驶里程及燃油经济性、饮食、商品及服务水平等。参见 CoolClimate 官方网站。

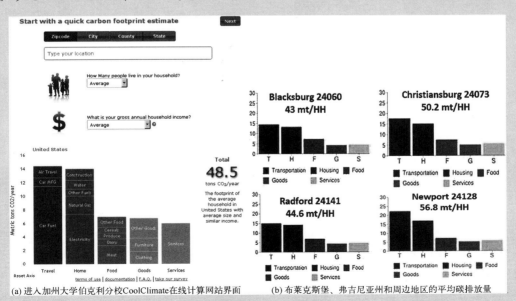

(a) 进入加州大学伯克利分校CoolClimate在线计算网站界面　(b) 布莱克斯堡、弗吉尼亚州和周边地区的平均碳排放量

图 5.7　CoolClimate 网络计算器（资料来源：UC Berkeley CCN，2015）

5.6　本章总结

　　本章描述了生命周期与能源、经济和环境分析的几种方法，这些方法对于比较能源和材料的选择以及做出明智的决定非常重要。能源分析对于了解使用了多少能源、使用的效率以及生产能源需要多少初始能源很重要。一旦知道了能源使用需求，经济分析就可以评估相对的成本效益。可供选择的有几种技术，但最直接的是简单的回收期评估法。对于长期和高折现率的产品来说，计算未来节约的价值很重要。电子表格在执行经济分析时很有用，特别是在对比不同假设的情况下。

　　环境评估为能源和经济分析增加了一个重要的可持续性维度。使用排放因子或系数评估能源选择的空气污染和碳排放比评估其他方面的环境影响（如水和土地污染）更为先进。

　　生命周期分析结合能源、经济和环境分析来评估能源和材料选择的优劣，生命周期法分析了产品从摇篮到坟墓（或从资源获取的第一步到解构再到废物处理的最后一步）的广泛影响。生命周期分析还没有完全融入一般实践中，但最近的发展包括改进的分析工具和数据，可以称之为"可持续性分析"。

　　由于投资机会的竞争激烈，新节能技术的市场渗透往往需要非常短的投资回收期。改进信息、获得投资和有利的政府政策可以帮助新节能技术克服交易成本和其他障碍，使高效和可再生的能源技术得以普及。第16章讨论了市场渗透和公共政策的作用。

第三部分　建筑与能源

第 6 章
建筑物的能源效率

　　建筑能源是美国能源需求中最重要的部分。建筑物内供暖、制冷、照明、水加热和其他活动的能源需求占全美主要能源需求的 40%。相比之下，用于交通运输的能源需求占 28%，而剩余的 32% 的能源需求与工业领域相关（图 6.1）。

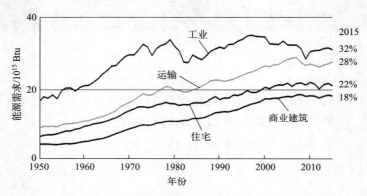

图 6.1　美国各能源行业的历史分布
（数据来源：U.S. EIA，2015）

　　如图 6.1 所示，建筑运行已然有着相当大的能源需求，此外，建筑材料的制造、运输，建筑物的准备、建造和改造过程的额外能源需求都带来了更大的能源负担。如图 6.2 所示，将上述额外能源需求计算在内时，与建筑领域相关的总能源需求几乎增长到了全美总能源需求的一半。上述额外能源需求、一些重要政策以及提高建筑物能源效率的计划将在第 8 章描述。

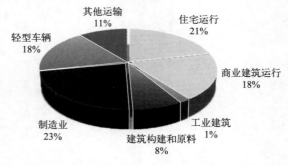

图 6.2　美国年度能源消耗量分布。包括与建筑和维护相关的内含能源时，
建筑物几乎占美国所有能源消耗的一半

　　同时，建筑物消耗了几乎全美发电量的 3/4，这意味着有相当大一部分碳排放和发电站带来的其他污染也与建筑相关。总体来说，建筑占全美碳排放的 40％ 左右。

　　本章将考查使用较好的窗户、隔热、建筑密封、管道系统和其他建筑设施能在多大程度上减少建筑物内制冷和供暖带来的能源消耗。随后将描述用于满足剩余空间温度调控需求的传统供暖和空调系统。下一章将着重介绍使用太阳能，以实现冬天的建筑供暖、夏天的建筑控温以及提供日光照明和水加热的能量。

6.1　住宅和商业建筑

　　图 6.3 展示了建筑中若干重要的能源用途，近 2/3 的总能源需求用于建筑物的供暖、制冷、照明和水加热，剩余 1/3 的能源需求由一些小型设施组成，这些小型设施多数接入墙内电路。对这些小型设施的控制对于总能源需求和能源紧缺时段而言都是新的挑战。

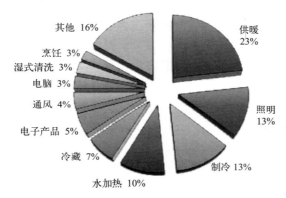

图 6.3　美国建筑物一次能源需求的分布。供暖、制冷和照明约占总量为 40Q 的
美国建筑能耗的一半（资料来源：U. S. EIA，2015）

　　在图 6.2 中，运营住宅所需能量高于运营商业建筑所消耗的能量。我们住在公寓或房屋中，因而我们都对这些住宅的能源需求有着直观的认知，但需要注意的是，银行、学校、商业中心和写字楼等商业建筑具有与我们寻常关注的住宅能源需求截然不同的能源需求特征。写字楼并不只是更大的住宅。

　　大型建筑有着更小的表面积-体积比，这降低了建筑内单位密封空间热量转移的重要性。另外，建筑内部还有更多特点。写字楼相比住宅而言，通常需要更明亮的照明，以此来满足工作者的需求，这些能量将最终变为废热。此外，高密度的人员分布以及复印机、电脑及其他电器的增加，提高了写字楼的内部热值，这意味着此类建筑物内部会持续升温，直到外界温度低于其内部温度为止。

　　大型建筑和小型建筑之间的差异带来的影响可以通过图 6.4 所划出的住宅和商业建筑的主要能源需求来展现。如图所示，平原区老民居供暖所消耗的能源是最主要的建筑物能源需求（这就是本章花费这么多时间讨论这个问题的原因）。商业建筑的照明是第二重要的建筑物能源需求，我们将在第 7 章和第 8 章讨论这个问题。那么，在大多数商业建筑中，我们何时需要照明呢？白天，室外有着充足且洁净的日光。如果我们能更好地使用自然光，就可以极大地减少商业建筑的能源需求，不只是通过降低照明本身消耗的能源，同时也可以减少空调系统消耗的能源，因为空调系统要处理伴随室内照明而产生的废热。建筑物水加热的重要性同时表现在图 6.4 中，这一部分内容将在下一章中讨论。

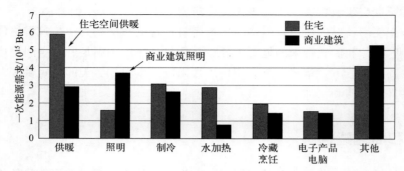

图 6.4　美国建筑物主要能源用途。住宅供暖和商业建筑照明是最主要的能源负荷
（资料来源：U. S. DOE，2012）

有趣的是，无论对哪种建筑而言，制冷都不是最主要的能源需求。这一结论是基于国家统计数据得出的，但是在某些特定气候的区域，制冷是至关重要的。制冷会在供电网络满负荷运行的炎热天气中进一步拉高能源需求，这是制冷比图 6.4 中所表现出来的能源用途更加关键的另一个原因。降低制冷所减少的能源负载可避免停电和减少建设运行低效率的应急发电站的需求。

6.2　场地能源和一次能源

有一些数据资源用场地能源来描述建筑物能源需求，还有一些数据资源使用一次能源，二者之间的区别是什么？

关键的区别在于供给建筑物的电力是如何计算的。一次能源计算的是需要向某地点输送的能量的总量，这意味着一旦这些电力被输送出去，那些在发电站和输电线上损失的电能也是计算在内的，而场地能源从某个方面来讲忽略了这些能量损耗。

图 6.5 所示的例子是一座由天然气和电网混合供给能源需求的建筑。如图所示，来自遥远发电站的三单位能量最终只有一单位输送到了场地，而另外两单位能量都在运输途中损失了。这种 3：2：1 的比例有效并相对准确地描述了供电网。另外，一单位的燃料能源也同时供给了该场地。为了区别这些能量流，那些输送到场地的电能用 $kW \cdot h_e$ 来表示，下标的"e"意味着电能，同时用带有"t"下标的 $kW \cdot h_t$ 代表那些在建筑内燃烧用于供暖的燃料能源。在这个例子中，输出四单位一次能源最终仅有两单位场地能源送达。

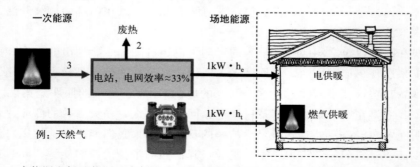

图 6.5　一次能源和场地能源。本例展示了输出的四单位一次能源最终仅有两单位场地能源送达

解决方案 6.1 用插图区分了场地能源和一次能源的特点，显而易见，一次能源会把更多的电能计算在内，因此计算一栋建筑的整体能源效率，一次能源是更好的计算方式。

一次能源计量是一种混合不同能源和需求的指标，这使得单体建筑物的效率等级标准化成为可能。举例来说，美国被动房研究所以整体建筑能效评估作为其被动式建筑认证项目的基准，这一基准为每年用于供暖、热水和家庭用电的一次能源低于 $120\mathrm{kW \cdot h/m^2}$。

解决方案 6.1

场地能源与一次能源

一些数据资源使用场地能源来表示建筑物的能源需求，另外一些用一次能源来描述。两者之间的区别是什么？

假设等量的两种能量进入两所同样的房屋，每一所房屋都需要 90 单位的能量来供暖。第一所房屋用热转换率为 90% 的燃气暖炉来供暖，而另一所房屋使用简单的电阻加热器加热房间，电能和热能之间的转化率为 100%。在前文提到的 3∶2∶1 的比例下，比较二者的一次能源和场地能源。

解决方法：

两所房子如下图所示：

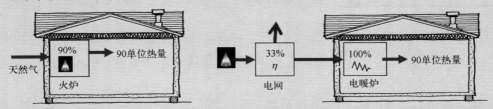

在使用燃气暖炉供暖的房子中，在 90% 的热转换率条件下，含 100 单位能量的燃料可以提供 90 单位能量的供暖需求，因此：

$$场地能源＝100 单位$$
$$一次能源＝100 单位$$

而在用电阻加热器供暖的房子中，我们需要 90 单位的场地电能来提供 90 单位能量的供暖需求。而在上文提到的 3∶2∶1 的比例下，电站需要发出 270 单位的能量才能向该房屋提供 90 单位的电能（其余 180 单位的能量在电站和输送途中损失掉了）。因此：

$$场地能源＝90 单位$$
$$一次能源＝3×90＝270 单位$$

所以如果我们用场地能源来表示建筑物的能耗，使用电力的房屋会显得能效更高（90 比 100）。但实际上，用一次能源来评价时，使用只需要 100 单位的一次能源供暖的燃气暖炉的能效要远远高于需要 270 单位的一次能源来供暖的电加热。

6.3　热损失计算简介

如图 6.3 和图 6.4 所示，建筑空间供暖是美国最大的单一建筑能源需求类型，几乎占到了所有建筑能源需求的 1/4。其中的大部分能量用于住宅供暖。考虑到这一点，细致审视这一部分的能源需求，判断所需提高的建筑密封程度，以此显著降低这一部分能源需求是十分重要的。接下来，在下一章中，我们将讨论一些简单的被动太阳能运用的想法，再加上高效的供暖和制热系统，以此来帮助我们尽可能地降低能源需求。

6.3.1 建筑物密封结构的基本传热

图 6.6 指出了我们想要解决的问题。图中假设在冬天，我们试图维持室内舒适、温暖的温度 T_i，而外界温度是低得多的 T_a。墙体、窗户、门、天花板和地板会带来热量损失。另外，有一部分热量损失与温暖的室内向室外逸出的热气有关，这些温暖的空气被从室外进入的冷空气取代，这一部分冷空气必须被加热才能保证室内的温暖舒适。后者带来的热负荷称作渗透。渗透和空气流通之间的区别在于，空气流通是我们主动引入的新鲜空气，而渗透是无论我们是否期望这种泄漏，它都会从缝隙或孔洞中泄漏进来。

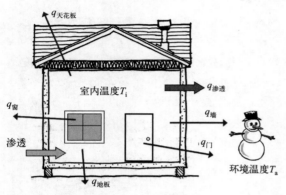

图 6.6 冬季房屋热损失途径

我们的方法很简单，单纯地计算出通过建筑的每一个密封部分（墙体、门窗等）进行的热交换带来的热损失率。用小写字母 q 代表热损失率（单位：Btu/h），记录下总热损失为各个途径的热损失的总和。

$$q_总 = q_墙 + q_窗 + q_{天花板} + q_地板 + q_门 + q_渗透 \tag{6.1}$$

我们现在的任务是评估每一种室内外热交换的通道。对于除渗透以外的热交换途径，我们将用一种传热过程的"欧姆定律"来评估，该定律指出，热损失率与热量通过的面积 A 和可以推动热量传递的温度差（$T_i - T_a$）的积成正比。这个比例常数称为传热率，或者 U 值。对于面积使用平方英尺（ft^2）为单位而温差使用华氏度（℉）为单位的情况，传热率的单位为 $Btu/(ft^2 \cdot ℉ \cdot h)$，代表单位时间内单位面积上通过的热量与温度梯度的比例系数。

$$q(Btu/h) = U\left(\frac{Btu/h}{ft^2 \cdot ℉}\right) A(ft^2)(T_i - T_a)(℉) \tag{6.2}$$

对于比例常数的另一种表述方式引入了建筑构件的 R 值的概念。R 值是 U 值的倒数，因此有：

$$q = UA\Delta T = \frac{1}{R}A\Delta T \tag{6.3}$$

式（6.3）可能会使你想起一个电学公式：电流等于电压除以电阻。事实上，使用与描述电阻同样的方法来描述热阻是很常见的，如图 6.7 所示。

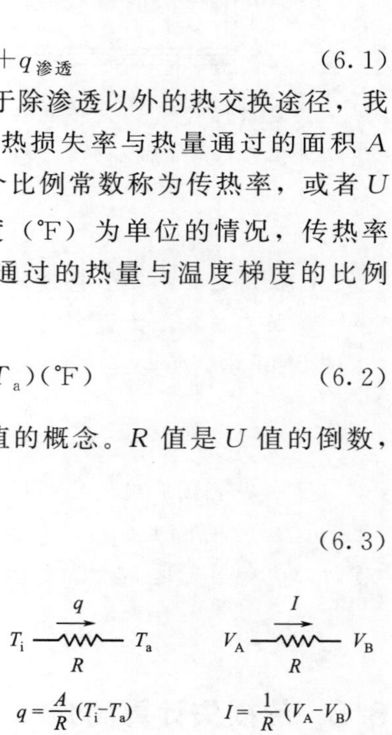

举例来说，当建筑面积为 $1000ft^2$，墙体 R 值为 $20h \cdot ℉ \cdot ft^2/Btu$，内部温度为 70℉，外部温度为 10℉ 时，可用式（6.3）计算：

$$T_i \xrightarrow[R]{q} T_a \qquad V_A \xrightarrow[R]{I} V_B$$

$$q = \frac{A}{R}(T_i - T_a) \qquad I = \frac{1}{R}(V_A - V_B)$$

图 6.7 热（左）电（右）公式对比

$$q = \frac{A}{R}(T_i - T_a) = \frac{1000\text{ft}^2}{20(\text{h} \cdot \text{°F} \cdot \text{ft}^2/\text{Btu})}(70-10)\text{°F} = 3000\text{Btu/h}$$

上文提到的 R 值，是对辐射、对流和传导这三种热传递机制的复杂混合的总结。图 6.8 以墙体或床为例介绍了这三种基本的散热过程。这里有四种需要注意的温度：室内温度 T_i；环境温度 T_a，墙体或窗室内这一面的温度 T_1 和室外那一面的温度 T_2。图中还以这四种温度为节点展示了不同热阻的位置。

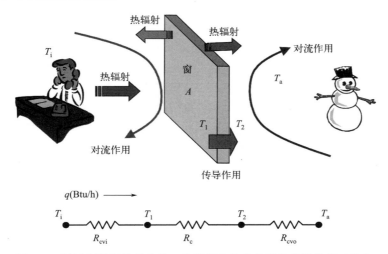

图 6.8　通过窗进行的热交换。热量损失的总热阻是传导作用（R_c）、
对流作用（R_{cvo}）和热辐射（R_{cvi}）的一系列组合

6.3.2　传导作用的热量转移

传导是最常见的热量转移方式。以窗户为例，图 6.8 中窗玻璃的室内面温度 T_1 要高于室外面温度 T_2。玻璃温暖的室内面上的原子要比寒冷的室外面上的原子更加活跃。当一个带有热量的原子与相邻的低温原子相撞，热量就会传递过去，结果就是热量会从玻璃温度高的那一面传向温度低的那一面，这种热量的传递就是我们说的传导作用。这种热量流动的速率会与温度差成正比，同样也与玻璃的表面积 A 成正比，而与玻璃的厚度成反比。这在式（6.4）中得到了体现，其中的比例常数 k 被称为热导率。

$$q = \frac{kA}{t}(T_1 - T_2) \tag{6.4}$$

式中（传统的美国单位）

　　　　A——表面积，ft^2；

　　　　t——材料厚度，in；

　　T_1，T_2——表面温度，°F；

　　　　k——热导率，$(\text{Btu} \cdot \text{in})/(\text{h} \cdot \text{ft}^2 \cdot \text{°F})$。

表 6.1 给出了几种材料的典型热导率，从有着高达 1400 的最高热导率的铝到有着低至 0.14 的最低热导率的称作聚异氰脲酸酯的硬质泡沫材料，其中高的热导率意味着该材料极易导热，而低的热导率意味着该材料是绝佳的隔温材料。值得留意的是，看起来很奇怪的美制单位 $(\text{Btu} \cdot \text{in})/(\text{h} \cdot \text{ft}^2 \cdot \text{°F})$ 可以简化以英寸为单位的材料厚度的计算。

表 6.1 部分材料的热导率（k）

材料	$k/[(Btu \cdot in)/(h \cdot ft^2 \cdot \text{℉})]$	材料	$k/[(Btu \cdot in)/(h \cdot ft^2 \cdot \text{℉})]$
空气（稳定、不流动）	0.18	固体石膏	3
氩气（稳定、不流动）	0.14	灰泥，水泥	8
铝	1400	聚异氰脲酸酯板材	0.14
普通砖	5	土壤（湿度10%）	13
表面砖	7	钢铁	310
混凝土（轻骨料混合）	6	木材（冷杉）	0.8
混凝土（沙子、砾石、石块混合）	12	木材（橡树）	1.1
玻璃	5.5		

利用式（6.1）和式（6.2），可以定义均匀材料如玻璃、钢铁和木材的热阻。公式如下：

热阻：
$$R_C = \frac{t}{k} \tag{6.5}$$

由式（6.5）可知，一种非常简单的热阻值的计算方法是一英寸厚的材料的热阻 R 是 $1/k$（k 为热导率）。表 6.2 提供了一些常见建筑材料的一英寸厚度热阻值，包括许多最常用的隔温材料，同时也提供了一些材料在典型厚度下的整体热阻值。解决方案 6.2 说明了这种热阻值的应用方法。

表 6.2 部分建筑材料的每英寸热阻值和典型厚度热阻值

类型	建筑材料	单位	热阻值
每英寸热阻值	吸声天花板瓦片	(h · ft² · ℉)/(Btu · in)	2.9
	砖		0.2
	绝热纤维素		2.7
	混凝土（140lb/ft，沙子、砾石、石块混合）		0.08
	聚苯乙烯泡沫（EPS）		4
	挤塑聚苯乙烯（XPS）		5
	玻璃纤维（矿物棉密封）		3.5
	石膏板		0.9
	硬木材		0.91
	颗粒板		1.1
	软木胶合板		1.25
	聚异氰脲酸酯		7
	聚氨酯泡沫喷涂屋面材料		4.5
典型厚度热阻值	地毯，纤维毯	(h · ft² · ℉)/Btu	2.1
	混凝土块（8in，轻质，珍珠岩芯）		6
	混凝土块（8in，中等重量，空芯）		1.1
	硬木地板		0.7
	绝热矿物纤维（3.5in）		13
	绝热矿物纤维（5.5in）		22
	木瓦板		1

特别有趣的是混凝土的导热能力很强。阳光照在其表面时产生的热量能很好地传递到它的内部。另一方面，它的每英尺热阻值（R 值）约为 1，是一种很差的隔温材料。事实上，12 英尺厚的混凝土墙与规格为 2×4 的玻璃纤维隔温墙的热阻值是相同的。

解决方案 6.2

墙体构件的 R 值

墙体内 2×4 与 2×6 的木质框架构件的 R 值是多少？

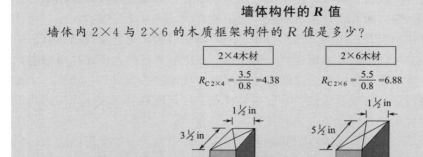

解决方法：

首先，我们要意识到 "2×4" 的建筑木材并没有 2 英寸乘 4 英寸的尺寸。事实上，"2×4" 的木材的尺寸为 1.5 英寸乘 3.5 英寸。同样，"2×6" 的木材的实际尺寸是 1.5 英寸乘 5.5 英寸。运用表 6.1 的数据，我们找到一种常见的软木，如冷杉或松树，其热导率约为 0.8（Btu·in）/(h·ft² ·°F)。将其用作墙体构件时，热量通过不同尺寸的木材会得出两个不同的 R 值。留意热导率 k 让 R 值的计算变得十分简单。

6.3.3　对流作用的热量转移

对流作用与传导作用类似，带有热量的分子将能量传递给相邻的低温分子，但在对流作用中，介质可以是液体或气态流体，如水和空气。流体中的带热分子可以自由移动，当遇到温度较低的物体时，带热分子会将其一部分热量转移过去。在图 6.8 的例子中，室内的热空气与低温的窗户玻璃表面接触时将一些热量传递给了窗户，这使得空气变冷并增加了其密度。这些变冷了的高密度空气会下降到地板上，促使温暖的室内空气向窗户移动，并随后将一部分热量传递到窗户上。寒冷的窗户在室内制造了空气对流，这可能是使人感到不适的因素之一。如果你坐在靠近冷窗的地方，你可能会感到一股令人不适的冷气流自窗而下并在地板上流动。为了抵消这股气流，许多供暖系统会有意地将供暖装置置于窗户的正下方，这看起来很奇怪，因为这意味着许多热量会直接从窗户流出。

对流热转移与空气接触的建筑物的表面有关，并且会受许多因素的影响，空气在表面上移动的速度就是其中之一。很明显，吹向建筑外面的快速气流比室内的静止空气更容易带走热量。一般来说，计算热转移时，假设冬天的外界风速为 15mi/h，夏天的外界风速为 7.5mi/h。

对流热转移同时取决于热流方向（热转移倾向于通过天花板进行，相比于温度较低的地面，热空气更容易在天花板处聚集）和表面粗糙度（粗糙的表面会促进热转移）。在下一部分，我们将讨论这些因素如何在一定程度上影响 R 值，而 R 值与热转移相关。

6.3.4 辐射作用的热量转移

热量转移的第三种模式是辐射作用。传导作用和对流作用的热量转移需要通过某种介质进行，如前例所用的室内空气或窗户玻璃，而辐射作用的热量转移甚至可以在真空中进行。

如我们在第 4 章中描述的，所有物体都不断地向周围散发能量，这个过程的速率与物体的发射率、表面积及温度的四次方成比例。当你坐在房间中间的时候，你会向周围辐射出热量，这些能量有一部分就会被周围物体表面吸收，例如窗户。随后，窗户也会将热量辐射回室内，其中的一部分会被你吸收。你和窗户之间通过辐射热转移的净热损失与你和窗户表面的温差相关。尽管辐射热转移是高度非线性的，但一般情况下建筑内的温差较小，因此我们可以得到一个线性近似来使用"欧姆定律"热转移关系，如式（6.3）所示。

一个物体的热辐射可以被其影响范围内的其他表面吸收。对于绝大多数类型的表面，热辐射的吸收率（α）都要高于 90%，这意味着几乎全部与墙体或者窗户接触的热辐射都会被吸收，只留下很少的热量可以反射或者转移。有一个重要的例外是反光的金属表面，金属表面可以很好地将向外的辐射反射回室内来保持室内的热量。因此许多绝热材料都有着锡箔纸样的表面，同样高品质（low-e）玻璃会有一层金属薄膜使向外的辐射反射回室内。"low-e"的含义是低辐射，这有点让人困惑，直到我们回想起，对于任何给定的波长，任何表面的吸收率和发射率在数值上是相等的。反光的低辐射表面因此也是一个低吸收的表面，因而吸收率低的表面会具有高反射率。

6.3.5 对流-辐射混合热阻值

将对流作用和辐射作用的热转移合并成一个单一的、简单的热阻值（R）是计算热损失的传统做法。室内表面的对流-辐射混合热阻值表示为 R_{cvi}，室外表面的对流辐射混合热阻值表示为 R_{cvo}。R_{cvo} 的标准值在冬季（在 15mi/h 的假设风速下）供暖计算时为 0.17 （h·ft^2·℉）/Btu，在假设风速为 7.5mi/h 的夏季，用于制冷计算的该标准值为 0.25 （h·ft^2·℉）/Btu。室内的 R_{cvi} 值取决于热流的方向和表面材质是普通表面（发射率 $\varepsilon \approx 0.9$）、某种反射表面如覆铝纸或者镀锌钢（$\varepsilon \approx 0.20$）还是高反射表面如铝箔（$\varepsilon \approx 0.05$）。表 6.3 整理总结了这些对流-辐射混合热阻值，而图 6.9 解释了它们在建筑中的运用。

表 6.3 部分建筑表面的对流-辐射混合热阻值 单位：（h·ft^2·℉）/Btu

热阻值	材料	低（无）反射表面 $\varepsilon = 0.90$	高反射表面	
			$\varepsilon = 0.20$	$\varepsilon = 0.05$
室内表面 R_{cvi}	天花板	0.61	1.10	1.32
	墙、窗、地板	0.68	1.35	1.70
	地面	0.92	2.70	4.55
室外表面 R_{cvo}	任何表面	风速 15mi/h（冬季）	风速 7.5mi/h（夏季）	
		0.17	0.25	

数据来源：ASHRAE，1993。

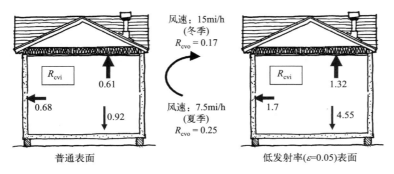

图 6.9　建筑普通表面和反光低发射率表面常用的对流-辐射混合热阻值 R_{cv}

现在我们有了计算建筑物热损失的基础。举例来说，像窗这种均质材料，总热阻值是简单的传导作用、对流作用和辐射作用热阻值的和。但我们之后会讨论，对于其他建筑表面，如墙体这种由木质框架、隔热层、钉子、墙皮等混合而成的材质，会有许多传导路径使热损失的计算变得有些复杂。

6.4　窗户的热损失

窗户在建筑中服务于多种目的。窗户可以用于观察外界，它被认为是我们在室内生活或工作时幸福感的主要贡献者，且事实确实如此。同时窗户令自然光得以照入室内，这减少了传统照明的负担和用以平衡灯具带来的废热的制冷能源消耗。但窗户的这些优点也带来了代价，即增加了冬天通过窗户的热损失和夏天阳光透过窗户照入室内带来的制冷负担。

6.4.1　单层窗分析

窗户是建筑物热量最大的流失缺口，而简单的单层玻璃（单片玻璃）是最容易流出热量的。更严重的是，目前全美建筑所使用的玻璃中超过一半仍是单层玻璃。但这一情况正得到改善，目前新建建筑中几乎所有窗户都采用了至少两层的玻璃（被称为隔热玻璃、双层玻璃或双片玻璃）。

运用基础的热转移计算工具，现在可以简单地分析各种类型玻璃的性能（解决方案 6.3）。

解决方案 6.3

简易窗户的热阻值

计算 3/16 英寸厚的简易玻璃窗（单层玻璃）的热阻值（R）。随后计算当室内空气温度为 70℉ 且室外温度低至 25℉ 时，穿过一面 2 英尺宽 3 英尺长的玻璃的热流失速率。

解决方法：

我们可以将其建模为一系列 R 值的组合，如下图所示。在表 6.1 中，玻璃的热导率是 5.5（Btu·in）/(h·ft²·℉)，由表 6.3 可知，$R_{cvi} = 0.68$，冬季 $R_{cvo} = 0.17$。

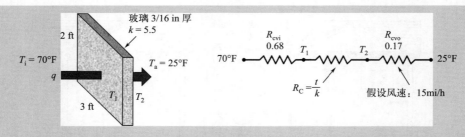

因此，玻璃本身的热阻值为：

$$R_C = \frac{t}{k} = \frac{3/16 \text{in}}{5.5 (\text{Btu} \cdot \text{in})/(\text{h} \cdot \text{ft}^2 \cdot {}^\circ\text{F})} = 0.034 (\text{h} \cdot \text{ft}^2 \cdot {}^\circ\text{F})/\text{Btu}$$

由此，窗户的总 R 值为：

$$R_{tot} = R_{cvi} + R_C + R_{cvo} = 0.68 + 0.034 + 0.17 = 0.884 (\text{h} \cdot \text{ft}^2 \cdot {}^\circ\text{F})/\text{Btu}$$

注意，几乎没有热阻是来自玻璃本身的（仅为 0.884 中的 0.034）。

总热损失率为：

$$q = \frac{A}{R}(T_i - T_a) = \frac{2\text{ft} \times 3\text{ft}}{0.884 (\text{h} \cdot \text{ft}^2 \cdot {}^\circ\text{F})/\text{Btu}} (70{}^\circ\text{F} - 25{}^\circ\text{F}) = 305\text{Btu/h}$$

6.4.2　冷窗引发的不适及冷凝问题

　　虽然我们主要关注窗户的热损失率，但也有其他的重要因素需要考虑。如果在人体与寒冷的室外中间仅隔以简单的单层玻璃，这片玻璃的室内表面温度将会非常低。人体的热量会向窗户辐射，但由于窗的温度过低，并不会返回相应的热辐射。因此产生的效果就是，即使坐在温度为 70℉（约 21℃）的温暖室内，如果挨着这样一扇冷窗也会感到不适。

　　运用我们新得出的热转移计算方式，可以简单地得出窗户会有多冷。回到图 6.8，我们可以写出从室内温度 T_i 到玻璃的室内表面温度 T_1 的热损失率（Btu/h），这与从室内温度到室外温度 T_a 的热损失率是相同的。有：

$$q = \frac{A}{R_{cvi}}(T_i - T_1) = \frac{A}{R_{tot}}(T_i - T_a) \tag{6.6}$$

由此我们可以得出玻璃室内表面的温度：

$$T_1 = T_i - \frac{R_{cvi}}{R_{tot}}(T_i - T_a) \tag{6.7}$$

　　值得注意的是，上述公式也可以用于计算更复杂的多层玻璃或者建筑中的其他部件，如墙体和热水器。解决方案 6.4 中给出了式（6.7）的一个应用例子。

　　冷窗表面不仅降低住户的舒适度，而且会引发窗户上的冷凝作用。如果温度低于一定数值，空气中的水蒸气就不能维持气态，这个临界温度称为露点。如果室内一侧的窗户玻璃表面温度低于露点，水蒸气就会在玻璃上凝结并落入窗底框，这可能导致脏乱和木窗框的腐烂。举例来说，室内湿度为 50% 时，当室外温度低于 45℉，单层窗的表面就会发生水蒸气凝结，而一片普通的双层窗在室外温度达到冰点后才会在表面发生水蒸气凝结。由此可知，现实的窗户冷凝问题与窗户结构的相关度要高于与窗户玻璃本身的相关度。

解决方案 6.4

单层玻璃与低辐射双层玻璃的温度对比

计算 R 值为 0.884（解决方案 6.3 中计算得出）的单层玻璃房间内侧表面的温度，并将其与 R 值为 3.1 的低辐射双层玻璃对比。上述 3.1 的 R 值包含 $R_{cvi} = 0.68$。室内温度为 70℉，室外温度为 25℉。

解决方法：

使用式（6.7），将单层玻璃参数代入可得玻璃室内侧表面温度 T_1：

$$T_1 = 70℉ - \frac{0.68}{0.884}(70℉ - 25℉) = 35℉$$

重复使用此公式，代入给出的低辐射双层玻璃参数热阻值 $R = 3.1$，可得该玻璃室内侧表面温度 T_1：

$$T_1 = 70℉ - \frac{0.68}{3.1}(70℉ - 25℉) = 60℉$$

可知低辐射（low-e）玻璃的舒适度远高于单层玻璃。

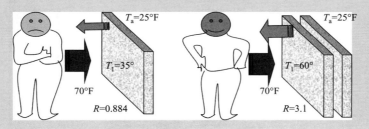

6.4.3 提高窗户的热阻值

在双层窗普及之后，进一步的提升是引入低辐射（low-e）涂层作为窗户玻璃的中间夹层。6.3.4 说明了低辐射意味着高反射率。低辐射窗户可看作一面有效的镜子，将室内物体发出的短波和不可见辐射反弹回室内。这种简单的涂层可以将传统的双层玻璃的热阻值从 2 左右提升到 3 左右。

双层低辐射涂层玻璃通过在玻璃夹层中充满低传导性的氩气或氪气来替代空气进一步提高热阻值。氩气置换空气可以将传统低辐射窗户的热阻值提高 0.6 左右，如果用成本更高的氪气置换空气，则可以在此基础上再提高 0.6 左右的热阻值。极高性能的玻璃窗在内层玻璃和外层玻璃间包含一到两层悬浮的聚酯薄膜，这可以在不加重玻璃窗本身的情况下增加容纳闭塞气体的额外气室（图 6.10）。这种在聚酯薄膜上负载低发射率涂层而且用氩气或氪气充满气室的极高性能玻璃窗在商业上是可行的。图 6.11 说明了每一项工艺的改进对热阻值的提升。

6.4.4 玻璃中心热阻值及边缘效应

窗户的热损失由于窗框结构和与其相关的边缘效应而变得复杂。窗框，特别是金属窗

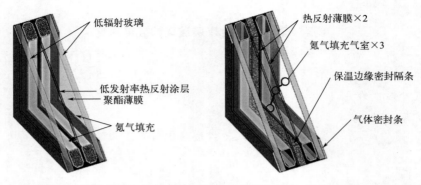

图 6.10　具有低发射率涂层和氪气填充的高性能玻璃窗横截面（资料来源：Alpen 玻璃提供）

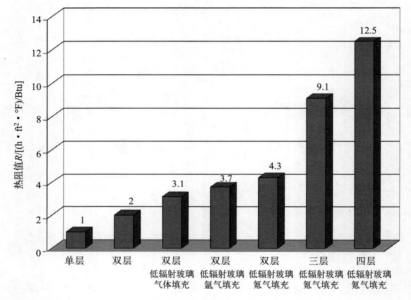

图 6.11　玻璃窗的玻璃中心热阻值示例

框，会发生热短路作用使得窗框附近的玻璃变冷。高效率玻璃系统的优势在很大程度上会被较差的窗框材料的选择消减。

一般来说，整扇玻璃窗（包括窗框）的热损失分析基于三条平行的热损失途径：通过窗框架本身，通过玻璃上窗框附近的区域（定义为距窗框 2.5 英寸以内的区域），通过玻璃中心（COG）区域。图 6.12 说明了一扇 3 英尺×5 英尺大小的双层玻璃的分析过程，比较了铝制窗框和高质量玻璃纤维窗框对玻璃窗 R 的影响。对于这扇窗户，使用不同的框架材料，玻璃中心区域的热阻值都是相同的（$R=3.1$）。采用高质量玻璃纤维时，玻璃窗的整体热阻值略微降低至 2.9，而铝制框架的玻璃窗整体热阻值一直降到了 1.5。如果使用不合适的框架，将损失接近一半的热阻值。从这个例子可以充分地理解窗框本身的重要性。同时，单块面积更大的窗户有一定的能源优势，因为在同等面积中，若干块小玻璃相比于一整块大玻璃将会受到更大的边缘效应的影响。

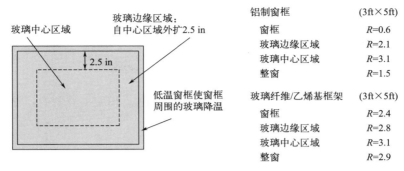

铝制窗框		(3ft×5ft)
窗框		$R=0.6$
玻璃边缘区域		$R=2.1$
玻璃中心区域		$R=3.1$
整窗		$R=1.5$
玻璃纤维/乙烯基框架		(3ft×5ft)
窗框		$R=2.4$
玻璃边缘区域		$R=2.8$
玻璃中心区域		$R=3.1$
整窗		$R=2.9$

图 6.12　窗框对整体热阻值的影响。这扇 3 英尺×5 英尺的玻璃窗使用玻璃纤维窗框时的整体热阻值相比于使用铝制窗框时的整体热阻值几乎翻倍

6.5　墙体、天花板和地面的热损失

　　墙体、天花板和地面的热损失计算，相比之前窗户的热损失计算要更复杂一些。对于墙体，必须考虑几种平行的传导途径：通过框架构件、墙体空腔和墙体填充物。对于天花板，要考虑天花板和屋顶之间的区别，因为有些房子在这两者中间都有阁楼。地面特别棘手，因为地板可能是浇筑在地基上的混凝土板，或者是铺设在供电线或水管等通过的管线层上的框架式地板，又或者是地下室上方的地板，这些地面有的能被加热，有的不能被加热。幸运的是，很多困难可以通过表格来解决，这类表格通常由美国采暖、制冷与空调工程师学会（ASHRAE）提供。尽管这些表格提供了方便的捷径，但通过自己做一些简单的计算来深入了解节能建筑技术是很有价值的。

6.5.1　墙体

　　让我们从图 6.13 所示的墙体开始。墙体中包含框架构件，这些构件通常是 2×4 或 2×6 规格的木材，木材的中心间距为 16 英寸或 24 英寸，框架构件之间的空腔区域应用隔热材料填充，并在内外表面包有多层不同材质的覆盖层。

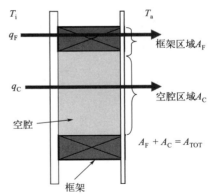

图 6.13　穿过墙体的热量流动。俯视墙壁，观察到两条平行的热传导通道。一条是通过框架构件（q_F），另一条是通过框架之间的空腔（q_C）

　　如果在房子的内部观察，可以将墙皮后的墙体想象成一定面积（A_F）的框架和一定面积（A_C）的空腔，而墙体的总面积 A_{TOT} 是两者之和。分析墙体中这几种平行热量流失通道的热损失率时，如果使用 U（传热率）而不是 R（热阻值），计算就能简单一些。设通过框架的传热率为 U_F，穿过空腔的传热率为 U_C，整面墙体的平均传热率为 U_{AVG}，可得总热损失率 q_{WALL} 为：

$$q_{WALL}=q_C+q_F=U_F A_F(T_i-T_a)+U_C A_C(T_i-T_a)=U_{AVG}A_{TOT}(T_i-T_a) \quad (6.8)$$

据此，可以得出墙的平均传热率如下：

$$U_{AVG}=U_F\left(\frac{A_F}{A_{TOT}}\right)+U_C\left(\frac{A_C}{A_{TOT}}\right) \quad (6.9)$$

继而可以得出框架系数（框架面积占总面积的比例）：

$$F_R = \left(\frac{A_F}{A_{TOT}} \right)$$

(6.10)

墙体的总平均传热率为：

$$U_{AVG} = U_F F_R + U_C (1 - F_R), \quad R_{AVG} = \frac{1}{U_{AVG}}$$

(6.11)

如果更喜欢使用热阻值，则更复杂的平均热阻值公式为：

$$R_{AVG} = \frac{R_F R_C}{R_C F_R + R_F (1 - F_R)}$$

(6.12)

　　简单地改变墙的结构方式可以减少所需木材的数量，并增加可用于隔热的空腔面积。图 6.14 显示了一个传统的 2×4 壁骨、16 英寸间隔的框架和优化过的 2×6 壁骨、24 英寸间隔的框架。虽然 2×6 规格的壁骨每一根会使用更多木材，但是壁骨的数量更少，因此总体上节约了木材。这种 2×6 壁骨的墙体中有更大的空腔面积，并通过设计小心调整对齐窗户开口和壁骨间隔，以减少不必要的壁骨。

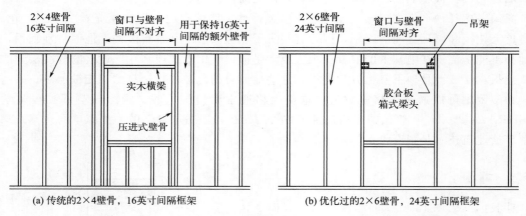

(a) 传统的 2×4 壁骨，16 英寸间隔框架　　　　(b) 优化过的 2×6 壁骨，24 英寸间隔框架

图 6.14　降低墙体框架系数。可以使用 2×6 壁骨、24 英寸间隔框架结构和
对齐窗户开口与壁骨间隔来降低墙体框架系数

　　解决方案 6.5 展示了典型的 R-11 墙体的热阻值计算。相比之下，图 6.15 展示的墙体优化了壁骨尺寸和间隔空间，并增加了一些外部隔热覆盖层，因此可以达到 R-35 的水平。

　　解决方案 6.5 的示例中，墙体是基于标准的建筑结构，并不是一面隔热效率很高的墙体。如果假设墙体使用 2×6 壁骨、24 英寸间隔框架结构（框架系数为 12%），并在壁骨间隔空腔中使用 R-21 隔热材料，另外在外部增加 2 英寸厚的刚性异氰脲酸酯（每英寸热阻值为 7）覆盖层，如图 6.15 所示，墙体热阻值将实现从普通的 R-11 到出色的 R-35 的跃升。

6.5.2　天花板和屋顶

　　拱形或教堂型天花板的热损失计算是墙体热损失计算的直接扩展。因为天花板面积与屋顶面积相同，只需要找出合适的热阻值并使用天花板（屋顶）面积来计算热损失率，如图 6.16 所示。

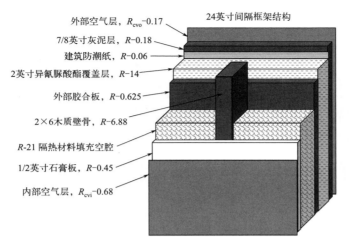

外部空气层，R_{cvo}-0.17　　　　24英寸间隔框架结构

7/8英寸灰泥层，R-0.18

建筑防潮纸，R-0.06

2英寸异氰脲酸酯覆盖层，R-14

外部胶合板，R-0.625

2×6木质壁骨，R-6.88

R-21 隔热材料填充空腔

1/2英寸石膏板，R-0.45

内部空气层，R_{cvi}-0.68

图 6.15　R-35 墙体

解决方案 6.5

典型的 *R*-11 墙体

计算 2×4 壁骨、16 英寸间隔框架结构墙体（框架系数为 15%）的整体热阻值。用 R-11 玻璃纤维作为壁骨间空腔的隔热填充物，计算此时墙体的整体热阻值。

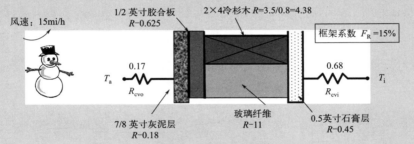

风速：15mi/h　　1/2 英寸胶合板 R-0.625　　2×4冷杉木 R=3.5/0.8=4.38　　框架系数 F_R=15%

T_a　0.17　R_{cvo}　　　　　　0.68　R_{cvi}　T_i

7/8 英寸灰泥层 R-0.18　　玻璃纤维 R-11　　0.5英寸石膏层 R-0.45

解决方法：

通过框架的热阻值为：

$$R_F = 0.17 + 0.18 + 0.625 + 4.38 + 0.45 + 0.68 = 6.49$$

通过填充玻璃纤维的空腔的热阻值为：

$$R_C = 0.17 + 0.18 + 0.625 + 11 + 0.45 + 0.68 = 13.11$$

对应的传热率（U）为：

$$U_F = 1/6.49 = 0.154$$
$$U_C = 1/13.11 = 0.076$$

使用式（6.11），可得：

$$U_{AVG} = U_F F_R + U_C (1 - F_R) = 0.154 \times 0.15 + 0.076 \times 0.85 = 0.879$$

因此得出墙体的平均热阻值为：

$$R_{AVG} = \frac{1}{U_{AVG}} = \frac{1}{0.879} = 11.4$$

因此，这是一面 R-11 墙体。

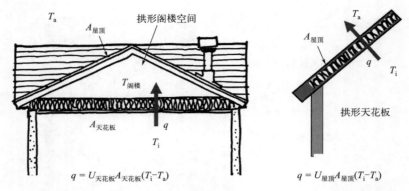

$$q = U_{天花板}A_{天花板}(T_i-T_a)$$ $$q = U_{屋顶}A_{屋顶}(T_i-T_a)$$

图 6.16　拱形天花板热损失计算。对于拱形天花板，使用实际的天花板面积；
对于有拱形阁楼空间的房屋，假设阁楼处于环境温度并用天花板面积计算热损失

对于有拱形阁楼空间的房屋，损失的热量会从房间内穿过天花板进入阁楼，并从阁楼到达室外，由于这一事实，热损失的计算会变得有些复杂。将阁楼空间假设为温度和外界相同的空间可以简化计算，在这种情况下应使用天花板的面积（而不是屋顶的面积）和天花板的热阻值进行热损失的计算。

6.5.3　地面

地面有多种建造方式，因而地面的热损失计算十分复杂。图 6.17 展示了铺设在管线层上的地面、地下室上的地面和地面水泥板（地基）的热损失情况。即使是最严谨的计算也需要用到很多假设和近似值。本节尽可能简单、轻松地说明地面总体热损失中的一小部分，存在些许误差亦无伤大雅。

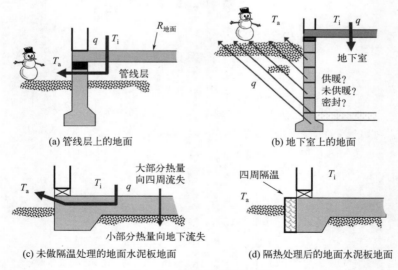

(a) 管线层上的地面　　　　　　　　　　(b) 地下室上的地面

(c) 未做隔温处理的地面水泥板地面　　　(d) 隔热处理后的地面水泥板地面

图 6.17　各种地面的热损失

对于铺设在管线层上的地面来说，从室内温度 T_i 到外界温度 T_a 之间的热损失率主要由密封水平和地板的热阻值决定，另外管线层本身的热阻值也会有一定的影响。有时可以添加一个管线层的近似热阻值 R-6 来体现管线层的影响（见解决方案 6.6）。对于更复杂的铺

设在未供暖地下室上的地面热损失计算，也可以使用类似的技巧，取一个近似值。

对于小型地面水泥板地面（用于住宅而非商业建筑），热损失主要是地面板四周向外界的热量流失。前文提到过混凝土是一种传热性能良好的材质，每英尺热阻值约为 $R\text{-}1$，因此热量进入这种地面后，相比于向地下流失会更容易向四周水平流失。为了减少这种水平的热损失，这种地面通常会沿四周密封，如图 6.17（d）所示。因此，用于计算水泥板地面热损失的公式基于四周周长而非地面面积：

$$q = F_2 P(T_i - T_a) \tag{6.13}$$

其中 P 代表地面周长（单位：英尺），F_2 代表一个取决于密封隔热层热阻值和密封隔热层垂直尺寸的热损失系数。表 6.4 列出了一些 F_2 系数的示例，并在解决方案 6.6 中展示了这种系数的用法。

表 6.4　地面热损失系数 F_2 的取值　　　　单位：Btu/(h·ft²·°F)

地板表面类型	无隔热处理	使用垂直尺寸为 18 英寸的 $R\text{-}7$ 隔热层
未铺设地毯	0.90	0.55
铺设地毯	0.72	0.49

解决方案 6.6

地面水泥板地面与管线层上地面

你正在设计的新房有面积为 40ft×50ft 的地面，你想了解地面水泥板地面和普通的管线层上地面哪种隔温效果更好。

假设一方是铺设了地毯并且四周有垂直尺寸为 18in 的 $R\text{-}7$ 隔热层密封的地面，另一方为普通的具有 $R\text{-}19$ 隔热效果的地面。

在室内温度为 70°F 且室外温度为 30°F 的条件下，比较二者的热损失率。

解决方法：

（1）地面水泥板地面

自表 6.4 得 $F_2 = 0.49\,\text{Btu}/(\text{h·ft}^2\cdot°\text{F})$，代入式（6.13），有：

$$q = F_2 P(T_i - T_a) = 0.49\,\text{Btu}/(\text{h·ft}^2\cdot°\text{F}) \times (40+40+50+50)\text{ft} \times (70-30)°\text{F} = 3528\,\text{Btu/h}$$

（2）管线层上的地面

使用 $R\text{-}6$ 的管线层近似热阻值得到管线层上地面整体热阻值，计算可得管线层上地面热损失率为：

$$q = \frac{A_F(T_i - T_{amb})}{R_F + R_{CS}} = \frac{50\text{ft} \times 40\text{ft} \times (70-30)°\text{F}}{(19+6)(\text{ft}^2\cdot\text{h}\cdot°\text{F})/\text{Btu}} = 3200\,\text{Btu/h}$$

由计算结果可知，普通管线层上地面的隔热效率优于地面水泥板地面。

6.6　渗透作用热损失

供暖的主要负担是加热流入室内的冷空气，与此同时温暖的室内空气也在外泄。发生这种渗透作用的一部分原因是室内外的温差，另一部分原因是风吹向房屋外面所造成的压差，如图 6.18 所示。

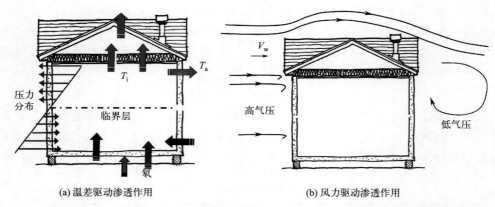

(a) 温差驱动渗透作用   (b) 风力驱动渗透作用

图 6.18 温差驱动渗透作用和风力驱动渗透作用。抵挡温差驱动渗透作用的重点在地面和天花板处的泄漏，而抵挡风力驱动渗透作用的重点是墙体的泄漏

温差驱动渗透作用产生的原因是温暖的、上升趋势的室内空气上升，在室内天花板附近产生一个气压高于外界的高气压区域。当这些热空气找到漏洞就会泄漏到室外，并在室内产生低压吸力在地面附近吸入冷空气。我们可以想象出一幅压力示意图：室内天花板附近有一片高压区而地面附近有一片低压区，中间某处是临界层，如图 6.18 (a) 所示。若要控制温差驱动渗透作用，最严重的漏洞在天花板和地板附近；临界层附近的漏洞并不那么严重。在某些国家的特定地区，还有一个重要的理由去控制温差驱动渗透作用。一些土壤自然释放出氡气，如果进入住宅中会使住户暴露在这种可吸入的强致癌物中。温差驱动渗透作用有助于将土壤释放出的氡气吸入住宅，因此填堵地面附近的漏洞是防止这种致癌物进入室内最有效的方法。

风力驱动渗透作用同样由压力差引发，但在这种情况下，墙体上的漏洞要比天花板和地面附近的漏洞更严重，更需要填堵。

6.6.1 渗透率估算 (鼓风门气密性检测法)

估算渗透作用的热损失，有一个简易的方法是将每小时室内空气完全更替的次数（缩写为 ach）作为估算依据。有下述公式：

$$q_{inf} = \rho c n V (T_i - T_a) \tag{6.14}$$

式中 q_{inf}——渗透作用的热损失率，Btu/h；

     ρ——空气密度，0.075lb/ft^3；

     c——空气比热容，0.24Btu/(lb·℉)；

     n——每小时空气完全更替次数，h^{-1}；

     V——每次空气完全更替的量，ft^3。

上文给出的空气密度和空气比热容的乘积是 $0.018 \text{Btu/(ft}^3 \cdot \text{℉)}$，因此有：

$$q_{inf} = 0.018 n V (T_i - T_a) \tag{6.15}$$

使用这个公式的关键在于如何估计每小时室内空气完全更替的次数 n。我们可以从一些规则开始。多年前，对房屋密封隔热控制漏洞的重视程度不够高，一般情况下，渗透作用下每小时室内空气完全更替次数约为 $n=1.5h^{-1}$。在当时，评估为密封性良好的房屋，每小时室内空气完全更替次数的合理估计值约为 $n=0.5h^{-1}$。更高的气密性在理论上也是可以实现的，但是当房屋的每小时室内空气完全更替次数小于 $0.35h^{-1}$ 时，室内空气质量就会成为新的问题，此时就需要考虑热回收通风系统（HRV），这是一种空气对空气热交换器，它可以用排出的、不新鲜的室内空气中的热量加热进入室内的新鲜空气。

如图 6.19 所示是估算渗透作用最常用的方法，该方法是使用大型风扇尼龙门密封人工给房间增压或减压。有漏洞的房子需要比密封良好的房子更多的气流，才能达到相同的室内设定气压值。在标准测试中，气流需要在被测房屋内外制造 50Pa 的压力差（约 $1lb/ft^2$）。用吹入房间的气流量除以房屋的空气体积，就可以得到 50Pa 条件下的渗透率。使用常规单位，50Pa 条件下的空气交换率（ACH50）可用下式表达：

$$ACH50 = \frac{50Pa \text{ 时的空气流速}}{\text{房屋空气体积}} = \frac{CFM50 \times 60min/h}{V(ft^3)} \tag{6.16}$$

经过数千次的气密性检测，得到了下述简易指数用于估算年平均渗透作用（Meier，1994）：

$$n(h^{-1}) \approx \frac{ACH50}{20} \tag{6.17}$$

解决方案 6.7 给出了使用 ACH50 估算渗透造成的热损失的实例。

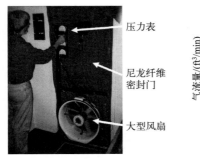

(a) 运行中的气密性检测系统

压力表

尼龙纤维密封门

大型风扇

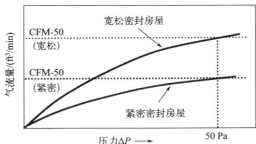

(b) 紧密密封房屋和宽松密封房屋检测结果

图 6.19 使用气密性检测系统估算渗透作用

解决方案 6.7

渗透作用的能量影响

在 2000 平方英尺的房子中进行气密性检测，结果显示，将室内外压差增加到 50Pa 需要 $4000ft^3/min$ 的气流。如果地面到天花板的平均高度为 8 英尺，估算平均渗透率。用这种方法估算室内温度为 70℉ 且室外温度为 30℉ 时由于渗透作用而产生的热损失率。

解决方法：

由式（6.16）可知：

$$ACH50 = \frac{CFM50}{V} = \frac{4000ft^3/min \times 60min/h}{(2000ft^2 \times 8ft)} = 15h^{-1}$$

使用式（6.17）作为估算渗透的方法，有：

$$n \approx \frac{ACH50}{20} = \frac{15h^{-1}}{20} = 0.75h^{-1}$$

这是一栋渗透相当严重的房屋，有很大的改善空间。利用式（6.15）可以估算特定温度下由于渗透产生的热损失率：

$$q_{inf} = \frac{0.018Btu}{ft^3 \cdot {}^\circ\!F} \times \frac{0.75}{h} \times 2000ft^2 \times 8ft \times (70-30){}^\circ\!F = 8640Btu/h$$

6.6.2　保证室内空气质量下房屋的密封程度

常用的健康室内空气良好标准建议向每人提供 $15ft^3/min$ 的新鲜空气，这个数值可以很容易地转化为每小时所需新鲜空气换气次数。例如，居住在 2000 平方英尺住宅中的四个人需要的换气次数为：

$$n = \frac{15ft^3/(min \cdot 人) \times 60min/h \times 4 人}{(2000ft^2 \times 8ft)} = 0.23h^{-1} \tag{6.18}$$

图 6.20 展示了满足人均 $15ft^3/min$ 标准的最小新鲜空气流通量的计算。

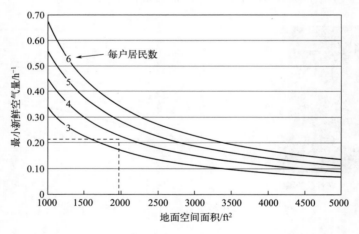

图 6.20　人均 $15ft^3/min$ 条件下的最小新鲜空气流通量

使用填缝、门边密封条、房屋包覆、蒸汽屏障和其他高质量建筑技术，可以将房屋渗透率降低到远低于指导标准。事实上，德国被动房研究所的被动式房屋认证要求房屋在 50Pa 条件下的气密性检测中，每小时室内空气完全更替次数小于 $0.6h^{-1}$。如果没有机械通风带来新鲜空气，这种强度的密封性会使室内空气变得不健康且令人不适。

在冬天，当我们试图让房子保持舒适温暖时，新鲜冷空气的流入可能会对我们的整体节能目标产生重大影响。图 6.21 介绍的这种叫作热回收通风系统（HRV）的装置可以帮助解决这个难题。HRV 使用鼓风机来吸入新鲜的室外空气，同时排出室内的不新鲜空气。这两种气流在热交换器中交叉通过，热交换器将来自温暖排气的热量传递到冷的、新鲜的引入空气中。一种类似的装置称为能量回收通风机或焓轮，这种装置不仅能从空气温差中捕获热量，还能从冷凝水蒸气中获取热量。这种装置在潮湿的气候中特别有效。

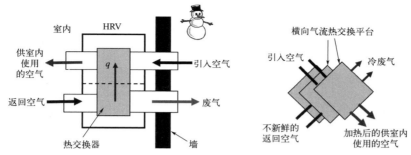

图 6.21　空气对空气热回收通风系统（HRV）

如何判断家里和办公室里是否有足够的新鲜空气呢？一种简单的基于室内二氧化碳浓度的检测能够满足这种需求。这种检测的依据是人们会根据自身的活动和体重呼出一定量的二氧化碳。在特定的假设条件下，一个简单的证明就能得出结论，当室内二氧化碳含量低于约 $1000\mu L/L$ 时能满足人均 $15ft^3/min$ 新鲜空气的指导建议（解决方案 6.8）。现实中，这种测试可以用于控制大型建筑的供暖、通风和空调系统（HVAC）。现代 HVAC 系统可以通过这种简单的二氧化碳测试来控制通风，而不是（像从前那样）即使建筑是空的也持续地向建筑供应足以满足全楼需求的新鲜空气，从而节省大量的能源。图 6.22 说明了测量得到的室内二氧化碳含量与室内人均新鲜空气需求之间的关系。

解决方案 6.8

室内空气质量

二氧化碳浓度为 $1000\mu L/L$ 是否与 $15ft^3/(min \cdot 人)$ 的新鲜空气需求量相匹配？检验通风指导标准，室内二氧化碳浓度超过 $1000\mu L/L$ 是否意味着新鲜空气低于每人 $15ft^3/min$ 的标准？

解决方法：

从表 4.8 中可知人体基本代谢率为每磅体重 $0.48kcal/h$。基本代谢率近似于人坐在办公桌前或看电视时的代谢率。让我们从第 4 章中提到的人体对一种简单的糖（葡萄糖）进行呼吸代谢的化学计算开始。

$$C_6H_{12}O_6 + 6O_2 \longrightarrow 6CO_2 + 6H_2O + 2551kJ/mol$$

$$180g + 192g \longrightarrow 264g + 108g$$

随后可以计算出每千卡代谢量对应的二氧化碳排放量：

$$\frac{264g}{2551kJ} \times \frac{4.187kJ}{kcal} \times \frac{24.46 \times 10^3 cm^3/mol}{44g/mol} = 241cm^3/kcal$$

将上式结果、平均 140 磅的体量和 $0.48kcal/(h \cdot lb)$ 的基础代谢率作为参数代入可求得二氧化碳排放率：

$$140lb \times 0.48kcal/(h \cdot lb) \times 241cm^3/kcal = 16195cm^3/h$$

由此可以得出排入 $15ft^3/(min \cdot 人)$ 的新鲜空气中的二氧化碳的量：

$$\frac{16195cm^3/h \times 35.3ft^3/m^2}{15ft^3/min \times 60min/h} = 635\mu L/L$$

由于引入的"新鲜空气"中已含有约 $395\mu L/L$ 的二氧化碳，这意味着当提供 $15ft^3/(min \cdot 人)$ 的新鲜空气时，室内二氧化碳总浓度将约为 $635 + 395 = 1030\mu L/L$。

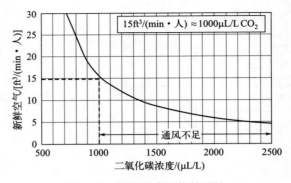

图 6.22　根据需求调控的通风

6.7　总体热损失系数

　　上文已经描述了房屋热损失的所有影响因素。将这些影响因素整合在一起得到一个基于每一个影响因素（窗户、墙体、地面、天花板、门和渗透作用）集合的总体热损失系数。表6.5总结了每个组件的典型热阻值作为计算依据。注意，表中有一个编号帮助我们描述用于评估的组件。

表 6.5　常用房屋建筑构件的默认热阻值

构件	结构	隔热包覆材料		
		无	1英寸，R-5，聚苯乙烯	2英寸，R-14.4，异氰脲酸酯
墙体	1. 2×4，16英寸间隔木质壁骨，R-13 填充	12.7	17.5	27.0
	2. 2×4，24英寸间隔木质壁骨，R-13 填充	12.8	17.9	27.0
	3. 2×6，16英寸间隔木质壁骨，R-21 填充	19.2	24.4	33.3
	4. 2×6，24英寸间隔木质壁骨，R-21 填充	20.0	25.0	34.5
	5. 2×4，16英寸间隔金属壁骨，R-13 填充	8.0	13.0	22.2
	6. 砖瓦堆砌墙体	5.9	7.8	
地面	7. 2×6，16英寸间隔托梁，R-21 填充	23.3	29.3	37.0
	8. 2×8，16英寸间隔托梁，R-25 填充	27.0	32.3	41.7
	9. 2×10，16英寸间隔托梁，R-30 填充	31.3	37.0	45.5
	10. 未供暖空间上的混凝土地面	2.6	7.6	16.9
阁楼	11. 标准木框架，无隔热	1.7		
	12. 标准木框架，R-19 隔热	19.6		
	13. 标准木框架，R-30 隔热	30.3		
	14. 标准木框架，R-49 隔热	47.6		
屋顶（无阁楼）	15. 椽条间无隔热	2.5	7.5	18.9
	16. 椽条间 R-13 隔热	13.7	18.9	28.6
	17. 椽条间 R-30 隔热	29.4	34.5	43.5

构件	结构	隔热包覆材料		
		无	1英寸，R-5，聚苯乙烯	2英寸，R-14.4，异氰脲酸酯
门		门	门（防风处理）	
	18. 1¾英寸中空芯	2.2	3.4	
	19. 1¾英寸板式门，有1⅛英寸嵌板	2.6	3.8	
窗（4英尺6英寸×2英尺8英寸）		铝窗框	木/乙烯基/玻璃纤维窗框	
	20. 单层	0.8	0.9	
	21. 双层，空气填充	1.4	2.0	
	22. 双层，低辐射玻璃	1.6	2.6	
	23. 双层，低辐射玻璃，氩气填充	1.7	3.0	
	24. 三层，低辐射玻璃，氩气填充	6.7		

资料来源：ASHRAE 90.1 Code-Compliance Manual, 1995；Kolle, 1999。

我们将采用电子表格的方法来评估整个建筑的热损失率。每一行将总结一个主要的建筑元素，例如墙，给出它的面积、R 值、U 值、UA 值［Btu/(h·℉)］及其在总 UA 值中所占的比例。严格来说，渗透作用的热损失率并不是 U 值和面积的乘积，但是可以设置它有相同的 Btu/(h·℉) 单位，所以它也易于记在表中。可通过下式将渗透热损失转换为等效的 UA 值：

$$(UA)_{inf} = 0.018nV[Btu/(h·℉)] \tag{6.19}$$

另外，对于那些密封性极好的房屋，热回收通风系统（HRV）在增加通风的同时会回收一部分热量。使用 HRV 系统时的 UA 值可由下式得出：

$$(UA)_{HRV} = 0.018n_{HRV}V(1-\eta_{HRV}) \tag{6.20}$$

式中　n_{HRV}——吸入的通风量，h^{-1}；

　　　η_{HRV}——热回收通风系统的效率。

表 6.6 所示是一个面积为 1500 平方英尺的隔热良好的小型房屋的电子表格热损失计算示例，这可能符合当今大多数房屋的规格。该示例房屋选取 2×6 壁骨 R-21 填充墙体（表 6.5 中 3#），双层铝框架窗（21#），R-30 隔热阁楼屋顶（13#）和带有 1 英寸聚苯乙烯隔热层的 R-21 地面（7#）。渗透率为合理的 $0.6h^{-1}$，未安装热回收通风系统。注意到两个主要的热损失途径是窗户（37%）和渗透（27%）。

表 6.6 还包括这所房子热效率的标准化计量指标，称为温度指数。温度指数可以让我们在比较两所房屋的热效率时考虑到房屋建筑面积的差异。这里的建筑面积是房子所有楼层的总面积。举例来说，一幢有 1000 平方英尺占地面积的两层房屋有 2000 平方英尺的建筑面积。温度指数定义为：

$$温度指数\left(\frac{Btu}{ft^2·℉·d}\right) = \frac{24h/d×(UA)_{tot}[Btu/(h·℉)]}{建筑面积(ft^2)} \tag{6.21}$$

表 6.6 中示例房屋的温度指数是 $7.7Btu/ft^2$ 每度日（degree-day）（在下文中将看到如何应用度日数估算年均总热负载）。老房子的温度指数通常在 15 左右，新建房屋的该数值在 8 左右，密闭性极好的房屋的该数值很容易降低到 4 左右。

表 6.6　一所小型房屋（传统房屋 1#）的热损失分析

组件	面积/ft²	密封	R	U=1/R①	UA①	占总量比例①/%
天花板	1500	R-30 13#	30.3	0.033	49.5	10
窗户	250	双层空气填充铝窗框 21#	1.4	0.714	178.6	37
门	60	无防风处理 19#	2.6	0.385	23.1	5
墙体	970	R-21 3#	19.2	0.052	50.5	10
地面	1500	R-21 7#	29.3	0.034	51.2	11
ACH		体积/ft³		效率/%		
渗透	0.6	12000	0		129.6	27
通风	0	12000	70		0	0
			总 UA 值=482Btu/(h·°F)　　温度指数=7.7Btu/(ft²·°F·d)			

① 该列是计算值。

6.8　供暖规模制定

所制定的供暖规模需要能够提供足够的热量，使得即使在外界温度降至某地区最低点时，室内仍能保持某一理想的恒定温度。这一需要满足的外界最低温度的设定要与 99% 时间的预期负荷相匹配（称为 99% 设计温度）。表 6.7 提供了美国几个城市的 99% 设计温度及其采暖度日数（HDD-heating degree days）的简要样本，采暖度日数是一个用于衡量年度气候寒冷程度的标准，将在下文介绍。

表 6.7　99% 设计温度和年均采暖度日数（基准值取 65°F）

城市	设计温度/°F	HDD65/(°F·d/a)	城市	设计温度/°F	HDD65/(°F·d/a)
菲尼克斯	31	1552	里诺	12	6022
旧金山	42	3042	阿尔布开克	14	4292
丹佛	−2	6016	纽约	11	4848
迈阿密	45	206	克利夫兰	2	6154
亚特兰大	18	3095	梅德福	21	4930
博伊西	4	5833	查尔斯顿	26	2146
芝加哥	−3	6127	孟菲斯	17	3227
托皮卡	3	5243	休斯敦	29	1434
新奥尔良	32	1465	盐湖城	5	5983
底特律	4	6228	布莱克斯堡	−5	5052
明尼阿波利斯	−14	8159	西雅图	28	5185

制定的供暖规模往往超标，一方面是为了保证足够的热量供应，另一方面是允许一定量的额外供热，称为始动因子，使首次供暖时的加热速度足够快。暖炉在持续运行的情况下效率是最高的，远高于频繁开关的情况，供暖超标规模往往限制在设计负荷的 40% 以内。

暖炉将燃料转换为热量，并通过热分配系统送至各房屋，如图 6.23 所示。计算不为室内空间供暖的锅炉热损和分配系统热损以及一个适当的始动因子，可以得出一所房屋所需的暖炉输出：

$$q_{锅炉} = \frac{(UA)_{总}(T_{设定} - T_{设计}) \times 始动因子}{\eta_{分配}} \tag{6.22}$$

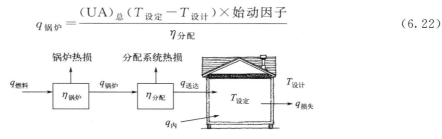

图 6.23 从燃料到暖炉输出的热能

注意在制定供暖规模时，热分配系统的热损失必须计算在内，但由于暖炉是按其产热量（Btu/h）来评定的，因此供热规模并不取决于其热效率。而且由于即使无人在房屋内，供热系统也要提供足够的热量，因此内部热源不包括在供暖规模制定的过程中。解决方案 6.9 展示了供暖规模制定的过程。

解决方案 6.9

为示例房屋制定供暖规模

假设表 6.6 中的房屋具有 $(UA)_{总} = 482 \text{Btu}/(\text{h} \cdot \text{°F})$ 的热损失系数和效率为 75% 的空气流通热分配系统。使用 70°F 的室内设定温度和 1.4 的始动因子，制定弗吉尼亚州布莱克斯堡的供暖规模。

解决方法：

表 6.7 显示了布莱克斯堡的 99% 设计温度，是非常低的 −5°F。使用式（6.22），可得：

$$q_{锅炉} = \frac{482 \text{Btu}/(\text{h} \cdot \text{°F}) \times [70 - (-5)]\text{°F} \times 1.4}{0.75} = 67620 \text{Btu/h}$$

随后可以列出可用的锅炉，选择其中最小、效率最高且至少能产生上述热量的一种。请注意，锅炉效率不需要作为计算因素，因为锅炉规模的制定是根据其产热率而不是燃料的燃烧效率。同时，这种假设下制定的供暖系统规模不包含内部热源（人体或其他家用电器）。

6.9 年均供暖费用

对效率因素进行严谨分析的最终目标，如得出热阻值、渗透率和供暖效率，能够用于估算通过提高房屋能效而产生的经济效益。这意味着计算年均制冷或供暖需求需要引入地域气候因素而不仅是瞬时热效率，并且需要将燃料成本作为计算参数。

6.9.1 内部热源

房屋中的居民和电器本身提供了足够的热量，以保持室内温度稍高于环境温度，这将减少供暖需要输送的一定热量。举例来说，假设有三个人，每人每天在家中度过 12 小时，每人贡献 350Btu/h 的产热量，则平均每天的产热量约为 525Btu/h。再加上房屋中照明和其他电器消耗的 500kW·h/月的耗电量，如果上述内部热源都使用热量结算，那就是额外的 2400Btu/h。通过初步计算，可估算出这些人加上电器会产生大约 3000Btu/h 的热量。这部分热量不需要供暖系统供给。事实上，这 3000Btu/h 的热量是一个合理的房屋内部热源初步估算。

内部热源对房屋供暖的贡献程度取决于房屋的 UA 值（平均热导率）。在常见的 482Btu/(h·℉) 示例房屋中，3000Btu/h 的内部热源产生的热量将使室内温度升高至高于环境温度：

$$\Delta T = \frac{\text{内部热源产生的热量}}{(\text{UA})_{\text{tot}}} = \frac{3000\text{Btu/h}}{482\text{Btu/(h·℉)}} \tag{6.23}$$

这意味着，假设要达到的恒温（T_{set} 或 T_{i}）为 70℉，则供暖系统只需将房屋加热 70℉−6℉=64℉，剩下的温度则会由内部热源产生的热量提升。房屋的能效越高，则供暖系统需要的燃料越少。

由供暖系统加热且由内部热源提供其余热量而达到的房屋温度，称为平衡点温度（T_{b} 或 T_{bal}），由下式得出：

$$T_{\text{b}} = T_{\text{set}} - \frac{q_{\text{int}}}{(\text{UA})_{\text{tot}}} \tag{6.24}$$

图 6.24 展示的是一个"能量温度计"的示例，表明供暖系统提供的年均负载所占的比例和内部热源所占的比例。

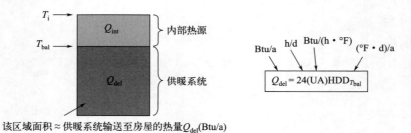

图 6.24　能量温度计

6.9.2　采暖度日数和空调度日数

显然，建筑物供暖和制冷所需的能量将在很大程度上受到当地气候的影响。一个单一的、简单的计量工具，采暖度日数（heating degree-day，HDD），一直以来都是某一给定地区供暖季节的寒冷程度和时间长度的关键指示器。类似的，存在空调度日数（cooling degree-day，CDD），它提供了快速衡量需要多少空调设备的方法。虽然，对气候进行更细致的分析时，覆盖一个典型气象年（typical meteorological year，TMY）中 8760 个小时的每小时温度已经成为计算机建模的标准。为了简单起见，此处仍使用度日数。

一直以来，采暖度日数和空调度日数是根据假定的 65℉平衡点温度计算的。在平均气温低于 65℉的日子中，累计 HDD。在平均气温高于 65℉的日子中，累计 CDD。可以参考表 6.8 中的示例。在第 1 天，平均气温是 45℉，意味着当天累计（65℉−45℉）=20HDD，并不会累计 CDD。类似的，在第 200 天，气温是温暖的 80℉，所以当天没有 HDD 累计但有 15CDD 累计。

表 6.7 包括几个城市的实际采暖度日数（基于 65℉），式（6.25）将某地的 HDD 和 CDD 与年平均外界温度联系起来：

$$CDD_{Tb} = HDD_{Tb} - 365(T_b - T_{年均}) \tag{6.25}$$

但有时，特别是对于更高能效的房屋，原来选用 65℉ 作为 HDD 的基准温度过高了。其他基准温度的度日数表通常可以在互联网上获取，但是对于电子表格建模来说，一种简单调整基准温度的方法是很有帮助的。以下根据经验得出的基准温度调整方法似乎效果很好：

$$HDD(T_b) = HDD65 - (0.021 \times HDD65 + 114) \times (65 - T_b) \tag{6.26}$$

举例来说，使用式（6.26）估算丹佛（HDD65 = 6016）基准温度为 60℉ 时的 HDD60：

$$HDD60 = 6016 - (0.021 \times 6016 + 114) \times (65 - 60) = 4814(℉ \cdot d)/a \tag{6.27}$$

这与基准温度为 60℉ 时的公认值 4733 只相差几个百分点。

表 6.8 采暖度日数和空调度日数

日期	平均气温/℉	HDD	CDD
1	45	20	0
2	50	15	0
3	60	5	0
...	...	...	...
200	80	0	15
201	85	0	25
...	...	...	...
365	50	15	0
总计	50	6015	540

6.9.3 年供暖负荷

需要暖炉和热分配系统输出的年供暖负荷由下式表示：

$$Q_{del} = 24(UA) \times HDD(T_b) \tag{6.28}$$

注意，我们使用大写字母 Q 来表示总量（Btu/a），24 表示每天的小时数，而 HDD 的基准温度是 T_b。

虽然式（6.28）能得出供暖所需提供的热量，但真正需要的数据是购买燃料的量。燃料需求由下式可得：

$$Q_{燃料} = \frac{Q_{del}}{\eta_{锅炉} \times \eta_{热分配系统}} \tag{6.29}$$

得知燃料的消耗，便可以计算出预计的年度燃料账单，进而得到改进房屋供暖分析电子表格中展示的各种建筑组件带来的能源节约价值。表 6.9 提供了最常用的家用供暖燃料的粗略成本。

表 6.9　房屋供暖燃料粗略成本

燃料	单位	粗略成本	单价[①]/（美元/10^6Btu）
天然气	100000Btu/therm	1.10 美元/therm	11.00
丙烷	92000Btu/gal	1.50 美元/gal	16.30
供暖用油	140000Btu/gal	2.00 美元/gal	14.28
电能（电阻发热）	3412Btu/(kW·h)	0.12 美元/(kW·h)	35.91
电热泵（能效比 3.5）	11900Btu/(kW·h)	0.12 美元/(kW·h)	10.05

① 产生 10^6Btu 的成本，不包括燃烧和分配损失。

　　现在，可以将所有这些信息输入数据表，简化估算家庭供暖花费的方法。数据表法的优势在于可以方便地更改假设条件并立刻看到应用这些新假设带来的变化。表 6.10 中显示的电子表格以表 6.6 中我们分析的 UA＝482Btu/(h·℉) 的示例房屋作为开始。要知道这是一个表现良好的房屋，能够满足目前大多数建筑能效规范。

表 6.10　年度燃料消耗和供暖规模数据表，数据来自弗吉尼亚州布莱克斯堡能效改造前的住宅

项目		数值	单位
年度燃料消耗和供暖规模	总平均热导率 UA	482	Btu/(h·℉)
	燃料价格	11	美元/MBtu（表 6.9）
	锅炉效率	80	%
	热分配系统效率	75	%
	内部热源产热 q_{int}	3000	Btu/h
	室内设定温度 T_i	70	℉
	HDD65	5052	(℉·d)/a，弗吉尼亚州布莱克斯堡（表 6.7）
	99% 设计温度	−5	℉（表 6.7）
	锅炉始动因子	1.4	
计算	平衡点温度[①]	63.8	℉
	平衡点温度 HDD[①]	4784	(℉·d)/a
	终端获取热量[①]	55.4	MBtu/a
	供暖供出热量[①]	92.3	MBtu/a
	年度燃料账单[①]	1016	美元/a
	锅炉产热[①]	67546	Btu/a

① 该行为计算值，其余数据为录入数值。

6.10　提高能效的影响

　　根据已得到的数据表，可以探究与改进建筑物相关的节能，可以轻易地确定下列措施带来的影响，包括提高窗户或供暖系统能效、填堵分配系统中的漏洞、加强房屋密封和添加热回收通风系统等。这些改进可以逐项进行，也可以一次性全部完成。

　　表 6.11 展示了如何使用常规建筑技术轻易地把布莱克斯堡示例房屋的 UA 值从 482Btu/(h·℉) 降低到 236Btu/(h·℉)。随后，在表 6.12 中，通过对新型超高能效房屋

进行额外的供暖系统提升，将原本的年度燃料账单削减了 80%。这是一个相当大的成就，因为原本的房屋已具有相当高的能效。

表 6.11　弗吉尼亚州布莱克斯堡能效提高后的房屋 2#

组件	面积/ft²	密封	R	U=1/R①	UA①	占总量比例/%
天花板	1500	R-47.6 14#	47.6	0.0	31.5	13
窗户	250	双层低辐射玻璃 氩气填充 23#	3.0	0.3	83.3	35
门	60	防风处理 19#	3.8	0.3	15.8	7
墙体	970	24 英寸间隔木质壁骨，2 英寸厚异氰脲酸酯包覆 ISO4#	34.5	0.0	28.1	12
地面	1500	R-25 2 英寸厚异氰脲酸酯包覆 ISO8#	41.7	0.0	36.0	15
	ACH	体积/ft³	效率/%			
渗透	0.1	12000	0		21.6	9
通风	0.3	12000	70		19.4	8
			总 UA 值＝ 温度指数＝		236 3.8	Btu/(h·℉) Btu/(ft²·℉·d)

① 该列是计算值。所有其他信息都是录入数据。

表 6.12　布莱克斯堡节能型房屋

	项目	数值	单位
年度燃料消耗和供暖规模	总平均热导率 UA	236	Btu/(h·℉)
	燃料价格	11	美元/MBtu（表 6.9）
	锅炉效率	95	%
	热分配系统效率	90	%
	内部热源产热 q_{int}	3000	Btu/h
	室内设定温度 T_i	68	℉
	HDD65	5052	（℉·d)/a，布莱克斯堡（表 6.7）
	99% 设计温度	−5	℉（表 6.7）
	锅炉始动因子	1.4	
计算	平衡点温度①	55.3	℉
	平衡点温度 HDD①	2912	（℉·d)/a
	终端获取热量①	16.5	MBtu/a
	供暖供出热量①	19.3	MBtu/a
	年度燃料账单①	212	美元/a
	锅炉产热①	26772	Btu/h

① 该行为计算值，其余数据为录入数值。

图 6.25 从修复使热分配系统流失大量热量的管道漏洞开始，随后更换效率更高的供暖设备，展示了逐步改进的结果。相比之前，仅这两个步骤就可以减少约 30% 的能源需求。

此外，如果房屋本身已经构建完善，这两项都是相当简单的改造。这两个项目完成后，每项额外能效提高措施的边际效益都会减少，这就使得一步步开展成本-收益分析变成了一个有趣的难题。举例来说，如果优先改进供暖管道和暖炉，那么改进窗户的边际效益会低于优先改进窗户随后改进供暖管道和暖炉。将整套措施结合起来，特别是对新建筑来说，可能更有意义。

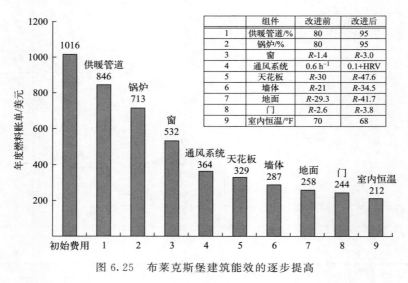

组件		改进前	改进后
1	供暖管道/%	80	95
2	锅炉/%	80	95
3	窗	R-1.4	R-3.0
4	通风系统	0.6 h^{-1}	0.1+HRV
5	天花板	R-30	R-47.6
6	墙体	R-21	R-34.5
7	地面	R-29.3	R-41.7
8	门	R-2.6	R-3.8
9	室内恒温/°F	70	68

图 6.25　布莱克斯堡建筑能效的逐步提高

6.11　供暖、通风和空调系统

在采取所有可能的改进措施来增强房屋密闭性，以此在冬天将热量留在室内且在夏天将热量挡在室外之后，在使用第 7 章描述的被动太阳能思想及其提供的一些冬季取暖夏季降温的方法之前，房屋仍有必要使用全尺寸的供暖和制冷系统。

6.11.1　强制空气流通中央供暖系统

全美几乎三分之二的家庭和约 90% 的新建房屋使用中央暖炉和强制空气流通热分配系统，如图 6.26 所示。这种暖炉可能是燃油或是燃气的，也可能使用直接电阻加热部件或是电热泵。一台鼓风机或风扇推动暖气通过供暖管分配热量，典型的是通过遍布整个房屋的地面送风空气调节器将热量送至室内，回风则通过高处回风空气调节器返回到暖炉中。

强制空气流通系统的几个优点是其受欢迎的原因。它提供的热量能够迅速输送到整个房屋，可以快速且轻松地调节室内温度。同时该系统具有多种用途，因为其管道系统不仅可以用于供暖和制冷，还可以用于空气加湿和过滤。而其缺点在于鼓风机和管道会产生噪声，其产生的气流有可能让人感到不适，此外很棘手的一点是如何控制热量使其只输送到房屋中的某一特定区域。

第一个联邦暖炉最低能效标准于 1992 年生效，要求新建暖炉的年均燃料利用率（AFUE）至少为 78%。相比之下，许多旧暖炉的年均燃料利用率评级仅为 55%～65%。"能源之星"评价合格的暖炉必须有 90% 或更高的年均燃料利用率。冷凝式天然气炉可以回

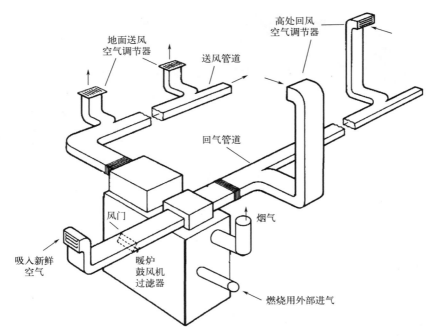

地面送风
空气调节器

送风管道

高处回风
空气调节器

回气管道

风门

烟气

吸入新鲜
空气

暖炉
鼓风机
过滤器

燃烧用外部进气

图 6.26　带有强制空气流通热分配系统的中央暖炉

收废气中的余热，有高达 97％ 的效率。燃油暖炉往往效率较低，其典型效率范围为 78％～82％。

从能源效率的角度考虑，管道可能是强制空气流通系统的薄弱环节，它们往往因密封性能不佳受到泄漏的影响，特别是在与送风空气调节器的连接处，甚至它们根本没有接在一起。经常可见管道损失占到供暖账单的 20％～30％。此外，长且蜿蜒狭窄的供气管道使鼓风机电机消耗相当多的能量。

6.11.2　液体循环系统

液体循环系统使用锅炉将水加热后用水泵输送热水。强制空气流通系统需要大型风扇或鼓风机通过庞大的管道系统来输送热量，而液体循环系统用非常小的、高效的泵通过微型管道系统循环热水。这套系统安静，不产生气流且热量分配中的损失小到忽略不计，可以说是目前存在的最舒适的供暖系统。

液体循环的热量分配部件可以是沿墙壁安装的基板散热器/对流器或埋入常规木制地面板下［图 6.27（a）］或混凝土楼板中［图 6.27（b）］的管道。地板下地暖系统安装简单且表现良好，只是其性能在一定程度上受到其上地板的影响。混凝土楼板地暖系统的不同之处在于其直接输送到装有该系统的空间，且混凝土楼板的特性可产生热飞轮效应，因此可以获得非常稳定的室内温度。（译者注：飞轮效应指为了使静止的飞轮转动起来，一开始必须用很大的力气一圈一圈反复地推，每转一圈都很费力，但是每一圈的努力都不会白费，飞轮会转动得越来越快。当达到一个很高的速度后，飞轮所具有的动量和动能就会很大，使其在短时间内停下来所需的外力便会很大，飞轮便能够克服较大的阻力维持原有运动。此处楼板的热飞轮效应即加热初期需要很多热量，而加热后的楼板温度则会十分稳定。）

这种供暖系统中加热循环热水所用锅炉的热效率一般略微低于燃气炉。这种供暖系统通

 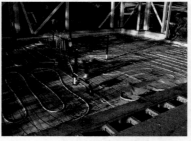

(a) 地板下地暖系统　　　　　　　　(b) 混凝土楼板地暖系统

图 6.27　液体循环热分配系统的两种应用

过能效更高的热分配系统和更低的恒温设定弥补这一缺点，同时避免了强制空气流通系统会有令人不适的气流的缺点。

6.11.3　压缩式空调

压缩式空调系统基于一种简单的原理，即压缩气体在允许膨胀时会变得非常冷。如图 6.28 所示，一套该空调系统包括四个主要组成部分：给制冷剂加压的压缩机，将压缩后制冷剂的热量排放至环境中的冷凝器，可以使加压制冷剂快速膨胀和冷却的膨胀阀和用来冷却由鼓风机吹过蒸发器的温暖气流的蒸发器。一体式系统（packaged system）是将所有这些部件绑在一个设备中，而分体式系统（split system）（图 6.29）将压缩机和冷凝器安装在室外，蒸发器和鼓风机安装在室内的空气处理装置中。空气处理装置通常还会包含一个加热器，从而使其同时具备供暖和制冷的功能。

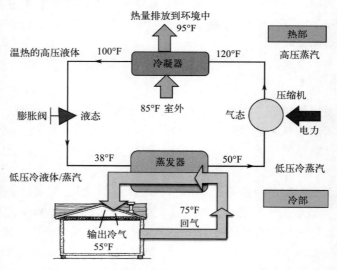

图 6.28　空调工作原理

用于表述空调设备制冷能力的单位可以追溯到靠融冰制冷的年代。空调的制冷能力衡量基于其"冷冻吨"能力，1 冷冻吨（1RT）等于在 24h 内融化 1t（2000lb）冰所需要的制冷功率。因为融化 1lb 冰需要 144Btu，1 冷冻吨的空调机组的制冷功率如下：

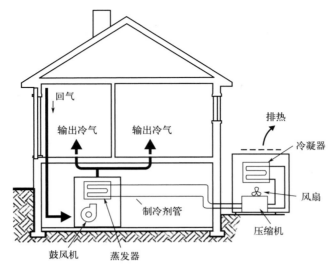

图 6.29　一套分体式空调器包括室外的压缩机和冷凝器与室内空气处理装置中的蒸发器

$$1\mathrm{RT}=\frac{2000\mathrm{lb}}{24\mathrm{h}}\times\frac{144\mathrm{Btu}}{\mathrm{lb}}=12000\mathrm{Btu/h} \tag{6.30}$$

典型的家用空调器功率在 3 到 5 冷冻吨的范围内。

空调器的性能有几种效率等级。能效比（EER）[式（6.31）]是制冷功率 q_{AC}（Btu/h）除以所需的输入功率 P_{in}（W）得到：

$$\mathrm{EER}=\frac{q_{\mathrm{AC}}(\mathrm{Btu/h})}{P_{\mathrm{in}}(\mathrm{W})} \tag{6.31}$$

季节能效比（SEER）是更常用的比率，是整个制冷季节的平均制冷量（Btu）除以制冷消耗电量（W·h）得到。新型分体式系统的典型季节能效比的评级范围约为 13～25Btu/（W·h）。下一节介绍的新型无管道热泵系统的季节能效比评级可超过 30，而老式窗机空调的季节能效比通常只有 10 左右。解决方案 6.10 中展示了季节能效比这一重要比率是如何使用的。

虽然大多数空调都采用上述压缩循环，但还存在其他低耗电的制冷方式。蒸发式制冷器已有数千年的历史，其工作原理是使水从装满水的水罐两侧渗出，水蒸发时会带走热量冷却水罐本身和吹过水罐的空气。蒸发冷却原理如今仍在世界上一些干旱地区使用。

另一种方法是基于与常规空调相同的压缩循环，但是使用热量代替电力压缩制冷剂。这种吸收式循环空调最有前景的属性是可以依靠任何热源工作，这意味着它可以利用热电联产系统（如第 10 章中的燃料电池和微型涡轮系统）的余热。

解决方案 6.10

空调成本对比

假设你需要更换老化的 4RT 中央空调（A/C），可以从 NREL 网站寻求一些有帮助的指导，得到两台机器的性能比较如下：

① A/C 1：SEER-13，每 kBtu/h 的制冷力花费 110 美元；

② A/C 2：SEER-20，每 kBtu/h 的制冷力花费 160 美元。

假设电费是 0.15 美元/(kW·h)，空调在一年中有 100 天每天运行 16 小时，这台更贵更好的空调要运行多长时间才能抵消购买时的额外花销呢？

解决方法：

首先比较运行成本：

AC1#：运行成本 $= \dfrac{4RT \times 12000Btu/(h \cdot RT)}{13Btu/(kW \cdot h) \times 1000W/kW} \times 15$ 美分/(kW·h) $= 55$ 美分/h

AC2#：运行成本 $= \dfrac{4RT \times 12000Btu/(h \cdot RT)}{20Btu/(W \cdot h) \times 1000W/kW} \times 15$ 美分/(kW·h) $= 36$ 美分/h

更好的空调的额外购买成本是：

额外花费 $= 4RT \times 12000Btu/(h \cdot RT) \times (160-110)$ 美元/(1000Btu/h) $= 2400$ 美元

抵消额外花费的简单回收期是：

$$\frac{2400 \text{ 美元}}{(0.55-0.36) \text{美分}/h \times 16h/d \times 100d/a} = 7.9a$$

6.12　热泵

空调机可以从相对低温的地方（如 70℉ 的家中）吸取热量并将热量排入相对热的地方（如 95℉ 的室外）。如果它能做到这一点，为什么不在冬天仅仅反转该系统，让它从低温的室外空气中吸取热量，然后把热量送入温暖的室内呢？事实上，这就是热泵的作用。如果这听起来像是魔法，想象一台冰箱，将冰箱门打开，然后将其挪到对着室外的门口（图 6.30）。当想要给室内降温时，让冷凝器对着室外使冰箱把室内的热量吸出，就像冰箱平日里将热量从常温的啤酒中吸出那样。那热量去哪里了呢？从冰箱背面的冷凝器排出了。而想要加热室内时，反转冰箱，将冷凝器对着室内，就可以将热量从低温的室外泵进室内。

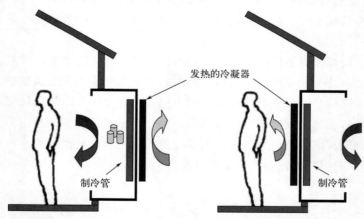

(a) 用作空调并对外界加热的冰箱　　　(b) 用作供暖器并对外界制冷的冰箱

图 6.30　用作热泵的冰箱。把拆除冰箱门的冰箱移到通往室外的门口，然后用它作为热泵给房屋供暖或制冷

因此，热泵就是一台可逆的空调设备，随着季节的变化，冷凝器和蒸发器通过改变制冷剂流动的方向相互交换角色。由于热泵既是空调也是供暖器，热泵具有两个独立的季节性能

效评估方法。当热泵作为一台空调时，使用之前提到的季节能效比（SEER）来评估性能，该方法提供每瓦输入功率可以提取多少 Btu 的热量，该能效比单位为 Btu/（W·h）。当热泵作为供暖器时，用采暖季节性能系数（HSPF）来评级，它等于季节性供暖量（Btu）除以季节性电损耗（W·h），因此该系数的单位也是 Btu/（W·h）。截至 2006 年，美国的分体式热泵能效标准制定了最低 SEER 为 13，最低 HSPF 为 7.7。这两种标准都很低且十多年来一直没有提高。

SEER 和 HSPF 都是在假定的气候条件下得出的，另一种常用于任意条件下的热力学分析的方法是一个没有单位的性能系数（COP，coefficient-of-performance）。COP 是想要的热量（冬天的供暖量和夏天的制冷量）除以压缩机的输入功所得的比值。

图 6.31 通过描述制冷量和供暖量（Q_C 和 Q_H）之间的热量流动和压缩机做的功（W）解释了这一概念。注意，图中引入了一种在某些情况下相当方便的度量，称为性能系数（COP），这是一个没有单位的比值：

$$COP = \frac{供暖量/制冷量}{能量投入}, \quad COP（供暖）= \frac{Q_H}{W}, \quad COP（制冷）= \frac{Q_C}{W} \tag{6.32}$$

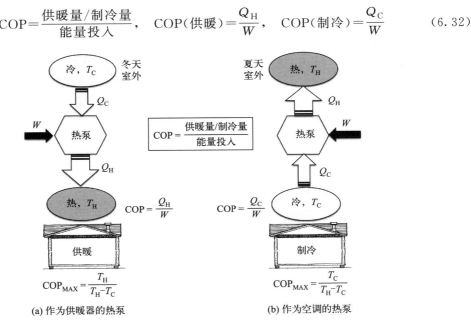

图 6.31　热泵的性能系数

有时，某些工况下在季节性评级方法（SEER 和 HSPF）和热力学评级方法（COP）之间来回切换是很有用的。式（6.33）和式（6.34）提供了转换方法。在供暖季节，COP 与 HSPF 之间的转换关系是：

$$COP = \frac{HSPF[Btu/(W·h)]}{3.412Btu/(W·h)} = \frac{HSPF}{3.412} \tag{6.33}$$

而在制冷季节：

$$COP = \frac{SEER[Btu/(W·h)]}{3.412Btu/(W·h)} = \frac{SEER}{3.412} \tag{6.34}$$

时间回溯到 19 世纪，法国物理学家兼工程师萨迪·卡诺发现了热泵具有最大能效的基本限制，给出了其供暖和制冷条件下的限制。式（6.35）和式（6.36）使用热力学温度（K＝℃＋273.15）和兰氏温度（°Ra＝℃＋491.67）表示了能效限制：

$$COP(供暖) \leqslant \frac{T_H}{T_H - T_C} = \frac{1}{1 - T_C/T_H} \quad (6.35)$$

$$COP(制冷) \leqslant \frac{T_C}{T_H - T_C} = \frac{1}{T_H/T_C - 1} \quad (6.36)$$

考虑式（6.35）在供暖中的应用。该式表明，如果输送适量的热量（T_H）则可能达到更高的能效。举例来说，由该公式可知一套用 100℉ 的热水传输热量的地暖系统要比用 130℉ 的热空气供暖的强制空气流通热分配系统的能效更高。图 6.32 阐述了这一观点。

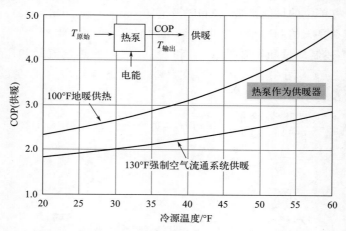

图 6.32 温度决定热泵能效。能效取决于原始温度 $T_{原始}$ 和供暖输出温度 $T_{输出}$，这使得地暖系统相对强制空气流通系统具有一定优势。绘制 COP 曲线假设总效率为卡诺最大值的 35%

大部分热泵在恒定功率下运行，这意味着当外界温度和 COP 降低时，热泵的产热量会减少。同时，如图 6.33 所示，当温度降低时维持室内温暖所需的热量会增加。热泵的产热量和维持温度需要的热量会在某处出现一个交叉点，称为平衡点温度，低于这一温度则只靠热泵满足供暖的负荷。通常这意味着普通的电阻供暖器（COP=1）需要开始运行，这将降低热泵的整体能效。基于这种观点，一般认为热泵在极寒冷的气候中能效并不高，这降低了热泵在某些国家和地区的接受率。幸运的是，有一些解决方法。

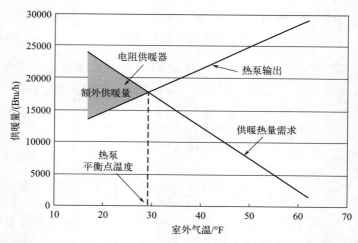

图 6.33 寒冷气候下热泵负荷增加。在寒冷气候中，热泵可能需要额外的供暖器以满足负荷

6.12.1　地源热泵

普通空气源热泵的能效在温度过低的冬天会降低，同样，如果夏天的温度过高，该热泵能效也会降低。地源热泵通过吸取地下更稳定、温和的热量避免了这些极端外界气温的影响，这意味着地源热泵的能效可能远高于普通空气源热泵。

地源热泵（GHP）在本质上和普通热泵相同，但其热交换部件置于地下深钻孔中或埋在地下不深的水平处（图 6.34）。如果居住在池塘附近，池塘也可以作为热泵热源。"能源之星地源热泵"的能效可比普通空气源热泵高 40%～60%。

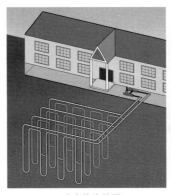 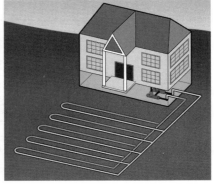

(a) 垂直热交换器　　　　　　　　　　(b) 水平热交换器

图 6.34　地源热泵的一个热交换器位于相对恒温的地下。可以深深地探入低下也可以在不深处水平摊开

地源热泵的缺点在于花费要远高于空气源热泵。然而，安装地源热泵额外增加的成本通常可以用降低的能源消耗成本抵消，特别是在夏天特别热而冬天极冷的地区。

6.12.2　小型无风道分体式热泵

分体式系统强制空气流通热泵的能效虽然较高，但在分配输送其产生的冷气或暖气时仍会有损失。正如人们知道的一样，这些风道造成的冷/热损失可能占房屋总能源需求的很大一部分。

顾名思义，小型无风道分体式热泵没有风道，因此具有巨大的能效优势。也正如其名称，这种热泵每个都很小，所以可能需要多个热泵来满足整个房屋的需求。迷你分体式系统具有一台简单且普通的室外单元（空调室外机），其中包含压缩机、膨胀阀和一个带风扇的热交换器，这些部件都装在一个中等大小的防风箱体内。如图 6.35 所示，一个或多个室内单元使用一台带风扇的热交换器和一个控制将暖气或冷气输送到附近空间的遥控器。制冷剂

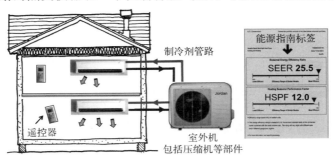

图 6.35　小型无风道分体式热泵

管路连接室内和室外设备。

如图 6.36 所示，新一代小型分体式空调正在解决传统热泵的寒冷天气限制。采用单速电机的普通热泵通过调节开关周期来调节其输出。新型设备具有可调速的驱动器，在温度低于冰点时开始全速运行。其内部电子设备将交流电源转换成直流电源，然后再由变频器将直流电源转换成压缩机电机的变频交流电源。因此，这种设备也称为逆变器驱动小型分体式空调。

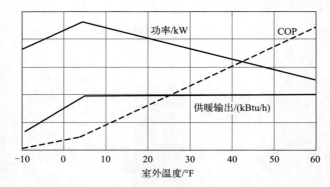

图 6.36　逆变器驱动小型分体式空调在温度低于冰点时的额定供暖能力

除了整体能效更高之外，小型分体式空调与传统的强制空气流通系统的区别使其还有许多可取的特性。每个室内单元都有独立的控制装置，所以住户可以轻易地给当前使用中的空间供暖或制冷。同时这种空调装配简单，无须拆卸和替换现有的低效暖炉、风道和控制装置。事实上，一种改造策略是将旧的供暖系统作为备份，只在最极端的温度条件下使用。这种小型分体式空调可以将家中的供暖系统从化石燃料功能改为电供能，这是额外的一个优点，在住户安装光伏组件后可以很好地协同使用。这是改进房屋零碳排放供暖和制冷系统的好办法。

6.13　本章总结

在美国，几乎一半的能源消耗在建筑上，住宅消耗所占的比例略高于商业建筑消耗。建筑物的能源需求也占到电力需求的近四分之三，这意味着它们造成了很大一部分的碳排放和其他与能源有关的环境问题。

在本章中，将一所房屋拆分为若干部件，从而评估这些因素对房屋供暖和制冷需求的影响，而供暖和制冷需求是最主要的住宅能源消耗方式。即使前文中的示例房屋足以满足大部分的建筑规范，但通过简单的优化改进，该房屋的供暖成本可降低三分之二以上。文章中发现，最容易实现的是采用更好的窗户、降低房屋渗透率和降低热分配系统中的损失。

不管是住宅还是商业建筑，在增强任何建筑物的密封性时，都存在致使室内空气质量令人不适和不健康的风险。利用简易的二氧化碳检测器，很容易评估一个建筑中是否有足够的新鲜空气。当室内二氧化碳超过 $1000\mu L/L$，就需要打开窗户或热回收通风系统以引入更多新鲜空气。这种根据需求所控制的通风在大型建筑中尤其有效。

本章还讨论了各种供暖和制冷系统。目前在住宅领域应用最广泛的传统化石燃料供能的强制空气流通系统，其通过改进也可在很大程度上提高能效，但是我们希望它们最终能被电力驱动的热泵取代。如果在屋顶安装太阳能光伏板，在地下室安装热泵或在各个房间安装小型分体式空调，就有可能得到生态良好的净零能耗房屋。关于这方面的更多内容详见第 8 章。

第 7 章
接近净零能耗：建筑物太阳能应用

太阳在我们对节能建筑的追求中扮演着极其重要的角色。太阳在冬天可帮助给房屋供暖，但在夏天却会造成额外的制冷负担。窗户可以提供自然日光照明来减少一部分照明能源消耗，但如果没有选择合适的窗户，这些光照带来的热量会增加对空调的需求。可以通过太阳能集热器烧热水，或者使用热泵热水器，太阳能光伏发电系统也可以提供热泵所需的电能。事实上，在我们对净零能耗建筑的构想中，目标是所有的供暖、制冷、水加热甚至烹饪都依靠电能，而所有这些电负荷都用屋顶上的太阳能光伏发电系统来抵消。

7.1 太阳能资源

只要对太阳在每个季节、每天中不同时间的位置有一个初步的了解，就可以同时让太阳在冬天帮助给房屋供暖而在夏天避免其过度加热我们的房屋。通过进一步研究，就可以定量评估太阳对建筑能源需求的影响。

7.1.1 在太阳高度角的帮助下设计房檐

首先需要确定太阳的位置。太阳从东方某处升起，当太阳直射观测点经度线时达到最高点（这一时间即为正午），在西方某处落下。图 7.1 展示了两个关键角度，太阳高度角 β 和太阳方位角 ϕ。

特别重要的是正午时的太阳高度角，即太阳在观测位置正南或正北时的太阳高度角。我们知道太阳高度角会随季节的变化而变化，我们想要研究如何利用这种变化。图 7.2 所示是一幢朝南的房屋，假设该房屋在旋转的地球上，此时为正午时刻，由此可得下列关系式：

$$\beta_N = 90° - L + \delta \tag{7.1}$$

式中　β_N——正午时的太阳高度角；

　　　L——所在纬度；

　　　δ——太阳斜角（太阳赤纬角）。

如图 7.2 所示，太阳斜角 δ 是观测日太阳直射纬度平面与太阳入射光之间夹角的角度。该角度在 $\pm 23.45°$ 之间变化，在每年的第 81 天，对应春分日即每年的 3 月 21 日左右，$\delta =$ 0，此时太阳直射点在赤道上。（注意，为了简化叙述，假设观测点在北半球。）太阳在夏至日的正午达到全年的最高点，此时为 6 月 21 日左右。而在冬至日太阳高度角达到全年的最低值，此时为 12 月 21 日左右。

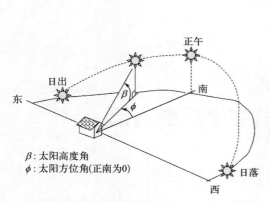

图 7.1 确定太阳的位置。太阳的位置可以用
太阳高度角 β 和太阳方位角 ϕ 表述

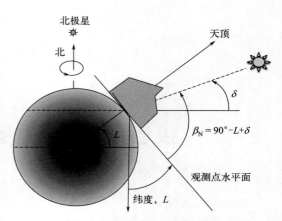

图 7.2 正午时的太阳高度角

计算太阳斜角 δ 的公式如下所示。其中唯一的变量是 n，代表计算太阳斜角的观测日是每年中的第几天（如 $n=1$ 则观测日为 1 月 1 日，$n=365$ 则观测日为 12 月 31 日）。

$$\delta = 23.5\sin\left[\frac{360°}{365°}(n-81)\right] \tag{7.2}$$

图 7.3 使用式 (7.1) 表示观测点位置太阳高度角的范围。在太阳高度角的帮助下设计房檐的伸出量，可以使阳光在冬天能够照到朝南的窗户而在夏天遮挡不需要的阳光。

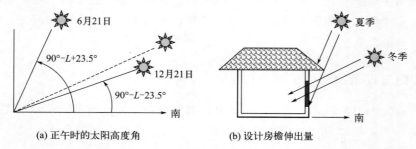

(a) 正午时的太阳高度角   (b) 设计房檐伸出量

图 7.3 正午时的太阳高度角。可以利用正午时的太阳高度角设计房檐的伸出量，
使阳光在冬季能照到朝南的窗户而在夏季却照不到

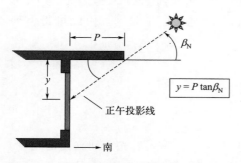

图 7.4 定位正午时在朝南窗户上的投影线

这种对于房檐伸出量的分析在朝南面尤其简单，住户往往想在房屋的朝南面开一扇窗户，使其在冬天能够获取阳光以给房屋供暖，这是很方便的。如图 7.4 所示，房檐伸出墙体部分的距离 P 投下一片阴影，到朝南墙体垂直面与墙体距离为 y 处结束。在正午，有下式：

$$y = P\tan\beta_N \tag{7.3}$$

解决方案 7.1 展示了使用式 (7.3) 设计房檐伸出量的示例。

解决方案 7.1

设计房檐的伸出量

为位于加利福尼亚州帕洛阿尔托，北纬 37.5°的一幢房屋设计房檐，使该房檐投下的阴影在夏至日 6 月 21 日的正午也可以完全遮蔽朝南的滑动玻璃门。推测冬至日即 12 月 21 日时该房檐投下的阴影线位置。

解决方法：

在夏/冬至日，太阳斜角为±23.5°，因此使用式（7.1）可以得出夏/冬至日的太阳高度角为：

$$\beta_N(6 \text{ 月 } 21 \text{ 日})=90-37.5+23.5=76°$$

$$\beta_N(12 \text{ 月 } 21 \text{ 日})=90-37.5-23.5=29°$$

由此可以得出房檐的尺寸和它在冬天的影响：

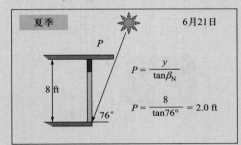
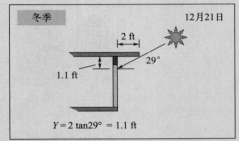

因此，一个伸出墙体 2 英尺的房檐投下的阴影，在夏至日可以完全遮蔽玻璃门，而在冬至日却让同一扇玻璃门完全暴露在日光照射下。事实证明，房檐在合理的设计条件下可以得到一个偶然的结果，一扇朝南的玻璃窗可以在夏至日整天都被遮蔽在阴影中，而在冬至日却可以整天完整地暴露在太阳的照射下。

7.1.2 太阳路径图

用来定位一年中任意一天任意时间的太阳位置的公式是相当复杂的（更严谨的分析见 Masters，2013），但是在网上可以找到体现太阳位置的图解。其中俄勒冈州立大学的网站相当方便好用，只需使用邮政编码或经纬度定位观测点位置（经度只是用于确定观测点时间）。

太阳路径图可以用于快速分析位置来确定树木或建筑之类的遮蔽物是否会将阴影投向目标点。可能造成影响的障碍物的高度角和方位角可以用一个简单的量角器和铅锤以及指南针来测量。将障碍物直接绘制到太阳路径图上，可以轻易地确定某位置每月中每小时的阴影问题。举例来说，图 7.5 所示的位置在 2 月到 10 月之间都可以完全被阳光照到，但从 11 月到次年 1 月大约每天的上午 8 点半到 10 点和下午的 3 点后，所示位置都会被阴影遮蔽。

7.1.3 阴影图

在许多情况下，计算出障碍物所投下的阴影朝向什么方向、范围有多远多大是十分有用的。举例来说，你可能想知道一个住房开发项目中每栋楼之间的间隔距离是多少，是否能保证每个单元都享受足够的光照。或者假设你在设计在商业建筑房顶安装太阳能光伏板，想要确保

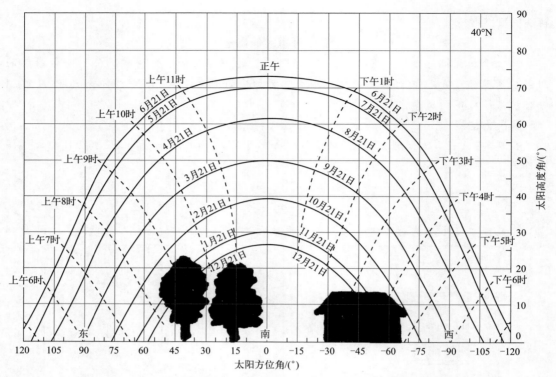

图 7.5 北纬 40°的太阳路径图。在 11 月至次年 1 月的上午和下午晚些时候，
障碍物的阴影会遮蔽观测点位置

每一排太阳能光伏板不会遮蔽到另一排。使用阴影图可以简单快速地进行分析来帮助决策。

图 7.6 展示了基础的阴影图。一个桩子在阳光下会投下一片阴影，阴影的顶端在桩子后的地面上会随太阳的移动画出一条曲线。每月画下这些阴影线，就可以积累得到任意纬度的阴影图，如图 7.7 所示。在这种阴影图中获取定量信息的关键是阴影图网格线的横竖间距都与假想中投下阴影的桩子的高度相同。因此，举例来说，一个垂直的桩子在 12 月的下午 4 点投出的阴影的顶端在向北 6 倍桩高、向东 8 倍桩高的位置。

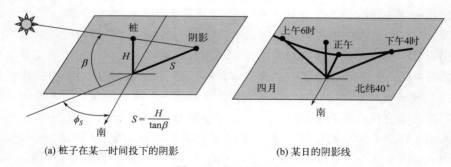

(a) 桩子在某一时间投下的阴影　　　　(b) 某日的阴影线

图 7.6 基础阴影图

图 7.8 展示了阴影图最有用的用途之一——帮助设计师确定安装太阳能集热板的合适间距空间。正如我们将在第 11 章中看到的那样，太阳能光电板对阴影极其敏感。事实上，太阳能光电板的一个大型模块中仅仅有一个单元格被阴影遮蔽都会减少大约三分之一的能量输出。解决方案 7.2 详细说明了这一重要应用。

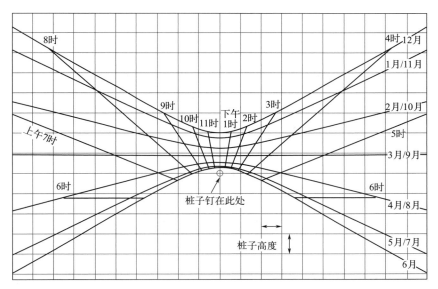

图 7.7　北纬 40°某地的阴影图。上午 8 时，桩子投下阴影的顶点在向西 8 倍桩高、向北 6 倍桩高的位置

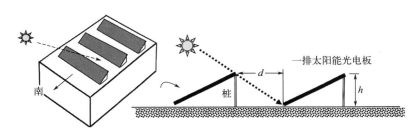

图 7.8　天台上太阳能集热器避免阴影遮蔽的安装方案

解决方案 7.2

屋顶太阳能光电板的间隔

计划为位于北纬 40°的一座朝南的商业建筑在屋顶安装几排架式太阳能光电板。该设计要求光电板翘起端的高度为 3 英尺，底部固定在屋顶上。

找出每排太阳能光电板之间的最小间距，并确保每天从早上 8 点到下午 4 点之间太阳能光电板不会相互遮蔽。

解决方法：

从图 7.7 中的阴影图看出，一年中阴影面积最大的时间是 12 月，那时太阳处于全年中的最低位置。假设阴影图中桩子的高度与太阳能光电板翘起一端的顶部高度一样都是 3 英尺。在早上 8 点和下午 4 点，阴影投出的最远距离相当于 6 倍桩高，如下所示：

$$d = 3\text{ft} \times 6 = 18\text{ft}$$

这将造成很大的空间浪费，所以需要进行一番权衡。举例来说，假如 12 月的天气并不总是十分晴朗，因此设计目标变更为在除 12 月之外的其他月份的早 8 点到下午 4 点之间太阳能光电板不相互遮蔽即可。那么从阴影图上看，只需要 4 倍桩高的间距即可：

$$d(1\text{月}—11\text{月}) = 3\text{ft} \times 4 = 12\text{ft}$$

在这样的间距条件下也许可以多装一排太阳能光电板，因此这是一个有吸引力的方案。

7.1.4　阴影图与建筑模型

阴影图和拟议建筑物的模型一同使用非常有帮助。如图 7.9 所示，将一块带有纬度的阴影图粘贴在一块纸板上，取一根回形针作为阴影图中的桩子。只需将回形针的一端向上弯折，并将其下端固定在阴影图上，然后将回形针修剪至适当的高度。

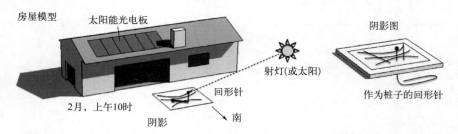

图 7.9　预测阴影带来的问题。使用阴影图和建筑模型来预测阴影可能带来的问题。注意屋顶太阳能光电板上的阴影

将这份阴影图及其桩子（回形针）固定在建筑模型所在的平台平面上，并使阴影图的南北轴与模型的南北轴对应。使用人工光源或太阳使回形针投下的阴影指向正确的月份和时间。此时模型实际的阴影将会展现出来。

阴影图也可用于简单的实验室规模的建筑模型日影仪测试。常规日影仪的设计是用于让建筑师逐月逐小时测试其建筑物理模型，以此观测房檐、邻居的房屋或其他障碍物造成的阴影的影响。这些日影仪往往既复杂又昂贵，而且不易获得。但是一个模仿地球的三脚架、一台可移动的聚光灯和一张阴影图就可以很轻易地构建一台简单但非常有效的自制日影仪，就像图 7.10 中展示的一样。

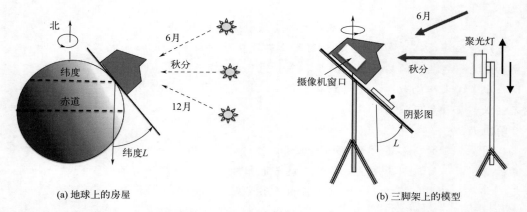

(a) 地球上的房屋　　　　　　　　　　　　　　(b) 三脚架上的模型

图 7.10　使用阴影图进行简易日影仪测试。调整三脚架平台倾斜角，模拟目标纬度，上下移动聚光灯直到阴影图上回形针的阴影投射到正确的月份，然后旋转三脚架，逐小时观测阴影变化。摄像机可以用来拍摄模型室内日光影像

注意图 7.10 中的"摄像机窗口"。将一台简易摄像机对准模型的窗口，随后旋转平台，即可以录制一天中模型的室内光影影像。

7.2　节能建筑设计策略

建筑将会存在很长时间，在其存在时间内总可以用能效更高的技术对其进行改造，然而不可能把一栋建筑从地面上拔起来，改变其形状和朝向使建筑具有更好的表现。遵循某些基本的建筑设计准则可以使一座建筑在能源消耗和居住舒适度方面都比另一座好得多。

7.2.1　建筑朝向的重要性

建筑朝向会极大地影响建筑在冬天尽可能多地获取太阳能而在夏天避免过多的太阳能获取这一双重目标。前文已经展示了合理设计一扇朝南（如果在南半球，则是朝北）的窗户之上的房檐可以轻松地实现这一目标。但朝东和朝西的窗户应该怎么办呢？如图 7.11 所示，朝东和朝西的窗户分别在上午和下午暴露在近乎水平的阳光照射下，因此房檐并不能很好地避免房屋在夏天吸收过多的热量。

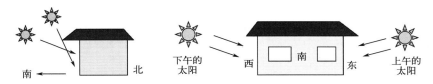

图 7.11　窗户朝向的影响。透过朝南窗户的太阳照射能很容易通过房檐控制，但朝东和朝西的窗户在夏天容易吸收过多的太阳能

为了表明房屋朝向的重要性，图 7.12 比较了每月在晴朗天气条件下，朝南窗户、朝西窗户、朝东窗户和水平安装的天窗所吸收的太阳辐射热（北纬 40°）。太阳能在冬天可以协助给房屋供暖，但在夏天会造成额外的制冷负担。从这个意义上讲，朝南的窗户是十分理想的。另一方面，朝西和朝东的窗户在夏天会导致过度吸收太阳热量，但在冬天却并没有很大帮助。另外值得注意的是水平安装的天窗在夏季将会造成很大的问题。

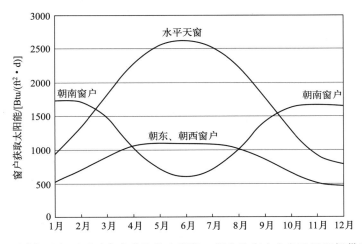

图 7.12　北纬 40°晴朗天气下透过窗户获取的太阳能。朝南的窗户在冬天可以提供所需的太阳能，朝东和朝西的窗户在夏天吸收过多的太阳能，而水平天窗将给空调负荷带来巨大挑战

要满足在冬季提供所需热量，同时减少夏季制冷负荷的需要，最好的方法是将东西向作为建筑物的主轴定向，如图 7.13 所示。这样可以最大限度控制获取太阳能的朝南墙体面积，并使在夏季的上午和下午完全暴露在日晒下的东西向的墙体和窗户的面积最小。沿东西向种植植被可以美化环境并有效控制夏季太阳能获取。一种促进房屋主轴合理定向的方法是将社区楼间街道规划为东西向而不是南北向，如图 7.14 所示。

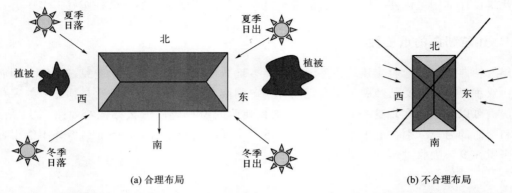

图 7.13　房屋主轴为东西向更具能效。一幢长轴为东西向的建筑物有助于在冬季最大限度地增加太阳能获取，同时尽量减少在夏季的上午和下午暴露在日晒下。东侧和西侧的植被可以帮助控制夏季过多吸收太阳能，而不会影响冬季的太阳能获取

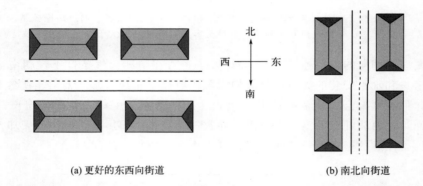

图 7.14　街道方向可能带来的差异。东西向的街道方向潜在地增加了太阳能的利用率，并减少了制冷负荷

7.2.2　朝南的窗户对太阳能的获取

诚然，在阳光明媚的日子里，朝南的窗户可以带来大量的太阳能，但能量也会透过它们全天候地、整夜地、整个冬天地散失。这些窗户能否供应净能源是一个很重要且很容易回答的问题。

在第 6 章中，我们讨论了如何使用热导率 U（U 值）来计算窗户的热损失。为了计算太阳能获取量，需要一个代表照射到窗户上的太阳能和进入室内的太阳能的比值的评估系数，这个评估系数称为太阳能得热系数（SHGC，solar heat gain coefficient）。对于被动式太阳能供暖，较高的 SHGC 是可取的，而在具有巨大制冷负荷的商业建筑中，较低的 SHGC 非常重要。美国门窗热效评级委员会（NFRC，the National Fenestration Rating Council）的窗户标签包括 U 值和 SHGC，以及可见光透射比和空气渗透量。图 7.15 展示了一个该标签的示例。

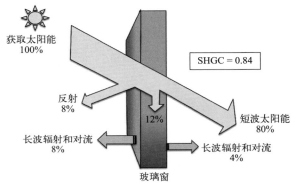

热导率U值
窗户和窗框的热阻值的倒数

太阳能得热系数(SHGC)
该数值越高，被动获取太阳能的效率越高；该数值越低，空调的负荷越低

可见光透射比(VT)
能够透过玻璃的可见光的比例

空气渗透量[ft³/(min·ft²)]

图 7.15　美国门窗热效评级委员会的窗户标签

图 7.16 所示是当太阳光照射到单层玻璃窗上时太阳能的去向。对于这面单层窗，8％的太阳能将反射回环境中，12％的太阳能会被玻璃本身吸收，剩余 80％的太阳能将作为短波辐射进入房间。同时，玻璃吸收的太阳能最终有一部分会返回环境中，另一部分被玻璃吸收的太阳能会进入房间，占照射到玻璃上太阳能总量的 4％。最终能进入室内的太阳能总量占照射到玻璃上太阳能总量的 80％＋4％。也就是说，这面窗户的 SHGC 值是 0.84。

图 7.16　普通单层玻璃窗的太阳能得热系数

如解决方案 7.3 所示，对于美国 48 个州的几乎全部地区来说，晴朗天气通过玻璃窗比如双层玻璃的朝南窗户，所获取的太阳能远远超过该窗户造成的热损失。也就是说，在冬天这些窗户就像一个个小暖炉一样提供净正热流，这比最好的密闭墙体还要好，因为即使最好的墙体也会损失一定能量。

对特定天气进行类似计算得出的结果显示，除非冬天温度极低且多云，否则朝南的窗户都可以提供净能量获取，这意味着朝南的窗户多多益善。然而，朝南窗户的面积过大也会存在一定风险。举其中一个作为例子，第 6 章中提到过夜晚这些窗户附近将会十分寒冷。当然，保温隔热的室内窗帘可以缓解这种担忧，提高窗户获取的整体净热量。另一个风险是，在日间，过多朝南窗户带来的大量太阳能可能会给室内提供过多的热量。这个风险也可以通过增加额外的像混凝土地板一类的蓄热体来避免，这些吸热物体可以在日间吸收一定量的热量，而在夜晚将热量反馈回室内。提供足够的蓄热体是被动式太阳能房屋设计的主要挑战之一。

解决方案 7.3

朝南窗口的净热量流入

假设一面朝南、透明的双层玻璃窗具有 0.50 的 U 值和 0.70 的 SHGC。房屋位于北纬 40°，其住户习惯在冬天保持 70℉的室内温度。

在一个晴朗的冬日，24 小时平均室外温度要降到多低才能使这扇窗户不再提供净热量流入？

解决方法：

由图 7.12 可知，在晴朗的冬日太阳照射在一面北纬 40°朝南窗户上的辐射能量约为 1700Btu/(ft² · d)。所以，以下图作为指示：

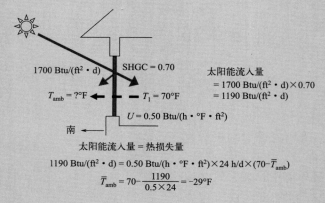

太阳能流入量 = 热损失量

$$1190 \text{ Btu/(ft}^2 \cdot \text{d}) = 0.50 \text{ Btu/(h} \cdot \text{°F} \cdot \text{ft}^2) \times 24 \text{ h/d} \times (70 - \overline{T}_{\text{amb}})$$

$$\overline{T}_{\text{amb}} = 70 - \frac{1190}{0.5 \times 24} = -29 \text{°F}$$

由此可见当外界温度低至-29°F时，这面朝南的窗户不再有净热量流入。

7.3　制冷负荷

由于各种原因，关于制冷的计算要比关于供暖的计算更复杂。影响因素包括那些在传热系数（热阻值乘以面积）影响下的热量获取，还有那些由于吸收日光而通过窗户和屋顶获取的并不需要的热量，空气渗透、制冷和除湿必需的通风和房屋内部热源产生的热量，这些热量在冬天可以帮助给房屋供暖，但在夏天却会对制冷造成额外负担（图 7.17）。

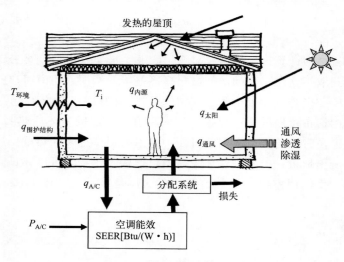

图 7.17　制冷负荷更加复杂

7.3.1　避免制冷负荷

理所当然的是，减少空调负荷的最好方法是减少对制冷的需求。合理规划建筑的朝向是一个很好的出发点。前文已经说明了将东西向作为建筑的长轴方向以减少暴露在日光下的墙和窗的面积的重要性。建筑同样可以靠合理选择朝向从自然通风的盛行风中获取优势。如图7.18 所示，如果气流从某一角度吹向建筑而非直吹，通风效率将会提高。将那些产生热量和湿度的房间如厨房和洗衣房规划在房屋的背风面，可以避免这些房间的热量和湿度影响房屋中的其他区域。如果房屋有一个附属车库，那这个车库无疑应该规划在房屋的背风面以避免阻碍房屋其他区域所需的气流。

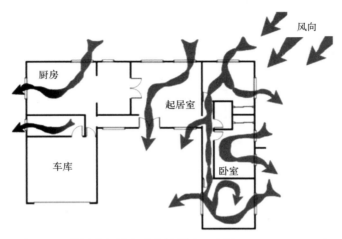

图 7.18　利用盛行风实现自然制冷（来源：DBEDT，2001）

造成制冷负荷过重的主要原因之一是建筑的屋顶所承受的日照。这些发热的屋顶不仅会增加其建筑个体本身的制冷负荷，也会提高整个地区的室外温度，这一现象称为热岛效应。如图 7.19 所示，在住宅方面，阁楼温度可以通过连续的屋脊通风口、挑檐底面通风口及屋顶下和天花板托梁上的铝箔隔热层得到极大的降低。深色的屋顶瓦同样会增加制冷负荷。图7.20（b）表明太阳能反射率低的传统屋顶瓦往往会使屋顶的温度升高至超过 80℉。新开发的屋顶材料可以在保持原有色彩的同时提高整体太阳能反射率，这意味着不一定要选用白色的屋顶才能实现屋顶节能的目的。这些新材料会尽可能多地反射红外线，而只反射必需的可见范围内的射线，从而呈现想要的颜色。

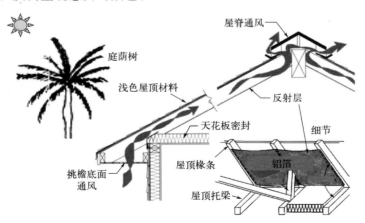

图 7.19　凉爽的屋顶需要遮阳、屋顶材料、通风口、反射层

另一种降低屋顶温度的方式如图 7.20（a）所示，图片展示的是 Facebook 公司在加州门罗公园新建的九英亩绿色屋顶。绿色屋顶是精心设计的屋顶花园，具有包括更大的阴影遮蔽面积和更高的表面反射率在内的诸多特性。除了降低屋顶的温度，绿色屋顶还可以提供雨水管理功能，这在雨污水混排的老城市尤其重要。在这样的区域，暴雨会超出当地水处理厂的处理能力，导致未经处理的污水流入当地水体。绿色屋顶可以像海绵一样临时吸收这些降水。最后，也许也是最重要的一点，绿色屋顶可以让建筑物使用者在工作场所得以享受美丽的、花园般的户外空间。

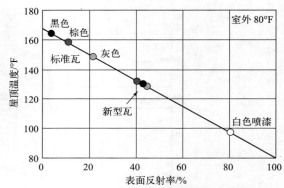

(a) Facebook的绿色屋顶　　　　　　　(b) 较高的表面反射率可以降低屋顶温度和空调负荷

图 7.20　减少屋顶制冷负荷

传统的降低屋顶温度的方法是通过提高屋顶表面的反射率来将大部分可见光和近红外光反射回天空。图 7.21 所示是第二种方法，通过提高屋顶表面的远红外线（波长＞$3\mu m$）发射率来促进辐射冷却。事实上，在 Shanhui Fan 教授的带领下，斯坦福大学已经取得了一些令人惊叹的成果，该团队研制了能将发射波长集中在 $8\sim13\mu m$ 范围内（即所谓的大气窗口）的表面。从地球表面发射出的该波长范围内的辐射很容易通过大气窗口进入外层空间，帮助我们的星球保持凉爽。此外，这扇大气窗口无论日夜都是"开着"的，所以这种辐射冷却在白天和夜间都可以给屋顶降温。

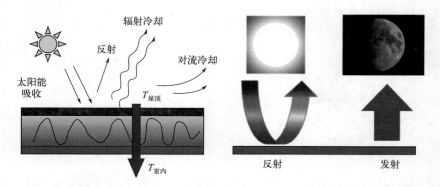

图 7.21　屋顶的升温和冷却。传统的提高屋顶冷却能力的方法是提高表面反射率，而另一种有前景的新方法是使用能将辐射波长集中在 $8\sim13\mu m$ 范围内（大气窗口）的高发射率表面

正确的东西轴定向，在保证日光供应的同时减少获取额外太阳能热量的玻璃，精心设计房檐，用心安排植被以遮蔽窗户和屋顶，这些内容对商业建筑来说是一开始就要设计好的。

此外，通过能效更高的照明系统和能够在无须使用时给设备断电的插头负荷管理系统来降低建筑内部热源产生的热量，以此来显著降低空调负荷。在日间温度高、夜间温度低的地区，可以利用蓄热体夜间"吸冷"，在第二天通过"飞轮效应"给建筑降温。下一节将继续讨论十分重要的窗户。

7.3.2　通过使用更好的窗户降低制冷和照明负荷

我们已经知道正确规划建筑物长轴朝向以尽量减少向东和向西窗户面积的重要性，我们也知道如何使用房檐来遮蔽朝南的窗户。但即使这些合理的设计完全得到应用，取得了相应的优势，也总有几面在一年炎热的几个月里被太阳直射的窗户。特别是在大型建筑中，一部分太阳辐射是有用的，因为这些辐射伴随着日光可以减少对人工光源的需求。回顾图 6.4，商业建筑最主要的能源负荷就是与照明和空调相关的，这两者都极大程度上受到窗户的影响。

如图 7.12 和图 7.13 所示，为了避免获得无用的太阳能，窗口定位是最重要的。与朝南的窗户（易于遮蔽）相比，朝东和朝西的窗户在夏季往往会暴露在两倍的太阳辐射之下，这将极大地提高空调负荷。控制商业建筑太阳能吸收的传统方法是选择有色（如青铜色）或反光的玻璃窗。有色窗户的缺点是，这些玻璃抵挡太阳辐射的方法是用玻璃本身吸收。这样的结果是玻璃将会变得很热，从而让坐在玻璃旁边的人感到不适，因为发热的玻璃将会把其自身的热量辐射向室内空间。闪亮、反光的玻璃避免了玻璃本身过热的问题，但是，由于不加区分地阻挡所有波长的太阳辐射，很少有日光能透过这种玻璃，这就增加了对人工照明的需求。

更现代的控制太阳能获取的方法是使用具有光谱选择性和低发射率的玻璃窗。回想一下第 4 章中介绍的太阳光谱（图 4.9），图中表明 7% 的入射太阳辐射存在于光谱中的紫外线（UV）部分（可能引发人体皮肤癌和材料褪色），大约 47% 在可见光范围内（帮助我们看到事物），而 46% 是红外线（提供热量，但没有光）。图 7.22 表明，为了减少空调负荷，具有低太阳能得热系数（SHGC）的玻璃可以抵挡大多数近红外线，而具有高可见光透射比（VT）的玻璃可以引入尽可能多的日光照明，因此兼具两者的玻璃是更好的选择。这些具有

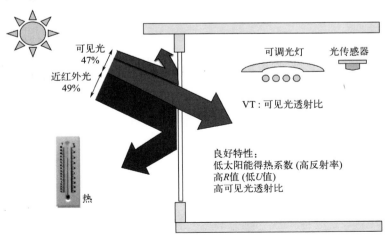

图 7.22　商业建筑窗户的目标。具有光谱选择性和低发射率的玻璃窗与自动调光照明系统相结合，可以在获取日光的优势的同时减少商业建筑的照明和制冷负荷

光谱选择性的窗户再加上用于调节人工照明的自动调光系统，可以大大减少商业建筑的照明和空调负荷。

如果我们更加谨慎地审视商业建筑的低 SHGC 值和高 VT 值这两个希望可以同时达成的目标，我们会发现这二者之间必须做出一定取舍。随着 SHGC 值的降低，更大比例的入射辐射会被反射出来，这意味着可见光谱范围内的射线也会越来越多地被反射出来，从而降低 VT 值。为了帮助做出这一取舍，需要引入一种新的度量方法，称为光热比（LSG，light-to-solar-gain ratio）：

$$LSG = \frac{VT}{SHGC} \tag{7.4}$$

请看图 7.23，图中将一扇老式的双层青铜色玻璃窗与一扇具有光谱选择性和低发射率（low-e）的玻璃窗进行了比较。为了简化比较，假设输入的太阳能辐射一半为可见光，一半为近红外光。注意，低发射率玻璃窗具有更好（更低）的太阳能得热系数，这意味着更少的太阳能获取量和更小的制冷负担。另外要注意，这扇玻璃窗有更高的可见光透射比，这意味着可以引入更多的日光来抵消照明负荷。最后，低发射率玻璃窗具有更高的 R 值（3.3 比 2.1），这意味着冬季的热量损失更少。因此，低发射率玻璃窗减少了照明和空调的电力负荷，并减少了冬季取暖的费用。

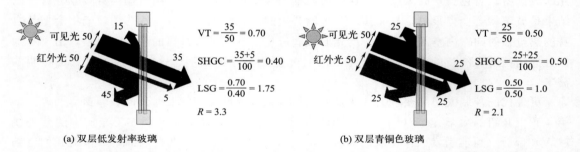

(a) 双层低发射率玻璃　　　　　　　　　　　　　　(b) 双层青铜色玻璃

图 7.23　比较低发射率玻璃窗和青铜色玻璃窗。低发射率玻璃窗具有更低的太阳能得热系数和更高的可见光透射比；两者结合降低了空调和照明的电力负荷

7.3.3　简单的制冷计算

在简要地探索了降低制冷负荷所需要的途径之后，本节将尝试量化计算部分制冷负荷。本节分析三种提高制冷负荷的热量来源：由室内外温差导致的透过建筑围护结构的热量获取，透过朝西的窗户获取的太阳能以及在某些天气必须进行除湿从而带入室内的新鲜空气包含的热量。

对于建筑围护结构来说，可以使用第 6 章中讨论的 UA 值来分析由室内外温差导致的热量流动。为了保持计算的简明，将在同样的度日条件下分析年度制冷负荷，就像分析供暖负荷时一样。回顾一下 6.9.2 节的内容：对于日平均气温高于基准温度 T_b 的日子，累计空调度日数（CDD）；对于日平均气温低于基准温度 T_b 的日子，累计采暖度日数（HDD）。年度 HDD 和 CDD 的关系为：

$$CDD_{T_b} = HDD_{T_b} - 365(T_b - T_{AVG}) \tag{7.5}$$

式中，T_{AVG} 表示年均室外气温，T_b 表示基准温度（我们将采用 65℉ 作为基准温度）。

可以用 CDD 来计算年度制冷负荷，CDD 的运用方法与 HDD 相同：

$$Q_{围护结构}(\text{Btu/a})=24\text{h/d}\times UA[\text{Btu/(h·℉)}]\times CDD(\text{℉·d/a}) \tag{7.6}$$

为了评估年制冷负荷，需要计算空调的能效和低效的管道系统带来的损失。对于该空调将使用季节能效比（SEER）评估，该系数是假设在美国的平均气温下，用空调制冷量（Btu/a）除以制冷电能消耗［(W·h)/a］所得。

$$SEER[\text{Btu/(W·h)}]=\frac{年制冷量(\text{Btu/a})}{耗电量(\text{W·h/a})} \tag{7.7}$$

将空调送风管道系统的效率考虑在内，可以估算空调满足建筑围护结构内的制冷需求所需的年耗电量

$$年制冷负荷(\text{W·h/a})=\frac{24\times UA\times CDD}{SEER\times\eta_{管道}} \tag{7.8}$$

为抵消房屋吸收的太阳能，特别是从朝西的窗口中传入室内的太阳能带来的额外制冷负荷，可用晴空辐射照度估算。如图 7.12 所示，在北纬 40°，晴朗天气下朝西的窗户将暴露在每天约 1100Btu/ft^2 的太阳辐射下。事实证明，在大范围的同纬度地区内该数值是近似的，所以这个数值可以用于估算：

$$太阳能得热量=1100\text{Btu/(ft}^2\text{·d)}\times N(\text{d/a})\times SHGC \tag{7.9}$$

解决方案 7.4 演示了计算 CDD 和窗户得热量的示例。

解决方案 7.4

休斯敦的一面密闭朝西玻璃窗带来的制冷负荷

假设一所位于休斯敦的 UA＝500Btu/(h·℉) 的房屋装有一套 SEER＝13Btu/(W·h) 的空调系统和总面积为 100ft^2 的 SHGC＝0.75 的朝西窗户。这些窗户每年有 90 天暴露在 1100Btu/ft^2 的午后阳光下。休斯敦的采暖度日数 HDD65＝1434℉·d/a，年平均温度为 69℉。假设输送管道的传输效率是 80%，电费为 0.12 美元/(kW·h)。这些制冷负荷带来的年用电费用是多少？

解决方法：

首先用式（7.5）计算空调度日数（CDD）：

$$CDD=HDD-365(T_b-T_{avg})=1434-365\times(65-69)=2894\text{℉·d/a}$$

随后使用式（7.8）可得：

$$室内制冷负荷=\frac{24\times UA\times CDD}{SEER\times\eta_{管道}}$$

$$=\frac{24\text{h/d}\times500\text{Btu/(h·℉)}\times2894\text{℉·d/a}}{13000\text{Btu/(kW·h)}\times0.80}$$

$$=3340\text{kW·h/a}$$

抵消朝西窗户吸收的热量而产生的制冷负荷为：

$$制冷负荷=\frac{朝西窗户吸收的太阳辐射能量}{SEER\times\eta_{管道}}$$

$$=\frac{100\text{ft}^2\times1100\text{Btu/(ft}^2\text{·d)}\times90\text{d/a}\times0.75}{13000\text{Btu/(kW·h)}\times0.80}$$

$$=714\text{kW·h/a}$$

由此，忽略除湿负荷的前提下，空调的总用电费用为：

$$空调电费=(3340+714)\text{kW·h/a}\times0.12\text{ 美元/(kW·h)}=486\text{ 美元/a}$$

7.3.4 除湿

在许多国家和地区，制冷负荷的一大部分是对渗透或通风进入的空气进行除湿所消耗的能源。蒸发 1lb 水，将其从液态水转化为水蒸气大约需要 1060Btu 的热量。这意味着为了给潮湿的空气除湿，去除潮湿空气中每磅水将消耗 1060Btu 的汽化潜热（latent heat）。

熟悉图 7.24 所示简化的湿度计算图有助于理解这一除湿过程。湿度计算图的纵轴和横轴分别是空气中的水分含量（称为绝对湿度）和干球温度（用干球温度表测量的温度），参数是相对湿度（rH），这一数值是在给定干球温度下空气所能保有的最大水分分数。

图 7.24 的示例展示了将 80℉ 相对湿度 40% 的室外空气（A 点）冷却到 65℉ 相对湿度 40% 的理想空气温度（D 点）的过程。想象空调设备沿着湿度计算图中 A 点至 B 点的路径降低空气温度，因为空气中的水分含量还没有改变（绝对湿度不变），因此这条线是水平的。当空气达到 53℉（B 点）时，空气湿度完全饱和，温度的进一步下降将会导致空气中的水分凝结。沿路径从 B 点至 C 点，温度降至 40℉，这一过程中足量的水分发生凝结从而使绝对湿度（单位质量的湿空气中所含有水蒸气的质量）从约 0.009 降低至 0.0055。当 C 点 40℉ 的空气吸收热量，该点将在湿度计算图上水平横移达到理想的温度和湿度（D 点）。解决方案 7.5 演示了这一过程。

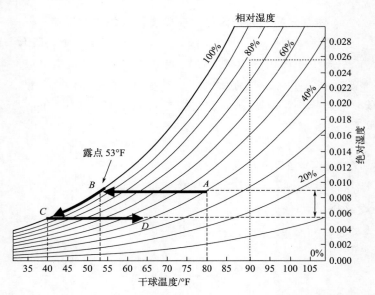

图 7.24　一张简化的湿度计算图。展示了将 80℉ 相对湿度 40% 的空气冷却到 65℉
相对湿度 40% 的空气的过程路径。每凝结 1lb 水将释放 1060Btu 的热量

解决方案 7.4 和 7.5 中的示例说明了建筑物制冷负荷的三个主要来源：穿透建筑物围护结构的热转移得热、透过暴露在光照下玻璃的太阳能得热和除湿。虽然这些说明是以住宅为例，但此规律同样适用于大型商业建筑。

7.3.5 体感舒适度

到目前为止，我们聚焦于能效技术，这些技术有助于使我们在建筑中保持舒适。但是很明显，"舒适"这个词很难定义。图 7.25 所示为一种基于多种变量的衡量方式，这些变量包括空气温度、平均辐射温度、空气流速、湿度、人体新陈代谢速率和衣着热阻。基于人类研究，结合所选变量可得出一个单一的参数，称为预测平均评价（predicted mean vote，PMV）。PMV 数值为正则被认定为舒适。将正值的 PMV 数值映射到湿度计算图上，就可以确定舒适区的条件。在建筑环境中心（the Center of the Built Environment，CBE）的网站上，用户可以调整输入这些变量来确定其结果是否属于舒适区。

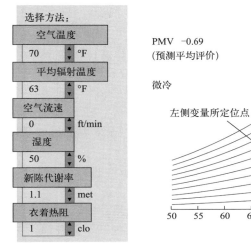
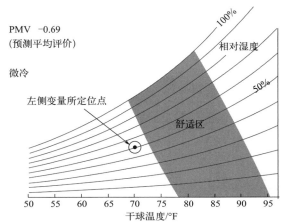

图 7.25　在 CBE 湿度计算图中测定舒适区。CBE 网站能够预测输入的参数结合起来是否为舒适的室内条件

解决方案 7.5

汽化潜热相关的制冷负荷

假设解决方案 7.4 中休斯敦的示例房屋有 $2000ft^2$ 的建筑面积、8ft 高的天花板和 $0.5h^{-1}$ 的渗透率。将渗入室内的 90°F 相对湿度 80% 的室外空气除湿至良好的 65°F 相对湿度 40% 空调出气，计算与之相关的制冷负荷。假设空气密度为 $0.075lb/ft^3$。

解决方法：

必须除湿的渗入室内的空气入渗速率为

$$0.5h^{-1} \times (2000 \times 8)ft^3 \times 0.075lb/ft^3 = 600lb/h$$

由图 7.24 可知，将 90°F 相对湿度 80% 的室外空气冷却到 65°F 相对湿度 40% 的理想空调出气需要去除的热量为：

$$(0.026 - 0.0055) \times 600lb/h \times 1060Btu/lb = 13038Btu/h$$

休斯敦示例房屋空调系统 SEER=13Btu/(W·h)，具有输送效率为 80% 的管道系统，电费为 0.12 美元/(kW·h)。因此，假设夏天的 90 天需要持续除湿，总空调耗电量为：

$$耗电量 = \frac{13038Btu/h \times 24h/d \times 90d/a}{13000Btu/(kW·h) \times 0.80} = 2708kW·h/a$$

在电费为 0.12 美元/(kW·h) 的情况下，空调耗电电费为 325 美元/a。

在合理得热，有朝西窗户和除湿的影响下，这所房屋空调总耗电量为 6762kW·h/a，每年花费 811 美元。购买具有更高 SEER 能效等级的空调和遮蔽高得热的窗户，可以大量减少该负担。

CBE 所用的变量中，有两个单位需要一些解释：met 和 clo。其中，met 是衡量新陈代谢的指标。显然，在寒冷的房间中，保持活动会比静坐更舒适。met 的定义如下：

$$代谢当量 = \frac{新陈代谢率\left(\frac{kcal}{h \cdot lb}\right) \times 体重(lb) \times 3.97\left(\frac{Btu}{kcal}\right)}{体表面积(ft^2)} \times \frac{met}{18.4Btu/h} \quad (7.10)$$

1met 基于体重 182lb，体表面积 19ft^2，静止时能量消耗速率 0.48kcal/(h·lb) 得出：

$$代谢当量 = \frac{0.48\left(\frac{kcal}{h \cdot lb}\right) \times 182lb \times 3.97\left(\frac{Btu}{kcal}\right)}{19ft^2} \times \frac{met}{18.4Btu/h} = 1.0met \quad (7.11)$$

一些典型的示例新陈代谢率包括睡眠（0.7met）、静坐（1.0met）、站立（1.2met）和以 2mi/h 的速度行走（2.0met）。衣着热阻的典型值有"典型衣着"（夏季为 0.5clo，冬季为 1.0clo）。

使用 CBE 网站可以得到许多关于提高能效和舒适度的启发，比如夏天在办公室应穿轻便的衣服，而不是穿外套打领带。在这个例子中，舒适区中心点位表示如果在室内穿着轻薄短袖的衣服，即使室内温度提高 10℉，仍是体感舒适温度。

7.4　被动式太阳能供暖

如图 6.4 中所指出的，房屋供暖是整个建筑体系中最大的单一能源需求类别。既然如此，为何不让太阳承担一部分供暖工作呢？有两种方法可以尝试实现这一设想。第一种方法是被动式太阳能（passive solar），该方法基于促进日光穿过窗户和其他太阳能通道从而提供所需的热量。被动式太阳能装置简单、廉价且可靠。第二种方法是主动式太阳能（active solar），该方法使用特殊的太阳能集热器收集热量，随后用热泵和鼓风机将能量送入储热装置和分配系统。尽管主动式系统可以更好地控制热量流动，但较高的成本和不稳定的可靠性导致其不能得到广泛的应用。

此外，另一种建造节能建筑的方法在 20 世纪 90 年代由德国被动式房屋研究所（Passivhaus Institute in Germany）创建。在美国，该机构被称为 Passive House Institute，或简称 PHI。利用这种方法建造的都是绝佳的建筑，具有非常紧密的结构且能源需求极低。但这类房屋与本节要描述的被动式太阳能房屋有很大的区别，这类房屋并不特别注重利用太阳能，而且因为这类房屋需要将热量从一个地方泵到另一个地方，严格来说这类房屋并非被动式房屋。

被动式太阳能的设计基准很简单，如下：
① 围护结构能效最大化（已在第 6 章中描述）；
② 尽可能让建筑以东西向为主轴，从而控制太阳能得热；
③ 安装向南的玻璃窗以获取太阳能；
④ 设计合适的房檐，使其在夏天可以遮蔽朝南的窗户；
⑤ 装备高能效蓄热体，吸收白天超额的太阳能。
下文将探讨这些重要的概念。

7.4.1　"太阳能"房屋

一个需要探讨的问题是，在一所不具有额外蓄热体的普通轻型框架结构房屋中最多能安装多少朝南的玻璃窗，而且还能在阳光明媚的日子里保证没有过热的风险。一条根据经验得出的法则表示，只要太阳能得热窗口的面积小于建筑面积的 7%，房屋本身的蓄热能力就是足够的。一种简单、保守地分析这种"太阳能"房屋的方法是假设那些朝南的玻璃窗至少是热中性的（如解决方案 7.3 所述），并在热损失计算中忽略这些窗户。换言之，就是在假设那些朝南的玻璃窗具有无限的热阻值的前提下计算房屋的整体 UA 值。

表 7.1 验证了这种简单方法，比较了在上一章（表 6.6）中提到的一所传统房屋（零太阳能得热）和一所太阳能房屋。对这所 1500ft² 的房屋来说，只是将 100ft² 原本的窗口面积算成未遮挡的朝南的热中性窗口，就将整体热损系数从 482Btu/（h·℉）降低到了 411Btu/（h·℉）。相对于这么小规模的改造，15% 的能效增加已是了不起的提高。想象一下，如果你南边的邻居想要紧挨着你的房子建造一座巨型豪宅，遮住你的太阳能得热窗，你会有多不开心。

表 7.1 比较传统房屋和太阳能房屋

房屋	组件	面积/ft²	密封	R	U=1/R[①]	UA[①]	占总量比例/%
(a) 原始房屋 （1 号房屋： 传统房屋）	天花板	1500	R-30, 13#	30.3	0.033	49.5	10
	窗户	250	双层玻璃，铝窗框，21#	1.4	0.714	178.6	37
	门	60	无防风处理，19#	2.6	0.385	23.1	5
	墙体	970	R-21, 3#	19.2	0.052	50.5	10
	地面	1500	R-21, 7#	29.3	0.034	51.2	11
		ACH	体积/ft³	效率/%			
	渗透	0.6	12000	0		129.6	27
	通风	0	12000	70		0	0
	总 UA 值=					482	Btu/(h·℉)
	温度指数=					7.7	Btu/(ft²·℉·d)
(b) 同一所房屋，将其 100ft² 的窗户移至南侧（2 号房屋：太阳能房屋）	组件	面积/ft²	密封	R	U=1/R[①]	UA[①]	占总量比例/%
	天花板	1500	R-30, 13#	30.3	0.033	49.5	12
	太阳能得热窗	100	日晒	无穷大	0.000	0.0	0
	窗户	150	双层玻璃，铝窗框，21#	1.4	0.714	107.1	26
	门	60	无防风处理，19#	2.6	0.385	23.1	6
	墙体	970	R-21, 3#	19.2	0.052	50.5	12
	地面	1500	R-21, 7#	29.3	0.034	51.2	12
		ACH	体积/ft³	效率/%			
	渗透	0.6	12000	0		129.6	32
	通风	0	12000	70		0	0
	总 UA 值=					411	Btu/(h·℉)
	温度指数=					6.6	Btu/(ft²·℉·d)

① 该列为计算值。

7.4.2 蓄热体的重要性

由于可以把朝南的窗户想象成净热量来源，在被动式太阳能房屋的设计中尽可能多地增加朝南的窗户是很有吸引力的。然而，随着朝南玻璃面积的增加，房屋本身的热质量将不足以避免室内温度产生过度波动。举例来说，图7.26用计算机模拟了一所没有额外热质量（蓄热体）的普通轻质房屋。该房屋朝南窗户的面积占建筑面积的7%，下午时，太阳会把房子加热到一个合理温度，即70℉。如果朝南窗户面积加倍，达到14%，则温度会升高到90℉，这个温度有点过高了，意味着该建筑需要额外的热质量。具有14%的太阳能得热窗户面积和足够的额外热质量用于蓄热，在没有其他辅助热源的情况下，该房屋也能在白天和夜晚都保持舒适的环境。

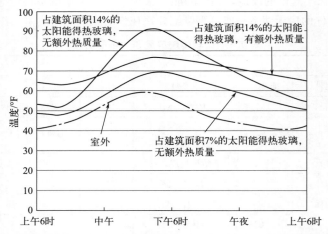

图7.26 额外热质量的潜在优势。模拟显示热质量对室内温度波动的影响。
太阳能得热窗口面积表示为占建筑面积的比例

大多数被动式太阳能房屋中，在额外的热质量中储存热量是通过让阳光加热混凝土、瓦片、其他致密的砌体材料或水（如解决方案4.3所示）来实现的。一种实用的衡量材料储存热量能力的指标是其体积比热容（volumetric capacitance），该系数是材料密度 ρ（lb/ft^3）与其比热容 c [Btu/(lb·℉)] 的乘积。比较混凝土和水的体积比热容，结果如下：

混凝土：140lb/ft^3×0.2Btu/(lb·℉)=28Btu/(℉·ft^3)

水：62.4lb/ft^3×1.0Btu/(lb·℉)=62.4Btu/(℉·ft^3)

这意味着使1ft^{3}水升温1℉所储存的热量超过使1ft^{3}混凝土升温1℉所能储存的热量一倍以上。尽管水具有这样巨大的优势，还是很少有被动式太阳能房屋会选择使用水作为额外热质量。解决方案7.6比较了这两种储存热量的方式。

解决方案7.6

热质量规模

一所被动式太阳能房屋需要多少热质量？

解决方法：

一份关于被动式太阳能房屋热质量需求量的建议表示，对每平方英尺的太阳能得热面积应相应地提供至少30Btu/℉的蓄热能力。

举例来说，一所有着200ft^{2}太阳能得热面积的房屋所应配备的热容为

$$C=30\text{Btu}/(\text{℉}·\text{ft}^2)×200\text{ft}^2=6000\text{Btu}/\text{℉}$$

如果使用体积比热容为 28Btu/(ft³·℉) 的混凝土，所需体积为：

$$V = \frac{6000\text{Btu}/^\circ\text{F}}{28\text{Btu}/(\text{ft}^3 \cdot ^\circ\text{F})} = 214\text{ft}^3$$

假设使用地面混凝土板作为热质量，且估计混凝土板只有上方 4in 厚是有效蓄热部分，则需要的地面面积为：

$$混凝土地面面积 = \frac{214\text{ft}^3}{4\text{in}} \times 12\text{in/ft} = 642\text{ft}^2$$

实际上，这个例子提供了一个很好的规模确定示例：每安装 1ft² 的太阳能玻璃，应相应地在窗口附近配备面积约 3ft² 的混凝土地板。

还有另一种有前景的蓄热方式。这种方式不是通过改变某种物质的温度来储存热量，而是在它吸收热量时使其从固态变为液态，并在其从液态转化回到固态的过程中释放热量。一种这样的相变材料（phase change material）用水合氯化钙制成，当它在 81℉ 下熔化时将吸收 82Btu/lb 的热量。这种材料的密度是 91lb/ft³，这意味着当这种材料发生相变时，可以吸收 8000Btu/ft³ 的热量。这比 1ft³ 的混凝土升温 20℉ 的蓄热能力强约 14 倍。

7.4.3　被动式太阳能采暖系统的类型

被动式太阳能采暖系统有三种基本类型：直接得热型（direct gain）、蓄热墙型（mass wall）和阳光室型（sunspace）。图 7.27 为这三种类型的图示。第一种类型是直接得热型系统，其本质是朝南的窗户、设计合理的可以在夏季遮蔽窗户的房檐和能充分吸收太阳能得热的足够热质量。这种系统很简单，并可与房屋传统外观相协调。关键在于装备足够的热质量以保证温度波动在可控范围内。

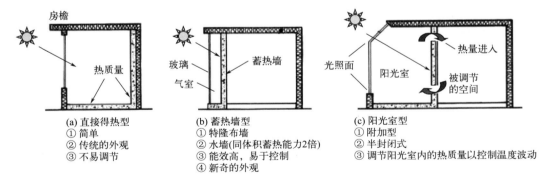

图 7.27　被动式太阳能采暖系统的三种基本类型

第二种方式是将蓄热用的热质量直接置于得热玻璃之后，在热质量与玻璃之间设计有气室以保证热量在夜间不会散失到室外。这种方式使用的热质量蓄热墙通常为暗色混凝土墙，通常被称为特隆布墙（Trombe wall），这是以法国工程师 Felix Trombe 命名的，他在 20 世纪 60 年代推广了这一概念。这种系统简单且效率很高。其中的热质量不仅可以吸收太阳能，而且在阳光照射墙体的白天和热量穿过墙体并释放的时间之间提供了一个有效的时间延迟，使得蓄热墙可以在夜晚将热量送入室内空间。这种方式存在的主要问题是美学问题。我们喜欢透过窗户看到室外。为了在一定程度上解决这一问题，往往把直接得热型和蓄热墙型相结合，使日光得以照入室内并提供室外的视野。

第三种被动式采暖系统基于一间附加的阳光室或温室。尽管阳光室有多种变体，它们的共同点都是阳光室所能容许的温度波动范围要远远大于房屋中的其他室内部分。阳光室可以在白天变得相当温暖，从而提供可以引入邻近被调节空间的热量，这样阳光室也能够在夜间降低一定的温度。阳光室温度的波动范围可以用热质量的量来调控。另一方面，更多的热质量意味着更多热量会留存在阳光室内，因而就不会有那么多的热量可以引入房屋内的被调节空间了。

7.4.4　估算太阳能系统性能

对于被动式太阳能系统的性能进行严谨的分析是复杂且富有挑战性的，但是可以基于 20 世纪 70 年代新墨西哥州的洛斯阿拉莫斯国家实验室（Los Alamos National Laboratory）的一支团队的工作成果作出合理的估算。我们将使用这支团队提出的最简单的方法——负荷集热比（load/collector ratio，LSR）法，该方法很粗略地估算了一所朝南的被动式太阳能房屋的年热负荷。首先需要确定太阳能得热面积 A_p，对于直接得热型和蓄热墙型的系统来说即为朝南的玻璃的面积，对于阳光室型的系统，A_p 为玻璃到南面墙上的投影面积，如图 7.28 所示。

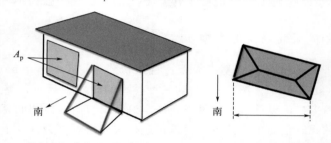

图 7.28　确定太阳能得热面积 A_p。A_p 就是玻璃在朝南的墙上的投影面积

在这个过程中，太阳能得热面积区域被当作热中性看待（本质上是假设其具有无限大的热阻值）。这使得该房屋的 UA 值与 7.4.1 中的"太阳能"房屋相同，为 $(UA)_{ST}$。描述一所被动式太阳能房屋最关键的参数被称为负荷集热比（LCR），由式（7.12）表示，其中分子是热损失项，分母是太阳能得热项。因此，LCR 数值越低，太阳能系统性能越好。

$$LCR = \frac{24(UA)_{ST}}{A_p} \tag{7.12}$$

完整的 LCR 计算程序基本是在被动式太阳能设计手册上找到与房屋设计最匹配的一些被动式太阳能房屋"标准"设计（Balcomb et al.，1983），然后在一张巨大的数字表上使用 LCR 查找特定位置特定房屋的被动式太阳能采暖节能率（solar saving fraction，SSF）。随后，可以计算出需要由供暖系统提供的热量为：

$$Q_{del}(Btu/a) = 24(UA)_{ST} \times HDD65 \times (1 - SSF) \tag{7.13}$$

其中，HDD65 是以 65℉ 为基准温度的采暖度日数。

为了方便说明，我们简化了该过程及其使用的表格。使用表 7.2 可以选择特定城市的某种通用被动式太阳能设计（直接得热型、阳光室型或特隆布墙型）。对于选取的设计，找到其对应的 LCR2 和 LCR5 的数值，随后将其代入下述由经验得出的关系式来计算 SSF：

$$SSF = 0.18 + 0.3 \frac{\lg(LCR2/LCR)}{\lg(LCR2/LCR5)} \tag{7.14}$$

其中，LCR2 是对应 0.2（20%）太阳能采暖节能率（SSF）的 LCR 的简写，而 LCR5 则是对应 SSF 为 0.5 的 LCR 的简写。

表 7.2 对应 20% 和 50% 被动式太阳能供暖节能率的 LCR 值

城市	所在州	特隆布墙（TWB1）		直接得热型（DBG1）		阳光室型（SSB1）		HDD65 /[(℉·d)/a]	平均温度 T_{avg}/℉
		LCR2	LCR5	LCR2	LCR5	LCR2	LCR5		
伯明翰市	亚拉巴马州	101	20	80	20	125	28	2844	62
菲尼克斯	亚利桑那州	308	68	274	92	353	87	1552	70
图森	亚利桑那州	281	63	248	85	331	84	1753	68
洛杉矶	加利福尼亚州	351	76	314	102	457	110	1819	62
芒特沙斯塔	加利福尼亚州	74	13	54	3	99	19	5890	50
奥克兰	加利福尼亚州	213	46	192	58	289	66	2909	57
雷德布拉夫	加利福尼亚州	141	27	116	30	165	34	2688	63
萨克拉门托	加利福尼亚州	145	28	122	31	179	37	2843	60
圣迭戈	加利福尼亚州	391	86	350	117	500	123	1507	63
圣玛丽亚	加利福尼亚州	212	49	191	64	298	77	3053	57
丹佛	科罗拉多州	86	18	69	18	106	25	6016	50
普韦布洛	科罗拉多州	92	19	73	20	111	26	5394	53
华盛顿	哥伦比亚特区	42	7	22	1	57	11	5010	54
杰克逊维尔	佛罗里达州	248	54	213	71	294	73	1327	68
亚特兰大	佐治亚州	92	18	72	17	116	26	3095	61
博伊西	爱达荷州	69	10	50	1	85	14	5833	51
芝加哥	伊利诺伊州	27	1	15	1	39	4	6127	51
得梅因	艾奥瓦州	34	4	20	1	45	7	6710	49
威奇塔	堪萨斯州	58	10	38	1	73	14	4687	57
新奥尔良	路易斯安那州	212	44	182	57	257	61	1465	68
波士顿	马萨诸塞州	32	4	20	1	44	7	5621	51
堪萨斯城	密苏里州	50	8	30	1	64	12	5357	54
奥马哈	内布拉斯加州	40	6	17	1	51	9	6601	49
拉斯维加斯	内华达州	207	45	180	58	233	56	2601	66
里诺	内华达州	104	22	84	23	133	30	6022	49
阿尔布开克	新墨西哥州	117	26	97	30	141	35	4292	57
洛斯阿拉莫斯	新墨西哥州	79	17	60	16	105	25	6359	48
夏洛特	北卡罗来纳州	97	19	77	19	119	27	3218	61
罗利达勒姆	北卡罗来纳州	84	17	65	15	104	23	3517	59
塔尔萨	俄克拉何马州	80	16	60	13	97	22	3680	65
梅德福	俄勒冈州	61	7	40	1	81	12	4930	53
北本德	俄勒冈州	98	21	83	21	135	31	4688	52
波特兰	俄勒冈州	55	1	31	1	73	8	4792	53
查尔斯顿	西弗吉尼亚州	142	29	120	34	172	40	2146	65
纳什维尔	田纳西州	57	9	36	1	74	15	3696	59
奥斯汀	得克萨斯州	180	38	153	47	219	52	1737	68
达拉斯	得克萨斯州	136	29	113	34	164	39	2290	66

续表

城市	所在州	特隆布墙（TWB1）		直接得热型（DBG1）		阳光室型（SSB1）		HDD65 /[(℉·d)/a]	平均温度 T_{avg}/℉
		LCR2	LCR5	LCR2	LCR5	LCR2	LCR5		
休斯敦	得克萨斯州	183	38	153	47	221	53	1434	69
盐湖城	犹他州	73	13	55	1	92	18	5983	51
罗阿诺克	弗吉尼亚州	65	12	47	1	83	18	4307	56
西雅图	华盛顿州	51	1	25	1	69	1	5185	51
夏延市	怀俄明州	69	14	51	11	87	20	7255	46

注：1. DGB1：直接得热型，双层玻璃，热质量板面积与玻璃面积的比例为 3：1，热质量板材 6 英寸厚，无夜间隔热措施。

2. LCR2：SSF＝0.2 时的 LCR。

3. LCR5：SSF＝0.5 时的 LCR。

4. SSB1：一种外附式阳光室，砌筑普通墙体，一侧墙体不透明。

5. TWB1：6 英寸厚特隆布墙，有通风道，双层玻璃。

解决方案 7.7 对一所直接得热型房屋使用了简化的 LCR 法。

解决方案 7.7

应用简化 LCR 法分析一所直接得热型房屋

丹佛的一所房屋的总 UA 值为 $400Btu/(h\cdot℉)$，有 $200ft^2$ 的 U-0.50 的直接得热窗口面积（配有合适的热质量）。如果暖炉及其管道系统的能效都是 90%，燃料采用 1.2 美元/therm 的天然气，估算燃气费用，并将其与没有太阳能得热系统条件下的燃气费用相比较。

解决方法：

首先，减去直接得热窗口的 UA 值：

$(UA)_{ST}=400Btu/(h\cdot℉)-200ft^2\times0.5Btu/(h\cdot ft^2\cdot℉)=300Btu/(h\cdot℉)$

由式（7.12）可知，LCR 值为：

$$LCR=\frac{24(UA)_{ST}}{A_p}=\frac{24\times300}{200}=36$$

在表 7.2 中可以查找到丹佛的 LCR2＝68，LCR5＝18，将数值代入式（7.14）可得：

$$SSF=0.18+0.3\frac{\log_{10}(68/36)}{\log_{10}(68/18)}=0.324$$

应用式（7.13）和表 7.2 中丹佛的 HDD65 数值：

$Q_{del}(Btu/a)=24(UA)_{ST}\times HDD65\times(1-SSF)$

$\qquad=24h/d\times300Btu/(h\cdot℉)\times6016℉\cdot d/a\times(1-0.324)$

$\qquad=29\times10^6Btu/a$

将暖炉及其管道的能量损失考虑在内，最后得出的燃气费用约为：

$$燃气费用=\frac{29\times10^6Btu/a}{0.90\times0.90}\times\frac{1.20\ 美元}{10^5Btu}=430\ 美元/a$$

如果没有太阳能得热系统，燃气费用约为：

$$燃气费用=\frac{24h/d\times400Btu/(h\cdot℉)\times6016℉\cdot d/a}{0.90\times0.90}\times\frac{1.20\ 美元}{10^5Btu}=855\ 美元/a$$

　　运用简化的 LCR 法可以快速估算出每年的供暖需求。类似的逐月分析的方法称为太阳能负荷比（solar load ratio，SLR）法。有几个软件包是围绕 SLR 法构建的，这些软件使用这种方法作为分析的基础。

　　这些被动式太阳能的构想真的有用吗？一项很早之前的研究严密地监测了 40 所真实的房屋并得出了具有说服力的结论。图 7.29 中将标准化的采暖需求［类似式（6.21）中的温度指数］细分为由太阳能得热、内部热源和备用暖炉供应的三个部分。这些房屋中的大多数由暖炉供应的部分小于 2Btu/(ft^2 · °F · d)，而如今大多数新建房屋则需要用暖炉供应 6～8Btu/(ft^2 · °F · d) 左右的采暖量。

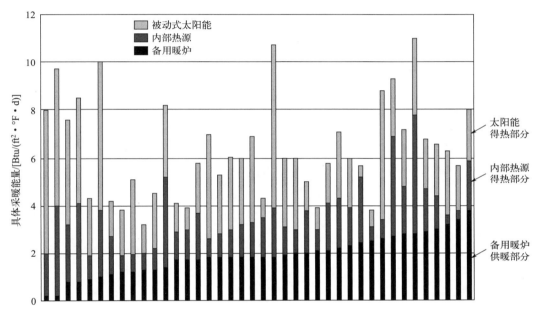

图 7.29　分析 40 所被动式太阳能房屋的性能数据。具体的采暖能量数据显示，多数房屋需要由备用暖炉供暖的部分小于 2Btu/(ft^2 · °F · d)

7.5　生活用水加热系统

　　图 6.4 展示了住宅水加热具有相当大的能源需求比重。对于一次能源消耗而言，水加热所占比重可与住宅制冷相比，实际上，水加热所占的比重比商业建筑空调还要大。我们都对传统的储水罐式热水器很熟悉，但其他一些方法能以更高的能效供应热水，但随之而来的可能是更高的前期成本，可选的有即热式热水器（也被称为瞬时热水器或无储水罐式热水器）、太阳能热水器和热泵热水器。

　　传统的家用储水罐式热水器典型的容量范围从约 40gal 到 80gal，燃烧天然气、丙烷、燃料油或使用电力供能。即热式热水器没有储水罐，因此也没有储存热损失。利用这种设备，水在流出水龙头之前被瞬间加热成热水。所有这些类型的热水器的能效都由一个能量因数（energy factor，EF）来评定，该数值包括加热水本身所需的能量和储存保温热水的热损失。标准试验条件包括假设热水使用率为 64gal/d，水从 58°F 加热到 135°F 和在 67.5°F 的室内储存热水的热损失。表 7.3 概括了美国 2015 年对热水器的最低能效标准要求。注意这些新标准显示容量大于 55gal 的电热水器的最低能效标准在 2.0 左右，这基本上意味着现在大型电热水器必须是热泵热水器。

表 7.3　热水器能量因数

燃料	热水器类型	容量/gal	能量因数
天然气	储水式	20～55	$0.675-0.0015V$
天然气	储水式	56～100	$0.8012-0.00078V$
燃料油	储水式	<50	$0.88-0.0019V$
电能	储水式	20～55	$0.96-0.0003V$
电能	储水式	>55	$2.057-0.00113V$
天然气	即热式	<2	0.82
电能	即热式	<2	0.93

解决方案 7.8 展示了能量因数如何用于估算热水器的使用成本。其后，表 7.4 汇总了各种热水器类型类似的计算。

解决方案 7.8

估算热水器使用成本

假设热水器每天输出 64gal 热水，从 58℉ 加热到 135℉，燃气费 1.20 美元/therm，电费 0.12 美元/(kW·h)，比较年使用成本。假设热水器配备 50gal 的水箱，刚刚满足表 7.3 中的最低能效标准。

解决方法：

首先，假设系统效率为 100%，计算能源需求：

$$64gal/d×365d/a×(135-58)℉×1Btu/(lb·℉)×8.34lb/gal=15.0×10^6Btu/a$$

对于燃气热水器，最小能量因数 $=0.675-0.0015gal^{-1}×50gal=0.60$

则使用燃气的年使用成本为：

$$年使用成本=\frac{15.0×10^6Btu/a}{0.60}×\frac{1.20 美元/therm}{100000Btu/therm}=300 美元/a$$

对于电热水器，能量因数 $=0.960-0.0003gal^{-1}×50gal=0.945$

$$年使用成本=\frac{15.0×10^6Btu/a}{0.945}×\frac{0.12 美元/(kW·h)}{3412Btu/(kW·h)}=558 美元/a$$

虽然这个例子表明使用电热水器的成本要高于燃气热水器，但 7.5.1 介绍的热泵热水器可以轻易地推翻这一结论。

7.5.1　热泵热水器

在美国，大约有 40% 的热水器使用电阻加热。如表 7.4 中所指出的，这些电热水器的年耗能成本要比燃气热水器高 200～300 美元。这是很合理的，因为燃气直接在热水器锅炉中燃烧的效率要比在电站中燃烧的效率高得多，在抵达热水器之前，能量在产生和输送过程中就要损失掉 2/3。

表 7.4　各类热水器的使用成本

热水器类型	规格	能量因数（EF）	年耗能		年费用/（美元/a）
			单位	数值	
燃气型	40 加仑储水式	0.62	therm/a	244	293
	60 加仑储水式	0.75		199	239
	即热式	0.82		183	220
	60 加仑太阳能热水器（SF＝0.7）	0.75		60	72
电热型	40 加仑储水式	0.95	（kW·h）/a	4637	556
	60 加仑储水式热泵热水器（最低标准）	1.99		2210	265
	50 加仑储水式热泵热水器（高能量因数）	3.25		1351	162
	即热式	0.93		4727	567
	55 加仑太阳能热水器（SF＝0.7）	0.94		1398	168

注：1. EF：能量因数（除 50 加仑热泵热水器外皆为最低限值）；SF：太阳能指数。
2. 假设：热水需求量为 64gal/d，温度升高 77℉，燃气费 1.20 美元/therm，电费 0.12 美元/（kW·h）。

令电热水器能效提高的解决方法基于 6.12 中介绍的热泵概念。对于热水器来说，该原理是抽取周围室内空气中的热量，通过热泵集中升温并把热量输送到水箱（图 7.30）。从周围房间室内的空气中抽取热量之后，一台风扇将降温后的出气吹回室内。这基本上是一台空调。热水器通常位于车库外面，这种情况下降低邻近车库的室温并不构成问题，可如果将这种热水器安装在室内，就可能导致采暖成本提高。如果这会造成困扰，排出的冷气也可以用通风管道排向室外。

图 7.30　热泵热水器能量因数示意。示例中的 EF 基于一台
50 加仑 GeoSpring GEH50DFEJSR 热水器

为了着手限制传统电阻式热水器，2015 年的建筑法规为大型热水器（容量超过 50gal）制定了一个相当小的能量因数（EF≈2.0），这个要求基本上高到令居民必须使用热泵技术。市面上的热泵热水器具有高得多的能量因数，如图 7.30 中的示例，其能量因数为 3.25。在

这一能量因数数值下，1 单位电能可以转换为 3.25 单位的热能来加热水，而从室内空气抽取的热量只比 2.25 多一点（"多一点"解释了储水罐热损失）。

使用热泵热水器取代普通电热水器产生的额外成本通常可以在 3 年内收回。与天然气热水器相比，热泵热水器很容易达到更低的使用成本，但是如果没有很大的税收优惠，安装热泵热水器的额外成本会很高。

使用热泵热水器的另一个优势是其使用电能给水加热，而电力很可能来源于屋顶的光伏发电系统。光伏技术将在第 11 章中详细讲述，但现在可以进行一个简单的分析，以粗略说明这种减少碳排放的方法和达到建筑物净零能耗的目标。

制定太阳能光伏阵列规模的出发点是确定所在位置的可用太阳辐照度。如今这很容易通过互联网实现。举例来说，国家可再生能源实验室（NREL）的线上计算器（被称为 PV-Watts）可以用于创建图 7.31，该图提供了若干地区的每千瓦光伏发电量（kW·h/a）的数据。比如，如果你在每千瓦光伏发电量 1500kW·h/a 的地区安装了额定功率为 4kW 的光伏阵列，则该光伏阵列每年将为你的房屋提供 6000kW·h 的电能。

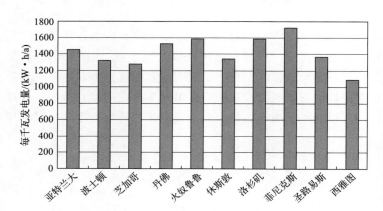

城市	每千瓦光伏发电量 /(kW·h/a)
亚特兰大	1457
波士顿	1321
芝加哥	1280
丹佛	1528
火奴鲁鲁	1588
休斯敦	1339
洛杉矶	1583
菲尼克斯	1728
圣路易斯	1365
西雅图	1089

图 7.31　每千瓦光伏设备功率的年发电量。来自 PVWatts 网站的倾斜角度为 20°的 1kW 朝南光伏系统的默认数据

光伏阵列所需的面积也可以轻易地计算出来。光伏模块的额定功率是标准测试条件下的功率，标准测试条件包括阳光（全日照）$1kW/m^2$ 的辐照度，可得出下述公式：

$$额定功率(kW)=1kW/m^2×光伏面积(m^2)×模块效率 \qquad (7.15)$$

如果已知光伏模块在标准测试条件下的额定功率，则重新排列该公式即可轻易地得出光伏阵列的面积：

$$光伏面积(m^2)=\frac{额定功率(kW)}{1kW/m^2×模块效率} \qquad (7.16)$$

解决方案 7.9 展示了这个确定光伏规模的简易方法在一台热泵热水器中的应用。

解决方案 7.9

光伏发电足以为热泵热水器供电

在丹佛（每千瓦光伏发电量 1528kW·h/a）设计足以抵消热泵热水器年电力需求的光伏阵列规模。热水器的 EF 值为 3.25，年水加热负荷为 $15×10^6$Btu/a（解决方案 7.8）。

假设光伏效率为 15%，计算光伏额定功率和所需面积。如果光伏系统的安装成本是 4 美元/W，这个系统的成本是多少？

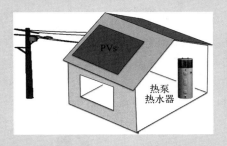

水加热负荷 = 15×10^6 Btu/a

热泵热水器EF = 3.25

所在地区每千瓦光伏发电量 1528kW·h/a

光伏标准测试条件效率 = 15%

光伏额定功率 = ?

光伏面积 = ?　系统成本 = ?

解决方法：

从计算房屋的电力需求开始：

$$负荷 = \frac{15 \times 10^6 \, Btu/a}{3412 \, Btu/(kW \cdot h) \times 3.25} = 135 kW \cdot h/a$$

而后计算光伏阵列额定功率：

$$额定功率 = \frac{135 kW \cdot h/a}{1528 kW \cdot h/(a \cdot kW)} = 0.884 kW$$

并计算光伏面积：

$$光伏面积 = \frac{0.884 kW}{0.15 \times (1kW/m^2)} = 5.9 m^2 = 63.5 ft^2$$

在 4 美元/W 的安装成本下，安装光伏系统的成本为 4 美元/W × 884W = 3536 美元。

7.5.2　太阳能热水系统

我们都曾经感受过一直在阳光照射下的黑色水管中淌出的热水。太阳能热水系统利用类似的原理满足其服务的建筑部分的热水需求。太阳能热水器的历史有些波折。一百年前，在廉价的化石燃料摧毁这个行业之前，太阳能热水器曾经相当流行。在 20 世纪 70 年代和 80 年代初，那个时代的石油危机使人们聚焦于减少能源需求后，太阳能热水器得到了一定程度的复兴。然而，到了 20 世纪 80 年代末，由于税收抵免政策的取消、不可靠的防冻系统和丑陋的设备，这个行业差不多再次消亡了。在世纪之交，更好的技术和对能源未来的重新关注使太阳能热水系统开始重新回到大众视野。但是，正如上一节关于光伏热泵热水器的描述，它们仍然面临着激烈的竞争。

太阳能热水器最简单的方法就是简单地扩展上文黑色软管的例子，也就是说，它们相当于位于屋顶上的又大又肥的黑色软管。图 7.32 展示了一个这种系统的示例。水流经集热器的唯一时刻是当室内有人打开热水龙头时，这时冷水就会向上进入软管，并将被太阳能加热过的水从本应在传统热水器冷水输入管的水管压入传统热水器，如有必要，热水将在传统热水器中进一步升温。该系统中没有会发生故障的活动件、泵、控制器或传感器，这意味着该系统会相当廉价和可靠。不利的一面是，日间加热的热水会在夜晚冷却，因为热水在屋顶上暴露在寒冷的夜空中。使用这种系统，最好在晚上洗澡而不是在早晨。在寒冷的冬季这种系统也表现不佳，因为在寒冷的环境中该系统必须将水排空以避免冰冻问题。

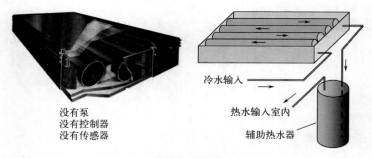

没有泵
没有控制器
没有传感器

冷水输入
热水输入室内
辅助热水器

图 7.32　简易太阳能热水器系统

多数太阳能热水器的核心是一面简单的平板型集热器，由一个密封箱体和其中的黑色吸热板及箱体上使阳光射入的玻璃顶板组成（图 7.33）。泵或自然的浮力使水在蓄水罐和集热器之间循环。如果使用泵，则系统需要控制器，并在蓄水罐出水口和集热器出水口上安装感应器。如果集热器的温度高于蓄水罐温度，控制器就会把泵打开。水每次经过集热器都会升温 5～10℉，这样过完阳光明媚的一天就能得到一蓄水罐的热水。

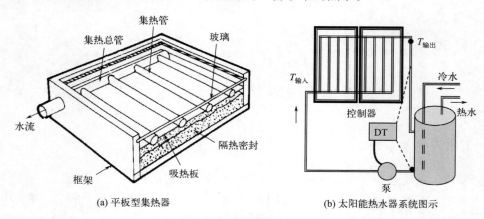

集热管
集热总管
玻璃
水流
隔热密封
框架
吸热板

(a) 平板型集热器

$T_{输出}$
$T_{输入}$
冷水
热水
控制器
DT
泵

(b) 太阳能热水器系统图示

图 7.33　典型的平板型集热器和太阳能热水器系统图示

普通平板型集热器一般只在吸热板上覆盖一层或两层玻璃，这意味着当室外温度降低时其集热效率也会迅速降低。为了提高集热效率，现在一些集热器将长的线型吸热板放在真空圆柱形管中。真空消除了从集热板到玻璃的对流热损失，极大地提高了集热效率，尤其是在集热板温度很高或室外温度很低的时候。

除了基本的真空技术，这种集热器使用一种巧妙的技术将分散的集热管中的热量转移到其上方的集热总管中。这是通过使用效率非常高的集热管实现的。如图 7.34 所示，吸热器的热量使集热管中的工质（working fluid）汽化。汽化的工质通过自然对流到达集热管顶端的热交换器，在那里凝结并将热量转移到循环通过集热总管的水中。这些集热管的集热效率很高且在很宽的温度范围内相对恒定，这意味着集热管不仅可以用于中等温度的热水供应，也可以用于更高温度的空间采暖。

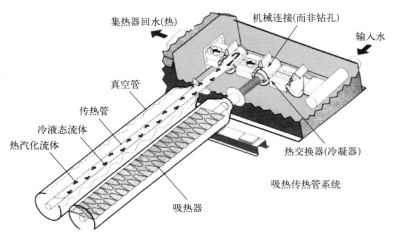

图7.34 一个真空管太阳能集热器，展示了传热管如何将热能转移到集热总管 （来源：Sunda公司）

泵式太阳能热水器系统的缺点是需要泵、温度传感器和控制器。当需要防冻保护时（几乎总是需要），热水器可能还包含集热器和蓄水罐间的防冻液循环回路，并用热交换器保证防冻液不会污染饮用水系统。一个可以在一定程度上避免这些问题的方法是使用被称作热虹吸（thermosiphoning）的系统，该系统的蓄水罐位于集热器的上方（图7.35）。当集热器中的热水变得比蓄水罐中的冷水浮力更大时，热水上升而温度较低的冷水下降，创造了一个对流循环，而不需要水泵。

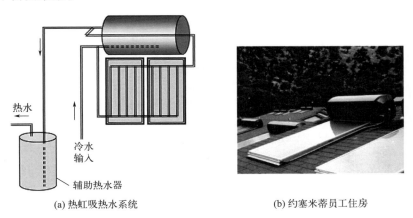

(a) 热虹吸热水系统　　　　　　　　　　(b) 约塞米蒂员工住房

图7.35 由于蓄水罐放置在集热器上方，热虹吸系统不需要泵或控制器

太阳能热水系统的系统类型和防冻方法有很多种选择。无论哪种系统类型，都面临着相同的挑战——达到一个高太阳能指数（solar fraction），该参数是满足热水需求的比例。蓄水罐是唯一的储水设备，但它最多只能储存一天的热水。多云或雨天的时候基本没有太阳能，因此在大多数气候中，即使有大型太阳能集热器阵列，也很难达到70%以上的热水需求覆盖率。为了接近这一极限，集热器必须把倾斜角度调整得非常陡峭以在冬天获取一定量的太阳能，但这降低了集热器的集热能力。最终，太阳能热水器可能成为复杂的系统，安装成本昂贵，并且可能会发生各种故障。

另一方面，光伏发电热泵系统使用电网储存能量，因此可以达到100%的覆盖率；年太阳能辐照度倾角的变化不大，因此可以平铺在屋顶上，这使其吸收太阳能的能力更强；太阳能光伏面积与热水器集热面积相近；不受冰冻问题的影响；最后一点，这种系统更便宜。

7.6 接近净零能耗的太阳能房屋

对一所具有综合能效措施的房屋进行能源需求建模，采用的措施包括被动式太阳能、热泵空间采暖、热水系统、电动车，这些都是本章所描述技术的直接应用。假如忽略光伏系统和电网间复杂的相互作用，可以简单地通过调整光伏系统的规模来满足年负荷。

表 7.5 展示了一个类似的建模结果，计算了丹佛一所 2000ft² 建筑面积的被动式太阳能房屋的供暖、制冷和热水负荷。注意，插头电器和照明所属的其他负荷类别占负荷的很大一部分，这是基于每平方英尺面积的空间耗能 2kW·h/a 的经验准则来估算的。此外，还将一辆每年行驶 1.2 万英里，每千瓦时电能行驶 3.5 英里的电动车计算在内。图 7.36 是建模相应的太阳能光伏的图示。

表 7.5 丹佛一所净零能耗房屋的能量分析示例

地区	丹佛	电动车		
HDD65	6016℉·d/a	年里程/(mi/a)	12000	
CDD65	541℉·d/a	每 kW·h 行驶里程 /[mi/(kW·h)]	3.5	
建筑		光伏发电系统		
建筑面积	2000ft²	光伏产能 /[kW·h/(a·kW)]	1528	
太阳能得热窗面积	100ft²	光伏效率/%	15	
窗	R-3	光伏功率/kW	8.7	
墙	R-30			
天花板	R-40	总计	能耗 /(kW·h/a)	面积/ft²	光伏/kW
地面	R-30	供暖	4400	210	2.9
渗透	0.1h⁻¹	制冷	300	15	0.2
热回收通风系统（HRV）	0.2h⁻¹	热水	1000	50	0.7
热泵供暖	HSPF-10	其他负荷	4000	190	2.7
热泵制冷	SEER-20	电动车	3400	160	2.3
热水器	EF＝3.25	总计	13100	625	8.8

图 7.36 一所位于科罗拉多州博尔德，配有电动车的净零能耗示例房屋的屋顶光伏面积

7.7   本章总结

在本章和之前的章节中，我们已经探讨了一系列的设计思想，可以大大减少建筑的热能需求。通过积极努力地提供更好的密闭性、更好的窗户、更严密的管道和能效更高的供暖和制冷系统，供暖需求可以降低到大大低于现行建筑守则的水平，而且在很多地区，被动式太阳能房屋几乎可以将供暖需求降低至零。通过对建筑朝向的设计以及房檐、自然通风、光谱选择性玻璃窗和新型散热屋顶材料的应用，即使是在极具挑战性气候的地区，制冷负荷仍可保持在可控范围之内。

考虑到净零能耗住宅的目标，本章和第 8 章探讨了热泵不仅可用于温度调节（供暖和制冷），而且可用于热水系统，将所有的建筑能源负荷转化为电力负荷，然后引入了一个确定光伏规模的简单的技术，以快速估算可以满足这些负荷的光伏系统的规模。

在下一章中我们将把注意力转移到建筑物对照明和供应电器的电力需求上。届时，我们将引入全建筑生命周期评估的概念，首先包括建造建筑物所需的能量。这将引导我们走向绿色建筑评级体系和未来零能耗、零碳建筑的最终目标。

第 8 章
全建筑净零能耗

8.1 绿色建筑和绿色社区的发展

建筑能耗长久以来集中于保温外墙和供暖通风及空调系统，主要用于加热系统。然而，随着包括空调在内的电气设备的发展，电能能耗因其在建筑一次能源最终消耗中逐渐增长的比例而受到越来越多的关注。图 6.3 中指出，用于建筑空间和建筑用水加热的一次能源消耗量达到了总建筑能源消耗量的 1/3，用于降温、冷冻、电器和其他设备的电能能耗量占 2/3。这一现象的出现为我们提供了更多了解全建筑能耗的途径。

建筑作业对相关居住者健康和环境的影响已成为建筑设计和施工的重要考虑因素。很明显，建筑材料的提取、加工、制造，建筑物的建造、拆除也消耗了相当多的能量，影响了环境。对健康、隐含能源和材料以及废弃物管理的考虑已经被纳入了绿色建筑运动，称之为全建筑生命周期。

表 8.1 描述了 20 世纪 60 年代和 70 年代对建筑能源的不断进步的考虑，当时的规范和指导方针侧重于建筑外墙保温水平对建筑能耗的影响。20 世纪 70 年代，随着安装空调成为新建筑的主导做法，渗透和通风被认为是重要的操作因素，规范和指南中开始反映这些因素。近来，随着人们对电器和照明能耗在建筑运行能耗中重要性的认识不断提升，一些规范和指导方针已经开始采取全建筑能源方法。

在一些还不算法规的指南例如绿色建筑评估体系中，首次出现了对全建筑生命周期、居住者健康、隐含能源和生命周期环境影响的考虑。

近来，许多新兴科技，例如按需响应无线控制和屋顶太阳能光伏发电，已将智能建筑和净零能耗建筑（已在第 7 章中介绍）载入了建筑能源市场、评估系统和一些法规的专门词汇中。

然而，直至标准法规考虑到建筑在包括社区能耗、地区能耗、社区规模分布资源、微电网、街区设计及地域连通性方面所发挥的更加广泛的作用，这种进步才会结束。这拓宽了建筑自身在社区规模能耗、交通运输及土地利用方面所发挥的作用。

表 8.1　建筑能耗考量的发展

时间	强调内容	考量内容
20 世纪 60 至 70 年代	建筑外墙	供暖系统运行能源
20 世纪 80 年代	建筑外墙、渗透与供暖通风及空调系统	供暖＋空调运行能源

续表

时间	强调内容	考量内容
20 世纪 90 年代至 21 世纪初	供暖与空调系统运行能源	供暖＋空调＋电器与照明系统能源
21 世纪初至 10 年代	全建筑生命周期	供暖＋空调＋电器＋照明能源＋对健康与环境的影响与生命周期隐含能源
21 世纪 10 年代之后	智能建筑	以上所有＋按需响应
	净零能耗建筑	以上所有＋现场再生能源
	全社区能源	以上所有＋分布式能源＋地区能源＋选址与街区设计＋可持续交通

我们称这种更加全面的观点为全建筑能耗，全建筑能耗将建筑作为可持续社区能源发展的核心，提高建筑在设计施工、原料利用、隐含能源、现场社区发电等方面的效率。本章介绍全建筑能耗，第 10 章和第 15 章将介绍关于分布式能源更详细的细节，如对全社区能源中的交通连通性和土地利用的考虑。

这种不断进步的考虑是绿色建筑运动对建筑设计、原料利用、建造施工的新思考。这种思考的施行受许多因素的影响：

① 包括窗户、供暖通风及空调系统、价值工程框架、高效照明设备和电器、按需响应无线控制和屋顶太阳能光伏发电在内的新建筑技术和实践已使得能源变得更易获得且成本更低。

② 经过改进的经济能源分析方法帮助我们明确建筑能效的提升所带来的经济与环境效益。

③ 政府与公用事业的信息与奖励计划帮助教育建筑商与消费者并减少能源的最初成本。

④ 第三方评估和鉴定程序将海量的能源选择信息转化为明晰易懂的指南并提供给消费者。

⑤ 创新建筑师和建筑商主动采用先进创新科技改进建筑的设计、建造过程。

⑥ 正在蓬勃发展的高效、健康且环保，拥有先进信息评估系统的建筑消费市场推动建筑师和建筑商去设计、建造更高效的建筑。

⑦ 不断提升的建筑能耗标准和设备标准坚持采纳新建筑产品中技术、设备、施工和评估系统等领域的创新发明。

侧栏 8.1 回顾了从早期的评估标准到最近的绿色建筑运动的评估鉴定程序的重要发展。随着时间的推移，新兴科技信息评估系统标准与市场相互推动发展，提高了建筑能效的宣传力度和市场占有率。新兴科技首先经过信息评估系统审核，然后被拥有创新理念的建筑商和消费者采用，最终被用于对所有新建筑通用的标准中。

侧栏 8.1

高效能源与绿色建筑的进化

1915 年 为满足对用火与用电安全的需求，成立了国际建筑标准管理员与官员协会（BOCA）。

20 世纪 20 年代 第一部针对暖炉与管道的法规出台。直到 70 年代，第一部关于建筑保温隔热性能的法规才颁布。

1974 年　加利福尼亚能源保护法中首次出现了电器能耗标准。

1975 年　美国采暖、制冷与空调工程师学会（ASHRAE）标准 ASHRAE 90—1975 发布，细分为 90.1（针对商业建筑）和 90.2（针对单独家庭住宅）；后续版本于 1980 年、1989 年、1999 年、2004 年、2007 年、2010 年、2013 年和 2016 年发布。

1975 年　联邦能源政策与保护法案启动州能源保护项目（SECP），为采用了基于 ASHRAE 90—1975 指定的建筑能耗标准的州的能源办公室与计划提供资金。

1978 年　几乎合并了所有建筑法规的加利福尼亚州 24 条法规（California Title 24）成为全美最全面、最严格的建筑法规。如今这项法规每三年修订一次，最近一次修订是在 2016 年，有效期至 2017 年 1 月 1 日。

1983 年　BOCA 与美国建筑官员理事会（CABO）制定了模型能源规范（MEC-1983）；后续版本于 1986 年、1989 年、1992 年、1993 年、1995 年发布。

1985 年　得克萨斯州奥斯汀镇的市政公用事业公司奥斯汀能源启动能源之星项目，对满足最低能效标准的电器与建筑进行评级；1991 年此项目更名为奥斯汀绿色建筑项目。

1986 年　联邦电器能源保护法案在制订国家电气设备能效标准时参照了加利福尼亚州的标准；该标准将不断更新。

1992 年　联邦能源政策法案要求州能源建筑法规至少满足 MEC-1992 和 ASHRAE 90.1—1989 标准。

1992 年　美国环保署启动了通过认证和为产品贴上标签来提升能效的名为能源之星的项目。首先应用于办公设备，然后拓展至住宅电器，供暖、通风及空调系统和整个住宅。美国环保署能源之星计划于 1996 年与能源部合作，于 2002 年与房屋和城市发展部合作。

1993 年　为促进对环境有益、舒适和健康的建筑发展，一些建筑组织和设备制造商成立了美国绿色建筑委员会（USGBC）。该委员会成立之初，工作内容是与美国材料与试验协会（ASTM）一同制订鉴定标准。该委员会在 1998 年决定制订自己的能源与环境设计先锋（LEED）草案。

1994 年　为更好地协调建筑法规制订活动，BOCA、CABO 和其他相关组织成立了国际标准委员会（ICC）。

1995 年　美国环保署为能效超过 MEC-1993 30% 的新住宅设立了能源之星住宅计划。

1995 年　为发展住宅能源评估系统（HERS）与节能贷款市场，州能源官员协会与美国住宅能源评级协会设立了住宅能源服务网络（RESNET）。能源之星住宅项目就是使用住宅能源服务网络的住宅能源评估系统。

1996 年　国际标准化组织的 ISO 14000 系列标准生效，为能源管理系统（ISO 14001，第一版于 1996 年制订）、环境审核（ISO 14011，1996 年）、环境标签（ISO 14021，1999 年）和生命周期评估（ISO 14041，1998 年）确立了评估标准。

1996 年　为促进欧洲广泛采用超高效建筑设计标准，在德国的达姆施塔特的沃尔夫冈费斯特设立了德国被动房研究所。

1998 年　国际标准委员会制定了代替 MEC 的标准守则——《国际节能规范》（IECC）。IECC 后来成为国际标准委员会《国际住宅规范》（IRC）的一部分。后来的版本每隔三年准时颁布，现在有 2003 年、2006 年、2009 年、2012 年和 2015 年版。

1998 年　针对新结构，美国绿色建筑委员会发布了能源与环境设计先锋 LEED 1.0 并且于 1999 年开始实施该计划，2013 年发布了 LEED-NC4.0。

2004 年　为提升州内所有建筑的 LEED 认证水平和到 2015 年将商品能源的使用提升 20％，加利福尼亚发布 S-20-04 号行政命令，启动了州绿色建筑行动计划。

2005 年　美国绿色建筑委员会为住宅（LEED-H）、商业建筑内部（LEED-CI）、核壳建筑（LEED-CS）和现存建筑（LEED-EB）设立了许多新标准，LEED-H 包含了许多能源之星项目标准。

2006 年　州建筑能源法的更新、联邦 SEER-13 标准和发展迅速的新技术促使能源之星住宅评估系统采纳了全建筑运行能源准则并且修订了住宅能源评估系统。

2007 年　为使欧盟被动式房屋准则适应美国的气候带和能源经济情况，美国设立了美国被动房研究所（PHIUS），认证满足这些标准的建筑，并培养认证人员。

2007 年　加利福尼亚州能源委员会（CEC）公布的整合能源政策报告中提出，24 条能效标准（Title 24）的更新要求截至 2020 年实现新住宅建筑的净零能耗和截至 2030 年实现新商业建筑的净零能耗。

2008 年　2010 年加利福尼亚绿色建筑标准法则 CALGreen 得到核准，将在 2011 年 1 月生效，并成为加利福尼亚建筑法则的第 11 章。CALGreen 每三年更新一次，最近一次更新是在 2016 年。

2008 年　美国绿色建筑委员会、新城市主义协会和自然资源保护协会制定了能源与环境设计先锋绿色社区认证体系（LEED-ND）。

2010 年　欧盟颁布了建筑能效指令（EPBD），要求成员国确保到 2020 年底所有新建筑全为近零能耗建筑和 2018 年后所有新公共建筑均为近零能耗建筑。近零能耗建筑拥有高性能的特点，因此能耗可通过现场或当地再生能源系统供应。

2012 年　2012 IECC 住宅能源规范（REC）发布，比 2006 年版的标准高 30％以上，比 2009 年版提高 15％以上。

2013 年　美国绿色建筑委员会通过了 LEED 第 4 版，并于 2013 年 11 月开始实施，但先前的 LEED 2009 年版将使用至 2016 年 10 月。

2015 年　美国被动房研究所为北美地区制定了 2015 年气候专用被动建筑标准。

2015 年　加利福尼亚州能源委员会（CEC）颁布了 2016 年版建筑能效标准 24 条，比 2013 年版本的标准节约了 28％的能源，向截至 2020 年所有新住宅建筑实现净零能耗的目标更进了一步。

2016 年　美国采暖、制冷与空调工程师学会采纳了 90.1—2016 商业建筑能效标准，与 2004 年的标准相比，总计为全美节省了 34％的能源使用量和成本。

这种相互促进作用使提高新型建筑效率的迭代过程进入一个良性循环。最终，新兴科技被用于市场评估及监管体系中。图 8.1 表明，这种作用随着时间推移在提高能效和降低环境影响方面起着促进作用。科技使把能耗和对环境的影响降至最低成为可能。能耗评估体系，如能源之星和能源与环境设计先锋的标准可能比此更低，但比平均市场标准要高，因为包括一些创新改革标准在内的平均市场能耗标准比规范的最低标准或最大能耗更低。

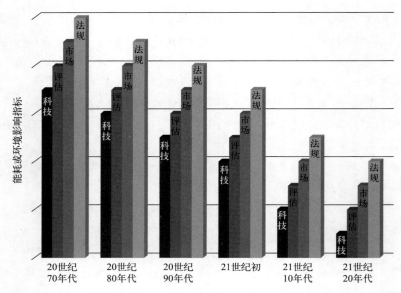

图 8.1　建筑能源科技、评估、市场和法规在互动过程中彼此强化发展，循环往复。影响指标数值越小越好

　　随着时间的推移，高能效低成本的科技、设计实践方法的提升和不断改良修正的评估系统体现了这种进步。随着能源和生命周期分析方法的完善，我们对于评估与实践的自信也在不断加强，市场平均水平也有所提升。当先进科技设计的成本降低至可接受的范围内，就会被纳入约每三年更新升级一次的标准中。随着标准的改变，用于改良标准的评估系统也会发生改变。能效持续上升（能耗与负面影响持续下降，见图 8.1），而因为这些因素的相互影响，良性循环也在持续。从科技到市场再到行业准则，这种存在于其中的良性循环都提高了能效标准，如电器和照明设备标准。加利福尼亚州和欧盟的净零和近零能耗建筑标准正在使这种循环反方向进行，驱动低成本科技的发展和市场占有率的提高。

　　本章讨论了从第 6、7 章中一味强调"建筑外墙，供暖通风及空调系统，渗透"到现在出现在建筑评估体系中的对于全建筑、全建筑生命周期和对于建筑能源较小程度的考虑。我们首先回顾全建筑能源科技在电气设备、照明设备和生产效率标准方面的进步。接下来我们将介绍全建筑生命周期在隐含能源和建材方面的问题。

　　本章接下来将介绍这种考虑和热能效率在建筑能效规范和绿色建筑评估体系中是如何体现的。本章结尾展示了通过全建筑能耗和现场发电实现的净零能耗建筑方面的进展，并介绍了全社区能耗的其他元素。

8.2　全建筑能源技术：电气设备和照明设备

　　在建筑建造过程中，比起对能源需求的考虑，全建筑能耗更看重对建筑外墙的考虑。如表 8.2 所示，空间供暖制冷和加热水所需能源占住宅建筑终端能源的 70%，一次能源的 46%，在商业建筑中占终端能源的 50%，一次能源的 44%。虽然建筑外墙的改良可以降低对空间条件的要求，但这些能源实际主要用于供暖通风及空调系统及给水加热，其他的终端能源及一次能源则用于照明、冷冻、烹饪、电子产品、电脑和其他用途，而提高建筑能源效率离不开这些装置效率的提高。

表 8.2　住宅与商业建筑按最终用途划分的能耗

最终用途	住宅建筑		商业建筑	
	终端能源	初级能源	终端能源	初级能源
2010 年总能耗/Q	11.7	22.1	8.7	18.3
供暖/%	44.7	27.8	26.6	16.0
制冷与通风/%	9.2	15.1	16.1	23.6
给水加热/%	16.4	12.9	7.0	4.3
照明/%	5.9	9.7	13.6	20.2
冰箱/%	3.9	6.4	4.5	6.6
烹饪/%	3.7	3.7	2.3	1.4
电子产品与电脑/%	6.2	10.0	5.4	8.0
其他或未知/%	6.8	9.4	24.6	19.9

　　幸运的是，在政府消费者标准和政府支持赞助的法人研究的激励下得到发展的新科技，已经在过去的数十年中显著提高了照明设备和电器的效率。本节介绍了政府能效标准与通过按需响应控制管理用电负荷的最新努力提高电气设备与照明设备效率取得的新进展。

　　美国能源部预估美国用户将会因为电气设备标准和预期的 LED 照明而节省许多电能和公用事业的花费。如表 8.3 和图 8.2 所示，美国能源部门估算，到 2030 年，电子设备每年将节约 990TW·h 电能，LED 照明每年将会节约 395TW·h 电能，风能发电和太阳能发电分别节约 243TW·h 电能和 36TW·h 电能。包括加热气炉和锅炉在内的电气设备标准节约的相当于电能的燃料能源，也以 TW·h 计算。

表 8.3　预计美国通过电器能效标准、LED 照明、风能发电和太阳能发电节省的花费与能源

	2030 年制造或节约/(TW·h/a)	2030 年年均消费者节约/美元	2030 年消费者累计节约/美元
电器能效标准	990	1000 亿	
预估 LED 照明	395	400 亿	20000 亿
预估风能发电	243		
预估太阳能发电	36		

数据来源：ACEEE，2014；U. S. DOE，2015a。

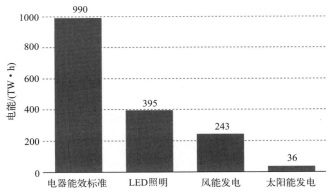

图 8.2　美国预计到 2030 年通过电器能效标准、LED 照明节约的能耗和风能、太阳能发电量。电器能效标准与 LED 照明使风能和太阳能相形见绌

8.2.1　电气设备效率：标准推动市场进步

由工业进步推动的电气设备能效技术发展、政府能效标准和市场渗透协同工作，大大节省了上述设备的运行能耗和成本。州级的电器和设备效率标准最早是加州在 1976 年发布的，联邦政府最早于 1986 年发布此类标准。能效标准一直是推动技术进步和市场渗透的主要因素。家电标签和美国环保署的能源之星计划为消费者提供了优于能效标准的高效能产品信息。

1976 年，加利福尼亚州首次制订了设备能效标准。1986 年，这一计划的成功执行推动了全国及联邦标准的建立。自那时起，不断有电气设备加入名单中，每项标准依据科技的发展情况，以 3 年或 12 年为周期不断更新。大多数标准是由美国能源部在法定权限内制订的，但一些标准［如照明标准（2005）和用水设备标准（1992）］是由国会制订的。除此之外，一些州在联邦标准之外还针对一些设备制订了额外的标准。

表 8.4 给出了 2016 年住宅、商业和工业电气设备和照明设备的联邦效率标准、最终确立的标准、有效日期及下一次更新时间。值得注意的是，从开始到有效期结束，更新过程耗时三年。在建立新标准的过程中，产品制造商与高能效提倡者应具有包容性。例如，在 2010 年许多公司股东代表包括家电制造商协会在内的 26 家公司和 12 位高能效提倡者为冰箱、制冷机（有效期至 2014 年）、洗衣机（2015 年）、干衣机（2015 年）、空调（2014 年）、洗碗机（2013 年）能效标准的下一次更新进行了谈判协商并达成一致。

表 8.4　电气设备与照明的效率标准

领域	产品	最新标准年份	有效年份	预估更新年份	更新后的有效年份
住宅	热水器	2016	2021	2024	2029
	吊扇	2015	2007	2016	2019
	中央空调热泵	2011	2015	2017	2022
	烘衣机	2011	2015	2017	2021
	洗衣机（水洗）	2012	2015	2018	2021
	直接加热设备	2010	2013	2016	2021
	洗碗机（水洗）	2012	2013	2015	2019
	外部能源供应	2014	2016	2015	2017
	焚化炉风机	2014	2016	2020	2025
	熔炉	2007	2015	2016	2021
	微波炉	2013	2016	2019	2022
	泳池加热	2010	2013	2016	2021
	炉灶和烤炉	2009	2012	2015	2018
	冰箱与制冷机	2011	2014	2018	2021
	室内空调	2011	2014	2017	2020
	水加热	2010	2015	2016	2021
	莲蓬头	1992	1994	—	
	洗手间	1992	1994	—	
	水龙头	1992	1994	—	

续表

领域	产品	最新标准年份	有效年份	预估更新年份	更新后的有效年份
商业和工业	商业制冰机	2015	2018	2023	2026
	锅炉	2009	2012	2015	2018
	洗衣机	2014	2018	2021	2024
	中央空调热泵	2015	2018	2024	2029
	冰箱	2014	2017	2022	2025
	热水器	2001	2003	2016	2019
	压缩机	—		2016	2021
	变压器	2013	2016	2019	2022
	电动摩托	2014	2016	2022	2025
	风扇和鼓风机	—		2016	2021
	泵	2016	2020	2024	2027
	自动贩卖机	2016	2019	2024	2027
	冷藏室和冷冻机	2014	2017	2022	2025
	水源热泵	2001	2003	2016	2018
照明	白炽灯	2007	2012	2015	2018
	带照明装置的吊扇	2016	2019	2022	2025
	节能灯泡	2005	2006	2017	2020
	荧光镇流器	2011	2014	2018	2021
	荧光灯	2015	2018	2023	2026
	通用台灯	2016	2020	2022	2025
	发光出口标志	2005	2006	—	
	汞蒸气镇流器	2005	2008	—	
	火炬照明装置	2005	2006	—	
	交通信号	2005	2006	—	

标准对于设备能耗和最初花费的影响是什么？从图 8.3 中可以看出冰箱能效标准对于冰箱的影响。2014 年的新型冰箱较 1990 年节约至少 60％的能源，并且体积大出 15％，成本价格低 30％。2013 年的洗碗机模型只消耗了 1990 年模型一半的能源，并且价格便宜了 20％。2015 年的洗衣机比 1993 年的体积更大，成本更低，且节约了 80％的能源（ACEEE，2014c）。

热泵（HPs）和中央空调（CACs）的国家标准最初是作为原《国家电器节能法案》的一部分而建立的。最初在 1993 年的标准中，对于中央空调和热泵制冷规定的季节能效比（SEER）为 10，对于热泵加热取暖规定的采暖季节性能系数（HSPF）最低标准为 6.8（SEER 和 HSPF 的定义见第 6 章）。2001 年美国能源部将制冷季节能效比提高至 13，将采暖季节性能系数提高至 7.7。许多人认为这些标准太过宽松从而提出诉讼，结果判定，以 2011 年为最后期限，修订关于中央空调、热泵和煤气炉的能效标准。侧栏 8.2 补充了 2015 年有关煤气炉标准的事件经过。

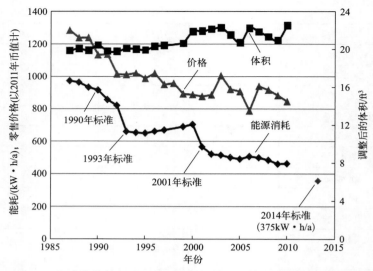

图 8.3 1987—2014 年冰箱能效标准、能源消耗、价格和体积。能效标准降低了能源消耗和价格，增大了体积（来源：ACEEE 2013，有修正，使用经 ACEEE 许可）

侧栏 8.2

关于住宅天然气炉能效标准的争论

1992 年，第一个国家天然气炉能效标准生效，要求年燃料利用效率（AFUE）最低为 72%。2007 年美国能源部在 2005 年的能效标准基础上将标准提高至 80%。但事实上，市场上的所有天然气炉的年燃料利用效率都达到了 80% 或更高，这也使得所有的州、环境组织和消费者群体在 2007 年美国能源部做出决定时提起诉讼。2009 年 10 月，制造商与高能效提倡者通过谈判在包括三个不同气候带的不同标准方面首次达成了一致。在 2011 年 6 月，美国能源部发布了舆论赞同的最终标准水平（北方年燃料利用效率 90%，南方和西南年燃料利用效率 80%，所有使用煤油炉的地区年燃料利用效率 83%）。2012 年，在标准生效前，美国公共天然气协会（APGA）接到了一个反对采纳标准的诉讼案件。这场官司阻止了非防风雨天然气炉［在诸如地下室等空间中安装的天然气炉，在炉子的销售中占有优势（2000 年销量为 260 万台）］标准的实施。

两年之后，在 2014 年 4 月，美国上诉法院在美国能源部与美国公共天然气协会间为华盛顿地区解决了问题。该解决方案否定了天然气炉能效标准中对于天然气炉 80% 的标准要求，需要美国能源部在两年之内制订新的规则和地区标准实施的规则。2015 年 3 月，美国能源部提议将天然气炉与现代住宅电炉的效率标准从 80% 提高至 92%。到 2017 年 1 月，美国公共天然气协会经过长时间的讨论否定了该提议。2017 年 8 月，美国能源部尚未发布最终标准，2021 年之前不会生效。特朗普政府很可能会缩减被提议的规则（ASAP，2017）。

图 8.4（a）和图 8.4（b）给出了 2001 年和 2012 年中央空调在季节能效比和热泵在采暖季节性能系数方面的市场分布。这些数字表明了标准对于设备市场达到并且超过能效标准的影响。图 8.4（a）给出了 HSPF 在热泵销售量中所占的不同百分比。2001 年，72% 的热泵机型 HSPF 低于 7.7，20% 介于 7.7～8.2 间，80% 高于 8.2。2012 年，20% 低于新标准 8.2，但 70% 达到了标准，20% 超越标准，5% 高于 9.2。图 8.4（b）给出了中央空调相似

的变化。2001 年，占销量 80％的机型 SEER 低于 13。2012 年，80％的销售机型 SEER 高于 14，45％的销售机型高于 15，20％的销售机型高于 16。

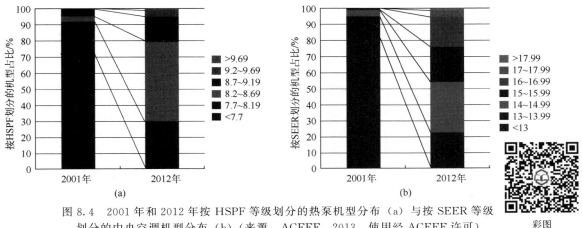

图 8.4　2001 年和 2012 年按 HSPF 等级划分的热泵机型分布（a）与按 SEER 等级划分的中央空调机型分布（b）（来源：ACEEE，2013，使用经 ACEEE 许可）

彩图

8.2.2　能源之星和电器标签

为鼓励高效能设备的发展，提高其销售额，美国环保署于 1992 年启动能源之星计划。该计划认证了超过联邦能效标准 15％或更多的产品并为其贴上标签，也包括如电子设备等没有联邦标准的产品。这一评估计划使得最高效能电气设备的市场得到发展。

能源之星评估系统已成为消费者最信任的评估系统之一。52 亿件经能源之星认证的产品已售出。截至 2000 年，经能源之星认证的产品销售量达 6 亿件，2014 年达到 52 亿件。其中大多数产品是没有联邦能效标准的家电和家用及公用办公设备。表 8.5 显示了部分电器产品 2013 年的市场渗透率，其中冰箱为 74％，电视则高达 84％。

表 8.5　能源之星电器市场渗透率

类型	电器或设备	2013 年市场渗透率/％
采用联邦能效标准的设备	住宅燃气炉	67
	中央空调	24
	住宅火炉	9
	冰箱	74
	冷藏室	29
	室内空调	72
不采用联邦能效标准的设备	蓝光和 DVD 播放器	60
	电脑	55
	播放器	55
	投影设备	81
	机顶盒	89
	电视	84
	门窗	80

来源：U. S. EPA，2016。

该计划中，联邦能源指南标签发挥了重要作用。你可能会在商店中看到电器标签上标明了电器所有的能效信息。图 8.5 为最新版本的标签。它给出了这种特殊机型的类型和关键特征，估算了年能耗，给出了所需费用及是否被列入能源之星项目。

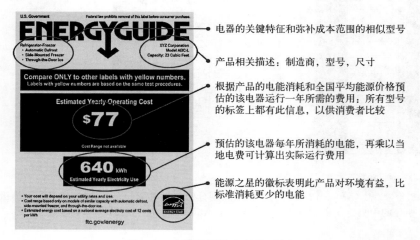

图 8.5　电器能源指南标签示例

8.2.3　照明能源：LED 改革

照明所消耗的能源占全美住宅及商业建筑中一次能源的 30％和总一次能源的 12％。随着固态照明（SSL）尤其是发光二极管的出现，照明能效得到了迅速的提升。美国能源部预测到 2030 年，LED 照明可能会占总照明能源的一半，每年将会节约 395TW·h 的能量和 400 亿美元的费用（表 8.3）。政府资助的研究项目和照明能效标准加速了发展，降低了成本，提高了市场占有率。2005 年国会所制订的照明标准要求传统照明设备能效比白炽灯（对于 40～100W 的灯泡为 11～16lm/W）提高 27％或 13～20lm/W，节能灯标准为 50～80lm/W。这一标准使得大多数传统白炽灯被淘汰。

LED 照明有如下优点：

① 高能效、高发光效率（单位 lm/W）和低生命周期能耗。2014 年，LED 发光效率为 146lm/W（包装盒）和 109lm/W（发光器）。美国能源部期望截至 2020 年分别增至 220lm/W 和 196lm/W，最终期望达到 250lm/W 和 230lm/W。

② 寿命长。LED 寿命为 15000～30000 小时，白炽灯为 1000 小时，节能灯为 8000～10000 小时。

③ 降低了成本，既节约了能源又延长了寿命。

④ 高光质［用显色指数（CRI）衡量］。显色指数达到 90 甚至更高（显色指数 100 的为参照或最好光质）。

⑤ 优良的照明使用性能，表现在任务指示灯、智能电子通信与控制、光谱控制、优化园艺效果、对人类健康的影响和生产力等方面。

图 8.6 显示了 2015 年 LED 生命周期能源（LCE）与 2011 年和其他现有光源相比的进展。LCE 包括制造、运输和使用过程中的能耗。2015 年 LED 的生命周期能源不到荧光灯和 2011 年 LED 的一半，仅为白炽灯和卤素灯的 1/7 和 1/6。2015 年较长寿命的 LED 灯的寿命

相当于 2011 年 LED 的 1.7 倍（1/0.6）、白炽灯的 37 倍（22/0.6）和卤素灯（27/0.6）。即使 LED A-19 标准螺口灯泡的最初成本是 2010 年同类荧光灯的 10 倍，2015 年 LED 灯与荧光灯相比仍具有成本竞争力。解决方案 5.2 计算了 LED 的经济优势。

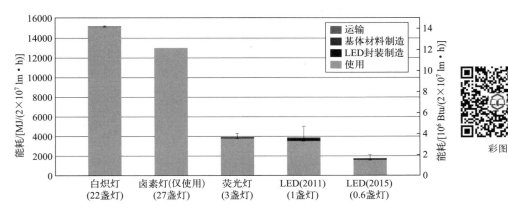

图 8.6　白炽灯、荧光灯和 LED 生命周期能源比较（来源：U. S. DOE，2015a）

图 8.7 通过两个情景显示了 2015 年至 2035 年的预计照明一次能源消耗：无 LED（SSL）情景，美国能源部到 2020 年将 LED 发光效率提高到 200lm/W 的目标实现的情景。与现有技术（高强度放电和线性荧光灯）相比，美国能源部的研发计划预计会使 LED 发光效率有所提高。美国能源部指出，LED 发光效率的潜力为 250lm/W（U. S. DOE，2015a）。

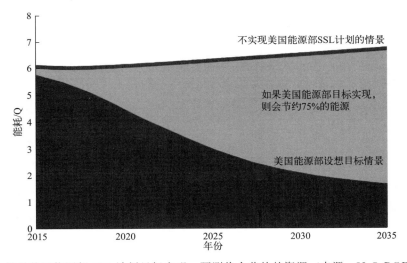

图 8.7　如果美国能源部 SSL 计划目标实现，预测将会节约的资源（来源：U. S. DOE，2017）

尽管 LED 发展取得了相当大的进步，但市场普及范围依然很小，这反映出未来的能源和成本节约不仅在美国，也包括全世界在内展现出的巨大潜能。

表 8.6 展示了不同的照明器具并给出了 2014 年每种 LED 灯具所占的市场份额（总计6%，预计 2020 年达到 48%，2030 年达到 84%）。

也许最有前途的 LED 科技是有机 LED（OLED），与发光二极管这种小的点光源不同，OLED 灯由包括一个碳基有机层在内的大片漫射面光源组成。OLED 灯有低照度、外形小巧、表面成型等优点，这使得一些特殊的光源如 OLED 墙纸和窗帘前景良好。市场上有许

表 8.6　2014 年 LED 照明设备及其美国市场占有率和 2020 年、2030 年的预测数据

单位：%

设备类型	2014 年/%	2020 年/%	2030 年/%	类型
通用	4	55	＞99	A 类灯与其他通用灯型
指示	6	26	74	反射器，壁橱 LED 灯，聚光灯灯具
装饰	1	31	94	子弹头式，蜡烛式，闪光灯，球形
线性固定装置	4	44	83	凹形反光槽，镶板，悬挂式照明设备
低/高功率	3	36	73	低功率和高功率光源
室内总计	3	42	81	
街道或道路	21	83	99	路灯
停车位	12	74	99	停车位照明
车库	8	67	＞99	附属或独立的车库灯具
建筑外部	11	71	99	固定装置，建筑外立面，场地，田间，人行道
室外总计	14	75	99	
总计	6	48	84	

多 OLED 产品，但价格仍旧过高。然而，2014 年 OLED 控制板的价格从 3350 美元每平方米降至 1850 美元每平方米。美国能源部计划到 2017 年降至 550 美元每平方米，到 2025 年降至 100 美元每平方米。2014 年，OLED 面板的发光效率为 60lm/W（灯泡的发光效率为 51lm/W）。美国能源部期望到 2020 年面板发光效率达到 160lm/W（灯泡 130lm/W），OLED 的研究目标为面板 190lm/W（灯泡 162lm/W）。图 8.8 给出了 LED 和 OLED 电器的例子。

(b) 办公室

(c) 威斯康星州拉辛的普雷里学校，左侧是LED灯，右侧是高压钠灯。LED灯比高压钠灯光照效果更好，且节省53%的能源

(a) OLED窗户照明

图 8.8　LED 照明电器案例（来源：U. S. DOE，2017）

8.2.4　智能建筑，智能家居

电子工业革命推动了 LED 照明的发展，其被广泛应用于控制装置以及管理能源消耗，这一技术为提高电气设备能效与时效提供了新的途径。在 5.3.3 节中曾介绍过其中一些控制装置，包括智能电表、可编程恒温调节器、插头负载控制、信息集线器或网关、家庭能源显示器和智能电器。房屋主人可以通过无线设备和按需响应系统控制这些设备，或通过按需最优定时远程控制来减少用电高峰期的耗电，或提高现场分布式生产如太阳能光伏发电的能耗。侧栏 8.3 描述了这些技术在一个"智能之家"的完整应用。

侧栏 8.3

用于监控能源使用的智能住宅设置

智能住宅的智能设备配置见图 8.9。

① 智能量表：先进的电子量表与智能设备对话。

② 门：允许信息通过智能量表、智能装置与互联网连接或通过 Wi-Fi 与网站或家庭能源显示器（IHD）相连 [如塞瓦（Ceiva）、雨林自动化（Rainforest Automation）、韩国三星智能产品]。

③ 交互使用入口：能够通过电脑或智能装置接近实时地查看或管理能源消耗的网络工具。

④ IHD：连接智能量表并提供能源消耗和花费的接近实时的反馈和提醒装置（如塞瓦、Aztech 连接器）。

⑤ 可编程通信温控器（PCT）＋供暖通风及空调系统（HVAC）：根据需求通过通信有效调节温度（如 Nest 系统、ecobee 系统、Energate 系统）（图 8.10）。

⑥ 智能设备：根据喜好管理并自动调整运行方式（如 Philips Hue 照明，Samaung、LG、GE 智能冰箱、洗衣机、烘干机、洗碗机和热水器）。

⑦ 插头负载控制器：能够测量能源消耗，远程控制连接设备的墙上插座。

⑧ 光伏太阳能系统：可以被监测的现场发电系统。

⑨ 车辆充电站：根据为汽车充电所需花费选择最优充电时间的设备。

⑩ 储能设备：可在低峰期充电并储存电能，在高峰期用电以节省电费的装置。

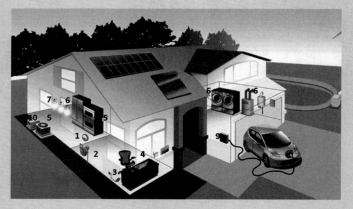

图 8.9　智能住宅的智能设备配置（来源：San Diego Gas & Electric）

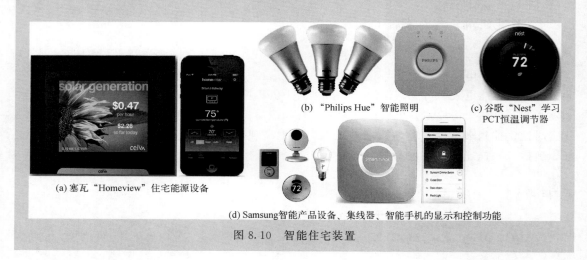

(b) "Philips Hue" 智能照明

(c) 谷歌 "Nest" 学习 PCT 恒温调节器

(a) 塞瓦 "Homeview" 住宅能源设备

(d) Samsung 智能产品设备、集线器、智能手机的显示和控制功能

图 8.10　智能住宅装置

8.2.5　确定建筑用电需求

第 4 章介绍了一些电力的基础知识，第 10 章将介绍家庭电气系统。为了叙述方便，需要注意的是，电力（或单位时间的电能，即功率，单位 W）由公用事业配电线路输送到家用电表。电表测量用电的功率和时间，并显示累计消耗的电能（功率乘以时间，单位 W·h）。公用事业公司每月读取电表，以确定用户的电费｛用消耗的电能（kW·h）乘以电价［美元/(kW·h)］｝。用户可以通过电费账单来监控自己的电力使用情况，可以用电表来测量能源使用和电力需求。

用户通过将负载装置（如灯、电器）连接到内部插座和连接处的布线系统来使用电力。这些灯和电器有一个额定功率（单位 W），其消耗的电能是功率与工作时间的乘积。例如，如果有 5 个 60W 的灯，每天亮 5 小时，它们每月的耗电量是多少？

$$5 \times 60W \times 5h/d \times 30d/月 = 45000W \cdot h = 45kW \cdot h$$

它们同时工作所需最大功率为多少？

$$5 \times 60W = 300W$$

大多数居民用电账单仅以 kW·h 为单位。但商业建筑等有更大需求的用户需同时为能耗与最大用电需求支付费用。如果知道灯具和电器的用电时长，就可以确定能耗。这对于一些电器如灯具来说很容易，但对于一些通过恒温器调节的电器如冰箱、空调、电炉和炉风机来说就很困难。第 5 章介绍了可以测量电器运行实际耗能时长的辅助测量设施（详见 5.3.3），但我们更多的是简略地通过能源指南中的传统能耗评估给电器贴标签。

表 8.7 给出了一个用于评估家庭电能能耗和花费的简易表格，内容包括许多电器额定功率、平均使用寿命和预估能耗。冰箱和电炉则采用能源指南的评估标准。通过其他电子表格，仅需输入新值（如 LED 取代白炽灯，更高能效的冰箱），就可以立即得到电能能耗和花费。

表 8.7　月度和年度电能消耗

类别	低效案例				高效案例			
	功率/W	频率/(h/d)	能耗/(kW·h/月)[①]	费用/(美元/月)[①]	功率/W	频率/(h/d)	能耗/(kW·h/月)[①]	费用/(美元/月)[①]
冰箱	500		120	14.40	500		33	4.00
彩电	250	5	38	4.50	250	5	38	4.50
立体声系统	60	6	11	1.30	60	6	11	1.30
电脑	120	5	18	2.16	120	5	18	2.16
室内照明	500	5	75	9.00	69	6	10	1.24
室外照明	225	12	81	9.72	33	6	6	0.71
洗衣机	500	1	15	1.80	500	1	15	1.80
干衣机	2000		120	14.40	2000		83	10.00
空调	1400	2	84	10.08	1400	2	25	3.00
炉风机	50	0	0	0.00	50	4	6	0.72
吊扇	280	4	34	4.03	280	4	34	4.03
时钟、夜灯	40	24	29	3.46	40	24	29	3.46
洗碗机	1300	1.5	59	7.02	1300	1.5	17	2.00
微波炉	1500	0.5	23	2.70	1500	0.5	23	2.70
面包机	1200	0.2	7	0.86	1200	0.2	7	0.86
吸尘器	600	0.2	4	0.43	600	0.2	4	0.43
	总计[①]		715	85.86	总计[①]		357	42.91
电价	12 美分/(kW·h)				12 美分/(kW·h)			

① 除使用能源指导信息的数值外均为计算值。

8.3　建筑物能源效益准则：面向全建筑能耗

建筑标准法为新型建筑制定了最低标准。1915 年，美国首次出现用火及用电安全的标准。20 世纪 20 年代出现针对电炉和管道的标准。20 世纪 70 年代中期，尤其是在《联邦能源保护法》为采纳能源建筑标准的州能源项目提供资金后，建筑隔音隔热标准才在世界范围内推广。美国没有联邦能源准则，但这项联邦法律推动了许多州建立自己的标准。本节讲述了标准的发展与被采纳的过程、传统标准需求及准则评估。

8.3.1　建筑能耗标准的发展和采用

　　一些州如加利福尼亚州已经建立了自己特有的准则，但许多州的住宅建筑仍采用国际标准委员会（ICC）所制订的标准，商业建筑仍采用美国采暖、制冷与空调工程师协会（ASHRAE）所制订的标准。国际标准委员会于 1983 年首次制订标准能源准则（MEC），该准则在 1998 年被国际节能规范（IECC）所代替。国际节能规范每 3 年更新一次，最近一次更新是在 2015 年。2016 年，国际标准委员会制订了 IECC 2018。针对商业建筑，ASHRAE于 1975 年首次制订能源准则 ASHRAE 90.1，该准则同样每 3 年更新一次，最近一次更新是在 2016 年（见侧栏 8.1）。

　　2017 年初各州对这些规范的采纳情况有 6 种：9 个州无州标准，2 个州标准低于 IECC 2009，13 个州标准与 IECC 2009 相当或更高，16 个州标准介于 IECC 2009 与 IECC 2012/2015 之间，8 个州标准与 IECC 2012/2015 相当，3 个州标准高于 IECC 2012/2015。对美国采暖、制冷与空调工程师协会所制订的标准 ASHRAE 90.1 的采纳情况类似（U. S. DOE，2016）。

8.3.2　典型的建筑能源规范要求

　　随着每三年一次的更新，规范要求愈发严格，图 8.11 显示了从 1975 年的第一部标准到最新标准所规定的能源效率的平稳提高。采用 IECC 2015 的建筑消耗的能源是 1983 年以前采用 ASHRAE 90—1975 的建筑的 60%。采用 ASHRAE 90.1—2013 标准的商业建筑所耗能源是 1975—1988 年建筑物的 53%。国际节能规范标准在 2009 年和 2012 年两个版本中提

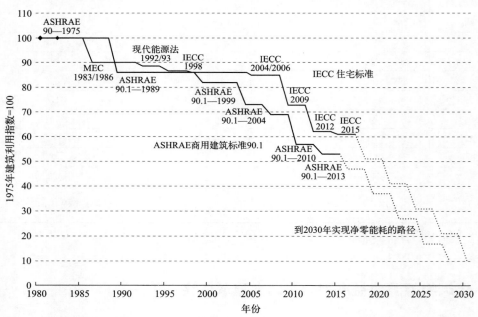

图 8.11　随着时间的推移不断进步的国际节能规范标准和 ASHRAE 90.1 建筑能源标准以及与到 2030 年达到净零能耗建筑的距离（来源：基于 ACEEE，2014b）

升最大，ASHRAE 90.1 标准在 2010 年版中提升最大。图 8.11 还显示了 ACEEE 在后续能源准则升级中的改进计划，即到 2030 年实现净零能耗建筑（见第 8.6 节）。

表 8.8 比较了国际节能规范 2006 年、2009 年、2012 年、2015 年版，能源之星认证住宅和美国能源部认证的零能耗住宅（原挑战家园计划）的条件。国际节能规范 2009 年和 2012 年版最大的改变首先表现在照明能效要求，其次是对于气密性和管道泄漏情况的要求在 2012 年版中更加严格，需要通过使用风机门进行检验。国际节能规范 2015 年版最大的改变是使用能源评级指数（ERI）提供了另一种能源合规途径，比如可以采用家庭能源评级系统（HERS）。

表 8.8　国际节能规范中对住宅建筑的要求

		2006 年版国际节能规范	2009 年版国际节能规范	2012 年版国际节能规范	2015 年版国际节能规范	能源之星 3.0	美国能源部零能耗住宅
建筑外墙	密封性（ACH50）	无	≤7.0	≤3.0～≤5.0	≤3.0～≤5.0	≤3.0～≤6.0	≤1.5～≤3.0
	管道泄漏（FM$_{25}$，以 100ft^2 空调调节的地板面积计）	无	总计≤12 或户外漏损率≤8	总计≤4，鼓风机舱门验证	总计≤4，鼓风机舱门验证	总计≤6 或户外漏损率≤4	所有管道都安装在热屏障和空气屏障边界内
	保温，天花板	R-30～R-49	R-30～R-49	R-30～R-49	R-30～R-49	2009 年版国际节能规范	2012 年版国际节能规范
	保温墙	R-13～R-21	R-13～R-21	R-13～R-20+5 或 R-13+10	R-13～R-20+5 或 R-13+10	2009 年版国际节能规范	2012 年版国际节能规范
	窗户传热系数	1.20～0.35	1.20～0.35	无～0.32	无～0.32	0.60～0.30	0.40～0.27
	窗户太阳能有效加热系数	无～0.40	无～0.30	无～0.25	无～0.25	无～0.30	无～0.25
照明，供暖，通风和空调系统，电器	高效照明	无	50%固定装置	75%固定装置	75%固定装置	能源之星	80%能源之星
	供暖、通风和空调系统	无	控制	控制	控制	能源之星	能源之星
	电器效率	无	无	无	无	能源之星	能源之星
家庭能源评级系统	合规途径	指定传热系数，性能	指定传热系数，性能	指定传热系数，性能	指定传热系数，性能，能源评估指数（ERI）	家庭能源评级系统评估	家庭能源评级系统评估
	家庭能源评级系统评分	100	85	70	55(ERI)～68	70	55

注：数值区间代表不同气候带的不同需求。

国际节能规范标准并不适用于需要使用供暖通风及空调系统或需供暖通风及空调系统恒温调节器控制的电器。美国环保署能源之星住宅和美国能源部的零能耗住宅，尤其是在能源之星计划的照明、供暖通风及空调系统电气设备方面超过了国际节能规范标准。

8.3.3　合规性评估和家庭能源评级系统 (HERS)

美国能源部建筑能源标准赞同只有当标准被使用者充分接受而且通过教育宣传得以贯彻并强制执行时，标准才能发挥最大化效应。

因此，此计划为使用者提供了许多评估合规性的途径。用户可通过线上下载 REScheck 和 COMcheck 交互软件分别对住宅建筑和商业建筑的设计特点进行评估。REScheck 需要住宅外墙、玻璃窗、屋顶和天花板、地下室墙的房屋平面图，绝热系数、R 值、玻璃窗和门的 U 值，以及制热制冷系统的效率等基本信息，与第 6 章表格中的信息类似（U. S. DOE，2016）。

家庭能源评级系统已成为美国住宅建筑的评估系统标准，由住宅能源服务网络（RES-NET）开发。住宅能源服务网络于 1995 年 4 月建成，旨在发展家庭能源评级系统和高能效抵押贷款的国家市场。2005 年，家庭能源评级系统的满分被改为 500 分，100 分相当于国际节能规范 2006 版标准，100～500 分对目前的建筑建造来说低于国际节能规范 2016 版标准效率，0 分则与零能耗住宅相当。这一评估方式由住宅能源服务网络公认审查人员执行。该评估系统涉及围护结构气密性、管道泄漏、墙体、地板、天花板的隔热性能，窗户和门，热水器以及恒温调节器。住宅能源服务网络的公认评估人员通过评估现有及新住宅来打分。

图 8.12 显示了 HERS 对不同住宅的评分谱，对现有住宅的评分超过 100，对符合 IECC 2006 要求的住宅评分为 100，对符合能源之星 3.0 标准的住宅评分为 70，对符合 IECC 2015（仅指通过能源评估指数评价的那部分）和能源部准零能耗住宅（ZERH）要求的住宅评分为 55，被动房评分为 38，零能耗住宅（ZNE）评分为 0。即使家庭能源评级系统被高度认可，但 2014 年，一项关于工程设计的研究表明，家庭能源评级系统的评估人员对于同一所住宅的评价相差甚远，并且常常会高估住宅能耗。加利福尼亚州已基于家庭能源评级系统 2008 的标准制订了自己的家庭能源评级系统标准，比 2016 年版国际节能规范更加严格。加利福尼亚州评估系统的 100 分相当于住宅能源服务网络的 80 分（见侧栏 8.4）。

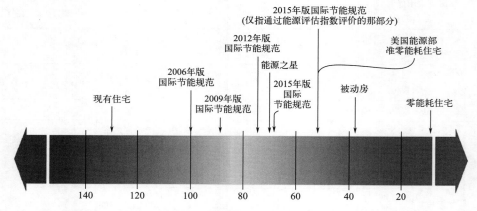

图 8.12　家庭能源评级系统和不同规范与评估系统间能源性能的比较（来源：RESNET，2016）

图 8.13 显示，随着截至 2013 年法规的每一次更新，用于空间供暖、制冷与用水加热的住宅能耗平稳下降。估计 2013 版标准要求的能源消耗少于 $2×10^4 \mathrm{Btu}/(\mathrm{ft}^2 \cdot \mathrm{a})$，是 20 世纪 70 年代的传统住宅建筑能耗标准的六分之一，1978 年的第一版 Title 24 的四分之一。于 2017 年 1 月生效的 2016 年版 Title 24 要求在高效照明、高性能墙壁、阁楼和提高水加热效率方面与 2013 年版相比额外减少 28% 的能耗。据估计，2016 年的更新增加了 2700 美元的初始投资（30 年按揭，11 美元/月），但节省能源花费 7400 美元（31 美元/月）。2016 年的更新令 2019 年准则中将在 2020 年 1 月 1 日生效的准净零能源（ZNE-Ready，ZNER）计划步入了正轨。太阳能光伏的加入令这些准净零能源（ZNER）建筑得以转化为净零能源（ZNE）建筑（见第 8.6 节）。

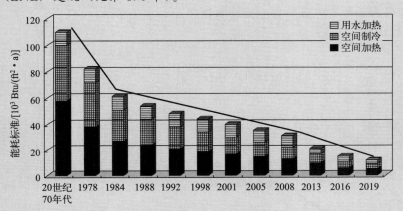

图 8.13 加利福尼亚州 Title 24 标准。每三年一次的更新使得标准不断提升（来源：CEC，2016）

能源高效不是绿色建筑唯一的生命周期措施。在 2010 年加利福尼亚州制订了新绿色建筑标准（CALGreen），要求新建筑减少用水，提高建筑能效，转变废物填埋的处理方式，降低排放物的污染程度。2013 年更新的 CALGreen 包括 25 条强制措施以及许多必选和可选措施（CALGreen，2016）。

8.4　全建筑生命周期：建筑中的隐含能源

建筑标准和电器标准是对全建筑能耗考虑的开始，但仍未被纳入隐含能源和生命周期环境影响因素中。表 8.1 介绍了提高建筑能效的全建筑生命周期途径。回顾第 5 章可知，生命周期分析全面考虑了从摇篮到坟墓的能源、经济、环境成本和效益以利于决策。这种考虑是绿色建筑评估认证体系的起源。在此，有必要介绍一下近来建筑生命周期分析的发展。

用于建筑运行的能耗占全美全年能耗量的 40%（见图 6.2）。但这依旧低估了建筑实际能耗量，因为它并未包括建材的制造、安装及运输至现场所需的隐含能耗，以及组装建材的机械与电力系统及室内陈设装饰所需要的能耗。

每年建筑所需隐含能耗量达建筑运行能耗量的 15 倍。如果一栋建筑可使用 100 年，则使用建筑的生命周期能源能够使建筑隐含能耗的占比降至很低（约 5% 到 10%）。但许多建筑，尤其是商业建筑的使用寿命并没有这么长。

8.4.1　建筑与建材的生命周期和隐含能源

分析建筑隐含能源有助于改进生命周期分析方法，对分析环境所受到的影响和绿色建筑运动来说，考虑所使用建材的能耗是非常重要的。对于隐含能源的分析不如对运行能耗分析发展迅速，但也在逐渐提升。

隐含能源通常是一次性消耗。但在建筑保养与整修中也存在循环隐含能源需求。图 8.14 假设一栋建筑有三种不同的运行消耗模式。在 100 年生命周期中所积累的隐含能源和运行能耗（单位：GJ）中，高运行建筑能效最低，低运行建筑能效最高。在这 100 年中，由于不断的保养与翻修，累计隐含能源从 800GJ 逐渐缓慢增长。

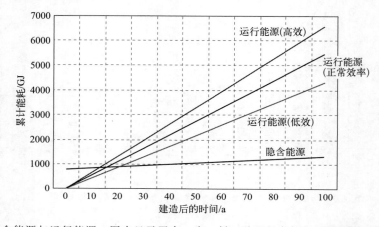

图 8.14　隐含能源与运行能源。图中显示了高、中、低三种运行案例的累计隐含能源和运行能源

这三种建筑中累计隐含能源都增长迅速，但增速最快的是高运行建筑。图中运行能耗与隐含能耗曲线交叉处的横坐标，是累计运行能耗与隐含能耗相当时所需的时间。这些假设的例子中高运行建筑花费了 10 年时间，低运行建筑花费 20 年时间，这对于伦敦、温哥华、多伦多和澳大利亚一些城市的真实建筑非常具有代表性。

第 5 章介绍了曾用于评估隐含能源的生命周期分析方法。通过图 5.1 可知住宅建造所用木制品的生命周期分析过程。第 5.5 节介绍了国际可再生能源实验室生命周期目录。表 5.5 列举了包括胶合板、软木木材和其他木制品建材在内的许多影响系数可知的工艺和产品。

以下是一些有关减少建筑隐含能源的一般规则：

① 使用回收建材和本地建材会比使用原始建材和外地建材消耗更少的隐含能源。

② 一般来说，原始建材中，木材尤其是风干的木材消耗最少的隐含能源，其次是砖块，能耗是木材的 4 倍，接下来是混凝土（5 倍）、塑料（6 倍）、玻璃（14 倍）、钢铁（24 倍）、铝（126 倍）。然而，单位质量或单位体积的隐含能源比较并不完全适用，尤其是对地面、墙、屋顶等的比较更适合在单位面积尺度上进行。

③ 建材如胶合板、芯板材或其他复合板和复合木板制品中，坚硬的或风干的木材比普通木板的隐含能耗更高，但它们充分利用了原本会被浪费的木材废料。

④ 塑料和复合材料普遍比普通材料消耗更多的隐含能源。

由 21 所美国大学联合建立的可再生工业材料研究联盟（CORRIM）旨在研究各种木制

品及钢铁、混凝土等其他建材的生命周期能源消耗和环境影响。该组织使用总体评估法（见图 5.1）估测从森林中收购木材、运输、加工处理至装运产品过程中的能耗。

图 8.15 比较了在寒冷和温暖环境中的木墙、混凝土墙和钢架墙及地板组件。除此之外，左数第三列（木材及其替代物）表明，如果用非木材成分和风干木材代替木制品，在产品加工过程中用生物燃料代替化石燃料，可减少隐含能耗。

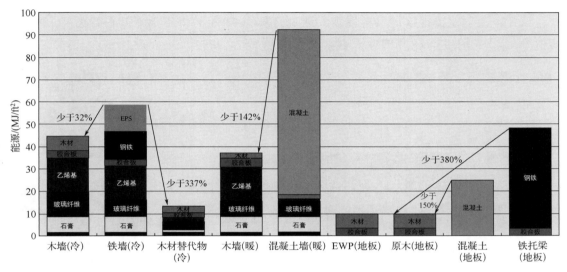

图 8.15　可再生工业材料研究联盟预估的温暖、寒冷气候下的木材、混凝土、钢铁墙壁及地板组件的隐含能源。木制组件有更低的隐含能源，尤其是用胶合板和纤维素代替乙烯基、石膏和玻璃纤维，以及在生产过程中使用生物燃料（来源：CORRIM，2005，使用经过许可）

可再生工业材料研究联盟也评估了用以代替其他建材的木制品的碳吸收、碳排放及潜在的碳排放量。该组织的研究表明在建筑中使用木制品可以从三方面控制温室气体的排放：

① 树木在生长过程中从大气中捕获二氧化碳，砍伐树木将其作为建材用于建筑中，这些碳在建筑物的生命周期中将一直处于隔离状态。

② 使用木材代替生产过程中碳排放量巨大的混凝土和钢铁，能够减少碳排放。

③ 制造木制品时用生物燃料代替化石燃料能够减少碳排放。

8.4.2　绿色屋顶和其他天然建材

天然有机材料正越来越多地用于建筑设计当中，除木制品具有节约隐含能源和固碳的优点之外，一些设计师和建筑商已证明了夯实素土和风干土坯结构的热质量效应。草砖建筑也因其良好的保温隔热性能和低廉的价格而发展迅速，但这些也仅仅打开了消费市场。

绿色屋顶或植物屋顶的市场正在发展，尤其是在城市中许多家庭住宅、商业建筑、工业建筑拥有平坦的屋顶且绿化空间有限的情况下，绿色屋顶的优点能够得到最大限度的发挥。绿色屋顶安装需要许多层：防水薄膜、根部保护层、排水层、过滤网和生长滤膜 ［见图 8.16（a）和图 8.16（b）］。第 7 章介绍了绿色屋顶的优良降温性能。其优点包括以下几点：

① 屋顶的保温与蒸散作用减少了供暖与降温的能耗。

② 雨水的储存与蒸散作用减少了总径流量。

③ 雨水储存与蒸散作用降低了峰值径流量的排放率。

④ 延长屋顶的使用寿命。

⑤ 使建筑更加美观。

⑥ 降低热岛效应，提高本地的空气质量。

⑦ 提高建筑的娱乐性能。

波士顿、芝加哥、波特兰、费城、西雅图和其他许多城市因绿色屋顶的社区利益而采用这一设计。预估北美地区的绿色屋顶安装量将从 2004 年的每年 100 万平方英尺，增加到2012 年、2013 年和 2014 年的每年 2000 万平方英尺。

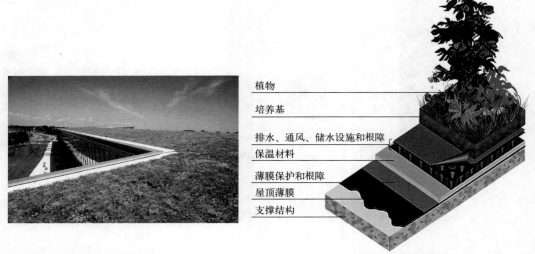

(a) 宽阔的绿色屋顶。位于密歇根州霍兰德的霍沃斯总部   (b) 绿色屋顶的层结构示意
的45000平方英尺生物屋顶系统（来源：由LiveRoof官网提供）[来源：由Low Impact Development Center (低影响发展中心)提供]

图 8.16   绿色屋顶及其构造

8.4.3   建筑隐含能源和生命周期分析工具

分析隐含能源、生命周期能源和环境资源的消耗并非易事，但方法正在改进。这也为将生命周期能源和环境标准纳入评估方法和标准体系带来了机会，这些方法包括更好的模型和理论方法、更好的数据、更好的分析设备和分析软件。第 5 章介绍了国家可再生能源实验室生命周期目录（见 NREL 官网），包括基本的生命周期与环境评估方法。

这里有必要提到建筑领域的两种方法。雅典娜可持续材料研究所开发了大量生命周期影响评估器，其中就包括建筑影响评估器。该研究所拥有涵盖数百种结构和围护材料的大型生命周期数据库，将其应用于建筑生命周期能源和环境影响分析（Athena SMI，2016）。

美国国家标准与技术研究院（NIST）的 BEES 软件最近一次更新是在 2016 年。该软件使用了国际标准化组织制订的 ISO 14000 系列标准来测定建筑产品的环境性能，包括产品使用寿命的所有阶段：原材料的采购、加工、运输、安装、使用、回收和废弃物管理。经济性能评估则使用美国材料与试验协会（ASTM）生命周期能耗方法标准进行，涵盖初始投资、更换、运行、维护修补、清理所需能耗。以美国材料与试验协会标准进行多属性判定分析的全性能测定中包括环境与经济性能的测定（NIST，2011）。

8.5　绿色建筑评估

绿色建筑的目的是使用创新的科技、材料、设计手段和建造过程来使建筑的环境与经济优势最大化，降低其在建造和施工过程中的影响，提升居住者的舒适程度、健康状况和工作效率。绿色建筑包含以下五个策略，旨在将对建筑的考虑从"建筑外墙和供暖、通风及空调系统"提升至全建筑和全建筑生命周期（表 8.1）：

① 位置：土地利用和场地规划影响能源和环境，包括对雨水处理、景观美化和生态系统保护的考虑。

② 能源利用：提高可再生能源的使用比例和效率可以减少能耗和能源相关排放，包括空气污染物、温室气体和臭氧层消耗气体。

③ 水利：高效的管道装置减少了热水的能量损失和水资源的浪费以及收集和处理它们所需的能量，高效的水利和雨水收集系统也节约了水资源。

④ 材料与资源：使用可重复利用的、可回收的、本地的材料，以及可持续木制品将减少家庭和建筑废物，减少隐含能源的消耗和建材在从摇篮到坟墓的整个过程中对环境的影响。

⑤ 室内环境质量：居住者的健康、舒适程度、工作效率随室内空气质量、温控、采光、通风设备效率的提高及有毒物质的减少而提高。

与规范和标准不同的是，绿色建筑运动基本上是自愿的。与能源之星计划类似，绿色建筑运动的要求比标准更严苛。通过一些可信的认证项目，给予消费者购买建筑和购买或租住住宅的信心。这些项目为建筑商和设计师提供公认的标准和认证服务，以推广他们的建筑和服务。随着建筑能效和质量可靠性的不断提高以及不确定性的不断下降，市场反馈也变得更加有效。

因此，从家庭住宅到办公大楼，从新建建筑到老旧建筑的翻修，绿色建筑市场正在不断扩张。

① 截至 2015 年，美国约 40％～60％的新型非住宅建筑为绿色建筑，估计投资约 1200 亿～1450 亿美元。

② 在美国，53％的公司称自己 60％的建筑是绿色建筑（2012 年为 40％）。澳大利亚的公司这一比例为 47％，英国是 68％（McGraw-Hill Construction，2014）。

③ 从 2015 年到 2018 年，预估绿色建筑支出每年的增速为 15％，达到 2240 亿美元并提供直接就业岗位 390 万个（Booz Allen Hamilton，2015）。

④ LEED 是最大的绿色建筑项目。在 2007 年只有 230 个认证项目。截至 2015 年，拥有分布于全美 50 个州和 150 个国家的共计 52000 个认证项目，认证过的建筑空间规模达到 50 亿平方英尺。

下面从另外一个角度分析有关建筑的能源之星与零能耗住宅评估系统，并回顾美国绿色建筑委员会（USGBC）的 LEED 系统、被动房标准和 EarthCraft 标准。

8.5.1　美国环保署的能源之星住宅和美国能源部的零能耗住宅

8.4.2 中介绍了能源之星住宅和零能耗住宅。美国联邦政府评估系统聚焦于住宅能耗性能，尤其是建筑外墙和电器能效，两者都需要住宅能源服务网络公认评估员的证明与实地测试。能源之星住宅没有止步于只是遵守 IECC 标准，而是通过指定更高效的设备和电器，走向更高效的"全建筑"方法，如更高效的能源之星照明和电器，更高效的水感（WaterSense）水龙头、厕所和淋浴喷头，以及室内空气加湿和氡控制的功能。美国环保署估计，自 1986 年该项目启动以来，已经建造了 160 万套通过能源之星认证的住宅，与按照标准建造的传统住宅相比，节约能耗 30%，节约公用事业费用 47 亿美元（U. S. EPA，2015，2016）。

美国能源部的建筑商挑战计划始于 2008 年，旨在吸引建筑商开发高能效挑战住宅（Challenge Home）设计。挑战住宅被重命名为准零能耗住宅。准零能耗住宅（Zero Energy Ready Home，ZERH）有着与能源之星相似的要求，并同时具有规定性和性能合规途径。它同样有标准住宅尺寸、可调节的卧室地板区域（如两间卧室 1000 平方英尺，四间卧室 2800 平方英尺）。所有住宅都必须遵从准可再生能源住宅条款，尤其包括年平均日照强度不低于 $5.0 kW \cdot h/(m^2 \cdot d)$ 的一块区域（U. S. DOE，2014）。这意味着作者位于弗吉尼亚州布莱克斯堡日照强度为 $4.8 kW \cdot h(m^2 \cdot d)$ 的住宅（有着 12kW 的高效太阳能电池组）将不会达标。

8.5.2 美国绿色建筑委员会的 LEED 认证项目

如前所述，美国绿色建筑委员会的能源与环境设计先锋（LEED）项目是最大的绿色建筑认证项目。2011—2014 年占美国绿色建筑投资的一半。估计 2015—2018 年占三分之一。LEED 认证有一系列内容：

① 建筑设计＋建造（Building Design＋Construction）的 LEED 认证（LEED-BD＋C）：拥有建造整体绿色建筑的框架，包括新建筑和重大改造、核心和外壳开发、学校、零售建筑、数据中心、仓储和配送中心、酒店、医疗保健中心、住宅以及多户中低层建筑。

② 建筑运营＋维护（Building Operations＋Maintenance）的 LEED 认证（LEED-BO＋M）：为现有建筑提供标准，指出"最绿色的建筑是已经建好的建筑"，因为可能需要长达 80 年的时间来弥补拆除现有建筑和建造新建筑的影响。

③ 室内设计＋建造（Interior Design＋Construction）的 LEED 认证（LEED-ID＋C）：提供更有利于居住者和环境的室内空间标准。

④ 住宅（Homes）的 LEED 认证（LEED-H）：提供节能、节水、安全、健康的住宅和多户中低层建筑的标准。在 LEED v4 中，LEED-H 认证被合并到 LEED-BD＋C 中。

⑤ 社区发展（Neighborhood Development）的 LEED 认证（LEED-ND）：用超越单一建筑规模的眼光，考虑从整个社区的角度来激励和创造更好、更可持续、更方便交流的社区。LEED-ND 认证超越全建筑能源发展到全社区能源，具体将在第 15 章介绍。

LEED 认证要求对建筑进行登记注册，然后经过认证的 LEED 评估人员根据已建立的能源和环境措施清单对建筑进行审查，LEED v4 中的满分是 110 分。根据各项得分的总和进行认证，依次为通过认证（合格，40 分）、银级（50 分）、金级（60 分）、铂金级（80 分）。

表 8.9 列举了 LEED 认证建筑设计与建造（LEED-BD＋C）标准的 9 条主要条款。其中能源和大气占比最多（33 分，满分 110 分）；其次是室内环境质量、位置和交通运输，每项占 16 分；材料和资源 13 分；用水效率 11 分；选址的可持续性 10 分。

表 8.10 给出了 LEED 认证建筑设计与建造住宅的完整核对表，与基本的建筑设计与建造认证稍有不同的是，能源增加 5 分，材料减少 3 分，许多措施是必要前提而不评分。例如，能耗表现的最低标准是必须满足能源之星的认证标准。基于住宅的家庭能源评级系统

（HERS-rating），每年的能耗标准最多得 29 分。达到 HERS-70 可以得到 5 分，达到 HERS-50 可以得到 19 分，达到 HERS-20 可以得到 25 分，达到 HERS-0（零能耗）可得到 29 分（USGBC，2013）。

表 8.9　LEED 第四版 BD＋C：新建与重大翻修项目检查表

项目	分值	项目	分值
综合过程	1	材料和资源	13
位置和交通运输	16	室内环境质量	16
选址可持续性	10	创新	6
用水效率	11	地区性重点	4
能源和大气	33	可能的总分	110

注：40 到 49 分为合格，50 到 59 分为银级，60 到 79 分为金级，80 到 110 分为铂金级。

表 8.10　LEED 第四版 BD＋C：住宅与多户型低层建筑计划清单

项目	类别	具体得分点	得分	总分
综合过程	评分		2	2
选址和交通	前提	避开洪涝高风险区	满足条件	15
	评分	为街区位置发展的 LEED	15	
	评分	地点选择	8	
	评分	紧凑型发展	3	
	评分	社区资源	2	
	评分	交通便利性	2	
可持续场地	前提	建筑活动污染防治	满足条件	7
	前提	无侵入性植物	满足条件	
	评分	热岛减少	2	
	评分	雨水处理	3	
	评分	对害虫的无毒防治	2	
用水效率	前提	用水计量	满足条件	12
	评分	累计用水	12	
	评分	室内用水	6	
	评分	室外用水	4	
能源和大气	前提	最低能源性能	满足条件	38
	前提	能源计量	满足条件	
	前提	屋主、房客或管理员教育	满足条件	
	评分	年均能源消耗	29	
	评分	高效热水分配系统	5	
	评分	先进的公用事业能耗跟踪	2	
	评分	主动式太阳能设计	1	
	评分	供暖、通风及空调系统启动证书	1	
	评分	住宅尺寸	满足条件	

续表

项目	类别	具体得分点	得分	总分
能源和大气	评分	被动式太阳能发电的建筑方向定位	3	38
	评分	气密性	2	
	评分	外墙保温	2	
	评分	窗户	3	
	评分	空间供暖和制冷设备	4	
	评分	供暖和制冷分配系统	3	
	评分	高效家用热水器	3	
	评分	照明	2	
	评分	高效电器	2	
	评分	可再生能源	4	
材料和资源	前提	经认证的热带木材	满足条件	10
	前提	耐久性管理	满足条件	
	评分	耐久性管理验证	1	
	评分	对环境更有益的产品	4	
	评分	施工废弃物管理	3	
	评分	高效原料框架	2	
室内环境质量	前提	通风设备	满足条件	16
	前提	燃烧排气管理	满足条件	
	前提	车库污染防治	满足条件	
	前提	防氡结构	满足条件	
	前提	空气过滤	满足条件	
	前提	环境烟雾	满足条件	
	前提	分区	满足条件	
	评分	增强型通风	3	
	评分	污染物管理	2	
	评分	供暖与配电的平衡	3	
	评分	严格分区	1	
	评分	严格的燃烧排气管理	2	
	评分	严格的车库污染防治	2	
	评分	低排放产品	3	
创新	前提	初步评估	满足条件	6
	评分	创新	5	
	评分	LEED AP 住宅	1	
区域优先	评分	区域优先：特殊的	1	4
	评分	区域优先：特殊的	1	
	评分	区域优先：特殊的	1	
	评分	区域优先：特殊的	1	
总计		可能得分	110	110

注：40~49 分为合格；50~59 分为银级；60~79 分为金级；80~110 分为铂金级。

　　侧栏 8.5 给出了 LEED BD＋C 铂金级认证建筑的四个实例。其中两个案例基于 2009 版本的认证协议，另两个案例基于 LEED v2.2 认证标准。

侧栏 8.5

LEED-BD＋C 铂金认证项目

① 新泽西州，霍普韦尔，米尔斯通斯托尼布鲁克流域协会［图 8.17（a）］。位于 84 英亩的保护区中。拥有太阳能光伏与地热泵，接近零能耗。

② 弗吉尼亚州，布莱克斯堡，布莱克斯堡汽车公司［图 8.17（b）］。通过地热泵和高效的设计，布莱克斯堡的整修计划将棕色地带改建为镇政府办公建筑。

③ 加利福尼亚州，彭德尔顿营，P-060 受伤士兵疗养关怀中心［图 8.17（c）］。最先进的受伤军人康复中心。

④ 密苏里州，圣路易斯，华盛顿大学布朗学院，希尔曼大厅［图 8.17（d）］。填空性建筑将两栋现存建筑合并，结合能效措施与太阳能光伏发电，可节省 42％的能源。

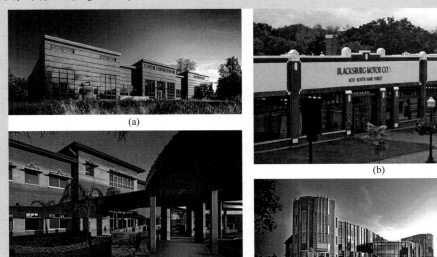

图 8.17　LEED 计划案例
（a）新泽西州，霍普韦尔，米尔斯通斯托尼布鲁克流域协会；
（b）弗吉尼亚州，布莱克斯堡，布莱克斯堡汽车公司；
（c）加利福尼亚州，彭德尔顿营，P-060 受伤士兵疗养关怀中心；
（d）密苏里州，圣路易斯，华盛顿大学布朗学院，希尔曼大厅

这四个案例的得分见表 8.11。

表 8.11　LEED 计划案例记分卡

项目	新泽西州，霍普韦尔，米尔斯通斯托尼布鲁克流域协会	弗吉尼亚州，布莱克斯堡，布莱克斯堡汽车公司	加利福尼亚州，彭德尔顿营，P-060 受伤士兵疗养关怀中心	密苏里州，圣路易斯，华盛顿大学布朗学院，希尔曼大厅
可持续场地	11/26	13/14	10/14	21/25
用水效率	10/10	5/5	5/5	6/10
能源与大气	31/35	11/17	17/17	28/35
材料和资源	6/14	8/13	7/13	7/14

续表

项目	新泽西州，霍普韦尔，米尔斯通斯托尼布鲁克流域协会	弗吉尼亚州，布莱克斯堡，布莱克斯堡汽车公司	加利福尼亚州，彭德尔顿营，P-060受伤士兵疗养关怀中心	密苏里州，圣路易斯，华盛顿大学布朗学院，希尔曼大厅
室内空气质量	13/15	11/15	14/15	11/15
创新	6/6	5/5	5/5	6/6
地区优先	3/4	—	—	4/4
总计	80/110	53/69	58/69	83/110
评估等级	铂金	铂金	铂金	铂金
LLED-BD＋C版本	2009版	2.2版	2.2版	2009版
认证时间	2015年4月	2010年8月	2012年3月	2015年11月

8.5.3 被动房，美国被动房研究所+ 美国能源部零能耗住宅标准

被动房源于20世纪70年代至80年代将超保温（superinsulation）和被动式太阳能采暖应用于新建筑之上的运动（见第7章）。超保温的概念于20世纪80年代末90年代初出现。到1996年，Wolfgang Heist在德国达姆施塔特成立了被动式房屋研究所（Passivehaus Institute，PHI）。PHI开发了一系列自愿进行的能效评级标准用于被动式房屋认证：

① 每年的供暖和制冷能耗要求不超过 $15kW \cdot h/m^2$ （$4755Btu/ft^2$），或峰值热负荷不超过 $10W/m^2$。

② 每年用于用水加热和供电的初级能耗不应超过 $120kW \cdot h/m^2$ （$38040Btu/ft^2$）。

③ 鼓风门检测中空气渗透不应超过 0.6 ACH50。

当时，这一标准远超欧洲建筑标准。到2010年，欧洲建造了超过25000座被动建筑，主要分布于德国、澳大利亚和瑞典。

美国被动房研究所（PHIUS）于2007年在美国成立，旨在促进有关被动建筑的研究、培训、认证和延伸拓展，美国被动房研究所有1800多名专业的认证人员。即使经美国被动房研究所认证的建筑数量还很少，但其增长速度很快，从2010年仅有15栋增长到2015年的225栋。然而，美国被动建筑标准的采纳依然存在很多问题，它们是基于更严格的欧洲标准为德国经济局势设计的，所有的假设并不是很适合美国背景。

2012年，美国能源部承认基于市场表现的被动建筑标准的益处，并加入美国被动房研究所发展美国能源部的挑战之家计划（Challenge Home Program），即现在的零能耗住宅项目，同美国被动房研究所认证合作。这次活动启动了一项2015年的研究，通过了美国特定气候的被动房标准，在保证经济可行性的前提下保留了实现节能目标的雄心壮志。使用NREL的建筑能源优化软件（Building Energy Optimization software，BEopt）进行的采暖、制冷限制分析来为北美的110种区域气候提供相应的成本优化节能升级包。

成本优化基于水电费之和（越低意味着能效越高）和按揭费用（越高意味着能效越高）。

如图 8.18 所示，1 分建筑意味着没有超出标准的额外能效提升和更高的水电费，但也没有额外的升级花费；4 分建筑为零能耗且无水电费用，但升级会带来更高的按揭贷款；2 分建筑有一系列性价比改造；对于 3 分建筑，光伏发电相比于提高能效是更具性价比的选择，这可能是因为减少环境影响和风险带来的额外收益。

该研究制订了 PHIUS+2015 标准：

① 每年的供暖与制冷能耗需求标准，先前为 15kW·h/m² （4755Btu/ft²），变为根据不同地区特殊气候和地理位置所制订的节省更多能源、成本最优（其中两个见图 8.18）的建筑能源最优花费标准，以使措施更加高效且成本更低，并提供了额外的弹性收益。

② 每年用于供暖、用水加热和用电的总计初级能源，由原先的 120kW·h/m² （38040Btu/ft²）变为 200kW·h/人，近年又降至 4200kW·h/人。

③ 渗漏限制（原先为 0.6ACH50）变为每平方英尺总围护结构面积 0.05CFM50 和 0.08CFM75。

这些标准的制订将使全国建筑平均供暖能耗降低 86%，制冷能耗降低 46%，峰值加热负载能耗（取决于设备大小）降低 7%，制冷负载能耗降低 69%。该系统通过三步实现零能耗：通过被动法降低供暖能耗和制冷能耗，通过高效设备和可再生能源降低总能源需求，通过额外再生发电实现零能耗。

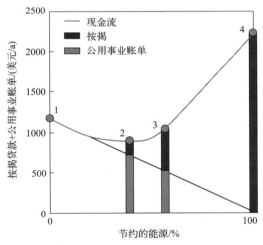

图 8.18　建筑能源成本优化。基于公用事业账单（高能效的费用更低）和按揭费用（能效越高，投资越高）的节能方案成本优化（来源：NREL，2006）

8.5.4　EarthCraft 认证项目

EarthCraft 是绿色建筑协议的另一个例子，于 1999 年在亚特兰大制订，现被东南部的 6 个州采用，超过 30000 个住宅单元经 EarthCraft 认证。与 LEED 类似，该项目有一个广泛的标准清单，包括能效、水利用效率、雨水管理、减少废物产生、可持续建材和最小占地影响。和 LEED 认证建筑一样，它有针对不同设备的计划，包括 EarthCraft 之家、EarthCraft 多户型住宅、EarthCraft 整修、EarthCraft 商业照明和 EarthCraft 社区。表 8.12 总结了 EarthCraft 之家的认证标准，在每一种下面给出了所需条款的数量和可能的得分，要求与得分由建筑外墙和能源系统的能效决定。

表 8.12　EarthCraft 住宅标准与评分

主要类别	挑选标准	所需条款	可能得分
场地计划	挑选、设计、准备和保护	4	44
建筑垃圾管理	填埋和再利用，从垃圾填埋场转移 75% 的建筑垃圾	2	12
能源高效利用	设计、先进的框架、本地和再生资源	1	49
耐久性与湿度管理	排水、水蒸气屏障、处理湿气	21	27
室内空气质量	燃烧控制、室内污染控制	11	42
高性能建筑外墙	家庭能源评级系统指数、美国能源部零能耗住宅，气密性、鼓风机舱门测试、门窗保温性能	58	54
高效能源系统	供暖、通风和空调系统设备、管道系统、管道渗漏、通风设备、热水器、照明与电器	44	87
用水效率	室内用水、室外用水	9	39
教育与实践	房主教育、EarthCraft 建筑商	2	14
总计	75 分为合格标准，100 分为金级，125 分为铂金级	152	368

　　EarthCraft 也认证零能耗住宅之家，需要满足净零能耗住宅（ZERH）标准并于一年内在公用事业账单上实现零能耗，弗吉尼亚的首个 EarthCraft 净零能耗住宅是位于布莱克斯堡的一个八住户的便宜的老房子，见图 8.19。这四个复式住宅是全电气化的，依照高能效标准建立，使用高效小型分离式热泵并用 30kW 的太阳能光伏发电板来提供全年所有能源。在 2016 年初，该产品经一年的考察被认证为零能耗住宅。

图 8.19　EarthCraft 零能耗住宅。弗吉尼亚州布莱克斯堡专门为老年人设计建造的四个经济适用复式公寓中的两个，达到了 EarthCraft 零能耗标准，并在用一年水电费账单证明了净零能耗后，通过了净零能耗认证

8.6　零能耗建筑

　　零能耗建筑运动正在迅速发展，通过提高能源标准来减少能源需求，推动零能耗认证，如美国能源部的零能耗住宅和 EarthCraft 零能耗住宅标准，同时面临新的任务，如加利福尼亚州 2020 年的零能耗住宅建筑标准，2030 年的商业建筑零能耗标准将会出现新的条款。

　　零能耗住宅这一概念涵盖许多方面：

　　① 零能耗住宅建筑：建筑每年所生产的现场可再生能源相当于建筑每年消耗的能源。

　　② 准零能耗住宅建筑：高效的建筑产生的额外现场可再生能源能够满足自身能源需求。

　　③ 零能耗住宅电气化建筑：每年所产生的现场可再生能源相当于每年所消耗的电能。

④ 零能耗住宅源能量：建筑产生的能量与其初级能源的消耗量相等（包括用于产生能源和将能源输送至现场的能耗）。

⑤ 净正能耗建筑：建筑产生的可再生能源比全年能耗更多。

⑥ 社区规模的零能耗住宅：相邻的两个建筑群都为准零能耗建筑，由一个共享社区提供能源网络。场外可再生能源相当于建筑总能耗。

实现零能耗住宅的途径简单明了，包括以下六个基本步骤：

① 通过高效外墙与被动式系统减少建筑负载能耗（超保温、气密性控制、采光、光控、自然通风）。

② 使用高效系统（供暖通风空调及其分配系统，用水加热、照明、器具设备）。

③ 使用智能系统管控能源负载（插座负载控制，用户反馈）。

④ 整合能源再生系统，将损失降至最小（再生能源通风设备、热泵、热水器）。

⑤ 使用分布式能源满足和平衡剩余的建筑负载能源（屋顶太阳能光伏发电，太阳能热水器，微型储能涡轮机）。

⑥ 监测、管理建筑负载的使用情况（检测系统、业主参与）。

零能耗住宅的数量将在 2020 年后迅速增长，加利福尼亚州 Title 24 要求所有新型建筑为零能耗建筑，建筑数量有望从 2015 年的 140 座增长至 2020 年的 150000 座。该州的零能耗住宅行动计划有一个从 2014 年至 2019 年的志愿活动，其目标是到 2019 年时，零能耗住宅数每年新增 31000 座。措施包括 10％的地方政府采用区域标准，超过 20 个建筑商参加早期采用者计划，拥有 20 多个示范试点项目，以上这些措施都享有具有吸引力的融资政策和激励。加州的这种经验正与越来越严格的 IECC 和 ASHRAE 标准以及先进的太阳能光伏和储能技术相结合。

8.7 面向全社区能源

表 8.1 中介绍的对于建筑能源不断进步的考虑，涉及了技术、设计、建造实施、公共政策等方面。从 20 世纪 70 年代简单的对于建筑保温外墙的考虑到 21 世纪初扩展到对建筑电能使用的思考，再到 21 世纪 10 年代对包括建材、废弃物、居民健康在内的生命周期问题的思考，再发展到 2020 年对智能建筑和零能耗住宅利用进行的更加复杂的考虑。

但直至我们考虑建筑及其选址在全社区能耗与能源生产方面所能发挥的充分作用之前，这种进步将不会停止。全建筑能源不仅包括建筑能耗的数量与类型，也包括建筑生产能源的机会，相邻建筑间的相互联络，后者不仅影响建筑能源，也影响能源的使用与输送。

之后的章节将介绍全社区能源问题，它们明确包括以下几点：

① 分布式发电（distributed generation，DG），包括现场和社区太阳能光伏发电、其他高效建筑和社区规模的发电（见第 10、11 章）。

② 热电联供（CHP）是分布式能源的一种有效途径，使用燃料燃烧供能，但有效利用了其他损失热量，可将总燃料效率从 33％提高至 80％（见第 10 章）。

③ 地区能源系统。一个社区规模的建筑供暖和制冷系统，该系统使用集中式热电联产系统、蒸汽站或制冷站，拥有服务于社区、中央商务区或整个城市的配电网络。

④ 微电网。地区能源系统是社区规模的热力网络，而微电网是社区规模的电力网络。微电网可以包括分布式发电、需求响应和与较大电网的连接，但也可以在停电时独立于较大

的电网运行（参见第 10 章）。

⑤ 可持续交通。包括建筑选址、社区设计、土地利用密度和混合土地利用等一系列内容，这些都可以增加私人汽车以外的交通机会，包括公交、步行和自行车骑行（参见第 15 章）。

本章讨论的绿色建筑评级体系已经开始包括这一更广泛的考虑事项清单，如 LEED-BD＋C 的可再生能源、位置和交通标准（表 8.10）。LEED 和 EarthCraft 更进一步发展了绿色社区和社区评级系统，其中包括更多的地区能源和可持续交通标准。LEED-ND 评级系统将在第 15 章介绍。

8.8　本章总结

更高的建筑能效正在经历前所未有的进步，因为新技术、设计和建筑实践提高了成本效益，更严格的建筑和设备标准反映了新的高效成本技术。绿色建筑评估体系丰富了消费者和建筑商所了解的信息。第 6 章和第 7 章强调了建筑供暖与制冷效率，包括用于空间和用水加热的太阳能供暖设备。本章就建筑电能使用效率也就是全建筑效率展开讨论。

美国包括设备能效在内的进步主要由联邦能效标准推动。供暖通风及空调系统设备、冰箱、洗衣机、洗碗机、热水器、摩托车、水泵等有许多能效标准条款。随着科技水平和投入的提高，每几年所有的标准就会更新一次，这些标准的影响极大。例如：今天一台冰箱所消耗的能源是 20 世纪 80 年代一台冰箱所消耗能源的 1/3，体积增大 20％，成本降低 40％。到 2030 年，与没有标准的情形相比，今天制订的设备能效标准每年会为消费者节省 1000 亿美元（共计 2 万亿美元）的公用事业费用。

LED 照明系统也在经历相似的变革。多种多样的、高效的、寿命长的、质量过硬的产品已经得到了有意义的渗透。但随着设备和能效的进步，成本价格的下降，其自身也在迅速改变。美国能源部声称，截至 2030 年，LED 照明每年将会为消费者节省 400 亿美元电费。

和能效与照明标准一样，新建筑能效标准在持续改良。在美国，与设备照明不同，对建筑来说没有国家标准，每个州执行自己的建筑标准，大多数标准基于由国际标准委员会制订的针对住宅建筑的标准（国际节能规范），由美国采暖、制冷与空调工程师协会制订的针对商业建筑的标准（ASHRAE 90.1）。这两项标准都是每三年更新一次。

与 20 世纪 80 年代中期的建筑标准相比，按国际节能规范 2015 建造的建筑可节约 60％的能源，按 ASHRAE 90.1—2013 建造的商业建筑节约 53％的能源。加利福尼亚州的建筑能效法可能是最为严格的，每三年更新一次，其目的是在 2020 年所有新住宅建筑实现零能耗，到 2030 年所有新商业建筑实现零能耗。

对于零能耗住宅的探索也因此触手可及，绿色建筑也包括更多高效能源，它们对人类健康和环境有很大影响，包括水、废弃物、选址影响和室内空气质量。在 2015 年，40％～48％的新非住宅建筑为绿色建筑，以被动房评估标准为代表，我们将进入准零能耗建筑时代，实现零能耗的下一步仅是增加一个现代化的太阳能光伏发电系统，此系统的成本正在逐渐降低（见第 11 章）。

全建筑能效的平稳增长是全社区能效运动必不可少的组成成分。在合理选址（考虑充足的建筑密度、混合的土地利用方式、以公交和行人为导向）的基础上，这些拥有现场分布式发电系统的热节能和电节能建筑将成为向可持续能源过渡的种子。

第四部分　可持续电力

第9章
集中式电力系统

9.1 简介

生活在工业化世界的我们对动一动手指打开开关就能获得的电力能源习以为常。灯光照亮世界，空调使人凉爽，冰箱保存新鲜食物，互联网带我们进入知识的"黄金屋"，电脑、手机、电视提供了丰富多彩的娱乐方式。只有在忽然停电时，我们才发现离开邮件没办法生活，才开始意识到为我们提供这些便利的电网是多么重要。然而与此同时，世界上还有大概10亿到20亿人无法享受这些基础的电力服务。

为北美供电的电力设施包括超过275000英里的高压输电线和大约1000GW的发电量，这个供电系统服务了3亿人口。尽管超过1.4万亿美元的成本着实惊人，但它所产生的价值却是不可估量的。提供可靠的电能是个充满困难的挑战，它需要我们对电力系统进行实时控制，并协调好成千上万的电力计划，使电能穿过广阔的传输和分配网络来满足客户们准确而又实时变化的能源需求。美国国家工程院（the National Academy of Engineering）将供电网络称为20世纪最伟大的工程。

图9.1所示是美国2015年总发电量及其组成情况，其中，无碳核能和可再生能源提供了三分之一的发电量。其余三分之二的电能由化石燃料产生，其中煤和天然气各贡献了一半。与几年前水压裂变法（fracking）应用相比，这是一个惊人的转变，那时煤炭所贡献的发电量比天然气多大约50%。

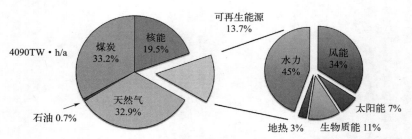

图9.1 2015年美国总发电量（数据来源：美国能源信息署《2016年度能源展望》）

尽管本书主要讨论大型集中式电力系统的代替方案，我们还是需要对传统系统有所了解。本章探讨了电力公司的历史以及电能的产生、传输、分配涉及的物理学和工程学概念。在下一章中，我们将探讨基于小型分布式能源系统的输电网替代模型。

9.2　电磁：电力的技术基础

19 世纪初，奥斯特、麦克斯韦、法拉第等科学家开始探索神秘的电磁学领域。他们关于电和磁相互作用的学说为发电机和发动机的发展提供了可能，这两个发明改变了世界。

如图 9.2（a）所示，早期的实验发现了电压（起初被称为电动势）可由电导体在磁场中移动产生，以此现象为基础的精妙工程发展成了直流发电机以及后来的交流发电机。科学家也观察到与此相反的现象，如图 9.2（b）所示，如果电流流经置于磁场中的电线，电线会受力移动，这就是发动机能将电能转化为机械能的理论基础。

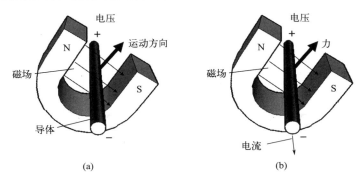

图 9.2　发电机和电动机
（a）导体移动产生电压：带电导体在磁场中移动产生电压，这是发电机的原理；
（b）电流产生力的作用：电流流经磁场中的导体后产生力的作用，这是电动机的原理

请大家注意这两个现象中的内在对称性——移动电场中的电线使电流流动，电场中的电线有电流流过又会移动电线。这可以提示我们，通过移动一个小零件建造发电机，或者通过施加电流建造一台电动机。事实上，现在的各种混合电动交通工具中的发动机正是这样工作的。在正常工作情况下，电动发动机为汽车提供能源，但刹车启动时，发动机又变成了发电机，将动能转化成电流重新为电池系统充电，并由此减慢车速。

探索电磁学领域是发展发动机、发电机等电动机械设备的关键。第一个电磁体的发明要归功于英国发明家威廉·斯特金，他于 1825 年提出，将多圈电线缠绕到蹄形铁上，接通电流即可产生磁场。这是发电机和发动机发展的基础。

第一台直流发电机是由比利时人格拉姆发明的，该设备由一圈被电线缠绕的铁圈组成，铁圈被叫作电枢，它在一个静磁场中旋转发电。磁场是基于斯特金的电磁体理论产生的。格拉姆发明的关键是他用换向器向电枢输入输出直流电，换向器与旋转的电枢圈摩擦。1873 年的维也纳博览会上，格拉姆用他的发明震惊了世界：用一台发电机发电，格拉姆可以启动 0.75 英里以外的电动机。在某处产生的电能，能够通过电线传送到可以应用的地方，这种潜能激发了全世界的想象。美国作家亨利·亚当斯甚至在 1900 年的文章中声称，发电机是与欧洲教堂相当的"精神力量"。

9.3　实现现代电能应用：爱迪生、威斯汀豪斯和英萨尔

尽管发电机和电动机迅速被应用于工厂，第一个电能市场却建立在对照明的需求上。很

多人都在为电加热纤维产生光亮的目标努力，1879 年爱迪生第一个发明了可正常使用的白炽灯，他同时创建了爱迪生光电公司，经营包括电力、灯泡等与照明有关的所有业务。1882 年起，他位于曼哈顿的珍珠街发电站开始主要为照明提供电能，同时也为电动机提供电能。

爱迪生的光电事业有一个致命缺陷，即他的光电系统是以直流电为基础的，爱迪生某种程度上更喜欢直流电，因其能提供无闪烁的灯光，且更易控制电动机的转速。但直流电也有缺陷，以当时的条件，我们很难将电能通过输电线从发电机传输到电动机而不造成不可接受的电能损失。因此，爱迪生只能在发电站附近一两英里范围内寻找客户，这也意味着城市里每隔几个街区就需要一座电能供应站。

9.3.1　变压器的重要作用

为了理解爱迪生所面对的困难，需要简单地回忆一下第 4 章所讲的电学原理。如第 4 章所讲，输电线所传输的电能等于电线上的电压和传输电流之积（$P=VI$）。举例来说，假设你想要（在 1kV 的电线上）传送 100A 的电流（100A×1kV＝100kW），与在 10kV 的电线上传输 10A 电流相比，这两种方法相比有相对优势吗？

回忆下电能损失等于电流的平方与电线电阻之积（I^2R）。假设电线中的电阻是 2Ω，则

$$100A,1kV \text{ 时的电线输电损失} = 100^2 \times 2 = 20000(\text{W})$$

$$10A,10kV \text{ 时的电线输电损失} = 10^2 \times 2 = 200(\text{W})$$

注意，如果电压增至原来的 10 倍，电能损失能降至原来的 1%！电压较低时，20% 的电能会损失在输电线上；而电压较高时，输电线上的电压损失仅有 0.2%。为了达到输电损失的最小化，现代的电能传输都在高压下进行，有的甚至高达 765kV。

在爱迪生的年代，改变电压的唯一快捷方法就是利用 1883 年发明的变压器，然而对爱迪生来说不幸的是，这种变压器只对交流电起作用。如图 9.3 所示，一个简单的变压器由一个铁芯和两组绕组组成。如图所示，变压器的初级侧缠绕有 N_1 圈线圈，电流为 i_1，变压器次级侧缠绕有 N_2 圈线圈，电流为 i_2，从初级侧到次级侧的电压变化等于匝数比 N_2/N_1。

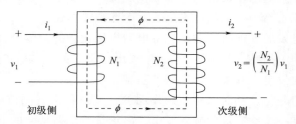

图 9.3　变压器在电力系统中非常重要，因为它们可以通过提高电压来减少传输线损耗，然后逐步降低电压以确保客户安全使用

9.3.2　爱迪生与威斯汀豪斯之间的较量

爱迪生错误地将赌注下在了直流电上，直流电没有变压器通过增大电压减少输电损失的优势，变压器能使电能进入传输电线时电压增大，在电能传送至用户端时又将电压降回原值。与此同时，乔治·威斯汀豪斯发现了交流电在长距离传输上的优势，于是在 1886 年，他创立了一家基于交流电源的竞争性公司，称为西屋电气公司。在短短的几年内，西屋电气大举进军了爱迪生的电力市场，与此同时，在这两个行业巨头之间形成了一种怪异的纷争。

爱迪生并没有通过开发一种竞争性的交流电技术来对冲损失，他坚持使用直流电，并发起了一场运动，以谴责交流电的高电压危害安全为由，抹黑了交流电。为了说明这一点，爱迪生和他的助手塞缪尔·英萨尔通过将动物（包括狗、猫、小牛，甚至最后是马）引诱到与 1000V 交流发电机相连的金属板上，然后将其电死来展示高压电的杀伤力。爱迪生和其他直流电支持者通过宣扬"绞刑是可怕的，可以被基于电死刑的一种新的、更人道的方法所取代"的想法，继续了这场运动。这场运动的结果就是发明了电椅，1890 年在纽约州布法罗市（也是美国第一个商业上成功的交流传输系统的所在地）电椅第一次被用于处死犯人。

然而高压输电的优势势不可挡，爱迪生对直流电的坚持最终导致了他光电事业的瓦解。通过收购和合并，爱迪生的各种电力盈利业务于 1892 年并入通用电气公司，其重心从作为一个电力公司进而转向了为电力公司及其客户制造电气设备和终端使用设备。

使用交流电远距离供电的首批示例之一出现在 1891 年，瑞士劳芬镇和德国法兰克福市之间建成了长 106 英里、电压 30000V 的输电线路，开始输送 75kW 的电力。美国的第一条传输线于 1890 年投入运营，该线路使用 3.3kV 的电线连接了俄勒冈州威拉米特河上的水力发电站和 13 英里外的波特兰市。同时，交流电引起的白炽灯闪烁问题也被解决，科学家通过对各种频率的反复实验，找到了人们注意不到的闪烁频率。令人吃惊的是，直到 20 世纪 30 年代美国才将 60Hz 设置为交流电的标准频率。这之后其他一些国家或地区也将标准频率设定为 50Hz，而在今天，一些国家（例如日本）同时使用这两种频率。

9.3.3　英萨尔开发电力公司的商用渠道

电力事业发展的另一个重要参与者是塞缪尔·英萨尔，他开发了电力公司的商用渠道。他意识到，盈利的关键是找到将设备的高固定成本分配给尽可能多的客户的方法。做到这一点的一种方法是积极推广电力的优势，尤其是白天使用电力的优势，以此补充当时占主导地位的夜间照明负荷。在过往的实例中，工业设施、街道照明、有轨电车和住宅负载使用的发电机是各自独立的。但英萨尔的想法是整合负载，以便可以使用同一套高成本的发电机和传输设备，从而使电力系统更为连贯地满足上述负载需求。因为运营成本极低，高昂的固定成本得以被分摊到更多的电力销售额中，导致价格下降，从而创造了更多需求。得益于对输电线路损失的控制与对融资的重视，英萨尔促进了农村的电气化，进而进一步扩大了他的客户群。

更多的客户，更均衡的负载平衡和适度的传输损耗，都有利于建立更大的发电厂，以在规模经济中获取利益，这也有助于降低电价并增加利润。大型集中式设施和长距离传输线需要大量的资本投资，为了筹集资金，英萨尔提出了向公众出售电力公司普通股的想法。

英萨尔还意识到，多家电力公司竞争相同客户的效率较低，每个公司都建造自己的发电厂，并在街道铺设满自己的电线。当然，选择垄断的风险在于，电力公司可以向顾客收取任何费用，而顾客并没有其他选择。为了应对大众对这种情况的批评，他提出了受监管的垄断企业的概念，垄断企业有既定的特许经营地区，其价格受公益事业委员会（public utility commissions，PUCs）管控。企业监管时代由此开启。

9.4　电力基础设施

美国的电力行业确实是巨大的，价值超过一万亿美元，年销售额超过 3000 亿美元。美国约有 40％的一次能源用于发电，其中约三分之二来自化石燃料的燃烧。燃烧贡献了美国硫氧化物（SO_x）排放量的四分之三，二氧化碳（CO_2）和氮氧化物（NO_x）的 40％，以及颗粒物和有毒重金属排放量的四分之一。

这些电能是如何产生的？电能如何从某个地方传输到另一个地方？它又是如何在城镇街道上传输并到达我们的房屋、企业和工厂的？我们将这些问题分为两部分：发电厂本身和传输、分配电能的网络。

发电厂发电，输配电（T&D）系统将其运往用电客户。图 9.4 是一个完整系统的简单示意图，其中包括带有变压器的发电站，变压器将电压提高到有效传输所需的高值，高压输电线将大功率电能运输到数十或数百英里外的主要负载中心。配电变电站将电压降到适合本地电力线的值，以向每个需要电能的工厂、企业和家庭配电。最后，附近电线杆上的变压器将电压降低到家庭水平，在美国是 120V 和 240V。

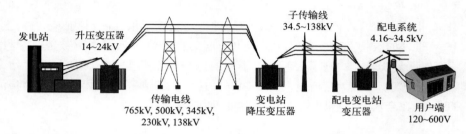

图 9.4　发电、输电和配电。发电、输电和配电系统将燃料转化为电能，并将其输送到数十或数百英里外的公用事业用户手中

图 9.5 补充了这种简单的发电原理以说明一条简单的原则，即在发电厂中每投入三单位热能，就会在发电和输电过程中损失大约两单位，实际上只剩下一单位电能交付给客户。

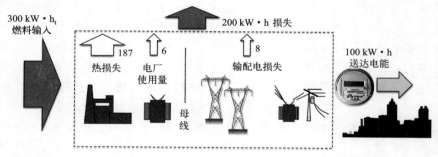

图 9.5　3∶2∶1 原则示意图。每输送给发电厂 300 单位热能，只有 100 单位到达用户电表

9.4.1　北美电能网络

图 9.4 中的系统提出了一种线性系统，该线性系统具有从源到负载的一条直线路径。但实际上，电流可以通过多种途径从发电机流到最终用户。传输线在配电站和变电站间互相连接。低压"子输电"线路和配电馈线延伸到系统的每个部分。大量的输配电线路被称为电网。在电网中，电流以近光速流动，并流经电阻最小的路径，我们不可能知道在从发电机到负载的过程中电流会走哪条路径。

北美电网实际上可以分为三个相对独立又互相联通的电网，即东部电网、西部电网和得克萨斯州电网，而得克萨斯州实际上是一个拥有自己电网的电岛。在每个互联区内，所有操作都被精确同步，以使给定互联区内的每个电路都以完全相同的频率工作。电网之间的互联使用高压直流（HVDC）链路进行。这些链路包括交流到直流整流器，HVDC 连接传输线以及将直流电转换回交流电的逆变器。直流链路的优势在于消除了从一个互联区到另一个互联区的交流频率、相位和电压精确匹配的问题。

在这三个互联区域中，有七个主要的独立系统运营商（ISOs）和区域输电组织（RTOs），前者包括纽约、加利福尼亚、新英格兰、得克萨斯电力可靠性协会，后者包括西南电力库、中西部和电力联营体。这些主要的独立系统运营商和区域输电组织负责操作各自区域内的供电系统，并通过公共线路和私有线路不断调控电力的供需平衡。在这些区域之外，拥有发电厂和传输系统的垂直一体化电力公司与其系统相配合。

ISOs 和 RTOs 通过日前现货交易和 5 分钟实时市场交易分配传输权，以平衡可用供应与预计需求。图 9.6 展示了在 2011 年一次持续一周的热浪中，多个 ISOs 和 RTOs 在日前现货市场交易电价的示例。请注意，下午时，PJM 公司和 NYISO（纽约州独立系统运营商）的价格从高温前的约 100 美元/（MW·h）[10 美分/（kW·h）] 提高到高温来袭时的 300 美元/（MW·h）以上。空调的使用给电能传输系统带来很大的压力。

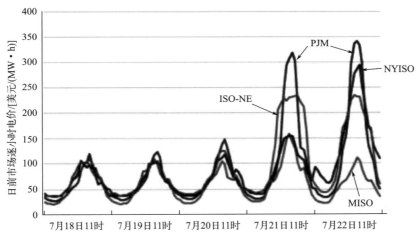

图 9.6　热浪期间日前交易市场的逐小时价格变动（ISO-NE，新英格兰 ISO；MISO，中大陆 ISO；
NYISO，纽约 ISO。来源：基于能源信息署的数据）

9.4.2　电网的平衡

电网的日常运行一直在努力平衡电力供应与客户需求之间的关系。如果需求超过供应，大型涡轮发电机会稍微放慢速度，将其部分动能（惯性）转换为额外的电能，以满足增加的负载。由于发电机产生功率的频率与发电机的转子速度成正比，因此增加的负载会导致频率与电网要求的 60Hz 相比略有下降。典型的发电厂只需几秒钟即可通过自动调速器增加扭矩，使发电机恢复运行速度。同样地，如果需求减少，涡轮机会在恢复正常运行前略微提速。

图 9.7 用一个简单的浴缸做类比，将这种关键的平衡可视化。浴缸里的水龙头代表电力供应，排水口代表电力需求，水深代表电网频率。如果供应超过需求，水深（电网频率）就

会增加，反之亦然。实际情况下，电网的目标是将其频率稳定在约 60.02Hz 至 59.98Hz 之间。

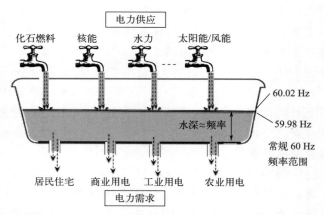

图 9.7　电网平衡的浴缸类比。当供给超过需求时，水深（电网频率）增大，反之亦然

那么，运营商可以使用哪些工具来平衡电网呢？图 9.8 展示了多种方法以及每种方法的响应时间。例如，控制瞬时频率主要依靠机械惯性和调速器。如果依靠它们还不足以达到目标，频率调节单元就会在几秒钟内做出响应。这些可能是小型的、快速响应的，且有意以其潜在输出的一小部分进行操作的发电厂。当这些自动发电控制（AGC）单元感知到频率上升时，它们几乎可以瞬间降低其自身的输出（称为调节下降）；当频率下降时，它们可以增加输出（调节上升）。无论是否被使用，他们都会按每兆瓦的调节服务收取月租费。需要注意的是，提供频率调节可能是电池存储系统现在开始提供的一项很有价值的服务。在下一章中，我们将探讨这种潜力以及需求响应的潜力，通过利用这些潜力，终端用户可以因改变自己的负载以帮助平衡电网而获得回报奖励。

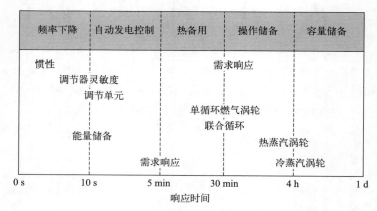

图 9.8　平衡电网的各种操作及其响应时间

最后，经过充分的提前准备，许多储备可以被调用以平衡负载。热备用（spinning reserve，又称旋转备用）是已建成投产并与电网同步，但没有为电网供电的发电机组，它们可以在几分钟之内互联上线。操作储备（operating reserve）已预热但未与电网同步，容量储备（capacity reserve）需要数小时的冷态启动才能上线。

电网通常会出现较小的频率变化，但较大的频率偏差会导致发电机的转速波动，从而导致振动，损坏涡轮叶片和其他部件。严重的频率不平衡会导致部分电网自动关闭，从而影响成千上万的人。当电网的某些部分关闭时，尤其是在没有警告的情况下，停电附近激增的电能可能会使电网的其他部分过载，从而导致这些部分也掉线，换句话说，就是停电。大多数停电都是短期的，例如某人驾车时使用手机，汽车撞到电线杆，我们的灯会熄灭半个小时左右。有些停电是可以预见的，例如加利福尼亚在 2000 年至 2001 年的连续停电，当时加利福尼亚正进行着最终无疾而终的放松管制试行政策。有些停电是长期的，例如 2003 年 8 月袭击美国中西部和东北部以及加拿大安大略省的大面积断电，那次停电导致五千万人无法用电，有些地区停电时间甚至长达四天，美国损失了大约 40 亿到 100 亿美元。

通常，当电网以满负荷运行或接近满负荷运行时，就会发生严重的停电事故。在美国大部分地区，这种情况发生在夏季最热的日子，此时人们对空调的需求最高。也许令人惊讶的是，在炎热的天气中停电的最常见诱因之一是输电线路用地内树木生长的管理不善。电线受热时会膨胀伸展，会下垂并且更容易在树林中短路。如果不加以监管，电线会产生永久性下垂，因此它们被拉长的程度和持续的时间是有限制的。

9.4.3　负荷持续时间曲线

大多数大型发电厂，无论是用煤、天然气还是核裂变作为燃料，都利用热量使水沸腾，从而产生高温高压蒸汽。蒸汽在通过汽轮机时会膨胀，从而为发电机提供动力。这些大型蒸汽发电厂往往是基本负荷电厂（简称基荷电厂），这意味着它们每天 24 小时连续运转，并且产量几乎恒定。基荷电厂的建造成本往往较高，但运营成本较低，因此，运行时间越长，经济上越高效。但是，电力公司提供给居民区、商业设施和工业设施的电力每时每刻都不同。图 9.9 显示了加利福尼亚炎热夏季的电力需求变化，下午晚些时候的需求高峰主要是由空调使用引起的。

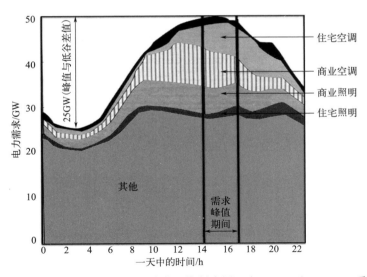

图 9.9　加利福尼亚夏季电力需求的日变化（资料来源：由 Brown 和 Koomey 重绘，2003）

需求的昼夜变化在整个星期以及每个季节都有明显差异。图 9.10 介绍了电力公司在满足不断变化的需求方面的作用，电力公司组合了可以全天运行的基荷电厂，随需而变的负荷跟踪电厂，以及偶尔满足峰值需求的峰值发电厂。在这种操作模式下，峰值发电厂往往造价低但操作成本高，这与大型基荷电厂相反。电力公司总是在后台储备各种设备，随时准备应对突发情况。

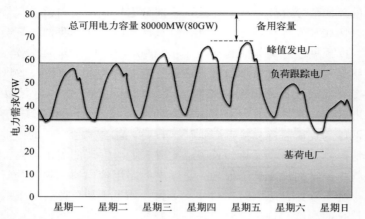

图 9.10　满足各种需求的发电厂类别。基荷电厂持续提供几乎恒定的功率，
而负荷跟踪电厂和峰值发电厂会不断调整功率以跟踪日负载模式

　　考虑负载曲线的逐小时变化，如图 9.11 所示。负载曲线中每个小片段的高度等于该小时的平均功率（MW），宽度等于时间（1h），因此其面积为能量（MW·h）。如图所示，如果我们重新排列这些垂直片段，将一年 8760h 中的需求从高到低排列，将得到一个曲线，称为"负荷持续时间曲线"。

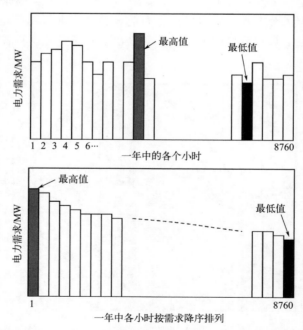

图 9.11　负载持续时间曲线。负载持续时间曲线就是将按时间顺序排列的负载曲线（上图），
重新按照需求由大到小的顺序排列成基于幅度的曲线（下图）。每个垂直片段的面积为
该小时内的电能（MW·h）。整个曲线下的面积为该年总电能 [(MW·h)/a]

　　图 9.12 展示了一条负载持续时间曲线，该曲线被分成三个区域，大致对应基本负荷电厂、负荷跟踪电厂和峰值发电厂。此示例是针对加利福尼亚绘制的，峰值需求为 48GW。发

电功率大约 18GW 的基荷电厂可以一直运行，而 16GW 的负荷跟踪电厂将运行大约一半的时间，但峰值发电厂每年仅需运行不到 800 小时，这意味着 14GW 的峰值发电厂每年将有 90％以上的时间处于闲置状态。价值 140 亿美元的峰值发电厂必须在高峰期通过高价销售电力来收回大约 1 美元/W 的建设成本。在需求高峰期，这意味着更高的成本。这也为未来提出了应对这些需求高峰期的新方法（包括负载转移和电池储能的可能性），这些将在下一章中介绍。

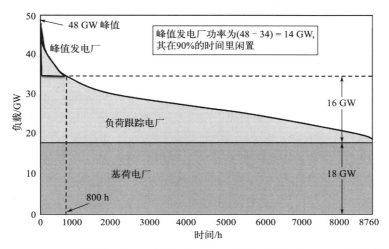

图 9.12　加利福尼亚的负载持续时间曲线。在这个示例中，每年仅 800h 的负载超过 34GW，这意味着容量为 14GW 的峰值发电厂有 90％以上的时间处于闲置状态

在后面的章节中，我们将介绍电厂容量系数的概念，这是描述电厂全功率生产的等效时间的常用方法。负载持续时间曲线可以快速直观地说明容量系数，其大小为图 9.12 中三个彩色矩形部分所占比例。基本负荷电厂矩形是全彩色的（蓝色），这表示容量系数为 100％。负荷跟踪电厂矩形的大约一半是有色的（橙色），这意味着它们的平均容量系数约为 50％。

9.5　电能的产生

发电厂规模不同，所用燃料不同，并使用多种不同的技术将燃料转化为电能。当今，大多数电力是在大型中央电站中产生的，其发电量以数百甚至数千兆瓦为单位。例如，单个大型核电站的发电量接近 1000MW 或 1GW。美国的总发电量大约相当于 1000 个此类发电厂，即 1000GW 或 1TW。由于选址和许可问题很难得到解决，发电厂通常会聚集在一起，通常形成称为电站的地方。例如，中国的三峡水电站包括 26 个单独的涡轮机，而日本的福岛第一核电站则有 6 个单独的反应堆。如图 9.1 所示，煤炭和天然气提供了三分之二的电力，而核电只提供了不到 20％的电力，可再生能源仅占约 13％，但其比例增长迅速。本章最后将介绍可再生能源比例增加对电网的影响。下一章将探讨小型分布式发电技术，例如屋顶光伏发电（rooftop photovoltaics）、燃料电池和微型涡轮机。

9.5.1　常规燃煤蒸汽发电厂

图 9.13 显示了燃煤蒸汽发电厂的基本特征。细粉煤在锅炉中燃烧，顾名思义，该锅炉

将水煮沸以产生高温高压蒸汽。蒸汽在涡轮机叶片中膨胀会导致涡轮机轴旋转，从而使发电机的电枢旋转以产生电能。变压器将发电机的输出电压升高到可以在高压传输线上进行有效功率传输，回到涡轮机后，膨胀的蒸汽通过载有冷却水的热交换器冷凝回到液态。冷却水通常来自当地河流、湖泊或海洋，冷凝的蒸汽回流至锅炉继续循环。

您可能会有疑问："如果马上就要再次加热产生水蒸气，为什么之前要在冷凝器中冷凝呢？"将水加热，冷凝后再重新加热一遍，这似乎是在浪费能源。可以通过下列几种思路理解这件事。首先，我们需要在整个涡轮机上产生较大的压差，以使其有效旋转，这意味着我们必须将用过的蒸汽从涡轮机中排出，为导入蒸汽腾出空间。您可能会建议将蒸汽排到大气中，但这会浪费很多水；而且，汽轮机容易被蒸汽中的杂质损坏，这意味着必须使用高度纯净的水来保护叶片，因此，如果不循环使用水，我们将在净水方面投入大量成本。我们通过冷凝并重新使用蒸汽来避免这两个问题。另外，通过冷凝蒸汽，涡轮机的排气侧产生了轻微的真空，这有助于在涡轮机上产生更高的压差，从而提高效率。最后，请回想 6.12 中讲解的卡诺效率，其中指出，热力发动机的最大可能效率取决于工作流体在其循环中的最低温度和最高温度。因此，冷却水和冷凝器是系统的重要组成部分。

一个典型的燃煤电厂仅将约三分之一的燃料能源转换为所需的输出，即电力。其余三分之二的燃料能源中，约有 85% 以冷却水中的余热形式离开电厂，其余部分则从烟囱中散失。图 9.13 展示了典型燃煤电厂的能量平衡以及预估碳排放量和冷却水需求量。为了产生 1kW·h 的电能，需要大约 1lb 煤和 39gal 冷却水，并且将排放大约 1kg CO_2 到大气中。

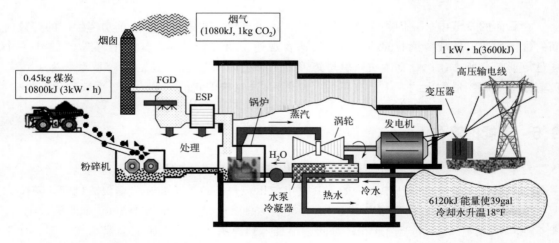

图 9.13 常规燃煤蒸汽轮机电厂的基本特征。每产生 1kW·h 的电能，发电厂的能源利用
效率为 33%。计算碳排放量时，煤发热量以 24MJ/kg 计，其碳含量为 62%。排放
控制装置包括静电除尘器（ESP）和烟气脱硫装置（FGD）

1000MW 大型发电厂的冷却水需求量是巨大的。发电厂每天大约抽取 10 亿加仑水，使其通过冷凝器，然后回流至水源地，此时水温通常比初始温度高 10℃。当冷却水源远离电厂时，取水不方便，发电厂通常会使用大型冷却塔，如图 9.14 所示。喷入这些塔的一部分冷却水会蒸发，将热量直接排放到大气中，剩下的水则冷却到可以回流至冷凝器的程度。

图 9.14　西弗吉尼亚州约翰·阿莫斯发电厂的冷却塔
［来源：U. S. Army Corps of Engineers（美国陆军工程兵团）］

输送进入蒸汽发电厂的能源中，几乎有三分之二最终消耗在冷却水中，但由于温度太低，冷却水几乎毫无用处。这是集中发电的主要缺点之一，因为大量温水不能被广泛应用，尤其与潜在应用场所距离很远时，冷却水更无法发挥作用。小型分散式系统的主要优点之一却与此相反，它可以在最终用户端产生电能，最终用户可以利用这些余热进行工作。这种热电联产（CHP）系统将在下一章中探讨。

9.5.2　烟气排放控制

发电厂，特别是燃煤发电厂，会排放出许多有毒污染物，包括硫氧化物（SO_x）、氮氧化物（NO_x）和颗粒物，以及造成气候变化的罪魁祸首 CO_2。图 9.13 展示了一些排放控制设备，这些设备可以帮助去除烟气中的污染物。来自锅炉的烟气被送至静电除尘器（ESP），静电除尘器使气流中的颗粒物带电，因此颗粒物可以被吸引到收集这种飞灰的电极上。飞灰通常做掩埋处理，但是它具有替代混凝土中水泥的功能（侧栏 9.1）。接下来，烟气脱硫系统（FGD）或洗涤器向烟气喷洒石灰石浆液，使硫沉淀，形成浓的亚硫酸钙污泥，亚硫酸钙污泥必须先脱水，经掩埋或重新处理生成有用的石膏。

图 9.13 中未显示氮氧化物 NO_x 的排放控制。氮氧化物有两个来源。当高温将空气中的 N_2 氧化时，会产生热力型 NO_x。燃料型 NO_x 由化石燃料中的氮杂质产生。某些 NO_x 排放量的减少是由于对燃烧过程的严格控制，而不是洗涤器和除尘器等外部设备。最近的实例证明选择性催化还原（SCR）技术是有效的。燃煤发电站中的 SCR 装置类似于汽车中用于控制尾气排放的催化转化器。废气进入烟囱之前会通过 SCR，氨气与烟气中的氮氧化物反应并将其转化为氮气和水。

侧栏 9.1

使用飞灰减少水泥生产中的碳排放

在全球碳排放量中，出乎意料的是，很大一部分（约 6%～7%）可归因于水泥生产。与水混合的水泥在混凝土制造中起到黏合剂的作用，将沙子和砾石黏合在一起。生产 1 吨水泥需要大约 2 吨石灰石、黏土（或沙子），以及大量热量。在此过程中，会释放约 1 吨

CO_2，其中一部分由提供热量的燃料释放，一部分由化学反应（煅烧）释放：

$$
\underbrace{\text{石灰石 (CaCO}_3\text{)} + \text{黏土或沙子}}_{\text{2吨材料}} + \underbrace{\text{热量}}_{\substack{6\times10^6 \text{ Btu}\\1500\text{℃}}} \longrightarrow \underbrace{\text{水泥}}_{\text{1吨}} + \underbrace{\text{CO}_2}_{\text{1吨}}
$$

$$
\left.
\begin{aligned}
\text{煅烧:} & \quad CaCO_3 \longrightarrow CaO + CO_2 \\
\text{能量:} & \quad C_xH_y + O_2 \longrightarrow H_2O + CO_2
\end{aligned}
\right\} CO_2 \text{排放大致 1:1}
$$

发电厂的粉煤灰可以1∶1的比例取代煅烧过程，这意味着1吨粉煤灰可替代1吨水泥，将减少大约1吨二氧化碳排放。即便用粉煤灰代替了一半以上的水泥，所产生的混凝土也显示出比普通混凝土更坚固、更耐用的性能。这种方法在减少碳排放量的同时避免了粉煤灰的处置成本，因此越来越引起人们的关注，但是即使如此，目前每年产生的6.5亿吨粉煤灰中，只有不到10%以这种方式得到回收。

烟气排放控制不仅非常昂贵，占新建燃煤电厂资本成本的40%以上，而且还会消耗掉燃煤电厂约5%的电力，这降低了整体效率。

9.5.3　燃气轮机

与刚刚描述的燃煤电厂相比，用天然气作为电厂燃料具有许多环境优势。它燃烧起来更清洁，并且碳强度低得多。大多数燃气电厂不是使用沸腾的水来产生蒸汽，而是使用类似于喷气发动机的涡轮机。如图9.15所示，单循环燃气轮机（CT）由三个主要组件组成：压缩机、燃烧室和动力涡轮机。在压缩机中，空气进入燃烧室时被吸入，压缩并加速到每小时数百英里。在燃烧室内，稳定的燃料流（通常是天然气）被喷射并点燃，从而产生高压高温气流，该气流通过涡轮叶片时发生膨胀。膨胀的热气推动涡轮旋转，然后被排放到大气中。压缩机和涡轮机共用一个连接轴，以便用一部分（通常超过一半）由旋转涡轮机产生的旋转能量为压缩机提供动力。该轴还连接发电机，用于发电机产生所需的电功率输出。

燃气轮机长期以来一直用于工业，因此被严格地设计为固定电站系统。这些工业燃气轮机往往是由重且厚的材料制成的大型机器，其热电容和惯性矩会降低其快速适应变化的负载能力。这些重负荷机器的效率往往较低，在20%至30%之间。

政府投入了数十亿美元为喷气飞机设计轻巧紧凑的发动机，新型燃气轮机的开发得益于此。这些航改式涡轮机中使用薄而轻的超合金材料，可实现快速启动和快速加速，因此它们可轻松适应快速的负载变化和众多的启动/关闭项目。它们的尺寸较小，能够轻易在工厂中制造整套设备并运送到现场，从而减少了现场安装时间和成本。它们的效率在30%到40%之间，因此通常比同行业的同类产品更高效。

9.5.4　联合循环电厂

请注意，图9.15所示的单循环燃气轮机排放到大气中的气体温度超过500℃。很明显，这是对高质量热能的巨大浪费，而这些热能是可以被捕获并充分利用的。一种方法是将这些热气通过热交换器，使水烧开并产生蒸汽。这种热交换器被称为热回收蒸汽发生器

（HRSG），产生的蒸汽有多种用途，包括生产工艺热水以及建筑物的空间加热。

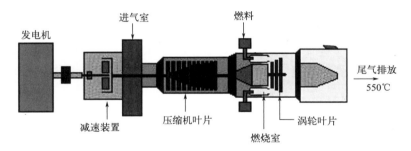

图 9.15　单循环燃气轮机（Simple-Cycle Combustion Turbine）

为什么不用余热锅炉产生的蒸汽来驱动二级汽轮机来产生更多的电力呢？这正是新型高效天然气发电厂（称为联合循环发电厂）所做的。图 9.16 给出了燃气轮机与蒸汽轮机连接的示例。通过二者共同工作，这些联合循环电厂的燃料-电力转换效率已经超过了 60%。

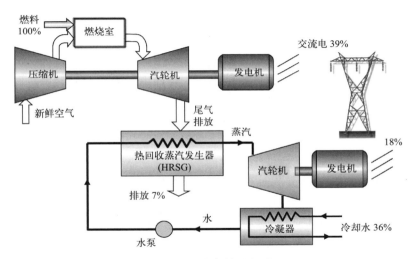

图 9.16　联合循环电厂

联合循环发电厂的优点之一是它们有潜力将燃气轮机用作发电厂的一种易于控制的可变输出源，这意味着它们既可以作为基荷发电厂，也可以作为负荷跟踪发电厂。

9.5.5　洁净煤：整体煤气化联合循环发电厂

有了联合循环发电厂超高的效率和更清洁的燃料——天然气，建造新的燃煤发电厂已不再是美国电力的发展趋势。煤作为一种燃料，其储量比天然气丰富得多，但其传统的固体形式不能用于燃气轮机，因为煤中的杂质会使涡轮叶片腐蚀，很快毁坏燃气轮机。但是，可以对煤炭进行处理，将其转化为合成气，然后在整体煤气化联合循环（IGCC）电厂中进行燃烧。

IGCC 电厂的本质是使水煤浆与蒸汽接触以形成主要由一氧化碳（CO）和氢气（H_2）组成的燃料气。燃料气经过净化，除去了大部分颗粒物、汞和硫，因此可以在燃气轮机中燃烧。因为这种燃料气比粉煤贵，在与天然气联合循环电厂的经济竞争中处于下风，所以在全球范围内 IGCC 计划很少。

煤炭是碳含量最高的化石燃料，其储量也是最丰富的。如果我们继续依靠煤炭满足全球不断增长的电力需求，并且不控制碳排放量，那么全球气候的未来将是不乐观的。控制燃煤电厂碳排放的一种很有前景的方法是之前提过的在 IGCC 中设计气体净化阶段，以使燃料气体中的碳可以在燃烧前被提取出来。当然，实现这个设想的关键是找到一种方法来永久储存所有的碳。

目前有一些正在使用的固碳过程，其中包括收集二氧化碳并将其注入油田以提高采油率。注入的二氧化碳有助于将更多的石油从远低于地表的烃源岩中提取出来。当然，这些石油燃烧时，会释放更多的二氧化碳返回到大气中。更有前景的方法是在深层含卤层等地质构造中永久储存二氧化碳。这种地质层由高度多孔的岩石组成，类似于含有石油和天然气的岩石，但不含能产生化石燃料的碳氢化合物。相反，孔洞中充满了从周围岩石中溶出的高浓度盐水。当这些地质层被不可渗透的岩石覆盖时，它们可能在未来用于二氧化碳封存。

9.5.6　核能

核能的发展历程坎坷，从 20 世纪 70 年代辉煌的日子开始，它被认为是"太便宜而无法计量"的技术，而在 80 年代又被某些人描述为"太昂贵了而无法使用"。真相应该介于这两种说法之间。核能确实具有成为无碳能源的优势，因此引起了人们的兴趣。福岛核泄漏事故后，新一代更小、更安全的反应堆能否打消公众的疑虑，解决与放射性废物处置有关的问题，比如所有人都希望选址"不在我家后院"，还有公众对核扩散的担忧，都有待观察。但是，真正的问题所在是，核反应堆是否可以在经济上与低成本的天然气厂和新兴的可再生能源系统竞争（见第 2.4 节）。

核反应堆技术的本质基本与在化石燃料发电厂介绍中描述的单蒸汽循环相同。它们的主要区别在于核反应堆的热量是通过核反应（参见本书第 4.8.2 节）而非化石燃料燃烧产生的。

① 轻水反应堆：反应堆堆芯中的水不仅充当工作流体，而且还充当慢化剂以降低铀裂变时放射出的中子的能量。在轻水反应堆（LWR）中，普通水用作慢化剂。图 9.17 说明了两种主要的轻水反应堆类型。沸水反应堆（BWR）通过在反应堆堆芯内部使水沸腾来产生蒸汽，而压水反应堆（PWR）则使用一个单独的热交换器，称为蒸汽发生器。压水堆更复杂，但是它们可以在比沸水堆更高的温度下运行，因此效率更高。压水堆更安全一些，因为燃料泄漏不会将任何放射性污染物传递到涡轮机和冷凝器中。两种类型的反应堆在美国都有使用，但大多数反应堆是压水堆。

② 小型模块化反应堆：科学家正在开发比当前基本负荷电厂小得多的新一代反应堆。这些小型模块化反应堆（SMR）的额定功率为 300 MW 或更小，这意味着它们单独的规模将不到传统电站的三分之一。研发目标是将它们设计为可在工厂制造的反应堆，可以通过卡车或铁路运输以进行现场组装，从而大大降低安装成本。它们的小尺寸还有其他优势，比如说可以逐渐增加电站反应堆的数量以适应未来潜在的负载增长。

③ 重水反应堆：加拿大常用的反应堆使用重水。重水就是一些氢原子被氘（氢的同位素，比氢多一个中子）所取代的水。重水中的氘相比于普通水中的氢可以更有效地减速中子运动。这种加拿大氘反应堆（常被称为 CANDU）的优势在于可以使用只含有 0.7% 裂变同位素 U-235 的普通铀，不必像轻水反应堆那样需要进行同位素浓缩。

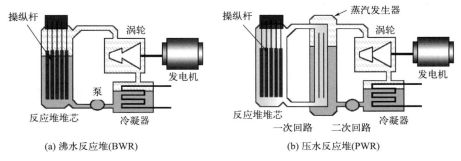

图 9.17　美国常见的两种轻水反应堆

④ 核燃料"循环"：核裂变的成本和影响因素并不局限于反应堆本身。图 9.18 展示了当前从铀矿石的开采、加工到提高 U-235 浓度的浓缩，到燃料制造和运输，再到反应堆的实践做法。目前，从反应堆中移出的高放射性乏燃料被放置在短期的贮存设施中，而我们在等待一种长期贮存解决方案，例如计划建造的位于内华达州尤卡山的地下联邦仓库。最终，在大约 40 年之后，反应堆本身将不得不退役，其放射性成分将被运输到安全的处置地点。

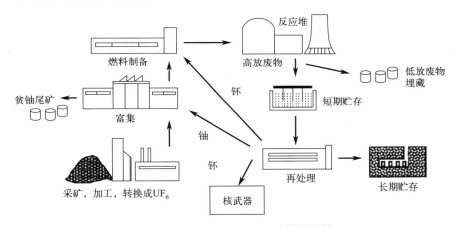

图 9.18　核反应堆一次通过式燃料系统

反应堆废物不仅包含反应过程中形成的裂变碎片，这些裂变碎片的半衰期往往以几十年为单位，还包含一些放射性核素，其半衰期很长。最受关注的是钚，其半衰期为 24390 年。反应堆燃料中只有百分之几的铀原子是易裂变同位素 U-235，而其余的基本上都是不会裂变的 U-238。但是，U-238 可以捕获中子并转化为钚，反应式如下：

$$^{238}_{92}U + n \longrightarrow {}^{239}_{92}U \xrightarrow{\beta} {}^{239}_{93}Np \xrightarrow{\beta} {}^{239}_{94}Pu \tag{9.1}$$

这种钚与其他几种长期存在的放射性核素一起，使核废料的危险放射性可以持续数万年，这大大增加了安全处置的难度。在处置之前，将钚从核废料中除去是缩短衰变周期的一种方法，但这带来了另一个问题——钚不仅具有放射性和剧毒，而且是制造核武器的关键原料。一个核反应堆每年产生的钚足以制造几十枚小型原子弹。一些人认为，如果把钚从核废料中分离出来，就会有非法转移用于制造核武器的危险。

另一方面，钚是一种裂变材料，如果从废物中将其分离出来，可以作为反应堆燃料。事实上，法国、日本、俄罗斯和英国都有再处理工厂在运作，以捕获和再利用这些钚。然而，在美国，福特总统和卡特总统认为扩散的风险太高，从那时起，放射性废物的商业再处理就被禁止了。此外，2001 年麻省理工学院关于核能未来的跨学科研究也建议不要进行再处理。

9.5.7　水力发电

水电是一种非常重要的电力资源，其发电能力接近 1TW，占全球总供应量的 16.5%（3400TW·h）。在二十多个国家，90% 以上的电力由水力发电提供。大多数新水电设施正在亚洲（由中国牵头）和拉丁美洲（由巴西牵头）安装，全球最大的两座水电站在中国（三峡 22.4GW）和巴西（伊泰普 14GW）。中国拥有目前最大的装机容量（210GW），而且正在积极推进新项目。水力发电量约占美国总发电量的 6%，与 2016 年风能和太阳能发电量相当。美国和大多数其他经济合作与发展组织（OECD）成员国已经在最好的位点开挖了水坝，它们的重点已经从开发新水坝转向改善现有设施，并为现有的无动力水坝增加发电能力。

与大多数其他可再生能源技术相比，水力发电具有明显的优势，因为它更加灵活，可提供基荷功率、峰值功率、热备用和容量储备。与传统发电厂相比，它可以更快、更大范围、更灵活地应对每分钟的负荷波动，是可再生能源的理想补充。这些设施除了发电外，通常还有多种用途，包括城市供水、防洪、灌溉和娱乐。

在美国，一场有趣的辩论正在进行，辩论的主题为是否可将大型水电设施视为各州可再生能源投资组合标准（RPS）框架下的可再生能源系统。有些争论是关于一个州是否真的能指望未来的降水模式随着全球变暖的进程继续下去。一些人担心大坝对环境的影响，以及大坝是否会最终淤塞并停止运行。大多数有 RPS 目标的州只将小型水电系统算作可再生能源系统，但是这个阈值的定义是高度可变的。

9.6　传统发电厂的经济效益

有这么多发电技术可供选择，一个电力公司或整个社会应该如何决定使用哪一种呢？经济分析当然是进行比较的中心基础。建筑、燃料、操作和维护（O&M）以及融资成本是关键因素。其中一些可以通过简单的工程和会计预算来分析，而另一些，比如未来的燃料成本以及是否会征收碳税（如果会，征收多少以及何时征收），则很难预测。即使这些成本估算能够达成一致，社会必须承担的其他成本（称为外部性）通常不会包括在此类计算中，比如医疗保健和由此产生的污染的其他成本。其他复杂的因素包括我们所处的脆弱环境，大型的中央发电厂、输电线路、管道和其他基础设施可能会因自然灾害（如飓风和地震）或非自然灾害（如恐怖主义或战争）而被毁坏。

9.6.1　电力公司和非电力公司

发电厂所有权所涉及的融资和税收问题将影响发电成本，因此，让我们首先简要介绍一下电力公司的组织方式。

传统上，电力公司在一个固定的地理区域享有垄断特权。作为这种特权的交换条件，它们必须接受州和联邦机构的监管。大多数大型电力公司最初都是垂直整合的；也就是说，它们拥有发电、输电和配电基础设施。经过管理者在电网中创造更多竞争的一系列努力，大多数电力公司现在只是购买批发电力的配电电力公司，它们使用垄断配电系统将电力卖给零售客户。

美国大约 3200 家电力公司可分为四类：投资者所有、联邦政府所有、其他公共所有和合作所有。

投资者所有的电力公司（IOUs）是私人所有的，其股票公开交易。它们受到相关部门的监管，并被授权获得允许的投资回报率。IOUs 可以将电力以批发价卖给其他电力公司，或者直接卖给零售客户。

联邦政府拥有的电力公司在田纳西河谷管理局（TVA）、美国陆军工程兵团和垦荒局等机构运营的设施中生产电力。波恩维尔电力管理局，西部、东南部和西南部的电力管理局，以及 TVA 开拓市场并在非营利的基础上销售电力，主要面向联邦设施、公有公用事业和合作社，以及某些大型工业客户。

公有制电力公司（POUs）是州和地方政府机构，它们可能会生产一些电力，但通常只是分配电力。它们通常以比 IOUs 更低的成本出售电力，因为它们是非营利性的，更容易获得低成本的融资，而且通常免税。虽然三分之二的美国电力公司属于这一类，但它们只占电力销售总额的几个百分点。

农村电力合作社最初是由农村电力管理局在没有其他电力公司的地区设立和资助的。它们由农村地区的居民团体拥有，主要向其成员提供服务。

独立电力生产商（IPPs）和商业发电厂是私人所有的实体，它们生产的电力供自己使用或出售给公用事业和其他。它们的不同之处在于，它们不运行输电或配电系统，而且受到与传统电力公司不同的监管约束。早些时候，这些非电力公司发电机（NUGs）是工业设施，它们在现场发电供自己使用，但在 20 世纪 90 年代的电力公司重组过程中，一些电力公司被要求卖掉一些发电厂，这些发电厂才真正开始运转。

向电网出售电力的私营发电厂可以归类为 IPPs 或商业发电厂。电力公司与客户谈判签订的合同中，电力销售的财务状况由电力购买协议（PPAs）规定。另一方面，商业发电厂并没有预先确定的客户，而是直接向批发现货市场出售电力，他们的投资者承担风险，同时收获回报。

在过去的二十年中，电厂所有权发生了巨大变化。传统上拥有近四分之三发电容量的 IOUs 现在与 IPPs（和商业发电厂）的份额大致相等，各占约 40%。POUs 几乎占 14%，而联邦拥有的设施则占剩余的 7%。

9.6.2　平准化度电成本（LCOE）

在最简单的形式中，发电厂的电力成本取决于固定成本和可变成本，前者取决于发电厂是否运行，后者取决于发电厂产生的能量多少。我们要对每一项成本进行年化，从而得出对某一类型发电厂的平均发电成本的总体估计。

为了按年计算固定成本，我们需要考虑贷款利息、投资者可接受的回报率、固定操作和维护费用、保险、税收等。为了简单起见，我们将把所有这些因素归纳成一个叫作固定费率（FCR）的量。利用 FCR 对额定功率为 P_R 的电厂的固定成本进行年化，得出以下结论：

$$固定成本(美元/a) = P_R(kW) \times 资本成本(美元/kW) \times FCR(\%/a) \quad (9.2)$$

如前所述，至少有三种潜在的电厂所有权类型，每种类型都有其特殊特征，这些特征会影响我们对固定费率的估计。商业发电厂和投资者所有的电力公司是由贷款（债务）和投资者提供的资金（股票）混合资助的。投资者期望的回报率往往高于贷款利率，因此将贷款中的债务比例最大化具有财务优势（受贷款机构的限制）。POUs 的信用等级很高，可以完全通过债务融资。

式（9.2）中的大部分融资可采用加权平均资本成本（WACC）来估计，以求得适当的债务和股权融资组合。表 9.1 提供了关于三类电厂所有权 WACC 估计的一些估计值。

表 9.1 基于所有权的加权平均资本成本 单位：%

所有权形式	资本结构		资本成本		加权平均资本成本（WACC）
	股权	债务	股权比例	负债率	
投资者所有	50	50	10.5	5.0	7.75
公有制公司	0	100	0.0	4.5	4.50
商业非化石燃料发电厂（Merchant nonfossil）	40	60	12.5	7.5	9.50

如果我们将 WACC 视为常规贷款 P（美元），且在贷款期 n（a）内每年支付 A（美元/a），则可以使用常规资本回收系数（CRF，%/a）将发电厂的资本成本年化。

$$A(美元/a) = P(美元) \times CRF(\%/a) \tag{9.3}$$

其中

$$CRF = \frac{i(1+i)^n}{(1+i)^n - 1} \tag{9.4}$$

式中 i——WACC；

n——贷款期限，a。

使用式（9.3）摊销的资本投资固定成本主要由我们对 WACC 的估计以及假设的贷款期限确定。FCR 的其余部分由保险、财产税、固定操作和维护费用与公司税组成。加州能源委员会（California Energy Commission）在 CRF 上增加了约 2 个百分点，以解释这些因素中的大部分，另外还对非公有制电力公司增加征收 4 个百分点的公司税。表 9.2 总结了我们在以后的计算中将使用的总固定费率的估计值。

表 9.2 不同电厂的固定费率

所有权形式	加权平均资本成本/%	资本回收系数（加权平均资本成本，20 年）	保险等	税率	总固定费率
投资者所有	7.75	0.1000	0.02	0.04	0.1600
公有制公司	4.50	0.0769	0.02	0.00	0.0969
商业发电厂	9.50	0.1135	0.02	0.04	0.1735

在介绍了一种分摊固定成本的方法之后，让我们将注意力转向可变成本，它取决于发电厂的效率、燃料价格、操作和维护，以及发电厂实际运行的时间。

美国发电厂的效率通常用热耗率来描述，热耗率是产生 1kW·h 电力所需的热量（以 Btu 为单位）；热耗率越小，效率越高。例如，一个新的煤粉电厂的热耗率大约为 9300Btu/

（kW·h），而一个先进的联合循环天然气电厂的热耗率却低至 6000Btu/（kW·h）左右。效率与热耗率的关系如下：

$$热耗率 = \frac{3412Btu/(kW·h)}{效率} \tag{9.5}$$

发电厂提供的能量可以用其额定功率 P_R（满负荷运行时提供的功率）和容量系数（CF）来描述，容量系数是发电厂的实际功率与满负荷发电时发电厂的功率之比。假设额定功率以 kW 为单位，一年的电能以 kW·h 为单位，一年中有 24h/d×365d/a=8760h，则发电厂的年发电量为

$$年发电量(kW·h/a) = P_R(kW) × 8769h/a × CF \tag{9.6}$$

要考虑的最复杂的因素是燃料成本，考虑项目生命周期内燃料价格的变化，这应该是一个平均成本。一种方法引入了均化因子（LF），该因子取决于对燃油价格上涨率的估算和所有者的折扣因子。例如，如果燃料价格名义上以每年 5％ 的比例升值，并且未来成本以 10％ 的比例折现（例如，从现在开始，每年 1.1 美元的成本折现到今天成本为 1.00 美元），则 LF 约为 1.5（Masters，2013，附录 A）。使用这种方法，我们对年度燃料成本的估算为

$$燃料成本(美元/a) = 电能(kW·h/a) × 热耗率[Btu/(kW·h)] × 燃料成本(美元/Btu) × LF \tag{9.7}$$

解决方案 9.1 展示了如何将所有这些成本和电能生产估算结合起来，以求得给定电厂的平均电力成本。

解决方案 9.1

天然气联合循环发电厂的电能成本

使用以下成本因素，计算一个 700kW 天然气联合循环发电厂的平准化度电成本（LCOE）：

电厂规模	700kW
资本成本	950 美元/kW
固定费率	16％/a
平均热耗率	6600Btu/（kW·h）
目前天然气成本	2.50 美元/10^6Btu
燃料均化因子	1.4
容量系数	0.60

解决方法：

以 1kW 为基础（本质上就是假设 P_R=1kW）

$$年化资本成本 = 1kW × 950 美元/kW × 0.16/a = 152 美元/a$$

$$每年产生的电能 = 1kW × 8760h/a × 0.60 = 5256kW·h/a$$

$$燃料成本 = 5256kW·h/a × 6600Btu/(kW·h) × 2.50 美元/10^6Btu × 1.4 = 121.41 美元/a$$

$$年度总成本 = 152.00 美元 + 121.41 美元 = 273.41 美元$$

$$平准化度电成本(LCOE) = (273.41 美元/a)/(5256kW·h/a) =$$
$$0.052 美元/(kW·h) = 5.2 美分/(kW·h)$$

请注意，最终的电力成本并不取决于选择了一个 1kW 的电厂。

图 9.19 展示了解决方案 9.1 中电厂电力成本中固定成本和可变成本的组成部分，它们是容量系数的函数。如果将该电厂用作容量系数为 10% 的峰值电厂，则其电力成本几乎将翻两番，从 5.2 美分/(kW·h) 升高到 19.6 美分/(kW·h)。

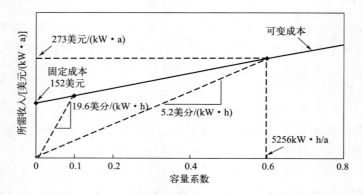

图 9.19　容量系数对解决方案 9.1 中用电成本的影响

图 9.20 展示了将燃煤电厂、核电厂与联合循环燃气电厂进行比较的敏感性分析结果。对于联合循环燃气电厂，我们对天然气的初始价格进行了下限和上限估计。假设价格以每年 5% 的比例递增，并假设未来成本的折现率为 10%。其他假设见表 9.3。

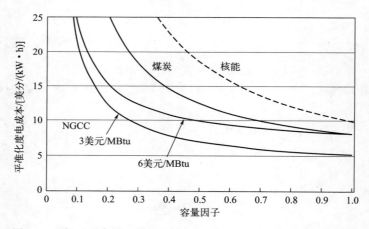

图 9.20　新型联合循环燃气（NGCC）电厂、燃煤电厂和核电厂的
平准化度电成本。表 9.3 给出了假设条件

表 9.3　用于图 9.20 LCOE 分析的假设条件

技术	资本成本 /[美元/(kW·h)]	热耗率 /[Btu/(kW·h)]	固定费率/%	可变操作和维护费用/[美分/(kW·h)]	初始燃料价格 /(美元/MBtu)	均化因子（LF）
NGCC	950	6600	16.76	0.4	3.00	1.5
NGCC	950	6600	16.76	0.4	6.00	1.5
煤炭	2300	8750	16.76	0.4	2.50	1.5
核能	4500	10500	16.76	0.4	0.60	1.5

9.6.3 碳成本和其他外部性的潜在影响

随着对气候变化的关注日益增长，人们越来越重视发电厂碳排放的重要性。从燃煤发电厂向天然气发电厂的转变可以大大减少这些排放，原因是这些天然气电厂的效率提高，尤其是与现有的燃煤电厂相比效率更高，同时天然气的碳强度也较低。表 9.4 总结了 2014 年在美国运营的正常水平电厂的上述重要特征，表中还展示了碳排放量定价可能导致的电力成本增加的估计值。如表 9.4 所示，对每吨碳排放量征收 50 美元的碳税将使燃煤发电的成本增加 4.7 美分/(kW·h)，而天然气联合循环（NGCC）电厂成本只增加 2 美分/(kW·h)。

如果仅考虑燃料本身，则烟煤每输送 1Btu 能量释放的碳大约比天然气多 75%（图 9.21）。但是，这个结论虽然很苛刻，却不包括天然气钻井和运输过程中甲烷泄漏对气候的潜在影响。由于甲烷在温室效应上的影响比二氧化碳要强很多，因此泄漏率只有百分之几便可以大大增加燃气发电厂对气候的影响。实际上到底发生了多少泄漏是一个热门的研究主题，估计范围从 1% 到几乎 10% 不等。解决方案 9.2 和图 9.21 说明了甲烷泄漏的影响。

解决方案 9.2

甲烷泄漏

将普通的天然气发电厂与类似的燃煤发电厂对全球变暖的影响进行比较。假设钻井甲烷泄漏率为 2%。

解决方法：

从表 9.4 中我们发现，10^6Btu 会释放 31.91lb 的甲烷形式的碳。为简单起见，假设该气井的产量为 10^6Btu，这意味着将有 2% 泄漏到大气中。

$$甲烷泄漏量 = 2\% \times 10^6 Btu \times 31.91 lb/10^6 Btu \times \frac{61 lb}{12 lb} = 0.851 lb$$

甲烷的 20 年全球变暖潜能值（GWP）为 86，这意味着，在 20 年的时间段内，1lb 甲烷对全球变暖的影响将与 86lb 二氧化碳一样大。

$$CO_2 泄漏当量 = 0.851 lb \times 86 = 73.18 lb$$

现在计算电厂的 CO_2 排放：

$$排放量 = 98\% \times 10^6 Btu \times 31.91 lb/10^6 Btu \times \frac{44 lb}{12 lb} = 114.66 lb$$

$$总 CO_2 当量排放量 = 73.18 + 114.66 = 187.8 lb$$

使用表 9.4 中给出的平均燃气蒸汽发电厂的热耗率将发电厂每发电 1kW·h 产生的这些排放量归一化：

$$能量传递 = \frac{(1-0.02) \times 10^6 Btu}{10408 Btu/(kW·h)} = 94.15 kW·h$$

故总碳排放率为

$$当量排放率 = \frac{87.8 lb}{94.15 kW·h} = 2.0 lb/(kW·h)$$

这实际上与表 9.4 中描述的常规燃煤电厂的排放率相同。图 9.21 说明了甲烷泄漏的影响。

表 9.4   2014 年美国电厂热耗率、碳排放量、碳税平均增加量

技术	燃料	碳排放量（以 C 计）/(lb/MBtu)	热耗率[①]/[Btu/(kW·h)]	效率/%	碳排放量（以 CO_2 计）/[lb/(kW·h)]	由征收 50 美元/t 的碳税导致的成本增加/[美元/(kW·h)]
蒸汽发电机	烟煤	56.10	10080	33.8	2.073	0.047
蒸汽发电机	天然气	31.91	10408	32.8	1.217	0.028
燃气轮机	天然气	31.91	11378	30.0	1.331	0.030
联合循环	天然气	31.91	7658	44.6	0.896	0.020
蒸汽发电机	6 号燃料油	47.37	10156	33.6	1.764	0.040

① 2014 年美国平均数据来自能源信息署官方网站。

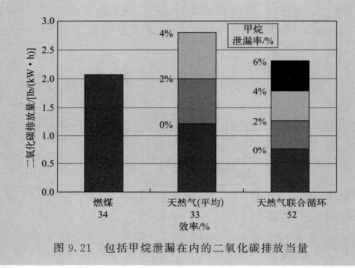

图 9.21   包括甲烷泄漏在内的二氧化碳排放当量

Epstein 等（2011）估计，仅在美国，燃煤排放和相关废物流每年的生命周期成本就超过 3000 亿美元。考虑到这些损失，他们估计，这些外部成本使燃煤发电成本增加了 9.5～26.9 美分/(kW·h)，最准确的估计是 18 美分/(kW·h)，使燃煤电厂比风能、太阳能和其他形式的非化石燃料发电贵得多。

9.7 本章总结

美国价值数万亿美元的电网被誉为 20 世纪最伟大的工程成就。多年来，它提供了安全、高度可靠、价格合理的电力，我们几乎都认为这是理所当然的。然而，由于对全球变暖的担忧，来自可再生能源的竞争，以及新的监管机制刺激了发电商之间更大的竞争，电网正在经历根本性的变化。

如何在不断变化的电力需求与发电厂、输电线路和控制装置的正确组合之间取得平衡，以便与变化同步，提供满足这一需求的适量电力，这是电网运营商面临的挑战。我们引入了负荷持续时间曲线的概念，突出了峰值发电站的作用和重要性，峰值发电站每年可能只运行几百个小时，以满足夏季空调负荷高峰。由于每年只能在数百小时的运营时间中分摊其资本成本，此期间的批发电价可能会急剧上涨。

最后，本章开展了必要的分析，以估计未来不再免费的碳排放对经济的潜在影响。如果算上甲烷泄漏率，天然气发电厂相对于燃煤电厂的固有碳优势很快就消失了。

下一章将探讨分布式能源这一新兴领域，它正开始挑战传统的集中式电网规模电力系统。

第 10 章
分布式能源

之前的章节我们讨论了传统发电站通过使用集中控制系统维持持续供给与不断改变的需求之间的平衡，将能量输送给远在千里之外的使用者。电表的公用端存在大量集中的发电设备，旨在为另一侧的用户提供其所需的安全电能。但现在这种模式正在经历着革命性的转变。

现在出现了一种替代模型或者说是一种补充模型，它将我们现在所称的分布式能源（DERs）整合到供需平衡中。分布式能源主要集中于用户端的经营场址内，通常被定义为"电表后端"的能源生产者与存储者。它包含以下几点：

① 需求侧管理（DSM）项目：旨在鼓励用户提高能效以及将诸如热水器之类的负载电气化。

② 需求反馈（DR）系统：旨在帮助用户转移负载进而满足输电网需求。

③ 电热储能系统：加速负载转移。

④ 分布式发电（DG）：例如屋顶光伏系统和现场热电联产（CHP）系统。

10.1 以分布式能源进行电网平衡

传统电网的动态平衡长期以来都是基于持续变化的负载进行发电的。当空调开始运转时，发电机也开始工作；晚上关灯时，它又会逐渐关闭。现在，伴随着风电机组与大型的光伏阵列提供了大量的公共电源，这种平衡方式已经变得更加棘手：当云层飘过或者风速减慢时，传统发电机被要求做出适当的响应。这种与可再生能源密切相关的间歇现象已经刺激了需求响应市场。在负载开始跟随发电的地方，这种模式正在发生转变。图 10.1 说明了这种现象。

分析电网平衡的这种变化的另一种方法是图 9.7 中首次提出的浴缸类比法的一种延伸。在供应方面，图 10.2 显示了必须运营的电力公司（例如核电）和可变发电资源（例如相对不可控的可再生能源）。在电表的用户端，现在已添加了需求响应（例如空调控制）作为可控资源，以帮助平衡电网。

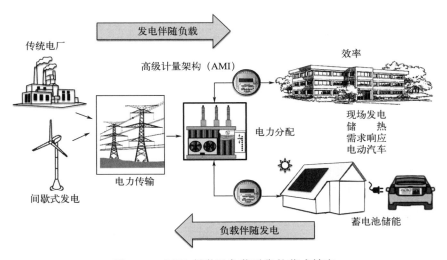

图 10.1　DER 刺激了负载平衡的范式转变

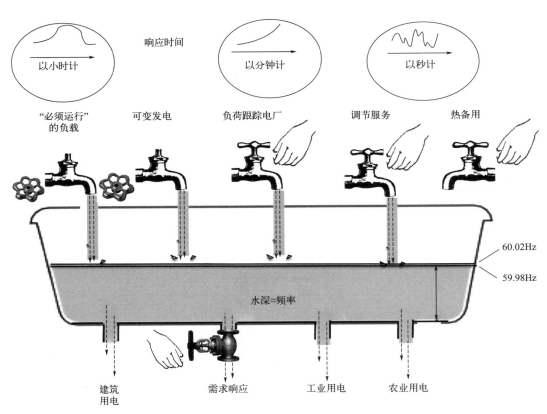

图 10.2　需求响应有助于平衡可变发电。利用水深和电网频率之间的类比，需求响应
可帮助在需求侧安装一个"阀门"来平衡间歇性可再生能源发电

285

10.2 另一种挑战:"鸭型曲线"

如上一章所述,独立系统运营商(ISOs)与区域输电组织(RTOs)负责使用他们在电表公用端控制的资源来维持电网平衡。在这个国家的一些领域,由于太阳能供应的不断增加,现在他们对一些晴朗日子里日照时长的要求已经大大减小了。在 2013 年,加利福尼亚独立系统运营商(CAISO)提出了如图 10.3 所示的被称为"鸭型曲线"的概念,之后这个现象的意义才首次被广泛关注。图 10.4 所示的"鸭型曲线"的扩充图阐明了独立系统运营商的重要作用。ISO 总负载是系统操作员为了平衡供需而投入电网的总电量。其中一些电力将来自并网发电的可变发电(风能和太阳能),而一些将来自传统的发电厂。净需求是指 ISO 能够实际控制的电力供应,称为可调度电力。还需要注意的是,电表后端的太阳能系统提供了一些用户使用的实际负载,但这并不是由 ISO 测量或控制的。

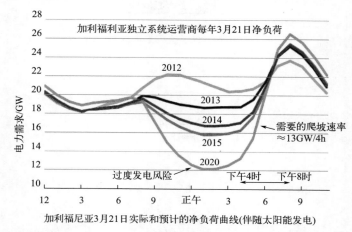

图 10.3 加利福尼亚州 ISO 3 月 21 日 "鸭型曲线"。对 2020 年的预测显示,下午晚些时候的电力需求在 4 小时内增长了 13GW,这对电网非常具有挑战性,而到中午就可能出现过度发电的风险,可能需要削减供应(来源:California ISO,2013)

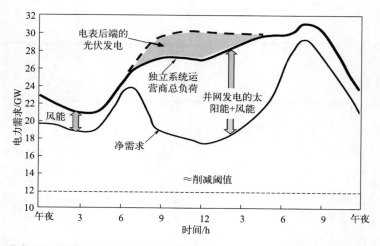

图 10.4 明确 ISO 控制的能源和负荷(来源:主要基于 2016 年 9 月 13 日的 CAISO 负荷)

10.2.1 "鸭型曲线" 带来的挑战

这些 "鸭型曲线" 有两点极其重要的含义：在一天结束时充满挑战的爬坡速率以及在中午前后下陷期间潜在的过度发电。CAISO 对 2020 年的预测表明，为了抵消午后太阳能的削减，必须在 4 小时内将发电功率由 13GW 提升到 26GW。这意味着在中午前后闲置的功率达13GW 的发电站必须准备预热、并网，且在之后几小时内准备注入越来越多的电量。在一年中的小部分时间里，这些低效率的燃气轮机可能会产生昂贵的电力。

第二个因素与正午时可接受的凹陷深度有关。如图 10.5 所示，为满足电网的可靠性需求，一定数量的机动负荷跟踪机组被认为是必需的。缺乏这些装置会导致电网在大型常规机组或传输设备突然断路时变得脆弱易损坏。如果发生这种情况，可再生能源将无法加速运行，因此突然的频率下降可能会引发系统大停电，并可能在整个电网中产生波动。当 "鸭型曲线" 下降到该阈值以下时，某些太阳能发电站将不得不缩减，这意味着它们将被禁止向电网供电。在此期间，电力批发价格可能会降至零甚至为负。低价促销在使太阳能成本效益降低的同时，也降低了其环境效益。

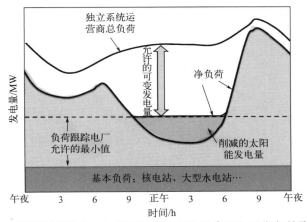

图 10.5　太阳能削减的潜力。如果鸭型曲线的肚子降至电网稳定所需的最低阈值
以下，太阳能发电量可能不得不减少

幸运的是，削减的频率可能不大。值得注意的是典型的加利福尼亚 "鸭型曲线" 是在一年中的特殊时段——春分绘制出来的，春分时太阳光非常强烈，使得曲线 "鸭子" 的腹部掉下来，而到了开空调的季节，曲线的背部又会抬高。所以 "鸭型" 曲线是在一年中非典型时间内绘制完成的。

这些简单的 "鸭型曲线" 引起了关于电网能容纳多少太阳能的问题的讨论，这可能会对所设定的未来碳减排目标造成严重影响，同时还推动了关于如何通过在电表用户端的努力来帮助减缓这些担忧的研究。

10.2.2　重塑曲线

被称为 "教鸭飞"（Lazer，2014）的有关如何重塑 "鸭型曲线" 的讨论被广泛引用，其动机是由南加州的一家电力公司提出的可变发电的建议引起的。该分析聚焦于包括多类型能源储存、负载转移与需求响应在内的以下 10 种缓解措施，提出了 "横向拉伸，扁平鸭型曲线"的概念框架。

　　① 在负载急剧增加的数小时内把能效作为目标。

　　② 将固定轴太阳能电池板朝向西方。

　　③ 在这几个小时内用太阳能储存替代光伏发电。

　　④ 实施服务标准，允许电网运营商管理电热水负荷，进而削弱峰值以及优化可用资源的使用。

　　⑤ 要求新式大型空调机组在电网运营商控制下能具备 2 小时的蓄热能力。

　　⑥ 淘汰非高峰期具有高运行需求的僵化电力公司。

　　⑦ 将电力公司需量电费集中到"爬升时段"以实现价格诱导的负荷变化。

　　⑧ 在目标位置进行电能存储配置，包括对电动车（EV）的充电控制。

　　⑨ 实施积极的需求响应计划。

　　⑩ 通过跨区域电力交易利用负荷与能源的多样性。

　　他们的研究成果可用图 10.6 概括。可以看出，提出的这些策略将明显地减缓爬升率、功率需求峰值以及满足用户需求的总能量。随之而来的问题就变成了"如何激励电力公司采纳这样的建议？如何奖励参与这些行动的客户？"。

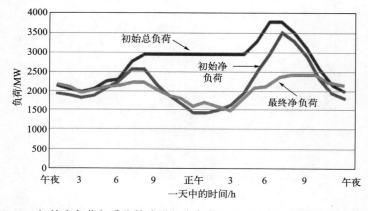

图 10.6　初始净负荷与采取策略后的净负荷对比（来源：基于 Lazar，2014）

10.3　需求侧管理(DSM)

　　传统意义上，旨在鼓励用户控制电表侧能源消费的公共项目被称为需求侧管理（DSM）。需求侧管理可被广泛地定义为包括以下项目：

　　① 能效项目：能减少全天或一天内大部分时间的能源消耗；

　　② 负荷管理项目：通过将需求转移到非高峰时段的手段来降低峰值需求；

　　③ 燃料替代项目：鼓励用户使用另一种能源来取代电能，例如使用基于吸收式制冷的空调代替标准版的空调，这样能将负荷从电力转移到天然气。

　　需求侧管理（DSM）与最近提出的需求响应（DR）的差别很细微。尽管在术语上确实有一些重叠，但它们在所提议的能源削减的持续时间上有一个关键的区别。典型的需求侧管理项目倡导长效措施，如安装更高效的照明系统，建立更严格的建筑规范，实施暖通空调改造。需求响应则侧重于控制负荷的方式，这种方式每年可能只有几天会用到，一次可能只有几个小时。例如，在关键的高峰需求时段循环使用空调和调暗灯光是典型的需求响应行为。

需求侧管理面临的挑战是如何平衡想节约资金的用户与想得到可观投资回报率的电力公司之间的需求。那么，一家电力公司如何影响其客户的能源使用方式呢？它为什么要这样做呢？

10.3.1　收益与销售分离

为了使需求侧管理项目能成功，必须向参与这些项目的用户和电力公司提供激励措施。通过回扣和有吸引力的收费结构引导用户减少或转移负载。许多电力公司给购买了节能家用电器的居民、安装更节能的照明系统与改善建筑物其他性能的商业用户提供返利。通过适当的价格信号，用户可以避免在用电成本最高时使用电能，这在降低花费的同时也有利于电力公司通过推迟增加发电或扩建昂贵的输配电基础设施而受益。

使电力公司乐于帮助用户节约能源的关键是实现利润与销售的脱钩。确定公用事业费率的常规程序是基于电力公司提供给公用事业委员会（PUC）的成本与预期要求的依据，然后公用事业委员会再反过来制定费率，以便电力公司能从其投资中得到合理的回报。

该程序的问题在于鼓励电力公司去销售比预计更多的电力，同时，如果他们出售电力较少则会受到处罚。例如，假定一个电力公司预计销售 100 亿 kW·h 的电力，则需要 4 亿美元来弥补成本及合理的利润，这意味着他们需要被允许收取 4 美分/（kW·h）[$4×10^8$ 美元/（10^{10} kW·h）] 的电费。然而，假设系统再多运行一段时间，有足够时间去销售超过他们预计的电力，额外 1kW·h 的边际成本只要 1 美分/（kW·h），这意味着如果他们销售额外的电力，他们的收入会有 4 美分，此时的成本仅需 1 美分，所以电力公司会额外赚到 3 美分的利润（这就是他们出售更多电力的动机）。相反，如果电力公司比预期少销售 1kW·h 电力，他们节约了 1 美分成本的同时失去 4 美分，如此便净损失 3 美分（这是他们不要保守的动机）。

为了避免这样的问题，许多州已经开始通过引入所谓的电价调整机制（ERAM），使电力公司的利润与销售分离。ERAM 只是将或多或少的预期收入整合到下一年的授权收入中，从而消除电力增售的动机和清除电力减售的不利经济因素。尽管 ERAM 或其他类似的机制对于电力需求侧管理项目是必要的，但人们发现仅有 ERAM 还不够。除此之外，必须允许电力公司收回其运行 DSM 项目的成本，最重要的是，必须提供奖励促使电力公司通过帮助用户节能获得比发电更多的利润。

10.3.2　传统电价结构（智能仪表问世之前）

电价在不同类别的用户中是不同的，这取决于他们购买了多少能源、一年中的特定季节，或者是一天中的某个时间段，对某些特定用户来说还可能是特定月份的电力需求峰值。大型工业用户在单位电能上的付费比大多数商业用户少得多，同时商业用户也比住宅用户低得多。这种差异与提供服务的成本有关。对于电力公司，通过单一布置的电线提供大量的电能给一个稳定且可预判需求的大型工厂，每个月发送一份工厂账单的成本要低于将电能输送到每个月都寄送账单且配备了大量电线、变压器、断电装置、仪表的居民区每个单元房的成本。

在前智能仪表时代，大多数电力公司提供的电价结构都很简单。对于住宅用户，电力公司唯一收集到的数据是由抄表员手动收集的每月用电量。对于商业和工业用户，带有简单结构的齿轮表盘的简便电表计数扩增表明了当月期间电力需求的峰值。在读完这个月的数据后，抄表员会手动重置表盘。

① 住宅区反向批量定价。图 10.7 显示了一个典型的住宅区费率表示例。请注意，它基于每月的电能消费而分为三级，同时费率也伴随着需求的提高而提高。这是一个典型的旨在抑制持续增长消费的反向批量定价结构（你可能会很惊讶，许多年来，电力公司通常使用降低批量费率和随使用量降低的价格来刺激用户购买更多的电力）。收益与销售分离模式帮助推动了电力公司中反向批量定价结构使用比例的增长。

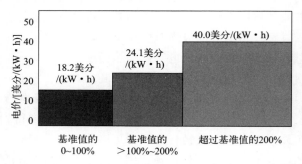

图 10.7　住宅区反向批量定价结构示例。基准用电量（kW·h/月）是根据客户类型和一年中的季节量身定制的（基于 2016 PG&E E-1 费率结构）

例如，假设一个用户的用电量为 800kW·h/月，电力公司已经在该区域建立了 300kW·h/月的用电量基准。利用图 10.7 提供的电价结构表计算该用户月度电费单的结果将会是：

电费＝300×0.182 美元＋300×0.241 美元＋200×0.400 美元＝206.90 美元

平均电价＝206.90 美元/800(kW·h)＝0.258 美元/(kW·h)＝25.8 美分/(kW·h)

如果这位顾客购买了一台每月可节省 60kW·h 电力的节能冰箱，那么每月的电费就将减少 60kW·h×0.400 美元/(kW·h)＝24 美元。然而，对于一个用电量始终在 1 级以内的更为节俭的用户，同样的冰箱只能节省不到一半的费用 [60kW·h×0.182 美元/(kW·h)＝10.92 美元]。因此，对于使用大量能源的客户而言，减少能源需求的经济动力要高得多。

② 工商业需求费用。工商业客户的费率表通常包括某种形式的需求费（每 15min 间隔内平均每千瓦峰值需求费，美元/月）以及能源费用 [美元/(kW·h)]。按需收费是惩罚峰值需求量与平均负载相比较大客户的一种简单方法。他们还为能源储存或负载转移技术提供了一个潜在的利润丰厚的市场以平缓这些峰值。

用以下示例说明在智能电表普及以前上一代按需收费常见的影响。假设电力公司对能源的收费是 0.10 美元/(kW·h)，对每千瓦峰值需求收费 16 美元/月。另外，假设一个客户的用电量为 40000kW·h/月，峰值需求为 100kW。因此他们每月的账单为

能源费用＝40000kW·h/月×0.10 美元/(kW·h)＝4000 美元/月

峰值需求费用＝100kW×16 美元/(kW·月)＝1600 美元/月

总账单＝4000 美元/月＋1600 美元/月＝5600 美元/月

从以上示例得出，按需收费占总费用的近 30％。在下一节中，我们将针对一天中峰值出现的影响研究更为复杂的按需收费计划。

10.4 需求响应项目

伴随着电表公用端可变发电能源的增长，当系统规划员和运营员为维持电网平衡与稳定履行其至关重要的职责时，他们常常面临新的挑战。他们对可调度的热能及水力资源的历史性依赖正开始随着鼓励客户参与电网平衡的项目的实施而增强，其中一些项目将在本节和第 18 章中描述。

通过避免更昂贵的发电资源的调度，需求响应项目能降低批发市场的电力成本，进而能显著地降低客户的费用。有几种方法被用来鼓励客户参与这类计划，其中包括多变电价选择，如分时电价、尖峰电价和可能的实时电价。其他措施包括直接负荷控制计划，如果客户允许电力公司在用电高峰期循环使用空调、电热水器和其他负荷，电力公司将对这些客户提供经济奖励。

10.4.1 高级计量架构 (AMI)

10.2.2 中提到的许多平滑"鸭型曲线"的策略是基于电网操作员能够对电表用户端的关键负载实现交互和潜在控制的一种假定能力。实现这些策略需要综合利用程序与技术，由此形成了高级计量架构（AMI），AMI 现在仍处于早期部署、发展阶段。在克服了公众最初对隐私问题的强烈反对以及对可能暴露于电表的电磁辐射之中的担忧之后，作为 AMI 核心的智能电表现已经得到广泛使用。

智能电表本身是对传统机电表的改进，因为它们可以近乎实时地（通常间隔 15min）测量和报告功率需求，取代了传统的每月一次的抄表数据收集。实际上，选择智能电表最简单的经济上的理由是其节省了人工收集电表数据相关的成本。而该程序另一个节省成本的功能是当家庭所有权发生变化时可以远程连接和切断客户用电。此功能还可用于在紧急情况下选择性地减轻负载。

10.4.2 分时 (TOU) 计价

尽管图 10.7 所示的标准居民区费率结构抑制了过度能耗，但它并没有解决高峰需电量问题。在午夜使用的电力价格与在炎热的夏季午后使用的电力价格相同，而后者的发电成本是最高的。现在，伴随着智能仪表的普及，电力公司正开始提供分时电价方式，以反映在电能需求最高时段内发电成本的增加。

① 分时计价：居民区。表 10.1 给出了一个居民区分时计价价目表的实例。请注意，在夏季工作日下午显著增加的是反向批量定价结构价格。在夏季工作日的下午，3 级能源的电价 ［59.6 美分/(kW·h)］是 1 级能源在非高峰时期电价 ［13.0 美分/(kW·h)］的 4 倍多。很容易想象这些定价方式会如何鼓励人们在行为上的改变，比如在夏天的早晨尽可能地给建筑降温，以帮助自己度过下午的大部分时间。解决方案 10.1 给出了一个表明调峰负载价值的示例。

表 10.1　居民区分时阶梯电价费率表示例

季节	时间	一级基准 /[美分/(kW·h)]	二级(101%～200%) /[美分/(kW·h)]	三级(＞200%) /[美分/(kW·h)]
夏季（5月—10月）	非高峰期	13.0	18.9	34.8
	高峰期（周一～周五的正午—下午6点）	37.8	43.7	59.6
冬季（11月—4月）	非高峰期	13.3	19.3	35.2
	高峰期（周一～周五的正午—下午6点）	16.3	22.3	38.2

资料来源：PG&E E-7 费率表，2016。

解决方案 10.1

使用分时阶梯电价计算电费

假设一个家庭已经报名参加了表 10.1 中的 E-7 收费计划，并且在夏季使用 800kW·h/月的电量。同时假设电力公司在这个区域设定的基准能耗为 300kW·h/月。

a. 假定 800kW·h/月的能耗中在非高峰时段使用 600kW·h/月，剩余的 200kW·h/月电能在高峰时段使用，计算该家庭的月度电费账单。

解决方法：

这个计算有些棘手。总电量 800kW·h 中的 200kW·h 在高峰时段使用，PG&E 表明每个层级用电量的四分之一（200/800）是高峰电价，其余四分之三是非高峰电价。

第一级：$1/4 \times 300$kW·h$\times 0.378$ 美元/(kW·h)$+3/4 \times 300$kW·h$\times 0.130$ 美元/(kW·h)$=57.60$ 美元

第二级：$1/4 \times 300$kW·h$\times 0.437$ 美元/(kW·h)$+3/4 \times 300$kW·h$\times 0.189$ 美元/(kW·h)$=75.30$ 美元

第三级：$1/4 \times 200$kW·h$\times 0.596$ 美元/(kW·h)$+3/4 \times 200$kW·h$\times 0.348$ 美元/(kW·h)$=82.00$ 美元

总计$=57.60+75.30+82.00=214.90$ 美元/月 [大约 26.9 美分/(kW·h)]

b. 假定在早晨预冷却房屋会从高峰时段转移 100kW·h 电量到非高峰时段，导致现在 800kW·h 的总电能中仅八分之一在高峰时段使用。通过这种预冷可以节约多少美元呢？

解决方法：

第一级：$1/8 \times 300$kW·h$\times 0.378$ 美元/(kW·h)$+7/8 \times 300$kW·h$\times 0.130$ 美元/(kW·h)$=48.30$ 美元

第二级：$1/8 \times 300$kW·h$\times 0.437$ 美元/(kW·h)$+7/8 \times 300$kW·h$\times 0.189$ 美元/(kW·h)$=66.00$ 美元

第三级：$1/8 \times 200$kW·h$\times 0.596$ 美元/(kW·h)$+7/8 \times 200$kW·h$\times 0.348$ 美元/(kW·h)$=75.80$ 美元

总计$=48.30+66.00+75.80=190.10$ 美元/月 [大约 23.8 美分/(kW·h)]

该月通过预冷节约的费用$=214.90-190.10=24.80$ 美元

②分时计价与需量电费相结合：商业与工业。一个之前的例子（10.3.2）引入了需量电费概念，它是工商业用户电费单中的常规部分。之前，他们的需量电费无法区分在关键的炎热夏天午后时段的高峰需求和当电网运行基本顺畅时可能在午夜出现的需求。但是，伴随着智能仪表的使用，需量电费可以根据电网压力最大的时段进行调整。例如，表 10.2 列出了太平洋天然气和电力公司（PG&E）的夏季电价表，其中包括高峰时段、部分高峰时段和非高峰时段的需量电费。

表 10.2　大型客户的需量电费和电力费示例

时段	夏季需量电费费率 /（美元/kW）	时段	夏季电力费费率 /[美分/（kW·h）]
最大需求（高峰时段）	16.67	高峰时段（正午至下午 6 时）	13.73
最大需求	14.05	部分高峰时段（上午 8：30 至正午，下午 6 时至晚上 9：30）	9.92
最大需求（部分高峰时段）	4.56	非高峰时段	7.49

让我们用一个例子解释说明图 10.8 给出的商业建筑负荷曲线的需量电费。我们可以假设这是整个计费月中情况最坏的一天。这个用户在正午到下午 6 时的高峰需求时段会出现 200kW 的峰值需求，在部分高峰时段的最大需求是 170kW。使用表 10.2 中给出的计价表，这个月的需量电费应该是：

需量电费＝最大需求＋最大高峰时段需求＋部分高峰时段需求

　　　　＝200kW×14.05 美元/kW＋200kW×16.67 美元/kW＋170kW×4.56 美元/kW

　　　　＝ 6919 美元/月

现在让我们假设该用户的屋顶已经安装光伏系统，从而导致了图 10.9 中所表现的新的负荷曲线。很明显，这栋建筑的能源费用将会明显较少。再次假设在整个计费月中情况最坏的一天，这时新的需量电费将会是：

需量电费＝最大需求＋最大高峰时段需求＋部分高峰时段需求

　　　　＝170kW×14.05 美元/kW＋170kW×16.67 美元/kW＋170kW×4.56 美元/kW

　　　　＝5998 美元/月

与之前 6919 美元/月的需量电费相比，这降低了不少。如果设计者使光伏发电系统更多地朝向西方，那么他们现在的需量电费可能减少得更多，而能量传递过程中的损失可能只有中等水平。另外，一个合适的电力储存系统可以降低傍晚的用电需求。

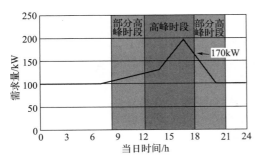

图 10.8　商业建筑的负荷曲线示例。对于此示例建筑，最大需求及最大峰值需求均为 200kW，部分高峰时段的最大需求为 170kW

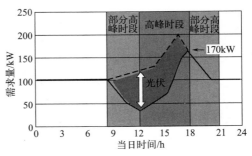

图 10.9　屋顶太阳能对负荷曲线的影响。不仅减少了能源费用，而且需量电费也将大大降低

10.4.3　尖峰电价

能收集绝大部分实时数据的能力使得新的电价结构成为可能，该结构旨在鼓励客户应对电力公司自身面临的多变的发电成本。智能电表可以根据每天的时段、星期几和一年中的不同季节来提供分时电价。更积极的选择包括尖峰电价方案，在该方案中电力公司提供了一种适应一年中几乎所有时段的降成本电价结构来替换每年或每天的一些关键时间要高得多的电价。

侧栏 10.1 描述了两种由加利福尼亚最大的电力公司 PG&E 提供的需求响应项目。第一种被称为"智能电价"项目，它通过为正常电价提供折扣的方式来换取在第二天数小时内大幅提高电价的权利（图 10.10）。另一种被称为"智能空调"的项目可以在提前一天通知你的情况下，让你不用过多地调整家里的空调系统。

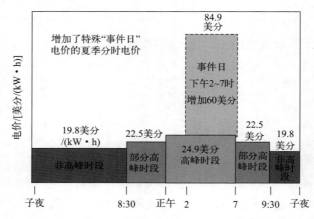

图 10.10　尖峰电价定价时间表示例。正如侧栏 10.1 中所描述的，该计划包括在有限的特殊"事件日"内高得多的电价，在此期间，电力公司承受着巨大的负荷压力

侧栏 10.1

电力公司需求侧响应项目示例

一些电力公司提供激励措施，以鼓励客户在关键的高峰需求时段（通常是炎热的夏季下午）降低能耗。例如，加利福尼亚州的太平洋天然气和电力公司（PG&E）提供以下两种项目。

（1）智能收费账单选项

① 根据计划，在 6 月 1 日到 9 月 30 日的折扣日中（除了下午 2 点至晚上 7 点），用户电费将降低至 0.024 美元/(kW·h)。

② 折扣日可以安排在一年中的任何一天，且每年最多 15 个折扣日。在折扣日到来的前一天下午 2 点前会通知客户。

③ 在折扣日的下午 2 点到晚上 7 点，电价会增长 0.60 美元/(kW·h)。

④ 在最开始参与该计划的整个夏季，如果智能收费成本高于常规的住宅定价方式，为鼓励用户参与其中，PG&E 将把差额记入接下来 11 月的电费账单。

（2）"智能空调"需求侧响应项目

这是一个自愿加入的需求响应项目，在这个项目中，PG&E 为客户免费安装一个设备，在某些情况下，它可以接管家庭的空调设备。它可以是一个安装在室外压缩机组上的空调循环开关，也可以是一个能够远程提高温控器设定值的程序化控制温控器（PCT）。

①"智能空调"项目从 5 月 1 日持续到 10 月 31 日，在此期间，在任何给定的一天中，PG&E 控制空调的时间不得超过 6 小时，每个季度最多不得超过 100 小时。这些项目每 30 分钟循环一次，在此期间，要么关闭大约 50% 的空调，要么将恒温器的设定值提高 4℉。

②作为奖励，只要参与这个项目，用户就可获得 50 美元的回报。

10.5　能源储存之一：蓄热

建筑物的供暖、制冷与供应热水等行为给主要的负载管理提供了有助于维持电网平衡的时机。利用与建筑负荷有关的热惯性，可以在很大程度上缓和那些与"鸭型曲线"有关的令人烦恼的波峰和波谷。一些方法是简单而有效的，例如在电费较低的早晨对建筑物进行预冷，以度过下午用电成本较高的电力需求高峰期。位于夏夜凉爽区域的热量显著的建筑物，可以使用夜间通风来大幅减少甚至消除第二天的机械冷却。可控式电热水器是一个潜在的有利可图的新市场，就像那些在晚上造冰用于第二天降温的机器（指冰蓄冷系统）一样。

10.5.1　电热水器管理

电热水器本质上是热电池，具有许多非常理想的特性。首先，它们已经存在于美国大约 5000 万个家庭中，所以资源基础已经就位。它们的热惯性属性意味着热水在流出水龙头之前可能已经加热了几个小时。这种灵活性表明，定时器可以帮助避免在高峰需求时段内消耗电力，并有潜力利用高峰时段和非高峰时段之间的电价差异。

电热水器提供的另一个潜在优势是它们的快速响应时间，集群电热水器负荷的频繁增加或减少可以提供实时的供需平衡。一项研究表明，采用集群电热水器的快速响应策略可以在监管市场上获得可观的经济回报（Hledik et al.，2016）。考虑到实施此类计划的成本溢价，他们估计每台热水器每年的净收益约为 170 美元。

最后，当与屋顶光伏系统结合使用时，电热水器尤其是热泵热水器，能为我们实现建筑零能耗提供显著的环境优势。

图 10.11 显示了电热水器的两种控制策略。一种是在关键的春季和秋季，也就是最有可能出现可再生能源削减的时期，帮助平缓"鸭型曲线"。另一种是利用日间和夜间电费的差异，同时提供夜间监管服务。

可控电热水器的另一个潜在优势是，当客户在屋顶安装光伏发电设备时，光伏发电设备在白天产生的电力比家庭所需的要多。与其将这些多余的电力卖回给电力公司，还不如使用热水器和泳池水泵等设备来增加白天的电力负荷，这可能会是一个更好的策略。

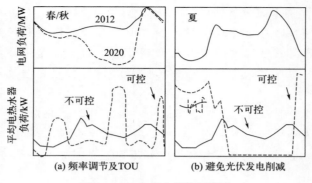

图 10.11　电热水器控制策略

10.5.2　斯坦福大学的能源系统创新 (SESI)

过去近三十年，斯坦福大学依靠自己的热电厂提供了所有基础电力，满足了大部分供暖与制冷需求。在 2015 年，该系统被一个专注于热能存储的系统所取代，并在校园内外都对光伏发电进行了大量投资。他们对这个新系统的重要洞察来自一项指明了校园建筑物几乎全年如一日地在供暖与制冷这一事实的研究。随之而来的问题就成了 "为什么不利用从冷却的建筑物中提取的热量来调节需要加热的建筑物呢？"。有了这个核心概念，他们创建了图 10.12 中突出显示的系统。

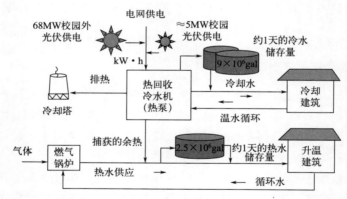

图 10.12　斯坦福能源系统创新。从建筑物中移出的热量被用来加热需要热量的建筑物。热储存充当了一个 1 天的热缓冲器

因为不必在同一时间进行定时定量的加热和冷却，所以可以利用热水、冷水储罐提供的热惯性来弥补时间间隔。每套储水罐可为整个校园提供约 1 天的热水或冷水储存量。据估计，超过 90% 的校园供暖需求将由校园冷却系统的余热来满足。

斯坦福大学的能源系统创新（SESI）还包括利用一个校园外的 68MW 光伏发电站来补充校园内约 5MW 的屋顶光伏发电。这种结合方式满足了一半以上的校园用电需求。据估计，整个系统可将该大学的温室气体排放量减少约三分之二。最后，随着 SESI 取代了冷却塔水损失严重的老旧热电厂，预计斯坦福校园用水量将下降约 15%。

10.5.3　冰蓄热

在炎热的夏季，空调通常占商业建筑电费的一半，而对于一些诸如杂货店类的设施，食品冷藏的成本甚至更高。由于在给定体积的冰中可以存储热量的"热度"要比相同体积的水多得多，有几家公司已经意识到了在电费较低的夜晚制造冰的优势：可以在第二天电费较高的下午利用冰的融化提供冷却服务。有关冰冷却计算请参阅第 4.4.3 节。

冰能源公司制造了一个名为"冰熊 30"的装置，它可连接到现有的商业建筑屋顶空调机组（图 10.13）。其 480 加仑的储冰箱可以将 42kW·h 的电力需求转移到非高峰时段。这些设备大部分作为电力公司管理高峰负荷的一部分，由电力公司自己安装。

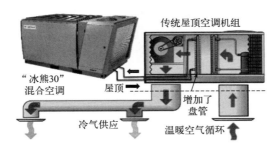

图 10.13　"冰熊 30"混合屋顶空调单元

在美国，超市每平方英尺的能耗大致是零售商店平均能耗的三倍，其中近一半的能量用来驱动制冷柜和冰箱。因为制冷负荷必须全天候满足，所以他们要支付大量的电费，而其中大部分费用是在电力需求高峰期购买电力产生的。另外，为了避免停电期间食物变质，超市通常配备备用发电机，这正是冰存储系统可以自行提供的功能。

图 10.14 给出了超市更新蓄冷系统的示例。其中一个关键的特征就是能很容易地将其安装到现在的商店中，而实际上不需要对现有的制冷系统进行任何修改。蓄冷机组将安装到商店外面，同时仅配有一条制冷剂管路用以连接现有系统，这和增加一个新的食品冷藏展柜的方式差不多。

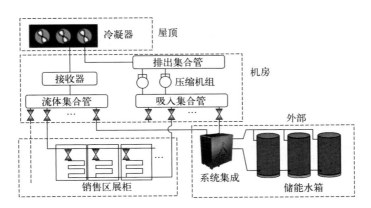

图 10.14　超市更新蓄冷系统。请注意外部的冰蓄冷系统是如何与现有的超市制冷系统相连接的，这与增加一个新的食品冷藏展柜是一样的（以 Axiom Exergy 开发的系统为模型）

图 10.15 给出了一个超市冰蓄冷系统在电力高峰期提供 100kW 负荷转移前后的示意图。结合非高峰时段和高峰时段节省电费与在停电期间避免食物变质的能力，这让一些人相信这些系统在短短几年内就能获得回报。

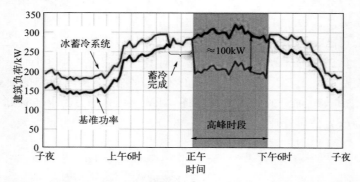

图 10.15　某超市应用冰蓄冷系统后高峰时段负荷下降 100kW（基于 Axiom Exergy 的研究）

10.6　能源储存之二：储电

在不久的将来，能源储存会被认为是智能化、可复原、可再生无碳电网的重要工具。能源储存系统允许电力公司削减"鸭型曲线"的峰值需求、填补曲线低谷，同时管理其间出现的各种问题。能源储存系统能为电网提供包括快速响应的热备用、电压稳定性、频率调节和无功功率支持在内的辅助服务。它们可以稳定可变发电中太阳能和风能系统的输出，使其更易于调度，这是一个极大提高其价值的属性。

本章的主题是储电可以在电表用户端提供多种具有经济效益的功能，其中包括一些之前在热能储存部分已经提及的内容。例如在电价较便宜的非高峰时段，能够用充电电池抵消负荷在电力高峰期所需的能量（详见侧栏 10.1）。另外，蓄电池可作为仪表后端光伏系统的一种特殊的诱人补给。在大型建筑上安装太阳能的一个卖点是，它拥有降低复杂的需求费用的潜能。如果没有能量储存系统，只要一片云在一个错误的时间遮挡了光伏发电系统，就可以抹去整个月节省的电力费用。蓄电池可以在断电期间提供应急备用电源，从而避免以上问题。

同时，正如我们将在下一章看到的一样，小型建筑的屋顶太阳能系统往往利用净计量电价的优势，这意味着在太阳能系统产电量多于建筑自身需求电量的任何给定时间，电表就会向后旋转。也就是说，这些用户利用电网作为他们的后备储能系统。当过多的用户向后旋转电表时，当地配电系统馈线可能会出现反向电力流动，这是电力公司仍然无法调节的不平衡现象。净计量方式为屋顶光伏发电提供了巨大的动力，但是它受到了攻击，并且可能在不久的将来消失，这增加了下一代净零能耗建筑物需要定点电池储备的可能性。

10.6.1　储能技术

截至目前，对电力公司而言，提供大规模能源存储的方式几乎是唯一的：在夜晚需求较低的时段将水抽升到水库中，然后在白天需求高的时段通过涡轮机将水回输（见 4.3.2），抽水储能系统选址困难并且成本很高，但仍占据了当前的储存资源。进入市场的新选择包括许多新的电池技术、飞轮储能系统、超级电容以及压缩空气储能系统。

图 10.16 显示了各种储能技术储存量与供电时长之间关系的概念视图。例如，图中显示，抽水储能和压缩空气储能的供电时间以数十小时计，相应的容量为 1GW。相反，飞轮储能系统和绝大多数超级电容虽然能输送大量电能，但只能持续一小段时间。电池储能系统因其电容量大和供电时间超长而占据优势。

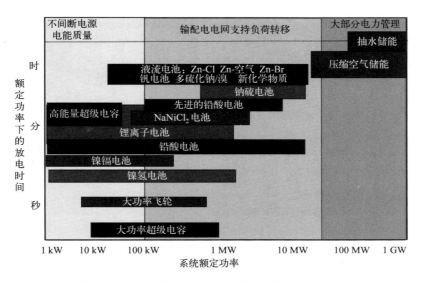

图 10.16   储存量和放电周期的概念图（资料来源：Akhil et al.，2013）

与抽水储能系统或压缩空气储能系统相比，电池具有一些优势，因为它们不需要特殊的地理位置就可以使用。尽管图 10.16 中所示的大多数以固态设备形式存在的电池使其在固定设备和电动汽车中都有很大的实用性，但现在有一种被称为液流电池的截然不同的储能途径。例如图 10.17 所示的钒氧化还原液流电池（VRB），这种液流电池使用储存于大型塑料储槽中的电解液。泵会使电解液在电池的反应单元内持续循环。增加储罐的容积会增加存储的能量，而增加电池组的数量则会提高系统可以提供的功率。

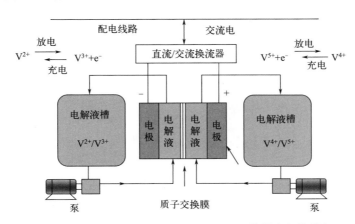

图 10.17   钒氧化还原液流电池（VRB）。储罐容积的增加
会增加存储的能量，而增加电池数量会提高功率

10.6.2　蓄电池储能

如图 10.16 所示，在众多电池技术的相互竞争对比中，拥有最突出表现的可能是一些锂离子电池。锂离子电池的兴起源于特斯拉在电动汽车和家用储能系统中使用数千个小型"18650"电池（直径 18mm，长 65mm）（图 10.18）。

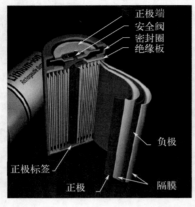

图 10.18　"18650"锂离子电池的图像

如果仅仅通过将电池中存储的电压和电流相乘来获取功率，然后再乘以电池完全放电所花费的时间就能表明电池的储能情况，那就太好了。但实际情况比这复杂得多，因为电池电压取决于电池的充电状态，与此同时，电池可以传送的电流大小与放电速度紧密相关。例如，一个 18650 电池的电压范围是 4.2V（满电状态）～3.0V（完全放电状态）。为了避免这种电压复杂化，在特定时段内放电后，通常利用电量（A·h）来指定说明电池。例如，容量为 3.1A·h 的电池以 0.2C 的放电速率放电意味着它将在 5h 内提供 3.1A 的电流。

电池系统通常由许多以串联（S）和并联（P）方式连接的电池组成，以达到所需的额定电压和电量。对于串联电路的电池，其电压会增加，但由于每个电池流过的电流相同，所以串联支路上的电量与该支路上的每个电池相同。对于并联电路的电池，每个电池的电压是相同的，但是由于电流的增加，电量也是叠加的。图 10.19 展示了 18650 锂离子电池的这些概念。

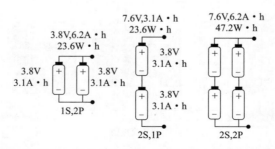

图 10.19　串联和并联电池组合。对于并联（P）的电池，电量增加；对于串联（S）的电池，电压增加。最初的特斯拉 Model S 电动轿车用 96S×74P＝7104 组电池接线，这些电池可存储约 85kW·h 电能

10.6.3　固定型储能器的应用

储能带来了诸多诱人的利益，包括：

a. 负载转移与峰值削减；

b. 结合光伏发电以迎接净电量结算的挑战；

c. 使电动汽车充电安排灵活化；

d. 通过"负荷聚合"为电网提供辅助服务；

e. 为发展中国家提供太阳能家用系统。

① 负载转移与峰值削减。一些对于电表后端能量储存的经济论证是基于避开昂贵的高峰需求时段（表 10.1）或者削减昂贵的需求电价（表 10.2）。解决方案 10.2 提供了一个评估负载转移中电池储能成本效益的示例，包括蓄电池在充/放电循环周期内的循环效率。

② 蓄电池处理净电量结算的挑战。太阳能家用系统的经济优势与这种能力紧密相关：当电力供过于求时逆转电表，在太阳能不足以满足当前需求时再买回电力。如果这种净电量结算安排改变或消失（如在夏威夷那样），蓄电池储能可能会成为一种经济上可行的系统单元。下一章将更仔细地研究屋顶光伏系统。

③ 入网电动车。假设最终只有10%的美国车辆由电力驱动，那么大约有2000万辆电动汽车，并且每辆车都有可能在充电时从电网汲取10kW的电力。如果它们都在同一时间充电，负荷将达到200GW，约占美国总发电量的20%。不利的一面是，在错误的时间出现大量的电力需求可能对电网构成真正的挑战。从好的方面来说，聚集这些负荷可能会成为重要的电网资产。

一段时间以来，对于入网电动车的畅想都集中在其潜在能力上，即它们可作为灵活可控的负荷，也可作为能回传至电网的电力资源。这种汽车电网系统（vehicle-to-grid，V2G）将是对未来的大胆飞跃，但更简单的出发点是将电动汽车视为可与电网交互的非常灵活的负荷。然而，有了双向车载充电器，就可以通过在高峰需求时段出售电力来实现最初的 V2G 概念。

④ 辅助服务。无论电池存放在家里、车里还是工作单位所在的建筑物中，都有很长一段时间处于闲置或充电状态。关键在于聚集这些资源，正如图 10.20 所示。通过这种方式，它们能转变为具有特定功能的电网资产，即通过调整充电速率提供频率调节和需求响应服务。在"鸭型曲线"下垂期间，通过提高电池充电速率，它们会有助于避免可再生能源的削减；同理，通过降低下午晚些时候的充电速率，可以减少曲线的爬坡压力。通过选择性地调整配电系统的充电速率，可以减轻变压器过载问题和缓解变电站升级的迫切需求。

⑤ 发展中国家的太阳能家用系统。在世界范围内，当地电网无法提供服务或服务不佳的区域，小型光伏电池系统的市场正在迅速增长。太阳能模块和小型电池系统（以 W 为单位，而非 kW 或 MW）可以提供简单但重要的能源服务，例如照明和给手机充电，同时取代有环境噪声、昂贵且带有污染性的煤油或柴油。下一章将更详细地介绍这些内容。

> **解决方案 10.2**
>
> ### 使用电池进行负荷转移的成本效益
>
> 现在假设情况如下：
> ① 电池的储能成本为 300 美元/(kW·h)；
> ② 电池的充放电循环能效为 85%；
> ③ 在需要更换之前，电池寿命为 3000 次循环周期；
> ④ 非高峰时段电力成本为 0.10 美元/(kW·h)；
> ⑤ 高峰时段电力成本为 0.25 美元/(kW·h)。
>
> 计算如下情形的经济学意义：购买非高峰时段的电力，并将其储存在电池中，然后在高峰时段放电以满足负荷。
>
> **解决方法：**
>
> 让我们通过设想购买 1kW·h 电池用于转移负荷来解决这个问题：
>
> 电池更换成本＝300 美元/3000 周期×1 周期/(kW·h)＝10 美分/(kW·h)（交付）
>
> 电池每传输 1kW·h 电力所需电量＝1kW·h/0.85＝1.176kW·h
>
> 电池充电成本＝10 美分/(kW·h)×1.176kW·h＝11.76 美分
>
> 更换成本＋充电成本＝10 美分/(kW·h)＋11.76 美分/(kW·h)＝21.76 美分/(kW·h)
>
> 节约成本＝25 美分/(kW·h)－21.76 美分/(kW·h)＝3.2 美分/(kW·h)
>
> 因此，每将 1kW·h 电能从高峰时段转移到非高峰时段，电池储能系统可节省 3.2 美分。

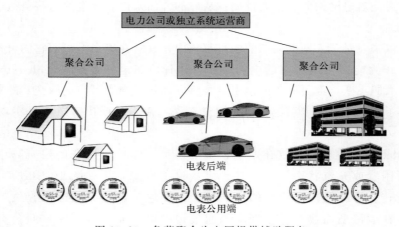

图 10.20 负荷聚合为电网提供辅助服务

10.7 分布式发电(DG)

靠近负荷的小型模块化发电厂称为分布式发电（DG）。分布式发电可以使用多种技术，包括燃气轮机、风力涡轮机、光伏系统、燃料电池、微型涡轮机、往复式发动机发电机、微型水力发电厂、由生物质提供燃料的系统以及采用电动车入网技术的电动车系统。分布式发电电厂可能由顾客共有，这些客户被环境价值、降低成本的潜力，有时也可能是希望改善敏感性电子设备的电能质量所激励。但是大多数情况下，它们的断电将带来灾难性后果，例如数据中心和医院等单位几乎总是需要自己配备高度可靠的现场电力系统。

现场发电具有多个能效优势，包括减少电力线损耗以及在热电联产（CHP）系统中捕获余热的潜力。与单独的电网电力锅炉和燃油锅炉相比，燃烧燃料产生电能然后收集和利用余热可以将一次能源需求减少 40%～50%。这些能效的提高也会使得温室气体减少。

电力公司也可以通过推迟对输配电（T&D）系统的升级来从靠近负荷的供电设备中获益，无论这些设备的所有者是谁。当电网某一特定部分的负荷增长超过系统的容量时，与升级整个 T&D 系统以满足新需求相比，战略性地在当地变电站向电网注入电力会更快、更便宜。电网的节能潜力常常有助于证明分布式发电投资的合理性。

小型分布式发电系统也可以提供价值，因为它可以让电力公司更准确地实现发电量随着负荷的增长而增长。考虑一下这二者的区别——建造单个大型发电厂（可以满足多年的预期负荷增长）与建造一系列较小的发电厂（每个电厂可能仅满足几年的增长）。大型电厂的规划、许可和建造都需要较长的交付期，在这之后才能发电，并且所有的资本投资都被捆绑在一起而没有任何收入。此外，一旦投入运营，大型电厂将提供比满足负荷增长所需更多的电力容量，闲置容量需要花钱，却不能带来收入。Swisher（2002）探讨了这种选择的价值，即需要花 3 年时间才能建成一个电厂，有能力供应 8 年内的负荷增长，相比之下，八个较小的电厂则只需要 1 年的交付期，每个电厂具备可以供应 1 年内负荷增长的价值。Swisher 的分析采用 10% 的折现率，表明较小的发电厂虽然单位功率（每千瓦）的发电成本可能比单个大型发电厂高 50%，但仍然具有同等的成本效益。

目前在美国安装的分布式发电大多由与发电机相连的内燃机提供。然而，空气质量许可证制度的制约性常常限制了将这些能源用于除紧急备用电源以外的任何用途的能力。事实上，只有大约 10% 的分布式发电系统连接到电网。这表明，一个相当于整个电网四分之一容量的巨大能源，除了每年中的几个小时之外，几乎没有任何变化。这一切都可以通过更清洁、更安静、更容易获得的新兴技术（例如燃料电池系统）来改变，这些技术将在本章后面介绍。想象一下，如果这些往复式发动机被并网的燃料电池所取代，无论电网是否运行，燃料电池都能提供能量和热量，这将意味着什么。此外，对于许多高科技产业来说，它们的电能质量和绝对可靠性将受到高度重视，其价值可能远远超过其所提供的能源。

10.7.1　热电联产（CHP）系统

分布式发电技术包括一些能产生可用废热以及电力的技术（例如，燃气轮机和燃料电池），还有一些不产生可用废热和电力的技术（例如，光伏、微型水力发电、风力涡轮机）。对于那些发电位置靠近负载的发电系统，其优点之一是可以捕获余热并将其充分利用。从单一燃料中依次产生电能和有效热能的系统通常被称为废热发电系统，但现在它们更常被称为热电联产（CHP）系统。

图 10.21 展示了一个与热电联产系统相关的经济效益的示例。在此示例中，具有 100 单位能量输入的 CHP 系统能输送 35 单位的电力和 50 单位的有用废热，总体效率为 85%。如果要利用效率为 30% 的公用电网输送相同的 35 单位电力，则需要燃烧 117 单位燃料。并且，为了使一个单独的燃料燃烧效率为 80% 的锅炉提供 50 单位热量，另需燃烧 63 单位燃

料。在一个单独的锅炉系统中，总共需要180单位燃料，而CHP系统只需要100单位燃料。换句话说，热电联产系统可节省44%的总能源。

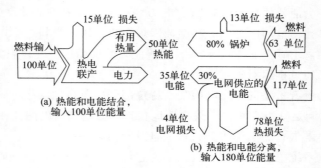

图10.21 一个总体节能率为44%的CHP系统示例。在此示例中，CHP系统仅需要100单位的燃料输入就可以与电网电力和单独的锅炉组合输入180单位燃料提供相同数量的电力和有用的热量

整理分析热电联产系统的经济状况可能是个棘手的问题。例如，我们希望对系统的电力成本与热力成本分别进行描述。一种常见的方法是将CHP摊销后的资本成本追加到燃料成本中，以获得每年的热电成本，然后可以减去不需要支付的生热燃料成本，因为我们拥有一个热电联产系统，并将其余部分用作电力成本的指标。解决方案10.3说明了该过程。

解决方案10.3

一种热电联产系统的经济效益分析

10kW CHP系统的电、热效率均为40%。该系统30000美元的成本费用由20年期利率为8%的贷款支付，即年付款额为3055美元。该系统的热量输出替代了10美元/MBtu的天然气，而该天然气本可以在现有效率为85%的高效锅炉中燃烧。如果CHP系统的容量系数（CF）为0.90（实际上，它仅在90%的时间内运行，在此期间内它可提供全部的10kW电力），分析计算其电力成本。

解决方法：

因为电效率为40%，所以需要消耗25kW的热能来生产10kW的电能，即消耗燃料：$25kW \times 3412Btu/(kW \cdot h) = 85300Btu/h$。40%的燃料来源于捕集的不需要提供给效率为85%的高效锅炉的废热（$0.40 \times 85300 = 34120Btu/h$）。这意味着热电联产系统节约的锅炉燃料为：$(34120Btu/h)/0.85 = 40140Btu/h$。

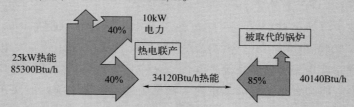

为了计算发电的燃料成本，我们将从总燃料成本中减去被取代的锅炉燃料的成本：

电力燃料成本 $= (85300 - 40125)Btu/h \times 10$ 美元$/10^6Btu = 0.452$ 美元$/h$

换算为传输10kW电力，这相当于0.452美元/h，即0.0452美元/(kW·h)。

容量系数为0.90时，系统提供的电力为：

$$10kW \times 8760h/a \times 0.90 = 78840kW \cdot h/a$$

将贷款的 3055 美元/a 成本加到电力产量的年度燃料净额上：

$$电力成本 = \frac{3055 \text{ 美元/a}}{78840kW \cdot h/a} + 0.0452 \text{ 美元}/(kW \cdot h) = 0.084 \text{ 美元}/(kW \cdot h)$$

10.7.2　燃料电池

我相信，总有一天，水会被用作燃料，而构成水的氢和氧，无论单独或一起使用，都会提供取之不尽的热和光。

——Jules Verne，*Mysterious Island*，1874

以上引用的儒勒·凡尔纳（Jules Verne）描述氢和氧结合以提供热源及光源的内容，是对燃料电池实际工作方式非常精准的描述。然而，当它暗指水本身将成为燃料时，便偏离了这句话的本意。尽管水可以电解产生氢和氧，但到目前为止，水电解所需的能量远远超过了这些气体在燃料电池中重新结合时所能提供的能量。更准确的说法是，将燃料电池视为一种电池——只要它接收到持续供应的高能量燃料（通常是氢），它就能提供电力（和热量）。

与其他能量转换系统相比，燃料电池具备一些潜在优势。因为它们直接把化学能转化为电能，从而避免了传统的中间步骤，即把燃料转化为热，接着把热转化为机械运动，最后把机械能转化为电能。它们不是热机，所以不受卡诺极限的限制，而且燃料发电效率可能高达65%，这使得燃料电池的潜在效率大约是目前运行的中央电站平均效率的两倍。

此外，燃料电池完全消除了通常的燃烧产物，如 SO_x、颗粒物和各种不充分燃烧的碳氢化合物，并且使 NO_x 排放得以消除或大大减少。如果原始燃料是碳氢化合物（例如天然气），则仍然会产生碳排放；但是如果燃料电池由可再生能源系统（例如风能、水力发电或光伏发电）通过电解水而获得的氢提供动力，可能根本没有温室气体排放。

由于燃料电池无振动，安静且几乎没有污染，因此可以将其放置在非常靠近负荷的位置——例如，紧邻建筑物的区域。此外，由于它们利用氢（或含有氢的燃料，如天然气）来发电，因此即使在停电时，它们也能提供照明和保持服务器运转。靠近供电负荷，不仅避免了传输和分配系统的损失，有时还能利用它们的废热制造有用的热量，用于空间供暖、加热水甚至空调等应用。

① 质子交换膜（PEM）电池。虽然基本燃料电池的概念有多种版本，但一种常见结构类似于图 10.22。如图所示，单个电池由两个被电解质隔开的多孔气体扩散电极组成。电解质的不同选择将一种燃料电池与另一种燃料电池区分开来。

图 10.22 中的电解质由一层能够传导正离子（质子）但不能传导电子或中性气体的薄膜组成。这种特殊的膜能通过质子，所以通常称为质子交换膜，有时也称为聚合物电解质膜。但无论哪种情况下，通常都将这种电池称为质子交换膜（PEM）电池。PEM 电池最初被称为固体聚合物电解质（SPE）电池，但如今这种描述已经很少见了。

昂贵的铂催化剂会促使 PEM 电池（负极）一侧引入的氢气分解成质子和电子，如下所示：

$$H_2 \longleftrightarrow 2H^+ + 2e^- \tag{10.1}$$

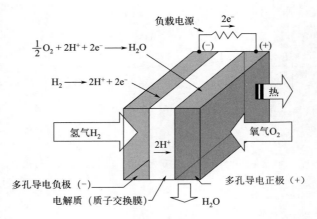

图 10.22　PEM 电池的基本配置

随着高浓度的质子在负极积聚，某些质子趋向于通过膜扩散到正极，从而留下电子。负极上累积的负电荷和正极上累积的正电荷会在整个电池中产生大约 1V 的开路电压。当连接到负荷时，电子经外电路从负极流向正极，从而将直流电传递给负荷。

在 PEM 电池两极发生的反应如下：

负极：
$$H_2 \longrightarrow 2H^+ + 2e^- \tag{10.2}$$

正极：
$$\frac{1}{2}O_2 + 2H^+ + 2e^- \longrightarrow 2H_2O \tag{10.3}$$

由以上反应可以推导出一个净反应，该反应看上去与氢气简单燃烧产生能量和水一样：

总反应：
$$H_2 + \frac{1}{2}O_2 \longrightarrow H_2O \tag{10.4}$$

在正常负荷下，单个电池的电压只有 0.5 V 左右，因此为了产生合适的电压，许多电池被串联成一个多单元电池组，如图 10.23 所示。虽然熵分析超出了本书范围，但它可以表明式（10.4）产生的能量中至少包括 17％ 的热能，这限制了 PEM 电池的氢-电转换效率，使其最大值为 83％。实际上，PEM 电池组的总体效率更接近 40％～60％。

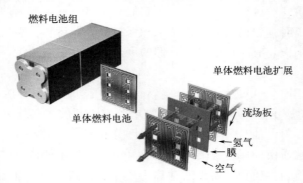

图 10.23　单体燃料电池串联组成的电池组（来源：Ballard 公司）

PEM 电池因其在电动汽车中的潜在用途而显得非常有前景。由于实际上车辆并没有长时间驾驶，因此，与固定电源相比，PEM 膜的有限寿命并不是一个大问题，因为连续运行是固定电源更重要的属性。而且，由于电池的工作温度低，可以打开和关闭开关，不必等待太长时间，它们就会达到一定温度。

②　其他有前景的燃料电池技术。多年来，除 PEM 电池外，还开发了许多燃料电池技术。使用氢氧化钾电解液的碱性电池是为阿波罗计划和航天飞机计划开发的，但它们不能暴露于二氧化碳中，所以仅适用于太空应用。另一种基于磷酸电解质的技术实际上是在 20 世纪 90 年代初进入市场的，但其未来似乎并不确定。直接甲醇燃料电池（DMFCs）使用与 PEM 电池相同的聚合物电解质，但是其显著优势是能够使用更方便的便携式液体燃料甲醇（CH_3OH）代替气态氢。一段时间以来，以甲醇为燃料的 DMFC 被认为是便携式电动工具电池的替代品。

熔融碳酸盐燃料电池（MCFCs）和固体氧化物燃料电池（SOFCs）一直是相互竞争的技术，两者都在比其他技术更高的温度下工作（MCFC，650℃；SOFC，750～1000℃），这使得它们对热电联产应用有潜在的吸引力。此外，电池的高温环境可以使甲烷发生自热重整生成富氢燃料，这意味着提供了一种替代燃烧的方法，可以直接利用天然气发电。超过 60％的燃油发电效率甚至使其可以与最好的燃烧发电厂竞争。

燃料电池的第一个重要市场是由布卢姆能源公司（Bloom Energy）于几年前开拓的，该公司已成功部署了大量 SOFCs，特别是对于不需要依赖电网的可靠电力的设施。图 10.24 展示了该公司 200kW "能源服务器" 中的一个示例。例如，沃尔玛已经安装了许多这种服务器，其中许多服务器具有使用沼气而非传统天然气运行的附加环保属性。

图 10.24　沃尔玛的 200kW Bloom Energy "能源服务器"（来源：Bloom Energy）

③　制氢。对于依靠氢运行的燃料电池，氢像电力一样，是无法从天然环境中获得的高质量能量载体。必须制造氢，这一事实意味着必须进行能源投资以产生所需的氢燃料。

目前用于制氢的主要技术有甲烷蒸汽重整制氢（MSR）、烃类部分氧化（POX）和水的电解。现在大多数制氢都使用 MSR 工艺，在此工艺中，蒸汽和天然气的混合物在高温下通过催化剂作用，产生一种主要由 CO 和 H_2 组成的合成气。这种合成气被直接用作某些高温燃料电池的燃料。然而，它与 PEM 电池不相容，因为 CO 会使阳极催化剂中毒。无害化合成气通常要进行第二阶段的转移反应，将 CO 转化为 CO_2。MSR 制氢的总体效率通常为 75％～80％，但可以达到更高的水平。

另一种制造氢的方法是电解，这在本质上与传统燃料电池反应方向相反。实际上，在低温电解槽中可使用与 PEM 电池相同的膜。

使用质子交换膜的电解池如图 10.25 所示。进入电解池含氧侧的去离子水被分解成质子、电子和氧。之后氧气被排放，质子则穿过交换膜，同时电子经外电路通过电源到达阴极，并与质子重新结合形成氢气，整体效率可高达85%。

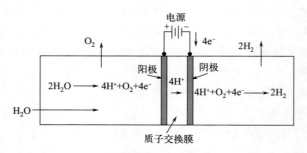

图 10.25 质子交换膜用于电解水制氢

10.7.3 结合储能技术的可再生能源：一个无碳的未来？

当通过可再生能源系统（例如风电、水电或光伏发电）产生电解用电时，可以产生氢气而不会排放任何温室气体。正如图 10.26 所示，当产生的氢气通过燃料电池重新转化为电能时，无碳发电的最终目标便可实现——无论何时需要，无论是否有阳光或风力，在不消耗有限的不可再生资源的情况下完成发电。

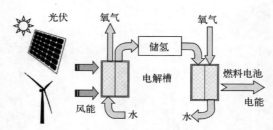

图 10.26 使用氢储能。可再生能源为电解槽提供动力，电解水产生氢气，
氢气可被储存起来，然后供燃料电池按需使用

关于氢储存方法最有趣的问题可能是它能否与更简单的电池储能相媲美。让我们针对这二者的竞争前景，根据循环能效的粗略估计做一个快速分析：

电解水制取氢气与氧气的效率≈85%

储存压缩氢气的效率≈90%

燃料电池将氢重新转化为电能的效率≈60%

整体燃料电池效率（电-氢-电）：

循环效率＝0.85×0.90×0.60＝46%

对燃料电池 46% 的效率与估算的锂离子电池 85% 的循环效率（包括交流电-直流电和直流电-交流电的转换）进行比较。虽然忽略了其他问题，如成本、可靠性、循环寿命等，但电池明显的能效优势对利用氢气储能似乎是一个重大挑战。

10.8 本章总结

曾经被誉为 20 世纪最伟大工程成就的传统电网系统，现在正经历着重大的范式转变，这在很大程度上是由间歇性风能和太阳能所提供的电能正迅速增加所驱动的。电网运营商所面临的持续挑战仍然是维持近乎完美的供需平衡，但是现在，随着新兴的分布式能源开始发挥重要作用，已不再仅由供给侧资源来承担整个责任。

当前著名的"鸭型曲线"已经将注意力集中在不断增加的可变发电的潜在影响上，包括中午时太阳能发电可能发生的削减，以及在下午晚些时候传统发电充满挑战的曲线斜率。人们设想了一系列可能的需求侧响应方式，其中许多是由新的智能电表实现的。现在，修改后的收费标准表可以鼓励一系列客户参与，以助力平衡电网，包括负荷转移、热能和电能存储以及电动汽车充电规划等措施。

本章我们重点关注了电表客户端的一些分布式发电技术，包括热电联产系统、燃料电池，并对在无碳未来中由可再生能源驱动的氢储能和电池储能进行了简要比较。下一章将对光伏技术（当然是主导电表后端的发电技术）进行深入研究。

第 11 章
光伏系统

本书的前几章已经简要介绍了光伏（PV）。在第 7 章中，我们学习了如何隔开几排收集器以避免阴影问题（解决方案 7.2），并且学习了如何对收集器阵列进行简单的大小调整以满足建筑物中的各种电负载（解决方案 7.9 和图 7.36）。然后，在第 10 章中，我们了解了可再生能源（特别是太阳能）对公用电网产生的影响，以及由此产生的"鸭型曲线"如何使大众将注意力集中在分布式能源资源的新机遇上。

在本章中，我们将更深入地研究这项令人惊叹的技术，它使我们的清洁能源前景充满希望。在简要介绍光伏的历史发展和背后的物理原理之后，我们将探索一些基本的系统设计概念，这些概念将有助于了解可能指示实际性能的一些细微差别。本章将围绕与三种类型的光伏系统相关的问题和挑战展开：

① 住宅规模的屋顶系统，包括关键组件、系统规模、性能预测和经济性；

② 商业和工业规模的后台系统，具有独特的融资和成本效益问题；

③ 未并网独立系统，尤其是在全球新兴经济体的背景下。

在下一章中，我们将探讨公用事业规模的光伏系统以及风力发电系统，致力于太阳能发电技术的各种方法，波浪能和潮汐能，以及当与热能或电能储存相结合时，可再生能源更可靠、可预测性能的潜力。

11.1 光伏的历史

早在 1839 年，一位 19 岁的法国物理学家埃德蒙·贝克勒尔（Edmund Becquerel）发现，当他照亮浸在弱电解质溶液中的金属电极时，就能够产生电压。这是已知的对所谓光电效应的第一个观察记录。1904 年，阿尔伯特·爱因斯坦（Albert Einstein）首次对该现象进行了理论解释，并因此在 1921 年获得了诺贝尔物理学奖。爱因斯坦的革命性假设是，在某些情况下，光可以被视为由离散的粒子组成，这些粒子被称为光子，每个光子都携带与其频率成正比的能量。频率足够高的光子会导致某些材料中的电子脱离其通常结合的原子。如果在其附近提供电场，则这些电子可以扫向金属电极，并在那里形成电流。

一百多年前（1916 年），波兰化学家 Jan Czochralski（发音为"check-ralski"，丘克拉斯基）开发了一种制造纯单晶材料的技术，该技术已成为现代电子学特别是光伏技术的基石。他的方法催生了现代的 Czochralski（CZ）方法，可用于生长完美的硅晶体，而硅是当今最常用的 PV 材料。

第一个实用的光伏发电设备在 20 世纪 50 年代末作为太空计划的一部分被开发出来，质量轻和可靠性高的优点远比成本高的缺陷重要。到 20 世纪 80 年代末，由于民用电力线的成本效益不高，PV 开始被用于更日常的应用中，其中包括离岸浮标、公路交通信号灯、标志和紧急呼叫箱、农村抽水系统和小型离网家庭系统。然而，到了 20 世纪末，随着光伏成本的下降和效率的提高，电表两侧的并网系统主导了销售。图 11.1 展示了美国用于住宅、商业和电力公司用户的 PV 的急剧增长情况。在 21 世纪的前 10 年，电表后端系统（behind-the-meter systems）主导了市场，它们大多数安装在非住宅建筑上。然而，在接下来的几年里，住宅 PV 系统的增长速度超过了商业安装，但增长最具爆炸性的是民用规模的 PV 系统。

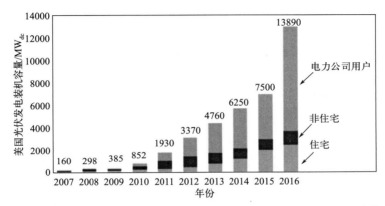

图 11.1 美国光伏发电装机容量增长（MW_{dc} 是指按照光伏组件的额定装机容量计算。数据来源：SEIA，2016）

11.2 晶体硅太阳能电池

尽管有许多有前途的光伏材料，但当前世界上大多数的光伏设备以及几乎所有用于电子电路的半导体的起点都是纯晶体硅。硅的原子核中有 14 个质子和 14 个轨道电子。所有电子中唯一重要的是外层轨道中的 4 个价电子，因此通常的做法是绘制一个硅原子，使其原子核上带有 4 个正电荷，并且通过 4 个紧密结合的电子与附近的硅原子形成共价键，如图 11.2 所示。

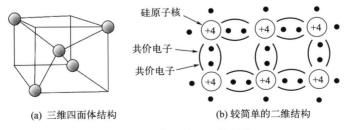

(a) 三维四面体结构   (b) 较简单的二维结构

图 11.2 晶体硅的四面体结构

11.2.1 光子产生空穴-电子对

绝对零度下的晶体硅是完美的电绝缘体。它的所有电子都将与原子核紧密结合，没有电子可以携带电流，这意味着它作为电子元件毫无用处。为了对我们有所帮助，电子必须能够促进电流的流动。要做到这一点，它必须获得足够的能量，即所谓的带隙能量，使自己从共价键中解脱出来。加热会释放一些电子，但不会释放很多。然而，将硅暴露在阳光下，可以让光子提供释放这些电子所需的能量。这些光子的能量必须至少与带隙能量相当，而硅的带隙能量是 $1.12eV$（$1eV = 1.6 \times 10^{-19}J$）。

当一个带负电荷的电子离开原子核时，会留下一个净正电荷，称为空穴，与原子核有关。如图 11.3 所示，如果相邻硅原子的一个电子滑入那个空穴，正电荷就会移向刚刚失去电子的原子核。因此，当一个具有足够能量的光子撞击硅电池表面时，将产生一个带正电荷的空穴和一个带负电荷的电子，两者现在都可以在电池内自由移动，如图 11.3 所示。打个比方，想象一个教室里每个座位都有人。如果某个人（电子）站起来伸伸腿，就会产生一个空座位（一个空穴）。其他人可能更喜欢那个座位，就会坐过去，把她的座位留在后面。如果这个过程继续下去，每一次有人起身找一个更好的座位，就会产生一个新的空穴，空穴似乎会在整个教室里自由移动。总而言之，这些空穴和电子将一大块惰性硅转变成能够携带电流的材料。

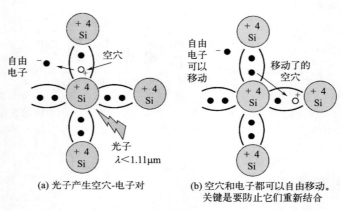

(a) 光子产生空穴-电子对　　(b) 空穴和电子都可以自由移动。
　　　　　　　　　　　　　　　关键是要防止它们重新结合

图 11.3　具有足够能量的光子可以产生空穴-电子对

11.2.2　带隙对光伏效率的影响

爱因斯坦提出了革命性的假设，并因此获得了诺贝尔奖。他的假设是，在某些情况下，光可以被认为由离散的粒子组成，这些粒子被称为光子，每个粒子携带的能量与其频率成正比。具有足够高频率的光子可以使 PV 材料中的电子从通常束缚它们的原子中挣脱出来。如果附近有电场，这些电子就会被扫向金属触点，在那里它们会以电流的形式出现。

光子可以通过其波长或频率以及能量来表征，三者之间的关系如下：

$$E = h\nu = \frac{hc}{\lambda} \tag{11.1}$$

式中　E——光子的能量，J；

　　　h——普朗克常量，6.626×10^{-34} J·S；

　　　c——光速，3×10^8 m/s；

　　　ν——频率，Hz；

　　　λ——波长，m。

注意波长和能量之间的反比关系。短波长辐射的单位光子能量大于长波长辐射。

我们可以应用式（11.1）确定太阳光谱中哪一部分的光子具有足够的能量来产生空穴-电子对。对于硅光伏电池，光子必须能够提供 1.12eV 的能量，这意味着

$$\lambda \leqslant \frac{hc}{E} = \frac{6.626 \times 10^{-34} \text{J} \cdot \text{s} \times 3 \times 10^{8} \text{m/s}}{1.12 \text{eV} \times 1.6 \times 10^{-19} \text{J/eV}} = 1.11 \times 10^{-6} \text{m} = 1.11 \mu\text{m} \qquad (11.2)$$

对于硅光伏电池，波长大于 $1.11 \mu\text{m}$ 的光子的能量小于激发电子所需的 1.12 eV 带隙能量。这些光子都不能产生空穴-电子对来携带电流，所以它们所有的能量都被浪费了，只是加热了电池。而波长小于 $1.11 \mu\text{m}$ 的光子有足够的能量激发一个电子。因为（至少对于传统的太阳能电池如此）一个光子只能激发一个电子，任何超过所需的 1.12eV 的额外能量也会在电池中以余热的形式被消耗掉。这两个现象与能量高于或低于带隙的光子有关，由此建立了太阳能电池的最大理论效率。为了探索这种限制，我们需要引入太阳光谱。

如第 4 章（第 4.7.2 节）中所述，太阳表面发射的辐射能的光谱特性与 5800K 黑体的光谱特性非常匹配。就在地球大气层之外，平均辐射通量约为 1.37kW/m^2，这就是所谓的太阳常数（solar constant）。当太阳辐射穿过大气层时，其中的一些物质会被大气层中的各种成分吸收，因此，到达地球表面时，光谱就会严重失真。到达地面的太阳能及其光谱分布在很大程度上取决于到达地面所必须经过的大气量。太阳光线穿过大气层到达地面上某个点所经过的路径长度，除以与直接在头顶上方的太阳对应的路径长度，称为空气质量比（air mass ratio），用 m 表示。因此，空气质量比为 1（表示为"AM1"）意味着太阳在头顶上方。按照惯例，AM0 表示没有大气层，也就是说，这是地球外的太阳光谱。衡量光伏效率时，大部分情况下假设空气质量比为 1.5，对应于太阳在地平线上方 42°（图 11.4）。阳光穿过晴朗的 AM1.5 天空时的光谱分布如图 11.5 所示。

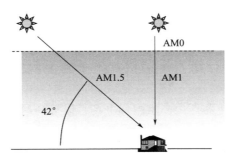

图 11.4　空气质量比。测量光伏性能时，通常假设一个太阳光谱相当于阳光穿过的空气量是太阳直射时的 1.5 倍的情况。AM1.5 相当于太阳高出地平线约 42°

硅的带隙为 1.12eV，对应的波长为 $1.11 \mu\text{m}$。如图 11.5 所示，在 AM1.5 时，约 20.2% 的可利用的太阳能波长在 $1.11 \mu\text{m}$ 以上，因此这些光不会被吸收，也不会产生空穴-电子对，它们直接穿过硅。波长比这短的光被吸收，但它们额外的能量只能用来加热晶体，浪费了另外 30.2% 的太阳能量。在这两者之间，超过一半的太阳能没有转化为电能。

即使是这样简单的分析，也能对不同的潜在 PV 材料中带隙的重要性提供一些见解。可以把带隙看作电池产生的电压和空穴-电子对数量的指示器。记住，功率是电压和电流的乘积。一个高带隙材料将提供比低带隙材料更高的电压，但电流较小。反之，带隙越小，电压越低，电流越大。很明显，在电力输送方面存在折中情况，而这正是我们所追求的。硅的带隙 1.12 eV 略低于最佳值，最佳值约为 1.4 eV。

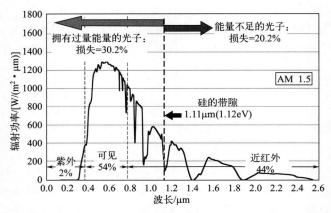

图 11.5 AM1.5 的晴空太阳光谱。对于硅来说，超过一半的太阳能被浪费了，
因为或者光子没有足够的能量，或者它们的能量超过了制造空穴-电子对的
需要（资料来源：ERDA/NASA，1977）

PV 效率还受到其他一些基本限制，最重要的是黑体辐射损失和空穴-电子复合。太阳照射下电池会变热，这意味着它们表面的辐射能正比于其温度的四次方，这大约造成了 7% 的能量损失。空穴-电子复合的约束与缓慢移动的空穴有关，这些空穴堆积在电池中，使电子更难通过而不落入空穴。这些空穴饱和效应占到另外 10% 左右的能量损失。太阳光谱、黑体辐射和空穴-电子复合约束最早是由 William Shockley 和 Hans Queisser 于 1961 年评估的，因此通常情况下单结光伏电池在标准测试条件（未增强的）阳光下的最大效率 33.7% 现在称为 Shockley-Queisser 极限（Shockley 和 Queisser，1961）。

11.2.3 完整的硅太阳能电池

阳光落在大块的晶体硅上会形成空穴-电子对，即带正电荷的空穴和带负电荷的自由电子，两者都能够促进电流流动。这是创造一种将阳光转化为电能的设备的良好开端。但是，如果不采取进一步的措施，这些电子将迅速落入附近的空穴中，并且无法完成任何工作。为避免空穴和电子复合，必须使器件内产生内部电场，以分隔两种电荷载体，使空穴朝向器件的一端，电子朝向另一端。

为了创造所需的电场，我们要在晶体内建立两个区域。在分隔两个区域的分界线的一侧，在纯（本征）硅中加入一种外层轨道上有 5 个电子的元素（如磷）。当一个五价原子与附近的硅原子形成共价键时，就会有一个剩余的电子，它与原子核的结合很松散，很容易游离，变成一个自由电子，在晶体周围漫游。电池的这一边被称为 n 型材料，因为现在有相当数量带负电荷的自由电子可以移动。与此同时，失去电子的带 5 个正电荷的原子核变成一个固定的正电荷嵌入在晶体中，如图 11.6 所示。

在装置的另一侧，加入少量的三价元素，如硼。当一个三价原子在晶体中形成共价键时，它会迅速从附近的硅原子夺取第四个电子，从而在带 3 个正电荷的原子核附近形成一个固定的负电荷。同时，失去一个电子的硅原子会留下一个可移动的带正电荷的空穴。这一侧的晶体被称为 p 型材料，因为它有大量的正电荷载流子。

现在想象一下，将 n 型材料放在 p 型材料旁边形成一个 p-n 结会发生什么。p-n 结的 n 侧自由电子非常集中，而另一侧几乎没有自由电子，这些移动电子将倾向于通过扩散向 p 侧

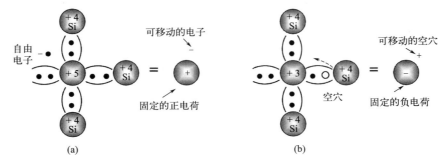

图 11.6　对硅进行掺杂以制造 n 型（a）和 p 型（b）半导体。n 型材料（左）由带有移动电子的
固定正电荷组成。p 型材料（右）具有固定的负电荷和可移动的带正电的空穴

漂移。当它们交叉时，这些电子在 n 侧留下不动的正电荷。当电子穿过时，会掉进 p 侧的空
穴里，在 p-n 结的那一侧产生不动的负电荷。这些在 p 区和 n 区内不动的带电原子形成了一
个电场，阻止电子在连接处的持续运动。几乎在同时，电场达到了一个足以阻止空穴和电子
在连接处进一步扩散的水平。图 11.7 显示了由此产生的僵局。

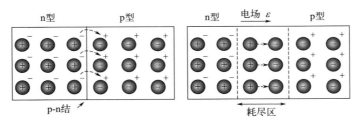

图 11.7　创建一个内置电场以分离空穴和电子。电子从 n 区域扩散到 p 区域，
填充空穴并在连接处的两侧（左）产生固定电荷，从而在耗尽区（右）产生电场

现在，我们几乎拥有了了解光伏电池工作原理所需的一切。本质上，PV 电池只是一个
p-n 结，如图 11.7 所示。当电池暴露在阳光下时，具有足够能量的光子会形成空穴-电子对。
如果这些空穴和电子到达耗尽区附近，电场会将电子扫掠至 n 区域，并将空穴扫掠至 p 区
域。这样会在电池两端产生约 0.5 V 的电压。当负载连接到电池时，电子从 n 区域流过负载
并返回到 p 区域。只要阳光照在电池上，功率就会传递到负载上。图 11.8 总结了整个过程。

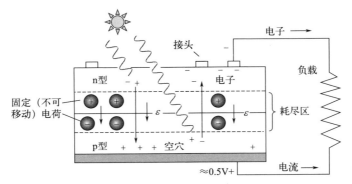

图 11.8　单个 PV 电池。当光子在 p-n 结附近形成空穴-电子对时，耗尽区中的电场会
将空穴扫入电池的 p 侧，将电子扫向电池的 n 侧，从而在电池两端产生约
0.5 V 的电压。连接负载后，电流将流过

11.3 光伏制造

大多数太阳能电池是由硅制成的，硅是地壳中含量第二高的元素。在自然状态下，硅通常为二氧化硅（SiO_2）的形式。首先将 SiO_2 提纯为 99.9999％ 的纯多晶硅形式，看起来像图 11.9 所示的闪亮的岩石状材料。

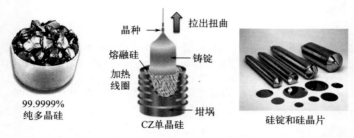

图 11.9 制造单晶体硅太阳能电池的 Czochralski 方法。该过程从多晶硅开始，将其在加热的坩埚中熔化。从坩埚中抽出的晶种形成单晶硅锭，然后将其切成薄片

11.3.1 晶体硅太阳能电池 （c-Si）

最常用的制造单晶硅的技术是 CZ 方法，该方法将一个铅笔大小的固体晶体硅"小种子"（晶种）浸入一个熔化的多晶硅容器中。微量的 n 型或 p 型材料被加入大桶中，以某种方式对硅进行掺杂。当慢慢地从大桶中取出晶种时，熔融的硅原子与晶体中的原子结合，然后在适当的地方凝固（冻结）。结果生成一个由单晶硅组成的圆柱形硅锭，大约 1m 长，直径大约 20～30cm。如图 11.9 所示，将硅锭切成圆片，然后将圆片的顶层朝另一个方向掺杂，由此形成所需的 p-n 结。

另一种成本较低的方法是将熔融的硅倒入模具中，使其凝固成一个巨大的矩形块，再将其切成硅片。由此产生的晶片具有有序性较差的多晶硅结构，这些多晶硅由被晶界分开的单晶硅区域组成。当我们观察这些光伏电池时，由于电池的每个单晶区域的光反射情况略有不同，很容易识别出它们。

11.3.2 多结 （串联）电池可提高效率

通过仔细处理某些类型太阳能电池中的各种合金，我们可以调整带隙以提高电池捕获入射太阳光谱不同部分的能力。这提示了我们可以采取一个聪明的方法来显著提高 PV 效率，即通过制造多个 p-n 结，将它们一个接一个地重叠，每个结点都经过调整以捕获不同波长的太阳能。这些多结或串联电池非常有前景。

在多结电池中，最上面的连接被设计为具有高带隙，以捕获短波长光子。波长较长的光子不会被吸收，因此会直通至下一级。随后的连接会捕获波长越来越长的光子（图 11.10）。实际上，通过对太阳能电池带隙的无限组合，理论效率可能高达 66％。

11.3.3 薄膜光伏电池

制造 PV 有许多不同的技术，表征这些技术的一种方法是通过电池的厚度进行评价。相

对而言，晶体硅电池往往非常厚，大约为 $150 \sim 250\mu m$，比人的头发还厚。当今，大多数商用 PV 都是这些厚的晶体硅电池。制造 PV 的另一种技术是基于半导体材料的薄膜，其中薄膜意味着厚度大约为 $1 \sim 10\mu m$。薄膜电池所需的半导体材料少得多，并且更易于制造，因此它们具有光明的前景，最终可能比晶体硅更便宜。

截至 2016 年，关于薄膜电池及其最大实验室效率研究的例子包括铜-铟-硒（CIS，19.7%）、碲化镉（CdTe，18.3%）和铜-铟-镓-硒（CIGS，20.4%）。许多薄膜技术的 n 层由与 p 层不同的材料制成，因此被称为异质结单元（与硅同质结单元相反）。例如，CIGS 电池可能具有由硫化镉和硫化锌制成的 n 层与由铜-铟-镓-二硒化物 $Cu(In,Ga)Se_2$ 构成的 p 层。

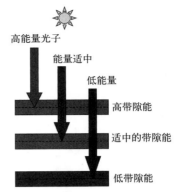

图 11.10　串联电池的概念。高能量的光子（短波长）在上面的连接处被捕获。波长较长的光子可能在随后的连接处被捕获

晶体硅（c-Si）模块的主要薄膜竞争基于 CdTe 技术。最好的 c-Si 模块在 2016 年的效率为 21%，而 CdTe 模块的效率接近 17%。但是，CdTe 效率的某些缺点已被两种技术的温度特性差异所抵消。所有光伏组件在较高温度下提供的功率均较小，但温度对 CdTe 的影响不如 c-Si 明显。

11.4　从单元到模块再到阵列最终到系统

由于单个太阳能电池仅能产生约 0.5 V 的电压，因此很少有使用单个电池的应用。取而代之的是，光伏应用的基本构件是一个模块，它由一系列预先连接的单元组成，所有单元都封装在坚固的、对气候适应性强的包装中。多个模块可以依次串联在一起以增大电压，而并联则可以增大电流。回想一下，功率是电压和电流的乘积。图 11.11 说明了从单元到模块再到阵列的概念。

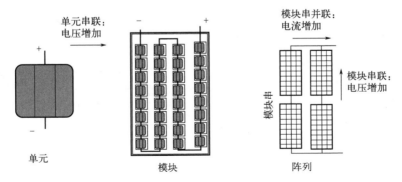

图 11.11　从单元到模块再到阵列

11.4.1　光伏模块的电气特性

光伏组件在出厂时已在标准测试条件（STC）下进行了评估，这些条件假定太阳辐照度为 $1kW/m^2$，组件温度为 25℃。图 11.12 显示了电流-电压曲线的示例，该曲线标识了某些

关键模块参数，包括：①I_{SC} 即短路电流；②V_{OC} 即开路电流；③I_R 即最大功率点的额定电流；④V_R 即最大功率点的额定电压；⑤P_R 即最大功率点的额定功率。

所有这些电气特性，都在光伏组件的规格表中提供，是工程师设计光伏系统所需的关键因素。

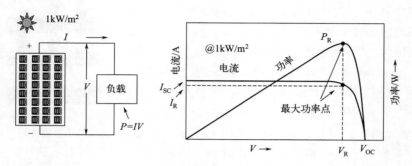

图 11.12　光伏模块的电气特性

11.4.2　住宅和商业建筑的基本系统概念

光伏系统的设计通常包括选择一定数量的模块串联用以提供所需的电压，同时并联一些模块用以提供足够的电流，以此来提供所需的功率（电压×电流＝功率）。

正如图 11.12 中的 I-V 曲线所示，模块在产生最大功率时存在一个最大功率点（MPP），这就需要一些特殊的电路，称为最大功率点跟踪器（MPPT）。顾名思义，MPPT 不断地调整系统，以帮助其保持在功率曲线的顶端。此外，由于光伏电池产生直流电压电流，而客户需要交流电，所以另一个关键的系统组件是将直流转换为交流的换流器。MPPT 和换流器的结合是通常所说的系统平衡的一部分，有其自身的巨大成本。

图 11.13 显示了在电表用户侧，两种并存且相互竞争的基本系统设计方法。第一种方法是，将并联模块串连接到单个换流器（带有 MPPT）上，该换流器将直流电转换为交流电。产生的交流电通过断路器发送到建筑物的常规服务面板。该面板接收来自太阳能系统的电力和来自电网的电力，并将其分配到建筑物内的各个电路。

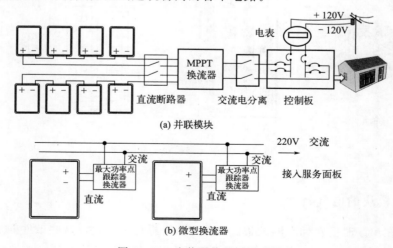

图 11.13　光伏系统的不同选择

第二种方法是，每个模块都配有自己的微型换流器，该微型换流器分别跟踪该模块的最大功率点，并将直流电转换为 240V 交流电，然后将其发送到建筑物的服务面板。支持这种方法的人指出，效果不佳的单个模块（例如可能被阴影遮盖）不会影响整个模块串的性能。实际上，因为我们可以轻易地监视各个模块，所以可以识别出故障模块并进行处理（例如修剪树叶）。最后，如果需要的话（例如，由新的电动汽车引起的额外负载），可以轻松地通过增加模块来扩展该系统。另一方面，传统并联电池方法的倡导者指出，换流器有时是光伏系统中的薄弱环节，处理一个位于服务面板旁边的故障换流器要比处理屋顶上几十个单独的换流器容易得多。

11.4.3　建筑储能简介

近期电池成本的大幅下降已经开始为其在住宅和商业建筑储能领域发挥重要作用提供机会。它们不再只是停电时的应急电源，它们的真正价值将是减少或消除对电网电源的依赖，并在这样做的同时节省资金。使用电池的经济优势可能包括：

① 能源套利：在市电价格较低的非高峰时段为电池充电，并在需求高峰时段将电池放电，以在费率较高时帮助满足建筑物负荷。

② 最大限度地利用光伏系统自耗：光伏发电不再在白天向电网出售多余的电力然后在晚上再次购回，取而代之的是在白天为电池充电，从而避免了净计量的复杂性和不确定性。

③ 降低需求费用：通过将多个建筑物的电能集中存储，可以大大减少商业建筑物的需求费用。

图 11.14 展示了一种带有备用电池的并网系统版本。请注意，双重功能换流器提供了与电网的常规接口，但是当电网关闭且太阳能不足时，电池还可以为选定的电路（如冰箱、计算机和互联网）提供备用电源。

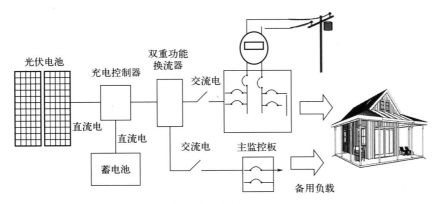

图 11.14　带有电池储能的并网光伏系统

11.5　太阳能性能评估

正如已经指出的那样，光伏组件在标准测试条件（STC）下测定，这些条件包括太阳辐照度为 $1kW/m^2$（称为"1-sun"，1 个标准太阳光照强度）、电池温度为 25℃ 和空气质量比为 1.5（AM1.5）。在这些实验室条件下，模块的输出功率通常称为标准状态功率（watts STC）或简称为峰值功率，单位为 W_p。当模块用于民用规模的项目时，阵列输出功率通常是根据直流功率来确定的（假设是 STC），以便与传统发电厂产生的标准交流功率区分开来。

11.5.1 一种简单的峰值功率计算方法

在现场，模块受各种条件的影响，其输出与制造商指定的 STC 额定功率有很大差异。辐照度并不总是 1-sun，模块电池会变脏，并且电池温度通常比周围的空气高 20～40℃。解决所有这些复杂问题的一种简单方法是引入降额系数（derate factor），以帮助将 STC 额定功率转换为在实际条件下提供的预期交流功率：

$$P_{AC}(kW) = P_{DC,STC}(kW) \times 降额系数 \tag{11.3}$$

降额系数取决于各种潜在的系统损耗（例如，接线损耗、直流-交流换流器效率等），电池模块间差异以及特定位置的温度影响。除非外面很冷，或者天气不是很晴朗，否则电池通常会比其额定温度 25℃ 高得多，如解决方案 11.1 所示，这会大大降低其性能。在美国，对整体降额系数的合理估算范围是从炎热地区（例如亚利桑那州菲尼克斯市）的约 0.73 到温和气候地区（例如旧金山）的约 0.80。

解决方案 11.1

较高的环境温度降低了光伏模块的功率

电池模块规格表指示 STC 下的正常工作电池温度（NOCT），以及环境温度对输出功率影响的温度系数。式（11.4）解释了如何在实际条件下估算电池温度：

$$T_{电池} = T_{环境} + \left(\frac{NOCT - 20}{0.8}\right)s \tag{11.4}$$

式中　　s —— 辐照度，kW/m^2；

NOCT —— 正常工作电池温度，℃。

让我们来比较一下温度系数为 $-0.38\%/℃$ 的硅模块和系数为 $-0.25\%/℃$ 的 CdTe 模块的温度退化情况。假设两者都是 200W 的模块，NOCT 均为 45℃，并且都在 30℃ 的高温天气下运行，全太阳辐照度为 $1.0kW/m^2$。

对于这两种技术，电池温度都是

$$T_{电池} = 30 + \left(\frac{45 - 20}{0.8}\right) \times 1.0 = 61.25℃$$

最大功率点时，硅模块的输出功率为：

$$P_{max}(Si) = 200[1 - 0.0038 \times (61.25 - 25)] = 172.5W$$

CdTe 模块的输出功率为：

$$P_{max}(CdTe) = 200[1 - 0.0025 \times (61.25 - 25)] = 181.9W$$

在这种情况下，温度对硅模块输出功率的影响约为 14%，而薄膜 CdTe 模块的性能损失（仅）约为 9%。

在估算了光伏系统的总降额系数之后，需要估算出场地的年日照量。太阳辐照度通常以 $kW \cdot h/(m^2 \cdot d)$ 为单位来表示。美国可再生能源实验室（National Renewable Energy Laboratory) 粗略估算了全美各州朝南的斜 45°的太阳能收集器的日均太阳辐照度。结果显示，美国东北、西北地区的日均太阳辐照度相对较低，约为 $4 \sim 5 \mathrm{kW} \cdot \mathrm{h}/(\mathrm{m}^2 \cdot \mathrm{d})$，西南部日均太阳辐照度较高，可达到 $6 \sim 7 \mathrm{kW} \cdot \mathrm{h}/(\mathrm{m}^2 \cdot \mathrm{d})$，其他大部地区的日均太阳辐照度普遍在 $5 \sim 6 \mathrm{kW} \cdot \mathrm{h}/(\mathrm{m}^2 \cdot \mathrm{d})$。因为"1-sun"的辐照度被定义为 $1 \mathrm{kW}/\mathrm{m}^2$，可以认为这些单位的辐照度在数值上等同于"1-sun 的小时数"。因此，如果知道一个电池阵列在 1-sun 日照下提供的交流功率（P_{ac}），可以简单地将额定功率乘以峰值日照小时数，以及一个估计的降额系数，就可以得到输出的功率（$\mathrm{kW} \cdot \mathrm{h}$）。式（11.5）和图 11.15 说明了这种方法。

$$\mathrm{kW} \cdot \mathrm{h}/\mathrm{a} = P_{\mathrm{DC,STC}}(\mathrm{kW}) \times 降额系数 \times \left(\frac{\mathrm{h}}{\mathrm{d}}\right) \times 365 \mathrm{d}/\mathrm{a} \tag{11.5}$$

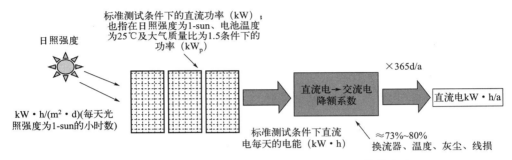

图 11.15　一种估算每年传输的电能（$\mathrm{kW} \cdot \mathrm{h}$）的简单方法

11.5.2　光伏瓦（PVWatts）

上述降额因子法充其量只是对性能的初步估计，它可能会对某些复杂性提供一些见解。幸运的是，强大的在线模拟程序包使这项工作变得非常简单。例如，桑迪亚国家实验室（Sandia National Laboratory）创建了一个性能评估模型，称为 Solar Advisor 模型（SAM），它是现在常用的在线 PV 性能计算器——光伏瓦（PVWatts）的基础。PVWatts 可以在国家可再生能源实验室网站上找到，在前面的图 7.31 和解决方案 7.9 中简要介绍过。

PVWatts 允许用户输入其模块的额定功率、电池技术、方向和地理位置的数据。位置信息使模拟器可以按小时获取典型的气象年（TMY）辐照度和温度数据，从而消除与前面讨论的简单降额系数相关的所有猜测。输出数据包括每月和每年的太阳辐射［$\mathrm{kW} \cdot \mathrm{h}/(\mathrm{m}^2 \cdot \mathrm{d})$］和输送的能量（$\mathrm{kW} \cdot \mathrm{h}$）。一个简单的经济工具也可以帮助用户估算与该系统相关的年度成本节省情况。

PVWatts 的多次运行使得我们可以很容易地在诸如收集器倾斜角度和给定位置的方向等因素之间进行权衡。例如，图 11.16 给出了美国几个城市每千瓦额定光伏发电功率的年发电量（$\mathrm{kW} \cdot \mathrm{h}$）估计值。该图还显示了对其中一个位置（加利福尼亚州的帕洛阿尔托）的收集器朝向影响的分析，这表明当收集器没有按照理想的情况朝向南方时，损失是非常小的。这些引入了一个在特定地区计算太阳能规模的简单规则。例如，在帕洛阿尔托附近，对于安装在屋顶上的具有各种倾斜角度和朝向的典型系统，用户可以期望每千瓦额定系统功率输出 1500 $\mathrm{kW} \cdot \mathrm{h}/\mathrm{a}$ 的电能。事实上，因为面向西南的收集器的输出功率仅略有下降，因此设计系统以强调午后的发电量可以成为利用分时费率结构的一种不错的经济策略。

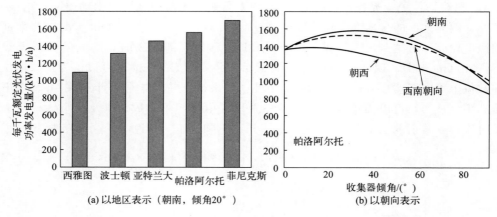

图 11.16 收集器位置、倾角和朝向对年输送能源的影响

11.5.3 污垢、阴影和老化的影响

到目前为止，我们进行的简单性能评估忽略了一些关键因素，这些因素可能会对 PV 系统提供的实际功率和能量产生重大影响。各种涵盖不同光伏技术的长期研究表明，我们可以合理预期每年减少约 0.5% 的能源输送量。但是，这些损失并不包括电池模块本身故障以外的因素，诸如尘土和阴影等，而这些因素受系统安装者和用户的控制。图 11.17 显示了对斯坦福大学校园内近乎水平放置的光伏阵列进行清洗实验的结果。在 2008 年长时间无雨后，该阵列在中午仅产生约 12kW 的功率。清洗后，峰值输出功率增加了近 50%。

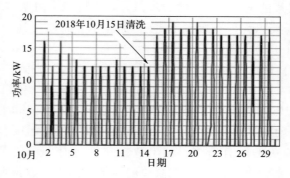

图 11.17 光伏阵列清洗实验。在没有洗涤或降雨的夏季之后，通过认真的清洗，该阵列的输出功率增加了近 50%

与由障碍物将阴影投射到收集器表面产生的影响相比，光伏系统对逐渐积聚在前表面的灰尘的反应是不同的。收集器会随着时间的流逝而变脏，其输出功率会随着照射到整个表面的阳光减少而成正比地降低。如果灰尘将辐照度降低了 10%，则模块输出功率将降低相同的比例。如图 11.18 所示，收集器 I-V 曲线仅向下移动。另一方面，完全遮挡很小一部分电池模块的阳光也会产生令人惊讶的严重影响。例如，完全遮盖单个单元可以使模块输出功率的减少多达三分之一，如图 11.18 所示。即使在整个模块中仅有很小一部分阴影，也几乎可以完全消除其供电能力，这使得适当分隔收集器以避免阴影遮挡非常重要。为此所需的计算已在第 7 章解决方案 7.2 中进行了阐述和解释。

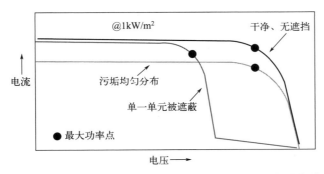

图 11.18　污物和阴影对 $I\text{-}V$ 曲线和最大功率点的影响。对于污垢均匀分布的收集器，
$I\text{-}V$ 曲线下降的方式与太阳强度稍微下降时的曲线下降方式大致相同。
哪怕只有一个电池模块被遮蔽，收集器的输出功率也会下降三分之一

11.6　光伏系统的经济性

可再生能源系统的经济性在很大程度上取决于发电装置位于电表的哪一侧（图 11.19）。在电表的使用侧，大型系统与常规发电的批发价格相竞争，传统发电的批发价格通常在 2～12 美分/（kW·h）的范围内。对于此类电厂，最合适的通常是平准化能源成本（LCOE）分析。如第 10 章所述，还有其他批发市场，其中包括峰值电厂、频率调节以及其他辅助服务，它们为分布式能源（DERs）提供了特殊的经济机会。

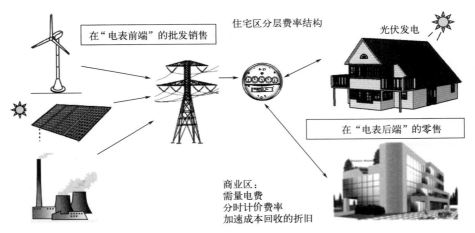

图 11.19　可再生能源的经济效益因位于仪表的哪一侧而异

在电表的零售侧，DERs 的经济论证在很大程度上取决于许多复杂的费率结构，如第 10.3.2 节所述，这些结构在住宅和商业建筑之间有很大的不同。一般来说，这些价格结构往往导致可再生能源在 8～40 美分/（kW·h）的范围内与零售价格竞争。

11.6.1　光伏系统的成本

图 11.20 简要概述了在市场上相对较短的四十年中，光伏组件惊人的成本削减。其中包括所谓的经验曲线（或学习曲线），它是成本和累计模块产量的双对数图。最符合经验曲线

的直线的斜率表明，通常累计产量每增加一倍，组件价格就会下降约 20%。现在，这通常被称为斯旺森定律（Swanson's law），以光伏技术的先驱开发商之一迪克·斯旺森命名。

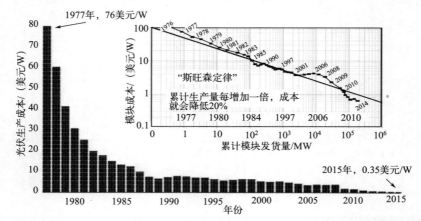

图 11.20 光伏组件成本下降的历史情况。随时间流逝而降低的模块成本及其经验曲线，
这表明累计生产量每增加一倍，成本就会降低 20%（称为斯旺森定律）

由于这些令人印象深刻的光伏价格下降，市场蓬勃发展，以致模块成本本身被其他各种系统平衡成本（BOS）所掩盖。图 11.21 提供了住宅和商业建筑屋顶系统，具有固定方向模块的民用规模系统以及包括追踪太阳光的模块系统的 BOS 成本明细。请注意，住宅系统的安装成本中有多少被描述为"其他所有"，这是在考虑了成本低廉的组件之后剩下的成本。这些软成本中有很多是经营企业的成本，例如客户获取、交易成本、利润率、融资费用和检查费用。

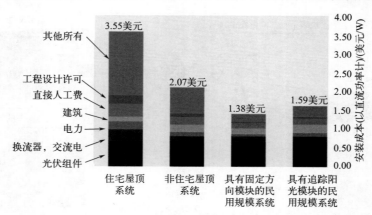

图 11.21 2016 年按行业划分的光伏系统成本（资料来源：绿色科技传媒，基于彭博公司）

11.6.2 评估住宅光伏系统的经济性

住宅光伏系统通常被设计用来提供大部分（如果不是全部的话）年用电量。假设系统在白天提供多余能量使家用电表向后旋转，基本上会以零售价格将电力卖给电力公司（图 11.22）。然后，当太阳下山时，客户再次购买电力。这一概念被称为"净计量"（net meter），它在帮助美国屋顶太阳能发电的大幅增长方面发挥了关键作用。

传统上，无论电表向哪个方向转，电价都是一样的，但有一个条件，那就是到年底记账时，客户不能从销售中获得纯利润。因此，这些为光伏用户提供的利润丰厚的净计量安排在

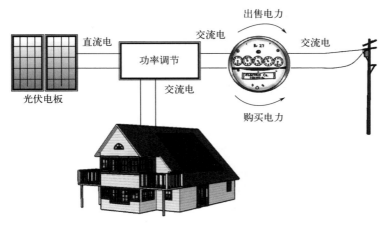

图 11.22 净计量简介。净计量系统允许客户在 PV 产生的电力超过
所需电量时向后旋转电表，实质上是使用电网储能

未来是否适用还不确定。随着争论的继续，当光伏用户从电力公司购买的电力越来越少时，支付固定的资金和维护电网的负担就会越来越多地转移到没有安装太阳能系统的邻居身上。为解决这一问题所提出的方法包括提高电力公司账单的固定费用，或对从电网购买的电力收取零售费率，而对售回电网的电力支付批发费率。这一重要问题在今后如何解决仍有待讨论。随着太阳能的存储成本越来越低，业主们很可能会减少或消除对电能计量的需求，将白天多余的电能储存在电池而不是电网里。

11.6.3 均摊成本

因为光伏系统的资本成本几乎覆盖了未来几十年的电力供应成本，我们需要采取一些方法将这些成本分摊到一些可以与电费账单上的电价［美元/(kW·h)］相比较的东西上。要做到这一点，最方便的方法是假设你借了一笔贷款来购买这个系统，这样每年的贷款支付额就可以用每年的电能（kW·h）均摊。

回想一下在第 5 章中首次介绍的资本回收系数 $CRF(i,n)$。如果我以利率 i 借 P 美元，贷款期限为 n 年，每年的支付额将是

$$A = P \times CRF(i,n) \tag{11.6}$$

式中，CRF 是资本回收系数，由下式决定：

$$CRF(i,n) = \frac{i(1+i)^n}{(1+i)^n - 1} \tag{11.7}$$

表 11.1 列出了一组简短的资本回收系数。这些是常规的年值。

表 11.1 资本回收系数 $CRF(i,n)$

周期/a	利润率/(%/a)					
	3.5%	4.0%	4.5%	5.0%	5.5%	6.0%
15	0.0868	0.0899	0.0931	0.0963	0.0996	0.1030
20	0.0704	0.0736	0.0769	0.0802	0.0837	0.0872
30	0.0544	0.0578	0.0614	0.0651	0.0688	0.0726

使用式（11.6）分摊光伏系统的安装成本，并将其与年生产量的估计值结合起来，迈出了提高这种投资的财务可行性的第一步。解决方案11.2说明了该方法。

解决方案 11.2

初步削减 PV 系统的年化成本

假设您希望进行一些简单的粗略计算，以检查设计一座净零能耗房屋的可行性。负载计算（类似于第7章第7.6节中的计算）表明您将需要大约 $10500kW \cdot h/a$。从 PVWatts 可以看出，基于您所在地区，一个很好的估计是，一个光伏阵列每千瓦额定光伏功率将提供大约 $1500kW \cdot h/a$ 的电能（例如，图11.16）。

a. 计算光伏系统的额定功率和集热器面积（假设模块效率为17%）。

b. 假设系统成本为 3.55 美元/W（图11.21），以利率为 4.2% 的20年贷款估计平均电费。

解决方法：

a. 使用此位置的 $1500kW \cdot h/kW$ 估算，光伏阵列的额定功率为

$$P_R = \frac{10500kW \cdot h/a}{1500kW \cdot h/kW_p} = 7.0kW$$

将效率为17%的模块暴露于辐照度为 $1kW/m^2$ 的阳光（标准测试条件）下可提供 7kW 的功率，我们可以按以下方式估算其面积：

$$P_R(kW) = 1kW/m^2 \times A(m^2) \times \eta$$

因此

$$A = \frac{7.0kW}{1kW/m^2 \times 0.17} = 41.2m^2 = 443ft^2$$

b. 按 3.55 美元/W 计算，该系统的费用为

$$费用 = 7000W \times 3.55 \text{美元}/W = 24850 \text{美元}$$

利率为4.2%，在20年里摊销意味着 CRF 为

$$CRF(i,n) = \frac{i(1+i)^n}{(1+i)^n - 1} = \frac{0.042 \times 1.042^{20}}{1.042^{20} - 1} = 0.0749a^{-1}$$

所以系统的年费用为：

$$A = P \times CRF(4.2\%, 20a) = 24850 \text{美元} \times 0.0749a^{-1} = 1861 \text{美元}/a$$

以单位电能计算：

$$年费用 = \frac{1861 \text{美元}/a}{10500kW \cdot h/a} = \frac{0.177 \text{美元}}{kW \cdot h} = 17.7 \text{美分}/(kW \cdot h)$$

11.6.4　税收抵免和可抵税利息

解决方案11.2中 17.7 美分$/(kW \cdot h)$ 的太阳能电力成本高于从当地电力公司购买的电力的典型价格。然而，与拥有自己的电力系统相关的另外两个财务影响可以使财务理由更有说服力。首先是对2019年底之前投入使用的系统提供30%的联邦住宅可再生能源税收减免（Residential Renewable Energy Tax Credit）。根据截至2016年的政策，到2020年这一比例将降至26%，然后到2021年降至22%，之后计划取消这一抵免。

解决方案11.2成本计算中被忽略的第二个因素是，如果资金是从常规房屋贷款中提取

的，由所有者资助的系统所带来的所得税收益的影响。此类贷款的利息可抵税，这意味着一个人的应纳税总收入会因贷款利息而减少，只有所得的净收入才需要缴纳所得税。产生的税收优惠取决于房主的边际税率（MTB），表 11.2 定义了 2016 年的联邦所得税。请注意，税收抵免与税收减免之间存在显著差异。税收抵免更有价值，因为它通过全额抵免减少了买方的税收负担，而税收减免通过减免乘以边际税率等级所得的乘积来减少税收负担。

表 11.2 2016 年联邦所得税等级

边际税级（MTB）	夫妻合并申报/美元	单身/美元
10％范围	0～18550	0～9275
15％范围	18551～75300	9276～37650
25％范围	75301～151900	37651～91150
28％范围	151901～231450	91151～190150
33％范围	231451～431350	190151～413350
35％范围	431351～466950	413351～415050
39.6％范围	＞466951	＞415051

例如，一对年收入为 140000 美元的已婚夫妇的 MTB 为 25％，这意味着扣除 1 美元的减免税款后，其所得税将减少 25 美分。当减免房主的州所得税时，减税的价值将更大。例如，当同时考虑州和联邦税时，加利福尼亚州同一纳税人的 MTB 将为 32％。

在长期贷款的头几年里，几乎所有的年度付款都是利息，几乎没有剩余来归还本金，相反的情况发生在贷款快结束时。这意味着利息支付的税收利益每年都不同。就我们的目的而言，我们将假设贷款付款集中在年底进行一次。例如，在第一年，所有借款都要偿还利息，而税收优惠是：

$$\text{第一年的税收利益} = i \times P \times \text{MTB} \qquad (11.8)$$

式中 P——贷款的本金。

除了可扣除利息的税收利益外，可能还有其他地方、州和联邦的激励措施以及电力公司提供的退税。因为这些都是可变的，并且是根据具体地点而定的，所以这里只讨论联邦税收抵免和贷款的免税利息。解决方案 11.3 说明了这两种激励措施对第一年 PV 所有权的影响。试算表便于随后几年进行类似的分析，在此期间，可抵扣税款利息的优势缓慢下降，而电力公司电力的年度价格可能会上升。在某种程度上，两者相互抵消。

解决方案 11.3

包括税收抵免和可抵税贷款利息的影响

让我们回到解决方案 11.2 中的 7kW 光伏系统，它的成本为 24850 美元，贷款期限为 20 年，年付款额为 1861 美元/a。这一次我们将为业主提供 30％的投资税收抵免和免税利息，业主目前每年应纳税收入为 14 万美元。我们将得出另一个新的第一年的太阳能电力成本。

解决方法：

现在该系统的税后成本为：

$$\text{系统成本} = 24850 \text{ 美元} \times (1 - 0.30) = 17395 \text{ 美元}$$

他们现在每年还贷款

$$A = P \times \text{CRF}(4.2\%, 20a) = 17395 \text{ 美元} \times 0.0749 a^{-1} = 1302.88 \text{ 美元/a}$$

贷款第一年可扣除的利息是

$$贷款第一年利息＝4.2\%\times17395\ 美元＝730.60\ 美元$$

如果年收入为 14 万美元，根据表 11.2 查得边际税率为 25%，因此他们在所得税上的节省将是

$$税收节约＝MTB\times利息＝0.25\times730.60\ 美元＝182.65\ 美元$$

该系统第一年的净成本为

$$净成本＝1302.88－182.65＝1120.23\ 美元$$

该系统每年发电 10500kW·h 时，第一年的太阳能成本将为

$$第一年成本＝\frac{1120.23\ 美元}{10500kW\cdot h}＝\frac{0.107\ 美元}{kW\cdot h}＝10.7\ 美分/(kW\cdot h)$$

这与住宅公用事业电费 [12 美分/(kW·h)] 相比非常有竞争力。

11.6.5　非住宅光伏系统的经济性

对于大客户来说，安装在仪表后面的光伏系统的经济效益与住宅系统有很大的不同。首先，规模经济使安装成本低得多。如图 11.21 所示，2016 年，住宅光伏系统成本为 3.55 美元/W，比非住宅屋顶系统 2.07 美元/W 高出 50% 以上。此外，如第 10.4.2 节所述，非住宅需求费用通常占每月账单的很大一部分，这使分析变得复杂。最后，还有一些适用于非住宅建筑的不同且显著的税收优势。

企业可以通过冲销支出来折旧资本投资，这意味着他们可以在缴纳公司税之前从利润中扣除这些成本。可再生能源系统可以使用一种叫作改进的加速成本回收系统（MACRS）的折旧计划来折旧。应用 MACRS 时，PV 系统符合如表 11.3 所示的折旧时间表。如果采取

表 11.3　改进的加速成本回收系统（MACRS）

投资/美元	100000	
30% 的投资税收抵免（ITC）/美元	30000	
折旧基础/美元	85000	投资－50%×ITC
企业所得税税率/%	35[①]	
企业折现率/%	6	

年份	MACRS/%	折旧/美元	税金节约额/美元	现值/美元
0	20.00	17000	5950	5950
1	32.00	27200	9520	8981
2	19.20	16320	5712	5084
3	11.52	9792	3427	2878
4	11.52	9792	3427	2715
5	5.76	4896	1714	1281
总计	100	85000	29750	26889
系统净有效成本（投资－ITC－MACRS）/美元				43113

① 联邦公司税率于 2018 年下降至 18%。

30％的税收抵免，可以折旧的金额将减少 30％的一半。该表计算出一个价值 10 万美元的 PV 系统的 MACRS 财务收益。在 30％的税收抵免和加速折旧之间，系统净有效成本降低到约 43113 美元，降幅接近 57％。

尽管 MACRS 提供了主要的成本优势，大多数商业建筑物的业主还是偏爱第三方融资，在这种融资中，外部实体与客户签订合同来为客户的房屋融资，安装和维护系统。作为交换，客户签署还款协议，该协议指定了系统在合同期内的发电价格。从客户的角度来看，这些协议为未来不确定的电力价格上涨提供了对冲，当然，它们有助于树立客户的绿色品牌。它们不需要资本支出，并且由于客户仅需为实际产生的电能消耗支付费用，只有供应商才有动机来正确操作和维护系统。从供应商的角度来看，他们可以获得税收抵免、折旧津贴、电力公司回扣和稳定的收入流，并且还可以出售可再生能源信用额（RECs）和潜在的未来的碳信用额。

11.7　离网光伏系统

我们这些连接到电网的人有时会忘记，让可靠、安全、廉价的电力直接进入我们的家庭和办公室是多么了不起的福利。我们大多数人从未真正体验过没有它的生活。与此同时，地球上近 13 亿人没有电网，他们使用的大部分电力（如果有的话）都是由"肮脏"、昂贵的柴油发电机发出的，最多只能与附近的一些负载相连。

11.7.1　使用移动货币支付的小系统

与没有电相比，即使是少量的电，也许只够点亮几盏灯几个小时，也能极大地改变人们的生活。提供这类服务的技术可以很简单，就是一个带有几块光伏电池、一块电池和一个 LED 灯泡的便携式太阳能灯。除此之外，将一个光伏模块连接到一个带有多个连接端口的小电池上，就可以为几个高效的 LED 灯和小型 USB 供电的电子设备（如手机）供电。

大多数农村未并网地区的家庭在晚上使用煤油灯照亮他们的家，煤油灯通常是自制的，如图 11.23 所示。这些灯不仅会造成火灾危险，还会释放有害的颗粒物，影响眼睛和呼吸系统。简单的太阳能照明系统可以提供无辐射照明，使学生在晚上有更多的学习时间，并使商店延长营业时间。

图 11.23　太阳能照明取代煤油灯。图中为一个简单的便携式太阳能照明系统，包括一个小型光伏模块、一块电池和一对带有独立开关的 LED 灯（来源：由 D.light 提供）

这些小系统另一个令人惊讶的应用是其能为手机充电的潜力。发展中国家手机数量的增长令人震惊，一些人断言，全球使用手机的人数比使用厕所的人数还要多。移动电话需要充电，在许多未并网的农村地区，这种需求为小型太阳能系统和一种新的金融交易方式开辟了新的机会。

对于无法进行安全金融交易的约 20 亿人来说，使用手机进行银行服务的潜力是巨大的。如果太阳能系统采用现收现付的技术，用户只需付很少的首付款，就可以带着一个系统回家，然后定期支付可承受的、灵活的电费，以保证系统的正常运行。让客户将现金转换成移动货币，不仅能让他们及时付款，还能帮助他们建立信用评级，从而为未来的升级（如更大的太阳能系统）创造条件。

11.7.2 太阳能家庭系统

太阳能家庭系统比那些只提供照明和手机充电的系统向前迈进了一步。随着其他小电器数量的增加，如风扇、收音机、低功率电视和其他电子设备，离网太阳能系统不仅变得更大、更昂贵，而且还需要增加复杂性，以确保适当长的寿命，以证明增加的资本成本是合理的。

图 11.24 显示了一个经过深思熟虑的即插即用系统的示例，其中所有关键组件都装在预接线的控制单元中。只需插入 PV 和电池，即可为交流和直流负载供电。它具有计量功能，可提供有关电池电压和充电状态以及流入和流出电池的电流的实时信息。系统断开连接可确保安全操作和维护。保险丝、断路器、电缆、电线和电线接头、安装硬件、电池盒以及接地和防雷系统等许多次要但很重要的组件对于长期性能至关重要。由于缺乏对这些细节的关注，欠发达国家安装的家庭系统过早失效。有关设计和安装实际系统的经验总结请参阅 Youngren（2011）的文献。

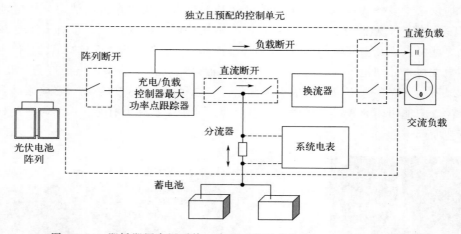

图 11.24 即插即用离网系统（来源：基于 SolarNexus International）

没有电网提供能量存储功能，较大的独立系统将更多地依赖于每月仔细完成的建筑负荷和太阳辐照度估算，并且它们可能包括备用发电机，这意味着它们的成本更高，需要更多维护，同时可靠性要差得多。另一方面，独立系统不必在经济上与廉价的电力公司竞争。如果您的地点距离最近的电源线数英里，那么为您所在位置供电比购买光伏系统要花费更多。那些使用这些系统的人在操作和维护方面都有切身利益，并很可能会珍视所产生的电力。

在农村地区，一个重要决定是是否配备一台备用发电机。大多数小型太阳能家庭系统，特别是在发展中国家，没有备用发电机也可以使用。图 11.25 中的简化系统图显示了如何配置带有备用发电机的集成离网系统。组件包括防止电池过度充电的充电控制器，将交流电转换成直流电以使发电机在必要时为电池充电的充电器，以及将直流电转换成交流电以供应交流负载的换流器。根据不同的设计，有些负载可以直接从电池中获得直流电源，从而消除换流器的损耗，而有些负载则可以由电池/换流器或直接从交流发电机获得电流。从成本上讲，一台高效的家用 5kW 发电机可能要花费 4000 美元左右，并且在半负荷时每小时燃烧大约四分之一加仑柴油。每加仑 4 美元的柴油价格意味着燃料成本大约为 40 美分/(kW·h)。这并不便宜，而且你还要忍受噪声、臭味和燃烧化石燃料带来的不好的感受。

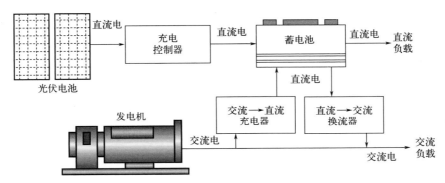

图 11.25　能够提供直流和交流电源的多功能独立光伏系统

11.8　本章总结

本章介绍了相当多的光伏课题，涉及的内容从描述它们如何工作的基本物理学，到极板方向的影响，再到阵列大小和系统经济学的评估。例如，我们看到积累的污垢是如何以与模块阴影非常不同的方式影响系统性能的：污垢只是以一种比例的方式降低了输出，但是遮阴，即使只遮蔽了模块中的一个电池，也能显著地降低输出功率。

在财务方面，我们看到了总产量每增加一倍，模块价格就降低 20% 左右，模块价格下降使系统（特别是大型系统）成本大幅降低。对于小型住宅系统，模块成本已经下降到只占整个系统安装成本的一小部分。现在经营太阳能零售业务所需的其他"软成本"，如客户获取、劳动力和许可，使价格居高不下。更为复杂的住宅系统经济性分析假设净计量将继续允许客户以零售价格将电力出售给电网。如果这种好处消失了，电池储能系统可能成为住宅光伏系统非常有吸引力的补充。商业建筑屋顶系统每千瓦的成本很低，而将在下一章中探讨的大型民用规模系统甚至更便宜，但其必须与更便宜的批发电力价格竞争。

本章介绍了一种较老的系统分级方法，该方法涉及基于长期平均辐照度的降额系数。然而，现在很容易利用互联网按小时进行分析，因此提供了更多见解的旧方法几乎已被取代。在阳光充足的地区，利用现有的税收抵免和可抵税的贷款利息，现在住宅光伏系统显然具有成本效益，特别是对于那些使用大量电能的客户和公用事业电费边际成本较高的客户。

最后简要介绍了离网光伏系统，特别是考虑到 13 亿人无法使用电网电力的事实。在发展中国家，即使是非常小的、简单的系统，可能只在晚上提供一点照明，或者给手机充电，都有可能产生巨大的影响。

下一章将研究位于仪表输入端的较大的可再生能源系统，包括分布式太阳能、大型 PV 系统、集中式太阳能热力系统和风力涡轮机。

第 12 章
大规模可再生能源

在上一章中，我们了解了在电表的用户侧定位发电所具有的明显的经济优势，因为它使光伏发电（PVs）和其他独立发电系统能够与电力零售价竞争。尽管公用事业规模系统在批发市场上竞争，而批发市场上的电价通常约为零售价格的三分之一，但与更大系统相关的规模经济已经超出了公平经济竞争的范畴。在本章中，我们将讨论许多电表公用端的大型技术，其中包括光伏系统、风力涡轮机和聚焦式太阳能发电系统。

考虑到技术和经济进步的速度之快，对一种方法与另一种方法进行比较是很有挑战性的。如图 12.1 所示，从 2008 年（即本书英文版第一版出版的那一年）开始的短短 7 年间，分布式和公用事业规模的光伏发电成本下降了一半以上。在同一时期，陆上风力发电系统的成本下降了 41%，而在此期间，我们在前几章中介绍的其他互补技术（电池和 LED）的成本下降幅度更大。我们确实生活在一个令人激动的时代。

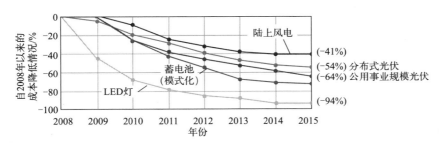

图 12.1　若干技术自 2008 年以来的成本削减（来源：GreenTechMedia，2016）

12.1　分布式太阳能

公用事业规模的太阳能系统通常被定义为装机容量在 1MW 以上的系统。无论在电表后端还是在电表前端的较小系统，通常都被归类为分布式能源系统，其中大部分如同第 11 章所述的屋顶系统。我们关注的重点将是比屋顶系统更大，但比公用事业规模要小的系统。

12.1.1　社区太阳能

与个人所有或电表后端租赁系统不同，即使社区成员不能安装或选择不安装太阳能系统，另一种为他们提供共享太阳能机会的方式已经出现。这个想法是为了扩大租房者的选择范围，比如那些有阴影遮蔽屋顶的租客，那些住在多户住宅里的租客，以及那些无法负担屋顶太阳能发电系统的租客。如国家可再生能源实验室（NREL）的 SunShot 计划研究表明的那样，这些共享太阳能项目的特征包括：

① 改善规模经济：最小化软成本（例如客户获取、系统设计、许可、人工费用）。

② 最佳的项目选址：消除阴影问题，更易于维护，定期清洗，更易于安装（无梯子），甚至更适合的美学观感。

③ 社区建设：以最大限度地减少屋顶安全问题为目的，通过小组参与规划、决策甚至安装来提高公众对太阳能的了解水平，同时帮助培养社区精神。

社区太阳能项目可以由社区所有，也可以由第三方所有。当项目为社区所有时，参与者购买一定数量的系统模块或太阳能电厂总容量中的一定功率（例如 5kW）。在用户购买的电力不得超过其年用电量的限制条件下，将他们的等效电力输出计入自己的电费账单。其中一个潜在的障碍是，参与者需要支付该系统前期费用的一部分，这意味着他们必须有足够的资金来这样做。另一个潜在的障碍是利用像投资税收抵免（ITC）这样的激励机制。

在基于认购方式的社区太阳能项目中，第三方或电力公司将开发并拥有该项目。参与者必须居住在电力公司的电网区域内，并且他们可以购买的电量可能被限制在与其家庭正常用电量的一个适中的比例（例如 20%）。因为无须预付费用，该方式可以使用户快速了解到太阳能成本较低的好处。侧栏 12.1 给出了这种项目的示例。

许多州通过引入自己的虚拟净计量结算（VNM）政策来支持发展社区太阳能。例如，加利福尼亚州的 VNM 始于一项计划，该计划旨在为经济适用房的低收入租户提供平等和直接的社区太阳能系统福利。基于这一成功案例，该项目已将 VNM 收费政策扩展提供给了更多普通参与者。

侧栏 12.1

巴克莱银行（BARC）电力公司
弗吉尼亚州，罗克布里奇县社区太阳能项目

2016 年，弗吉尼亚州的巴克莱银行电力公司启动了一个社区太阳能项目，该项目非常受欢迎，在耗资 120 万美元、功率为 550kW、占地 2.5 英亩的安装项目完成之前第一期就售罄了。参与者以 4.95 美元/块的价格购买 50kW·h 的日度电能"块"。如果他们连续认购，则 20 年内费率是固定的，以对冲未来可能出现的电费上涨。参与者最高可以认购年平均用电量的 25%，这样每个人都有机会参与，而且没有任何一个客户可以独享这些好处。

BARC 首席执行官 Michael Keyser 解释说，BARC 首次安装所获得的利润将作为周转基金的一部分，用于扩大今后的经济规模，直到所有客户的需求得到满足。参见本章小结中的图 12.23。

12.1.2   社区供电集成选择商

向更大范围的受众提供各种形式的可再生电力的另一种方法被称为社区供电集成选择商（CCAs）。作为当地的非营利性公共机构，CCAs 聚集了指定辖区内单个客户的购买力。这

些机构确保为电力公司客户提供比本地电力公司更环保的电力组合。现存的电力公司将继续持有并维护输配电系统，同时进行计量和计费。CCAs 在提供更高比例的可再生能源，同时保持价格竞争力方面取得了巨大成功。加利福尼亚州不仅允许使用 CCAs，而且在当地提供 CCAs 时，甚至强制要求客户在持有退出选择权的情况下进行"自动注册"。

12.1.3　微电网

　　微电网本质上是一种在传统电网中嵌入一个确定电边界且能够独立运行的电网。它们既包括传统的化石燃料发电机和可再生能源以及分布式能源（DERs），同时还包括其储能设施（如第 10 章所介绍的内容）。微电网的重要特点是它可以在连接传统电网或作为一个电气岛的情况下工作。微电网能够从传统电网中断开并独立运行，这意味着它们常常被用于确保军事基地、医院和数据中心等关键设施持续工作的应急电源。微电网在电网中断时提供电力的能力甚至可以延伸回到电网，以帮助保持电网中更大的关键电路的运转。

　　由于微电网需要能够独立于电网运行，所以它们必须处理所有的电网稳定问题，而这些问题通常是由区域独立系统运营商（ISO）或区域输电组织（RTO）处理的。供应量必须时刻与需求量相等，从而增加了控制和需求响应负载的重要性。微电网还必须能够应对天气条件以及与连接到电网相关的经济效益或发电成本。例如，在电网高价供电期间，微电网应该具有降低其电力负荷或完全切断自身供电的潜力，这不仅有利于微电网的客户，还有助于削减电力公司在电力需求高峰期的高发电成本。图 12.2 给出的概况表明了与管理微电网有关的复杂性。

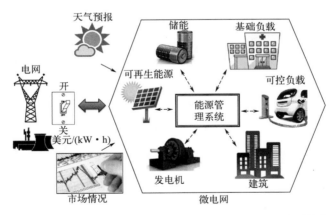

图 12.2　微电网概况。微电网是本地控制的系统，可以连接到传统电网，
也可以断开连接以用作电气岛

12.1.4　在世界偏远地区的小型电网

　　在全球范围内，无数个没有被传统电网所覆盖的小镇和村庄都依赖于当地发电，而这些电力往往是由效率低下、管理不善的柴油发电机所提供的。因为没有能量储存设施，柴油机发电厂会根据不规则的负荷变化不断地提高或降低发电量，从而导致整体效率低下，并且需要持续的维护。此外，考虑到最坏的情况，这些发电机的体积往往过大，因此即使以稳定的速度运行，它们的效率也可能很低。

简要考虑图 12.3 所示的柴油发电机的运行成本。以额定功率的 75％稳定运行，每加仑燃料将产生约 8kW·h 的电量，所以，如果柴油价格是 4 美元/gal，仅燃料一项的成本就为 50 美分/（kW·h）。这是相当昂贵的电力。此外，在偏远地区维持稳定的燃料供应可能是一个无法预知和充满困难的过程。例如，没有海底电缆的偏远岛屿只能依赖于船只的定期探访，其时间表可能受到海况的影响，如美属萨摩亚的塔乌岛就是这种情况，详见侧栏 12.2 的补充说明。

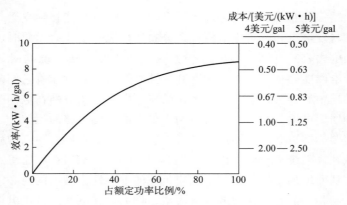

图 12.3　小型柴油发电机的效率和燃料成本

侧栏 12.2

美属萨摩亚塔乌岛的一种近乎 100％满足电力需求的太阳能系统

美属萨摩亚的塔乌岛距美国西海岸 4000 多英里，其拥有的太阳能和电池储能电网利用可再生能源发电可满足该岛近 100％的电力需求。这为柴油发电提供了一种节省成本的替代方案，消除了间歇性供电的隐患，并且使断电成为过去。该系统于 2016 年由 SolarCity（现为特斯拉）安装，由一个功率为 1.4MW，包含 5328 个模块，占地 3.5 英亩的光伏阵列组成，在 60 个特斯拉能量包（Tesla Powerpacks）的支持下，可提供 6MW·h 的电池储能。7 小时光照即可充满电的电池，其储存的电能足以在没有阳光的情况下为这个岛供电 3 天。后备电力由三台 275kW 的柴油发电机提供。预计每年节省的燃料将超过 100000gal 柴油，按 4 美元/gal 的价格计算，每年约节省 40 万美元。它不仅可以节省资金，还可以为 600 多位居民提供稳定可靠的电力，曾经，他们在等待海洋足够平静以保证船舶能够运送燃料的时候，有时不得不合理分配使用电量或容忍断电。请参见本章小结中的图 12.24。

12.2　公用事业规模的可再生能源系统融资

按照惯例，"公用事业规模"一词指的是额定功率超过 1MW 的电表前端系统。换句话说，这些大型系统不太可能由使用电力的实体来建造和运营。

第 9 章介绍了各种发电厂所有权模式，包括独立电力生产商（IPPs），它们事先已经就将电力出售给当地的独立系统运营商（ISOs）或区域输电组织（RTOs）所掌控的批发市场签订合同一事进行了协商。一种与可再生能源有点类似的模式已经形成，称为电力购买协议（PPAs），在这种模式中，私人投资者与大客户（如数据中心）或直接与电力公司（他们同意在未来一段时间内以预定价格购买电力）洽谈长期合作（图 12.4）。

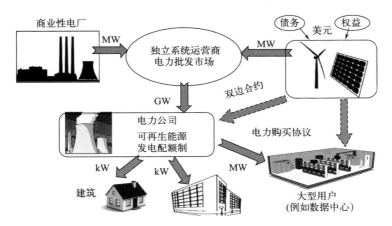

图 12.4　促进项目融资的电力购买协议（PPAs）。实线箭头指示实际功率流；
虚线箭头代表书面合同

从客户的角度来看，PPAs 规避了未来不确定的电价上涨的风险，当然，它同时有助于消费者品牌的"友好化"。对客户来说，他们没有其他资本性支出，同时又因为只支付实际产生的电力费用，所以电力购买协议的供应商有动机正常运行和维护该系统。

从供应商的角度来看，他们可以获得税收优惠、折旧费补贴、电站折扣和稳定的收入流，而且他们还可以出售可再生能源信用额（RECs）和潜在的未来碳信用额。

有了 PPAs 合同，投资者使用债务（贷款）和权益（他们自己的钱）的组合为项目融资。一个被称为合作关系翻转的巧妙的股权结构涉及两种所有权。作为投资者的一方有足够的税收意愿，能够立即利用太阳能的折旧免税优惠政策（MACRS）和投资免税优惠政策（ITC）[或风能的生产免税优惠政策（PTC）]。被称为发起人的另一方则在寻找更长期的回报。在运营的最初几年，税务权益合伙人拥有公司的大部分股份，并几乎收取所有的收入。税务投资者获得了满足他或她的目标所需要的尽可能多的税收优惠之后，所有权就会翻转，发起人就会成为主要的所有者。在这个系统的剩余使用年限里，发起人几乎拿走了所有的利润。

PPAs 最有力的政策优势之一是其在估计可再生能源系统发电的实际成本方面的实用性。为了进行比较，请参考常规发电厂的平准化度电成本（LCOE）估算所有需要考虑的财务分析（如第 9.6.2 节），包括估算投资成本、漫长的许可和建设时间、未来的燃料价格、税收优惠、可能的碳排放成本，甚至排放对健康造成影响的可能性。对于可再生能源，没有不确定的燃料和环境成本。相反，PPAs 将保证未来几十年太阳能或风能系统的供电价格。图 12.5 显示了这种方法在风力发电方面的吸引力。图中，天然气电厂的平准化度电成本[美元/（MW·h）]是基于燃料的预计成本。对于风电系统，未来几年的（平准化度电成本）[美元/（MW·h）]数据是 2014 年至 2016 年之间执行的现有 PPAs 合同锁定的价格。显而易见，风力发电可以作为规避天然气价格上涨或不确定性风险的措施。

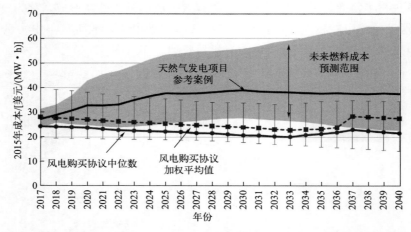

图 12.5　天然气电厂与 2014—2016 年执行电力购买协议的风电的未来成本对比
（来源：wisdom，Bolinger，2016）

12.3　风力发电

让我们以一个小角度开启本节内容：风能和太阳能在美国所有电力来源中的相对重要性。如图 12.6 所示，2015 年，来自所有能源的总发电量约为 4100TW·h，其中约 14％ 来自可再生能源。可再生能源发电中约三分之一来自风能，是太阳能的五倍。

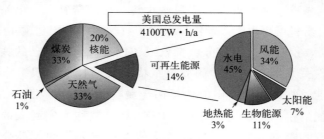

图 12.6　美国总发电量（来源：EIA Electricity Data Browser，2016）

显然，在可再生能源成为电力行业的主要参与者之前还有很长的路要走。而另一方面也说明，它们比其他任何能源都更清洁、更便宜，且比传统能源增长更快。事实上，在截至 2016 年的 10 年里，仅风力发电就占美国新增发电总量的三分之一，参见图 2.18。

12.3.1　风力发电的历史发展

数千年来，风能一直被用作动力源，例如推动帆船、研磨谷物、抽水和为工厂机械提供动力。世界上第一台用于发电的风力涡轮机是在 1891 年由丹麦发明家兼学校校长 Poul la Cour（拉库尔）建造的。特别有趣的是，la Cour 用电解产氢的方法来制作煤气灯（有文献记载一些窗户因为他的修补而不得不更换）。在这方面，我们可以说他比时代领先一个世纪；在 21 世纪，使用可再生电力来电解水为燃料电池提供动力的概念重新兴起。

在美国，传统的多叶片、抽水式的风力涡轮机曾经在大平原上随处可见。的确，可以认为它们使得这一望无际的干旱地区的农业、牧场和人类居住区的扩张迈出了关键的第一步。这些涡轮是水泵的理想选择，因为它们的多叶片设计即使在风速较低的情况下也能产生较大的扭矩——这正是克服在井中上下移动的重型泵杆的摩擦力和重力所需要的。这些位于大平原的州的强风也刺激了离网农村地区小型风力发电系统的发展。20 世纪 30 年代和 40 年代，数十万台快速旋转的双叶片和三叶片涡轮曾经遍布这片区域，但随着更可靠、更经济的公用电网在这片土地上普及开来，它们就消失了。因为风力发电场和制造设施为土地所有者创造了就业，带来了税收和高额的特许权使用费，为许多地方经济提供了急需的动力，所以现在风能又重复地扮演起了曾经在这些多风州的经济发展中所扮演的角色。

20 世纪 70 年代的石油危机提高了人们对能源问题的认识，再加上对替代能源系统的大量财政和监管激励，刺激了美国对风力发电的兴趣。加州成了数十家制造商的试验场，他们在旧金山以东的阿尔塔蒙特山口（Altamont Pass）、巴斯托（Barstow）附近的蒂亚契皮山口（Tehachipi Pass）和棕榈泉（Palm Springs）以北的圣戈奥尼奥山口（San Gorgonio Pass）安装了数千台新风力涡轮机。这些早期机器中的许多机器性能都不佳，而且它们在山口的位置常常直接影响候鸟的迁徙路线。它们的所在位置，加上直径小、速度快的叶片，给人造成一种它们是致命的"鸟类烹杀器"的印象。尽管只有少数地方受到了影响，但在很短的时间内，它们创造的负面形象仍在继续。80 年代中期，利润丰厚的税收优惠政策终止后，美国的风电行业也几乎崩溃。

与此同时，在世纪之交过后，全球风电销售开始回暖，风力涡轮机技术在众多国家的发展仍在继续——尤其是丹麦、德国和西班牙这些已经做好了准备的国家。确实，其中一些国家在风力系统提供的总电力中所占份额继续保持世界领先地位。丹麦在 2015 年排名第一，其 40％的电力来自风力发电（图 12.7）。与此同时，美国的这一比例仅略高于 5％，而全球风电在总电力需求中的占比略低于 5％。

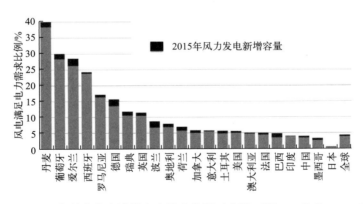

图 12.7　2015 年风力发电满足电力需求比例（来源：Wiser，Bolinger，2016）

就全球风电市场而言，最近占主导地位的国家是中国和美国。截至 2015 年底，中国累计装机容量为 145GW，是排名第二的美国（74GW）的两倍。2015 年新增装机容量，中国再次位居首位，新增装机容量超过 30GW，远远超过美国，后者以 8.6GW 的新增装机容量位居第二。

2016 年，美国风力发电最多的州是得克萨斯州，其次是艾奥瓦州、加利福尼亚州、俄克拉何马州、伊利诺伊州、堪萨斯州和明尼苏达州。就风能在各州电力供应中所占比例而言，排在前三位的是艾奥瓦州（31.3%）、南达科他州（25.5%）和堪萨斯州（23.9%）。风电规模的另一个极端是，美国东南部几乎没有风力发电能力。

图 12.8 显示了美国风电新增装机容量的曲折历史。不定期的启动和停止是由生产免税优惠政策（PTC）的定期到期和随后的税收抵免恢复造成的。在税收抵免政策到期之前，风能产业尽可能多地建造新电站，然后等待政策恢复后再重新开工——这显然不是经营企业的最佳方式。

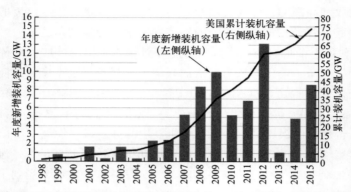

图 12.8　美国风力发电的年度新增和累计装机容量。不规则的年度新增装机容量说明了不可预测的税收抵免政策的影响。PTC 分别在 1999 年底、2001 年底、2003 年底、2005 年底、2009 年底、2012 年底和 2015 年底暂时失效（来源：Wiser，Bolinger，2016）

12.3.2　风力发电机技术简介

早期的大多数风力涡轮机被用来将谷物磨成面粉，因此得名风车。因此，严格地说，把抽水或发电的机器称为风车多少有些用词不当。相反，人们经常使用更准确但普遍更笨拙的术语，如"风力驱动发电机""风力发电机""风力涡轮机""风力涡轮发电机"（WTG）和"风能转换系统"（WECS）。

可以根据涡轮机叶片绕其旋转的轴线方向（水平与垂直）对风力涡轮机进行分类。基本上所有的大型风力发电机都是水平轴风力涡轮机（但现在有一种新的方向是在传统涡轮机大范围的机体内穿插小型垂直轴风力涡轮机，以提高风电场的整体性能）。水平轴涡轮机的另一个显著特征取决于叶片安装在发电机的顺风方向还是逆风方向。顺风涡轮机的优点是让风本身控制运动方向（左右运动），这样涡轮机就能根据风向自然且正确地确定方向。然而，这种装置确实存在一个问题。每次叶片在塔架后摆动时，都会遇到短暂的弱风，导致叶片弯曲。这种弯曲不仅可能导致疲劳失效，而且还会增加叶片的噪声并降低输出功率。另一方面，逆风涡轮机需要复杂的偏航控制系统，以使叶片保持面向风。然而，逆风电机运行更平稳，能提供更多的电力，前提是系统复杂性提高。基本上所有的现代风力涡轮机都是逆风型的。

剩下的问题是涡轮机应该有多少个叶片。传统多叶片农用风车具有大面积的迎风风轮，可提供简单的抽水所需的高扭矩。它们的旋转速度不是很快，所以一个叶片对邻近的叶片所产生的湍流相对很微弱。但是如果用于发电，叶片端速需要非常快，一个叶片对另一个叶片产生的湍流会显著降低整体效率，这表明叶片的数量越少越好。因为塔架干扰的影响以及风速随高度的变化从风轮到驱动轴的传递更加均匀，三叶片式风轮比两叶片式风轮运行更平稳。而另一方面，起重机能更轻松地吊装起双叶片式风轮。现在大多数风力涡轮机有三个叶片。

风能转换系统的关键部件如图 12.9 所示。叶片的作用是将风的动能转化为传动轴的动力，使发电机旋转从而发电。通常情况下，传动轴的旋转速度太慢，无法直接与发电机相连，因此安装变速箱将动力从低速传动轴转移到使发电机旋转的高速传动轴。假设这是一个逆风涡轮机，齿轮箱和电机会调整偏航，使叶片在发电时面向风，并在风力太强而无法安全运行涡轮机时将风轮从风中移开。在风力太强时，制动器将在适当的位置对叶片进行锁定。同时，图中还显示了控制风轮叶片桨距角的潜力。这是一种在大风条件下过滤一定风力以避免超过发电机额定功率的普遍方式。

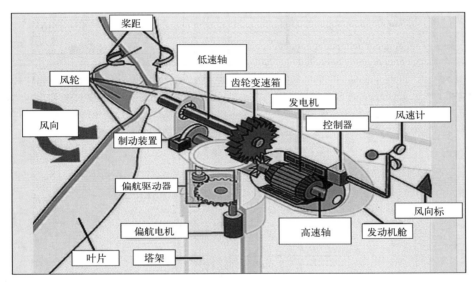

图 12.9　逆风水平轴风力发电机的组件（来源：NREL）

涡轮机制造商通过建造越来越大的涡轮机获得了其所带来的规模经济效益。2010 年以前建造的大多数涡轮机的轮毂高度在 80m 左右，额定功率为 1～2MW。较新的地面使用涡轮机通常额定功率为几兆瓦，轮毂高度比地面高 100m 左右。主要用于风力更稳定和湍流更少的海上使用的更大的涡轮机，现在可以真正地称为庞然大物，截至 2016 年，最大的涡轮机额定功率为 8MW，叶片长达 88.4m，风轮直径为 184m（图 12.10）。

12.3.3　风力发电机功率曲线

制造商提供的功率曲线是尝试估算给定风速下涡轮机提供的能量的起点，可以参考图 12.11 所示的理想化的功率曲线。对于低于切入风速 V_C 的风来说，涡轮机甚至都没有启动，因为这些风的能量非常有限，产生的能量不足以抵消发电机的损失。在切入风速以上，输出功率会迅速攀升，直到到达发电机正在输出的最大功率位置，即额定功率 P_R。对于实际涡轮机而言，正如图中所示一样，因为该区域的功率曲线通常有些圆滑，所以随额定功率变化的额定风速 V_R 并不是一个定义非常明确的数字。高于额定风速时，涡轮机必须过滤掉一些风以防止发电机过载。图 12.9 中推荐的桨距控制方法是一种普遍的方法。最后，在某一时刻，风速 V_F（被称为收起风速或切断风速）过大且太危险，所以通常会通过转出风区和启动制动装置使涡轮关闭。

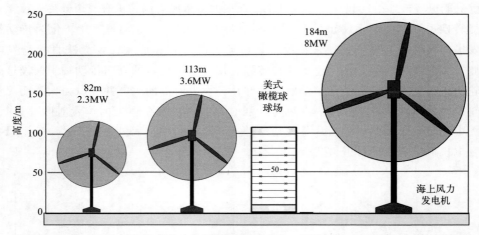

图 12.10　风力发电机尺寸的演变。随着时间的流逝，涡轮机的直径、额定功率和轮毂
高度越来越大。最大的风轮（确实是巨大的）被设计用于风向更稳定、湍流更小的海上风力发电

图 12.11　风力发电机功率曲线示意。风速在 V_C 以下时不产生任何功率。风速在 V_R 以上时，
输出功率在 P_R 处保持相对恒定。风速高于 V_F 时，涡轮机将关闭

12.3.4　风力功率

考虑一个质量为 m 的空气"块"以速度 v 运动，它的动能（E_k）由本书第 4.3 节描述
的熟悉的关系式给出：

$$E_k = \frac{1}{2}mv^2 \tag{12.1}$$

因为功率是单位时间内的能量，所以以速度 v 通过面积 A 的空气团所代表的功率是

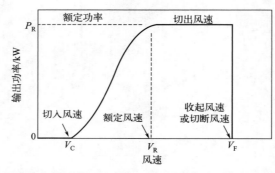

$$\text{通过面积 } A \text{ 的功率} = \frac{\text{能量}}{\text{时间}} = \frac{1}{2}\left(\frac{m}{t}\right)v^2 \tag{12.2}$$

通过面积 A 的质量流率 $\dot{m}$ 是空气密度 ρ、速度 v 和横截面积 A 的乘积：

$$\dot{m} = \rho A v \tag{12.3}$$

结合式（12.2）与式（12.3）可以得到一个重要的关系式：

$$P_W = \frac{1}{2}\rho A v^3 \tag{12.4}$$

在国际标准单位制中，P_W 是风力功率（W）；ρ 是空气密度（kg/m³），在 15℃和 1 个大气压（1 大气压＝1atm＝101325Pa）下，$\rho=1.225\mathrm{kg/m^3}$；$A$ 为风通过的截面面积（$\mathrm{m^2}$）；v 是垂直于 A 的风速（m/s）。一个实用的关系换算式为 $1\mathrm{m/s}=2.237\mathrm{mi/h}$。风力功率通常表示为单位横截面积的能量（$\mathrm{W/m^2}$），在这种情况下，称之为功率密度。请注意，风力功率与风速的三次方成正比。举例来说，这意味着风速提高一倍时功率将提高八倍。另一种理解它的方式是，1h 内 20mi/h 的风所包含的能量与 8h 内 10mi/h 的风所包含的能量相同，与 64h 内（超过两天半）5mi/h 的风所包含的能量也相同。这强化了一种观念——那些低于涡轮机切入风速的低速风可能不值得理会。

式（12.4）还表明，风力功率与风轮的扫掠面积成正比。对于传统的水平轴涡轮机，风力功率与叶片直径的平方成比例，直径增加一倍，可用功率增加四倍。这一简单观察的结果有助于解释大型风力涡轮机的规模经济。涡轮机成本的增加与叶片直径成一定比例，但同时功率与直径的平方成比例，因此事实证明，更大的机器更具成本效益。

12.3.5　将风力统计与涡轮特征相结合

估算风力涡轮机每年产生的能量是很复杂的。我们必须设法将涡轮机的功率-风速曲线与风力本身高度可变的特性结合起来。

如果我们要对平均风速为 $\bar{v}$ 的风力的可变性进行表征，其中一种方法是使用如下的瑞利分布概率密度函数（pdf）。

$$f(v)=\frac{\pi}{2v^2}\mathrm{e}^{-\frac{\pi}{4}\left(\frac{v}{\bar{v}}\right)^2} \tag{12.5}$$

重温一下，任意两种平均风速范围内的概率密度函数（pdf）曲线下的面积等于风速在这两个风速范围内的概率。pdf 曲线下的总面积为 1.0 或 100%。图 12.12 给出了三种平均风速值的 pdf 曲线典型实例。

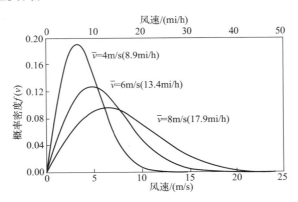

图 12.12　瑞利分布概率密度函数。任意两个风速之间的曲线下面积是风在这两个风速之间的概率

现在，如图 12.13 所示，假设将一个平滑的 pdf 曲线 "离散化" 为每年在每个风速下的小时数。然后，利用涡轮机的功率曲线，将其在该风速下的功率乘以该风速的小时数，再对其求和，就可以求出在该风力状况下该涡轮机每年预期的总电力（MW·h）。实际上，使用电子表格结合真实涡轮机的功率曲线和 pdf 曲线来估计年发电量是非常简单的。

对于此例，需要注意的是，尽管较低的风速占据的时间很长，但其传递的能量却很少。当然，这是风力功率和风速之间三次方关系重要性的另一个例子。

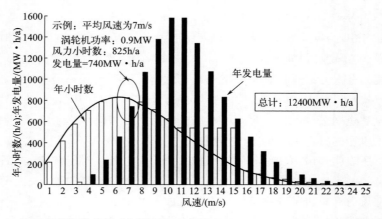

图 12.13　使用瑞利统计估算实际涡轮机的年发电量。Vestas 3MW 112m 涡轮机在平均风速为 8m/s 的符合瑞利分布的风况下各风速的年小时数和发电量

12.3.6　风力发电机的容量系数

曾在第 9 章中介绍的容量系数有助于说明发电厂发挥其全部潜能的等效时间。例如，图 12.13 中的 3MW 风力发电机在 8m/s 的风速下每年可提供 12400MW·h 的电力，则其容量系数为

$$CF = \frac{12400MW \cdot h/a}{3MW \times 8760h/a} = 0.47$$

这是一个相当高的容量系数，但涡轮机需位于平均风速为 8m/s 的绝佳地点。

如果我们改变这台 3MW 涡轮机的平均风速并重复进行容量系数计算，我们会得到如图 12.14 所示的令人意外的结果。在涡轮机可能承受的平均风速范围内（例如，大约 4~9m/s），容量系数有着相当好的线性变化。这似乎出人意料，因为之前我们讨论过风力是如何随着风速的三次方而增加的。但这确实说得通。对于相对低速的风，涡轮的切入风速消除了许多可用功率。同样，超过额定风速所产生的大部分电力被过滤掉以保护发电机。

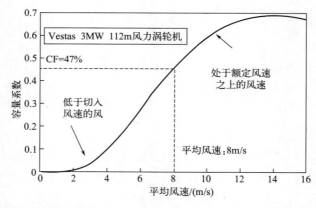

图 12.14　平均风速变化对容量系数的影响。对于这种 3MW、112m 的涡轮机，平均风速在 4~9m/s 之间时，容量系数是线性的。实际上，这对于所有涡轮机来说似乎都是很典型的

在我们对一些大型涡轮机进行了类似的容量系数计算之后，真正令人惊讶的是下面的简化公式，它似乎强大到足以满足粗略的计算（Masters，2013）。

$$CF = 0.087V_{AVG} - \frac{P_R}{D^2} \tag{12.6}$$

式中　V_{AVG}——假设瑞利统计的平均风速，m/s；

　　　　P_R——涡轮机的额定功率，kW；

　　　　D——风轮直径，m。

请注意：式（12.6）是一个无法从基本原理推导出来的简单关系式，所以单位不能抵消。要使它起作用，必须使用上面指定的单位。

实际上，人们已开始使用一个新的物理量——比功率（specific power，SP）来帮助量化涡轮性能。比功率被定义为额定功率（W）除以扫掠面积（m^2）。我们可以很容易地重新书写容量系数估算值，以解释这个新的指标。

$$CF = 0.087V_{AVG} - SP \times \frac{\pi}{4000} \tag{12.7}$$

解决方案 12.1 让我们有机会尝试这些不同的度量标准。

解决方案 12.1

估算风力涡轮机提供的能量

维斯塔斯（Vestas）网站预测其 4.5MW、120m 涡轮机在平均风速为 9m/s 时，每年将产生 19GW·h 的电量。让我们应用方程式来看看与这个估计值相比表现如何。

利用式（12.6），我们预测容量系数为：

$$CF = 0.087V_{AVG} - \frac{P_R}{D^2} = 0.087 \times 9 - \frac{4500}{120^2} = 0.4705$$

或者，让我们尝试求解比功率：

$$SP = \frac{额定功率（W）}{扫掠面积（m^2）} = \frac{4.5 \times 10^6}{(\pi/4) \times 120^2} = 398 W/m^2$$

让我们看看根据式（12.7）估算出的功率系数是否能得出相同的结果：

$$CF = 0.087V_{AVG} - SP \times \pi/4000 = 0.087 \times 9 - 398\pi/4000 = 0.4705$$

由此，我们可以预测每年的能源供给将会是

$$4500kW \times 8760h/a \times 0.4705 = 18.6 \times 10^6 kW \cdot h/a$$

这非常接近他们声称的 19GW·h。

12.3.7　海上风电场

尽管陆上风电场一直是全球风力发电的主要来源，但规模小却增长迅速的近海发电市场在未来仍有相当大的潜力。近海风电场固有的优势包括更接近大型沿海城市的负荷中心，这可以避免传输成本和诸多限制。事实上，超过一半的美国人口居住在毗邻海洋或大湖区的地区。沿海分布的州的用电量占美国总用电量的四分之三。此外，沿海地区的电价往往较高，因此风力发电的经济竞争力得到了提高。近海风往往更强、更稳定且更少湍流，而且它们通常发生在下午能源最有价值的时候。如果涡轮机距离海岸足够远，则视觉和听觉上的影响就不会像陆上风力发电场那么严重。另一方面，由于海洋环境恶劣，很难达到维修目的，所以对海上风电场的规划、选址和运营许可的环境管制是具有挑战性的。

NREL（美国国家可再生能源实验室）2010 年进行的一项研究曾试图估算美国沿海和大湖区等水域近海风能的总电能潜力。总电能根据水深、距海岸距离和距海岸线 100km 范围内的风速来量化。据估计，小于 60m 深度处的总容量约为 1700GW，与目前总装机容量（约 1000GW）相比，这是很大的。与此同时，美国首个近海风力发电系统在 2016 年底上线。该系统位于罗德岛海岸附近，额定功率为 30MW。与此同时，全球近 12GW 的装机容量中，大部分位于北欧，尤其是丹麦和英国。

12.3.8 风力发电的环境影响

风力涡轮机有许多环境效益以及一些负面特性。当然，从积极的方面来看，风力涡轮机发电时不像传统发电厂那样排放大量的二氧化碳、二氧化硫、氮氧化物、颗粒物和汞污染物。美国风能协会估计，仅仅开发美国风力资源最丰富的十个洲 10% 的风力潜能，就能提供足够的能源来取代美国的燃煤电厂从而减少排放污染物和消除酸雨的主要来源，并减少美国近三分之一的二氧化碳总排放量，同时有助于遏制由空气污染所引起或恶化的哮喘病和其他呼吸系统疾病的蔓延。此外，风力涡轮机不需要水来冷却，因此可将其安装在干旱地区而无须消耗掉宝贵的水资源。核电厂或燃煤发电厂每兆瓦时发电量消耗超过 500 加仑的水，而风力涡轮机每兆瓦时发电耗水量仅为 1 加仑（主要用于清洁涡轮机叶片）。

大多数风力涡轮机为人所知的负面形象是由鸟类碰撞造成的，特别是在旧金山以东约 50 英里的阿尔塔蒙特山口地区。美国第一代风力发电场就建在那里——沿着山脊分布在有风吹过并有鸟飞过的山口。这些由成千上万个密集且带有快速旋转的叶片的小机器组成的早期系统，被安装在便于鸟类休息和筑巢的结构式塔架上，这些特点导致了鸟类异常高的死亡率。此外，阿尔塔蒙特地区一年到头都有大量的牺牲品，这导致公众最关心的猛禽类的死亡率高得令人难以接受。幸运的是，解决了不适当选址的特殊情况及早期的涡轮机设计的矛盾之后，这一重要问题已经得到缓解，但未得到根治。从长远来看，一些评估报告指出涡轮机每年杀死 10 万到 30 万只鸟。与此同时，据估计，野猫和家猫每年杀死 1 亿只鸟，与建筑物的碰撞还可能导致 5 亿只鸟死亡。在此基础上请想象一下，风力涡轮机在减缓全球变暖中的作用，以及因此可以拯救多少鸟类。

另一个环境问题是噪声。同样，新型涡轮机比旧式的要好得多。现在大多数都是逆风涡轮机，这样可以避免顺风叶片从塔架后经过时因弯曲而发出的喷喷声。新型叶片具有改善的空气动力学特性，这些特性使其更加安静。对于大多数人来说，在高速公路上停下来观察风电场，涡轮的噪声与汽车和卡车呼啸而过的声音相比是微不足道的。站在涡轮机旁边，声音是柔和的"呼呼，呼呼，呼呼"声，但大部分都被风本身的声音所掩盖。在几百米外的地方，涡轮机的声级可以与图书馆阅览室中的声级相媲美。

也许风力涡轮机对环境最棘手的影响是观者的眼光。对一些人来说，风力发电场就像石油井架一样，是风景中的一大败笔，但另一些人却乐意接受它们——将它们视为迷人而优雅的现代象征以及无污染能源的未来。关于美学的争论大多发生在美丽的海岸线上，这导致了东部沿海地区关于近海发电的长期而艰苦的斗争。

12.4　集中式太阳能(CSP)系统

世界上大部分的电力是由传统发电厂产生的，它们将热量转化为机械功。热源使水沸腾，产生高温、高压蒸汽，蒸汽通过涡轮机膨胀，带动发电机旋转。集中式太阳能（CSP）电厂的特殊属性是它们从阳光中获取热量，而不是从化石燃料或核燃料中。图 12.15 给出了这种系统的简单示意图。

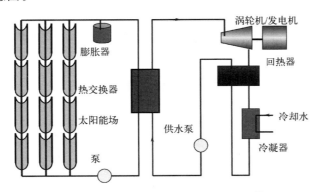

图 12.15　槽式 CSP 系统为蒸汽发电机供电

12.4.1　历史发展

几十年来，全球最大的太阳能发电厂是位于加利福尼亚州巴斯托附近的莫哈韦沙漠中的 354MW 槽式抛物镜发电厂，被称为太阳能发电系统（SEGS）。该工程始于 1985 年，并于 1991 年竣工，至今仍在运行。SEGS 由 9 个大阵列组成，这些阵列由成排的抛物线形反射镜组成，这些反射镜将太阳光集中反射到抛物线焦点上的线性接收器上（图 12.16）。该接收器或称集热元件（HCEs）由不锈钢吸收管组成，周围包覆着玻璃外壳，两者之间抽真空以减少热损失。热传导流体循环通过接收器，将收集到的太阳能输送到一些传统的汽轮机/发电机来发电。SEGS 收集器的表面积超过 200 万平方米，沿南北轴线延伸，从东向西旋转以保证全天跟踪太阳。

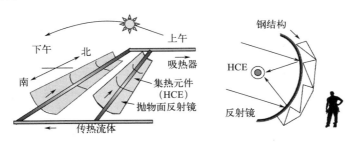

图 12.16　槽式抛物镜太阳能集热器系统

尽管 SEGS 取得了相对的成功，但直到 2010 年前后西班牙开始大量投资 CSP（图 12.17）的很长一段时间内，全球 CSP 装机容量基本上没有增长。随着时间的推移，已相继出现了四套有竞争性的 CSP 设计方案：诸如 SEGS 的线性槽式抛物镜，中央接收器（发电塔)，线性菲涅耳反射器以及使用斯特林发动机的抛物面系统（图 12.18）。其中，只有槽式抛物镜和发电塔获得了重大的商业成功。

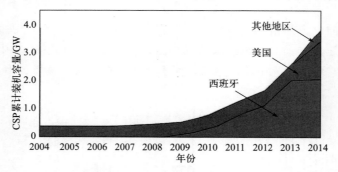

图 12.17　全球 CSP 累计装机容量（来源：Mehos et al.，2016）

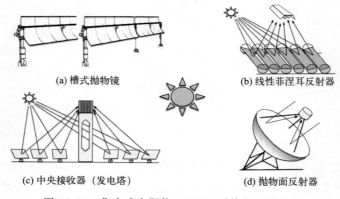

图 12.18　集中式太阳能（CSP）系统的四种方法

12.4.2　蓄热（TES）的重要性

槽式抛物镜的电力系统和发电塔是基于传统的兰金循环（Rankine-cycle，又称朗肯循环）的热机，这意味着它们有可能具备蓄热（TES）能力，可利用其延长运行时间，助力满足高峰需求，消除机器在浮云遮日情况下的差异性。考虑到大规模风力和光伏发电系统发电成本的大幅下降，CSP 系统整合蓄热系统的潜力可能是其经济可行性的关键。

TES 系统的重点是将熔融硝酸盐作为存储介质，也可能作为传热流体。它们非常高效，潜在的双向充放电循环效率超过 98%。它们的熔点远高于水的沸点，这意味着它们可能必须保持一整夜的高温，以避免被冻结成固态（尤其是在系统管道内部）时可能出现的系统并发症。一种间接的设计方案可以避免这种冻结问题，该方案中导热油会从太阳能电池阵列中收集热能，并通过热交换器将其传输到熔盐存储单元。图 12.19 中的系统显示了一个由槽式太阳能集热器阵列供电的间接系统，同样的系统也可以由发电塔供电。

间接系统的一个缺点是，油基传热流体（HTF）的最高温度较低，大约为 400℃，这限制了熔盐的储存温度。以此类推，这意味着更大的容积和额外的成本。在直接蓄热法中，熔盐既充当收集器系统中的传热流体，又充当储存槽中的蓄热介质，这消除了对昂贵的热交换器的需求。除了通过消除热交换器的损失获得的效率外，直接蓄热系统还可以在更高的温度

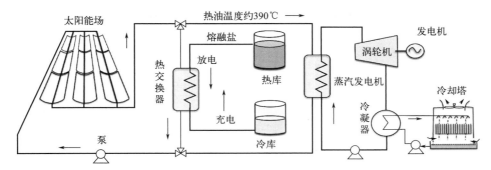

图 12.19　间接熔盐蓄热系统。该系统避免了集热元件内熔盐冻结过夜的潜在问题

下运行，这也提高了效率。图 12.20 展示了一个带有太阳能接收器（发电塔）和一个空冷式冷凝器（帮助减少冷却水需求）的直接系统。

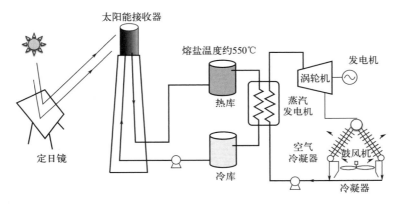

图 12.20　直接熔盐系统。熔盐既可用作传热流体，又可用作蓄热介质

CSP 系统也可以与化石燃料系统混合使用，在没有阳光的时候产生蒸汽（图 12.21），这可以提高它们的经济可行性。这种结合方式打开了 CSP 全球化的大门。在世界上许多电网力量薄弱或根本不存在的地区，围绕这一概念开发电网已开始具有经济和环境意义。

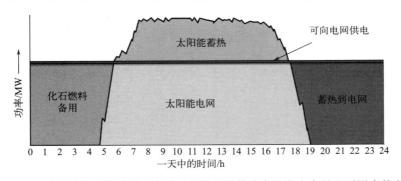

图 12.21　具有蓄热功能的混合太阳能系统可提供稳定的发电容量和可调度的电力

表 12.1 列出了美国最近建造的 CSP 项目，包括它们的容量、安装价格［请注意，这些价格以交付的交流电的价格（美元/kW）为单位］，以及是否能蓄热或者是否能为化石燃料混合动力车服务。图 12.22 展示了具有 10 小时蓄热能力的 110MW 新月沙丘太阳能项目发电塔的照片。

表 12.1　美国最近建造的 CSP 项目

发电站	安装容量（以交流电计）/MW	安装价格（以交流电计）/(美元/kW)	技术	配置
Nevada Solar One	68	4480	槽式抛物镜	无 TES
Martin Next-Gen Solar Energy Center	75	5670	槽式抛物镜	混合天然气
Solana	250	6760	槽式抛物镜	联合循环电厂
Genesis	250	5100	槽式抛物镜	无 TES
Mojave	250	6160	槽式抛物镜	无 TES
Ivanpah	377	6010	发电塔	直接蒸汽发电，无 TES
Crescent Dunes	110	—	发电塔	熔盐与持续 10 小时的 TES

资料来源：Mehos et al.，2016。

图 12.22　新月沙丘太阳能项目的发电塔

12.5　本章总结

第 11 章介绍了与通常位于电表后端的小型屋顶光伏系统相关的机遇、问题和收益。本章主要介绍了电表前端的大型系统，重点是太阳能和风能技术。在第 14 章中，我们对可再生能源的利用将扩大到包括用于交通运输的生物燃料。

公用事业规模的太阳能系统通常被定义为装机容量在 1MW 以上的系统。无论是在电表后端还是在电表前端的较小系统通常都被归类为分布式能源系统。分布式能源系统包括令人兴奋的基于社区太阳能系统的新选项，例如图 12.23 中的 BARC Coop 550kW 系统和解决方案 12.1。这些扩展了那些有遮阴屋顶和多户住宅的租房者的太阳能发电选择。在更大的范围内，微电网正在兴起，大学、军事基地和医疗设施等实体可以成为中央电网的一部分，但在必要时需要有能力自给自足。最后，具有备用电池和发电机的可再生能源电力系统是新兴经济体和岛屿国家的理想选择，如图 12.24 和侧栏 12.2 所示的美属萨摩亚塔乌岛的太阳能电池储能系统。

图 12.23   侧栏 12.1 中描述的 BARC 550kW 社区太阳能项目

图 12.24   侧栏 12.2 中描述的美属萨摩亚塔乌岛上的 1.4MW 太阳能＋6MW·h 电池储能系统

本章介绍了电力购买协议（PPAs）作为独立拥有大规模可再生能源系统的一种关键融资协议的重要性，并以此作为向公用事业规模风能系统过渡的一种方式。PPAs 为可再生能源的经济评估提供了一个不掺杂 LCOE 分析所带有的复杂性和不确定性的强有力的案例。例如，风力发电的 PPAs 定制电价长期低于天然气发电厂的运营成本。

最后，几十年前出现但从未建立市场的集中式太阳能发电系统，正在凭借可以与光伏发电和风力发电竞争的新技术卷土重来，尤其是在集成了蓄热器的情况下。其他新兴的可再生能源仍处于发展阶段，包括潮汐能和波浪能，因此其巨大的能源贡献潜力仍存在于未来。

第五部分　可持续交通和土地利用

第 13 章
交通能源与高效交通工具

几千年来，交通运输一直是文明进步的重要组成部分。长期以来，运输方式以人力、畜力和海上运输为主，直至以木材、煤炭为燃料的蒸汽机和以石油为燃料的内燃机问世，才极大地改变了运输方式。20 世纪，欧洲和亚洲以铁路运输为主，美国以公路车辆运输为主。近几十年来，航空运输成为全球主要的运输方式，乘客人次急剧增长，从 1975 年的不足 5 亿人次增长到 2016 年的 35 亿人次。

尽管欧洲和亚洲的陆路运输十分依赖铁路轨道交通和货运系统，但随着经济的增长，美国的陆路运输模式越来越受到青睐。图 13.1 显示了每 1000 人汽车保有量的增长。这条线追溯到 1900 年以来的美国汽车保有量，2007 年达到 845 辆/1000 人的峰值，到 2013 年降至 808 辆/1000 人。这条线绘制的是世界各国家和地区的数据。加拿大 2014 年的汽车拥有率相当于美国 1975 年的水平。请注意，2004 年至 2014 年间，中国（从 21 增加到 105，增长了 4 倍，相当于 1922 年的美国）、印度（从 11 增加到 31，增加了 180%）、巴西（从 120 增加到 206，增加了 72%）和东欧（从 223 增加到 347，相当于 1950 年的美国）的汽车保有量大幅增加。如果所有人都学习美国的生活方式，我们可能会遭遇很大的危机，这取决于我们拥有的汽车类型和使用何种燃料。

对运输系统、汽车类型和燃料的选择，以及它们造成的影响是由许多因素决定的，其中包括城市化、土地利用邻近性、文化、经济水平、运输成本和运输的便利性，以及政府关于能效和气体排放的政策。

例如，一些人预计到 2025 年，随着全自动驾驶汽车的发展，全世界将有超过 2400 万人使用共享服务驾驶全自动驾驶汽车，而不是拥有自己的汽车。为了减少温室气体和城市尾气污染物的排放，届时，无化石燃料的电动汽车将大规模扩张。移动无线通信将允许用户定位车辆和管理电池充电。预计到 2050 年，自动驾驶汽车将占据主导地位，因此，真正驾驶汽车的想法就会像想骑马一样浮现在现代人脑中。当人们需要使用交通工具时，它就会来到人们身边，把人们带到他们想去的地方。这将给社会（如个人车辆所有权）和交通相关业务带来重大变化（Navigant Research，2016）。同时，这也会改变土地的使用模式和公共出行方式，人们可能选择步行、骑自行车或租用汽车等更方便快捷的日常出行方式。

尽管自动驾驶汽车将改变我们的出行方式，但更重要的因素将决定未来交通能源的使用和相关的尾气排放：

① 以效率或经济性衡量的汽车能源强度，如每加仑汽油行驶里程数（以英里计）（MPG）。

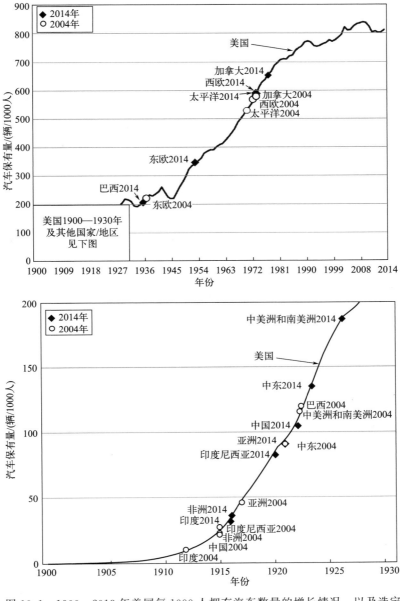

图 13.1 1900—2013 年美国每 1000 人拥有汽车数量的增长情况，以及选定
国家和地区的数值（来源：ORNL，2016）

② 燃料类型，包括：石油基汽油或柴油；供替代的化石燃料天然气；可再生生物燃料、乙醇或生物柴油；燃料电池中的氢；电能。

③ 车辆行驶里程（VMT），受负载系数（每辆车的乘客数）、行驶距离和土地使用以及其他交通方式（如公交、步行、自行车）便利性的影响。

本书的这一部分探讨了迅速变化的交通方式和能源类型。本章回顾了当前交通能源使用的趋势，重点介绍了公路车辆，包括效率、排放以及新兴的车辆驾驶技术，特别是电动车辆。第 14 章讨论了交通石油燃料的替代品，包括生物燃料，还介绍了生物质能除交通外的其他生产性用途。第 15 章侧重于介绍可持续和共享的自主驾驶模式，包括土地使用和运输、车辆行驶里程和替代个人车辆运输（替代传统交通方式）的方案。随后一章还将全社区能源概念应用于交通运输。在全社区方法中，我们可以规划和开发建筑位置和土地利用方式，以减少旅行距离，改善交通和步行方式，降低车辆行驶里程。

13.1　交通中的能源使用

下次在加油站加油时，请考虑以下事项：

① 交通运输是迄今最大的石油消耗行业（全球 60％，美国 67％），几乎完全依赖石油（全球 95％，美国 92％）。

② 交通运输是主要的耗能行业（占全球能源的 25％，占美国能源的 28％）。

③ 交通运输是温室气体排放的主要来源（占全球排放量的 14％，占美国的 27％）。

④ 汽车尾气排放是城市空气污染的主要来源。

⑤ 尽管运输业的能源效率正在提高，但在人民生活水平上升和全球化的推动下，运输业仍是最耗费能源的产业之一。如果我们希望减少能源需求增长、石油依赖和减缓气候变化，就必须发展更可持续的交通能源使用模式。

13.1.1　美国的交通能源使用：不确定的未来？

下面是一些简单的事实：

① 美国交通运输消耗的能源占能源消耗总量的 28％，约占所有石油产品的 67％。

② 美国 36％ 的能源相关二氧化碳排放和大多数城市空气污染物来自交通运输。

③ 美国交通运输能源 92％ 是石油。

④ 美国拥有占世界 4％ 的人口，却消耗了占世界 27％ 的交通运输能源。

我们能否减少交通能源的使用，摆脱对石油和化石燃料的依赖？在回答这个问题之前，我们需要回顾美国的交通趋势，主要来自橡树岭国家实验室（Oak Ridge National Lab）编制的年度《交通能源数据手册》（ORNL，2016）。

我们使用各种运输方式完成货物运输和交通出行，包括公路车辆、飞机、铁路、水路和轨道交通。同时还有步行和自行车这两种交通方式，但它们不消耗燃料能源。如表 13.1 所示，2014 年，公路运输的能源消耗约占交通能源的 82％，非公路运输为 18％。公路运输的主要工具是轻型车辆［包括汽车、皮卡和运动型多用途车（SUV）］，占总交通能源的59％；中型和重型卡车消耗了 23％ 的能源，而其他运输方式的能源消耗则相对较少：空运（8％）、水运（3％）、管道（4％）和铁路（2％）。

表 13.1　2014 年美国各种运输方式交通能源使用情况

运输方式	能量/10^{12}Btu	占 2014 年交通能源比例/％	占 2003 年交通能源比例/％
（1）高速公路	21742	82	81
① 轻型车辆	15514	59	64
• 汽车	6951	26	35
• 轻型卡车	8506	32	29
• 摩托车	57	0.2	0.1

续表

运输方式	能量/10^{12}Btu	占 2014 年交通能源比例/%	占 2003 年交通能源比例/%
② 公交车	206	0.8	0.7
③ 中型和重型卡车	6022	23	17
（2）非高速公路	4731	18	19
① 空运	2063	8	9
② 水运	918	3	5
③ 管道运输	1113	4	3
④ 铁路运输	636	2	2
（3）高速公路＋非高速公路	26472	100	27066×10^{12}Btu

数据来源：ORNL，2016。

表 13.1 将 2014 年的数据与 2003 年进行了比较。从 2003 年到 2014 年，交通能源总量下降了 2.2%，在公路运输领域，轻型车能源占比从 64% 下降到 59%，中重型卡车能源占比从 17% 上升到 23%。

图 13.2 显示了基于 2005 年和 2015 年 EIA《年度能源展望》（AEO）中这些运输方式的石油使用预测。图 13.2（a）反映了截至 2004 年的实际数据，预测到 2030 年；图 13.2（b）反映了截至 2014 年的实际数据，预测到 2040 年。十年有多大的不同！2005 年 AEO 预测，到 2030 年，在轻型卡车大幅增长的推动下，交通能源将稳步增长，达到近 2000 万桶/d。事实证明，美国交通石油消耗量在 2006 年达到顶峰，2016 年比 2006 年减少 6.8%，尽管 2012 年至 2016 年由于燃料价格较低消耗量每年增长 1.5%。这一趋势加上最近采用的未来燃油效率标准，促使 EIA 将 2030 年和 2040 年交通石油消耗量的预测量减少三分之一以上，至 1300 万桶/d。

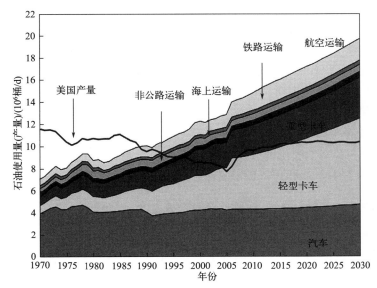

图 13.2（a）　美国各交通模式石油使用量和产量预测
（来源：2005 年 EIA《年度能源展望》，2004 年实际数据，预测到 2030 年）

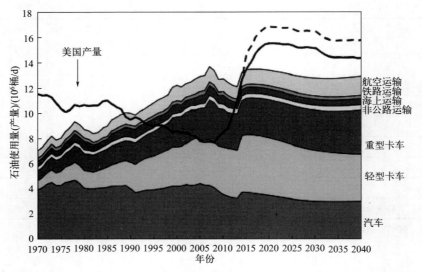

图 13.2（b） 美国各交通方式石油使用量和产量预测

（来源：2015 年 EIA《年度能源展望》，2014 年实际数据，预测到 2040 年）

这些数据还显示了美国液体燃料生产的实际数据和预测情况。图 13.2（a）中的 2005 年 AEO 预测显示，2005 年后液体燃料产量略有上升，到 2030 年趋于平稳，但图 13.2（b）中的 2015 年 AEO 预测显示，到 2020 年左右产量翻了一番，特别是虚线中增加了非石油液体燃料。加上液体燃料的预计交通消耗量没有增长，EIA 预计产量将远远超过交通消耗量。然而，鉴于 EIA 的预测记录（见图 3.2），人们可能对这些最新的预测持怀疑态度。

我们想从交通运输中得到什么？我们的目标不是消耗能量，而是围绕我们自己和我们想要的东西移动。我们想要及时、灵活、方便、舒适、安全、时尚和高效的运输方式。运输模式和车辆市场已经将我们的目标最大化。随着美国大都市地区的不断扩大，出行距离不断增加，传统的步行和过境旅客出行变得越来越不实际。我们将更多的旅客转移到具有灵活性和方便性的单乘客车辆（SOV）。乘客用车的尺寸已经增大到最大限度来提高舒适性、感知安全性和风格。

由于交通运输的便利性和及时性，美国城际旅客的出行方式已经从铁路、汽车转向了航空。货运已从铁路转向重型卡车，因为运输市场必须满足客户所需的及时性和便利性。

能源使用的增加不仅是由于运输模式的转换和运输里程的增加，还因为较低的负载系数。负载系数是每辆车的乘客数或每辆车的货运吨数。交通规划人员在规划和发展运输系统时，必须考虑到运输方式的变化、负载系数、车辆行驶里程以及市场和用户的偏好。在讨论最大能源使用者（客运）之前应该更仔细地研究公路和货运。

13.1.1.1 由燃料价格、效率和便利性驱动的美国公路运输能源

从表 13.1 中看到，在美国，公路运输占能源使用量的 82%。虽然表 13.2 显示公路运输能源从 1970 年到 2005 年几乎翻了一番，但到 2014 年下降到 2000 年左右的水平。这一下降是由乘用车能源使用量减少所致，从 2004 年到 2014 年下降了 3.1%，原因是 2010 年轻型卡车能源使用量首次超过轿车，而重型卡车能源使用量从 2004 年到 2014 年增长了 1.7%。消费者的偏好已经使市场从轿车转向轻型卡车，特别是在燃油价格较低的情况下。由于市场

对更快交货的需求，货运方式已从铁路和水路转向重型卡车。尽管这些交通方式转变为效率较低的交通方式，但汽车能效的提高抵消了这些转变。

表 13.2　1970—2014 年美国公路运输能耗

项目	年份	汽车	轻型卡车	轻型车辆总计	摩托车	公交车	重型卡车	高速公路总计	运输方式总计
能耗 /10^{12}Btu	1970	8479	1539	10018	7	129	1553	11707	15395
	1980	8800	2975	11775	26	143	2686	14630	18940
	1990	8688	4451	13139	24	167	3334	16664	21581
	2000	9100	6607	15707	26	209	4819	20761	26273
	2005	9579	7296	16875	24	196	5088	22183	27582
	2010	7657	7971	15628	53	190	6160	22032	27185
	2014	6951	8506	15457	57	206	6022	21742	26473
年均变化比例/%	1970—2014	−0.5	4.0	1.0	4.9	1.1	3.1	1.4	1.2
	2004—2014	−3.1	1.5	−0.9	9.2	0.5	1.7	−0.2	−0.4

显然，公路客运里程是美国交通运输中最大的能源消耗者（59%），我们将在本章着重讨论客运和车辆。在这之前，下一节我们将探讨提高货运能源效率的机会。

13.1.1.2　美国货运

乘客出行约占美国交通能源的 70%，而货运则消耗约 30%。有五种主要的货运方式：卡车、水运、空运、铁路和燃料管道。重型卡车在货运能源中占主导地位，占总交通能源的 23%，在过去 40 年中，卡车的能源使用量以每年 3.1% 的速度增长（表 13.2），而铁路、水运和管道运输一直相当稳定。

重型卡车是最不节能的货运方式 ［约 900Btu/(t·mi)］，平均效率低于铁路 ［290Btu/(t·mi)］ 的三分之一，低于水运 ［210Btu/(t·mi)］ 的四分之一。重型卡车的平均燃油经济性不到 mi/gal。我们更担心运输方式从水路、铁路到卡车的趋势是对能源使用量的增长，但是由于运输的灵活性，货运已经从铁路运输转为卡车。越来越多的货物通过空运来运输，以缩短交货时间。消费者已经习惯了隔日送达，这改善了我们的经济和生活方式，却牺牲了更多的能源用于货物运输，但这同时也有机会提高货运的能源使用效率。研究表明，通过空气动力学、其他设计改良、混合动力驱动、卡车停车场电气化和其他操作减少闲置以及向铁路运输模式转变等措施，都有机会提高能源效率。

13.1.2　乘客行驶里程、模式和能源强度

13.1.2.1　乘客行驶里程、模式和能源强度的国际变化

全球交通能源总量约 64EJ（60.7Q），其中约 55% 用于城市运输，45% 为非城市运输。大约 66% 的交通能源用于汽车，19% 用于空运。在城市中，76% 的交通能源用于汽车

（IEA，2016a）。世界各地的客运里程模式千差万别，包括二/三轮摩托车、中小型汽车、大型汽车、小型公共汽车、公共汽车、铁路、航空等多种客运方式。各个国家的交通模式结构也各不相同，比如在中国，公交、铁路的交通里程占比要远高于美国，而在美国，大中小型汽车和航空的交通客运占比达到了 95% 以上。

　　非机动化客运交通在世界大多数城市地区起着至关重要的作用。图 13.3 对比了 2009 年至2012 年各年的数据，对全球 14 个城市的乘客出行模式进行了比较。在悉尼（69%）、伦敦（40%）、芝加哥（63%）和多伦多（67%）人们选择私家车出行作为主要的交通方式，这种模式在全球范围内呈上升趋势。在德里（42%）、东京（51%）、巴黎（62%）、布拉格（43%）、波哥大（62%）和库里蒂巴（46%），公共交通是最主要的交通方式。步行在巴塞罗那（38%）和纽约市（39%）提供了最多的交通里程，自行车出行是北京（32%）主要的交通方式，这个比例在德里、东京和柏林超过 10%（Journeys，2011；另见 Aquilera，Grebert，2014）。

　　为了实现与 2℃ 情景（2DS）一致的全球交通能源宏伟目标，国际能源署建议在技术和政策方面取得以下进展：

（1）技术

① 通过信息和通信技术（ICT）管理旅行（将旅行调到最高效的模式）。

② 车辆能效技术（见第 13.3 节）。

③ 降低燃料碳强度的技术（见第 14 章）。

（2）国家政策

① 收取燃油税，取消燃油补贴，对燃油征收二氧化碳税（见第 13.2.1 节）。

② 燃油经济性标准（见第 13.2 节）。

③ 空气污染条例（见第 13.3 节）。

④ 征收车辆税（费）。

（3）当地政策

① 城市紧凑化，土地利用和交通一体化（见第 15 章）。

② 公共交通投资。

③ 定价（拥堵费、通行费、停车费）。

④ 管理入口、停车场。

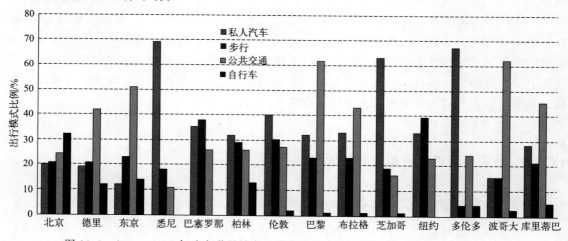

图 13.3　2009—2012 年选定世界城市的旅客出行模式（数据来源：Journeys，2011）

13.1.2.2 美国乘客行驶里程、负载系数和能源强度

里程和能源消耗上都处于绝对领先的地位。交通方式的能效用"能量密度"来衡量，该参数衡量的是每辆车行驶 1 英里消耗的能量 ［Btu/（辆·mi）］或单个乘客出行 1 英里消耗的能量 ［单位：Btu/（人·mi）］。总体能效不仅取决于载具能效 ［Btu/（辆·mi）］，也取决于该载具的负载系数或该载具的一次承载人数 （人/辆）。一般来说，几种客运方式的单个乘客出行 1 英里消耗的能量 ［Btu/（人·mi）］分别为：商业航空 （2369）、客运铁路 （2445）、摩托车 （2475），这三种交通方式的能效相对较高；而汽车 （3122）、个人客货车 （皮卡、SUV）（3563）和公交车 （3829）的能效相对较低，这可能是因为这些载具的负载系数较低。

表 13.3 还将 2014 年的乘客能源强度和总能源使用量与 2004 年进行了比较。汽车 （11%）、私人卡车 （18%）、公共汽车 （11%）、铁路 （18%）和航空旅行 （40%）的乘客能源强度改善 （特别是航空旅行）降低了所有这些客运模式的总能耗 （15%），尽管总客运里程有所增加。

表 13.3　2014 年（和 2004 年）美国乘客出行和能源使用

出行方式	2014 年							2004 年	
	车辆数量 /10³ 辆	车辆里程 /（10⁶ 辆·mi）	乘客里程 /（10⁶ 人·mi）	负载系数 /（人/辆）	车辆能源强度/［Btu/（辆·mi）］	乘客能源强度/［Btu/（人·mi）］	能源使用量 /10¹² Btu	乘客能源强度/［Btu/（人·mi）］	能源使用量 /10¹² Btu
汽车	113899	1436600	2226730	1.6	4839	3122	6951	3496	9331
私人卡车	109660	1067201	1963650	1.8	6555	3563	6996	4329	6403
摩托车	8418	19970	23165	1.2	2871	2475	57	2272	25
需求响应	71	1595	2267	1.4	20047	14106	32	14301	13
公共汽车	72	2445	22614	9.2	35419	3829	87	4318	93
航空旅行	—	5486	597551	108.9	258030	2369	1637	3959	2172
铁路	20	1476	39222	26.6	64964	2445	96	2978	93

数据来源：ORNL，2016。

13.1.3　交通能源趋势概述

交通运输业是能源使用的关键行业，因为它主要使用石油，而且是空气污染和温室气体排放的主要来源。交通让人联想到电影中的火车、飞机和汽车，但美国近 60% 的交通能源仅用于后者：人们选用轻型汽车出行。与世界其他地区相比，美国城市的乘客出行能耗更高，因为与公共交通和其他效率更高的模式相比，美国城市对汽车使用的依赖性更强。

不幸的是，对于我们的能源未来，世界似乎正在追随美国的步伐。在我们努力提高运输效率、减少城市空气污染和温室气体排放的过程中，从较小的车辆到较大的车辆、从铁路到卡车货运以及从较高的负载系数到较低的负载系数的转变带来了额外的挑战。好消息是，由于轻型汽车和航空旅行效率的提高，美国用于乘客旅行的交通能源在过去十年实际上已经减少。进一步的解决办法在于新技术、公共政策创新和适应的生活方式。但影响能源使用最重

要的交通方式仍然是轻型车辆。接下来的两节内容讨论提高车辆能效和减少排放的政策举措。本章剩下的部分将重点介绍新兴车辆技术。

13.2　交通运输车辆能效

13.2.1　影响车辆能效的因素：技术、燃料价格、公共政策、消费者选择

技术、燃料价格、公共政策和消费者选择影响着汽车的平均能效，特别是轻型车。美国消费者对大型（和低效率）乘用车如 SUV 的选择从 1980 年占轻型车的 15％ 增加到 2005 年的 50％（图 13.4）。2005 年之后，燃油价格对这一趋势产生了很大影响，2005—2008 年的创纪录高价推动了更高效汽车的销售，而 2010 年和 2014—2016 年的燃油降价则增加了更大型、更低效 SUV 的市场。图 13.4 还显示，所有车型的效率都有所提高。

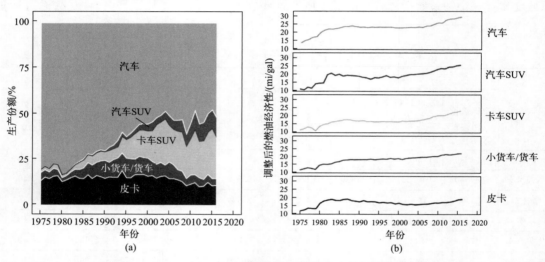

图 13.4　1975—2016 年轻型汽车在美国的生产份额和燃油经济性
（a）按类型和车型年份划分的生产份额；（b）按类型和车型年份划分的燃油经济性
（来源：U. S. EPA，2016）

除了消费者对车辆效率的选择以外，燃料价格也会影响出行行为，包括自由出行和出行方式的选择。世界各地的燃料价格差异很大，这不是因为全球石油市场的燃料成本不同，而是因为国际上燃料税的差异。表 13.4 列出了 2015 年 9 月部分国家和地区的汽油价格。美国 2.74 美元/加仑的价格在 60 个国家中排名第 52 位，其中包括 0.45 美元/加仑的联邦税和平均州税（联邦税为 18.4 美分/加仑，州税从俄克拉何马州的 17 美分/加仑到宾夕法尼亚州的 50.6 美分/加仑不等）。这就剩下约 2.30 美元/加仑的燃油价格，这对于名单上的许多国家来说是平均水平。主要的区别是燃油税。大多数欧洲国家的燃油税为 4～5 美元/加仑。挪威和荷兰的总价格高于 7 美元/加仑。

影响使用方式的不仅有价格，还有燃料的相对可负担能力。表 13.4 还列出了相对负担能力和每年用于车辆燃料的收入比例。"负担能力"指标给出了购买一加仑汽油所需的支出占一天工资的比例。在美国，一加仑汽油相当于一天工资的 1.77％，负担能力排第 57 名，而欧洲大部分国家的负担能力约为 5％～6％。然而，在发展中国家，天然气的价格要低得

多：在印度一加仑汽油占一天工资的 80％，在南非占 26％，在中国占 19％，在巴西占 18％，在墨西哥占 12％。较高的价格和较低的负担能力影响消费和年收入中用于汽油的比例。该表显示，尽管美国的天然气价格最低（排在第 52 位），负担能力最强（排在第 57 位），但其在天然气花费占工资比例中排在第 12 位。挪威是天然气价格最高的国家，由于天然气消费量太小，花费在天然气上的年收入比例排在第 52 位。印度是头号负担不起的国家，天然气消费更少，仅占收入的 1％，排在第 46 位。

表 13.4　部分国家和地区 2015 年 9 月加油的实际成本：汽油价格、负担能力、花费的收入

国家和地区	价格 /(美元/gal)	排名 (共 60 名)	负担能力		花费的收入	
			1 加仑汽油价格占一天收入比例/%	排名	汽油花费占一年收入比例 /%	排名
挪威	7.71	1	3.5	52	0.7	52
荷兰	7.18	3	5.9	39	1.4	28
英国	6.91	6	5.2	40	1.2	39
德国	6.21	14	5.4	44	1.2	40
法国	5.96	17	5.7	41	0.7	54
韩国	5.38	28	6.9	36	1.1	44
巴西	4.48	39	17.6	13	2.0	15
澳大利亚	4.38	40	3.1	53	1.9	16
日本	4.37	41	4.8	45	1.6	26
中国	4.31	42	19.3	11	1.1	43
南非	4.15	43	25.7	5	4.1	1
印度	3.95	44	79.7	1	1.0	46
加拿大	3.66	46	3.0	54	2.8	5
墨西哥	3.34	47	12.0	25	3.2	3
美国	2.74	52	1.8	57	2.0	12
俄罗斯	2.36	53	10.5	27	2.5	7
沙特阿拉伯	0.45	60	0.8	60	0.6	58

资料来源：Bloomberg, 2015。

燃料的成本和负担能力对世界各地的旅客出行方式产生了相当大的影响。低廉的燃料价格和高燃料购买力导致了美国民众对私家车的高依赖性，同时给大型低效车辆带来了市场，造成土地使用的扩张，以及公共交通系统效率较低。高昂的价格促成了西欧紧凑的土地使用方式、小型高效车辆市场以及高效且经常使用的公共交通。

除了经济性之外，消费者的偏好也会影响汽车的效率。尽管许多消费者认为成本和环境影响很重要，但他们也可能重视车辆性能（功率，0～60mi/h 加速时间）、安全性〔全轮驱动（AWD）、尺寸和自重〕和便利性（小配件）。制造商已经成功地将这些偏好推向市场，并设计和开发了技术先进的车辆来满足这些需求。在过去的三十年里，汽车技术有了长足的进步。在美国，大多数技术都是在燃油经济性标准的限制下应用于提高车辆性能和尺寸。自 1985 年直到 2005 年，美国车辆的新车燃油经济性几乎没有改善，而功率

和自重却有所增加。2005 年之后，新车的经济性确实有所改善，从 1980 年到 2015 年，总的来说，功率增加了 125%，0~60mi/h 加速时间减少了 47%，自重增加了 20%，燃油经济性提高了 29%。

2005 年后，美国轻型汽车燃油经济性的提高是由燃油价格上涨推动的，但在 2010 年后，则是 25 年来首次提高燃油经济性标准的结果。正如我们即将讨论的，这些改进的企业平均燃油经济性标准（CAFE），如果不是特朗普政府的倒退，到 2025 年将大大减少能源消耗和排放。要记住的一个重要因素是，燃油经济性（MPG）对燃油使用的影响正在逐渐减弱。从 10mi/gal 增加到 15mi/gal，行驶 1000mi 可节省 33gal 汽油，而从 30mi/gal 增加到 35mi/gal，行驶同样距离仅节省 5gal 汽油。

13.2.2 车辆能效法规： 2016—2025 年美国 CAFE 标准的重大升级

监管标准是影响车辆效率更直接的政策工具。美国在 1975 年的《节能政策法》中首次采用了联邦汽车效率标准。该法规强制要求到 1985 年将 1974 年新汽车的平均燃油效率提高一倍，乘用车为 27.5mi/gal，轻型卡车为 20mi/gal。所有制造商销售的所有汽车的平均效率必须达到企业平均燃油经济性（CAFE）标准。国家公路交通安全管理局（NHTSA）已经管理了这个项目。

如果制造商每年的车辆销售不符合标准，将支付罚款。罚款金额是 55 美元/gal，低于每辆车的目标售价。为了确定罚款，公司计算其销售车辆的平均燃油经济性（按销量加权），从标准中减去此平均值，然后将此差额乘以 55 美元和总销售量。从 1983 年到 2010 年，制造商支付了 8.2 亿美元的 CAFE 民事罚款。对于 2009—2016 年车型，国家公路交通安全管理局的规定允许公司在其车辆达到标准时获得 CAFE 信用积分。他们可以在未来几年累积这些信用积分，或者卖给其他不符合标准的公司。截至 2014 年，本田、丰田、特斯拉和日产已经售出了信用积分，法拉利、奔驰和菲亚特-克莱斯勒也购买了信用积分。

如图 13.5 所示，尽管燃油经济性改善有减少石油进口、降低燃料成本和减缓温室气体排放等诸多好处，但一直到 2010 年，CAFE 标准在长达 25 年的时间里一直没有变化。最后，在 2005—2007 年，汽车标准提高到截至 2011 年达到 31.2mi/gal（轻型卡车到 25mi/gal），截至 2015 年提高到 35.7mi/gal（轻型卡车到 28.6mi/gal）。

2010 年，奥巴马政府决定结合美国环保署的汽车温室气体排放标准和国家公路交通安全管理局的燃油经济性标准共同制定一个新的标准，因为减少汽车二氧化碳排放的主要途径是减少燃料的燃烧，也就是提高燃油经济性。2004 年最高法院在马萨诸塞州诉美国环保署一案中作出的决定推动了环保署的这一举动，该案要求美国环保署根据《清洁空气法》确定温室气体排放是否危及公共健康和福利。2009 年，环保署做出了一项"危害调查"，这为环保署参与轻型汽车、重型卡车、最近的飞机燃油经济性和温室气体排放标准（以及电厂二氧化碳排放法规；见第 17 章）制定提供了依据。

轻型车 CAFE 标准于 2012 年最终确定，并随着到 2025 年的年度改进而显著升级，届时车辆平均效率必须达到 56.2mi/gal，轻型卡车为 40.2mi/gal，或综合效率为 49.6mi/gal。2017 年，特朗普总统要求对 2022—2025 年 CAFE 标准进行审查，目标是削减标准。

2016—2025 年的具体标准基于车辆的空间大小。例如，2025 年不同轻型车辆的空间和燃油经济性要求如表 13.5 所示。

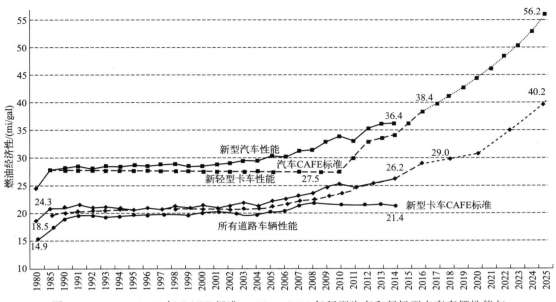

图 13.5　1985—2025 年 CAFE 标准，1980—2014 年新型汽车和新轻型卡车车辆性能与
所有道路车辆的平均性能（数据来源：U.S.DOT，2016；NHTSA，2016）

表 13.5　2025 年部分轻型车车辆空间大小和燃油经济性要求

轻型车辆	举例	空间大小/ft²	2025 CAFE 标准/(mi/gal)
小型汽车	本田飞度	40	61.1
中型汽车	福特 Fusion	46	54.9
大型汽车	克莱斯勒 300	53	48.0
小型 SUV	福特锐际 4WD	43	47.5
中型跨界车	日产楼兰	49	43.5
小型货车	丰田塞纳	56	39.2
大型皮卡	雪佛兰西维拉多	67	33.0

　　图 13.5 还提供了与标准相比实际购买车辆性能的数据。2004—2014 年车型中，车辆总体平均燃油经济性一直超过标准 2~4mi/gal。然而，2012 年和 2013 年轻型卡车车型的平均水平都低于标准值。

　　图 13.5 中的黑色底线给出了美国交通部（DOT）统计局关于道路轻型车辆平均燃油经济性的数据，1980 年该数据仅为 14.9mi/gal。令人惊讶的是，到 2014 年，道路车辆平均燃油经济性仅提高到 21.4mi/gal。根据这一估计，到 2025 年，CAFE 标准的升级将对道路车辆燃油经济性产生巨大影响，因为在未来 10 年内，效率更高的车辆将取代效率低下的车辆。

　　事实上，升级后的标准可能会对消费者、石油独立性和碳排放减少带来相当大的好处。奥巴马政府估计，升级后的 CAFE 标准将在项目实施期间节省 1.7 万亿美元的燃料成本、120 亿桶石油和 60 亿吨二氧化碳排放。对于 2025 年的汽车来说，消费者可以在汽车的使用寿命中节省 8200 美元的燃料成本。与预估 1750 美元的额外车辆成本相比，这是有利的（见解决方案 13.1)。

图 13.6 对选定国家的汽车能效标准进行了跟踪,为便于比较,将其标准化为美国 CAFE 测试周期。直到 2015 年,美国的标准都落后于其他国家,特别是欧盟和日本,它们要求到 2020 年达到 55~60mi/gal。到 2025 年,美国颁布的升级标准接近这一效率水平 (ICCT,2016)。

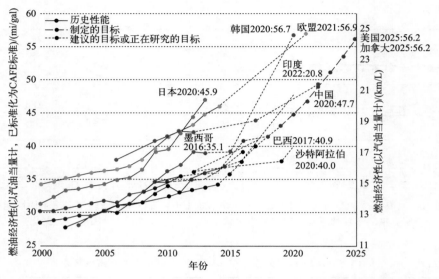

图 13.6 2000—2025 年各国汽车能效标准(标准化为 CAFE 标准)(来源:ICCT,2015)

解决方案 13.1

CAFE 标准的好处

2012 年,奥巴马政府估计,在 2025 年新车的使用寿命中,燃油经济性将为消费者节省 8200 美元的燃油成本。他们是如何得出这个结论的?

解决方法:

和大多数计算一样,解决这个问题需要一些假设。

① 将 2025 年 CAFE 新车效率标准(56.2mi/gal)与 2016 年 CAFE 参考值(37.2mi/gal)进行比较。

② 在车辆使用寿命内,燃油经济性平均占新车经济性的 78%。

③ 车辆平均寿命=213383mi。

④ 车辆使用期内的平均汽油价格=3.30 美元/gal。

$$2025 年汽车寿命效率=56.2mi/gal×0.78=43.8mi/gal$$
$$2016 年汽车寿命效率=37.2mi/gal×0.78=29.0mi/gal$$
$$2025 年全寿命燃油使用量=213383mi/(43.8mi/gal)=4868gal$$
$$2016 年全寿命燃油使用量=213383mi/(29.0mi/gal)=7354gal$$
$$全寿命节省汽油=7354gal-4868gal=2486gal$$
$$全寿命燃油成本节约=2486gal×3.30 美元/gal=8204 美元$$

13.2.3　重型车辆能效：　2016 年度车型首次采用美国能效标准

在美国，重型卡车是美国运输业中第二大部分，而且增长很快，尽管只占道路车辆的 5％，但其温室气体排放量和石油使用量占了 23％。卡车运输业在美国运输 70％的货物。8 级拖车的平均燃油经济性低于 6mi/gal。国家研究委员会估计了各种技术对改善不同中型和重型卡车类型的油耗所产生的效益。对于牵引拖车，发动机效率、轮胎和车轮以及空气动力学最有潜力，而对于大多数其他车辆（厢式、斗式、垃圾车、公交和重型皮卡车），混合动力和发动机效率最有希望。

美国能源部（DOE）通过超级卡车项目与工业界合作，开发出一种高效的牵引拖车。2015 年，戴姆勒-克莱斯勒（DaimlerChrysler）发布了其 8 级集装箱货运列车的超级卡车设计，其满载时的燃油经济性为 12.2mi/gal，比 2009 年的基准卡车效率高出 115％。

2011 年，国家公路交通安全管理局和环境保护署为重型卡车制定了第一个燃油经济性标准（第一阶段），对 2014—2018 年度车型有效。由于中型和重型卡车的众多变化，标准因车型而异。该标准规定了各卡车类型运输量为 1000t·mi 时的油耗 [gal/(1000t·mi)]。

例如，2016 年 8 级牵引拖车（日间驾驶室、中车顶）的标准为 8.7gal/(1000t·mi)，2017 年车型的标准为 8.5gal/(1000t·mi)，比标准前车型的效率高 20％。2017 年款重型皮卡车和厢式货车的燃油经济性提高了 15％，专业车辆（如公共汽车、送货车、垃圾车）的效率比标准前车型提高了 10％。

2015 年，国家公路交通安全管理局提出了 2018—2027 年的升级标准，并于 2016 年 8 月最终确定。与第一阶段相比，截至 2027 年，第二阶段标准将实现以下燃料使用量和二氧化碳排放量减少：

① 联合牵引拖车的燃料使用量和二氧化碳排放量减少 24％。

② 专业车辆二氧化碳排放量减少 16％。

③ 重型皮卡车和货车二氧化碳排放量减少 16％。

环保署和国家公路交通安全管理局估计，与第一阶段相比，这些标准的好处是：在车辆的使用寿命内，节省 750 亿加仑价值 1700 亿美元的燃料，减少 10 亿吨的二氧化碳排放。我们的教训是：节能可以省钱，可以减少温室气体排放。

13.2.4　飞机能效：国际和美国减少温室气体排放的努力

与公路运输车辆一样，提高飞机和航空公司效率法规的目的是减少温室气体排放。降低石油和燃料成本还有一个额外的好处，因为燃料大约占航空公司运营成本的三分之一。飞机，尤其是商业航空业，约占全球温室气体排放量的 2％。2004 年至 2014 年间，由于飞机燃油效率有所提高，但主要是由于乘客负载系数增加，美国航空乘客出行的能源消耗有所减少（表 13.3）。美国飞机（源自美国的国内和国际航班）占美国温室气体排放量的 3％、美国运输排放量的 12％和全球排放量的 0.5％。

根据 2009 年《清洁空气法》对温室气体排放的危害调查，美国环保署和联邦航空管理局（FAA）与国际民用航空组织合作，制定了有史以来第一个国际飞机温室气体排放标准。2016 年 2 月公布的拟议标准要求，从 2028 年开始，新飞机的燃油消耗量比 2015 年的交付量减少 4％。

有几种方法可以提高飞机和航线的能效（ATAG，2010）：

① 改进的技术包括发动机设计和飞机设计（例如空气动力学、机翼设计、轻质碳复合材料组件）。

② 改进的操作包括更轻的内部组件、更高效的飞行导航和更高的负载系数。

③ 改善的基础设施包括更好的空中交通管理和机场基础设施。

自 1985 年以来，效率并没有显著变化，但最近的设计，如波音 777X 和 787-8 以及空客 A350-800 显示出了改进。

13.3　汽车排放和燃料标准：主要的三级减排，2017—2025 年

自 1970 年《清洁空气法》以来，美国环保署就开始实施车辆空气污染物排放标准。污染物排放标准包括一氧化碳（CO）、挥发性有机物［也称为碳氢化合物（HCs）和非甲烷有机气体（NMOGs）］、氮氧化物（NO_x）、颗粒物（PM）和硫氧化物（SO_x）。NMOG 和 NO_x 在大气中结合产生光化学烟雾，通过城市主要空气污染物臭氧（O_3）测量。1990 年的《清洁空气法》修正案为日益严格的车辆排放标准制定了分级时间表。此外，2010 年，在发现温室气体排放的危害后，环境保护署与国家公路交通安全管理局合作，通过车辆燃油经济性标准来调节车辆二氧化碳排放，如第 13.2 节所述。此外，环保署还通过调节汽车燃料中的硫含量来调节汽车 SO_x 的排放。

基于车辆自重的一级标准从 1994 年到 1997 年逐步实施，到 2004 年逐步取消。小于 3750lb（1700kg）的乘用车的一级标准允许以下排放：

① CO：4200mg/mi。

② NO_x：600mg/mi。

③ PM：100mg/mi。

④ NMOG：310mg/mi。

⑤ NMOG＋NO_x：910mg/mi。

分别从 1999 年和 2003 年开始，一个国家低排放汽车（NLEV）计划制定了符合加州和东北部各州更严格的低排放汽车（LEV）标准的自愿标准。在二级标准于 2004 年成为强制性标准之前，这些标准作为过渡时期标准。

二级标准从 2004 年到 2009 年分阶段实施，并适用于 2004—2016 年车型。它们不是基于车辆自重，而是让汽车制造商选择将不同的认证"燃油箱"分配给不同车型，这些燃油箱有不同的排放限值。共设置了 11 种型号的燃油箱，但 9～11 号燃油箱的允许排放量较高，属于临时燃油箱，2006 年后被删除。表 13.6 给出了使用联邦测试程序测量的 1～8 号燃油箱的二级标准。重要的一点是，除了满足个别车型的燃油箱标准外，制造商还必须满足 160mg/mi 的总体平均制造商车辆氮氧化物标准。

表 13.6　二级标准下燃油箱标准 ［联邦测试程序 75（FTP-75），100000mi］

单位：mg/mi

燃油箱型号	NMOG	CO	NO_x[①]	PM	HCHO	NMOG＋NO_x
8	125	4200	200	20	18	325
7	90	4200	150	20	18	240
6	90	4200	100	10	18	190

续表

燃油箱型号	NMOG	CO	NO$_x$①	PM	HCHO	NMOG＋NO$_x$
5	90	4200	70	10	18	160
4	70	2100	40	10	11	110
3	55	2100	30	10	11	85
2	10	2100	20	10	4	30
1	0	0	0	0	0	0

注：HCHO 为甲醛；NMOG 为非甲烷有机气体；PM 为颗粒物。

① 所有符合二级标准车辆的制造商车辆平均 NO$_x$ 标准为 70mg/mi。

三级标准是这些轻型车辆标准的最新版本，于 2013 年提出，2014 年 3 月定稿，适用于 2017—2025 年车型。这些标准与加州（和其他州）2015—2025 年严格的 LEV Ⅲ 标准一致。因此，从 2017 年开始，全美将首次统一汽车排放标准。制造商必须使其生产的车辆满足表 13.7 中给出的 7 种型号燃油箱认证标准之一，这些燃油箱符合 NMOG＋NO$_x$ 标准，编号与二级标准不同。它们的编号范围从 160（160mg/mi NMOG＋NO$_x$）到 0（零排放）。如表 13.8 和图 13.7 所示，在二级标准中，制造商必须满足从 2017 年（轻型车辆为 86mg/mi）到 2025 年（30mg/mi）越来越严格的按照质量进行分类的车辆平均 NMOG＋NO$_x$ 排放标准。

表 13.7　三级标准下燃油箱标准（联邦测试程序，150000mi）　　单位：mg/mi

燃油箱型号	NMOG＋NO$_x$	PM①	CO	HCHO
160	160	3	4200	4
125	125	3	2100	4
70	70	3	1700	4
50	50	3	1700	4
30	30	3	1000	4
20	20	3	1000	4
0	0	0	0	0

① 在 2017—2020 年间，颗粒物标准只适用于部分从车辆制造商处新购买的车辆，而遵守此标准的新车占比将逐年提高：2017—2018 年（20%），2019 年（40%），2020 年（70%），2021 年及以后（100%）。

表 13.8　三级标准下制造商车辆平均 NMOG＋NO$_x$ 标准　　单位：mg/mi

车辆类别	2017 年①	2018 年	2019 年	2020 年	2021 年	2022 年	2023 年	2024 年	2025 年
LDV，LDT1	86	79	72	65	58	51	44	37	30
LDT2，LDT3，LDT4，MDPV	101	92	83	74	65	56	47	38	30

注：1. LDT1，LVW（满载车质量）＜3750lb 的 LDT（轻型卡车）；LDT2，LVW＞3750lb 的轻型卡车；LDT3，调整后 LVW＜5750lb 的轻型卡车；LDT4，调整后 LVW＞5750lb 的轻型卡车。

2. LVW，loaded vehicle weight，满载车质量；MDPV，medium-duty passenger vehicle，中型乘用车。

① 对于 LDV（轻型车辆）、车辆总重大于 6000lb 的 LDT（轻型卡车）和 MDPV（中型乘用车），车辆平均标准从 2018 年车型起适用。

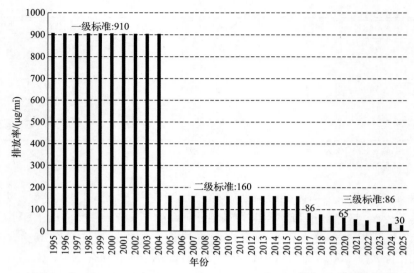

图 13.7 按车型年份划分的 NMOG+NO$_x$ 制造商车辆平均排放率
（一级标准是个人车辆标准；二级和三级标准是平均水平）

如图 13.7 所示，三级标准对所有车辆在 NMOG+NO$_x$ 上越来越严格，这将对车辆总体的尾气排放和城市空气质量产生最大的影响。一级标准允许车辆排放超过 900mg/mi，而二级标准的车辆平均排放水平为 160mg/mi。三级标准将 2017 年平均车辆标准设定为 86mg/mi，相当于二级标准下的 3 号燃油箱汽车（Prius），到 2025 年，该标准下降 60% 至 30mg/mi。

很容易看出标准是如何变得更加严格的。表 13.9 给出了 2003 年和 2008 年道路轻型车辆的平均排放量估计值，新车的平均排放量和标准，以及它们的 EPA 烟雾评分和温室气体评分（这些在表 13.10 中给出定义）。即使是 1995 年至 2003 年的一级标准要求的排放量也大大低于 2003 年和 2008 年道路车辆的平均排放量。符合 2004—2016 年二级标准（8 号燃油箱）中最宽松要求的汽车排放的 NMOG+NO$_x$ 和 PM 仅分别为一级标准车辆的三分之一和五分之一。一辆符合最宽松的三级标准（160 号燃油箱）的汽车排放的 NMOG+NO$_x$ 是最宽松的二级 8 号燃油箱标准的一半，与二级 5 号燃油箱的排放量相同。一辆二级标准下 3 号燃油箱车辆（比如一辆排放非常低的 2016 款丰田普锐斯）可能会被认证为三级标准 50 号燃油箱车辆。

表 13.9 乘用车排放率

项目	道路车辆		新型车辆							
	2003 年	2008 年	1990 年	2010 年	一级标准，1995—2003 年	二级标准，8 号燃油箱，2004—2016 年	三级标准，160 号燃油箱，2017—2025 年	三级标准，70 号燃油箱，2017—2025 年	2016 普锐斯，二级标准，3 号燃油箱	2016 特斯拉 S，二级标准，1 号燃油箱
NMOG/(mg/mi)	3060	1224	1550	170	310					
NO$_x$/(mg/mi)	1540	950	2205	120	600					
NMOG+NO$_x$/(mg/mi)	4600	2800	3755	290	910	325	160	70	12	0

续表

项目	道路车辆		新型车辆							
PM/(mg/mi)	120	8.5	360	15	100	20	3	3	0.2	0
CO/(g/mi)	23	12	15	2.9	4.2	4.2	4.2	1.7	0.11	0
HCHO/(mg/mi)						18	4	4		0
CO_2/(g/mi)	500	400	500	350	350	300	180~300	180~300	170	0
EPA 烟雾评分			0	3	1	2	5	7	7~9	10
EPA 温室气体评分	3	4	3	5	5	6	7~10	7~10	10	10
燃油经济性/(mi/gal)	27.5		27.5	27.5	27.5	30	32~50	32~50	52	98

表 13.10　轻型车辆的 EPA 烟雾和温室气体等级

EPA 烟雾评级，2016—2017 年车型			EPA 温室气体评级，2017 年车型		
评级	EPA 二级标准	EPA 三级标准	评级	燃油经济性/（mi/gal）	CO_2/(g/mi)
10	1 号燃油箱	0 号燃油箱	10	≥44	0~204
9	2 号燃油箱	20 号燃油箱	9	38~43	205~237
8	3 号燃油箱	30 号燃油箱	8	33~37	238~273
7	4 号燃油箱	85/70/50 号燃油箱	7	29~32	274~312
6	5 号燃油箱	125/110 号燃油箱	6	26~28	313~349
5	6 号燃油箱	160 号燃油箱	5	22~25	350~413
4	7 号燃油箱		4	19~21	414~480
3			3	17~18	481~539
2			2	15~16	540~613
1			1	≤14	≥614

　　重型卡车的排放标准也变得更加严格。1994 年重型卡车的标准是 $5g/(hp \cdot h)$ （1hp ＝ 745.700W） 的 NO_x 和 $0.1g/(hp \cdot h)$ 的 PM。NO_x 标准在 1998 年提升到 $4g/(hp \cdot h)$，2002 年提升到 $2.5g/(hp \cdot h)$，2007 年提升到 $1g/(hp \cdot h)$，2010 年提升到 $0.2g/(hp \cdot h)$，是 1994 年的 25 倍。重型卡车 PM 标准在 2007 年提升到 $0.01g/(hp \cdot h)$，比 1994—2006 年加严了 10 倍（ORNL，2016）。

13.4　新兴车辆技术：行业变革者？

　　上一节介绍了一些有助于提高大型卡车和飞机燃油效率的新技术。大部分交通能源都用于轻型乘用车，因此这里集中讨论减少燃料使用和成本、温室气体排放和空气污染物排放标准的新兴技术。

　　图 13.8 比较了本节讨论的主要车辆技术的部件。传统内燃机（ICE）车辆仅由燃油发动机驱动，燃油发动机还运行发电机，以为附件、起动机和火花塞的蓄电池充电。混合动力电动汽车（HEV）和插电式混合动力汽车（PHEV）也有一个燃油发动机，但增加了一个

由电池驱动的电动发动机来补充主减速器。燃料电池混合动力汽车用燃料电池代替燃料发动机，燃料电池将氢燃料转化为电能，为运行电动发动机的电池充电。最简单的设计是电池电动汽车（BEV），它只有一个由外部电源充电的电池驱动的电动发动机。

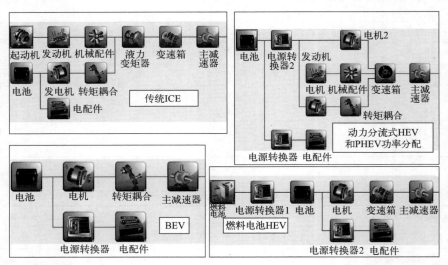

图 13.8　车辆技术配置：ICE、动力分流式 HEV 和 PHEV、BEV 和燃料电池系列 HEV。图中未显示：主减速器后的所有车轮和底盘；发动机（对于 ICE、HEV 和 PHEV）和燃料电池（对于燃料电池 HEV）之前的燃料箱；蓄电池（PHEV、BEV）前的插入式充电器（来源：ANL，2016）

13.4.1　传统内燃机车

由于对汽车的迷恋，大多数人都熟悉汽车内燃机的工作原理。在这些发动机中，燃料是在发动机本身内部燃烧的，而不是像蒸汽机这样在外燃机内燃烧。大多数汽车使用经典的奥托循环汽油发动机，它将汽油和空气的混合物送入汽缸，用活塞压缩，然后用火花点燃。燃烧释放能量产生高温燃气，将活塞向下推动，使曲轴产生机械旋转运动，将能量传递给旋转的车轮。

柴油机也与汽缸、活塞和旋转曲轴一起工作，但原理与奥托汽油发动机不同。它将空气吸入汽缸，压缩空气，然后喷射馏出物或柴油。柴油机较高的压缩比（活塞下行程与上行程容积之比，与奥托循环的 8∶1 或 10∶1 相比，约为 15∶1 或 20∶1）将压缩空气加热到足以点燃燃油而不产生火花的温度，从而使活塞向下运动并转动曲轴。柴油发动机比汽油发动机（约 36%）的工作效率更高（约为 42%），是重型车辆的主要动力。尽管柴油机的效率较高，但其颗粒物排放量一直高于汽油机，直到 2000 年后才进入美国轻型车市场。戴姆勒-克莱斯勒、大众和其他公司最近在"清洁柴油"技术方面的进展刺激了柴油车的销售，特别是在欧洲，2011 年，柴油车占有 56% 的市场份额。不过，在 2016 年大众汽车排放检测作弊丑闻之后，预计 2017 年欧洲柴油市场份额将降至 45%。

由于在动力性能、发动机寿命、压缩比和空气污染排放控制之间的权衡，内燃机的效率差别很大。发动机可以在 1000K 的高温下运行，如果环境温度为 300K，则最大热效率约为 70%。效率损失的原因是排气和水热损失，电机、传动系和制动中的摩擦损失以及车载用能（例如车灯和空调）。一般车辆的燃料能量总效率约为 17%～25%，也就是说只有 1/6～1/4

的燃料能量转换为运动能量。

内燃机车主要由汽油和柴油提供燃料，但也可以燃烧 E-85（含有 85％的乙醇和 15％的汽油，用在所谓的弹性燃料汽车中）、生物柴油或压缩天然气（CNG）。公路上有数以百万计的弹性燃料汽车，但它们进入 E-85 的途径有限。第 14 章讨论了这些燃料的选择。

阿贡国家实验室（ANL）在对车辆效率的研究中（稍后在 13.5 中讨论）发现，通过各种设计策略来提高汽油内燃机的效率，到 2045 年，汽油内燃机的效率可以从 36％提高到 47％。这些策略包括：低摩擦润滑油、减少发动机摩擦损失、汽缸停缸技术、可变气门正时和升程技术、涡轮增压和小型化以及可变压缩比技术（ANL，2016）。

13.4.2　混合动力电动汽车（HEV）

20 世纪 90 年代末，随着混合动力内燃机电动汽车的推出，汽车效率领域出现了重大创新：日本 1997 年推出了丰田普锐斯（2000 年在美国），1998 年推出了本田 Insight（1999 年在美国）。丰田在 1997 年仅售出 350 辆普锐斯，但在 2016 年丰田 HEV 全球销量超过了 900 万辆大关。2016 年市场上有 50 种不同的混合动力汽车车型。

混合动力汽车具有以下优点：

① 空转停止：发动机在零车速下自动关闭，以避免空转。

② 再生制动：恢复通常失去的减速制动摩擦。当踩下刹车时，电动机起到发电机的作用，通过将汽车的动能转换成能给电池充电的电流来减慢汽车的速度。

③ 纯电动推进：当电机功率和电池能量足够时，纯电动驱动车辆，以避免在低负荷和低效率下操作内燃机。

④ 电动发动机辅助：在加速期间的高功率需求下，电动发动机可以辅助发动机，允许发动机小型化，提高动力传动系统效率，并降低排放。

不同程度的混合动力，从微型混合动力汽车（仅限怠速停止）、轻型混合动力汽车（微型＋有限再生制动和有限发动机辅助）、中型混合动力汽车（轻型＋中等功率发动机辅助和完全再生制动）到全混合动力汽车（中型＋全功率发动机辅助/纯电动模式）。

HEV 动力传动系统有三种基本配置：并联式、动力分流式或混联式和串联式混合动力，如图 13.9 所示。

① 并联配置：车辆可通过电力或内燃机单独或一起直接驱动。一般情况下，小型电动机用于空转停车、再生制动和加速时的动力辅助，电机可以在变速器之前或之后。后送可以最大限度地再生，预传输允许电机以更高的效率在更长的工作范围内运行。本田的混合动力车是并联式混合动力车。

② 串联配置：车辆仅由电动机驱动。内燃机为发电机提供机械动力，发电机将机械能转化为电能，使电动机运转并给电池充电。因为只给电池充电，所以发动机与车速分离，可以在最佳工作效率下工作。但主要部件必须过大才能保持性能，这导致车辆自重增加。雪佛兰 Volt 是串联式混合动力汽车。

③ 动力分流式或混联式配置：车辆有内燃机和电动机，允许并联和串联运行。所有部件速度都是解耦的，允许更高程度的控制。所有的丰田、雷克萨斯和福特 HEV 都有动力分流配置。

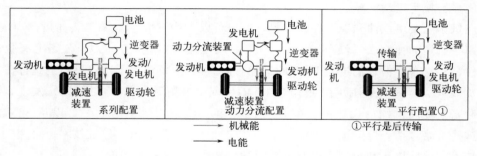

图 13.9　HEV 动力系统配置（来源：ANL，2016）

混合动力汽车的销量随着汽油价格的波动而波动：2007 年销量有所增加，2009—2011 年油价下跌时销量下降，2013 年销量达到 50 万辆的峰值，2014—2016 年油价下跌时销量再次下降。2016 年 HEV 销量为 35 万辆。2009 年，混合动力汽车在所有轻型车销售中的市场份额为 2.79%，2013 年为 3.19%，2015 年为 2.21%，2016 年为 2.0%。丰田普锐斯（Toyota Prius）占据了主导地位，在美国的混合动力汽车（HEV）销量中占 40%。

当然，与传统汽车相比，混合动力汽车的主要优势是燃油经济性。表 13.11 显示了按 EPA 燃油经济性（与城市和公路评分综合）划分的 2017 年最佳 HEV。燃油经济性在提高，温室气体排放评分也随之提高，通常烟雾排放评分也随之提高。现代爱奥尼克（Ioniq）和丰田普锐斯（Prius）以 56～58mi/gal 的效率领先，其他大多数都处于 40mi/gal 左右的较低水平。相比之下，2017 年燃油经济性最好的非混合动力汽油车包括三菱幻影（39mi/gal）、本田飞度（36mi/gal）、马自达 2 和福特嘉年华（35mi/gal）（参见 fueleconomy 官方网站）。

13.4.3　插电式电动汽车 （PEV）

13.4.3.1　插电式 HEV （PHEV）

PHEV 是一种混合动力汽车，它有更大的电池，可以利用墙上的插座充电，并且可以在全电动模式下运行更长时间和更远距离。与 HEV 相比，PHEV 具有更大的储能能力（kW·h）和更高的电功率（kW），可以在更恶劣的驾驶条件下驱动汽车，有更高的混合程度，允许更多的电动机/发动机功率组合。PHEV 电池的功率能量比较低，这允许延长使用纯电动模式和更少的发动机开/关循环。因此，根据行驶循环和使用外部电力充电，PHEV 可以比 HEV 具有更高的燃油经济性。

表 13.11 列出了 6 款 EPA 燃油经济性评级最高的 2017 款 PHEV。雪佛兰 Volt 和宝马 i3 REx 是仅配备电动驱动的串联式 PHEV，而其他所有 PHEV 都配备了全电动和混合电动/内燃机驱动的动力分流配置。燃油经济性评分以 MPG_e（电动模式）和 MPG_g（内燃机驱动模式）为单位给出。PHEV 和 BEV 的 MPG_e 评分是基于汽油单位能源当量的电力驱动的能效给出的。电动汽车能将 60% 的电能转换为车轮上的动力，而传统的内燃机车将大约 20% 的汽油能转换为车轮上的动力，因此，在单位能源当量的基础上，电动汽车的能效大约是后者的 3 倍（解决方案 13.2）。

该表还提供了 PHEV 电池容量（kW·h）和全电驱动里程与总里程。福特 Fusion 和雪佛兰 Volt 的 PHEV 电动续航里程分别为 22 英里和 53 英里。油箱加满后的总里程是正常的（420～600 英里），除了宝马 i3 REx 系列之外，后者是一款真正的 BEV，只有一个小油箱和发动机为电池充电，其电动续航里程也只是翻了一番，约为 72～150 英里。制造商建议上市的 PHEV 零售价为 30000～45000 美元。

表 13.11　美国环保署 2017 年最高燃油经济性汽车：ICE、HEV、PHEV、BEV

车辆类型	汽车	EPA 燃油经济性/(mi/gal)	EPA 温室气体评分	EPA 烟雾评分	电池容量/(kW·h)	全电驱动里程/mi	总里程/mi	MSRP（制造商建议零售价）/10³ 美元
ICE 燃气车	三菱幻影	39	9	7				15
	本田飞度	36	8	6				18
	马自达 2	35	8	6				17
	福特嘉年华	35	8	6				15
HEV	现代爱奥尼克 HEV	58	10	8	1.6			26
	丰田普锐斯 Eco	56	10	8～9	1.3			25
	丰田普锐斯	52	10	8～9	1.3			27
	起亚 Niro HEV	50	10	8	1.6			24
	福特融合 HEV	42	9	8	1.4			30
	雷克萨斯 CT 200h	42	9	8	1.3			32
PHEV	丰田普锐斯 Prime	133（电力），54（汽油）	10	8	8.8	25	640	27
	宝马 i3 REx	111（电力），35（汽油）	10	8～9	22	97	180	47
	雪佛兰 Volt	106（电力），42（汽油）	10	6	18.4	53	420	34
	起亚 Optima PHEV	103（电力），40（汽油）	10	8～9	9.8	29	610	35
	现代索纳塔 PHEV	99（电力），40（汽油）	10	9	9.8	27	600	35
	福特融合 Energi PHEV	97（电力），42（汽油）	10	8～9	7.6	22	610	35
BEV	现代爱奥尼克 BEV	136e	10	10	28	124		30
	宝马 i3 BEV	118～124（电力）	10	10	22～23	81～114		44
	雪佛兰 Bolt EV	119e	10	10	66	238		38
	大众 e-Golf	119e	10	10	35	125		31
	日产聆风	112e	10	10	30	107		32
	菲亚特 500e	112e	10	10	24	84		32
	福特福克斯 EV	107e	10	10	35	115		30
	特斯拉 S	103e	10	10	70-94	218～294		71～81

数据来源：fueleconomy 官方网站。

解决方案 13.2

计算车辆排放量

我租了一辆日产聆风，一个邻居买了一辆丰田普锐斯，另一个邻居买了一辆福特探险者。我们每个月都要开 1000 英里的车。这些车辆在燃料使用、燃料成本（2.50 美元/gal）、空气污染排放和二氧化碳排放方面相比如何？

解决方法：

在 EPA 的燃油经济性网站上，我查到了这三种车型的烟雾和温室气体分数以及燃油箱标号。根据表 13.11，下表给出了各车型的得分和燃油箱排放率。用排放率（g/mi 或 mg/mi）乘以 12000mi/a 可得到每年的排放量。例如，探险者的 NO_x 排放率取自 9a 燃油箱，为 70mg/mi，而 EPA 网站的 CO_2 排放率为 475g/mi。

车型	燃油经济性/(mi/gal)	烟雾分数	温室气体分数	燃油箱类型	CO_2/(g/mi)	NO_x/(mg/mi)	NMOG/(mg/mi)	CO/(mg/mi)	PM/(mg/mi)
普锐斯	52	7	10	3	170	40	55	2100	10
探险者 3.5	19	5	4	5	475	70	90	4200	10
聆风	114	10	10	1	0	0	0	0	0

探险者 NO_x 和 CO_2 计算：

$$探险者的年度 NO_x 排放量 = 70mg/mi \times 12000mi/a = 840g/a$$

$$探险者的年度 CO_2 排放量 = 475g/mi \times 12000mi/a = (570000g/a)/(1000g/kg) = 5700kg/a$$

一年的全部结果见下表。看看你能不能做一些其他的计算来匹配结果。注：效率为 3.5mi/(kW·h)，电费为 12 美分/(kW·h) 的条件下，日产聆风的全年电费为 41 美元。

车型	能源/加仑当量	燃料消费/美元	CO_2/kg	NO_x/g	NMOG/g	CO/kg	PM/g
普锐斯	231	577	2040	480	660	25.2	120
探险者 3.5	632	1579	5700	840	1080	50.4	120
聆风	105	263	0	0	0	0	0

13.4.3.2 蓄电池电动汽车（BEV）

BEV 是一种全电动汽车，只利用电池作为能量和动力来源（图 13.8）。电池必须从外部电源充电。因此，充电之间的行驶范围受到电池容量和运行效率的限制。当前的 BEV 使用效率为 25~35kW·h/100mi。这是一个重要的数字，我们将在后面的图 13.18（b）中看到，因为降低该数值的能力可能会决定 BEV 的未来。

表 13.11 列出了 2017 年市场上的 8 款 BEV，并比较了它们的燃油经济性、电池规格、行驶范围和基本购买价格。大多数 BEV 里程有限，约为 81~115mi。这使得它们非常适合作为城市交通工具，但在长途旅行中不太实用。2017 款日产聆风（Nissan Leaf）和宝马 i3

的电池续航里程（根据选择）最高可达到 107～114mi。雪佛兰 Volt 可达到 238mi 的范围，是性价比最高的 BEV。特斯拉更大的 70～90kW·h 电池可提供 250mi 的续航里程。特斯拉 S 和宝马 i3 的价格处于高端市场（4.4 万～7.1 万美元），但表中所列的其他 BEV 在 3 万～3.8 万美元时更为实惠。特斯拉 Model 3 在这个价格范围内。

　　如图 13.10 所示，特斯拉 S、特斯拉 X、日产聆风、雪佛兰 Volt、福特融合、宝马 i3 和最近推出的雪佛兰 Bolt 是美国 31 款插电式电动汽车中最畅销的车型，请注意 PHEV 和 BEV 市场的规模。2017 年，美国售出 20 万辆 PHEV 和 BEV 汽车，比 2015 年增长 70%。2016 年，插电式汽车占轻型汽车（LDV）总销量的 1%，占汽车销量的 2.6%；混合动力汽车占 LDV 的 2%，占汽车销量的 5.3%。ANL（2017）每月更新这些数据；在参考文献提供的网站上可查看最新销售数据。

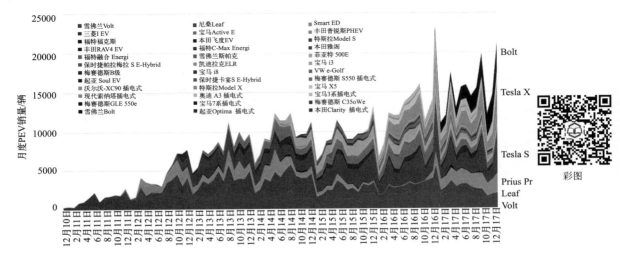

图 13.10　2010 年 12 月至 2017 年 12 月美国的 PHEV 和 BEV 月度销量（来源：ANL，2017）

　　在电动驱动模式下，BEV 和 PHEV（统称为 PEV）与内燃机车相比的主要优势包括：

①　能效提高两到三倍。

②　零车辆石油燃料消耗。

③　零车辆温室气体和城市空气污染物排放。

④　在考虑所需发电量时，假设美国燃料混合平均，二氧化碳排放量为一半（见解决方案 13.3）。

⑤　运行能源成本为三分之二（见解决方案 13.3）。

　　当然，PEV 电池必须用电网电源充电，我们知道，电是一种高价值的能源，通常生产效率低下，有着自身的环境影响。我们只是在用一个能源问题来换取另一个能源问题吗？电能难道不是我们拥有的最昂贵的能源形式吗？

　　是的，电是比汽油更昂贵的能源。如表 5.3 所示，2016 年美国的电力成本是汽油成本的 2.1 倍。然而，电动发动机的效率大约是内燃机的 2.5～3 倍（η＝机械能输出/能量输入），因此每英里的平均能源成本比汽油内燃机低三分之一。美国的电力有发电厂的排放和燃料循环方面的影响。但电动汽车也抵消了汽车尾气排放。根据 2015 年美国电力燃料组合情况，电力驱动模式下发电产生的二氧化碳排放量比 37mi/gal 的内燃机驱动模式少 40%。解决方案 13.3 计算了能源成本节约和二氧化碳排放量的降低情况。

解决方案 13.3

电动汽车：汽油当量燃油经济性、"每加仑价格"和二氧化碳排放量

对于 35mi 的由电网供电的插电式汽车和 35mi/gal 的汽车，它们的汽油当量燃油经济性、能源成本和二氧化碳排放量分别是多少？

解决方法：

首先，我们需要做一些假设：

① 电驱动效率＝1mi/（300W·h）＝3.3mi/（kW·h）。

② 汽油驱动效率＝35mi/gal。

③ 汽油能量＝116000Btu/gal。

④ 电能＝3414Btu/（kW·h）。

⑤ 二氧化碳排放率

a.电力：0.5kg/（kW·h）［2015 年美国平均值，见表 13.17；2016 年排放率为 0.45kg/（kW·h），根据表 5.10 计算］；

b.汽油，汽车：11.2kg/gal（表 13.12）。

⑥ 能源成本

a.电力：12 美分/（kW·h）；

b.汽油：2.50 美元/gal。

汽油当量燃油经济性：

汽油车：35mi/gal

PEV 汽车（换算成汽油当量）：

$$3.3mi/（kW·h）/［3414Btu/（kW·h）］×116000Btu/gal＝112mi/gal$$

费用：

$$35mi 的汽油成本＝35mi/（35mi/gal）×2.50 美元/gal＝2.50 美元$$

$$35mi 的电费：35mi/［3.3mi/（kW·h）］×0.12 美元/（kW·h）＝1.27 美元$$

$$PEV 的汽油当量成本为 1.27 美元/gal$$

二氧化碳排放量：

$$35mi 汽油的二氧化碳排放量＝35mi/（35mi/gal）×11.2kg/gal＝11.2lb＝5.1kg$$

$$35mi 电力的二氧化碳排放量＝35mi/［3.3mi/（kW·h）］×0.5kg/（kW·h）＝5.3kg$$

PEV 可以为电网带来显著的好处：

① 大量的 PEV 可以通过电网充电而不需要增加现有的电力容量。太平洋西北国家实验室（PNNL）的一项研究表明，2007 年的发电能力可以为 84％的美国汽车、皮卡和 SUV（73％的轻型货车，其中包括厢式货车）提供 24h/d（0 点～24 点）的充电，为 43％的轻型货车提供 12h/d（18 点～6 点）的夜间充电。这些比例因电网区域而异，从西部地区的低水平到中西部的高水平不等（Kintner-Meyer et al.，2007）。

② 当电网容量闲置且有基本负载电力时，夜间非高峰电池充电对电网和公用事业有很大好处。由于采用分时计价的非高峰时段费率，这种电力可以非常便宜。

③ PEV 可通过屋顶光伏［车库屋顶可以成为加油站（解决方案 13.4）］、风力或其他可再生电力的多余电力进行充电。它们可能会为我们不断增长的风电容量提供一个重要的机会。PNNL 的研究发现，PEV 在任何时候都能为风力发电提供现成的市场，而新的风力发

电能力将大大增加西部地区所能支持的 PEV-LDV 的份额。自研究之日（2007 年）起至2016 年 7 月，全美公用事业总容量增长 7%，总消耗量下降，风能和太阳能发电量占总容量的比例从 3% 增加到 17.4%（燃煤电厂退役使煤炭占总容量的比例从 31% 减少到 25%，天然气发电占总容量的比例从 40% 提高到 42%）。

④ 如第 10 章所述，大批 PEV 启用了车对网（V2G）电力系统，其中电动车的电池（主要在夜间充电）可以在停放时为电网提供电力储存库，并在需要峰值功率的白天在停车场充电。

解决方案 13.4

电动汽车太阳能光伏车库

太阳能光伏系统（图 13.11）的屋顶面积需要多大，才能为每天行驶 40mi 的 PEV 提供所需电力？

图 13.11 Randolph 的日产聆风 BEV 的太阳能光伏车库

解决方法：

这取决于你住在哪里，太阳照射情况，以及你的车辆效率。

① 照片中我的车库拥有净计量功率为 4.3kW 的光伏系统和一辆日产聆风（Nissan Leaf），位于弗吉尼亚州布莱克斯堡（Blacksburg）。

② 假设我每天开车 40mi。

③ 朝南集热器以 15° 的角度倾斜，平均每天全日照时间为 4.8h [或平均辐照量为 4.8kW·h/(m²·d)]。

④ 我的太阳能电池阵列有孟菲斯生产的 20 块 16% 高效夏普电池板。我今天能够以2.75 美元/W 的价格安装一个类似的系统，在联邦税收抵免于 2020 年到期之前，需要支付 1.92 美元/W。

⑤ 日产聆风拥有容量为 24kW·h 的电池，续航里程为 84mi，因此其经济性为24kW·h/84mi＝0.285kW·h/mi。

⑥ 40mi/d 需要的电能为 40mi/d×0.285W·h/mi＝11.2kW·h/d。

使用 PVWatts 或式（11.3）和式（11.5），假设降额系数为 0.75，所需的 PV 容量为

$$P_{\text{DCSTC}} = \frac{11.2\text{kW} \cdot \text{h/d}}{0.75 \times 4.8\text{h/d}} = 3.1\text{kW}$$

我们可以计算出所需的车库面积。

$$A(\text{ft}^2) = \frac{P_{\text{DCSTC}} \times 10.75\text{ft}^2}{\eta \times 1 \frac{\text{kW}}{\text{m}^2} \times \text{m}^2} = \frac{3.1 \times 10.75}{0.16} = 208\text{ft}^2$$

太阳能充电所需的阵列安装成本：

$$\text{PEV 充电光伏阵列安装成本} = 3.1\text{kW} \times \frac{1000\text{W}}{\text{kW}} \times \frac{1.92 \text{美元}}{\text{W}} = 6000 \text{美元}$$

我的车库面积为 352ft^2，因此车库顶的光伏覆盖率需要为 $208/352 = 59\%$ 才能为我的聆风汽车提供每天行驶 40mi 所需的电能。表 13.12 提供了其他地区的可比较结果。

表 13.12　可在部分城市为电动汽车提供 40mi/d 所需电力的光伏系统规模比较

城市	一天中照度为 1-sun 的时长/(h/d)	功率/kW	面积/ft²	安装成本/美元
亚特兰大	5	3.0	200	5760
波士顿	4.5	3.3	222	6400
博尔德	5.4	2.8	185	5333
洛杉矶	5.5	2.7	182	5236
麦迪逊	4.1	3.6	244	7024
菲尼克斯	6.4	2.3	156	4500

13.4.3.3　拓展插电式电动汽车市场面临的挑战

然而，PHEV 和 BEV 的大规模扩张面临着许多技术和经济挑战。消费者在寻求车辆的几个特性：实用性、安全性、可负担性、灵活性、便利性、舒适性、风格、性能和形象（"人如其车"）。PHEV 提供与传统内燃机车相同的加油特性和距离范围，具有更好的燃油效率和环境影响。但它们的初始成本比传统汽车高 10%～20%。

另一方面，目前 BEV 的续航里程（80～100mi，Bolt 和 Tesla 的 200mi 以上除外）和充电时间间隔的范围有限，这都限制了其实用性、灵活性和便利性。它们的行驶距离可满足城市、近距离家用汽车的需求（美国 80% 的每日汽车往返通勤距离不到 50mi），但对于更长距离的每日出行却不方便。BEV 确实提供了最佳的燃油效率和环境影响，但与其他车辆相比，其初始成本更高。

但是，在未来几年中，随着技术和经济的发展，电池、电动机、电力电子和充电基础设施等一系列限制条件有望被攻克（ANL，2016）。

（1）电池技术和成本

① 更高的容量（kW·h），适用于更大的全电行驶范围（AER）。

② 更高的能源密度（kW·h/kg）和容量（W·h/L），以减轻质量和体积（见第 10 章）。

③ 降低成本［美元/(kW·h)］以降低整车成本（见侧栏 13.1）。

④ 更高的电池功率，实现更好的全电动性能。

⑤ 更高的可用充电状态（EV 为 60%～70%，HEV 为 10%～15%）。

⑥ 更长的连续放电和充电时间，以延长使用寿命和提高性能。

⑦ 通过热管理（加热）延长电池寿命和提高性能。

（2）电动机和电力电子设备

① 全性能需要两倍于 HEV 的电力。

② 智能车载电池充电器，实现快速高效充电。

（3）充电基础设施和成本

① 家庭 2 级（240V）充电。

② 工作场所 2 级充电。

③ 社区公共 2 级和 3 级（480V）充电。

④ 公路网 3 级充电。

13.4.3.4　插电式电动汽车的当前和未来市场

包括能源部在内的大多数分析师都认为 PEV 前景广阔。美国能源部的"无处不在的电动汽车挑战赛"计划旨在提出上述挑战，并且正在取得重大进展（侧栏 13.1）。

图 13.10 和图 13.12 显示，尽管汽油价格非常低，但 PEV 的销量仍在继续增长，到 2017 年，在美国共售出 760000 辆。其中 BEV 和 PHEV 约各占一半。

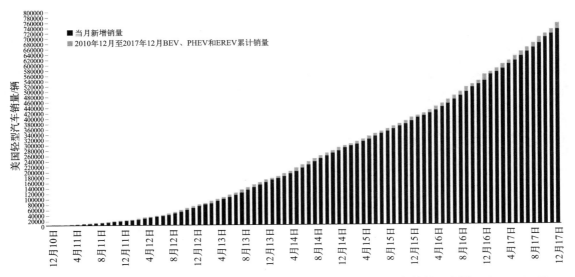

图 13.12　2010 年 12 月至 2017 年美国插电式汽车（PEV）的累计和月度销量（来源：Zhou，2017）

侧栏 13.1
美国能源部"无处不在的电动汽车挑战赛"计划

美国能源部发起了"无处不在的电动汽车挑战赛"计划，在 2022 年前开发出与汽油内燃机车一样价格实惠、使用方便的 PEV。该项目是美国能源部的电池和电动汽车技术研究项目。表 13.13 给出了 2022 年能源部电动汽车相关目标。其中，电池目标是最重要的。

表 13.13　2022 年能源部电动汽车相关目标

电池组		电动系统		车辆轻量化	
成本	125 美元/(kW·h)	成本	5 美元/kW	总重	−30%
能量密度	400W·h/L	比功率	12kW/kg	结构	−35%
比能	250W·h/kg	功率密度	12kW/L	底盘和悬架	−25%
比功率	2000W/kg	系统效率	94%	内饰	−6%

数据来源：U. S. DOE，2016a。

　　如图 13.13 所示，从 2008 年到 2015 年，电池组能量密度几乎增加了 6 倍，这意味着相同能量的电池占据了原来空间的六分之一。2008 年电池组价格为 1000 美元/(kW·h)，2015 年价格降至 264 美元/(kW·h)。2016 年，通用汽车（General Motors）宣布，其 2017 款雪佛兰博尔特（Chevy Bolt）BEV 的电池价格将为 145 美元/(kW·h)［估计电池组价格约为 215 美元/(kW·h)］，到 2022 年可能降至 100 美元/(kW·h)［电池组价格为 148 美元/(kW·h)］。2016 年 4 月，甚至在 Gigafactory 投产之前，特斯拉表示其电池组成本为 190 美元/(kW·h)。如果所有这些都被证明是真的，能源部的电池成本目标将在 2022 年之前实现。为实现表 13.13 中给出的其他目标所作的努力也大大提前（U. S. DOE，2016b）。

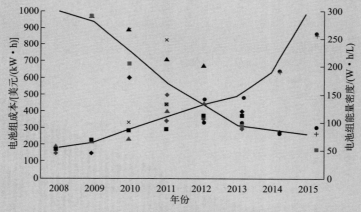

图 13.13　2008—2015 年电池成本和能量密度改进。成本从 1000 美元/(kW·h)
下降到 264 美元/(kW·h)，能量密度从 55W·h/L 增加到 290W·h/L
（来源：U. S. DOE，2016a）

　　"无处不在的电动汽车挑战"不仅需要降低 PEV 成本的技术，还需要开发充电基础设施和项目，以帮助消费者接受并为 PEV 创造市场吸引力。美国能源部的工作场所充电挑战计划的目标是，到 2018 年，让 500 名合伙人雇主承诺允许员工充电。截至 2016 年 6 月，270 多家公司承诺在 600 多个工作地点为员工安装 5500 多个充电站。在能源部清洁城市计划的帮助下，全美各地的社区都增加了公共充电站，包括 17000 多个公共充电站共计 40000 个充电插座（表 14.2）。2015 年，能源部了解到 PEV 的发展需要与电力公司的协调与合作，因此与爱迪生电力研究所签署了一项协议，以帮助打破广泛部署电动汽车的障碍（U. S. DOE，2016a）。第 14 章将进一步探讨 PEV 充电基础设施。

未来呢？彭博新能源财经（BNEF）《2017 年电动汽车展望》预测，2020 年后，全球电动汽车将迅速扩张。到 2040 年，全球纯电动汽车销量（6300 万辆/a）将占新车销量的 54%，届时 5.2 亿辆电动汽车将占所有道路车辆的 33%。这个水平的电动汽车使用量将取代 800 万桶/d 的原油消耗量（占 2015 年全球产量的 9%），但需要 1800TW·h 的电力（占 2015 年供应量的 7%）（BNEF，2017）。这可能是保守的估计，因为在 2017 年，中国、法国和英国已经宣布禁止内燃机车的计划，通用和福特宣布他们正在为这个市场做好准备。

13.4.4　燃料电池电动汽车（FCEV）

第 10 章介绍了燃料电池技术。燃料电池因其能有效地将氢燃料转化为电能且无污染而备受关注。在运输过程中，如果可以使用可再生能源生产氢气，则可以抵消石油和所有化石燃料的使用。现在，大多数氢气是从天然气中产生的。

如图 13.8 所示，燃料电池汽车的电动机驱动器类似于 BEV、PHEV 或 HEV 的电动机。其区别在于，尽管可以选择插电式燃料电池电动汽车，但驱动电动机的电池组是由燃料电池而非汽油发动机驱动的发电机或电网充电的。

虽然 FCEV（燃料电池电动汽车）的商业发展已经被 BEV（纯电动汽车）所取代，但与 BEV 相比，FCEV 更具有潜在的优势。和 BEV 一样，它们都是电动的，并且没有尾气排放，因为燃料电池只排放水。在加氢站将燃料箱加满，FCEV 就可以解决 BEV 的续航里程问题。

因此，在将 FCEV 推向市场的过程中会出现一些复杂的问题。除了建立运输和销售燃料的基础设施外，具有成本效益的 FCEV 还需要一种廉价、小型和轻型的燃料电池，能源和氢燃料的生产以及改进的氢储存方法。所有这些发展可能需要很多年，最终氢燃料电池汽车的购买和运行成本可能会很高。

尽管如此，丰田和本田仍在推动其 FCEV 的商业化。丰田于 2015 年开始生产 Mirai FCEV，并在日本、美国加利福尼亚州和欧洲销售。该车售价约 6 万美元，行驶里程 312mi，环保署的燃油经济性评级为 66mi/gal。本田在日本销售 Clarity FCEV，标价约 7 万美元，行驶里程 300mi，环保署的燃油经济性评级为 mi/gal。

尽管氢燃料电池汽车一直被吹捧为未来汽车和未来氢经济的中心，但 PEV 有更大的直接前景。如果燃料电池仅依赖于来自电网的电解制氢，而 PEV 依赖于以相同的电网功率为其电池充电，考虑 FCEV 和 PEV 的效率比较（表 5.1），放弃使用燃料电池，用电给电动汽车充电效率会更高。如解决方案 13.4 所述，您可以使用车库屋顶上的太阳能光伏来实现这一点。

13.5　车辆技术：未来燃料消耗减少和制造成本

车辆技术和运输能源的未来将如何发展？是像美国 EIA 的 AEO 预测的，包括生物燃料在内的液体燃料的价格仍将保持较低水平，因此传统的内燃机车辆在 2040 年仍将占据主导地位？还是像 Bloomberg 预测的，插电式电动汽车将在 2040 年从美国汽车销量的 1% 增长到全球销量的 54%？燃料电池电动汽车能否克服目前的燃料供给基础设施障碍，从而制造出可以快速加满燃料的无污染汽车? 其中, 最佳选择是什么?

消费者、制造商和能源公司, 以及气候变化和城市空气质量都面临很大的风险。因此, 许多研究试图找出最佳的选择, 主要目标是以合理的成本减少石油燃料使用、温室气体和空气污染物排放。所研究的对象包括插电式混合动力车、全电动车、燃料电池混合动力车、传统内燃机车等各种车辆, 以及各种燃料, 包括各种来源的电能和氢、生物乙醇、压缩天然气, 当然还有汽油和柴油。大多数研究的目的是提供"从油井到车轮"(well-to-wheels, WTW) 分析, 评估在"油井"(或发电厂或生物乙醇农场) 获取能源、处理和运输能源(从油井到油箱, well-to-tank, WTT) 以及燃料放入油箱(燃料罐) 中后车辆的运行(从油箱到车轮, tank-to-wheels, TTW) 相关的燃料和排放(图 13.14)。本节重点介绍其中的一些研究, 然后进行一个简单的 WTW 计算。

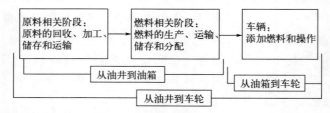

图 13.14 WTW 分析。WTW 研究将燃料循环的 WTT 评估和传动系的 TTW 评估结合起来 (来源: 改编自 Weiss et al. , 2000)

13.5.1 WTW 分析

很难对 WTW 研究进行比较, 因为它们包含了在未来容易改变的假设。其中一些技术还没有商业化, 因此存在更多的不确定性。尽管如此, 这些研究仍有助于将一组关于车型和燃料来源的复杂信息结合起来, 为决策提供信息。表 13.14 给出了 2015 年评估道路交通低碳替代方案研究的总结结果 (Ramachandran, Stimming, 2015)。该表根据假设条件说明了广泛的结果。电动汽车 WTW 的燃料消耗量和污染物排放量取决于电力来源: 煤基电力的燃料消耗量和污染物排放量高, 可再生能源的则较低, 乙醇和燃料电池则取决于燃料的来源。

表 13.14 低碳车辆选择的 WTW Meta 研究

选项	燃油 /(L/100km)	二氧化碳 /(g/km)	说明
BEV	2.5~4.9	4~70	CO_2 排放量取决于电源: 瑞典为 4g/km, 美国为 68g/km
FCEV, 天然气重整制氢	4.0~4.9	74~84	取决于重整天然气是在本地还是集中的
FCEV, 压缩天然气	4.9	89	
FCEV, 乙醇重整产品	5.9~9.5	9~68	CO_2 排放量取决于乙醇来源: 玉米为 68g/km, 麦秸为 9g/km
FCEV, 直接乙醇	4.7~7.6	7~54	取决于乙醇来源
内燃机汽油	6	144	

资料来源: Ramachandran, Stimming, 2015。

13.5.2　阿贡国家实验室车辆评估项目

阿贡国家实验室长期以来使用其温室气体、管制排放量和交通能源使用量（GREET）模型主导着 WTW 的比较研究。本书英文版网站上有关于 PHEV 的 ANL 2010 WTW GREET 研究的简短模块。此外，阿贡实验室使用其前瞻性汽车工程模型 Autonomie 对车辆的能源使用和成本进行了两年期评估。阿贡实验室在 2016 年的研究中评估了可能在 2045 年实现商业化的燃油和轻型车辆技术。该研究模拟了 5000 多种车辆和燃油变化（ANL，2016）。

这项研究的重点是直接燃料消耗（不包括插电式）和未来的车辆成本。关于燃料消耗量，结果表明，所有技术的燃料使用都大大减少，如表 13.15 所示。与 2010 年的传统汽油车参考相比，更轻、更高效的汽油车预计在 2045 年将减少 28%～49% 的燃油，天然气 HEV 将减少 61%～75%，天然气 PHEV 将减少 84%～91%。与 2015 年的现状相比，预计 2045 年天然气 HEV 的燃料消耗量将减少 41%～61%，天然气 PHEV 的燃料消耗量将减少 34%～64%。

表 13.15　到 2045 年，与参考 2010 年常规天然气和各自当前状态相比，按燃料动力系统组合计算的燃料消耗减少比例　　　　单位：%

燃料/动力系统	与 2010 年常规天然气相比				与各自的现状相比			
	常规天然气	HEV	PHEV10[①]	PHEV40[①]	HEV	PHEV10[①]	PHEV40[①]
汽油	28～49	61～75	70～81	82～91	41～61	42～62	34～65
柴油	38～56	57～72	65～78	82～89	34～57	35～58	37～63
压缩天然气	23～43	61～72	69～78	58～62	39～58	40～59	34～65
乙醇	39～48	65～76	72～81	81～90	48～53	49～63	21～27
燃料电池		71～81	77～84	83～89	35～56	36～56	35～57

资料来源：ANL，2016。

注：数值反映了不确定度范围。PHEV10 指 10mi 全电动里程，PHEV40 指 40mi 全电动里程。

① PHEV 未考虑电力消耗。

ANL 的研究在降低燃油消耗的评估中并未考虑插电式车辆的电能消耗，尽管它确实评估了电力驱动和电池的未来以及电力驱动效率 [mi/(W·h)] 的改善。在图 13.15 中，使用他们对单位里程的耗电量（W·h/mi）的假设（图 13.16），我们给出了驱动各种配置的中型车辆 12000mi 所需的预期能量（包括电力）（已全部转换为加仑汽油当量）。BEV 和 PHEV30 车型消耗的能源显著减少，但是请注意，这是最终用电，而不是产生电能的一次能源。

图 13.16 给出了 ANL 研究的预期电池规格（kW·h）和每英里能量（W·h/mi）。由于车辆更轻、电池比能量有所改善以及电动机效率更高，因此预计未来几年每英里能量和电池规格都会下降。（请注意，EPA 对 2016 年商用 BEV 的平均燃油经济性评价为 300W·h/mi，因此到 2020 年将其降至 175W·h/mi 意义重大。）

根据 ANL 研究，与传统车辆相比，先进技术车辆的制造成本将大大降低，如表 13.16 所示。表中显示了 2045 年中型车与参考的 2010 年常规汽油车相比的额外成本。该表的右侧更能说明问题，该部分显示了 2045 年中型车的成本与相应车型当前成本相比的下降情况，BEV 成本比当前成本下降了 26%～48%。

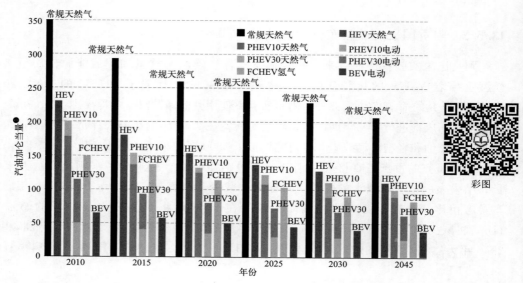

图 13.15 各种车辆技术 2010—2045 年 12000mi/a 的预计能量消耗（数据来源：ANL，2016）

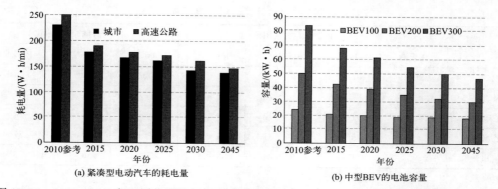

(a) 紧凑型电动汽车的耗电量

(b) 中型BEV的电池容量

图 13.16 2010—2045 年不同范围的 BEV 单位里程耗电量（W·h/mi）和电池容量（kW·h）的 ANL 假设（数据来源：ANL，2016）

表 13.16 2045 年车型制造成本：与参考 2010 年中型汽油车相比的额外成本，与各自当前成本相比的成本降低比例

燃料/动力系统	与 2010 年常规天然气相比的额外费用/美元				与当前成本相比减少的比例/%			
	常规天然气	HEV	PHEV10	PHEV40	常规天然气	HEV	PHEV10	PHEV40
汽油	900~1600	2400~2600	2600~2800	3900~4500	−11~6	7~8	14~15	26~28
柴油	2100~2500	3500~3600	3800~3900	4900~5700	−2~0	14	21	29~32
压缩天然气	2100~2500	2700~3100	3000~3400	4100~5400	3~6	17~19	23~24	32~36
乙醇	800~1500	2400~2600	2600~2800	3900~4500	−11~6	8~9	14~15	26~29
燃料电池		2600~3900	2900~4100	3500~5300		27~32	30~35	34~43
BEV100	900~1300				26~28			
BEV200	2200~4500				38~46			

资料来源：ANL，2016。

❶ 汽油加仑当量（GGE），1 加仑汽油相当于 126.67ft³ 天然气的能量。

图 13.17 给出了 ANL 的"高科技"情景下不同车辆相对于参考中型常规汽油车（值为 1）的制造成本。所有先进技术都显示出相对的价格降低，尤其是 BEV300（一次充电可行驶 300 英里），这归因于车辆的轻量化、电驱动系统的效率以及电池质量、密度和成本方面的提高与改善。

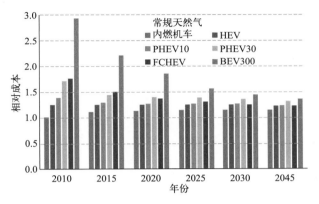

彩图

图 13.17　2010—2045 年各类新能源车型的成本，与 2010 年常规天然气内燃机车对比（默认成本为 1）

（数据来源：ANL，2016）

13.5.3　简单的 WTW 评估：天然气、E85 乙醇汽油、HEV、PHEV、BEV 和 FCEV 汽车

基于之前对车辆技术、效率和排放的讨论，我们对不同车辆和燃料选择的能源使用、二氧化碳排放和燃料成本进行了简单的比较，包括传统汽油、E85 乙醇汽油、HEV、PHEV、BEV 和 FCEV 汽车。进行这些分析需要对车辆及其燃油经济性、二氧化碳排放量和燃油价格数据做出一些假设。

六辆车是：

① 基于福特融合的汽油车（GV）。

② 基于丰田普锐斯的混合动力汽车（HEV）。

③ 基于插电式福特融合 PHEV 的 PHEV。

④ 基于福特金牛座 FF 的弹性燃料车（FF）。

⑤ 基于日产聆风的 BEV。

⑥ 基于丰田 Mirai 的 FCEV。

评估分为两部分：每种车型的 TTW 效率和每种燃料类型的 WTT 效率。计算不是很困难，但是最重要的部分是设定和陈述假设。这样，每个人都能知道得出结果的条件，并且，如果要更改假设，也很容易做到，尤其是在构建用于分析的电子表格时。

对车辆 TTW 效率、燃料 WTT 效率、燃料价格和二氧化碳排放率的假设见表 13.17 和表 13.18。车辆的 TTW 燃油经济性取自 EPA 燃油经济性评级（参见 fueleconomy 官网）。电力驱动和氢气电解的能量来源包括三种电源：美国平均电网（34％有效发电）、天然气联合循环（45％有效发电）和可再生能源。电力也会造成一次能源消耗、排放和输电损失。

表 13.17　从油井到油箱（WTT）能效、成本、二氧化碳排放率

	一次能源	WTT 效率/%	成本	CO_2 排放
E10 汽油	150000Btu/gal	80	2.50 美元/gal	11.2kg/gal
E85	102500Btu/gal	80	2.25 美元/gal	7.85kg/gal
电网	10055Btu/(kW·h)	34	0.12 美元/(kW·h)	0.5kg/(kW·h)
电/天然气联合循环	7600Btu/(kW·h)	45	0.12 美元/(kW·h)	0.43kg/(kW·h)
可再生电力	3414Btu/(kW·h)	100	0.12 美元/(kW·h)	0kg/(kW·h)
氢气重整	224000Btu/kg	60	5 美元/kg	13kg/kg
电网电解制氢	555000Btu/kg	22	5 美元/kg	27kg/kg（以 H_2 质量计）
氢气电解/天然气联合循环	429000Btu/kg	29	5 美元/kg	23kg/kg（以 H_2 质量计）
氢气电解可再生能源	192584Btu/kg	70	5 美元/kg	0kg/(kW·h)

表 13.18　样品车的从油箱到车轮（TTW）能源效率

	车型	基本油耗/(mi/gal)	其他基础数据
E10 汽油	福特融合	29	
E85	福特金牛座 FF	16	
HEV	丰田普锐斯	52	
PHEV	福特融合 PHEV	38（内燃机驱动模式）	电动模式下为 88mi/gal，2.6mi/(kW·h)
BEV	日产聆风		电动模式下为 114mi/gal，3.5mi/(kW·h)
FCEV	丰田 Mirai		电动模式下为 66mi/gal，62.4mi/kg

在解决方案 13.5 中，我们对汽油车、HEV、PHEV 和 BEV 的计算样本进行了分步处理，以显示该过程。对于 PHEV，我们假设 55% 的电力驱动和 45% 的汽油内燃机驱动。你可以自己尝试一些其他的燃料-车辆组合情景。

解决方案 13.5

汽油、PHEV 和 BEV 的 WTW 计算

考虑表 13.17 和表 13.18 中的假设，汽油车、FF-HEV（弹性燃料混合动力电动汽车）和 BEV（均采用 NGCC 电力）的每英里 WTW 能量和年二氧化碳排放量是多少？

（1）汽油车：福特 Fusion

汽油能量值为 120000Btu/gal，汽油 WTT 效率约为 80%，即约 20% 的原油能量消耗在原油生产、加工成汽油、运输到加油站的过程中。WTT 能量为 120000/0.8 = 150000Btu/gal。汽油生产和燃烧过程的二氧化碳排放量为 11.2kg/gal。汽油价格假设为 2.50 美元/gal。福特 Fusion 的燃油经济性为 29mi/gal。

$$WTW\ 能量 = WTT \times TTW = \frac{150000Btu/gal}{29mi/gal} = 5.2 \times 10^3 Btu/mi$$

$$WTW\ CO_2\ 排放量 = WTT \times TTW = \frac{11.2kg/gal}{29mi/gal} \times 1000g/kg = 386g/mi$$

$$WTW\ 燃料成本 = WTT \times TTW = \frac{2.50\ 美元/gal}{29mi/gal} = 0.086\ 美元/mi$$

（2）插电式混合动力电动汽车与电网平均电力：福特 Fusion PHEV

由于 PHEV 同时使用汽油和电力作为燃料，我们需要对每个部分分别做出假设。假设插电模式占 55%，汽油模式为 45%。Fusion PHEV 在汽油驱动时的额定燃油经济性为 38mi/gal，在电力驱动时为 2.63mi/(kW·h)。电网平均一次能量值为 10055Btu/(kW·h)，全美二氧化碳排放量为 0.5kg/(kW·h)。假定电价为 0.12 美元/(kW·h)。

$$\text{WTW 能量} = \text{WTT} \times \text{TTW} = 0.45 \times \frac{1500010 \text{Btu/gal}}{38 \text{mi/gal}} + 0.55 \times \frac{10055 \text{Btu/(kW·h)}}{2.63 \text{mi/(kW·h)}}$$

$$= 3.9 \times 10^3 \text{Btu/mi}$$

$$\text{WTW } CO_2 \text{ 排放量} = \text{WTT} \times \text{TTW} = \left[0.45 \times \frac{11.2 \text{kg/gal}}{38 \text{mi/gal}} + 0.55 \times \frac{0.5 \text{kg/(kW·h)}}{2.63 \text{mi/(kW·h)}} \right] \times 1000 \text{g/kg}$$

$$= 237 \text{g/mi}$$

$$\text{WTW 燃料成本} = \text{WTT} \times \text{TTW} = 0.45 \times \frac{2.50 \text{美元/gal}}{38 \text{mi/gal}} + 0.55 \times \frac{0.12 \text{美元/(kW·h)}}{2.63 \text{mi/(kW·h)}}$$

$$= 0.55 \text{美元/mi}$$

（3）可再生电力电池电动车：日产聆风

日产聆风的额定燃油经济性为 3.5mi/(kW·h)，优于 Fusion PHEV。可再生能源发电的二氧化碳排放率为零。

$$\text{WTW 能量} = \text{WTT} \times \text{TTW} = \frac{3414 \text{Btu/(kW·h)}}{3.5 \text{mi/(kW·h)}} = 975 \text{Btu/mi}$$

$$\text{WTW } CO_2 \text{ 排放量} = \text{WTT} \times \text{TTW} = \frac{0 \text{kg/(kW·h)}}{3.5 \text{mi/(kW·h)}} = 0 \text{g/mi}$$

$$\text{WTW 燃料成本} = \text{WTT} \times \text{TTW} = \frac{0.12 \text{美元/(kW·h)}}{3.5 \text{mi/(kW·h)}} = 0.034 \text{美元/mi}$$

表 13.19 和图 13.18 给出了总体的 WTW 结果：

① 日产 Leaf BEV、高效的丰田 Pruis HEV 和福特 Fusion PHEV 的每英里 WTW 能耗、二氧化碳排放量和成本最低。

② 福特 Fusion PHEV 不太好，因为它的纯汽油驱动效率较低（38mi/gal），电驱动效率也较低[2.6mi/(kW·h)]。

表 13.19　样车 WTW 计算结果

燃料/动力系统类型	车型	能量/(1000Btu/mi)	CO_2 排放量/(g/mi)	燃料成本/(美分/mi)
E10 汽油	福特 Fusion	5.2	386	8.6
E85	福特金牛座 FF	6.4	490	14.1
HEV	丰田普锐斯	2.9	215	4.8
PHEV（电网）	福特 Fusion PHEV	3.9	211	5.5
PHEV（电力，NGCC）	福特 Fusion PHEV	3.4	201	5.5
PHEV（可再生电力）	福特 Fusion PHEV	2.5	57	3.4
BEV（电网）	日产聆风	2.9	143	3.4
BEV（电力，NGCC）	日产聆风	2.2	125	3.4

续表

燃料/动力系统类型	车型	能量/(1000Btu/mi)	CO_2排放量/(g/mi)	燃料成本/(美分/mi)
BEV（可再生电力）	日产聆风	1.0	0	3.4
氢气重整	丰田 Mirai	3.6	208	8.0
氢气（电解，电网）	丰田 Mirai	8.9	433	8.0
氢气（电解，NGCC）	丰田 Mirai	6.9	369	8.0
氢气（电解，NGCC）	丰田 Mirai	3.1	0	8.0

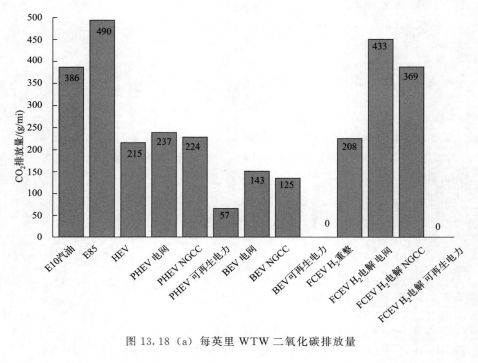

图 13.18（a）每英里 WTW 二氧化碳排放量

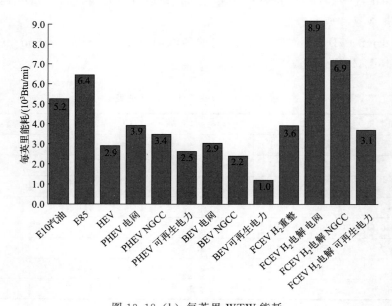

图 13.18（b）每英里 WTW 能耗

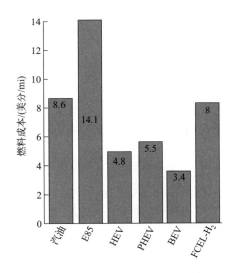

图 13.18（c）每英里燃料成本

③ 福特 Taurus 弹性燃料车燃烧 E85 的结果比使用 E10 汽油的福特 Fusion 更糟，因为 Taurus FF 使用 E85 的燃油经济性差（16mi/gal）。

④ 丰田 Mirai FCEV 燃烧重整天然气制的氢气相当不错，发电厂、电解过程和燃料电池效率损失的综合影响导致电解氢气效果很差。

⑤ 每英里的燃料价格高度依赖于燃油价格和电价，汽油和 E85 的价格波动较大。由于氢燃料市场不成熟，其价格也很高。

⑥ 风能和太阳能的可再生电力显著降低了 PHEV、BEV 和利用电解氢气的 FCEV 每英里消耗的能量和每英里的二氧化碳排放量。

13.6　本章总结

交通运输是一个关键的用能行业，因为它的需求不断增长，对石油的依赖性强，对城市空气污染和温室气体排放的贡献大。充分解决石油和碳排放问题，首先要从交通运输开始。我们需要一个三管齐下的解决方案：

① 提高车辆效率。

② 增加对替代能源的使用，以替代石油燃料。

③ 减少车辆行驶里程。

本章讨论了第一个解决方案，并介绍了石油的替代能源，下一章将进一步讨论。第 15 章将讨论降低 VMT 的方法。

技术是提高车辆效率（mi/gal）并减少温室气体和空气污染物排放的关键。对于降低能源强度也很重要，但是能源强度还受到乘客和货物的模态转换和负载系数的影响。世界各国对汽车的迷恋使汽车技术和效率成为广泛的消费者和公共利益主题。对传统内燃机和辅助排放控制设备的改进已成功减少了车辆每英里的排放并提高了效率。但是直到 2008 年左右，这些改进在很大程度上被增加的行驶里程、车辆尺寸和自重所抵消。

　　直到 2010 年，美国的新汽车效率标准在 25 年内没有提高。但是新车的 CAFE 标准最终从 1985—2010 年的 27.5mi/gal 提升到 2016 年的 38.4mi/gal 和 2025 年的 56.2mi/gal。根据 NHTSA 和 EPA 的数据，新标准将节省 1.7 万亿美元的燃料成本、120 亿桶石油以及 60 亿吨的二氧化碳排放量。在低油价时期，当消费者购买节能汽车的经济动机减少时，这些效率标准尤其重要。

　　此外，《清洁空气法》车辆排放标准（2005—2016 年第 2 级和 2017—2025 年第 3 级）的重大升级将 2005—2016 年车辆与烟雾相关的 NMOG＋NO$_x$ 平均排放量定为 2004 年标准限值的 20%，到 2025 年仅为 2004 年标准限值的 3%。重型卡车和飞机的新排放和燃油经济性标准也将减少这些交通方式的能源使用和排放。

　　许多人认为，实现这些新标准的唯一途径是对汽车技术和燃料进行重大变革。高效 HEV 发展中的市场以及 PEV 的近期增长既改善了燃油经济性又减少了排放。燃料电池汽车由于无石油和无排放可能占有一席之地，但是技术和燃料供给基础设施的限制很可能会抑制其增长。

　　尽管美国能源信息署（EIA）预计，PEV 的市场份额尚未达到显著水平，但彭博社（Bloomberg）等市场观察者认为，到 2040 年，BEV 在全球汽车销量中的份额将增长至 54%，并在汽车行业产生类似手机行业的巨大变化，最大的影响可能体现在经济的其他部分，包括石油工业、电力系统、城市、道路和充电基础设施以及全球金融（BNEF，2017）。

　　最好的车辆选择是什么？气候的变化、城市空气质量和石油未来的迫切需求为推动变革提供了动力，而技术和经改良的经济学也为我们提供了推动力。阿贡国家实验室和其他地方的最新研究表明，电动汽车有望节约燃料和降低排放，尤其是随着技术的发展在未来几年内有望降低成本。我们进行的简单 WTW 分析也显示了 PEV 的前景，特别是在使用可再生电力充电时。

第 14 章
替代燃料、生物燃料和生物质能

当本书英文版第一版于 2007 年完成时，美国和世界对生物乙醇燃料大规模增长的前景都看好。

① 石油价格和美国石油进口量均达到新高，美国国内石油产量仍在下降，人们对气候变化和温室气体（GHG）排放的担忧日益增加。

② 人们将生物乙醇视为国内生产的液体燃料的巨大希望，该燃料可以减少石油进口和石油使用，改善温室气体排放，并通过可盈利的经济作物帮助振兴美国农村。

③ 橡树岭国家实验室（ORNL）的一项重大研究估计，美国可持续生物能源生产的潜力为 10 亿吨/a，足以取代美国 1/3 的石油消费量，同时仍能满足粮食、饲料、纤维和粮食出口需求。

④ 国会通过了一项生物燃料生产税收政策来鼓励生产，更重要的是，通过了一项可再生燃料标准（RFS），要求生物乙醇燃料从 2006 年的 49 亿加仑/a 增长到 2012 年的 75 亿加仑/a 和 2022 年的 350 亿加仑/a。（2006 年汽油总销量为 1420 亿加仑/a。）

⑤ 布什总统制定了"10 年 20%"的目标，即到 2017 年的 10 年内实现乙醇产量占所有汽油销量的 20%。一些风险投资家，如 Vinod Kosla，预计到 2031 年，乙醇产量将增长到 1500 亿加仑/a，取代我们 3/4 的汽油使用量。

十年足以改变很多事物。从 2007 年开始：

① 美国汽油价格已从 2008 年的 4 美元/加仑降至 2017 年的 2 美元/加仑，生物乙醇价格必须紧随其后才能具有竞争力，这削弱了生物燃料生产的盈利能力。

② 2015 年，美国国内原油产量几乎翻了一番，从 500 万桶/d 增至 960 万桶/d（100 万桶/d＝153 亿加仑/a）。因此，石油进口从 2007 年占石油消费的 60% 下降到 2015 年的 24%，削弱了国内生物燃料生产的主要动力。

③ 自 2007 年以来，汽油总销量一直停滞不前。尽管 2016 年的汽油价格非常低，但在 8 年平均低于 900 万桶/d 的情况下，930 万桶/d 的汽油销量与 2007 年的 930 万桶/d 相当。车辆效率的提高削弱了液体燃料销售的增长。

④ 电力驱动、压缩天然气和氢燃料电池等液体燃料的替代品正在出现，并将提供除生物燃料以外的汽油替代品。

⑤ 尽管纤维素乙醇可更大幅度减少温室气体的排放，对粮食和饲料市场的影响较小，但在汽油价格较低的情况下，这种成本过高的生产技术发展缓慢。

生物燃料，主要是乙醇，仍然得到政策支持，特别是得到中西部农村经济利益集团的支持，可再生燃料标准（RFS）和税收激励措施仍然支持该行业。但过去十年，对生物燃料的狂热已经消退，尽管它们可能在我们多样化的可再生能源未来中发挥作用。

本章回顾了交通替代燃料的范围，重点是生物燃料，但也讨论了压缩天然气（CNG）、氢气和电力，特别是它们的来源和燃料基础设施。另外还阐述了生物质能的非交通行业应用机会，从燃烧和发电到甲烷的消化和回收，以及利用光合作用的新兴技术。

14.1　替代运输燃料

车辆可使用几种替代燃料。表 14.1 给出了 1995 年、2005 年、2010 年和 2016 年不同类型燃料消耗的汽油加仑当量。

① 替代化石燃料包括液化石油气（LPG）、液化天然气（LNG）和压缩天然气（CNG）。自 2010 年以来，它们一直占据着市场，但总体上增长不大（表 14.1）。车辆经改装便可以使用这些燃料。有些是"双燃料"汽车，既可以使用汽油，也可以使用替代燃料，但不同于弹性燃料汽车，它们需要两个独立的燃料处理系统。由于城市空气污染物排放量远低于汽油和柴油，它们主要用于为不符合空气质量标准的大都市地区的公共汽车和其他大型车辆提供燃料。

② 生物乙醇燃料与汽油以不同比例混合。E85 是 85％的乙醇和 15％的汽油的混合物，E10 汽油或称为"汽油醇"是 10％的乙醇和 90％的汽油的混合物。在美国销售的汽油中有 95％以上是 E10，因为乙醇是汽油的氧化物添加剂，可减少一氧化碳的排放。如表 14.1 所示，按体积计算，E10 中的乙醇是迄今为止消耗量最大的替代燃料，2016 年超过 900 万汽油加仑当量。由于乙醇的能量含量低于汽油，因此 E10 的能量含量为汽油的 96.7％，E85 的能量含量为汽油的 76％。但里程比较测试表明，E85 的行驶里程仅比汽油少 5％～12％。生物乙醇的真正潜力在于 E85，因为 E10 对乙醇的使用存在"混合瓶颈"（即 E10 最多允许混合 10％的乙醇）。

③ 生物柴油和可再生柴油是由生物质油（包括植物油、废油、动物脂肪或某种藻类）制成的柴油替代品。生物柴油由单烷基酯组成，与石油柴油以 2％到 100％的比例混合（分别表示为 B2～B100）。可再生柴油也来源于生物质，但不是酯类，包括氢化植物油（HVO）。它的化学成分更类似于石油柴油。这些燃料通常被归为生物柴油。生物柴油的使用量很小，直到 2006 年超过了天然气和液化石油气，2016 年达到 21.6 亿汽油加仑当量。

④ 插电式电动汽车（PEV）的用电量一直以来并不重要，直到 2010 年后 PEV 销量增长，2010 年美国只有约 1000 辆 PEV，截至 2017 年 PEV 的累计销量已超过 66 万辆。根据 2016 年与 2010 年的道路 PEV 车辆对比，表 14.1 估计 2016 年 PEV 的用电量为 25 亿汽油加仑当量。如第 13 章所述，未来这一数字可能会大幅增加。

⑤ 由于燃料电池电动汽车（FCEV）的可用性有限，用于燃料电池汽车的氢气消耗量非常少。目前市场上所有的氢都是通过天然气重整制得的。

有几个因素决定了替代燃料的相对可用性和市场，下文将讨论这些因素，具体包括：

① 燃料来源对石油使用、温室气体排放和空气污染排放的生命周期影响；

② 替代燃料基础设施；

③ 燃料价格；

④ 替代燃料汽车市场。

表 14.1　不同年份美国替代燃料消费量　单位：10^3 汽油加仑当量/a

替代燃料类型	1995 年	2005 年	2010 年	2016 年
液化石油气	232701	188171	126354	110000[①]
压缩天然气	35162	166878	210007	265000
液化天然气	2759	22409	26072	26440[①]
汽油醇中的乙醇	934615	2756663	8527431	9400000
E85	1660	38074	90323	150000[①]
生物柴油	0	91649	340000	2157000
电力	663	5219	4847	2500000[①]
氢气	0	25	152	160[①]
动力汽油	119400000	140412000	137857000	142983000

资料来源：U. S. DOE，2017；U. S. EIA，2017b。

① 关于 2016 年，EIA 最新的替代燃料消耗数据为 2011 年，尽管 EIA 提供了运输 CNG、汽油醇中的乙醇和生物柴油的最新数据。对于本表中的 2016 年数据，E85 是根据艾奥瓦州和明尼苏达州的数据估算的，这两个州的 E85 使用量最大；液化石油气、液化天然气和氢气是根据使用液化石油气、液化天然气和氢气的汽车的趋势估算的；电力是根据电动汽车从 2010 年 12 月的约 1000 辆增长到 2016 年的约 60 万辆（增长了约 600 倍）估算的。

14.1.1　替代燃料的生命周期分析

比较替代燃料方案的一个主要因素是生产和使用的生命周期分析，包括燃料循环所需的石油、累积的空气污染物和温室气体排放。就像第 13 章中介绍的油井到车轮（WTW）分析一样，查看整个燃料循环可以揭示不同选项的全部效果。这些分析大多基于阿贡国家实验室的温室气体、管制排放量和交通能源使用量（GREET）模型。

美国能源部（2013 年）对基于 WTW 的各种未来燃料和车辆路径的生命周期分析结果进行了很好的概述。基于温室气体排放量的明显赢家是使用纤维素生物质燃料的车辆，而减少石油燃烧造成的排放的最佳选择是纤维素汽油、BEV 和 FCEV。

图 14.1 显示了这项研究的结果。图 14.1（a）给出了 2035 年不同车型和使用不同燃料的中型车的温室气体排放结果（以 CO_2 当量计，g/mi）。结果范围显示了对与车辆和不同燃料路径（例如，不同燃料电力混合、不同乙醇工艺）的预测燃料经济性相关的不确定性的敏感性，还显示了 2012 年中型汽油车的基准排放率（430g/mi）。到 2035 年，这种中型汽油车的温室气体排放量预计将降至一半（220g/mi）。与天然气汽车相比，柴油（210g/mi）、天然气（CNG）（200g/mi）和以分布式天然气（190g/mi）为原料的重整氢气燃料电池汽车的性能并没有明显提高。玉米乙醇内燃机车、混合动力车汽油模式、插电式混合动力汽车和增程式插电式混合动力车汽油模式和电网电力以及 BEV 电网电力在 160~180g/mi 之间稍好。以 0~76g/mi 的温室气体排放量，利用纤维素生物质和可再生电力提供燃料的路径性能最好。

图 14.1（b）比较了这些燃料和车辆路径的石油能源使用。尽管车辆燃油经济性的提高使传统内燃机车的石油燃料使用量减少了近一半（从 2012 年的 4510Btu/mi 减少到 2035 年的 2340Btu/mi），但汽油混合动力汽车（1810Btu/gal）、PHEV（1570Btu/gal）和增程式 PHEV

（1080Btu/gal）的燃油使用量明显减少。E85 和纤维素汽油（E100）选择减少石油使用量更多（100～750Btu/gal），而 BEV 和 FCEV 的石油使用量是最低的（11～82Btu/gal）。

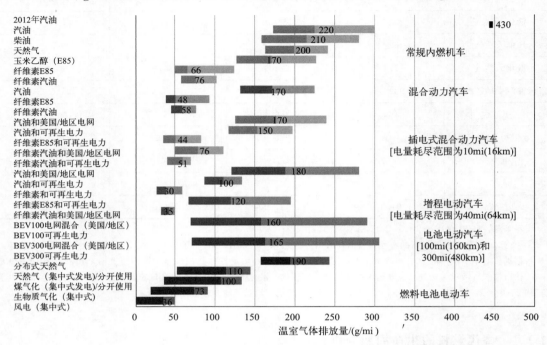

图 14.1（a）2035 年中型车的 WTW 温室气体排放量（以二氧化碳当量计）

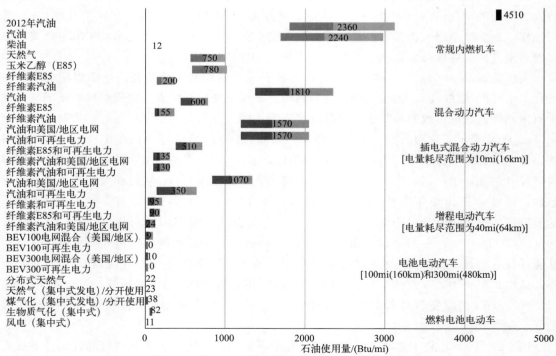

图 14.1（b）2035 年中型车的 WTW 石油使用量

（来源：U. S. DOE，2013）

随着加利福尼亚州和其他州开始实施低碳燃料标准（LCFS），这种分析变得更加重要，该标准正在为低碳燃料赋予经济价值。LCFS 规范了该州的交通燃料库，以降低碳强度，同时具有减少石油消耗和实现空气质量效益的双重好处。LCFS 是燃料中和的，并为汽油、柴油和替代它们的燃料设定了年度碳强度标准。碳强度（carbon intensity，CI）是与生产和使用燃料相关的温室气体排放量，根据完整的生命周期分析，以 g/MJ（以 CO_2 当量计）为单位进行度量。

14.1.2　替代燃料基础设施

影响广泛采用任何替代燃料的一个主要问题是如何发展其基础运输设施。表 14.2 列出了美国排名前 16 位的州的替代燃料站数量以及 2016 年、2007 年和 2000 年的全美燃料站数量。从 2007 年到 2016 年，非电动替代燃料站数量增加了 83％，其中 E85（＋166％）和 CNG（＋135％）增幅最大。但是最大的变化来自电动汽车充电站的巨大增长，从 2007 年的 444 个充电站增长到 2016 年的 17000 个，每个充电站平均有 2.5 个充电单元。充电站的数量继续迅速增长。侧栏 14.1 描述了不同级别的充电单元和充电时间。

表 14.2　2016 年 9 月替代燃料加油站数量排名靠前的州（根据所有加油站数量进行排名）

州	CNG	LPG	LNG	E85	BD(生物柴油)	H_2	全部非电的	充电站/单元	所有加油站	所有加油站/单元
加利福尼亚州	316[1]	336	47[1]	117	16	35[1]	897[1]	4051/12855[1]	4.948[1]	13752[1]
得克萨斯州	125	480[1]	20	194	17	1	837	942/2215	1.779	3052
佛罗里达州	57	148	3	78	18	0	304	930/2046	1.234	2350
纽约州	114	78	0	78	35	1	306	810/1577	1.116	1883
伊利诺伊州	54	127	2	264	12	1	460	516/1083	976	1543
密歇根州	27	79	0	246	10	2	392	518/1066	910	1458
华盛顿州	26	90	1	21	40	0	178	717/1755	895	1933
佐治亚州	48	91	4	59	24	0	226	560/1344	786	1570
北卡罗来纳州	42	109	1	59	125[1]	0	336	431/964	767	1300
明尼苏达州	7	51	0	308[1]	7	0	390	268/635	658	1025
田纳西州	19	87	5	77	32	0	220	431/1000	651	1220
亚利桑那州	37	94	8	28	76	0	243	401/964	644	1207
俄勒冈州	15	58	2	10	23	0	108	530/1218	638	1326
科罗拉多州	45	60	1	88	16	1	211	413/900	624	1111
马萨诸塞州	22	49	2	7	11	2	78	486/1193	564	1271
弗吉尼亚州	21	88	2	21	11	0	144	373/885	517	1.029
美国总计 2016	1715	3665	140	3090	697	54	9371	17084/42011	26455	51382
美国总计 2007	727	2459	35	1166	705	31	5123	444/[2]	5567	5567[2]
美国总计 2000	1217	3268	44	113	2	0	4647	558/[2]	5205	5205[2]

资料来源：U. S. DOE，2017。

①为每个类别的最高状态；②以前年份的充电插座数据缺失。

侧栏 14.1

家用和充电站的电动汽车充电

数千个 PEV 充电站的充电水平各不相同。目前根据功率（kW）有四个级别的充电单元，级别影响充电时间。充电时间至关重要，因为司机习惯于给汽车快速加油。而 BEV 则不是这样，它需要花费一些时间，并且需要对单次充满电后超出汽车续航里程的旅行进行一些规划。

事实证明，美国约 95% 的电动汽车充电是在家里完成的。汽车有车载充电器，你只需要把充电线插到一个标准的 120V 插座（所谓的 1 级充电器）上，但充电速度很慢：1 级充电 1h 的电能只能行驶约 4~5mi，因此，要使汽车的 24kW·h 电池从几乎耗尽到充满可能需要 12~15h，更大的电池可能需要更长的时间。这对于夜间充电来说是很好的，但是您还可以使用 240V 电动汽车供电设备（EVSE）充电器将完全充电时间缩短到 4~6h。一套电动汽车供电设备的售价约为 500~600 美元，安装在车库墙上的专用电路上。

电动车辆供电系统为 2 级。如表 14.3 所示，充电单元的水平基于电压和功率。一般来说，家用充电器是 1 级和 2 级，公共充电器是 2 级和 3 级。特斯拉的充电站网络都是 4 级，充电功率是 3 级的两倍，充电时间是 3 级的一半。

表 14.3　PEV 充电装置的水平

参数	1 级	2 级	3 级	4 级
电压/V	120	240	480	960
最大电流/A	12	30	120	125
最大功率/kW	1.4	6.6	60	120
20kW·h 所需充电时间/h	15	3.5	0.5	0.25

只有配备快速充电器的汽车才能使用 480V 3 级充电器。有两种类型的连接器：CHAdeMO 是最常见的，由日产、三菱、起亚和特斯拉（带适配器）使用；SAE Combo 或 CCS 则由宝马、大众和雪佛兰 Spark 使用。特斯拉正在开发自己的超级快充 960V 4 级网络，到 2017 年 8 月，该网络已在北美、欧洲和亚洲建立了近 1000 个充电站，7000 个充电桩，计划到 2017 年底拥有 10000 个充电桩和 15000 个目的地充电器（安装在酒店中）。特斯拉车主（除了那些拥有 Model 3s 的车主）可在这些站点免费充电。截至 2017 年，只有特斯拉可以使用特斯拉增压器网络。

加州拥有天然气（占美国燃料站总数的 18%）和电力充电（24%）基础设施，占所有燃料站的 20%，居领先地位。该州还拥有 33% 的液化天然气和 65% 的氢燃料站。得克萨斯州的液化石油气站（占总数的 13%）、明尼苏达州的 E85 加油站（10%）和北卡罗来纳州的生物柴油加油站（18%）均处于领先地位。图 14.2 显示了 2000 年至 2016 年燃料站的变化；图 14.2（a）给出了替代燃料站的数据，图 14.2（b）给出了电动汽车充电站的情况。

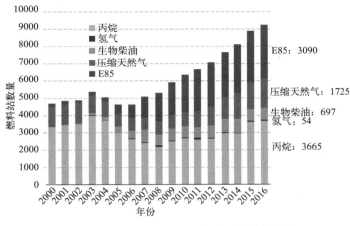

彩图

图 14.2（a）　2000—2016 年美国替代燃料站

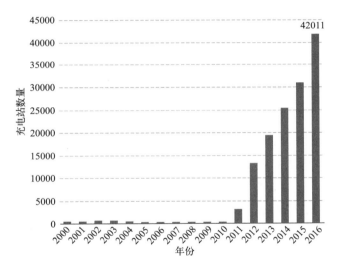

图 14.2（b）　2000—2016 年美国电动汽车充电站

（来源：U. S. DOE，2017）

14.1.3　替代燃料价格

影响替代燃料使用的另一个因素是燃料价格。图 14.3 比较了 2000 年 4 月至 2017 年 4 月的月平均车用燃料价格，均以美元/gal 为单位。大多数人关注的是汽油价格的波动性，2016—2017 年，汽油、柴油、CNG 和 B20 生物柴油的价格区间为 2.00～2.38 美元/gal。2017 年 4 月，E85 和 B100 分别增至 2.78 美元/gal 和 3.03 美元/gal，而丙烷（液化石油气）则增至 3.87 美元/gal。2017 年，电力是波动性最小、成本最低的燃料，价格为 1.25 美元/gal（解决方案 14.1 调查了所有电力驱动行驶里程和充电时间）。

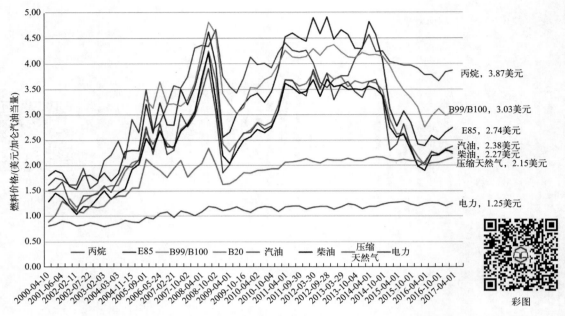

图 14.3 2000—2016 年汽油、柴油和替代燃料平均零售价格（由于电动机的效率，电价降低至原先的 23% 左右。来源：U.S.DOE，2017）

解决方案 14.1

BEV 全电动里程和充电时间

在 3 级站充电时，半小时可以行驶多少英里？答案取决于充电等级（kW）、BEV 效率 [mi/(kW·h)] 和 BEV 充电率（kW）。表 14.4 给出了选定车辆和充电等级的数据，包括不同等级下半小时充电的行驶范围。例如，配备 30kW·h 电池，续航里程为 107mi 的尼桑聆风在 1 级电源插座上每充电 30min 只能行驶 2.5mi，在 2 级电源插座上每充电 30min 可行驶 12mi，在 3 级电源插座上每充电 30min 可行驶 105mi。以下是 3 级充电的计算：

解决方法：

行驶里程＝充电器功率×时间×汽车效率＝60kW×1/2h×3.5mi/(kW·h)＝105mi

表 14.4 所选各 BEV 型号在各充电单元级别的充电时间

型号	电池规格 /(kW·h)	续航里程 /mi	效率/[mi/ (kW·h)]	最大充电 功率/kW	1 级充电 速率 /(mi/30min)	2 级充电 速率 /(mi/30min)	3 级充电 速率 /(mi/30min)	4 级充电 速率 /(mi/30min)
宝马 i3	22	81	3.68	7.4	2.6	12	81	—
雪佛兰博尔特	60	238	3.97	6.6	2.2	12.5	90	—
日产聆风	30	107	3.50	6.6	2.5	12	105	—
大众高尔夫电动	24	83	3.45	7.2	2.4	11	83	—
特斯拉 S	70	234	3.34	20	2.3	11	100	170

14.1.4　替代燃料汽车市场

除了基础设施和燃料价格外，影响替代燃料使用的另一个因素是可以使用替代燃料的汽车市场。

所有的柴油车都可以毫无问题地使用 B10～B100 生物柴油混合物，但冬季可能会冷态启动。CNG 是压缩到其原有体积 1% 的天然气，并以约 3000lbf/in^2（3000psi，1psi ＝ 6894.757Pa）的压力存储在车辆的专用汽缸中。车辆可以是专用燃料或双燃料（使用汽油），并使用火花塞内燃机进行操作。美国大约有 150000 辆 CNG 汽车。

E85 需要可以使用 E85 或汽油的弹性燃料车（FFV）。这就需要化油器中的传感器，其制造成本仅为 100 美元，改造成本为 400 美元。传感器根据燃料中的氧气含量来调整空气燃料混合比例。为鼓励生产 FFV，EPA 向制造商提供了可观的 CAFE 燃油经济性积分，因此制造商制造了许多大型、效率低下的 FFV 车辆。例如，2008 年的雪佛兰 Tahoe FFV 的燃油经济性为 16mi/gal，但由于可以利用 E85 行驶，因此被评为 27mi/gal。激励措施奏效：2015 年有 71 种不同的车型可供使用，今天美国的路上有 2000 万辆弹性燃料汽车在行驶。但是，许多弹性燃料汽车的所有者并没有意识到他们的汽车可以使用 E85，而且大多数人也不容易进入 E85 加油站。FFV CAFE 信用积分也在 2016 年到期。

当然，最引人注目的车辆替代燃料的变化是 PEV 和 FCEV。随着美国充电站的快速、便捷和廉价扩张，插电式汽车从 2010 年的约 1000 辆增长到 2017 年的 76 万辆。

另一方面，尽管丰田 Mirai 在 2016 年打入美国市场，但 FCEV 尚未找到市场。2016 年售出约 1000 辆 Mirai，截至 2017 年 7 月，又售出约 800 辆。然而，即使有更多的 FCEV 上路，氢燃料的扩张也不会像充电那样迅速、容易和廉价。

14.2　生物质燃料的前景和潜力

你今天感谢绿色植物了吗？当然，我们知道，通过光合作用的奇迹，植物能够吸收太阳能和大气中的碳，不仅为所有生物提供食物和材料，而且还可能满足我们发展经济的能源需求和环境对碳封存的需求。

生物质是植物和动物废物的有机物，可以转化为有用的能源和材料。它包括固体燃料，例如木材和植物残渣，可以直接燃烧以产生热能或发电。它可以转化为乙醇和生物柴油等液态生物燃料，可以替代汽油和柴油，也可以转化为甲烷和沼气等气态燃料，可以燃烧以获取热能，或用于燃气轮机以产生电能。

图 14.4 显示了经典的碳循环，重点是生物能源。利用太阳的辐射能和大气中的二氧化碳（和其他营养物质），植物产生了物理意义上的生物量，该生物量储存了太阳的能量。生物质可以以多种方式加工，并转化为固体、液体和气体燃料，可用于车辆运输、供热和发电，或用于制造建筑材料、纸张和作为其他产品的生物材料。生物炼油厂的加工过程通常会排放一些 CO_2 形式的生物量碳，并且可能需要一些也排放二氧化碳的化石燃料。生物质能源的最终使用燃烧还排放二氧化碳，因为含碳材料被氧化，并且所有这些 CO_2 最终都排放到大气中。但生物质燃烧通常被认为是温室气体中性的，因为它是当代碳循环的一部分：生物质中的碳于最近来自大气，假设发生了充分的植被恢复，其碳排放与随后的植被恢复吸收是平衡的。生物材料可以将碳封存在建筑材料和其他产品中，也可以通过回收再加工以供后续使用。

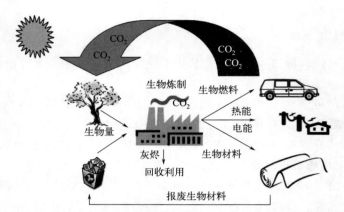

图 14.4　以生物能为重点的碳循环。生物质中储存了太阳能和大气中的碳元素，可在生物
炼制厂进行处理，用作燃料和材料。燃烧将碳释放回大气。在当代（而不是化石）
碳循环中，生物质能燃烧被认为是碳中性的（来源：Ragauskas et al.，2006，
Science 311：484-489，2006。经 AAAS 许可转载）

　　生物质能提供约 10％ 的全球能源，是当今世界上储量最大的可再生能源，约为 56EJ
(53Q)。如图 14.5 所示，生物量是从农作物、森林、残留物和废物中产生的，可以提供食物、
饲料、化学原料和材料，此外还提供能源，分为现代生物能和传统生物量。传统生物量被用于
烹饪和取暖，造福 27 亿人，占世界人口的 37％，主要分布在撒哈拉以南非洲和印度。这些人
口中约有一半（13 亿人）没有电力供应。在非洲，生物量约占一次能源的一半；在亚洲，约
占四分之一。当然，这主要是指传统的木柴和木炭，不包括在我们用来监测能源数据的商业能
源市场中。如果把传统生物量计算在内，生物量可能会占到全球能源使用量的 10％～15％。

　　但是，世界贫困人口中广泛使用生物量也是贫穷的一个指标。否则，生产时间必须用于

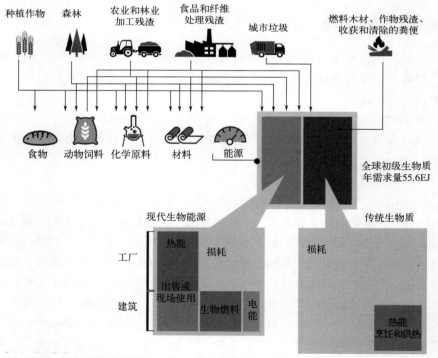

图 14.5　全球生物质能利用，约 60％ 来自传统生物质能（来源：REN21，2014）

收集薪柴和木炭。木炭炉灶对室内和城市空气的污染是一大健康危害。据估计，每年约有700 万人因空气污染而过早死亡，其中一半是由室内空气污染造成的（WHO，2014）。木炭生产和传统火炉的效率都非常低下，因此大部分来之不易的能源都流失了，如图 14.5 所示。木炭炉技术的进步，例如 2 美元的肯尼亚陶瓷吉科炉，将燃料消耗和室内空气污染物减少了30%～50%，但向现代能源转化仍然是发展的基础。

许多人希望，较贫穷国家的发展将伴随着不以化石燃料为基础的现代能源系统。在这种情况下，风能和光伏发电是很有前途的能源，但生物质能也是如此。第 17.1.4.4 节描述了联合国的"人人享有可持续能源倡议"（SE4A）和美国国际开发署（USAID）的"非洲电力计划"。图 14.5 显示，世界上不到一半的生物质能是"现代"的，它们主要用于提供木材制品工业和建筑业的热能，用作生物燃料，或用于发电。大约 40% 的生物能在转化过程中损失。

14.2.1　美国目前的生物质能利用

在美国，尽管风能和太阳能取得了显著增长，但生物质仍是储量最大的可再生能源。表 14.5 显示，2016 年包括生物燃料副产品在内的美国生物质能占可再生能源的 47%（占总能源的 5%），而风能和太阳能合计占 27%，水电占 25%。

表 14.5　按类型划分的美国可再生能源消费量　　单位：Q

	2013 年	2014 年	2015 年	2016 年
水电	2.56	2.47	2.32	2.42
地热能	0.21	0.21	0.21	0.23
太阳能	0.31	0.43	0.52	0.62
风能	1.60	1.73	1.78	2.11
生物能	4.67	4.83	4.73	4.76
木材	2.17	2.21	2.04	1.98
乙醇	1.09	1.11	1.14	1.14
生物柴油	0.21	0.20	0.22	0.26
生物燃料副产品	0.70	0.75	0.76	0.78
废弃生物质	0.50	0.52	0.52	0.52
可再生能源总量	9.28	9.57	9.47	10.16

数据来源：U. S. EIA，2017b。

表 14.6 和图 14.6 给出了美国以百万干吨（扣除水分后的质量）计的生物量使用情况。[2016 年，总生物量使用量为 3.96 夸德（不包括生物燃料副产品），来自 3.65 亿干吨生物质，因此，合计 100 万干吨生物量相当于 0.0109 夸德或 10.9 万亿英热单位。] 美国大部分生物量能源来自燃料乙醇玉米谷物（33%），工业、住宅和电力行业的木材和木材废料（42%）。填埋气（10%）和城市垃圾（5%）主要用于电力。

表 14.6　美国目前使用的生物质能　　单位：10^6 干吨

生物质能来源	燃料	热力	生化药剂	木质颗粒	生物质能使用总量	供应损失	总生物质能用量
（1）农业	127.2	10.5	5.94		143.3	13.9	157.2
① 玉米	119.6	—	5.62		143.3	13.9	137.1
② 植物油	5.5		0.32		5.8	—	5.8

续表

生物质能来源	燃料	热力	生化药剂	木质颗粒	生物质能使用总量	供应损失	总生物质能用量
③ 其他油脂	1.9	—	—	—	1.9	—	1.9
④ 汽油原料	0.22	—	—	—	—	0.2	0.2
⑤ 农业废弃物	0.01	—	—	—	0.01	—	0.01
⑥ 粪肥	—	10.5	—	—	10.5	—	10.5
（2）林业/木材	—	146.2	—	7.6	153.8	17.1	170.9
① 木材和废木材	—	146.2	—	—	146.2	16.29	162.4
② 木质颗粒	—	—	—	7.6	7.6	0.9	8.5
（3）城市生活垃圾①和其他废物	—	30.4	—	—	30.4	—	30.4
① 城市生活垃圾的生物部分	—	18.9	—	—	18.9	—	18.9
② 其他废弃生物质	—	11.5	—	—	11.5	—	11.5
（4）垃圾填埋气（BCF）	9.1	272.8	—	—	281.9	—	281.9
（5）总生物质能	127.2	187.0	5.9	7.6	327.7	31.0	358.7

数据来源：U. S. DOE, 2016a。

① 城市生活垃圾，municipal solid waste，MSW。

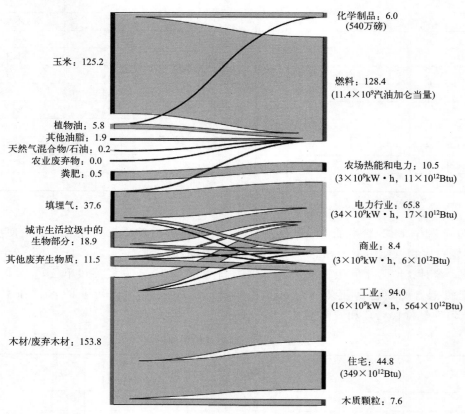

图 14.6　2015 年美国生物质能的来源和使用情况（单位：10^6 干吨）

（来源：U. S. DOE, 2016a）

14.2.2　美国生物质能潜力：十亿吨研究

橡树岭国家实验室（ORNL）在 2005 年的一项研究（U. S. DOE，2005）中首次对美国生物能源潜力进行了全面评估，该研究得出的结论是，每年可生产超过 13 亿干吨的生物质能材料，并替代美国三分之一以上的石油消费。其中包括林地的 3.7 亿干吨和农田的 10 亿干吨。根据 ORNL 的研究，这些生产目标可以达到，另外还可以同时满足预期的食物、饲料、纤维、出口以及环境保护的诸多需求。

ORNL 在 2011 年更新了两次十亿吨报告，最近一次更新是在 2016 年（BT16）（U. S. DOE，2016a）。BT16 表明生物量的可用性是市场、创新、位置和时间的函数。市场价格是一个关键变量，该报告提出了每干吨售价分别为 40 美元、60 美元和 80 美元的方案。创新决定了每英亩生物量产量的提高，报告使用了每年产量增长 1% 的基准案例和每年增长 3% 的高产案例。在美国，地理位置至关重要，不同的地区有不同的潜力。上中西部（艾奥瓦州、明尼苏达州、伊利诺伊州）的作物秸秆潜力很大，下中西部（得克萨斯州至堪萨斯州）的草本能源作物潜力较大。但时间将决定市场和创新，该报告预计了截至 2040 年的生物量潜力。

表 14.7 总结了假设生物量价格为 60 美元/干吨的结果。由于生物质残留物，主要是玉米秸秆和森林资源，2017 年的潜力是目前生物质使用量的两倍。玉米秸秆是玉米收获时留在田间的茎、叶、壳和玉米芯，约占生物产量的一半 [图 14.7 (a)]。草本能源作物柳枝稷和芒草 [图 14.7 (b) 和图 14.7 (c)] 的潜力始于 2022 年，并在 2040 年增长到 321×10^6 干吨。这些草本植物、玉米秸秆（154×10^6 干吨）、麦秸（19×10^6 干吨）和能源作物木材（71×10^6 干吨）都是纤维素材料，占 2040 年总生物量潜力的一半。重要的是，这项研究假设玉米和其他粮食作物作为生物质能的使用量几乎没有增加。

要实现潜在的 10 亿吨生物质材料目标，需要使用成本效益高、效率高的 5 亿吨作物草和残余物。这些纤维素材料的主要前景是转化为生物乙醇。然而，正如我们在下一节中看到的，由于技术问题，特别是低价的液体燃料，成本效益高的技术的进步已经放慢。

表 14.7　美国潜在生物质能：10 亿干吨以上　　　　单位：10^6 干吨

60 美元/干吨的基准案例	目前使用	2017 年	2022 年	2030 年	2040 年
农业废弃物	0.01	104	123	149	176
玉米秸秆	0.01	89	106	129	154
小麦秸秆	0	13	16	19	21
林业资源	154	257	263	251	251
能源作物	144	144	222	383	555
玉米、油料、其他	144	144	148	148	163
柳枝稷	0	0	46	107	161
芒草作物	0	0	28	79	160
非灌木林木材	0	0	0	32	45
灌木林木材	0	0	0	17	26

续表

60 美元/干吨的基准案例	目前使用	2017 年	2022 年	2030 年	2040 年
废物资源	68	205	207	208	210
总计（基准案例，60 美元/干吨）	365	709	814	991	1192
总计（基准案例，40 美元/干吨）	365	568	579	602	651
总计（基准案例，80 美元/干吨）	365	750	959	1175	1372
总计（高产案例，60 美元/干吨）	365	702	848	1147	1520

数据来源：U.S. DOE，2016a。

(a) 芒草作物　　(b) 柳枝稷作物

(c) 玉米秸秆残渣

图 14.7　能源用纤维素草木生物质材料的主要潜在来源。[资料来源：（a）Patrick Schmitz，伊利诺伊大学厄巴纳-香槟分校；（b）Warren Gretz，DOE/NREL；（c）U.S. DOE，2015]

14.3　生物乙醇燃料

　　人类酿酒已有六千年历史。是的，早期人类也喜欢啤酒。与酿酒同样的发酵过程使用微生物，主要是酵母菌，将啤酒中的糖转化为乙醇，用来生产燃料乙醇。燃料乙醇是汽油的替代品，可以在国内生产，其净温室气体排放量远低于汽油。

　　随着 2000 年中期天然气价格的上涨，投资者、政府决策者和能源分析师对大幅扩大美国和其他国家乙醇生产能力的兴趣越来越大。世界燃料乙醇产量从 2000 年的 46 亿加仑增长到 2010 年的 230 亿加仑［图 14.8（a）］。但随着石油和汽油价格下降，燃料乙醇产量趋于平稳。2015 年产量为 255 亿加仑。巴西的燃料乙醇产量一直居于领先地位，直到 2005 年美国超过巴西，2015 年美国的产量约占世界供应量的 60%。

美国乙醇产量的增长如图 14.8（b）所示。产量从 2005 年的 40 亿加仑快速增长至 2011 年的 140 亿加仑，2016 年为 153 亿加仑。2016 年，美国有 200 家运营的乙醇生物精炼厂，产能为 153 亿加仑/a。这些工厂集中在中西部地区，基本上都使用玉米作为原料。

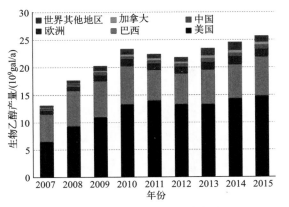

彩图

图 14.8（a）全球生物乙醇产量

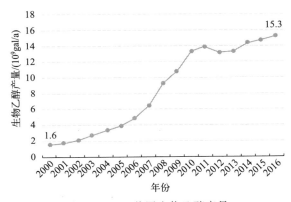

图 14.8（b）美国生物乙醇产量

［数据来源：U. S. DOE，2017，数据来自可再生燃料协会（Renewable Fuels Association，2016）］

14.3.1　美国可再生燃料标准旨在推动纤维素生物乙醇的发展

美国生物乙醇增长的一个主要原因是《可再生燃料标准》（RFS），该标准由 2005 年和 2007 年的《能源政策法案》颁布，旨在推动生物乙醇的生产，以减少对外国石油进口的依赖。2005 年《能源政策法案》的 RFS 要求燃料供应商在其燃料中包含最低数量的可再生燃料，从 2006 年的 40 亿加仑（占燃料供应总量的 2.7%）逐渐增加到 2012 年的约 130 亿加仑（图 14.9）。这为市场投资者和生产商提供了有保证的最低生产计划。该法案还提供了 10 亿美元的贷款担保计划，为前四个工厂提供 80% 的无追索权贷款担保，每个工厂最高可达 2.5 亿美元。该政策还会在 2008 年之前对混合燃料生产商提供 0.51 美元/加仑（根据乙醇添加量计算）的抵税额。一些州制定了自己的 RFS 和其他乙醇激励措施（见第 18 章）。

最初的 RFS 越来越强调纤维素乙醇。实际上，玉米乙醇组分在 2014 年将达 150 亿加仑/a 的峰值，剩余的增长将来自纤维素和其他先进生物燃料。然而，2010 年后生物燃料的增长面临着原油、汽油和天然气较低价格的挑战，而在纤维素乙醇方面的技术和投资没有跟上。事实

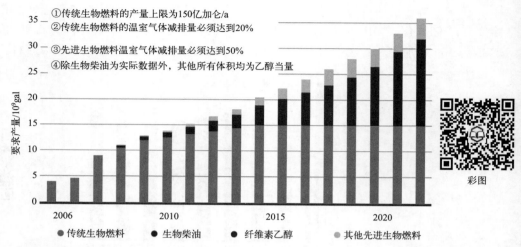

图 14.9　按生物燃料类别划分的联邦《可再生燃料标准》（RFS）原始要求（来源：U. S. EPA，2016c）

上，杜邦表示，纤维素乙醇需要原油价格高达 70 美元/桶才具有竞争力（Crooks，2015）。

　　在 RFS 的授权下，环保署调整了数量要求。2017 年，纤维素乙醇可再生量义务从最初的 47.5 亿加仑/a 调整为 3.1 亿加仑/a，玉米乙醇从 150 亿加仑/a 调整为 148 亿加仑/a。但是，其他先进生物燃料（包括可再生柴油）从 25 亿加仑/a 上调至 40 亿加仑/a，生物柴油从 10 亿加仑/a 上调为 20 亿加仑/a。2017 年，调整后的 RFS 总量为 188 亿加仑/a，而原始标准为 240 亿加仑/a（U. S. EPA，2016c）。

　　但生物乙醇的未来取决于纤维素乙醇的发展。2014 年秋季，包括杜邦公司在艾奥瓦州内华达市的 3000 万加仑/d 工厂（图 14.10，表 14.8）在内的三家产量为 2000 万～3000 万加仑/d 的商用纤维素生物燃料工厂开业。截至 2016 年 10 月，已提议增设 5 个大型工厂，但没有一个在建。由于最近的产能增加，美国纤维素生物燃料的总产量从 2013 年的 0 增加到 2016 年的 1.74 亿加仑（U. S. EPA，2016b）。

图 14.10　艾奥瓦州内华达市杜邦生物燃料解决方案纤维素生物乙醇工厂。该工厂与 500 名当地农民合作，每年收集、储存和运送 375000 干吨玉米秸秆，从距工厂 30 英里内的 19 万英亩农田中收获（来源：杜邦公司）

表 14.8　美国主要纤维素乙醇工厂

工厂	位置	产能/(10^6 gal/d)	原料
Abengoa	堪萨斯州，雨果顿	25	玉米秸秆、柳枝稷
POET-DSM	艾奥瓦州，埃米特斯堡	25	玉米秸秆
DuPont Biofuels Solutions	艾奥瓦州，内华达市	30	玉米秸秆

14.3.2　生物乙醇生产工艺

四种原料的生物乙醇生产工艺如图 14.11 所示。最后一步，即糖发酵成乙醇，在这四种工艺中基本上是一致的，主要区别是将原料转化为糖。甘蔗等糖料作物是巴西主要的乙醇原料，很容易转化。谷物，如玉米，则需要碾磨、淀粉分离和酶反应。

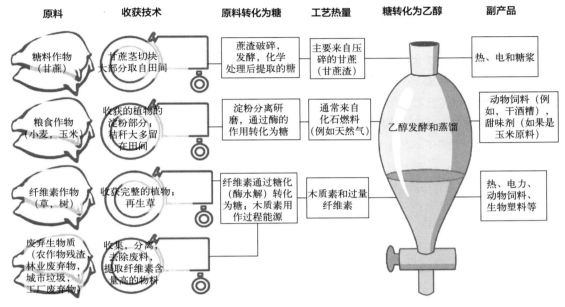

图 14.11　按原料和转化方法划分的乙醇生产步骤（来源：IEA，2004）

将草、作物残渣、造纸废料和木材等纤维素材料转化为可发酵糖是最复杂的。它们的糖被锁在复杂的碳水化合物（多糖）中。从木质素中分离糖需要酶促水解或糖化。这些过程的关键要素是酶。酶（主要）是一种活性蛋白质，能催化微生物将复杂的碳水化合物分解成单糖。这些过程的易用性、时间、控制以及最终的成本取决于有效的且通常价格昂贵的酶。

14.3.2.1　玉米乙醇生产工艺

美国 99％的生物乙醇来自玉米，90％的玉米乙醇工厂使用干磨法。该过程包括以下步骤：

① 研磨：在锤式粉碎机或辊式粉碎机中研磨至粗面粉的稠度。

② 烹调：磨碎的玉米在高温（＞120℉）和压力（表压，10～40 psi）下与水和两种酶混合，然后在约 180～195℉下保持 4～8h。这个过程消耗相当多的能量，而且通常来自化石燃料。两种酶中，α-淀粉酶通过化学方法溶解淀粉聚合物生成较短的链；另一种酶为糖化酶，化学"糖化"短链生成糖［主要是葡萄糖（$C_6H_{12}O_6$）］。

③ 发酵：糖浆放在装有大量酵母的罐中，酵母能将单糖转化为乙醇、二氧化碳和热量。

④ 蒸馏：投入更多的热量将乙醇煮沸，然后浓缩，将其与不可发酵成分和水分离。

⑤ 脱水：蒸馏得到的 95％乙醇仍含有 5％的水，通过进一步的蒸馏或干燥塔去除。

⑥ 不可发酵物的用途：由于残渣材料具有进料价值，通过离心机进一步处理至含量为 25％～40％的固体（含可溶性物质的湿酒糟）或通过额外干燥处理至含量约为 90％的固体（干酒糟），可增加生产和能源价值。

14.3.2.2　纤维素乙醇工艺

正如我们在第 14.2 节中了解到的，乙醇生产的最大潜力不是来自玉米，而是来自纤维素材料，包括：

① 作物残渣，如玉米秸秆和其他留在田里的材料。

② 多年生禾草（柳枝稷和芒草属），不经栽培即可迅速收获和再生。

③ 速生树木，如杨树和柳树。

④ 富含纤维素的城市垃圾和其他废物。

将这些材料转化为乙醇的过程比玉米要复杂得多。它们由木质素、半纤维素和纤维素组成。纤维素分子有类似玉米的长链葡萄糖分子，但它们被锁在木质素中。半纤维素中有六碳糖，如葡萄糖（称为己糖），但也有五碳糖（称为戊糖），这些糖成分因植物而异。分解和发酵这些不同的糖需要特殊的酶和微生物。

酶解是从纤维素中的复合多糖中分离可发酵糖的最有前景的方法。整个过程包括以下步骤：

① 预处理：将物料磨碎并进行加热和化学处理，以分解纤维素周围的木质素保护层。一种方法是氨纤维爆破法，即在中等温度和压力下使用氨破坏有机质的有机溶剂工艺。

② 酶促水解或糖化：此过程将纤维素转化为糖。具有成本效益的纤维素乙醇发展的主要障碍是酶的高成本，但是生物技术行业的酶生产商正在降低成本。

③ 废物分离：必须将木质素与可发酵材料分离。这些废物具有可与煤炭媲美的高能源价值，可用于发电和供热，甚至为电网供电。对于此过程而言，这可节省大量的净能源。

④ 发酵、蒸馏、脱水和残留饲料原料的生产过程与玉米乙醇工艺基本相同。

14.3.3　生物乙醇的净能量和温室气体分析

乙醇生产过程中的农业生产、物料运输和乙醇转化环节需要能源。大多数谷物作物原料在此过程中都使用化石燃料，而糖料作物和纤维素材料转化过程中会残留可用于过程加热的生物质材料，这会提高过程的整体能源效率。关于生物乙醇的相对能量优点的科学辩论一直在进行。一方面，对乙醇持有反对意见的专家认为，生产乙醇所消耗的能量与我们从燃料中获取的能量一样多。另一方面，其他人通过分析表明，乙醇是净能源，其净能源指标不断提高，并且具有减少温室气体排放和减少石油使用的双重好处。

在第 5 章中，我们介绍了净能源和能源投资回报率（EROI）的概念。最好的分析可能来自 Farrell 等人（2006）在加州大学伯克利分校能源资源小组（ERG）进行的研究，该小组回顾了所有根据通用假设进行了调整的研究，并使用他们的 ERG 生物燃料分析元模型（EBAMM）进行了自己的分析。图 14.12（a）显示了乙醇和汽油的净能量和石油输入比率（PIR，以"石油能量输入/燃料能量输出"形式给出）。乙醇的结果因之前的研究而不同，利用 EBAMM 进行了三个案例的研究：*Ethanol Today* 期刊的一项研究，二氧化碳密集型（主要是煤基电力），纤维素。与汽油相比，所有乙醇结果的 PIR 值均较低，除 Pimentel 和 Patzek（20 世纪 90 年代的数据）外，所有情况下的净能量均为正值，尽管玉米乙醇的 PIR 数值范围为 1～8，而纤维素乙醇的范围达到了 23。

图 14.12（b）总结了 Farrell 等对汽油及三种乙醇方案的能量流（输入/燃料，单位均

以 MJ 计）和温室气体排放（kg/MJ，以 CO_2 计）的评估。数值见表 14.9。能量流等于能量输入除以燃料能量输出（单位均为 MJ）。EROI 是能量输出（燃料价值）除以产生燃料的能量输入。对于乙醇，EROI 仅为能量流的 1％，但对于汽油，能量输入不包括汽油本身的能量。

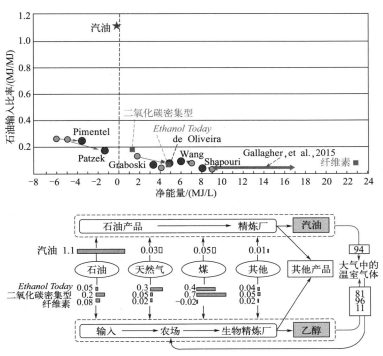

图 14.12　净能量评估（a）和生物乙醇温室气体排放量评估（b）。基于 Farrell 等（2006）的研究，加上 Gallagher 等（2016）的研究结果（来源：改编自 Farrell et al.，2006，Science 311：506-508。经 AAAS 许可转载）

表 14.9　汽油和生物乙醇的能量平衡和温室气体排放

	能量流（输入能量/燃料能量）/(MJ/MJ)	EROI（燃料能量/输入能量）/(MJ/MJ)	温室气体排放量/(kg/MJ)	数据来源
汽油	1.19	5.26	94	Farrell et al.，2006
当代乙醇（2005）	0.79	1.27	81	Farrell et al.，2006
二氧化碳密集型	1.00	1.00	96	Farrell et al.，2006
纤维素	0.10	10.0	11	Farrell et al.，2006
玉米乙醇，平均电网功率，含/不含 BPC	0.46/0.56	2.1/1.5	47/57	Gallagher et al.，2016
玉米乙醇，艾奥瓦州和明尼苏达州，含/不含 BPC	0.25/0.44	4.0/2.3	26/45	Gallagher et al.，2016
玉米乙醇，50％生物质，含/不含 BPC	0.24/0.43	4.1/2.3	25/44	Gallagher et al.，2016
玉米乙醇，100％生物质，含/不含 BPC	0.02/0.21	57.8/4.8	2/22	Gallagher et al.，2016
纤维素	−0.01	>100	−1	Schmer et al.，2008

该表还添加了最近的研究数据。Gallagher 等（2016）编制了《美国农业部 2015 年玉米乙醇行业能源平衡》，对四种玉米乙醇的能源投入进行了详细分析：①平均产量数据、干法酒糟副产品和国家电网电力燃料组合的使用情况；②来自艾奥瓦州和明尼苏达州的现场数据，生产效率、湿法酒糟的市场和与燃料市场的较短距离减少了能源使用；③平均产量和 50% 的生物质电力使用量；④平均产量和 100% 的生物质电力使用量。研究结果总结见表 14.10。

表 14.10（a）给出了生物乙醇所需的玉米生产能量。从 2001 年到 2010 年，玉米产量、能源效率和乙醇产量的提高使玉米生产部分的乙醇能源效率提高了 27%，能源强度从 12367Btu/gal 下降到 9007Btu/gal。表 14.10（b）给出了四种情况下的乙醇能源平衡。一个重要的因素是生产副产品的能源信用积分（副产品信用积分，BPC），其中包括用作饲料的酒糟。生产干酒糟需要能量进行干燥，而湿酒糟不需要能量。假设为了这个目的燃烧的玉米秸秆是免费的话，用生物燃料发电机代替电网对净能量有很大的影响。结果表明，玉米乙醇净能量范围为 26000～75000Btu/gal 或 7.3～20.9MJ/L［叠加在图 14.12（a）上］，具体数值取决于具体情况以及是否包括副产品信用积分（BPC）。

表 14.10（a） 1991—2010 年美国生物乙醇玉米平均生产能源

	1991 年	1996 年	2001 年	2005 年	2010 年
玉米产量/(bu/ac)	122	125	139	160	164
总能量/(Btu/bu)	58095	65298	49881	41032	37666
乙醇产量/(gal/bu)	2.5	2.6	2.7	2.8	2.8
玉米生产能源/(Btu/gal)	15337	16349	12367	9812	9007

资料来源：Gallagher et al.，2016。

注：1. bu（bushel），蒲式耳，谷物容量，1bu 合 35.24dm³。

表 14.10（b） 玉米乙醇能量平衡的四个案例

	干法酒糟副产品+电网电力燃料组合	艾奥瓦州的湿法酒糟	干法酒糟+50%生物质能发电	干法酒糟+100%生物质能发电
玉米产量/(Btu/gal)	9007	7724	9007	9007
乙醇转化/(Btu/gal)	38141	23424	21073	4006
其他能源/(Btu/gal)	3024	2488	3024	3024
总能量/(Btu/gal)	50172	33636	33104	16037
BPC/(Btu/gal)	14717	14717	14717	14717
BPC 输入的净能量/(Btu/gal)	35455	18919	18388	1320
乙醇能量输出/(Btu/gal)	76300	76300	76300	76300
不含 BPC 的净能量/(Btu/gal)	26128	42664	43196	60263
含 BPC 的净能量/(Btu/gal)	40845	57381	57912	74980
不含 BPC 的净能量/(MJ/L)	7.3	11.9	12.0	16.8
含 BPC 的净能量/(MJ/L)	11.4	16.0	16.1	20.9
不含 BPC 的 EROI	1.5	2.3	2.3	4.8

表 14.9 还包括 Schmer 等（2008）的数据。该数据基于 5 年 10 个地点对柳枝稷生产的实地研究得出的纤维素乙醇的净能量。研究结果表明，柳枝稷乙醇的正净能量略高于乙醇的能量值，这是因为其副产品被用于燃烧发电。因此，柳枝稷乙醇实际上可以将等量汽油的温室气体排放量替代 100% 以上。

　　所有这些都是说，净能源和相关的生命周期成本以及从生物乙醇燃料中获得的利益取决于生产途径。从农田到生物炼制厂，玉米乙醇生产的能效远远高于 10 年前。目前，玉米乙醇生产的平均 EROI 值为 1.5～4，这取决于 BPC 的价值。更多地利用玉米秸秆生产玉米乙醇用于满足电能需求可以提高 EROI，而发展纤维素乙醇生产可以显著提高 EROI。

14.4　生物柴油和可再生柴油

14.4.1　生物柴油生产

　　生物柴油为柴油车提供了一种生物燃料选择。如表 14.1 所示，生物柴油和电力是增长最快的替代燃料。全球生物柴油生产始于 2004 年，2016 年产量已达到近 100 亿加仑/a，如图 14.13（a）所示。图中还显示了 HVO 所反映的"可再生柴油"产量的增长。多年来，欧洲一直主导着生物柴油的生产和使用，但现在美国是世界领先的国家，产量约占世界总量的 17%［图 14.13（b）］。

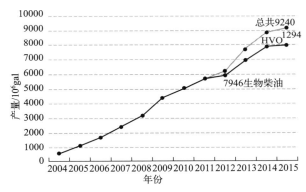

图 14.13（a）　全球生物柴油产量

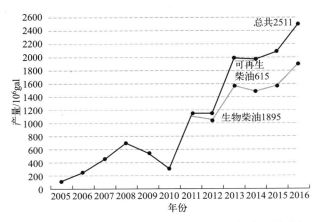

图 14.13（b）　美国生物柴油产量在过去十年中显著增长
（数据来源：U.S. EIA，2017a，2016a）

图 14.13（b）显示了截至 2016 年的美国柴油的历史产量，包括生物柴油和可再生柴油。经济衰退和低油价导致 2009 年和 2010 年市场下跌，但市场在 RFS 的帮助下复苏。如前所述，尽管生物乙醇未达到 2016 年的 RFS，但以可再生柴油为代表的生物柴油和先进生物燃料已超过其 RFS。

14.4.2　生物柴油原料和生产技术

生物柴油和可再生柴油的原料比目前依赖美国玉米和巴西甘蔗的生物乙醇生产更为多样化。在美国，豆油约占生物柴油原料的一半，其次是动物脂肪、用过的食用油、玉米油、菜籽油和其他回收油脂。在欧洲菜籽油是主要原料，在亚洲棕榈油占主导地位。生物柴油和生物乙醇一样为过剩的农产品提供了市场，但也和生物乙醇一样正在与种植的农业食品生产竞争。生物燃料生产对粮食价格有一定影响，但在大多数年份影响不大。然而，也出现了一些土地使用冲突，例如 2006 年在印度尼西亚，棕榈油生物柴油的开发热潮造成了一场环境灾难，当时大片地区被烧毁，从而为棕榈油种植园清理土地。

生物柴油是通过碱催化酯交换法生产的，如图 14.14 所示。油和醇（通常是甲醇）与催化剂一起放入反应器，然后进入分离器，将甲酯和甘油分开。将甲酯中和并除去甲醇，然后清洗并干燥以生产成品生物柴油。该工艺的其余部分处理副产品甘油和甲醇，如果都能被提纯，它们就都有市场价值。甲醇可以在这个过程中循环使用。

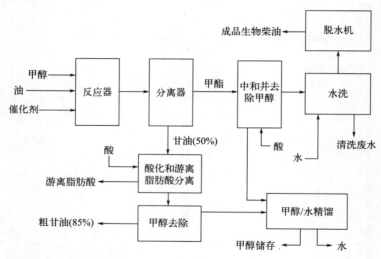

图 14.14　生物柴油生产过程（来源：爱达荷大学，Jon Van Gerpen）

生物柴油生产中的两个主要挑战是满足高标准的 ASTM D 6751 柴油标准，以及将有潜在危险的副产品甘油和甲醇转化为可销售的产品。前者要求严格的甲醇脱除、水洗和干燥过程的质量控制。对于后者，甲醇和游离脂肪酸的分离转化与生产过程同样重要，具有商业效益。

可再生柴油或 HVO 由与生物柴油相同的原料制成，但使用不同的技术。生产涉及使用现有的炼油厂基础设施对甘油三酸酯进行氢化处理，以利用氧气和氮气去除金属和其他化合物。生产可以在专用设施中进行，也可以在炼油厂与石油柴油共同生产。可再生柴油也必须符合 ASTM D 6751 柴油标准。

14.4.3 微藻生物柴油

第 14.3 节认为，今后大规模扩大生物乙醇的生产和使用需要从农业玉米和甘蔗原料转向纤维素草和残渣。生物柴油也是如此。农业用大豆、玉米、菜籽和菜籽油将无法维持大规模生产。废油是一个很好的来源，但它们是有限的。事实上，声势浩大的生物质潜力的十亿吨研究表明，到 2030 年，农作物和石油的潜力增长不到 3%。

正如纤维素是燃料乙醇的未来一样，许多人认为微藻是生物柴油的未来。包括硅藻和绿藻在内的微藻可能为生物柴油的原料问题提供了答案。藻类单位土地面积的石油产量是陆地油料种子作物的 10 倍，得益于它们的丰富度、增殖能力、高含油量、光合作用的理想结构以及通过悬浮液获得营养、水和二氧化碳的理想途径。表 14.11 给出了各种种子作物（48～635gal/ac）和微藻（1000～6500gal/ac）的生物柴油产量估计值。美国能源部生物能源办公室（U. S. DOE，2016b）设定，2018 年藻类产量目标为 2500gal/ac，2022 年为 5000gal/ac。

表 14.11 各种原料的生物柴油产量估算

来源	大豆	向日葵	油菜	棕榈油	微藻
产量/[gal/(ac · a)]	48	102	120	635	1000～6500

资料来源：NREL，1998。

藻类可以在被称为光生物反应器（PBR）的封闭生产系统中生产，也可以在开放式池塘赛道系统中生产。与 PBR 系统相比，开放式池塘系统的建造、扩建和运行成本更低。大多数商业系统生产饲料级藻类，如夏威夷的蓝藻系统（图 14.15）。

《2016 年国家藻类生物燃料技术评论》（U. S. DOE，2016b）的结论是，尽管藻类生物学、户外种植设计、原料加工和转化方面取得了技术进步，但实现具有成本竞争力的藻类生物燃料生产仍面临技术和经济挑战。

十亿吨研究（U. S. DOE，2016a）包括了对藻类生物质潜力的具体分析。该研究调查了天然气和煤炭发电机组以及乙醇生产厂的开放式池塘赛道生产系统中的淡水（*Chlorella Sorokiniana*，小球藻）和盐水（*Nannochloropsis*，微拟球藻）藻株，其中有可能使用废弃的二氧化碳，如图 14.15 所示。

十亿吨研究的结果见表 14.12。微藻生物质的数量和价格都不能与陆地生物质竞争。潜在的生物质产量（2300 万～8600 万干吨）与目前 770 万干吨的植物油和其他生物柴油相比是有利的（表 14.6）。虽然微藻的生物燃料产量大于陆地生物质，但表 14.12 中的预期价格（500～2800 美元/干吨）与陆地生物质的 53 美元/干吨相比，是非常高的。

表 14.12 三种 CO_2 源微藻开放式池塘共定位生物质潜力研究

方案	乙醇生产厂/10^6t	煤炭 EGU/10^6t	天然气 EGU/10^6t	总产量/10^6t	最低价格/（美元/t）
目前淡水的生产力	12	19	15	<46	719～2020
目前盐水的生产力	10	54	21	<86	755～2889
未来淡水的生产力	13	10	0	<23	490～1327
未来盐水的生产力	11	12	0	<24	540～2074

资料来源：U. S. DOE，2016a。

注：EGU，发电单元。

(a) Cyanotech (西亚诺泰克公司)夏威夷开放式池塘食品级藻类生产（由Cyanotech公司提供）

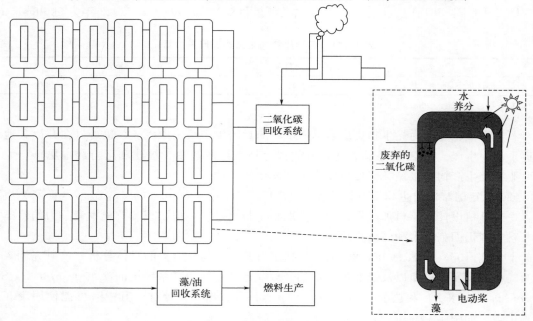

(b) 利用化石燃料发电厂二氧化碳回收的藻类-生物柴油设施示意图

图 14.15　藻类生产（来源：NREL，1998）

14.5　其他生物质能和新兴生物技术

14.5.1　其他生物质能

　　除了以上提及的，还有许多其他的生物质能源。虽然它们与交通没有直接关系，但把有关内容放在本书的此章节是合适的。这些能源大多用于发电、热力或热电联产（CHP）设施。生物质类型包括木材废料和残渣、城市垃圾、填埋场回收的甲烷、污水污泥和农业动物废物的甲烷消化（图 14.16）。

图 14.16　生物质能项目。从左上角开始沿顺时针方向：（a）圣保罗（明尼苏达州）70％废木材热电联产厂（照片由圣保罗能源区提供）；（b）明尼阿波利斯市中心附近的 Hennepin 能源回收中心的垃圾焚烧发电厂，其发电量足以为 25000 户家庭供电［图片来源：明尼苏达州污染控制处，由知识共享（Creative Commons）提供］；（c）洛杉矶 Hyperion 污水处理厂的沼气池，生产沼气以满足该厂的电力需求（照片来源：洛杉矶卫生局）；（d）加州索拉诺县 8MW 垃圾填埋气发电项目，2016 年启用［每日共和国（Daily Repubic）Robinson Kuntz 摄］

14.5.1.1　生物质、木材、余热和发电

2015 年，4×10^{15} Btu 的生物质能贡献了美国可再生能源的一半和总能源的 4％。在这些生物质能中，约 42％来自生物燃料，10％来自废物，46％来自木材。大约 20％的木材能源消耗发生在住宅行业。

美国约有 1000 家生物质能发电厂，约三分之二位于木材制品工业设施中，占发电量的一半。其余三分之一属于向电网发电的公用事业规模生产商。从 2010 年到 2015 年，美国生物质能发电量从 56TW·h 增加到 64TW·h，增幅为 14％。2015 年，生物质能占可再生能源的 11.3％，占总发电量的 1.6％。最近的增长大部分位于南方。2013 年，多米宁弗吉尼亚电力公司（Dominion Virginia Power）的三个 50MW 的发电厂从煤炭转型为生物质，佐治亚州电力公司（Georgia Power）启用了以城市木材废料和伐木残渣为燃料的 55MW 皮埃蒙特绿色发电厂，佛罗里达州盖恩斯维尔的 102MW 生物质发电厂开始运营（U. S. EIA，2016b）。

除了专用的生物质发电厂外，另一种将生物质能转化为电能的方法是在燃煤锅炉中同时燃烧生物质。共同燃烧包括将燃料煤与 5％～10％ 的木材、锯末、柳枝稷或其他生物质混合。在生物质比例较小的情况下，只需对设备稍加改造即可实现共燃，但美国和加拿大的许多发电厂正在改造并改建其发电装置以使用更多的生物质（USFS，2015）。

在欧洲，用于供热和发电的生物质的数量要大得多。2012 年，生物能源占可再生能源的 62％，占总能源的 9％。约 90％ 的生物能源用于供热和发电，主要用于市政区域供热和热电联产系统（EC，2014）。

如第 10 章所述，热电联产厂是最有效的燃烧发电厂，因为它们使用的是余热。大多数热电联产设施使用化石燃料，但位于明尼苏达州圣保罗的热电联产厂（为美国最大的地区供热系统服务）使用城市剩余木材，将其原料转化为 70％ 的可再生燃料（见图 14.16 和第 18 章）。

其他城市有的将城市生活垃圾（MSW）转化为垃圾焚烧发电厂（waste-to-energy，WTE）的能源。这些发电厂接受未经处理或加工的城市垃圾，并将其焚烧，类似于旧的焚化炉，只是它们有用于蒸汽加热或发电的能量回收装置，而且有现代化的污染控制措施。它们还有一个额外的好处，就是减少垃圾的填埋量。表 14.13 显示了 1980 年至 2014 年美国产生的城市生活垃圾的产量和处理、处置情况。2014 年，53％ 的美国城市生活垃圾被丢弃在垃圾填埋场，26％ 被回收，9％ 被用于堆肥。在城市生活垃圾总量中，有 32.33 亿吨在 86 座垃圾焚烧发电厂（大部分位于东北和南方地区）中燃烧用以回收能量，占垃圾总量的 13％。然而，自 2000 年以来，垃圾焚烧发电厂的数量、吨位和燃烧废物的百分比都有所下降。燃烧能量回收在废物处理中的比例在 1990 年达到顶峰。

表 14.13　1980—2014 年美国城市生活垃圾的产量和处理、处置情况

	1980 年	1990 年	2000 年	2005 年	2009 年	2011 年	2012 年	2013 年	2014 年
产量/10^6 t	152	208	243	254	245	251	251	255	258
回收再利用/％	10	14	22	23	25	26	26	26	26
堆肥回收/％	0	2	7	8	9	8	8	9	9
物料回收总量/％	10	16	28	31	34	35	34	34	35
燃烧能量回收/％	2	14	14	12	12	13	13	13	13
废弃物丢弃处理/％	88	70	58	56	54	53	53	53	53

资料来源：U. S. EPA，2016a。

在欧洲，废物管理和垃圾处理是截然不同的。2011 年，37％ 的垃圾被填埋，25％ 得到回收，15％ 用于堆肥，23％ 被送往垃圾焚烧发电厂。在瑞典、比利时、德国和荷兰，只有 1％ 的城市生活垃圾被填埋。瑞典和丹麦有一半以上的城市垃圾流向了垃圾焚烧发电厂，比利时、德国、荷兰、奥地利和法国也有 35％ 以上的城市垃圾流向了垃圾焚烧发电厂（Manders，2013）。

14.5.1.2　填埋场沼气回收和沼气消化

NREL（2017）估计，美国垃圾填埋场、废水、动物粪便以及工业、机构和商业（IIC）废物产生甲烷的潜力约为 4200 亿立方英尺，约占电力行业当前天然气消耗量的 5％。

大多数城市垃圾都在垃圾填埋场处理。废物（主要是纸张）中的生物会厌氧分解（无氧条件下）并产生甲烷（CH_4）。这种气体被捕集，但最终排入大气。许多密封的垃圾填埋场

被改造成公园，甲烷泄漏可能对用户有毒和有害。为了避免风险，垃圾填埋场通常会排放甲烷，但甲烷是一种温室效应强大的温室气体，比同等质量的二氧化碳强 23 倍。在一些垃圾填埋场，排放的甲烷被燃烧掉，生成二氧化碳。另一方面，垃圾填埋场的甲烷回收不仅能捕集甲烷，还能产生热量和能量。使用燃气轮机、微型涡轮机和往复式或斯特林发动机，这些气体可以转换成有用的能源，并回收额外的热量。

垃圾填埋气（LFG）是一种日益增长的社区能源。这种填埋气项目遍布美国各地。截至 2016 年 7 月，美国共有 652 个填埋气运营项目，总容量为 2163MW，每天捕集 3 亿立方英尺的甲烷，发电量约为 15TW·h。另外 415 个候选填埋场可提供 800MW 的发电能力和每天 4.45 亿立方英尺的捕获潜力。这提供了大量能量，但是甲烷的燃烧同时会产生大量二氧化碳。

通过厌氧消化过程从有机废物中产生可用的甲烷。尽管其在美国和其他国家被用于稳定污水和动物粪便已经几十年了，但还没有发展到可利用能源生产的潜力。沼气使用设施的发展有助于消化城市污泥，尤其是动物集中养殖设施，如各类畜禽养殖场。截至 2015 年，美国共有 1270 多个污水处理设施和 247 个有厌氧消化池用于产生甲烷的商业化畜禽养殖场。

14.5.2　新兴能源生物技术

绿色植物的光合作用是生命的奇迹之一。人类的聪明才智也是如此。生物技术研究的进展可以为捕捉太阳的能量并将其更有效地转化为有用的生物质能以提高能源产量创造重大机遇。我们已经看到，普通绿藻和硅藻具有潜在的很高的油产量，适合转换为生物柴油，远远超过陆地作物。基因工程研究可以优化藻类生产，提高太阳能向生物质能转化的效率。

进一步的进展甚至可以直接利用光合过程来产生氢。这项令人兴奋的研究旨在利用光合作用的机制直接从水中提取氢。正如第 4 章所介绍的，光合作用的"魔力"是由许多酶和核苷酸提供的，如二磷酸腺苷和三磷酸腺苷，它们传递和接受电子，允许绿色植物发生广泛的化学反应。

光生物水解作用利用光合作用的自然酶过程直接分解水制取氢气。它使用生物工程形式的绿藻和蓝藻，消耗水并产生氢气作为副产品。实验室实验从装有能分解水的藻类的烧杯中收集了氢气。生物过程是复杂的，该过程使用一个由藻类、光合细菌和厌氧细菌组成的综合制氢系统，虽然目前的过程对于商业应用来说太慢了，但这是一个有希望的研究领域。

14.6　天然气和氢气作为运输燃料

压缩天然气（CNG）已成为一种流行的城市交通替代燃料（表 14.1 和表 14.2），天然气已成为目前使用的少量氢气的来源。替代运输燃料的未来选择包括天然气和氢气制成的合成液体。

14.6.1　天然气作为运输燃料

随着美国天然气产量继续达到创纪录水平，人们对天然气作为运输燃料的兴趣日益增加。天然气的两个主要选择是 CNG 和天然气衍生的合成液体燃料。CNG 已成为公共车队和公共汽车的流行城市燃料。如表 14.1 所示，2016 年 CNG 的消耗量相当于 265000 加仑汽油，自 2010 年以来，尽管天然气产量创历史新高，价格也创历史新低，但与乙醇、生物柴油和电力的增长相比，其增长不快。

另一种替代方案是在常温常压下将天然气转化为液体燃料（gas to liquid，G2L），从而可以替代运输车辆中的汽油和柴油。目前的大多数风险投资都采用了 20 世纪 20 年代开发的著名的费-托合成（Fischer-Tropsch synthesis，F-T synthesis）方法，萨索尔公司（Sasol）在南非使用了几十年。其他国家正在开发费-托技术的改进版本。

14.6.2 氢气作为运输燃料

车辆中的燃料电池技术提供了解决石油使用、城市空气污染和温室气体排放等问题的机会。第 10 章和第 13 章介绍了燃料电池和燃料电池汽车的开发进展。但是，从第 4 章中可以知道，氢气只是一种储能介质，需要能源来生产氢气。我们需要考虑制氢的生命周期成本，最佳选择是无碳、无油和安全的能源。可以使用电解法从水中制取氢气，其中使用电能将水分解为氢气和氧气的电能效率约为 70%。使用无碳的可再生风能和太阳能电解水是有希望的，但总体效率较低，直接使用电能可能更好。

前一节讨论的光生物学技术非常令人兴奋。光电化学水分解也是如此。这个过程不是利用光合作用藻类和细菌，而是利用阳光和专门的半导体从水中产生氢气。不同的半导体材料在不同波长的光下工作，直接将水分子分解成氢和氧。尚需要更多的研究来找到合适的材料并收集分离的氢。

但是，要完善这一过程还有很长的路要走，直到不再依赖现有的电解技术或从天然气和其他化石燃料中转化制取氢气——这是当今最常见的方法。天然气重整制取氢气的效率约为 60%。从第 13 章和图 13.18 中的 WTW 评估中看到，燃料电池汽车中的重整氢比普锐斯混合动力车使用的能源多 25%，而混合动力车的二氧化碳排放没有任何减少。

WTW 评估还表明，使用化石燃料蒸汽发电的氢电解的 WTT 效率仅为 20%～30%，这取决于发电类型。化石-蒸汽电解氢燃料电池汽车的 WTW 能源使用量是迄今为止所有燃料汽车选项中最高的，根据发电类型不同，甚至比传统汽油汽车更高。

除了氢的这些生命周期的能源、经济和碳问题之外，还有储存、运输和使用氢的技术和经济问题，这些对许多人所说的"氢经济"造成了重大障碍。与氢燃料电池汽车相比，插电式动力汽车可能提供了更容易、更具成本效益和更节能的选择。

14.7 本章总结

在寻求减少石油使用、碳排放和能源需求增长的过程中，我们必须解决交通能源问题。本章探讨了替代燃料，特别是生物燃料。电动汽车的市场在世界范围内正在迅速增长，国家充电网络的发展也为其提供了支持。生物燃料，特别是利用玉米秸秆等纤维素作物残渣和柳枝稷等多年生禾草生产的燃料乙醇，可显著替代汽油和减少温室气体排放。生物柴油也有了更大的用途，但相对于乙醇而言，生物柴油产量的大规模增加取决于非食品生物质资源，例如微藻类。十亿吨研究估计，到 2030 年，美国国内将有 10 亿～15 亿吨的生物质用于能源，足以取代 30% 的石油消耗量和 60% 的汽油消耗量。这可以在不影响国内和出口对食物和纤维的需求的情况下实现，同时有利于土地保护和振兴农村经济。

但是，由于国内石油产量增加和液体燃料价格低廉，生物燃料的增长已经放缓。生物乙醇的最佳选择是 E85 市场的增长，这取决于生物精炼厂产能的扩大，纤维素作物废料和草的产量及回收率的提高，纤维素酶水解的进展以及 E85 加油站可用性的提高。

廉价的石油燃料将继续抑制交通用生物燃料的增长。然而，使用生物质能还有许多其他选择，即使在今天，生物质能仍是美国和世界上最大的可再生能源来源。生物质可作为可燃燃料（如木材、农作物和残渣），可转化为气态燃料（垃圾填埋场和废物消化产生的沼气），或转化为液体燃料，现在和将来都是补充日益增长的风能和太阳能的重要的可再生能源。当前，石油运输燃料的最佳替代方案是插电式混合动力汽车和电池电动汽车的电气化。

第 15 章
全社区能源、交通和土地利用

对于建筑而言，在技术、设计、实践、评级和规范方面的能源考虑已经从关注建筑围护结构发展到更关注暖通空调系统，然后发展到电力在整个建筑能源中的使用。这种综合方法现在已在一些建筑规范中得到体现。如第 8 章所述，这一概念开始在绿色建筑标准（如LEED 协议）中进一步扩展，包括材料的隐含能源、生命周期的环境和健康影响，以及智能零能耗建筑。

全社区能源需求将这些考虑因素进一步扩展到建筑物在社区能源中可以发挥的作用。建筑物不仅消耗能源，而且还可以通过现场发电来满足建筑物和并网社区的能源需求。本书第10 章和第 11 章描述了分布式能源系统，在该系统中，建筑物的屋顶光伏、热电联供微型燃气轮机和其他现场电力系统可以产生多余的电力，将其输送到社区电网或附近的微型电网，并通过网络计量实现经济性。第 10 章和第 13 章还描述了电网连接、现场发电如何为白天的电网供电，以换取电动和插电式混合动力汽车夜间利用电网充电。

全社区方法还通过考虑建筑的位置、与场地和社区的关系以及与其他社区和区域的连接来解决交通能源问题。也就是说，紧凑型、混合型、步行型、公交导向型开发和填充式再开发带来的高效土地利用可以缩短出行距离，增强非机动化和公交出行方式。在全社区能源中，有效利用土地可以减少汽车依赖性和车辆行驶里程（VMT），节约能源特别是石油燃料。绿色建筑评级系统，如 LEED-H（住宅）和 LEED-ND（邻里发展），已纳入全社区标准，包括现场发电、高效土地利用和交通连通性。

第 13 章中提到，在美国，大约一半的交通能源用于社区，特别是乘坐轻型车辆、公共汽车和通勤铁路的乘客出行，将人们从家中转移到工作地点、学校、商业和娱乐场所。本章首先回顾了社区交通模式，然后讨论了共享自主移动的新发展及其广泛的潜在影响，之后重点讨论交通和有关节能的土地利用，以及智能增长管理如何帮助遏制蔓延的发展模式，振兴市中心和近郊，创建更多宜居社区，同时减少 VMT、空气污染物和温室气体排放。本章最后讨论了全社区的能源和土地利用，包括太阳能接入和城市热岛，新兴的绿色社区发展评级指南，以及一些示范项目的模型。

15.1 社区交通

15.1.1 全球社区交通模式

世界各地的社区交通差别很大。由图 13.3 可知，非机动车乘客流动在世界大多数城市中起着关键作用。中国、印度和美国是人口最多的国家，也是旅客出行最多的国家。然而，在中国和印度，公共汽车、铁路和两轮车的行驶里程最多，而在美国，大型和小型汽车与航空旅行占主导地位。

在全球主要城市中，悉尼、多伦多和芝加哥的城市交通以私家车为主，而欧洲、拉丁美洲和亚洲的许多城市则以公共交通为主，巴塞罗那、纽约、北京、东京和柏林的步行和自行车出行很重要（图 13.3）。比较美国和西欧旅游模式的研究很有说服力。尽管人均收入相当，但欧洲城市的平均人口密度是美国的四倍，人均高速公路长度只有美国的一半，每 1000 个工作岗位就有 500 个停车位。美国城市居民人均私家车行驶里程是西欧的 3 倍，人均二氧化碳排放量是西欧的 4 倍，人均能源消耗是其 1.5 倍。欧洲人 50％ 的旅行使用非机动交通方式，而美国城市居民这一比例仅为 9％。

这些差异是什么原因造成的？当然，文化、可用土地和汽车燃料价格是影响因素。表 13.4 显示，欧洲天然气价格是美国的 2 至 3 倍。由于土地面积有限，加上建筑和规划历史原因，欧洲城市更加密集，这促进了轨道交通和非机动化出行方案的开发和使用。

随着世界上发展中国家的发展，其旅客旅行正在增加。预计到 2040 年，新兴非经合组织经济体的交通能源使用将以每年 3％ 的速度增长，其中印度（4.4％）、非洲（3.1％）和中国（2.7％）居首位。

他们将在多大程度上发展以私家车为基础的美国模式或以公共交通为基础的欧洲模式之后的交通系统？图 13.1 显示，尽管美国和西欧每 1000 人拥有汽车的比例已经饱和，分别为 800～850 辆和 600 辆，但全球汽车保有量仍在继续上升：2004 年至 2014 年间，中国的汽车保有量增长了 400％（从每 1000 人拥有汽车 21 辆增至 105 辆），印度的汽车保有量增长了 180％。这些国家在发展客运系统方面还有很长的路要走，客运系统的发展将对石油燃烧和碳排放受限的未来产生重要影响。

15.1.2　美国车辆行驶里程和人均车辆行驶里程

从 1960 年到 2007 年，美国的车辆行驶里程（VMT）以每年 2.3％ 的稳定速度增长，并预计将继续以这种速度增长。公路建设跟不上，城市道路越来越拥挤。然而，2008 年汽油价格上涨和经济衰退，VMT 首次下降，如图 15.1 所示。许多人认为这可能是一个新的长

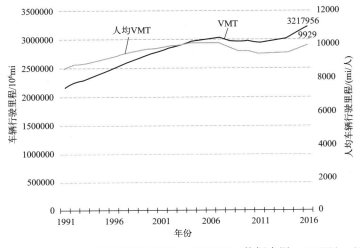

图 15.1　1991—2016 年美国 VMT 和人均 VMT（数据来源：FHWA，2017）

期趋势，但低油价和经济复苏导致 2014 年 VMT 重新增长，并在 2016 年达到新高。

人均 VMT 也一直在持续增长，但 2004 年开始下降，2007 年至 2014 年间下降了约 8%。较低的燃油价格导致了 2016 年的大幅增长，但 2016 年的人均 VMT 仍低于 2001—2007 年。目前尚不清楚未来美国的 VMT 会发生什么。

这些里程中的大部分是在社区内行驶的，其中大部分发生在上下班、上学或去商业中心时。表 15.1 显示了 1980 年至 2013 年间通勤交通工具的变化情况。2013 年仍有 76% 的通勤者独自开车上班，只有 10% 的人拼车，5.1% 的人使用公共交通工具，3.4% 的人步行或骑自行车。

表 15.1　美国通勤交通工具

交通工具	1980 年人口普查	1990 年人口普查	2000 年人口普查	2013 年 ACS[①]
私家车/%	84	87	88	86
独自驾驶/%	64	73	76	76
拼车/%	20	13	12	10
公共交通/%	6.4	5.3	4.7	5.1
公共汽车或无轨电车/%	4.1	3.0	2.5	2.6
地铁或高架/%	1.6	1.5	1.5	1.7
铁路/%	0.6	0.5	0.5	0.5
出租汽车/%	0.2	0.2	0.2	0.1
摩托车/%	0.4	0.2	0.1	0.2
自行车/%	0.5	0.4	0.4	0.6
步行/%	5.6	3.9	2.9	2.8
其他方式/%	0.7	0.7	0.7	0.9
在家工作/%	2.3	3.0	3.3	4.3
所有工人合计/%	100	100	100	100
平均通勤时间/min	21.7	22.5	25.5	25.8

数据来源：ORNL，2016。

① 美国社区调查。

许多因素影响 VMT，包括通勤距离和其他目的地、土地利用模式、对便利性和灵活性的渴望、替代交通工具的可用性、燃料价格、富裕程度和文化。通勤距离受住房费用的影响。许多购房者会选择更长的通勤时间，这样他们就能买得起更好或更大的房子。随着交通拥堵和燃油价格的上涨，这种选择变得更加困难。

土地利用发展模式也影响 VMT。在单一用途、广阔的郊区开发中，即使是最简单的出行也需要汽车。紧凑的混合用途开发不仅减少了旅行距离，而且提供了密度和到达所需目的地的途径，使步行、骑自行车和公交出行变得切实可行。

① 美国汽车文化。在美国，影响 VMT 和汽车依赖性的主要因素可能是 20 世纪发展起来的汽车文化。一百年前，美国的交通主要是体力活动（步行、自行车、马车）和公共交通形式（如市内有轨电车和城际铁路）。城市地区的土地利用发展模式是密集的，因为它们基于与有轨电车站之间的步行距离。郊区有轨电车发达，但城市发展受到了公交线路的限制。

随后，汽车的出现带来了一场国家物质和文化特征的重大转变。汽车于 1904 年首次上市，但亨利·福特（Henry Ford）于 1908 年推出的 T 型车将汽车推向了大众。在不到 20 年的时间里，到 1927 年，55％的美国家庭有了汽车。汽车的增长导致了对国家道路系统的需求，在《1921 年联邦公路法》颁布后的十年内，连接人口中心的双车道道路网基本上建成了。这一不可思议的转变彻底改变了美国的生活，消除了以马为基础的交通工具的卫生问题，缓解了城市的过度拥挤，并为农村地区提供了更好的生活必需品。

经济大萧条和第二次世界大战减缓了这一伟大的进步，但战后汽车对美国景观和文化的影响是巨大的。1944 年和 1956 年的《联邦援助公路法》批准了 4.5 万英里的州际公路系统，该系统在 1991 年基本完成。州际公路和其他道路系统提供了前所未有的通往边远内陆地区的通道，试图逃离充满犯罪、肮脏、拥挤和后来种族局势紧张的城市的城市居民，通过更好的道路和他们钟爱的汽车很容易到达日益扩张的郊区，实现他们的美国梦。

这种对以汽车为基础的交通和道路系统的重视，阻碍了对其他交通方式的投资，特别是对交通和面向行人的设施的投资。交通运输系统无法与汽车的灵活性和吸引力相竞争，到 1960 年，只有 12 个城市仍有电气化铁路系统。汽车的功能、性能提供了灵活性、安全性、舒适性、隐私性、速度、独立性和到达其他交通工具不能到达的目的地的组合。但在美国文化中，汽车不仅仅是一种交通工具。它已经成为自由和独立、社会地位和身份的象征："你就是你所驾驶的。"获得驾驶特权成为年轻人的一种成人仪式，失去驾驶特权成为老年人毁灭性的里程碑。汽车文化不仅在美国，而且越来越多地在其他国家成为消费主义和经济产出的主要来源。

② 变化的迹象。汽车流行文化对汽车经济和 VMT 产生了深远的影响。但也有人认为，美国和其他地方的汽车文化正在发生变化（Newman，Kenworthy，2016）。如今，只有一半的美国青少年在 18 岁之前想拿到驾照。人们，特别是千禧一代，有其他方式通过社交媒体表达自己。越来越密集的城市环境再次成为空巢老人和年轻专业人士的首选，除了汽车，还有越来越多的出行选择，例如 Uber、更好的公共交通、Zipcar 租车和简单地给朋友发短信搭便车（Fisher，2015）。

而驾驶行为本身可能即将发生改变。如第 13 章开头所述，许多人预计到 2025 年，自动驾驶汽车将成为一种日益增长的交通方式，通过无线技术访问的共享服务将取代汽车所有权。到 2050 年，亲自开车将更像骑马一样成为满足好奇心的一种方式。第 15.2 节讨论了这种可能的主要变化及其对 VMT 和交通能源的影响。

15.1.3　公共交通系统和能源

长期以来，交通系统一直是私人车辆的替代品，特别是对于那些买不起或开不起车的人。在道路和停车能力不足的密集型城市，公交是一个关键的选择。欧洲、亚洲和美国的一些城市严重依赖交通系统。有了足够的客运量（负载系数），交通系统，特别是铁路，可以成为最有效的交通工具。轨道交通 2014 年平均能耗为 2400Btu/（人·mi），比小汽车和 SUV 的效率高28％，后者的平均通勤负荷为 1.6～1.8 人/辆（表 13.3）。公交车的负载系数较低为 9 人/辆，效率比轿车和 SUV 低 18％。公交的能耗随着公交客运量和负载系数的增加而提高。

15.1.3.1　运输类型、载客量和乘客里程

图 15.2 给出了美国历史上的交通客运量。图 15.2（a）显示，乘客人数受到经济和社会趋势的影响，例如大萧条（1929—1940 年）、二战经济繁荣（1940—1946 年）和战后廉价

能源时代与郊区增长（1947—1975 年）。自 20 世纪 70 年代中期以来，年客运量从约 70 亿人次缓慢增加到 100 亿人次，但人均出行次数一直保持在 35 次/人左右。在 20 世纪上半叶，交通运输是美国运输系统的重要组成部分，当时交通运输占乘客里程的比例非常高。对于通勤者来说，现在这个比例下降到 5%（表 15.1）。图 15.2（b）和表 15.2 按交通方式给出了交通客运量。2005 年至 2015 年间，公交车客运量有所下降，但重型、轻型和通勤铁路以及需求响应型客运量都有所增加。

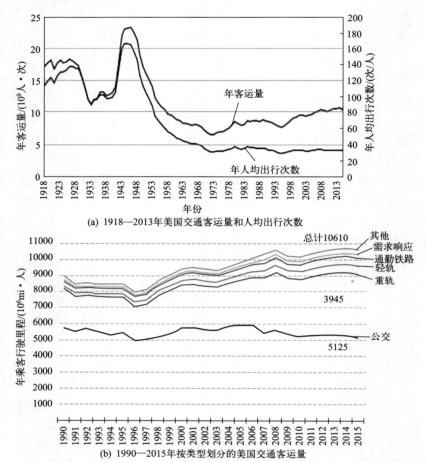

(a) 1918—2013年美国交通客运量和人均出行次数

(b) 1990—2015年按类型划分的美国交通客运量

图 15.2　美国交通客流量历史情况［来源：(a) APTA，2014；(b) 数据来自 APTA，2016］

表 15.2　1990—2015 年美国交通客运量（按类型划分）

年份	总客运量	公共汽车	重轨	轻轨	通勤铁路	需求响应	其他
1990	8956	5741	2420	146	328	107	215
1995	8490	5417	2182	243	352	95	201
2000	9403	5679	2688	293	412	111	220
2005	9806	5909	2775	362	422	119	220
2010	10172	5231	3531	465	453	191	302
2015	10610	5125	3945	529	490	236	284
2005—2015 年变化比例	+8%	−13%	+42%	+46%	+16%	+99%	+29%

数据来源：APTA，2016。

美国有多种类型的交通系统，包括重轨、通勤、轻轨，常规公交和快速公交（BRT）（图 15.3），以及辅助交通（需求响应）、轮渡和其他。2014 年，美国约有 600 亿英里·人的客运量，约 55% 为铁路，38% 为公共汽车（表 15.3）。这仅仅占所有车辆客运量 54000 亿英里·人（车辆行驶里程 31870 亿英里乘以负载系数 1.7）的 1.1%。

表 15.3　2014 年美国最大的轨道交通系统

轨道类型	城市	乘客行驶里程/(10^6 mi·人)
通勤铁路	纽约州纽约市（MTA-MNCR[①]）	2501
	纽约州纽约市（NJ Transit[②]）	2224
	纽约州纽约市（MTA-LIRR[③]）	2161
	伊利诺伊州芝加哥市	1665
	马萨诸塞州波士顿市	730
	宾夕法尼亚州费城	502
	加利福尼亚州洛杉矶市	465
	通勤铁路总计	11810
重轨	纽约州纽约市	10866
	加利福尼亚州旧金山市	1649
	华盛顿特区	1552
	伊利诺伊州芝加哥市	1441
	马萨诸塞州波士顿市	605
	宾夕法尼亚州费城	449
	佐治亚州亚特兰大市	444
	重轨总计	18429
轻轨	加利福尼亚州洛杉矶市	408
	得克萨斯州达拉斯市	238
	俄勒冈州波特兰市	216
	科罗拉多州丹佛市	202
	加利福尼亚州圣迭戈市	173
	马萨诸塞州波士顿市	169
	密苏里州圣路易斯市	153
	轻轨总计	2490
轨道总计		32529
公交运输		22456
其他运输		2169
运输总计		59644

资料来源：APTA，2016。

① MTA-MNCR：纽约州大都会运输署大都会北方铁路。

② NJ Transit：新泽西运输公司。

③ MTA-LIRR：纽约州大都会运输署长岛铁路。

(a) 明尼阿波利斯通勤铁路

(b) 芝加哥重轨

(c) 洛杉矶轻轨

(d) 印第安纳州拉斐特公交

(e) 俄亥俄州克利夫兰公交专用道快速公交

图 15.3　运输系统（来源：APTA，2016）

表 15.3 显示，在铁路系统中，纽约、芝加哥、波士顿和费城的传统铁路系统的客运量最高，而华盛顿、旧金山、洛杉矶和亚特兰大的例子说明，较新的系统相当有效。轻轨系统由于投资少、发展方便而受到欢迎。自 20 世纪 90 年代初以来，洛杉矶、波特兰、明尼阿波利斯、丹佛、堪萨斯城、达拉斯和盐湖城都发展了轻轨系统。

15.1.3.2　影响交通客运量的因素

影响交通使用的最重要因素是可用性。但即使在交通便利的地方，通勤者在做出选择时也会权衡公交和车辆通勤的利弊。这些因素包括成本、时间、便利性、安全感、隐私、停车和拥挤的麻烦、天气和自我形象。在某些情况下，这些因素可能有利于汽车通勤，在其他情况下则有利于交通。在欧洲，这些因素导致了 50% 的客运里程依赖于公共交通和非机动交通的社区客运模式，而在美国，这一比例仅为 9%。

近年来，美国交通客运量和客运里程的增长速度都快于车辆行驶里程。燃料价格的上涨是一个重要因素，但改善交通的可得性和服务也是一个重要因素。从 2005 年到 2015 年，交通客运里程增长了 20%，而私家车客运里程增长了 4%。然而，2016 年较低的燃油价格导致了车辆行驶里程的增加和公交乘客的减少［图 15.1 和图 15.2（b）］。

美国公共交通协会（American Public Transportation Association）估计，在 2016 年，从私家车换乘公共交通的人每年可以节省 9370 美元。这个数据假设一个人住在两口之家中，并且交通工具的使用方面允许有一辆车而不是两辆车。这节省了大部分费用，包括车辆付款、保险和维护费用，同时也节省了燃料成本和停车费，并被交通票价抵消（APTA，2016）。

Polzin（2016）推测了影响美国未来交通使用的因素，总结在表 15.4 中。它们包括经济、人口、社会和环境因素，也包括技术和城市设计方面的考虑。交通服务的技术改进，例如实时旅行信息、自动收费和综合交通模式，以解决从起点到公共交通工具的"第一英里"和从公共交通工具到目的地的"最后一英里"的问题，可以增加乘客人数。另一方面，汽车旅行的技术和其他替代方案可能会抑制公共交通的使用，例如电动汽车降低了公共交通的环境动机，Uber 或 Lyft 等骑乘服务，汽车共享计划，以及最终联网的自动驾驶交通服务。

表 15.4　影响美国未来公交客运量的因素

公交客运量增长因素	抑制公交客运量增长的因素
旅客经济压力	有限的服务和投资资源
汽车使用对空气质量和气候变化影响的敏感性	汽车电气化降低了能源和环境动机
便利性和连通性的技术增强，包括实时旅行信息、自动收费、集成的首末英里机会	交通网络（Uber，Lyft）和最终的自动驾驶或联网汽车等增强的非交通替代方案
城市人口较多	燃料成本降低
以汽车为中心的文化减弱	共享经济降低汽车使用成本
城市宜居性提高（以交通和行人为导向的土地利用模式）	出行的通信替代品（在家工作、远程学习、电子商务）
城市拥堵加剧	

资料来源：Polzin，2016。

　　交通的可用性和便利性将取决于有效的中转与出行起点和目的地的接近程度。这可以通过扩展交通系统来提高，但更多的是与土地利用规划和规划设计有关，表 15.4 中为城市宜居性增强（以交通和行人为导向的土地利用模式）。

15.2　共享、电动、自主交通：城市客运新时代

　　关于汽车文化的部分介绍了影响美国乃至全世界移动模式的因素。在美国，除了越来越喜欢市中心生活和紧凑型、混合用途和可步行社区外，消费者也越来越多地从传统的汽车出行转向步行、骑自行车和坐公交，特别是如果他们居住在方便步行和乘坐公交的地方。未来可能会带来对传统汽车拥有和使用的进一步替代和破坏，特别是在城市地区。这些措施包括越来越多地使用汽车共享和短期租赁、共享移动服务，也许最终会使用自动驾驶的电动汽车，这些汽车可以在接到通知后立即召唤（图 15.4）。这一运动对乘客流动、城市拥挤、石油燃料使用、二氧化碳和空气污染物排放、车辆事故死亡以及交通运输业的命运都有重大影响。目前尚不清楚的是，这场颠覆性运动的范围和速度如何。本节重点介绍不断变化的移动世界，并探讨了一些扩展场景及其影响。

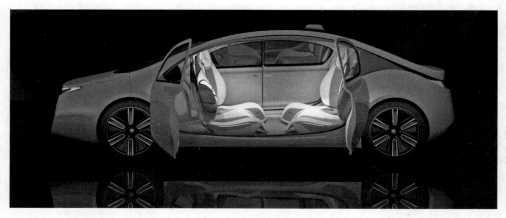

图 15.4　自主、无人驾驶的电动概念车（来源：RMI，2016。从 iStock. com 购买）

15.2.1　不断变化的移动世界

这个不断变化的世界有四个新的发展趋势：

① 几乎普遍使用移动通信技术（MCT）和互联网连接。

② 电动汽车的发展。

③ 私人车辆拥有和使用以外的移动服务的增长。

④ 自主驾驶技术的发展。

（1）移动通信和"物联网"　与"物联网"相关的信息技术的进步是这个不断变化的移动世界的根基。智能手机的高度普及极大地提高了连接和通信能力，从下一辆公交的实时信息到召集 Uber（优步）司机。此外，先进的移动通信技术和计算技术还提供了新的传感器，用于获取数据、连接网络以及快速计算输入数据和传输结果信息（McKinsey & Company，2015）。汽车连接性是新车中增长最快、消费者需求最多的功能之一。

（2）电动汽车的发展　第 13 章和第 14 章强调了插电式电动汽车（PEV）的发展。美国不断增长的销量使 PEV 的数量从 2010 年的 1000 辆增加到 2017 年的 66 万辆，美国仍落后于许多国家。随着电池成本的下降，从 2015 年的 350 美元/（kW·h）下降到未来 10 年的 100 美元/（kW·h），从长远来看，远程电池电动汽车（BEV）将成为传统内燃机车的成本竞争对手。

（3）共享移动：汽车共享，搭车　新的移动服务包括汽车共享、按需乘车、点对点汽车共享和点对点乘车共享，如表 15.5 所示。2015 年，美国至少有 23 个活跃的汽车共享项目，拥有 17000 辆汽车和 120 万会员。从 2013 年到 2014 年，全球汽车共享成员增长了 65%，达到近 500 万，共享车辆增长了 55%，达到 10.4 万辆（TSRC，2016）。汽车共享的车辆可以是公司拥有的，比如 Zipcar，也可以是会员拥有的，比如 Turo。

表 15.5　当前移动服务的示例

服务类型	示例（拥有该服务的州的数量）	说明
公司拥有的汽车共享	Zipcar（45）	提供有固定停车点的车队，按小时出租
	Car2Go（11）	提供位于应用程序上的"浮动"车队，可在指定的城市中心范围内进行单程旅行
会员拥有的点对点汽车共享	Turo（50）	按小时为车主和租车者匹配的点对点市场
	easyCar Club	
	FlightCar（5）	点对点市场，允许车主在机场停车场出租车辆，与租车公司竞争
按需打车	Uber（47）	根据需要为私人司机和乘客提供市内交通服务
	Lyft（32）	
	Gett	使用移动应用程序与有执照的出租车匹配乘客
点对点乘车共享	Bia Bia Car	匹配司机与城际旅行乘客
	Scoop	基于应用程序，将预先设定的通勤时间与在同一地区工作的人进行匹配

最近增长最快的是打车服务。例如，Uber 在美国和国外发展迅速。它将私人司机和他们自己的车辆与乘客进行匹配，乘客在市内旅行时使用智能手机应用程序按需召唤。2015年，Uber 在美国每天提供 100 万次乘车服务。活跃的 Uber 司机数量从 2013 年的 1 万人增加到 2014 年的 5 万人，到 2015 年达到 16 万人。2015 年，骑乘召唤公司的投资为 110 亿美元，2016 年上半年为 210 亿美元。中国的增长尤其高（5000 万活跃用户，每周 1 亿次乘车）（BNEF & McKinsey，2016）。

（4）自动驾驶　第四个要素不像前三个要素那样发达，但似乎进展迅速。自动驾驶车辆（AVS）分为四个级别：

① 第 1 级——功能专用自动化：控制一个或多个功能（例如，自适应巡航控制、自动停车、车道保持辅助或自动制动）。

② 第 2 级——组合功能自动化：对两个或多个主要功能的控制，设计为协同工作，以解除驱动程序对这些功能的控制。

③ 第 3 级——有限的自动驾驶：在特定的交通或环境条件下，驾驶员可能会放弃对所有安全关键功能的完全控制，但在有足够警告的情况下，可用于偶尔的控制。

④ 第 4 级——全自动驾驶：驾驶人在行程中任何时刻都不能控制（包括无人驾驶的车辆）。

大多数追求自动驾驶的公司都集中在 1～3 级，但一些公司，如特斯拉（Tesla）和谷歌（Google）正致力于全自动化，分别计划在 2017 年和 2020 年推出 4 级自动驾驶。特斯拉宣布，到 2018 年，其客户将能够在全美范围内召唤一辆汽车。宝马、福特、通用、沃尔沃、日产和大众预计将在 2020—2021 年推出 3 级或 4 级 AVS。2016 年，Uber 和沃尔沃正在匹兹堡测试自动驾驶车队，Uber 预计到 2030 年将全面部署自主移动服务（Greenblatt，Shaheen，2015；BNEF，McKinsey，2016）。

自主车辆不仅需要功能强大的车内计算机，还需要一系列其他技术，包括成像和传感硬件、用于无线连接的通信模块、地图、数据存储以及租赁和保险服务。在这些技术的开发领域，存在着高水平的投资和竞争。

15.2.2　共享、电动、自动驾驶的未来展望

许多分析师看好自主驾驶电动汽车共享出行的前景。Navigant（2016）预测，自动驾驶汽车销量将从 2015 年的 0 增长到 2025 年的 500 万辆和 2035 年的 8500 万辆；预计这一增长的一半以上将出现在亚洲。

BNEF 和麦肯锡公司（2016）认为，其他技术、经济和社会因素将推动向未来移动世界的进程。其中包括：

① 投资于公共交通并与共享的车辆网络集成，以解决最后一英里的问题。

② 宜居性和可持续性趋势，有利于减少排放和步行。

③ 城市化和人口密度增加。

④ 电力分散化，住宅和商业太阳能光伏发电和储能增加。

这些因素可能产生强化效应，以及整合系统的需求。例如，BNEF 和麦肯锡公司相信：

① 共享移动性的提高将加速车辆电气化。

② 电动汽车产量的增加将加速电池成本的降低，产生多重影响。

③ 与共享移动相结合的自动驾驶将与私人汽车所有权相竞争。

④ 自动驾驶电动汽车将增加单个车辆的平均行驶里程，降低电动汽车的每英里成本。

⑤ 自动驾驶电动汽车将创造电池充电需求，扩展快速充电基础设施。

⑥ 共享交通的普及将对公共交通产生负面影响（从公交转向共享交通），也产生积极影响（共享交通解决了从公交车站到工作地点或家庭的第一和最后一英里需求）。

⑦ 可再生能源发电量增加将使电动汽车作为降低交通行业碳排放强度的手段更具吸引力。

考虑到这些因素，BNEF 和麦肯锡根据社区环境描述了全球移动未来的三个愿景。对于低收入、人口稠密的大都市地区（如孟买、伊斯坦布尔），快速的城市化以及拥堵和污染问题依然存在，一个"清洁和共享"（C&S）系统将使其转向更清洁的交通和与公共交通相结合的优化的共享移动。对于高收入的郊区扩张地区（如悉尼、休斯敦、德国鲁尔河谷），"私人自治"（PA）继续依赖私人汽车，但自动电动汽车可以使旅行更加方便、安全、干净、便宜和愉快。对于高收入、密集的大都市地区（如伦敦），自动驾驶汽车、电动汽车和共享移动的趋势迅速发展，并形成了一个"无缝移动"（SM）系统（图 15.5），在该系统中，共享的、自动驾驶的电动汽车车队以低于私有汽车的成本提供按需的门到门移动服务。与步行和自行车相结合的轨道交通仍然是移动系统的重要组成部分。

图 15.5　2030 年密集型、高收入城市的无缝移动示意图
（来源：BNEF，McKinsey，2016。经彭博新能源财经许可使用）

表 15.6 比较了 2015 年至 2030 年的这些情景，包括人口和收入的一些定义参数，以及 2015 年指数为 100 的乘客行驶里程（PMT）、车辆行驶里程（VMT）和车辆平均行驶里程（PARC）。每种情景下，PMT 和 VMT 都会增加，尤其是 C&S（PMT 增加 86%，VMT 增加 59%），后者继续严重依赖公共交通（占 PMT 的 53%）。C&S 的车辆数量（PARC）显

著增加（＋63％），但对于 SM，2030 年的车辆数量比 2015 年减少了 7％，尽管人口增加了 11％，收入增加了 25％，PMT 增加了 30％，VMT 增加了 37％。原因在于对共享汽车的依赖度更高，共享汽车占 PMT 的 31％，占 VMT 的 44％，在 SM 案例中占 PARC 的 14％。

表 15.6　BNEF 和 McKinsey 所描述的三种社区类型的 2030 年未来移动情景

未来的移动	清洁和共享（C&S）		私人自治（PA）		无缝移动（SM）	
城市类型	低收入、高密度		高收入、扩张		高收入、高密度	
示例城市	德里		休斯敦郊区		伦敦	
年份	2015	2030	2015	2030	2015	2030
平均人口	140 万	190 万	100 万	110 万	360 万	400 万
人均 GDP／美元	12000	23000	44000	53000	48000	61000
PMT（以 2015 年水平为 100）	100	186	100	125	100	130
共享汽车 PMT 占比／％	2	17	1	5	1	31
私家车 PMT 占比／％	37	20	78	76	48	27
公共交通 PMT 占比／％	51	53	19	18	42	35
步行或骑行 PMT 占比／％	10	10	2	2	8	8
VMT（以 2015 年水平为 100）	100	159	100	135	100	137
共享汽车 VMT 占比／％	3	38	1	4	2	44
私家车 VMT 占比／％	97	62	99	96	98	56
PARC（以 2015 年水平为 100）	100	163	100	108	100	93
共享汽车 PARC 占比／％	0	9	0	1	0	14
私家车 PARC 占比／％	100	91	100	99	100	86
电动汽车 PARC 占比／％	0	42	0	34	0	60
自动驾驶电动汽车 PARC 占比／％	0	3	0	32	0	40

资料来源：BNEF，McKinsey，2016。

到 2030 年，所有三种情景的 EV 占比都将很高：SM 为 60％，C&S 为 42％，PA 为 34％。在 SM（40％）和 PA（32％）情景下，这些电动汽车中有很大一部分将是自动驾驶汽车。

15.2.3　共享、电动、自主交通的含义

这种共享、自动驾驶的电动汽车移动性将对社会产生重大影响。

预期收益包括（BNEF，McKinsey，2016）：

① 环境影响：减少二氧化碳和空气污染物排放，减少土地使用。

② 公民健康和安全：减少交通伤害和死亡，降低与污染有关的发病率和死亡率。

③ 为市民提供便利：无障碍、舒适、更多的出行选择。

④ 市民成本：节省成本，减少旅行时间损失。

⑤ 系统成本：降低基础设施投资（道路、交通）、系统运行和维护成本、交通拥堵成本。

⑥ 辅助优势：电力系统存储解决方案，提高土地利用率，有利于电网稳定。

未来的共享、自动驾驶电动汽车系统有可能将成本降低 1 万亿美元以上，将二氧化碳排放量减少 1 亿吨，仅在美国每年就可挽救数万人的生命（RMI，2016）。到 2035 年，汽油消

耗量可能会减少到 2035 年公司平均燃油经济性（CAFE）标准基线的一半以下。二氧化碳、氮氧化物和 $PM_{2.5}$ 的尾气排放量可减少 60％（BNEF，McKinsey，2016）。2015 年全球交通事故死亡人数为 125 万，2016 年上半年美国的交通事故死亡人数增长了惊人的 10.4％。94％的事故是人为失误造成的。自动化驾驶可以大大减少交通事故数量和死亡人数。

　　图 15.6（a）显示了落基山研究所（RMI）个人车辆自动共享出行的 20 年成本预测。如今，每英里移动服务的成本已超过个人轿车总成本（TCO）。但是，未来的成本降低可能会在 2030 年之前将电动汽车的每英里自动移动服务成本降低至个人轿车总成本的 40％，并低于个人车辆的运营支出（OpEx）。

　　由于这种未来移动的诸多优势，汽车保有量可能会大幅减少，以至于 RMI（2016）预测美国将出现"汽车保有量高峰"（peak car ownership）。图 15.6（b）显示了 RMI 预计的个人和共享轻型车辆（LDV）年度需求。2035 年，这一数字降至 1200 万辆左右，而 2015 年为 1600 万辆，能源信息署 2035 年预测为 1800 万辆。到 2035 年，个人汽车需求从 1700 万辆下降到 600 万辆。在城市里，有两辆车的家庭可以很容易地换成一辆车，而有一辆车的家庭可以没有汽车。数千亿美元可能会从个人汽车产品和服务转移到交通网络公司（TNCs）、技术公司和适应性汽车制造商提供的新移动服务。正如大多数具有破坏性的变革一样，会有赢家和输家。

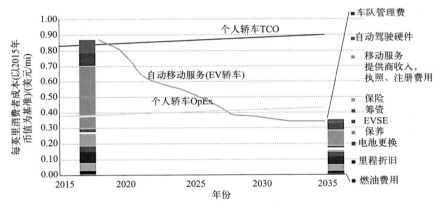

(a) 20年成本预测——自动移动性和个人轿车对比（EVSE，
电动汽车供电设备；TCO，总成本；OpEx，运营成本）

彩图

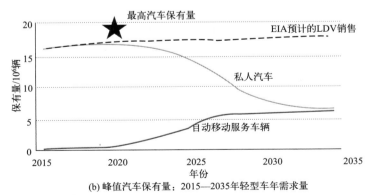

(b) 峰值汽车保有量：2015—2035年轻型车年需求量

图 15.6　落基山研究所成本和汽车保有量预测
（来源：RMI，2016。经落基山研究所许可使用）

由于目前汽车和燃料在全球经济中的重要性,这种未来移动所带来的变化将产生次要影响。

① 电力行业将需要满足电动汽车充电的额外需求,到 2030 年,电动汽车充电可能占全球总电力需求的 3%,到 2040 年可能占 8%(BNEF,McKinsey,2016)。然而,正如第 10 章和第 13 章所述,电动汽车的夜间充电减少了对电力容量需求的影响。

② 由于燃油效率、电气化和机动化趋势的影响,石油行业可能在 21 世纪 20 年代迎来轻型车燃料需求高峰。第三个影响包括石油公司加油站便利店的人流量减少。

③ 汽车行业可能不得不从目前以内燃机汽车为主的市场转向内燃机汽车、电动汽车、自动驾驶和联网汽车的组合市场。许多汽车公司正为这一转变做好准备。

④ 无论有没有这一移动方式的运动,技术行业都将扩大,但随之而来的是信息技术经济在开发传感器、软件、互联网连接、数据分析、预测分析和机器学习方面的重大机遇。这些发展可能会涉及主要汽车公司和科技初创企业之间的合作关系。

⑤ 城市的公共部门应接受这种不断变化的移动方式,不仅为其公民服务,而且为其投资的声望和吸引力服务。这将影响有关交通和停车的规划决策。对于州和地方来说,道路基础设施对燃油税收入的依赖性可能必须改变。电气化可能将能源税收入减少 20%(纽约)至 30%(洛杉矶)甚至 65%(伦敦)(BNEF,McKinsey,2016)。

尽管向共享的、自动驾驶的电动汽车的转变似乎是注定的,但目前尚不清楚这种转变可能发生的速度和范围,以及这将对潜在的赢家和输家产生怎样的影响。

15.3 可持续交通、宜居社区和土地利用

车辆行驶里程和公共交通机会都取决于土地利用模式。20 世纪后半叶,美国出现了前所未有的土地开发活动。从 1950 年到 2000 年,人口翻了一番,大规模的公路建设,富裕程度的提高,汽车的兴起使数百万人得以逃离城市,前往广阔的郊区。

扩张是由同质的、隔离的、依赖于汽车的土地使用构成的土地消耗性和分散性的土地开发模式。支持者认为,无论是家庭、庭院还是私人汽车,无节制扩张的胜利是个人和家庭私人领域的创造。但批评人士说,伴随着这场私人胜利而来的是公众或公民的失败。事实上,几十年后,这些广阔的郊区已经从城市扩展开来,留下了空置的房产,随之而来的是农田和自然区域的消耗,并且隔离了那些依赖汽车的开发区的居民,这些开发区通勤时间长,拥挤且能源密集。一些居民似乎仍然对郊区的生活感到满意,但许多人对土地使用模式的这些社会、环境和交通问题越来越不满意。但他们常常把这些问题当作现代美国的必然弊病。

其他人认为有更好的方法。有远见的规划师、开发商、设计师和政府官员正在制定土地利用开发的新概念。它的特点是一些相关的运动,包括“可持续社区”“宜居社区”“重新融合的市中心”“健康城市”“新城市主义”“面向行人和交通的发展”和“智能增长”。本节描述了与土地利用相关的交通和能源问题,以及阻止土地开发的扩张性质的方法。

如图 15.7 所示,这一扩张的发展模式显示了在艾奥瓦州得梅因郊外,新住宅的扩张取代了农田。以马里兰州的巴尔的摩-华盛顿走廊为例说明土地利用模式的影响。到 1960 年,历史开发集中在城市中心和近郊。从 1960 年到 1997 年,开发范围进一步扩展到郊区以外的

所谓的远郊区。远郊地区的发展推动了越来越多的高速公路需求，以适应越来越长的通勤时间，这些通勤时间通常花在单人驾乘的车辆上。

图 15.7　郊区扩张。在艾奥瓦州达拉斯县，随着得梅因西侧郊区的发展，
新的住宅取代了农田（来源：VSDA）

15.3.1　交通高效用地的 5D 策略

汽车使扩张成为可能，扩张依赖于汽车。减少对机动车辆的依赖是迈向可持续社区的重要一步。Cervero 和 Kockelman（1997）首先提出了建筑环境中减少驾驶的五种有效土地利用率的概念，其他人对此进行了扩展（Ewing，Cervero，2010；NRC，2009）。他们的目标是通过提供方便、及时、安全和成本效益高的替代方案让人们"下车"，这些替代方案主要是步行、骑自行车和使用公共交通。5D 策略的内容如下：

① 密度（density）：中等至较高的人口密度和每英亩开发土地的就业率。

② 多样性（diversity）：住宅和商业用地、学校和公共空间的混合，保持就业-住房平衡。

③ 设计（design）：社区布局、人行道、街道连通性、阴影、风景、美学。

④ 目的地可达性（destination accessibility）：从始发地出发旅行的便捷性。

⑤ 到公交站的距离（distance to transit）：距离家或工作地点 0.25～0.5 英里范围内的公共汽车或铁路站。

15.3.2　城市密度与交通能源利用

这些因素中最基本的可能是密度。低密度都市区的人均 VMT 和汽车燃料使用量高于高密度城市，高密度城市的公交和非机动交通工具使用量更大。

① 在人口密度较低的城市，人均汽车燃料使用量要高得多。Newman 和 Kenworthy（2006）的一项研究中，在 84 个世界城市样本中，以亚特兰大和休斯敦为首的 10 个美国城市人均汽车燃料使用量最高。这 10 个美国城市再次由亚特兰大和休斯敦领衔，是 84 个城市中 18 个人口密度最低的城市之一。

② 远郊区家庭人均汽车二氧化碳排放量远高于城市核心区和近郊区。社区技术中心的住房和交通支付能力指数计划开发了一款基于互联网的交互式地图，该地图比较了美国主要大都市地区每英亩土地和每户家庭的汽车温室气体排放量。结果显示，虽然城市内的密集区域相对于郊区每英亩土地的碳排放量较高，但是低密度郊区的户均碳排放量要高于城区（CNT，2016a）。

③ 密度和降低 VMT：治标不治本。美国国家研究委员会（National Research Council，2009）的一份报告得出结论，如果同时有混合用途、良好的步行社区设计、就业集中度和无障碍交通，密度加倍可能会使 VMT 减少 5% 至 25%。研究表明，紧凑的、混合用途的开发模式和交通可对 VMT 碳排放量的增量有显著影响，但由于美国现有的发展模式的遗留问题，对减排的绝对影响可能很小。NRC 的研究估计，如果所有新开发和替代开发的 75% 是现有开发密度的两倍，并且其居民减少 25%，那么总 VMT 将比 2030 年的基准预测减少8%，与 2050 年相比，减少的幅度则小于 2%。因此，除了紧凑型开发，我们还必须寻求其他途径，如汽车技术、低碳燃料和改善交通。然而，我们必须认识到紧凑型和混合用途开发模式的其他好处，包括土地保护、公共卫生和更适宜居住的社区。

15.3.3　混合用途、行人和公交导向型发展

剩下的策略大部分可以在行人和公交导向型发展（TOD）的概念中获得，如 Peter Calthorpe 的图 15.8 所示。TOD 是一个混合用途社区，公交车站和核心商业区步行即可到达。每个 TOD 都是一个步行区，在距离公交车站不远的地方有密集的住宅和公共空间。中心区以外的次级区域密度较低，可容纳农业用途。TOD 社区通过公共汽车或轨道交通连接在一起，并与城市中心相连，形成一个密集、可步行、多用途的社区中心网络。Calthorpe 设想这样的区域发展：将一个中心城市与其由轨道交通和公交连接的 TOD 构成的周边城市增长区联系起来。图中显示了 2000ft 的距离。加利福尼亚州将 TOD 定义为距离出行高峰期发车间隔 10min 的铁路站、轮渡站或公共汽车站四分之一英里内的区域。高质量的交通区域（HQTA）距离出行高峰期发车间隔为 15min 的铁路站或轮渡站以及公共汽车站不到半英里（CHPC，2014）。

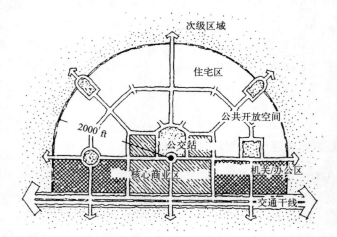

图 15.8　公交导向型发展（TOD）：Calthorpe 的原始概念
（来源：Calthorpe，1993。经许可使用）

有许多 TOD 的当代例子。社区技术中心网站托管着国家 TOD 数据库（CNT，2016b）。在开发华盛顿地铁铁路系统时，阿灵顿县游说将系统沿其现有的商业走廊在地下运行，而不是沿高速公路走廊在地上运行。这项出色的举措使地铁沿线的几个 TOD 得以发展，罗斯林和巴尔斯顿成为主要节点。

15.3.4 紧凑开发、住房规模、位置、交通和能源使用

紧凑型开发还意味着住宅单元面积更小，进而影响热能和电能的使用。图 15.9 和表 15.7 说明了住宅开发密度、规模和位置的影响。郊区住宅通常比较小的城市单户住宅和城市多单元住宅更大，消耗更多的热能和电能。

表 15.7　图 15.9 的假设条件

项目	车辆行驶里程 /(mi/a)	燃油经济性 /(mi/gal)	TI[①] /(Btu/ft²)	房屋尺寸/ft²	耗电量 /(kW·h/月)
郊区家庭平均值	25000	25	8	3000	1500
郊区绿色家庭	20000	35	5	2500	750
城市单户住宅平均值	8000	20	8	2500	1200
绿色城市单户住宅	5000	30	5	2000	600
城市多单元住宅	8000	20	6	1000	500
绿色城市多单元住宅	5000	30	4	1000	400

注：假设积温为 4500d·℃；一次能源消耗量＝3×终端耗电量。
① TI 为温度指数：8 反映标准规范，5 接近绿色建筑标准。

郊区家庭成员的出行距离通常比城市家庭成员更长，这意味着交通能源的消耗量更大。图 15.9 还表明，消费者对绿色、高效建筑和车辆的选择以及节约行为都会影响能源的使用。与传统的郊区家庭相比，这样一个绿色的郊区家庭可以减少 50% 的能源消耗。城市多单元住宅、绿色城市单户住宅和绿色多单元住宅的能耗量和相关的排放量最低（Randolph，2008）。

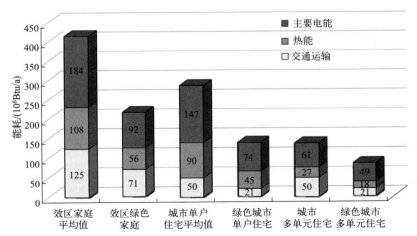

图 15.9　按类型、位置和选项分列的典型家庭能源使用情况（绿色城市多单元住宅、城市多单元住宅、绿色城市单户住宅和郊区绿色家庭实现了最低能源消耗）

15.3.5 绿色发展中的全社区能源：LEED-ND 指南

本书第 8 章中讨论了从新技术到规范和条例（图 8.1）在建筑领域采用创新做法的问题。这一采用过程得到了能源之星等指导和评级系统以及 LEED 和 ISO 14001 等认证计划的推动。这些程序不仅向消费者普及新技术和设计的优势，而且还为开发人员提供认证程序。这大大推动了融合建筑整体能源的绿色建筑的发展。

美国绿色建筑委员会（USGBC）正在推动向全社区能源的发展，该委员会正在制定一项 LEED 社区发展协议，称为 LEED-ND，以推动 LEED 从绿色建筑转移到绿色社区。与新城市主义大会（CNU）和自然资源保护委员会（the Natural Resources Defense Council）合作，USGBC 制定了一项协议，该协议于 2006 年开始试点测试，2009 年启动。表 15.8 给出了 LEED-ND V.4 的标准项目和评分点的项目清单。与其他 LEED 协议一样，通过实现这些要素并获得 LEED 授权检查员的认证，开发活动的得分可以累计，从而获得 LEED 认证（满分为 110 分，通过认证为 40 分）、银级（50 分）、金级（60 分）和铂金级（80 分）。

表 15.8 LEED-ND 标准

科学选址和交通		28	绿色基础设施和建筑		28
前提条件	科学选址	要求	前提条件	绿色建筑认证	要求
前提条件	不影响生态群落和物种	要求	前提条件	高建筑能效	要求
前提条件	湿地及水体保护	要求	前提条件	户内节水	要求
前提条件	农用地保护	要求	前提条件	施工污染预防	要求
前提条件	避开洪涝高风险区	要求	评分	绿色建筑认证	5
评分	高品质选址	10	评分	建筑能效优化	2
评分	棕地修复	2	评分	户内节水	1
评分	优质交通	7	评分	户内节水	2
评分	自行车设施	2	评分	建筑复用性	1
评分	通勤距离	3	评分	历史建筑保护和改造复用	2
评分	边坡防护	1	评分	区域干扰	1
评分	区域设计（栖息地、湿地、水体等）	1	评分	雨水管理	4
评分	栖息地、湿地、水体恢复	1	评分	热岛效应减小	1
评分	栖息地、湿地、水体长期保护	1	评分	朝阳方位	1
社区设计方案		41	评分	可再生能源使用	3
前提条件	行人步道	要求	评分	供暖和制冷	2
前提条件	紧凑型开发	要求	评分	基础设施能效	2
前提条件	社区开放	要求	评分	废水管理	2
评分	行人步道	9	评分	基础设施复用性	1
评分	紧凑型开发	6	评分	固体废物管理	1
评分	多功能社区	4	评分	光污染降低	1

续表

	LEED-ND标准（第四版）项目清单					
评分	房屋类型和成本	7		创新性和设计过程	6	
评分	停车区	1	评分	创新性	5	
评分	社区开放度	2	评分	LEED 认证专业性	1	
评分	交通便利性	1		区域信贷优先级	4	
评分	交通管理	2	评分	区域优先级评分	1	
评分	与公共设施、机构距离	1	评分	区域优先级评分	1	
评分	与公共娱乐场所距离	1	评分	区域优先级评分	1	
评分	残障设施和整体设计	1	评分	区域优先级评分	1	
评分	社区外围	2		项目总分（认证评分）	110	
评分	当地食品供应	1	认证合格	40～49 分		
评分	绿化和街景	2	银级认证	50～59 分		
评分	社区学校	1	金级认证	60～79 分		
			铂金认证	80 分以上		

主要类别及其分配得分点如下：

① 智能定位和连接，指就业、教育、商业和减少汽车使用的机会。包括生境、农田、湿地和水体的环境保护。有 5 个先决条件，9 个得分点，共 28 分，占总分的 25%。

② 社区模式和设计，包括有效的土地使用，如紧凑、混合用途、公交和行人导向型发展，公交使用机会以及进入当地学校、食品店和娱乐场所的方便程度。包括 3 个先决条件，15 个得分点，41 分（占总分的 37%）。

③ 绿色基础设施和建筑，包括绿色建筑、能源效率、现场可再生发电和低影响材料。包括 4 个先决条件，17 个得分点和 31 分（28%）。

LEED-ND 的能耗因素占总分的 37%。其中包括：

① 全建筑能源要素：认证绿色建筑，建筑节能，现场可再生能源，区域供暖和制冷。

② 全建筑要素，生命周期：经认证的绿色建筑，材料的再利用，再生成分含量，建筑再利用，区域提供的材料。

③ 全社区能源要素：现场发电，基础设施能源效率，减少汽车依赖性，交通机会，交通需求管理，紧凑、完整和连通的社区。

除了 LEED-ND 之外，还有许多社区设计的例子正在出现，其中包含了该标准的大部分元素。例如，CNU 和 Calthorpe Associates 网站上有许多面向行人和交通的混合用途开发项目。侧栏 15.1 描述了丹佛的高地花园村和位于波士顿南部的 LEED-ND 旧殖民地项目。

侧栏 15.1

绿色发展中的全社区能源示例

（1）丹佛高地花园村

图 15.10 展示了这个紧凑、多用途社区的一部分，该社区距离丹佛市中心 10 分钟车程，占地 27 英亩。它以前是 Elitch 花园游乐园的所在地，从 1994 年开始荒废。该项目将该地块改造成一个多用途社区，拥有各种社区设施、新的开放空间和各种住房机会。该

社区的步行友好型设计由 Jonathan Rose 公司与 Calthorpe 联合公司合作开发，提供安全方便的步行路径，并与感兴趣的主要区域连接。规划小组制定了设计方案，并在这一过程中与周边邻居接洽。设计方案中有一个密度梯度，商业区附近密度最高，单户住宅现有社区附近密度最低。高地花园村的重要文化设施包括一所学校、一个可步行的零售村和一个由当地一个非营利组织翻新的前游乐园的历史剧院。一个由花园、广场和开放空间组成的网络创造了一个充满活力、友好的社区，拥有充足的公共聚会空间。该项目荣获美国环保署 2005 年国家智能增长成就奖（Jonathan Rose Companies，2010；U. S. EPA，2010）。

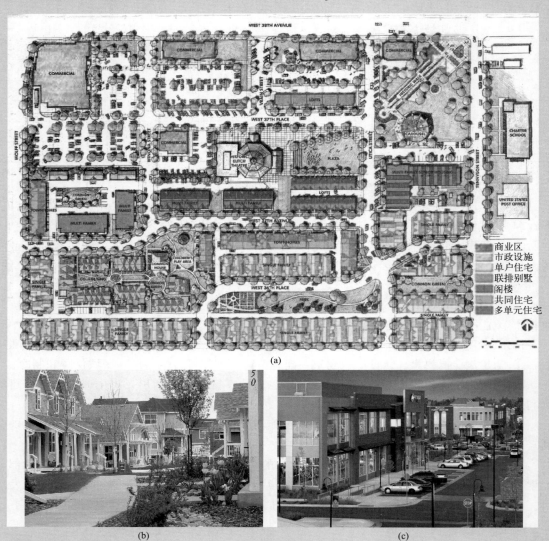

图 15.10　丹佛高地花园村。(a) 场地平面图显示了这个混合用途的重建项目，建在以前的游乐园场地上。(b) 单户住宅区。(c) 商业中心（来源：Jonathan Rose Companies，2010，经许可使用；U. S. EPA，2010）

（2）波士顿南部旧殖民地住宅开发区的住宅

图 15.11 说明了对波士顿南部传统公共住房项目的重大改造，用联排别墅和四层电梯

楼房取代过时的住房。新街道的建立使地面更易于步行，并将住房与周围的社区结合起来。家庭成员可以住在自己的社区，有学校和公共交通工具。该项目符合企业绿色社区、LEED 建筑和 LEED-ND 铂金建筑以及能源之星住宅认证标准。

图 15.11　波士顿南部旧殖民地的住宅（传统公共住房通过经济适用房重建符合 LEED-ND 和
　　　　　LEED 住房标准）（来源：http://www.thehomeatoldcolonybc.com/）

15.3.6　大都市土地利用和交通

高效的土地利用没有局限于社区范围，而是扩展到了社区和地铁范围。TOD创造了靠近公交车站的密度，促进了步行和自行车友好场所的发展，减少了对汽车的依赖，从而将居住区与就业、教育和商业场所连接起来。加州的研究表明，TOD家庭成员的车辆行驶里程比非TOD家庭少37%～50%，车辆拥有率低30%，使用交通工具的频率比非TOD家庭高3～5倍，每个家庭比非TOD家庭少排放2～3.4t CO_2，数值范围取决于家庭收入（CHPA，2014；CalTrans，2002）。

TOD必须与不同的交通选项相连接，包括轻轨、通勤铁路和快速公交。通过密度实现公交，通过阻止城市开发边界的蔓延增加地铁规模密度，目的是遏制增长并保护边界以外的工作景观。

波特兰的城市开发边界产生了支持各种交通系统（包括MAX轨道交通系统）的城市密度。Tri-Met公司经营公交系统，波特兰拥有市中心的无轨电车系统，两者均与MAX配合。该系统促进了公交站密集的TOD社区中心的发展。

15.3.7　消费者偏好向城市宜居社区转移

大众消费者通过自己的选择和购买力来表达对居住地点、类型和便利设施的偏好。长期以来，"美国梦"的特点是拥有大量住宅，通常是郊区住宅。有证据表明，这种偏好仍然存在。但也有证据表明，中心城市的居住人口正在增加，同时人们越来越倾向于更密集、以社区为导向的居住环境。

城市土地研究所（ULI）调查消费者和建筑商的消费偏好。ULI一项名为"美国2015年"的研究显示，52%的美国人和63%的千禧一代（1980年后出生）希望生活在一个不需要经常用车的地方，一个可步行的社区对一半的公众来说很重要，三分之一的人认为拥有公共交通是一个高度优先或最优先的事情（ULI，2015a）。

ULI一项名为"2015年房地产行业新兴发展趋势"的研究衡量了房地产和开发行业人士的看法。它的主要结论之一是，朝九晚五的市中心正在转变为18小时的城市。住房、零售业、餐饮业和步行办公的主要组成部分已经重建了城市核心，刺激了投资和发展，提高了许多城市的生活质量。尽管这些城市在凌晨会安静下来，但商店、餐馆和娱乐设施混合确实会在深夜产生兴奋。这是由鼓励知识和人才行业的雇主在夏洛特、丹佛、亚特兰大等地，甚至在格林维尔和波特兰等小城市开设办公室的步行上班的住房推动的。对千禧一代和婴儿潮一代（1945—1964年出生）来说，这一市中心的转变都很有吸引力。十年或二十年前，人们预计度假村和退休社区（主要是在阳光地带）将成为"热门房地产类型"。然而，2015年房地产行业新兴发展趋势调查"将此类房地产列为最不理想的房地产，因为65岁以上的人群将选择从郊区住宅返回市中心，而不是集体迁移到佛罗里达州和亚利桑那州"（ULI，2015b，第4页）。

全国房地产经纪人协会（the National Association of Realtors）在50个最大的地铁地区进行的2015年社区和交通偏好调查发现，大多数千禧一代和婴儿潮一代更喜欢步行社区（有小院子的房子，步行到需要去的地方很方便），而不是传统的郊区（有大院子的房子，必须开车去需要去的地方）。步行是大多数受访者的首选出行方式，对于千禧一代来说，83%

的人喜欢步行，而 71％的人喜欢开车，这是任何一代人中最大的差距（NAR，PSU 2015）。

15.4 交通以外：土地利用、城市热岛和太阳能接入

在历史上，我们把能量分为不同的部分进行观察。事实上，本书已经做到了这一点：第三部分主要讨论建筑，第四部分讨论电力，第五部分讨论交通。但最终我们需要整合整个社区的能量。这种方法旨在更广泛地思考，并看到这些一次能源部门之间的联系和机遇。本节介绍能源和土地利用方面的另外两个考虑因素：太阳能接入保护和城市热岛。

15.4.1 土地利用与城市热岛

城市热岛现象在世界各城市都有发生。由于植被覆盖减少和不透水表面增多，城市的反照率（反射率）较低，因此吸收的短波太阳能更多，反射的太阳能更少。城市街道、停车场和屋顶变热，使其上方的空气比自然植被上方的空气更热（图 15.12）。

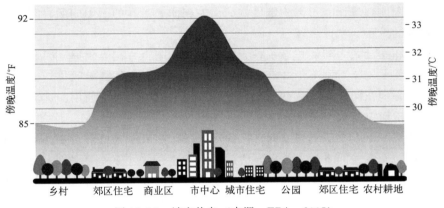

图 15.12 城市热岛（来源：EPA，2005）

城市地区的夏季气温比周围农村地区高 7℉（3.9℃）。郊区的气温上升较少，但对每户家庭的热影响比密集的城市中心要大。夏季，城市热岛增加了空调需求和空气污染水平。极端高温在美国是与天气相关的头号杀手。美国每年约有 1100 人死于极端高温，城市热岛效应和全球变暖加剧了这一问题。

为了显示城市热岛的差异效应，Brian Stone（2007）利用美国 50 个大城市地区的历史气象数据，显示了城市地区的变暖平均已经超过农村地区 0.5℉。肯塔基州路易斯维尔的热岛效应增长速度比美国任何一个城市都要快。Stone 正在佐治亚理工大学的城市气候实验室为路易斯维尔制定一个城市热岛管理计划，该计划将包括土地覆盖评估、热点地图绘制、热模拟情景开发、人口脆弱性评估以及广泛植树等缓解措施（Stone，2016）。

就每户家庭而言，较大地段的郊区开发比更紧凑和密集的开发具有更大的热岛效应。这与我们看到的每户车辆行驶产生的二氧化碳排放量的现象类似：根据 15.3.2，城市中心地区的每英亩二氧化碳排放量更高，而郊区的每户二氧化碳排放量更高。此外，用草代替树冠的郊区开发具有较低的反射率和蒸散量，并增加了每户家庭的热影响（Stone，Rodgers，2001）。

更密集、更紧凑的开发可以减轻每个家庭的城市热岛效应，但还需要采取其他措施。其中包括：

① 保留、保护和种植植被，特别是冠层树木。

② 在建筑物上使用"凉爽屋顶"和绿色屋顶（7.3.1 和 8.4.2），在道路和停车场上使用"凉爽路面"，以提高反射率和减少夏季太阳辐射的吸收。

与凉爽屋顶类似，"凉爽人行道"的目的是提高铺筑表面的反射率，使其反射更多太阳能，吸收更少的太阳短波辐射。劳伦斯伯克利实验室的研究人员测试了各种铺面材料，结果表明，新鲜沥青的反射率仅为 5％，在夏季达到 123℉，而老化沥青的反射率为 10％，温度为 115℉。一种原型冷沥青涂层可将反射率提高到 50％，将夏季温度降低到 90℉。

15.4.2　土地利用和太阳能接入

2016 年，美国有超过 100 万户家庭使用太阳能光伏发电，预计到 2018 年还会新增 100 万户家庭。从本书第 7 章和第 11 章中可以了解到，这些太阳能系统需要良好的太阳照射条件才能有效。太阳能现场调查可以确定良好的南方朝向和潜在的阴影问题。阴影是太阳能热系统和光伏系统的杀手。

对于被动式和主动式太阳能热系统，大多数太阳能来自直接光辐射，因此，在主要的太阳增益时段（例如上午 9 点到下午 3 点）进行遮光将减少有用的能量收集。由于储存容量有限，太阳能热能必须在同一天（被动系统）或一天内（主动系统）使用。这需要良好的供需匹配和良好的日常南方定位与暴露。

对于光伏系统，单串光伏阵列（即直流输出串联，然后馈入单台逆变器的面板）必须将整个阵列暴露在阳光下才能有效。单串光伏阵列系统上的一小部分阴影即可显著降低输出。通过在单个面板上使用微型逆变器取代中央逆变器，可以减轻阴影造成的输出损失，从而使每个面板独立运行。尽管如此，每个面板的输出都会因为少量的阴影而大大减少（图 11.18）。对于净计量的光伏系统（图 11.16）来说，定位并没有那么重要，因为它们不需要像热力系统那样满足每日的供需，它们使用电网存储电能，并且每年运行一次（即每月超出耗电量的发电量计入下个月）。

为适应屋顶太阳能光伏和阳光调节以及被动太阳能建筑的预期大规模扩张，需要有效的土地利用规划、分区设计和保护太阳能接入的机制。图 15.13 显示了加州萨克拉门托的总理花园社区（Premier Gardens），一个净零能源分区。这张照片显示了北端的四排房屋，其中包括一些在建的。东西向的街道设计为房屋提供了良好的太阳能定位。房屋间距和未来的植被种植不会给光伏系统带来阴影问题。

然而，许多太阳能应用项目都是在没有专门为太阳能接入而设计的分区和小区，一些居民遇到了一些问题。在某些情况下，业主安装了一个太阳能系统，面临的问题只是邻近的业主建了一栋房子或种植了大树，遮盖了系统。在其他情况下，业主则面临着禁止安装太阳能系统的美学或其他限制性条款。一些州或地方的太阳能接入法试图解决这些"太阳能权利"问题。这些法规已经禁止了限制或禁止建筑一体化太阳能系统安装和运行的公约和法规，还允许并鼓励邻近的业主使用"太阳能地役权"作为保护太阳能使用的正式协议。

其他州或地方则进一步制定了土地使用条例，以保护太阳能的使用。例如，加州 1978

图 15.13　科尔多瓦牧区的总理花园社区（Premier Gardens）的净零能源太阳能分区
（来源：Sacramento Municipal Utility District，www. SMUD.org）

年的《遮阳控制法》在鼓励使用植物遮阳以减少冷却能源需求的同时，禁止新的植物生长对太阳能系统造成遮蔽。该法律规定如下：

在 1979 年 1 月 1 日以后，所有拥有或控制房产的个人将不被允许种植或放任已经种植的乔木和灌木遮挡太阳能收集器上午十点至下午两点的太阳能收集面积的 10％ 以上……太阳能收集器……应安装在房产内距边界线 5 英尺内，且不低于 10 英尺高的位置。

这一规定表明需要考虑时间和距离，因为太阳能路径的几何形状很重要。在第 7 章中，我们从太阳位置调查中了解了太阳的路径。图 15.14（a）和表 15.9 定义了我们希望不受阻碍的太阳能接入"天空空间"。我们希望从 45°E 到 45°SW（南方位角）和一个取决于纬度的高度角的范围内的天空不受遮挡。在美国大部分纬度地区，12 月 80％～90％ 的太阳能都来自这个天空空间。

表 15.9　12 月 21 日的天空空间角度

纬度/(°)	上午/下午方位角/(°)	上午/下午高度角/(°)	中午高度角/(°)	日照面积比例/％
25	45	25	42	76
30	45	20	37	80
35	45	16	32	85
40	45	12	27	90
45	50	12	22	88

太阳位置测量是从集热器的位置观察太阳在天空中的每日路径，而阴影图案是从障碍物的位置观察阴影投射的投影。图 15.14 显示了分区中房屋和树木的典型阴影模式。7.1.3 描述了绘制阴影图的方法。

1979 年，加利福尼亚州圣迭戈在其分区法规中制定了一项创新的太阳能接入方法。它要求开发商证明，其地块布局能够使每个地块在建筑用地中至少有 100 平方英尺的屋顶太阳能通道。即使在分区内建造的房屋没有太阳能系统，它们也必须有太阳能通道，以便以后可

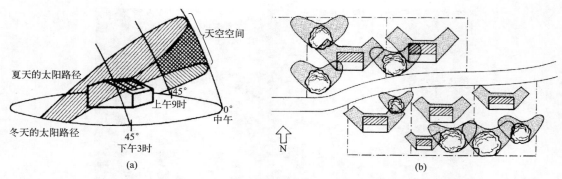

图 15.14　（a）太阳天空空间；（b）细分区域的阴影模式
（来源：Jaffe，Erley，2000）

以添加系统。该县提供了一个几何模板，以便开发商可以方便地访问他们的计划。该条例规定。1979 年 10 月 1 日或之后收到的暂定分区图或地块图不得批准，除非分区者能够证明，分区内的每一块土地都能够在不小于 100 平方英尺的区域内无障碍地获得阳光，该区域位于该地块可建区域坡度以上 10 英尺的水平面内。假设有一块不小于 100 平方英尺的特定区域，12 月 21 日时在太阳方位角 45°E 和 45°W 之间拥有无遮挡的天空，则可被认为达到了无障碍的太阳能接入条件。

15.5　社区能源和气候行动规划

实现全社区能源不仅需要一系列的项目，还需要更全面的规划工作，以提供一个长期的愿景，并确定实现它的战略。能源和气候保护社区规划在美国和国际城市已有数十年的历史（Randolph，1981；Kron，Randolph，1983；Randolph，1988；Wheeler，2008；Boswell et al.，2012）。这些努力使用了不同的标签，如"可持续性""环境""弹性""宜居性"，但它们通常包括并往往侧重于管理能源和减少碳排放的努力。涉及减少能源相关排放的气候行动规划已成为当地规划工作的主流：

① 截至 2016 年，美国 1060 个城市的市长签署了市长气候协议，以努力实现其社区的碳减排目标（VSCM，2016）。

② ICLEI（2015a）报告称，全国 350 个地方使用其 ClearPath 软件制定了气候行动或相关计划。

③ 世界市长气候理事会设立了"碳气候登记处"，为地方政府报告其地方气候行动发展情况提供了一个论坛。到 2015 年，来自 62 个国家占世界人口 8% 的 608 个地方共报告了 6181 项缓解和适应行动（ICLEI，2015b）。

一些具体的计划和方案将在第 18 章描述，此处介绍一些用于制定能源和气候保护计划的计划方法和协议。

15.5.1　NREL 市级能源决策

2015 年，国家可再生能源实验室（NREL，2015）开展了一项关于城市清洁能源和能效行动的研究，探讨地方如何将数据纳入能源决策的规划、实施和评估过程。研究发现，政府和非营利组织制定的用于地方能源规划的规划和计划框架多种多样。

然而，城市工作人员的框架和调查表明，数据的使用缺乏标准化，特别是在衡量影响和确定行动优先次序方面，这妨碍了有效的能源决策。这项研究对 20 个城市样本的分析有助于设计一个比较计划的框架：

① 目标：城市能源使用目标的明确愿景，通常针对特定行业（如建筑和能效、交通和土地利用、可再生能源）。

② 行动：旨在实现能源目标的具体可实施项目、计划或政策。

③ 度量：一种衡量方法或指标，用于了解行动的影响和实现能源目标的进展。

④ 数据：能够为行动和实现目标的进展提供衡量指标的观察资料。

在这 20 个城市样本中，最常见的与能源相关的行为集中在以下三类：

① 建筑物和效率。包括建筑规范、标准、认证。

② 交通和土地使用。a. 土地利用规划：可步行、完整、混合用途的社区规划；b. 改善交通选择和基础设施：公共交通扩展、行人和自行车基础设施。

③ 本地发电。分布式发电策略和程序。

总的来说，城市在实现其能源和排放目标方面的进展难以量化，NREL 的研究建议采用标准化方法来测量和绘制能源相关行动对能源使用和温室气体排放的影响。

能源部能源效率和可再生能源办公室（EERE）响应 NREL 报告，建立了一个名为"通过能源分析和规划引领城市"的项目。2016 年 8 月，EERE 向三个社区（华盛顿州贝尔维尤、俄勒冈州波特兰和北卡罗来纳州上海岸平原）提供了 130 万美元的资金，用于制定支持当地能源和气候计划的数据驱动能源政策、计划和项目。让我们拭目以待。

15.5.2　ICLEI ClearPath 气候行动过程

1993 年，地方可持续发展协会（ICLEI）发起了"城市促进气候保护运动"（CCPC），此后开发了一些用于温室气体清单和气候保护规划的工具。他们的规划过程遵循一个简单的五个里程碑式的框架：

① 对温室气体排放量进行清查和预测。

② 制定量化的温室气体减排目标。

③ 制定实现减排目标的气候行动计划。

④ 执行气候行动计划。

⑤ 监督并报告进展情况。

ICLEI 的方法侧重于温室气体排放清查的重要程序，这是里程碑 1、3 和 5 的关键部分。其最新工具 ClearPath 是一个在线排放管理平台，于 2014 年在全国范围内推出，并免费提供给美国所有地方政府。ICLEI 声称 ClearPath 是管理地方气候变化缓解工作使用最广泛的软件工具。该协议提供云数据存储、多用户协作和有用的结果可视化功能。它有四个主要模块：

① 清单模块，用于执行符合全球协议和美国社区规模排放协议的计算。

② 集成的动态预测模块。

③ 用于气候行动战略决策支持的综合规划模块。

④ 跟踪进度的综合监控模块。

15.5.3　ACEEE 本地能源计算器

美国节能经济委员会（ACEEE）长期以来一直在推进国家、州和地方的节能政策。对于地方能源效率，ACEEE 制定了地方政策评级体系，并编制了全国 51 个最大城市的年度记分卡。最新记分卡的结果将在第 18 章中讨论。意识到许多社区没有在这个样本中得到体现，他们开发了一个本地自我评分工具，允许其他社区生成其能源效率政策评分。虽然了解所在地区与其他地区的能源政策的比较结果是有帮助的，许多城市进行能源规划时仍需要分析政策选择的影响。为此，ACEEE 开发了当地能源效率政策计算器（LEEP-C）。下面介绍这两种工具。

15.5.3.1　当地能源效率政策计算器（LEEP-C）

LEEP-C 是一个电子表格工具，可以分析与四个能源消耗行业（公共建筑、商业建筑、住宅和交通）相关的 23 种不同政策类型的影响。该工具可以在用户设置的时间段内估计对节能、成本节约、污染、就业和其他结果的影响。它允许用户交互式地探索所选策略的绝对和相对影响，并根据反映社区优先级的用户或利益相关者输入来权衡不同的策略选项。该工具旨在进行对地方政策选择的初步分析（ACEEE，2015a）。

LEEP-C v.2.0 需要一些基本数据输入，如果没有具体的当地数据，可以利用国家统计数据。它们包括：

① 社区人口和人口增长率。

② 政策实施和评估的年限。

③ 按类型划分的住宅单元数量。

④ 公共和商业建筑面积。

⑤ 政策融资假设。

⑥ 社区优先事项和目标。

⑦ 能源价格和预期变化。

⑧ 排放率。

⑨ 工作计算乘数。

政策计算器可以估计以下四个行业中的若干政策举措的影响：

① 公共建筑：改造、重新调试、基准测试和披露以及基于性能的策略。

② 住宅建筑：基准测试和披露、建筑能源规范和高效新住宅。

③ 商业建筑：改造、重新调试、基准测试和披露、基于性能的策略和建筑能源规范。

④ 交通：综合土地利用、行人策略、自行车策略、停车收费、按里程付款的车险、拥挤收费、警戒线定价、里程税、基于雇主的通勤策略、提高公交服务水平和扩大城市公共交通范围。

15.5.3.2　地方能效政策自评工具

地方政策自我评分电子表格工具允许地方使用与 ACEEE 编制美国 51 个最大城市的城市记分卡相同的方法对其进度进行评分。规划者可以使用该工具以透明的方式对其社区的能源效率工作进行评分，并将结果与其他地方进行比较，包括 8 个同行社区，但记分卡中的大城市除外，这些城市的人口从 8000 到 227000 不等（ACEEE，2015b）。该工具建议通过社区研究收集输入数据，以确保获得最佳信息。该工具有 7 个 excel 工作表，包括 5 个评估 5 种社区效率政策的工作表：

① 地方政府运作（15 分）。

② 全社区倡议（10 分）。

③ 建筑（29 分）。

④ 能源和水公用事业（18 分）。

⑤ 交通（28 分）。

15.6　本章总结

本章从全社区能源的角度对可持续交通进行了总结。首先从社区的角度描述 VMT 和公共交通的使用趋势。美国数十年来 VMT 的持续增长在 2007 年达到顶峰，直到 2014—2016 年燃料价格下降和经济复苏推动 VMT 在 2015 年和 2016 年达到创纪录水平后才再次上升。尽管如此，2016 年人均 VMT 仍低于 2007 年。美国的高 VMT 水平是由严重依赖于每天独自开车上班的通勤者造成的，2013 年，这一比例仍占所有通勤者的 76%。

影响 VMT 的因素很多，包括土地利用模式、工作距离和其他目的地、便利性和灵活性的愿望、替代交通工具的可用性、燃料价格、富裕程度和文化。美国的汽车文化正呈现出一些变化的迹象，因为现在只有一半的美国青少年（不管是年轻的专业人士还是婴儿潮一代）在 18 岁之前费心去取得驾照，其他青少年越来越喜欢可步行的生活环境，共享的移动也在增加。公共交通通常比私人车辆更节能，但自 2007 年以来，公交客运量仅略有上升，人均出行次数自 20 世纪 80 年代中期以来一直持平。2005 年至 2015 年，公共交通客运量增长最多的是重轨（增长 42%）和轻轨（增长 46%）。公交客运量受到一系列因素的影响，其中一些因素会增加客运量（例如，燃油价格上涨、服务改善和更利于公交发展的模式），一些因素则会抑制客运量（例如，燃油价格下降、用于改善服务的当地资源有限，以及其他非交通方式替代了汽车使用，例如共享交通）。另一个因素即共享交通，以及通信技术进步和美国对私人汽车的迷恋减少，可能会对城市交通的未来产生深远的影响。四项互补的新发展正在加强这一变化：移动通信和计算技术与"物联网"、电动汽车的发展、汽车共享和叫车服务的增长、自主驾驶技术的发展。这一运动对乘客流动、城市拥挤、石油燃料使用、二氧化碳和空气污染物排放、车辆事故伤亡以及交通运输业的命运都有重大影响。目前尚不清楚这场颠覆性运动的范围和速度。

土地利用对交通能源有着深远的影响。事实上，二战后的美国郊区扩张热潮和随之而来的高速公路建设热潮确立了美国人的生活方式和对汽车的依赖。但在 20 世纪 90 年代，一场更传统的紧凑型、混合用途、步行和交通便利型开发的运动开始成为郊区扩张生活的首选，随之而来的是减少交通能源、改善宜居性和可持续性的机会。这种开发模式包含了有效土地利用的 5 个因素：密度、多样性、设计、目的地可达性和交通距离。紧凑型、混合用途、行人和交通导向型开发是由绿色发展评级系统（如 LEED-ND）推动的，而且根据城市土地研究所和全国房地产经纪人协会对消费者趋势的调查，消费者的偏好正在增加。

土地利用也是屋顶和周边太阳能光伏系统发展的一个重要考虑因素。地方要发展本地可再生能源，就需要提供保护太阳能利用权利和太阳能利用的机制。此外，城市土地利用是城市热岛效应的一个因素，在全球变暖的时代，热岛效应越来越严重。缓解城市热岛效应的策略包括保留和种植植被，特别是树冠树，使用"凉爽屋顶"和"凉爽人行道"，以及采用可减少每户影响的紧凑型开发模式。

实现全社区能源不仅需要一系列的项目，还需要更全面的规划努力，以提供一个长期的愿景，并确定实现节能低碳城市的战略。本章最后介绍了地方能源和气候保护规划的方法，包括 ICLEI 的 ClearPath 协议与 ACEEE 的地方能源效率政策计算器（LEEP-C）和自评分工具。第 18 章介绍了示范性社区能源和气候行动计划的例子。能源规划和由此产生的政策对于实施清洁能源技术至关重要。第六部分将探讨能源政策这一复杂主题。

第六部分　能源政策与规划

第 16 章
可持续能源的市场转型

即使我们拥有所需的一切技术，仍然无法解决能源问题。因为即使是最好的技术，也不一定能够全部进入市场；就算进入了市场，在和较低水平技术的竞争中也不一定会胜出。为了实现可持续能源，市场本身必须从石油和碳基燃料向更可持续的可再生资源和高效利用进行转变。前几章介绍了大量关于可持续能源系统的技术和经济信息，具有经济竞争力的可持续能源技术——技术经济解决方案是大规模、快速市场转型的根本要求。但市场转型不仅仅取决于技术和经济上的可行性，更取决于公众和公共机构做出改变能源使用模式的选择，后者是本章的主题。

技术和市场的力量以及消费者的选择对市场转型至关重要，而政府政策对二者有着重大的影响。例如，市场改革计划和政策可以刺激新技术的发展和成本效益的提高，激励对可持续能源的投资，可以要求提高能源效率，进行影响能源相对成本的环境保护管理，并提供影响消费者选择的教育和信息。我们称这些为政策解决方案。

我们的选择当然受到技术和经济可行性、政策授权和激励因素的驱动，但也受到包括不确定性、产品和投资资本的可用性以及个人和社会价值观等在内其他因素的影响。价值观会受到诸如环境保护、安全、个人身份和代际公平等非经济因素的影响，这不仅可以影响消费者的选择，还可以影响那些能够加速市场转型的社会运动。这些价值观、选择和社会运动被称为社会解决方案。

本书的这部分内容从探讨可持续能源技术转向了关注市场转型及其政策和社会层面。第17章着眼于美国和其他国家的国家能源转型政策。第18章重点介绍美国各州和地方具有创新性的能源政策和规划。在研究这些具体政策之前，本章介绍了市场转型过程中的关键因素、技术经济政策的作用以及社会解决方案。

本章第一节回顾了市场转型的一些基本因素，包括技术和市场力量的影响、市场失灵和非经济因素。接下来的三节将更详细地讨论技术创新和成本效益的技术经济解决方案、市场干预的政策解决方案以及消费者价值观、选择和社会运动的社会解决方案。

16.1　市场转型的基本因素

众所周知，全球和美国的能源使用模式是不可持续的，因此，我们需要在气候变化和石油限制制约我们的未来选择之前，向更可持续的非碳能源和效率过渡。在这一节中，我们将探讨能源市场转型的一些理论和实践。本节首先简要介绍了新兴能源系统的技术、经济和市场潜力与效率措施之间的概念差异，然后考察了阻碍或减缓市场转型的市场失灵，最后总结了影响市场转型的非市场和非经济因素。

16.1.1　技术、社会文化、经济和市场潜力的区别

人们常说，一天内落在地球上的太阳能超过了全世界的石油储能量。但很明显，由于各种逻辑、技术和热力学的限制，这种最终的潜力是不可用的。即使在这些限制条件下，可再生能源和效率仍有巨大的技术潜力。我们希望实现这一技术潜力，但是非技术性的经济、社会和制度障碍限制了我们发展从碳能源经济向非碳能源经济转变的潜力的能力。因此，在能源市场转型的道路上，找出这些障碍十分重要。

能源和经济分析师对"潜力"的定义各不相同。这里我们采用如图 16.1 中突出显示的下列定义。它显示了能源技术（如 LED 灯或光伏系统）的市场渗透率（横轴）以及该技术节省的能源或排放成本（纵轴）。市场渗透率是指产品或技术所服务的消费者市场的份额。

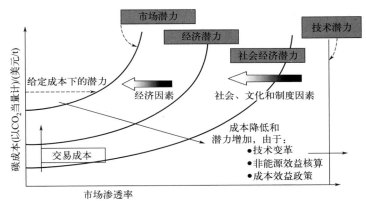

图 16.1　区分技术潜力和市场潜力。受交易成本等社会经济因素的影响，市场潜力小于技术潜力。但是非能源和非经济效益的技术变革和政府政策可以减少对市场渗透的障碍

（来源：Sathaye，Murtishaw，2004）

① 技术潜力会受到技术限制。在所有相关应用都采用了技术上可行的技术，且不考虑成本或用户可接受性的前提下，技术潜力是一项技术或效果（例如节能、温室气体减排）随时间而实现的最大市场渗透率。技术进步提升了技术潜力。

② 从社会角度来看，社会文化潜力可能是最理想的市场渗透水平，因为它假设消除了诸如外部性（未定价的社会成本）和交易成本（消费者不确定性和障碍）等市场失灵的影响。如果从社会和文化的角度来看（包括影响消费者选择的非经济因素在内），所有技术的实施在经济上都是划算的，那么市场渗透率就是最大的。社会文化潜力受到社会价值观的制约，并随着技术的文化和消费者价值的改变而扩大。

③ 经济潜力是指在消除交易成本的前提下，如果从消费者的角度来看所有技术的实施在经济上都是划算的，那么市场渗透率就是最大的。它不仅受到技术和社会文化的限制，而且还受到包括外部性在内的经济因素的限制。经济潜力随着技术相对价格的下降而扩大，随着价格的上升而缩小。

④ 市场潜力受到包括交易成本在内的市场因素的制约。它是在政策层面预测市场条件和消费者偏好不变的情况下的期望市场渗透率。市场潜力可以随着价格或竞争性技术的变化

而扩大，也可以随着政策的调整采用而扩大，进而影响实际价格、降低交易成本。

因此，消费者价值观（社会文化因素）、外部性和错误的定价（经济因素）以及交易成本（市场因素）等因素导致了现实技术潜力不足。公共政策会影响上述这些障碍。

16.1.2　市场失灵：交易成本和外部性

自由市场未能消除交易成本的变化，未能将与所有能源资源有关的外部性内在化以平衡经济竞争环境，这是市场潜力和社会文化潜力之间存在差距的主要原因之一。图 16.1 显示，这些市场壁垒（左箭头所指）会影响潜在水平，交易成本会提高节能成本。

交易成本是消费者在做出选择时面临的各种障碍增加的选择成本。它们包括不良信息和错误信息（例如消费者不知道潜在的能源和节约的成本）、缺乏获得资本的途径（例如新的选择需要投资，存在对宝贵现金的竞争）、产品不可获得性、不完全竞争和其他隐性成本。交易成本是市场潜力与经济潜力之间的主要障碍。

外部性是外部社会成本（如污染和温室气体排放），不包括在技术成本（如燃煤发电）中。外部性和消费者偏好是经济潜力和社会文化潜力之间的主要障碍。

图 16.1 还显示，降低成本、技术进步、降低交易和市场成本并使外部性内在化的政府政策，以及考虑非能源、非经济效益和成本的文化价值观，可以消除向可再生能源和高效能源系统转变的障碍。

16.1.3　非经济因素与市场转型

我们为什么要购买这样的产品？产品的成本会影响我们的购买能力和我们选择的品牌或型号（"最佳交易"）。我们很少计算购买商品的经济回报，因为这些好处（实用性、便利性、娱乐性和愉悦性）很难用金钱来衡量，但是我们可以轻松地识别出消费品的质量或实用性上的差异。一般来说，购买可再生、高效能源产品和措施的选择有所不同。这些产品提供与其他传统能源相同的基本功能或服务，并且大多数消费者寻求通过"最佳交易"来提供这些能源服务。

因此，消费者通常会认为他们的"最佳交易"是选择最低初始成本。但是，见多识广、有鉴别力的能源服务消费者将选择能够提供所需功能且生命周期货币成本最低的产品和措施。

然而，消费者的偏好不仅仅是货币成本。越来越多有鉴别力的消费者选择使用生命周期可持续性成本最低的能源。有时，后一种选择的货币成本更大，但它们符合开明的消费者的质量底线，而且提供了更多乐趣，因为消费者知道他们正在为社会的可持续发展做出贡献。

但价格和货币价值仍然占据主导地位，人们面临着如何投资的选择。如果我们要大规模地改变能源模式，可再生能源和效率必须与其他投资选择进行有力竞争。下面我们将讨论价格对市场渗透的影响以及技术经济解决方案对市场转型的重要性。

16.2　技术经济解决方案

16.2.1　技术变革与创新扩散

随着高效和可再生能源系统等新技术投入商业使用，其市场表现如何？技术的扩散和采用过程是经济学和营销学中的重要研究课题，并且通常以产品或技术采用的 Everett Rogers

钟型曲线（图 16.2）为特征。这个过程是由"革新消费者"发起的，前 2.5％的用户（革新消费者）是冒险者，紧随其后的是"早期采用者"（13.5％）和"早期多数采用者"（34％），再往后的采用者是跟风效应；采用率随着"晚期多数采用者"（34％）以及最后采用的"滞后使用者"（16％）的出现而下降。

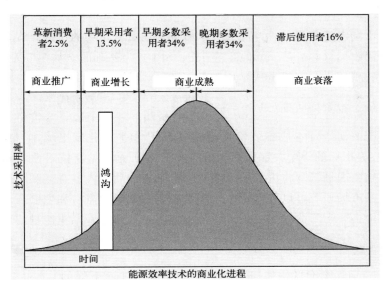

图 16.2　节能技术的采用扩散模型。技术采用率遵循从"革新消费者"和"早期采用者"最终到"滞后使用者"的钟型曲线。这一过程中的困难时期是克服商业增长初期的"鸿沟"，而这正是政策干预最有效的时期（来源：Jenkins，2004）

　　图 16.3 说明了美国部分消费品的扩散过程和市场渗透。一百年前，重大技术的进步需要一段时间才能实现市场的高度渗透。电话和电用了 50 年时间才使采用率从 10％上升到了 70％，而航空旅行用了 40 年，汽车用了 20 年，收音机用了 10 年。后来的创新在以更快的

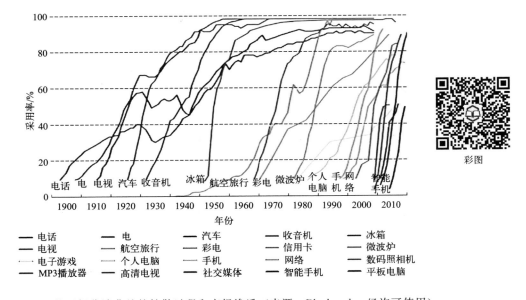

图 16.3　美国部分消费品的扩散过程和市场渗透（来源：Blackrock，经许可使用）

速度被采用。彩电、微波炉、手机和互联网用了不到 10 年时间就达到了 70% 的采用率，而智能手机和高清电视用了大约 5 年。在这种背景下，许多人推测了太阳能光伏发电和电动汽车等清洁能源技术的采用率和市场渗透潜力，但是在市场分析中还是很难预测其渗透曲线。

16.2.2 技术价格、经验曲线和学习投资

回想一下，市场渗透是指某种产品或技术服务于消费者市场的份额。许多市场渗透模型都是以静态投资回收期（simple payback period，SPP）为基础的。从第 5 章我们可以知道，SPP 是指从其节省费用中收回投资成本所需的年数：

$$静态投资回收期（SPP）=\frac{最初成本}{年度节省费用}=\frac{最初成本}{年度节能量 \times 价格}$$

新技术或系统的初始资本成本或价格是衡量 SPP 和平准化度电成本（levelized cost of energy，LCOE）等指标的一个关键因素。SPP 和 LCOE 是衡量新技术性能和市场渗透潜力的重要指标。基础微观经济学告诉我们，在竞争市场中成功的人、企业和产品会运作和发展得更好。通过学习市场经验可以降低价格；降价会刺激额外的需求和生产，而更多的生产经验会进一步降低价格。学习曲线描述了边际劳动成本是如何随着累积产量的增加而下降的。

16.2.2.1 经验曲线

经验曲线描述了总体价格是如何随着累积产量的增加而下降的。Bodde（1976）认为，经验曲线对于衡量长期趋势和制定技术发展的长期战略非常有用。经济合作与发展组织和国际能源署（OECD/IEA，2000）建议，经验曲线可用于确定促进可再生和高效能源系统的投资和公共政策行动。许多其他分析师（例如：Duke，Kammen，1999；Margolis，2003；Beurskens，2003；Swanson，2006）也将经验曲线应用于能源系统。

经验曲线描绘了价格与累计销售量或产量的关系。随着技术的进步和学习的推动，价格下降，从而刺激了额外的销售、生产、经济规模和研究，这进一步推动了价格下降，形成一个明显的反馈循环。图 16.4 描述了这些概念并定义了度量标准。图 16.4（a）给出了 1976年至 1992 年光伏组件价格与累计产量的线性比例关系，这意味着沿轴距离与价格或销售量的绝对变化成正比。该图显示，在发展的最初阶段取得了很大进步，然后进步迅速减少。图 16.4（b）是相同数据的双对数图，该图沿轴距离与价格或销售量的相对变化成正比。双对数经验曲线更好地表明，销售量和生产水平的提高会继续影响价格。

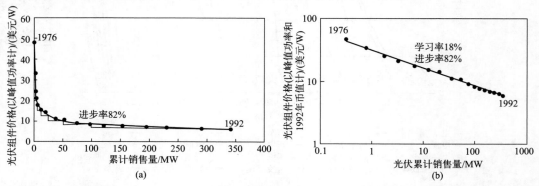

图 16.4　（a）1976—1992 年光伏发电的线性经验曲线。（b）双对数经验曲线。对数曲线以直线表示累计产量与价格的关系，它定义了进步率和学习率（来源：OECD/IEA，2000）

将经验曲线的斜率定义为进步率（progress ratio，PR），用于衡量产品销售量每翻一番，价格下降的情况。经验曲线由以下等式给出（Duke，Kammen，1999），式中学习系数（b）由绘制曲线上的值定义。

$$P(t) = P(0) \times \left[\frac{q(t)}{q(0)}\right]^{-b}$$

式中　$P(t)$——时间 t 时的平均价格；

　　　$q(t)$——时间 t 时的累计产量；

　　　b——学习系数。

$$PR = 2^{-b}$$

式中　PR——进步率。

图 16.4 中 PR 为 82%，这意味着太阳能光伏组件销售量每翻一番，价格就会降低到以前的 82%。学习率（learning rate，LR）等于 $1-PR$，在本例中 $LR=1-82\%=18\%$，这意味着产量每翻一番，价格就会降低 18%。最成功的技术（如半导体）具有更陡的经验曲线、更低的进步率和更高的学习率。

图 16.5 为彭博新能源财经（BNEF，2016a）给出的截至 2016 年的陆上风电和太阳能光伏的经验曲线。陆上风电平准化度电成本的 LR 为 19%（PR=81%），太阳能光伏组件成本的 LR 为 24.3%（PR=75.7%）。截至 2015 年，锂离子电动汽车电池组的 LR 为 21.6%（BNEF，2016b）。

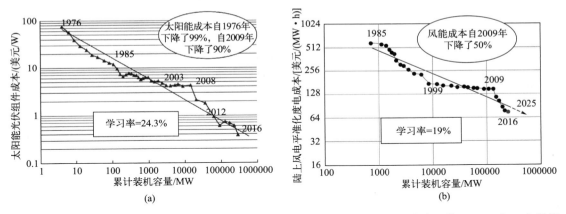

图 16.5　太阳能光伏组件成本（a）和陆上风电平准化度电成本（b）的经验曲线。截至 2016 年，太阳能光伏组件的 LR 为 24.3%，风电的 LR 为 19%（来源：BNEF，2016a。经 BNEF 许可使用）

这种分析的基本方法似乎很简单：根据产量、销售量或装机容量绘制平均价格或成本，将最佳直线拟合到数据中，并计算出 PR。通常将这条直线外推即可用来预测未来的成本降低情况，进而用来估计能源技术的扩张。但是这个过程并不简单，许多研究在输入数据、假设和结果上都存在分歧。表 16.1 总结了供电技术学习率研究的主要结果（Rubin et al.，2015）。LR 平均值范围可从核能的 0% 到风能的 12%，到天然气联合循环的 14%，再到太阳能光伏的 18%。然而研究的数量差异很大，导致这些研究的结果范围通常很大，例如太阳能光伏 LR 的范围为 10%~47%。这在很大程度上取决于所研究的时间段，而且许多研究的时间距离现在还不够近，不足以捕捉到近期的趋势。

表 16.1　研究报道的供电技术的学习率范围

技术和能源来源	平均学习率/%	学习率范围/%	研究编号	研究涉及时间段
煤 PC	8.30		4	1902—2006 年
煤 PC+CCS		1～10	2	预测
煤 IGCC		3～16	2	预测
煤 IGCC+CCS		3～20	2	预测
核电	0	负数～6	4	1972—1996 年
水力发电	1.40		1	1980—2001 年
天然气 CC	14		5	1980—1998 年
天然气 CC+CCS		2～7	1	预测
陆上风电	12	−11～32	12	1979—2010 年
海上风电	12	5～19	2	1985—2001 年
太阳能光伏发电	18	10～47	13	1959—2011 年
生物质能	11	0～24	2	1976—2005 年

资料来源：Rubin et al.，2015。

注：CC，联合循环；CCS，碳捕集和封存；IGCC，整体煤气化联合循环；PC，粉煤。

16.2.2.2　未来前景和学习投资评估

经验曲线可以在能源分析和决策中得到解释，包括评估未来前景、评估学习投资、制定政策和其他行动以加快学习速度。经验曲线的趋势线可延伸到未来，用于估算一项技术可能与其他技术竞争的生产水平。

经验曲线还可以用于评估学习投资，或评估用于生产能与现有产品竞争的新产品（或本例中的能源）所需的投资。图 16.6 说明了太阳能光伏的概念。曲线下的阴影面积（价格×累计产量＝投资总额）等于将太阳能价格降至化石燃料电力的盈亏平衡点时，增加生产所需的投资总额。在这些学习投资完成且技术达到盈亏平衡后，随着技术继续沿着经验曲线发展，它们将收回。经济合作与发展组织（OECD）2000 年的研究数据显示了太阳能光伏发电达到盈亏平衡所需的产量（200GW）和投资（600 亿美元）。自该研究以来，太阳能光伏发电量已达到约 200GW，一个组件的价格达到约 0.50 美元/W（图 16.5），在许多电力市场上，太阳能光伏发电已成为化石燃料发电的有力竞争对手。

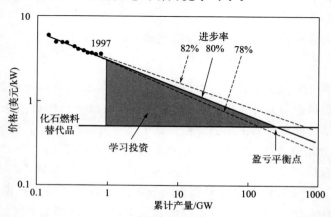

图 16.6　根据经验曲线确定学习投资。将经验曲线延伸到盈亏平衡价格，可以确定实现这一目标所需的累计产量和学习投资。盈亏平衡时的产量会因 PR 降低而下降，因 PR 升高而上升（来源：OECD，2000）

16.2.2.3 能源政策与学习

促成经验曲线现象的学习系统会受到下列因素影响：对研究和开发过程中的新发现进行投资，以及随着产量增长，通过规模经济和效率提高而节约的生产成本。降价创造了更多的市场，从而导致更大的生产量，这在"良性"循环中进一步降低了价格（Duke，Kammen，1999）。这样可以产生"突破性"技术，形成"病毒式"快速传播并实现大规模的市场渗透。图 16.3 中的许多产品可以说明这一点，在清洁能源新技术中也开始出现这种增长。

虽然这一过程主要由自由市场的引擎驱动，但公共政策可以影响学习系统、进步率和生产增长率。例如，政府的研发资金可以为技术开发提供学习投资，政府采购项目可以提高销售量和生产率，从而推动技术沿着经验曲线向下发展，而政府的激励措施（如税收抵免）可以降低价格并推动进一步的生产。这就是 Duke 和 Kammen（1999）所谓的市场转型计划。经验曲线可以确定为实现生产目标所需的学习投资或降价幅度。下一节将探讨这些政策解决方案。

16.3 政策解决方案

16.3.1 市场干预的理由

为了解决本章前面介绍的市场失灵和障碍，政府干预能源市场的理由至少有以下三个方面：

① 外部性：能源价格不能反映与能源使用相关的全部成本和收益，例如碳排放、城市空气污染、煤矿工人的健康和安全、确保获得中东石油的军事成本以及与核安全和依赖石油进口有关的风险。政府干预可以将这些外部成本内部化。

② 交易成本：知识和信息有限、难以获得资本、缺乏可用产品、时间有限、错位的激励和调控政策以及其他市场障碍阻碍了对新技术和效率的投资。政府干预可以降低这些交易成本。

③ 未来导向差：市场、投资者和消费者都以今天为导向，对未来能源问题的重视程度较低，尤其是在当前状况并未对他们造成不利影响时。政府干预可以进行投资，帮助个人和组织做出有利于他们和社会、今天和将来的决定。

"未来"与能源和可持续性尤为相关。一些经济学家告诉人们不要担心石油峰值甚至全球变暖的影响，因为市场会做出必要的调整，用其他燃料代替石油，并开发新的能源来防止影响。但与大多数市场一样，能源市场与当今的经济力量相适应。在这种经济力量中，需求和供应决定价格，而价格又反过来影响需求和供应。尽管有能源期货市场，尤其是石油的"期货"市场，但期货通常只有 3 到 6 个月的时间，而市场本身无法解决诸如气候影响等大规模、长期的问题。

除了上面提到的外部性、交易成本和社会福利问题，以及期货市场短期内的替代成本之外，这个自由市场体系运作得非常有效。对于有限的不可再生的常规石油和天然气，未来的替代成本可能是巨大的。但目前的市场低估了这些成本，因此也低估了这些燃料的价格。低价格抑制了对替代能源的投资，阻碍了使用效率的提高。等我们感受到气候变化影响的全面冲击，可能为时已晚。我们需要提前计划，并且要比市场缓慢变化的步伐更快地采取行动。

　　政府干预可以"纠正"这些市场缺陷，利用市场实现经济、环境和社会目标（包括提高可持续性），帮助市场进行未来规划。让我们回到图 16.2 所示的商业技术扩散模型，看看政府的市场转型计划如何帮助市场力量采用能源创新。图 16.7 显示，能源技术研发计划有助于推动燃料创新。能源效率计划（包括改进的信息和激励措施）可以促进商业化和部署，克服制约早期技术采用的"鸿沟"，并加快扩散过程，最终使法规和标准验证已建立的技术。

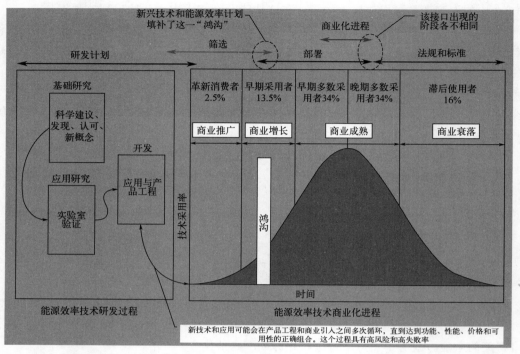

图 16.7　政府市场转型计划对节能技术商业化的影响。研发（R&D）资金刺激了最初的技术开发和商业引进。新兴的技术和部署程序有助于克服采用过程中的困难鸿沟。法规和标准最终推动了剩余市场的采用（来源：Jenkins et al.，2004）

　　本节回顾了一系列政府市场转型政策计划，但首先必须理解制定此类政策并非易事。政府经常有相互矛盾的政策目标，关于市场干预的适当程度以及政策举措将推动的具体行业和技术，政治辩论不断。例如，一些政治利益集团的目的是利用政策来提高常规能源价格以反映外部成本，并激励人们寻求更可持续的能源，但另一些人则担心能源价格上涨会放缓经济增长，并带来严重后果。当然，不同能源行业和其他寻求政策保护或利用自身利益的利益相关者面临很大风险，因此政策制定过程因经济和政治利益的竞争而变得更加复杂。从奥巴马政府到特朗普政府的转变，很好地说明了能源政治的分歧。本章的后面将讨论能源政治，但首先本节将讲述改善能源市场的各种能源政策方法。

16.3.2　市场转型政策和计划的范围

　　市场转型政策计划包括一系列通过规章制度、经济激励和抑制、学习投资和直接援助实施的政策方法（表 16.2）。下面将对这些方法进行概述，接下来的两章将介绍美国联邦政府和其他国家政府的具体能源政策举措，以及美国各州和各地方的能源政策。

表 16.2　能源市场转型的一系列政策和计划

法律措施	经济和财政措施	能源规划和信息	能力建设、伙伴关系和自愿行动
产品效率标准	税收激励和遏制	能源规划	自愿协议和伙伴关系
生产标准	融资援助和风险保险	信息和培训	能力建设和民间团体
公用事业监管和市场转型	研发资金		
环境法规	采购		
价格管制	能源援助计划		

16.3.2.1　法律措施

法规是市场变革最直接的手段之一，这是因为法规不仅仅依靠市场力量进行变革，也需要生产者和消费者采取行动。法规是强制性的，因此新的高效产品的渗透率很高，接近 100%。影响价格和投资回收期的经济激励措施，是无法达到这种市场渗透的。

能源法规可分为产品效率标准、生产标准、公用事业监管、环境法规和能源价格管制。

（1）产品效率标准　前面的章节中介绍了包括建筑规范、电器效率标准和车辆效率标准在内的产品效率标准。这些标准旨在改造那些不足以产生潜在经济、环境或社会效益的市场。高效产品的市场渗透率接近 100%，因此与效率标准相关的潜在市场转型、能源和经济节约有重大意义。

产品制造商通常因为合规成本而反对更严格的效率标准。但是如果公平地应用这些标准，他们就会对所有人提出同样的要求，而更高的成本（如果有的话）就会转嫁给全体消费者。在更严格的标准下，一些较早采用高效产品的制造商可能具有竞争优势，但这或许是他们应得的奖励。

虽然效率标准可能具有显著的环境效益，但最有力的理由是对消费者有显著的经济效益。例如，2015 年颁布的《美国联邦器具标准》节省了能源成本，估计截至 2030 年累计消费者净节约为 2 万亿美元（参见表 8.3）。

（2）生产标准　产品效率标准侧重于能源使用的需求方面，而生产标准侧重于供应方面。生产标准要求供应一定数量或比例的公共政策认为有益的能源。目前使用的两个生产标准是电力可再生能源组合标准（RPS）和可再生燃料标准（RFS）。有几个州已经采用了RPS，要求每个服务于该州客户的电力公司在指定日期之前提供一定比例或数量的可再生能源市场电力。

生产标准的主要目的是为可再生能源建立一个最小的市场，从而为开发商和投资者带来更大的确定性。投资和提高产量可以帮助行业沿着经验曲线向下移动，这种情况下产品价格降低，市场渗透率增加。

（3）公用事业监管　某些能源工业不在竞争性的市场中运作，为了避免滥用，这些工业受到管制。最好的例子是电力和天然气公用事业企业，它们有指定的服务区域。这些公用事业企业之所以成为垄断企业，是因为其服务领域内的消费者实际上是被"俘虏"的，他们别无选择。许多州委员会利用其监管权力鼓励和强制执行公用事业计划，以通过需求侧管理来提高能源效率。

如第 17 章和第 18 章所述,公用事业监管仍是一个不断变化的目标,其主要问题包括如何将分布式发电 (DG) 最佳地集成到公用电网中,以及公用事业在能效项目中应扮演何种角色。

(4) 环境法规 环境法规旨在减少能源生产、运输和使用对环境造成的影响,对能源市场有着重大影响。合规成本使得那些与能源选择相关的外部性得以减少或者内部化。例如,遵守《煤矿土地复垦条例》(Coal Mine Land Reclamation Regulations)、《矿工安全与健康法》(Miner Safety and Health Laws) 以及《空气污染控制条例》 (Air Pollution Control Rules) 会增加燃煤发电的成本,导致煤电价格上涨,从而有助于其他对环境影响较小的能源 (如风能、太阳能和联合循环天然气等) 与煤炭展开竞争。影响能源成本的环境法规包括空气和水质管理法规、废物管理控制要求、核安全和燃料循环管理要求、能源设施选址要求等。

为了改善实施效果,一些法规包含了市场组成的部分。美国《清洁空气法》(Clean Air Act,CAA) 使用排放限额和交易系统来控制硫氧化物。目前该系统正被用于管理美国的东北部和加利福尼亚州、欧洲等地的 CO_2 排放。

(5) 能源价格管制 政府有权调节能源的批发和零售价格。实际上,公用事业监管基本上控制了电价。但是,2001 年加州的电力危机应至少部分归咎于电价管制。在公用事业管制重组方面做的大多数努力,使提高竞争性和将市场力量纳入费率结构成为可能。

政府利用其对公用事业的权力,不仅影响零售价格,还影响公用事业企业必须支付给那些向电网供电的非公用事业发电商的电价。这些非公用事业发电商可能包括拥有屋顶光伏发电系统的房主、大型风电场或者拥有热电联产系统的行业。这些所谓的回购或上网电价将在很大程度上决定这些现场发电的效率和可再生电力系统的成本效益。现在,大多数州为小型或中等规模的现场发电系统提供净计量电价,这从根本上要求公用事业企业以零售价格回购电力。在许多国家,上网电价 (feed-in tariffs,FITs) 远远高于零售电价,这导致了风能和太阳能系统的爆炸式增长,也使德国在太阳能和风能领域处于世界领先地位。

能源税被广泛用于影响价格 (和增加税收)。最好将这些措施归类为财政措施,而不是规章制度,下节将对此进行讨论。

16.3.2.2 经济和财政措施

政府的经济和财政措施是影响投资者、能源开发商和能源消费者的有力政策工具。这些措施可以降低财务风险、降低投资成本,为新技术开发提供资金,并帮助那些受能源成本影响最大的人。可以将经济和财政能源政策分为五种基本类型:税收政策、其他融资和风险援助、研发资金、政府采购以及直接援助。

(1) 税收激励和遏制 (tax incentives and disincentives) 大多数个人、公司和投资者对其所缴纳税款非常敏感,能源税政策会影响消费者、开发商和投资者的行为。不同类型的税收激励和遏制措施如下:

① 能源税和附加费 (energy taxes and surcharges) 提高了常规能源的价格,而更高的价格可以减少需求、增加通过提高效率或使用替代能源所节省的能源价值,从而提高其简单投资回收期 (SPP)。汽油消费税就是能源税的一个例子。与典型的欧洲税 (4~5 美元/gal) 相比,美国 2016 年汽油的平均消费税为 0.45 美元/gal,对能源需求和通过能效与节约节省

的能源数量几乎没有影响（见表 13.4）。

对消耗的电力征收附加费是一种常见的方法，州公用事业委员会允许公用事业企业通过这种方法为需求侧能效项目或公益基金创造收入，用来投资能效或可再生能源。一些人主张对能源征收更广泛的税，如碳税或 Btu 税（Btu 为英国热量单位），且认为碳税比碳排放限额与交易制度更为有效、更容易实施。碳税适用于销售点的所有能源市场（包括家庭和车辆）。对化石能源供应商征收的碳税将转嫁给消费者，而化石能源价格的上涨将鼓励人们保护和投资低碳替代能源。更高的价格会影响到穷人，但是在最有效的方法中（如不列颠哥伦比亚省所使用的那样），所有税收收入都返还给了居民，因此碳税是收入中立的（参见第 17 章）。

② 能源投资税收抵减（energy investment tax credits）旨在通过税收抵减额有效降低初始成本，从而刺激对合格能源效率措施和生产设施的投资。例如，联邦政府为太阳能系统投资提供 30% 的税收抵减，这刺激了太阳能在美国的巨大增长。

③ 能源生产税收抵减（energy production tax credits）为合格能源生产提供了直接激励。例如，美国合格的风能发电商在商业销售时可获得 2 美分/（kW·h）的联邦税收抵减。燃料乙醇生产商在销售乙醇混合燃料时可收到 51 美分/gal 的税收抵减。

④ 能源研发税收抵减（energy research and development tax credits）适用于合格能源研究的支出，从而消除了与此类投资企业相关的一些财务风险。

⑤ 能源投资和生产应纳税扣除是类似税收抵减的激励措施，但抵减税率要低得多。

（2）融资援助和风险保险（financing assistance and risk insurance）　税收优惠可以降低能源投资的初始成本，但在某些情况下，融资援助能够产生更为直接的影响。政府融资和保险援助有以下几种类型，与税收抵减相比，它们可能产生更高的政府管理成本：

① 低利率或零利率贷款（low-or zero-interest loans）。旨在改善消费者获取能源投资的渠道并降低其能源投资成本，政府可以为合格的能源制度或措施提供（或直接向公用事业企业提供）激励性融资。

② 退税（rebates）。对合格能源系统或措施的部分投资的直接退税。这在效果上与税收抵减类似，但支付给消费者的方式更为直接，因为它不需要提交纳税申报单。

③ 退费（feebates）。退税是由政府纳税人的资金支付或由公用事业企业按费率支付，由所有公用事业客户支付。Amory Lovins 推广了"退费"，即对使用大量能源或购买低效产品的消费者征收费用或税收，对使用较少能源或购买高效产品的消费者进行退费。收取的费用用于建立一个基金来支付退费，因此该计划是收入中立的，不会花费纳税人或公用事业客户的钱。

④ 贷款担保（loan guarantees）。如果风险投资者未能得到一定回报，则通过担保部分贷款偿还来降低投资风险。贷款担保通常应用于大型工业、高风险企业，如新型核反应堆或合成燃料转化工厂。

⑤ 风险保险（risk insurance）。政府承保或提供保险，可以降低企业的高财务风险或安全风险。例如，2005 年重新授权的《普莱斯-安德森法案》（Price-Anderson Act）将核事故对公用事业单位的赔偿责任限制在 100 亿美元左右，并为整个行业提供了一种机制，使其分担该数额的损害成本，并让政府承担超过该数额的损害赔偿。此外，2005 年《能源政策法案》（Energy Policy Act）授权向核工业提供 20 亿美元的"监管风险保险"，以弥补 6 个新反应堆的监管延误成本。

（3）研发资金　研发（R&D）对于为市场转型创造新的商业技术至关重要，对于涉及新能源、转换系统、存储设备和能效措施的能源技术尤其重要。研发的私人资金对推动能源技术至关重要，但长期选择的投资存在相当大的风险。因此，政府研发资金对于支持高风险活动、降低私人投资的风险以及鼓励更多的私人投资是非常重要的。如果说有一项政策行动是让我们为未来的能源做好准备，那便是研发，它是我们的未来。

美国能源部 LED 照明研究项目就是一个很好的成功案例。通过与工业界的合作，该项目催生了"LED 革命"，并在短短几年内将 LED 照明引入市场，为消费者节省了数十亿美元的电费（见 8.2.3）。

尽管新能源技术十分重要且具有较大的经济发展潜力，但自 20 世纪 80 年代初以来，美国能源研发的公共和私人资金都大幅减少，并且在特朗普政府的领导下，联邦资金可能会进一步减少。能源行业仅将其收入的 0.4% 用于研发，而制药行业为 20%，航空航天和国防行业为 12%，电子行业为 8%，汽车行业为 2.4%（AEIC，2011）。能源研发公共资金的支出远高于私人资金支出，但多数分析师呼吁将公共能源尤其是清洁能源的研发资金增加 5 至 10 倍。在 2015 年的巴黎气候大会上，20 个国家发起了"使命创新倡议"（the Mission Innovation Initiative），要求在未来 5 年内（至 2021 年）将清洁能源研发公共投资翻一番。

（4）政府采购　政府是一个主要消费者，可以通过要求政府购买可持续能源技术来创建一个专门的市场，从而刺激市场转型。此类要求还有助于测试技术，并通过示例教育私人消费者。

（5）能源援助计划　能源成本给低收入消费者的预算增加了额外的财政需求，特别是在能源价格大幅上涨时。低收入消费者通常负担着低效的汽车、住房和家用电器，这使情况变得更糟。作为回应，政府可以通过能源援助来补充社会福利项目。

这些计划可以向符合条件的家庭提供金融援助，如：美国联邦低收入家庭能源援助计划（Low-Income Home Energy Assistance Program，LIHEAP）每年提供 50 亿美元来帮助低收入家庭支付公用事业费用；气候变化援助计划（Weatherization Assistance Program，WAP）每年提供 4 亿美元来改善符合条件家庭的能效。前一种办法只是支付燃料和电力费用，而后一种办法投资于住房能源效率，这在未来几年能够使受资助家庭的能源支出费用持续减少。

16.3.2.3　能源规划

无论是消费者和投资者的选择，还是政府的政策，这些好的能源决策都需要良好的信息和规划。许多人认为我们目前的能源问题是规划不当的结果。我们没有制定战略行动方案，来引导我们走向可持续的未来。第 3 章中讨论了过去 30 年来在能源预测方面所完成的艰巨任务以及做出的巨大努力。预测是规划的一部分，但规划更广泛、更规范，可以简单地将其定义为通过解决问题的过程来"确定需要做什么以及如何做"。用规划师 John Friedmann 的话来说，这是"将知识应用于行动"。

政府政策应是谨慎、合理、反复和参与性的指导规划，以便采取最有效、最高效和最公平的行动，实现能源的可持续性。作为应用问题解决方案，规划过程有以下基本步骤：

① 确定问题和过程，包括确定问题、利益相关者、对数据和信息的需求，开发场景，或阐明所期望的未来条件。

② 分析现状。包括对现有条件、约束条件、机会、目标和不确定性的基准分析。

③ 制定方案。制定可能实现目标或所期望的未来条件的备选政策、项目、规划、设计或其他行动方案。

④ 评估并选择方案。包括评估各种备选方案对目标和未来情景的经济、环境和社会影响，并选择行动方案。

⑤ 实施方案。实施选定的行动方案，包括实施后的监测、评估和必要的修改。

能源规划由各级政府、私营企业和公用事业单位以及民间社会组织共同主导。通过规划研究得到的信息和知识，可以澄清不确定性、明确所做选择并更好地进行决策。

未来的能源会受到不确定性的干扰，这也是过去 30 年预测不佳的原因。正如第 3 章中所讨论的，能源规划不应预测"未来"，而应通过制定可能的未来情景来拥抱不确定性，这里可能的未来情景包括与之相关的条件、后果和不确定性。接下来的两章将回顾美国国家、州和地方各级能源规划的实例。

16.3.2.4　能源行动能力建设

向可持续能源的市场转型需要每个人的行动，包括政府、能源企业、耗能工业和商业、民间社会组织和个人消费者。政府政策可以通过更好的信息、自愿协议、伙伴关系以及组织和个人的能力建设来促进行动。

① 信息和培训。不充分和不准确的信息会干扰规划和政策决策。政府政策通过支持研究和分析活动改善信息。例如，美国能源部的国家实验室和能源信息署不断支持、开发和传播新能源信息，以此为决策提供信息。此外，市场的不完善和交易成本是由不完整、不可用或不正确的可用产品、来源、成本和收益信息造成的。市场转型要求提高消费者、生产者和机构的信息质量。政府计划可以通过产品测试标签（如 EPA 燃油经济性等级）、认证计划（如能源之星）以及能源教育和培训来开发和传播此类信息。

② 自愿协议和伙伴关系。自愿行动能够超越监管和财政激励的限制来推动市场转型。这涉及从主要行业到机构，再到个人房主的无数参与者，他们自愿选择使用的能源。越来越多的"绿色"或节能环保协议和认证系统（如 ISO 14000 和 LEED）为这种自愿方式提供了便利，这些协议和认证系统可帮助那些自愿采取行动的人做出有效选择。政府政策还可以通过协议和伙伴关系促进自愿行动。在欧洲和美国，政府与工业之间的能源协议和伙伴关系都非常成功。

③ 能力建设和民间团体。市场转型需要有知识的公众和机构来创造和传播知识。政府机构、实验室和能源研究资金都为此做出了贡献，但政府不能独自完成这一任务。完成这一任务需要许多能源评估、计划和实施的参与者，包括 K-12 学校、学院和大学、能源研究和示范中心、国家公共利益团体和社区组织。政府计划可以通过拨款、技术援助和伙伴关系帮助建立这些组织的能力。

16.3.3　市场转型计划的陷阱

大量证据表明，政府的市场转型计划在过去 30 年里带来了诸多好处，但也有批评人士指出，许多人认为对能效项目带来的节能量估计过高，导致对这些项目的过度投资。以下是这些评论的清单，这些评论说明了能效计划的一些缺陷，并提供了 Nadel（2012）和 Geller

（2003）的一些回应。

①"反弹效应"（rebound effect）会侵蚀节能。反弹效应是指当能源服务成本因效率的提高而下降时，能源服务的需求反而增加。如果房子的能效变得更高，那么我可以打开冬季恒温器，并支付和以前相同的费用。由于车的能效更高，所以开车就会更便宜，那么我可以开车走更多的路。David Owens 在 2012 年出版的《谜题：科学创新、效率提高和良好意愿如何使我们的能源和气候问题更加恶化》（*The Conundrum：How Scientific Innovation，Increased Efficiency，and Good Intentions Can Make Our Energy and Climate Problems Worse*）中普及了反弹效应。

反弹效应是真实存在的，但其影响要比批评人士所说的小得多。美国节能经济委员会（ACEEE）的研究表明，反弹效应有两种类型。直接反弹指新的高效产品（高效汽车、节能房屋）对该产品使用的影响（更多的车辆行驶里程、冬天更高的恒温器温度设置）。间接反弹指的是将通过提高能源效率省下的钱重新投入消耗能源的产品上。ACEEE 经研究得出结论：这两种反弹都是真实存在的，但其影响有限。直接反弹可能是 10% 或更少，间接反弹可能是 11% 左右，二者合计约 20%。因此，能源效率计划宣称可以节省 80% 的能源消耗。20% 的反弹有助于增加消费设施（例如更舒适的家庭）和增大经济规模（Nadel，2012）。

② 整体经济的影响也会侵蚀节能。提高效率可以降低需求，从而降低能源价格，反过来导致经济增长和更多的能源消耗。但是研究表明这种影响很小（只占节能量的 1%～2%），并且有利于经济发展。

③ 由于技术的进步或能源价格的上涨，大多数节能措施都会实现。事实的确如此，但是这些"自主效率提升"是缓慢而且不完整的。

④ 用于证明能效政策和计划合理性的折扣率太低。批评人士建议使用约 20% 的"消费者购买"折扣率，但在评估政府计划时使用"隐式"折扣率（范围在 4%～8% 之间）是一个很好的理论案例。如果目标是实现温室气体减排等长期利益，那么折扣率会更低。

⑤ 由税率或纳税人资助的能效计划是一种不公平的补贴，损害了非参与者和低收入家庭的利益。计划参与者确实比非参与者受益更多，但精心设计和管理的计划应以更低的税率惠及所有消费者，并惠及排放量更少、能源安全性更高的整个社会。大多数计划都将大部分计划资源分配给低收入家庭。

⑥ 能效计划远不如其支持者所宣称的那么有效。在评估能效计划时，使用经验数据是很重要的。

⑦ 通常用来证明能效计划合理性的市场失灵大多是一个神话。外部性和交易成本是有据可查的。

⑧ 节能量无法计量，也很难准确估计。虽然节能量很难测量，但在对搭便车现象与净节余前后的监测和评估方法方面取得了很大进展。

⑨ 由于能源使用量一直在增加，因而能效是失败的。能源使用量增加了，但不如没有政府市场干预计划下的增长速度。图 16.8 显示，自 2000 年以来美国的实际能源使用量并未增加，主要原因是其能效的提高。从重工业到轻工业和服务业的经济（重心）变化也影响了能源的使用。参见图 1.8 和图 1.9。

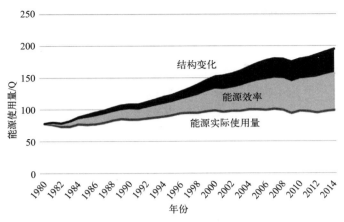

图 16.8　1980—2014 年美国能源使用情况：自 1998 年以来未增加。结构变化和能效技术的实际使用和估计对预期消费的影响（来源：ACEEE，2015。经 ACEEE 许可使用）

16.4　社会解决方案

一些人认为，效率、可再生能源、清洁和安全的新型化石能源与核能技术等技术经济解决方案，以及市场经济力量将引导我们走向更可持续的能源模式（例如 Lovins，2004，2011）。这些人是正确的：随着技术的进步和价格的下降，爆炸式增长的风能和太阳能变得更具竞争力。

另一些人指出，仅凭市场力量行事太慢，我们需要通过政府的政策解决方案来加速向可持续能源的过渡（例如 Geller，2003）。这些人也是对的：过去十年中最有效的清洁能源和气候保护行动是来自美国奥巴马政府和欧洲欧盟委员会的政策指令。

还有一些人认为，市场的不完善和政府决策的瘫痪，决定了需要互补性社会解决方案：在社会运动的规模上，民间社会行动主义和广泛的消费者选择可持续能源和气候行动（例如 Smil，2003；Mallon，2006）。他们同样也是对的：这种可持续能源的社会运动为政府积极的能源市场转型政策提供了政治支持，并能引导广泛的消费者选择进行效率投资和采取节能行为。

当政治力量和当选官员被传统能源利益所俘获时，社会解决方案就显得尤其重要。2016年大选后的美国可能就是这种情况。

16.4.1　能源政治：实现必要的市场转型政策

政府政策的制定应以健全的技术和经济分析为依据，但从根本上讲，政策倡议的采纳是一个政治进程。这一过程是思想、数据、信息以及意识形态之间的竞争过程，而这些竞争在上节所述的立法程序和政策中以某种方式得到了协调。能源政策倡议受到代表广泛能源利益的不同利益相关者的影响：金融、经济、环境、工业、社会公平和民间团体。

但是，政治利益相关者在各种促进煤炭、石油、天然气、核能、可再生能源和能效的发展上很难找到共同点。那些追求更高效率标准的制造商与必须对此做出回应的制造商之间也存在着利益冲突（见侧栏 8.2）。其结果是，政策举措常常受到政治瘫痪和不作为的困扰，或者在没有明确的市场转型处方的情况下，试图为每个利益相关者提供一些利益。过去 20 年来一直饱受争议的大多数联邦能源立法似乎都是如此，将在下一章进行讨论。因此，在过去 10 年中，美国联邦层面在清洁能源领域所取得的大部分进展都来自奥巴马政府的行动，而特朗普政府可能会削减这些行动。

富有意义的政策改革的政治进程需要整合政府、工业、消费者和民间团体的利益。如果公众对可持续能源的认识和支持发展到社会运动的规模，那么当选的官员将更容易对公众舆论做出反应，否则他们将被投票罢免。能源行业和能耗产品制造商开始迎合以公共关系、公民责任为目的的社会指标，更重要的是迎合他们的底线和市场份额。

可持续能源的社会运动可以激励公共、私人和民间团体利益相关者采取政治行动和积极的能源政策。这种情况在许多欧洲国家与美国的几个州和城市都发生过，本书第 18 章将讨论相关内容。

16.4.2 消费者的价值观和选择

许多分析家认为（实际上也是本书的重点），我们可以通过策划出路来解决能源问题。他们认为，通过能效和新技术，再加上政府政策带来的更有利的经济因素，我们可以鱼和熊掌兼得。要维持现在所享受的能源服务水平的不断提高，就要有更高的效率和更可持续的能源组合。

但是，这一假设可能存在三个根本缺陷：

① 经验表明，尽管汽车、设备和建筑的效率有了显著提高，但消费者仍然希望得到更多：更大的汽车、更多的行驶里程、更大的房子、更多的家电和电子产品以及更全面的消费。

② 市场信号和政府政策的不充分，导致了可持续能源技术的采用速度缓慢，仅采用新技术似乎不足以在必要的时间框架内实现市场转型，以避免石油和碳依赖的影响。

③ 以美国的生活方式为榜样，世界的富裕程度在材料和能源的人均消费方面持续增长，并且似乎看不到尽头。事实上许多人认为，世界经济需要消费（甚至是过度消费）的驱动力来维持必要的增长。与此同时，世界上大多数贫困人口仍在努力达到能源使用的最低生活水平，富裕国家的收入差距也在不断扩大。

Vaclav Smil（2003）和其他人认为这些缺陷是未来能源所面临的最大挑战，也是未来经济、环境和全球正义所面临的最大挑战。Smil 估计，在可接受的生活质量水平（基于食物、水、健康、教育、就业、休闲和人权）下，人均最低能源消耗水平为 50～70GJ（4700 万～6600 万 Btu）每年。

结果表明，2016 年世界人均能源消费量刚好是 79GJ/（人·a）[75MBtu/（人·a），见图 1.3（b）]。但这不是均匀分布的：美国人均能源消费量 301MBtu/（人·a），欧洲人均 150MBtu/（人·a），印度人均 24MBtu/（人·a），埃塞俄比亚人均 2MBtu/（人·a）。公平的全球能源体系要求发展中国家人民将能源使用量增加到可以维持生计的水平。预计到 2050 年，为联合国预计的 97 亿世界人口提供 66MBtu/（人·a）的能源需要 640Q，比 2016 年增加 17%。但平均分配将要求发达国家将其消费水平降低三分之二，从 184MBtu/（人·a）降至 66MBtu/（人·a）。2050 年要将发展中国家人口提高到能够维持生存的能源水平，同时维持发达国家现有的消费水平，将需要 800Q，比 2016 年增加 50%。但 2050 年要在全球范围提供目前美国人均能源消费水平的话，需要目前世界能源使用量的 5 倍以上；若在全球范围提供欧洲人均能源消费水平，则需要目前世界能源使用量的 2.5 倍。

以下哪项更有可能？（a）到 2050 年全球能源消费量增加约 3 倍，世界贫困人口达到 2016 年发达国家的能源消费水平；（b）降低发达国家的人均能源消费量（有人认为是"过度消费"），以实现更公平的分配和更适度的能源总量增长；（c）在能源的供应限制内生活，维持当前发达国家和发展中国家间的能源使用量和经济差距。

（c）是默认情况。考虑到石油和碳的能源供应限制以及开发非碳替代品的速度，实现（a）是一个难题。但是，（b）遏制"过度消费"的选择是一个奇怪的问题。它假定凭借技术效率和新能源是不够的，我们可能需要从"能源效率"转向"节能"。回顾第 2 章，能源效率的提高并不意味着其所提供的功能或人们的行为发生任何变化，而节能的定义是通过减少能源浪费实现节能所导致的行为改变，也可能是通过能源提供的功能（或者至少是这些功能的改善）实现节能所导致的行为改变。

通过节能来抑制过度消费是基于这样一种假设，即在某种程度上，人们会自愿选择并满足于其物质消费和能源需求的水平。它假定，平均每个人对车辆、设备和电器的数量和大小以及生活空间、行驶和飞行里程、光的亮度、水的用量和所消耗的食物热量等的需求是有限制的。

当然，这样的限制是存在的，但它们是否会如此之高，以至于只有极少数的人才能达到这些上限，而剩下的人将被遗留在我们所面临的能源限制中呢？还是这些限制才是合理的，许多人能够达到这些限制，而更多的人能够提高到维持生计的能源水平？在这种合理的限度内，人均能源使用量将以更高的效率下降。生活在这样的限度内是否可以实现？其他发达国家的人均能源使用量只有美国的一半，但人们似乎生活得相当好。从 2000 年到 2016 年，美国的人均能源使用量下降了 15%。

随着公众越来越难以忽视气候变化的证据，一场旨在提高能效和节能的社会运动正在兴起。该社会运动在欧洲发展得很好，甚至在美国也有迹象表明，许多人自愿选择满足并正在改变他们的行为和消费。这场运动是对快节奏、高能耗生活方式中一些功能失调方面（汽车依赖和交通拥堵、社区意识减弱和浪费行为）不满的回应。该运动的特点是：人们对更慢更简单的生活方式、步行社区和资源保护的兴趣日益浓厚。

在美国也有此类运动的迹象，但它似乎具有政治和意识形态倾向。自 20 世纪 80 年代中期以来，盖洛普（Gallup）民意调查显示，人们的优先事项发生了变化。2017 年 56% 的美国人将环境保护置于经济增长之上，相比之下，只有 35% 的美国人将经济增长置于环境保护之上。这是自 2000 年以来相对于经济的最高环境优先水平，但低于 1985 年至 2000 年的 60%～70%（Gallup，2017a）。当然，我们可以证明这是对可持续能源的错误二分法；对清洁能源的需求可以带来显著的经济效益。图 16.9 给出了关于美国公众对全球变暖原因看法的盖洛普民意调查结果。在 2017 年春季，68% 的人认为全球变暖更多是由人类活动而不是自然原因造成的，还有 29% 的人认为自然原因才是罪魁祸首。2010 年上述比例分别为 50% 和 46%（Gallup，2017）。

关于气候变化，耶鲁大学 2016 年的一项重大调查发现，70% 的美国人认为全球变暖正在发生，而 11% 的人却不这么认为；61% 的美国人认为美国应该减少温室气体排放，而 6% 的人认为不应该这样做（Leiserowitz et al.，2016）。2015 年皮尤研究中心（Pew）的一项调查显示，有 69% 的美国受访者认为气候变化正在危害人类（占 41%）或将在未来几年危

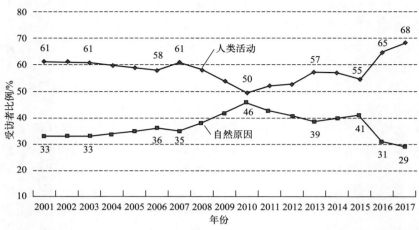

图 16.9　关于美国公众对全球变暖原因看法的盖洛普民意调查结果。公众对全球变暖问题的关注程度
达到了三十年来的最高水平。图中纵坐标为回答以下问题的受访者比例："你认为地球温度的
升高，更多是由于人类活动造成的污染，还是非人类活动所引起的环境自然变化？"
（数据来源：Gallup，2017b）

害人类（占 28％）。相比之下，持上述观点的受访者比例，拉丁美洲为 95％，欧洲为 86％，中东为 79％，全球为 79％（Pew，2016a）。

皮尤研究中心 2016 年的调查显示，在美国成年人中，89％青睐太阳能电池板农场，83％支持风电场，相比之下，45％支持近海钻探，43％支持核电站，42％支持液压破碎法开采天然气，41％支持煤矿开采。但是，在回应方面存在着意识形态或政治差异。大选前的一项皮尤调查显示，特朗普支持者中支持煤炭开采的人有 69％，而希拉里支持者中只有 22％；在近海钻探方面，分别为 66％和 28％；液压破碎法开采天然气为 58％和 28％；核电站为 55％和 38％（Pew，2016b）。

2016 年美国大选中联邦权力的转移可能会影响清洁能源政策，这将加大清洁能源社会运动的风险，因而维持这一运动成为一项挑战。但是社会运动经常遭受"社会熵"的困扰，类似于自然和社会系统所面临的熵：如果没有持续的"能量"输入（在这里指的是领导、努力工作以及个人和机构的协作），它们将趋向于无序和混乱。对于可持续能源而言尤其如此，随着能源价格和选举政治的波动，公共利益和公共政策也会跟着起起落落。

在这方面，德国提供了有益的经验。德国的运动可能是世界上最活跃的"绿色"能源社会运动，它使德国做出逐步淘汰核能的决定，要求到 2012 年温室气体排放量比 1990 年减少 21％，并促成了世界上最积极的风能、太阳能和生物柴油的发展。尽管做出了这些努力，但一些利益相关者（主要是不可再生能源行业的游说议员团体）对可再生能源的大规模激励措施仍持抵制态度（见第 17 章）。

尽管美国 2016 年大选在即，但好消息是如今清洁能源社会解决方案的背景比过去几十年都要好。由于政策和技术的进步、成本效益的提高、私营企业的创新以及民间社会组织的支持，能源消费者在能效、可再生能源和节能方面的选择范围比以往任何时候都要广泛得多。个人、组织和公司的消费能力可以在推动经济发展的同时改变我们的能源系统。

消费者正在他们的屋顶上安装太阳能光伏系统。2016 年美国有超过 100 万个太阳能屋顶，并且每 82 秒就有一个新系统被安装（SEIA，2016）。消费者正在购买高效的混合动力或电动汽车。2017年美国电动汽车的累计销量达到76万辆，远高于2010年（0辆）。消费者正在用高效率的产品取代低效的家用电器和设备。他们正在购买节能"绿色"或净零能耗住宅，选择居住在不太依赖汽车的可步行和公交导向的社区。改善的运输和轻轨系统以及更好的自行车道，为消费者提供了更好的交通选择。

16.5 本章总结

将目前基于石油和碳的能源模式转变为以提高使用效率、限制石油使用和减少碳排放为特征的可持续能源，进行市场转型是必要的。这种市场转型需要技术经济解决方案、政策解决方案和社会解决方案。

前几章着重介绍了技术解决方案，而本章着眼于市场转型的一些概念，包括实现技术潜力的现有障碍。这些障碍包括不完善的市场力量、市场惯性、交易成本以及社会和文化因素。市场力量由技术和能源的价格或初始成本及其节省的费用所驱动。一项新技术的价格取决于其发展阶段，经验曲线有助于跟踪和预测随着累计产量增加而降低的价格。该曲线还可用来估计达到一定生产规模和价格水平所需的学习投资。政府政策可以帮助新技术沿经验曲线下降。

实际上，即使是短期的静态投资回收期也无法实现显著的市场渗透。由于交易成本以及诸如能源对环境的外部影响等其他市场缺陷，政府需要采取政策干预能源市场，并通过调控、税收政策、直接资助和规划来加速可持续能源的市场渗透。

但是，由于能源的高风险和竞争性政治，实现有意义的能源政策变得很复杂。多元化的利益分裂了政治支持，许多政府政策没有积极的市场转型计划，而这些计划正是加快迈向可持续能源之路所必需的。为有意义的政策建立政治支持，需要的可能是可持续能源社会运动的社会解决方案。这样的运动还可能影响消费者对可持续能源的广泛选择，包括通过技术进步提高效率和通过自愿行动采取节约行为。

第 17 章
能源政策

　　长期以来，政府的能源政策一直影响着私人能源市场，而私人能源市场决定了能源使用方式。例如，美国对石油和天然气工业的补贴刺激了其在整个 20 世纪的发展，而 20 世纪后半叶对核电的补贴促使核电行业的建立和发展。政府法规一直在鼓励或限制某些能源和能效。

　　向更可持续的能源转型需要能源市场从目前对石油和碳基燃料的依赖迅速转变为更多地使用非碳能源和提高能源的使用效率。这种转变需要科技的发展、市场的力量、消费者的行动以及政府的政策和规划，以推动新兴技术的发展，利用市场力量取得可持续的成果并鼓励消费者选择可持续的能源。

　　各级政府都参与了这一转变。能源市场及其影响在全球范围内具有重要意义，因此国际机构和协议对于推动政府集中行动和私人行为必不可少。各国中央政府制定影响国家实践的主要能源政策，州政府和地方政府一级在此基础上进行补充，这些补充使政策常常超出国家的政策范围，这将在下一章介绍。

　　本章介绍具体的能源政策，对美国和其他国家各级政府的现行做法进行总结。首先提供一些国际能源政策展望，然后重点关注美国联邦能源政策和 2016 年总统大选造成的能源动荡。

17.1　国际能源政策展望

　　能源系统是一个全球化的系统，石油、煤炭和天然气能源市场属于全球化市场。风能、核能、生物质燃料和太阳能等能源技术已成为全球性的产业，能源的生产、运输、消耗和燃料循环均会对全球经济、环境和社会产生重大影响。

　　全球已经建立了国际机构和协议来帮助解决能源问题。例如，成立于 1974 年的国际能源署（IEA）是由 26 个最发达的国家组成的独立机构，它旨在为能源问题的准备和协调提供对策，平衡全球的能源安全、经济发展和环境保护。IEA 每两年对其成员国的能源政策进行一次审查，它也成为有关全球能源生产和消费统计数据的主要来源（请参见 IEA 官网）。

　　在联合国机构中，成立于 1957 年的国际原子能机构（IAEA）主要监督核电行业的发展，其主要目标之一是控制核武器的扩散。联合国开发计划署（UNDP）和联合国环境规划署（UNEP）则在推动有关能源与可持续性问题的国际对话方面发挥了作用。这两个机构资助了 1972 年在斯德哥尔摩举行的联合国人类环境会议和 1992 年在里约热内卢举行的联合国环境与发展会议。1992 年的里约地球峰会的主要成果为通过了促进可持续发展的《21 世纪议程》，并制定了《联合国气候变化框架公约》（UNFCCC）。在随后的于 2002 年在南非约翰内斯堡举行的联合国可持续发展世界首脑会议（里约＋10）和于 2012 年在里约举行的联合国可持续发展会议（里约＋20）上又重申了联合国对可持续发展的承诺。

17.1.1 国际协议：政府间气候变化专门委员会，《联合国气候变化框架公约》，《京都议定书》和《巴黎协定》

最常见的国际协议是在联合国的主持下制定的一系列国际公约和协定，这些国际公约和协定涉及从战争惯例到人权保护的各个方面。联合国主持发起了许多专门针对环境问题的公约，这些公约跨越国界或不受任何一个国家政府的控制。例如，1959 年的《南极条约》和 1982 年的《联合国海洋法公约》，它们重点保护共同的环境资源。

而涉及环境保护领域的最广泛的协议是 1987 年的《蒙特利尔关于含氯氟烃的议定书》（《蒙特利尔议定书》，CFCs）和联合国气候变化框架公约（UNFCCC）的 1997 年《京都议定书》以及 2015 年的《关于气候变化的巴黎协定》（简称《巴黎协定》）。有关《蒙特利尔议定书》的概述，请参见该议定书的网站。

《蒙特利尔议定书》为应对更加复杂的大气挑战成功地奠定了基础，这些挑战包括温室气体的积累和随之而来的气候变化。联合国和世界气象组织（World Meteorological Organization，WMO）于 1988 年成立了政府间气候变化专门委员会（IPCC）。我们在第 2 章中讨论了 IPCC 提供的五份评估报告。其中，2014 年的第五次评估表明，已经在全球范围内观察到了人类引起的气候变化的影响，如果无法将全球气温上升控制在前工业化时期水平之上 2℃以内，将会对脆弱的人口、全球经济和全球生态系统造成灾难性影响，其风险非常高（请参阅 2.3.1）。要将气温上升控制到 2℃以内，就需要在本世纪中叶之前使全球能源系统实现显著脱碳（见图 2.13、图 3.17 和图 3.18）。

政府间气候变化专门委员会 1990 年的首次评估报告中建议成立《联合国气候变化框架公约》，用来制定全球应对气候变化的措施。该公约在 1992 年的里约地球峰会上获得通过，目前该公约已有 197 个成员国。

联合国气候变化框架公约每年召开一次缔约方大会（COP）。1997 年在日本举行的第三次缔约方大会上制定了《京都议定书》，2015 年在法国举行的第二十一次缔约方大会上制定了《巴黎协定》。

（1）《京都议定书》 认识到发达国家 150 多年工业活动的结果是造成当前大气中高温室气体排放的主要原因，该议定书以"共同但有区别"的原则给发达国家分配了较重的国际义务。国家被分为四类：

① 附件一缔约方：42 个发达国家和欧盟，目标是将排放量减少到 1990 年或更低水平。

② 附件二缔约方：附件一中最发达的国家，这些国家承担努力帮助、支持发展中国家的责任。

③ 经济转型期国家（EITs）：附件一的一部分，主要是东欧、中欧和苏联的一部分，它们不承担附件二的义务。

④ 非附件一缔约方：其他所有缔约方，主要是发展中国家，它们承担的义务较少，主

要依靠外部支持来实施减排。

《京都议定书》使得附件一国家和经济转型期国家的减排目标有了法律上的约束力。它提出到第一个承诺期（2008—2012 年），发达国家温室气体的综合排放量在 1990 年的基础上降低至少 5％。不少于 55 个参与国（温室气体排放量达到附件中规定的国家在 1990 年总排放量的 55％）批准后生效。俄罗斯批准该议定书后，该议定书于 2005 年 2 月 16 日对 128 个批准方具有法律约束力。美国虽然于 1997 年在议定书上签字但并未核准。加拿大是第一个降低承诺目标的 38 个附件一国家之一，但又在 2012 年退出了议定书。

为了使目标的实现更具灵活性，缔约方大会在 2000 年和 2001 年制定了三种机制，而不仅仅是简单地减少国内排放：

① 清洁发展机制（CDM），允许发达国家通过投资 CDM 理事会批准的发展中国家的"清洁"项目而获得"经核证的减排量"（CER）。这些项目包括清洁能源项目（不包括核项目）和林业碳封存项目，林业碳封存项目是指在 1990 年之前开垦的土地上种植新的森林。

② 联合履行机制（JI），如果交易双方都是附件一中的国家，则允许转让已批准的 CDM 项目的可交易信用额。

③ 国际排放权交易（IET），允许各国从其他国家购买或向其他国家出售减排量（CER）信用额度，以提高合规性的成本效益。

在 2012 年于卡塔尔多哈举行的第十七次缔约方大会上，缔约方同意了第二个承诺期目标（2013—2020 年），使 37 个附件一国家的排放量比 1990 年减少 18％。第二个承诺期目标的命运还不确定，因为一些具有第一个承诺期目标的国家（日本、俄罗斯、新西兰）没有采取新的减排目标。《多哈修正案》要生效必须得到 144 个缔约方的接受，但是截至 2017 年 8 月，只有 80 个缔约方接受了该修正案。《京都议定书》的主要局限性是缺乏主要的发达国家排放国的参与，例如美国，同时对主要新兴经济体（如印度和巴西）缺乏减排要求。

（2）《巴黎协定》　多哈会议之后，全球注意力转向了《京都议定书》规定的 2020 年后框架协议。在巴黎举行的《联合国气候变化框架公约》第二十一次缔约方大会上，首次促成所有国家为完成全球气候努力的共同目标而达成共识，要求所有缔约方，包括发达国家和发展中国家，通过各自的国家自主贡献（NDCs）尽最大努力减少排放，并在今后的几年中进一步提高减排量，报告其排放和执行情况。该共识提出每 5 年进行一次全球"全面盘点"以评估"集体"取得的进步。重要的是，把全球平均气温升高较工业化前水平控制在 2℃ 之内，并为把温升控制在 1.5℃ 之内努力。它还旨在通过增强适应气候变化不利影响的能力来增强风险抵御能力，并确保资金流向与减少排放和适应气候变化的发展相一致。侧栏 17.1 突出显示了《巴黎协定》的要点。

侧栏 17.1

《巴黎协定》要点

① 全球温度。到 2100 年，对比工业化前的温度一直保持在温升"远低于"2℃ 的温度，并继续努力将温升限制在 1.5℃ 以内。

② 2050 年的减排目标。温室气体控制的目标是"尽快"达到峰值。从 2050 年起，迅速减少温室气体，以实现人类排放与自然汇（natural sinks）之间的平衡。

③ 审查机制。每 5 年进行一次全球盘点，并于 2023 年进行第一次全球盘点。每次盘点将使各国"更新和加强"其承诺。

④ 气候损害。脆弱国家的需求被认为是"避免、尽量减少和解决"由于气候变化造成的损失。

⑤ 差异化和领导力。发达国家必须继续率先减少温室气体排放，并鼓励发展中国家"加大力度"以减缓排放量的增长。

⑥ 负担分摊和融资。发达国家必须提供财政资源来帮助发展中国家，目标是到 2020 年达到 1000 亿美元的"底线"，并在 2025 年之前更新这一数字。

到 2016 年，有 194 个国家签署该协议，占全球排放量的 99.2%。协定在至少 55 个《联合国气候变化框架公约》缔约方（其温室气体排放量占全球总排放量至少约 55%）交存批准、接受、核准或加入文书之日后第 30 天即 2016 年 11 月 4 日起生效。截至 2017 年 8 月，已有 160 个国家批准了该协议，占全球排放量的 85%。美国和中国于 2016 年 9 月批准了该协议。特朗普总统于 2017 年 6 月决定退出该协议，缔约国数量减少到了 159 个国家，占排放量的 68%。世界其他地区仍然致力于推进该协议。

尽管《巴黎协定》是向前迈出的重要一步，但已加入协定的缔约国自主决定的累积贡献（INDC）仍无法实现将温升限制在 2℃ 以内所需的减排量。如 3.3.3 所述，国际能源署（IEA）的分析表明，提交的自主决定的累积贡献（INDC）到 2030 年将使碳排放增长减缓至 36Gt，但要将温升控制在 2℃ 以内，则需要在 2030 年前达到 24Gt 的排放水平。随着时间的推移，减少排放是必要的。如 Fawcett 等（2015）的图 3.18 所示，国家自主贡献（INDC）和《巴黎协定》的雄心只是到 2100 年将排放量稳定，而加强版《巴黎协定》的雄心是要在 2100 年将碳排放量控制在低于 10Gt，才能达到 2~3℃ 的温升目标。

该协议保留了某些修改后的京都机制。缓解成果国际转让（ITMOs）机制取代了京都的国际排放权交易（IET），而可持续发展机制（SDM）是清洁发展机制（CDM）的后继者。《巴黎协定》不是该协议的正式部分，它制定了一项计划，即筹集 1000 亿美元，以帮助发展中国家减少排放和适应气候变化。绿色气候基金（Green Climate Fund）已收到 100 亿美元的认捐，其中包括来自美国承诺的 30 亿美元，美国于 2016 年提供了其中的 5 亿美元认捐。但特朗普政府很可能不会兑现其余的认捐。

（3）进展　一个好消息是，从 2013 年到 2016 年，全球与能源相关的 CO_2 排放量基本上持平于 32.9 Gt（图 2.12），而全球经济每年增长约 3%。全球许多国家/地区已经将其经济增长速度与 CO_2 排放之间的耦合关系"解耦"（即 CO_2 排放不再随经济增长而增加），这提供了减少温室气体排放量与经济进步并非相互排斥的证据。解耦指标（用解耦率表示）是 GDP 增长百分比减去 CO_2 排放量增长百分比。从 2000 年到 2015 年，全球 GDP 增长了 51%，排放量增长了 38%，解耦率为 51%－38%＝13%。在美国，GDP 增长了 30%，CO_2 排放量下降了 11%，解耦率为 41%（Brookings，2016）。

从 2000 年到 2014 年，至少有 35 个国家/地区在实现经济增长的同时减少了碳排放量，领先的国家包括新加坡（CO_2 排放量增长－47%，GDP 增长＋107%）、乌克兰（CO_2 排放量增长－32%，GDP 增长＋50%）和英国（CO_2 排放量增长－24%，GDP 增长＋27%）（WRI，2016；Climate Brief，2016；IEA，2016）。

气候行动追踪（CAT）是一项独立评估，用于跟踪国家自主贡献（INDC）的排放承诺和行动，以控制将全球温升不超过 2℃ 所需的减排水平和时间。气候行动追踪组织在 2016

年 12 月根据当前政策和《巴黎协定》所规定的 INDC 中的承诺评估了 2100 年全球温度升高的可能情况，该评估表明，当前政策将导致温度升高 3.6℃（不确定性范围在 2.6～4.9℃）。INDC 的承诺目标为把温度升高值减少到 2.8℃（2.3～3.5℃）。

　　气候行动追踪还评估每个国家在其 INDC 方面的进展。在所评估的 31 个国家中，只有 5 个国家为"充分"（如果所有国家都遵守，变暖可能仅限于 2℃的温升）；12 个为"中等"（温升可能超过 2℃），包括美国、中国、欧盟、印度和巴西；14 个国家为"不够"（温升可能会超过 3～4℃），包括澳大利亚、加拿大、日本和俄罗斯。美国的国家自主贡献（INDC）到 2025 年比 2005 年的排放量减少 26％～28％，因此被评为"中度"。该评估结果高度依赖于奥巴马《清洁电力计划》的预计减排量。可以在 climateactiontracker 官网上查看最新的气候行动追踪评估报告。

　　2017 年中期面临的最大问题也许是特朗普总统退出《巴黎协定》的决定将如何影响美国所做出的承诺和该协定的整体效力。美国通过政府行动批准了协定，而不是通过国会法案。美国承诺将其温室气体排放量比 2005 年的水平降低 26％～28％，或到 2025 年降低至 5.3Gt。其中大部分减排将通过现有政策实现。相较于 2025 年的一切照旧情景即 6.9Gt 排放量和巴黎承诺的 5.3Gt 的排放量，加州的政策将实现 5％的减排目标。现有的联邦政府对车辆和电器的效率标准以及对氢氟烃和甲烷的控制将实现另外 31％的减排目标，《清洁电力计划》将实现约 40％的减排目标。改变能源市场的其他行动和其他国家行动将轻松完成其余的减排任务（Lee，Pearce，2016）。

　　许多人认为，《巴黎协定》的命运和全球对气候变化的反应取决于美国的领导地位，因为美国是世界上最大的经济体和温室气体排放国。特朗普政府不仅取消了美国在《巴黎协定》中的承诺，而且还提议取消旨在实现 70％以上减排量任务的联邦机制。尽管如此，目前市场对清洁能源的快速发展势头很可能会减轻美国联邦政策变化带来的影响。其余签署国并未动摇其对《巴黎协定》的支持，欧盟表示该协定"不可替代且不可谈判"。此外，由美国几个州、城市和大公司组成的联盟（气候联盟）承诺致力于实现美国的减排承诺。截至 2017 年 7 月，气候联盟已经拥有 9 个州、227 个城市和 1650 个企业以及投资者。

17.1.2　碳定价机制可能是《巴黎协定》成功的关键

　　市场力量在很大程度上主导着有关能源的决定，碳排放成本必须反映在能源价格中，从而为向低碳经济转型提供必要的市场信号。《巴黎协定》的有效性将取决于各国是否超额完成其 INDC 承诺并进一步减少排放。在强劲的能源市场中，其关键是碳定价。事实上 90 个拥有 INDC 的国家已经表示出通过碳市场来实现其减排目标的兴趣。具体来说，可以通过碳税和碳排放交易系统（emission trading system，ETS，一项总量排放与交易计划）这两种市场机制将碳排放成本整合到能源价格中，侧栏 17.2 描述了 ETS 的工作方式。

侧栏 17.2

排放交易系统如何工作？

　　假设公司 A 和 B 每年都排放 100000t CO_2。各国政府在其国家分配计划中分配 95000t 的排放配额，剩下 5000t 的配额由公司自己寻找弥补的办法。这使得公司选择减少 5000t 排放量，或是在市场上购买 5000t 的配额，抑或在两者之间寻找途径。在决定采用哪种方案之前，公司会比较每种方案的成本。

① 市场上当时的配额价格为 10 美元/t。

② A 公司计算出减少每吨排放量将花费 5 美元，因此决定减排，因为它比购买配额便宜。A 公司甚至决定借此机会将其排放量减少 10000t，而不是 5000t。

③ 公司 B 的情况不同。它的减排成本为 15 美元/t，高于市场价格，因此它决定购买配额而不是减少排放。

④ 公司 A 花费了 50000 美元，以 5 美元/t 的成本共减少 10000t 的排放量，但随后以市场价格 10 美元/t 出售了不再需要的 5000t 配额，从而获得了 50000 美元。这意味着它可以通过出售配额来完全抵消其减排成本，而如果没有排放交易计划，削减 5000t 的净成本将为 25000 美元。

⑤ B 公司以每份 10 美元的价格花 50000 美元购买了 5000 份的配额。在没有排放交易市场提供的灵活性解决方式时，它不得不将其排放量减少 5000t，成本为 75000 美元。因此，在此示例中，排放交易总共为公司节省了 50000 美元的成本。由于 A 公司选择削减其排放（因为在这种情况下这是更便宜的选择），因此，即使 B 公司没有减少自身的排放，B 公司购买的配额也代表了实际的排放量减少（EC，2005）。

2012 年对欧盟体系的评估表明，该体系已减少了 480t 的 CO_2 排放量。但该计划自启动以来就一直存在争议。最初的超额分配导致配额价格急剧下降。如表 17.1 所示，2017 年欧盟排放交易系统的碳价格仅为 5 美元/t。2015 年，欧盟委员会（EC）修订了 2020 年以后的排放交易系统，以实现到 2030 年新的 40% 减排目标。从 2021 年起，总排放配额（总量）将每年下降 2.24%，而 2013—2020 年则为每年 1.74%（EC，2016b）。

一切正在悄然发生。截至 2016 年，约有 40 个国家和 20 多个城市、州和地区（有 10 亿人口）已经通过了碳定价的政策。占全球温室气体排放量 58% 的约 100 个 UNFCCC 缔约方正在计划或考虑实施碳定价（World Bank，2016；EDF/IETA，2016）。

根据世界银行 2016 年的一项调查，欧洲绝大部分国家和地区以及日本、韩国、澳大利亚和新西兰等多个国家已实施或计划实施碳排放交易体系，英国、法国和南非等国家已实施或计划实施碳税，中国、加拿大和巴西等国家正在考虑实施碳排放交易体系和碳税。2010 年，有 20 个国家制定了碳定价计划，占全球排放量的 4%。

这些计划中的碳价差异很大。表 17.1 给出了截至 2017 年 4 月的价格范围，从瑞典的 126 美元/t，到不列颠哥伦比亚省（加拿大）的 23 美元/t，再到加利福尼亚州的 14 美元/t 总量控制与排放交易（CaT），以及北京碳交易试点的 8 美元/t，欧盟碳交易价的 5 美元/t，美国东北各州的"区域温室气体倡议"（RGGI）的 3 美元/t（低于 2016 年的 5 美元/t）。2017 年碳定价倡议的年价值总量约为 520 亿美元。政府碳定价在 2016 年增加了 220 亿美元的收入，低于 2015 年的 260 亿美元。

不列颠哥伦比亚省（加拿大）的碳税始于 2008 年，为 10 美元/t，2016 年增加至 23 美元/t。它几乎适用于所有化石燃料，覆盖了全省 80% 的温室气体排放量。这项税收增加了大约 12 亿加元的收入，相当于其 GDP 的 0.7%，但它是与收入无关的，因为所有收入都被收回以抵减其他税收并为弱势家庭提供税收减免。在一开始的 5 年中，不列颠哥伦比亚省政府提供的税收减免额比收入还多 5 亿加元。与 2000—2007 年相比，不列颠哥伦比亚省 2008—2013 年非电排放量（不列颠哥伦比亚省几乎 100% 是水电）下降了 6.1%，而在加拿大其他地区则增加了 3.5%。

表 17.1 截至 2017 年 4 月部分国家和地区项目的碳价格

国家和地区	类型	价格/(美元/t)
瑞典	碳税	126
瑞士	碳税	84
芬兰	碳税	64
挪威	碳税	52
法国	碳税	33
不列颠哥伦比亚省（加拿大）	碳税	23
英国	碳价格下限	22
加利福尼亚州（美国）	总量控制与排放交易	14
新西兰	排放交易	13
东京（日本）	总量控制与排放交易	12
北京（中国）	排放交易（试点）	8
上海（中国）	排放交易（试点）	6
欧盟	排放交易	5
区域温室气体计划（美国）	排放交易	3
日本	碳税	3

来源：World Bank，Climate Pricing Watch，2017。

碳定价计划的一个主要问题是碳排放的价值是多少。理论上，碳社会成本（SCC）应该基于福利措施、社会损害和外部性，以及为了避免将来对气候变化的损害现在社会愿意付出哪些代价。为了对控制排放所制定的法规行动进行成本效益分析，美国机构现在将碳社会成本（SCC）定为 35 美元/t，到 2030 年将升至 50 美元/t。目前全球有 1200 多家企业在使用内部碳价，其中包括 30 多家碳社会成本（SCC）为 6～60 美元/t 的美国公司。

2013 年，国会预算办公室（CBO）评估了碳税对经济的影响。据估计，碳税税率为 20 美元/t，每年以 5.6% 的速度增长，在头十年将产生价值 1.2 万亿美元的排放量，排放量将比不征税的情况低 8%。CBO 并未量化碳税对经济预期的影响，但指出如果不考虑税收的使用方式，将对碳税产生负面影响。同时指出，将收入用于减少财政赤字和降低边际税率将减少负面影响，但是利用收入来减少对特定群体的不利影响的策略可能并不会减少对经济带来的不利影响（CBO，2013）。

2014 年区域经济模型公司（Regional Economic Models Inc.，REMI）的一项研究超越了 CBO 的研究，评估了收入中性（"费用和股息"，F&D）碳税对美国的影响。该研究基于以下假设：税率从 10 美元/t 开始，并以每年 10 美元/t 的线性方式递增，税收在提取时评估，但大部分将转嫁给消费者，所有碳税收入都将进入一个 F&D 系统，该系统根据居住在那里的 18 岁以上成年人的数量，每月向所有家庭返还资金，18 岁以下受抚养的儿童（每个家庭最多两个）按成年人的一半折算。该政策还包括一项边界调整，用来纠正美国境外的碳泄漏（碳外溢）并保持竞争力。

REMI 的研究表明，通过对 CO_2 排放征税，并通过 F&D 系统将钱返还给消费者可能会带来好处，经济收益因地区而异，除了西南中部地区（得克萨斯州、俄克拉何马州、阿肯色州、路易斯安那州）以外，在每个地区都有非常积极的影响，但也对这些地区的就业和GDP 有些许负面影响。

以下是 2025 年国家层面的研究结果（REMI，2014）：

① F&D 碳税下的就业机会比基准水平多出 210 万。

② GDP 增加 800 亿至 900 亿美元。

③ CO_2 排放量较基准水平减少 33％。

④ 改善了空气质量，从而挽救了 13000 人，使其免于过早死亡。

⑤ 实现了从化石能源向低碳电力的重大转变。

美国财政部 2017 年的一份报告估计，49 美元/t 的碳费和退税计划将产生每人 583 美元的退税，并将使收入最低的 70％的人群获益，而前 30％高收入人群的损失最小（Horowitz et al.，2017）

17.1.3　发达国家的创新

17.1.3.1　欧盟

欧盟也许是使传统能源向可持续能源转型和发展的世界领导者。欧盟由 28 个成员国组成（英国 2019 年退出后，为 27 个）。它通过越过国家和政府层面间决策的混合运作系统来建立一个成员国都接受的规则，这些规则的执行须经欧盟委员会（EC）和其他欧盟机构来完成。欧盟领导了全球对《联合国气候变化框架公约》《京都议定书》和最近的气候变化倡议的响应，其采取清洁能源和气候行动的动机不仅包括减缓气候变化，而且包括使其能源体系现代化，并引导世界走向低碳能源经济。

2010 年《20/20/20 能源战略》确定了欧盟在 2010 年至 2020 年之间的能源优先事项。该战略设定了到 2020 年的目标：

① 温室气体排放比 1990 年减少至少 20％。

② 可再生能源在欧盟能源结构中所占的比例从 2005 年的 8.5％提高到至少 20％。

③ 通过将一次能源消耗量比欧盟 2007 年能源基准情景中预测的 2020 年的值至少降低 20％来提高能源效率。

2016 年 12 月，欧盟报告称其有望实现所有三个目标，即便 2015 年能源消耗和排放量略有增加（图 17.1）（EEA，2016）。

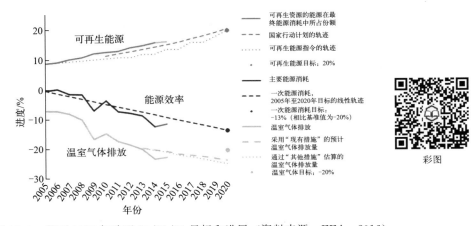

图 17.1　截至 2015 年欧盟 20/20/20 目标和进展（资料来源：EEA，2016）

欧盟的长期目标是到 2050 年将温室气体排放量比 1990 年的水平降低 80％～95％。为确保成员国以经济有效的方式实现这一目标，欧盟于 2014 年 10 月设定了到 2030 年有新目标的新气候和能源框架：

① 欧盟约束性目标是到 2030 年与 1990 年相比至少减少 40％的温室气体排放。

② 欧盟可再生能源约束性目标为可再生能源在能源结构中占比至少为 27％。

③ 到 2030 年，能源效率与 2007 年基准情景相比至少提高 27％（相当于一次能源消耗量与 2005 年水平相比降低 20％），并将在 2016 年进行审核，在此基础上有可能将目标提高到 30％。

④ 通过到 2030 年实现欧盟国家之间的 15％的电力互连目标并推进重要的基础设施项目来建成欧盟内部能源市场。

这些目标共同为欧盟提供了有关温室气体排放、可再生能源和能源效率的稳定政策框架，为投资者提供了更大的确定性，并确认了欧盟在全球范围内在这些领域的领先地位。侧栏 17.3 介绍了欧盟各国为实现 2020 年目标而采取的可再生能源的激励政策，以及上网电价、配额、招标拍卖的当前趋势。

2016 年 11 月 30 日，欧盟委员会发布了一系列旨在帮助实现这些目标的立法草案，包括有关电力市场设计、可再生能源和能源效率的草案。

可再生能源指令草案要求到 2030 年将可再生能源发电量份额从 2016 年的 29％提高到 50％。这需要一个新的电力市场设计，以适应更多的可再生能源，使公用事业和消费者都受益。该指令草案还呼吁将可再生能源纳入供热和制冷行业，使之成为主流，到 2030 年，可再生能源在总供应量中的份额每年增加 1％，并使运输行业脱碳，同时使可再生生物燃料和电力的份额从 2021 年的 1.5％增加到 2030 年的 6.8％。

能源效率指令草案提出了 30％的能效提高约束性要求，通过从 2020 年到 2030 年每年减少 1.5％的能源消耗来实现这一目标。实现这一要求的措施包括修订的建筑能效指令、产品生态设计和能源标识以及针对智能建筑项目的智能金融（EC，2016）。

除能源指令外，欧盟内部还运行着全球最大的碳排放交易系统（ETS）。该交易系统于 2005 年启动，涵盖了欧盟 28 个成员国以及冰岛、挪威和列支敦士登的 12 万多个大型固定排放源，这些国家的 CO_2 排放量占欧盟总排放量的一半，温室气体排放量占总排放量的 40％。碳排放交易系统（ETS）又称总量控制和交易计划，它设置了所有参与方所排放的最大温室气体量即配额，配额可以分配或拍卖并进行交易。如果设施或企业的排放量超过其配额，则可以减少排放量或从其他公司购买配额抵免，以较便宜的价格为准。能够以低于排放配额成本的价格减少排放的设施和企业可以出售其多余的配额。这种以市场为基础的方法旨在找到最具成本效益的减排方式（请参见侧栏 17.2 和表 17.1）。

17.1.3.2　德国：Energiewende——能源转型

德国已成为清洁能源的全球领导者，并成为欧盟能源和气候倡议背后的推动力。到 2016 年，德国在太阳能发电容量方面排名第三（41GW，次于中国），在风能发电方面排名第三（50GW，全球份额 14％，仅次于中国和美国）。德国的面积比蒙大拿州还小，为什么能成为可再生能源的全球领导者？这并不是由于德国的风能和日光充足。德国的光照条件并不好（柏林位于北纬 52°，相当于加拿大卡尔加里市以北），风能条件也不是很好，只有一小部分地区有 4 级或更合适的风。这是由于政治、政策和技术承诺的结合。除煤炭和核能外，德国的其他本土资源很少（2016 年煤炭和核能仍然分别占德国电力的 40％和 13％，低于

2002 年的 58％和 28％），20 世纪 70 年代和 80 年代德国遭受的能源事件尤其严重，70 年代的石油危机，欧洲森林因燃煤引起的酸雨而大面积死亡，切尔诺贝利核事故引发了强烈的反核和环境运动，并且促使欧洲第一个重要的绿党的成立。

侧栏 17.3

欧洲不断变化的可再生能源政策

为了响应欧盟关于可再生能源的指令，成员国制定了三种激励可再生能源发展的方法：可再生能源配额制、固定上网电价（FITs）和可再生能源招标。截至 2012 年，固定上网电价（FITs）已成为首选策略，但在德国等拥有成熟可再生能源市场的国家（见下一节），固定上网电价（FITs）模式正转向大型可再生能源系统的招标模式（Klessman，2014，2016）。

① 可再生能源配额制。欧洲的配额制度相当于美国使用的可再生能源投资组合标准。配额制下，能源生产商、零售商和最终用户必须生产或消耗政府规定的特定数量或比例的可再生能源。可再生能源的价格由市场决定，实际发电量通过在特定国家/地区可交易的证书进行认证。参与者可以通过生产可再生能源或从其他生产商那里购买证书来履行义务。如果参与者没有完成配额，则需要付费或受到制裁。瑞典、比利时和英国拥有成功的可再生能源配额制经验，英国在 2015 年全球光伏安装量中排名第四，占世界总量的 7％。

② 固定上网电价。固定上网电价政策（FITs）设定了长期（通常为 20 年）的固定电价或生产并"进入"电网的单位可再生能源电价。正如德国那样，费率取决于可再生能源技术的类型、生产规模和开发时间，最初每千瓦时的固定费率很高，之后随着技术市场的发展，固定上网电价政策在鼓励私人投资风能特别是太阳能方面取得了巨大成功。固定上网电价政策消除了项目开发商的价格风险，并使决策者能够决定资源的分配，但它们不是以市场为基础的，因此很难以尽可能经济的方式来实现可再生能源的目标。无论对电力的需求如何，大的固定上网电价政策都会导致项目不受控制地发展，最终消费者都要为结果付出代价，这可能导致公用事业公司和投资者的价值递减，因为他们是根据市场和更稳定的监管政策做出决定的（Poser et al.，2014）。

③ 可再生能源招标。这是一种采购机制或拍卖方式，通过这种方式，可以从卖方那里获得可再生能源供应，卖方以其愿意接受的最低价格出价，并根据价格和非价格因素进行评估。固定上网电价政策在激励德国、意大利和西班牙的可再生能源发展方面非常成功。截至 2015 年底，固定上网电价政策仍然是使用最广泛的可再生能源政策，在 75 个国家和 35 个州/省实施。但是由于上述问题和不断变化的市场状况，欧洲等拥有成熟可再生能源市场的国家正在改变政策。欧盟国家援助指南要求大型项目在 2017 年之前从固定上网电价政策转向可再生能源招标。德国、法国和波兰已用超过 500 千瓦的项目招标代替了固定上网电价政策。

这导致了一系列政府政策和私人投资实验，这些实验一直持续到今天。它们统称为能源转型（Energiewende），其中包括 1990 年至 2015 年通过的一系列与气候变化、能源安全、可再生能源、能效和核能相关的立法。图 17.2 对其进行了最好的也是最简单的描述：通过提高使用效率降低能耗并提高可再生能源的产量，以最大程度地发挥其对剩余负荷的贡献。

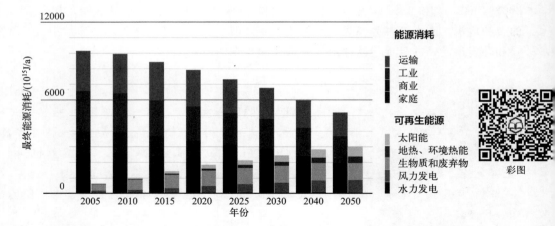

图 17.2　德国增加可再生能源生产同时降低能源消耗的计划［2005—2050 年最终（最终用途）能源供需情景 A。资料来源：DLR Lead Study，2012］

能源转型（Morris，Pehnt，2016）具有六个关键要素：

① 应对气候变化。德国在减少温室气体排放方面"全力以赴"。到 2016 年，德国的排放量比 1990 年的水平降低了 28%，超过了其《京都议定书》承诺，即 2012 年之前降低 21%。2010 年德国设定了到 2050 年温室气体排放降低 80%～95% 和到 2020 年降低 40% 的减排目标，尽管可能无法达到后一个目标，部分原因是其于 2011 年决定在 2022 年之前逐步淘汰核电。2016 年的《气候行动计划 2050》将减排目标扩大到 2030 年降低 55%，2050 年实现广泛的温室气体中和（完全脱碳）。减少排放的主要机制是促进经济现代化、提高能源效率、发展可再生能源发电和生物质热能、参加欧盟的碳排放交易、减少煤电和使运输燃料脱碳，其中后两项证明是最难的。

② 加强能源安全。德国三分之二的能源依赖进口，主要是石油和天然气。提高效率和增加国内生产减少了进口，提高了能源安全性，使国家不容易受到价格波动和国外政治环境的影响，可再生能源的增长抵消了 11% 的能源进口，相当于德国从俄罗斯进口的天然气数量。

③ 逐步淘汰核电。德国已决定减少或消除核能的危险，这与上述两个目标多少有些矛盾。2000 年德国政府决定在 2022 年之前逐步淘汰 19 座核电站。面对日益增加的碳减排义务，德国总理默克尔（Merkel）的联盟在 2010 年暂停了逐步淘汰核能的计划，但是 2011 年日本福岛（Fukushima）核泄漏深深打击了该计划，联盟立即改变了方向，关闭了当时 17 座核电站中的 8 座，并计划在 2022 年之前逐步关闭其余 9 座核电站。2016 年争论的焦点转向核电的退出融资和最终核废料的处置库。

④ 刺激可再生能源和绿色经济。德国最著名的能源计划是《可再生能源法》（EEG），该法建立了可再生能源的固定电价（FITs）。事实上自那时以来，大约有 50 个国家采用了类似的法律。EEG 在可再生能源方面取得了巨大的成功，从 2001 年的不足 40TW·h 增长到 2016 年的 191TW·h，可再生电力占比从 8% 增长到 30%。EEG 的目标是到 2025 年可再生电力占比达到 40%～45%，到 2050 年至少达到 80%。对于像德国这样的小国来说，80% 的可再生能源目标具有挑战性。对此，德国假设没有太阳能也没有风能的高电能需求时间为最恶劣的条件，建设了能量过剩的太阳能发电和风力发电系统（容量系数为 20% 的燃气发电也包括在其中），将过剩的可再生能源发电储存在氢燃料电池或电动汽车电池内，在最恶

劣的情况发生时使用。

最初 1991 年《电力入网法案》要求公用事业公司连接可再生能源发电站，并以零售额的 90％购买可再生电力。2000 年和 2004 年的《可再生能源法案》增加了固定上网电价政策，保证这项政策的有效期限为 20 年，并且电价因来源、装机容量和安装年份而异。最初设定的 20 年固定电价会在以后的安装中逐年或逐月递减。表 17.2（a）给出了 2004 年设定的初始费率和递减率；光伏发电固定电价的激励作用最大。由于出乎意料的装机容量高增长和价格的急剧下跌，尤其是光伏发电，2008—2011 年重新进行了修订，加快了费率递减的速度。表 17.2（b）显示了 2016 年 10kW 系统太阳能屋顶固定电价降低情况；2013 年固定电价降至零售价以下，同时也低于美国的净计量补偿率。如图 17.3 所示，光伏发电年增长率在 2009 年至 2012 年达到峰值，太阳能固定电价策略仍然具有吸引力，特别是对于大型电厂（＞1000kW），其固定电价从 2009 年的 33 欧分/（kW·h）降至 2014 年的 9 欧分/（kW·h）。

表 17.2（a） 2004 年 EEG 设定的德国上网电价

类型	20 年费率 /［欧分/（kW·h）］	全价安装时间	全价安装时间后每个安装年的 20 年期费率下降比例/％
太阳能光伏（＜30kW）	57.4	2004 年	5
太阳能光伏（＜100kW）	54.6	2004 年	5
太阳能光伏（＞100kW）	54.0	2004 年	5
生物质热电联产	21.5	2004 年	2
沼气（垃圾填埋场甲烷）	11.5	2004 年	2
陆上风电	8.7	2004 年	2
海上风电	9.1	2008 年	2

表 17.2（b） 上网电价下调：20 年德国小型光伏系统（＜10kW）上网电价（按安装年份）

年份	电价/［欧分/（kW·h）］	年份	电价/［欧分/（kW·h）］
2001	50.6	2009	43.0
2002	48.1	2010	39.1
2003	45.7	2011	28.7
2004	57.4	2012	24.4
2005	54.5	2013	17.0
2006	51.8	2014	13.7
2007	49.2	2015	12.6
2008	46.8	2016	12.3

资料来源：IEA，2017。

"递减率"取决于技术成熟度和上一年的市场容量。如果太阳能光伏市场的年新增装机容量低于 1GW，那么固定上网电价甚至会上升。《可再生能源法案》要求电网运营商保证可再生能源电力生产商能够接入电网，并优先购买可再生能源电力，其结果是必须削减常规电厂的电力购买，可再生能源将直接抵消煤炭、核能和天然气电力。

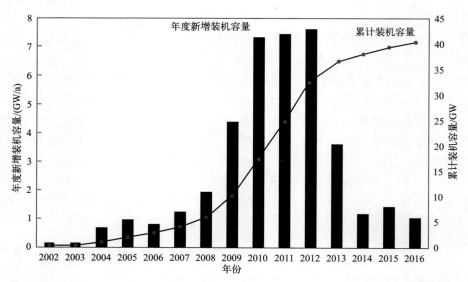

图 17.3　2002—2016 年德国太阳能光伏发电年度新增装机容量和累计装机容量。随着固定上网
电价政策的发展、向招标系统的转变以及市场某种程度上的饱和，德国惊人的
太阳能光伏增长已降至 10 年来的最低水平（数据来源：IEA，2017）

《可再生能源法案》的成本转嫁给了纳税人（终端用户），2016 年的可再生能源附加费
约为 6.4 欧分/(kW·h)，约为零售电价的四分之一。事实证明，这项附加费中只有不到一
半是可再生能源固定上网电价成本，大部分是由于可再生能源光伏导致批发价格下降，尤其
是在高峰时段（消费高峰时），此时价格昂贵的发电机开始工作，便宜的太阳能就可以抵消
发电机较高的峰值需求功率。这有助于降低德国的电力批发价格，但具有讽刺意味的是，较
低的批发价格由于计算可再生能源附加费的方式反而提高了 EEG 附加费。

有人认为，较高的电价将不利于德国的高科技产业，并影响经济，但是德国的能源密集
型产业免征附加费，通常以批发价支付电费，因此大型行业受益于较低的批发价格，无须支
付附加费。据估计，如果要求这些行业支付附加费，则 EEG 附加费将从 6.4 欧分/(kW·h)
降低到 4 欧分/(kW·h)。

但该计划对传统电力公司产生了影响，主要是因为降低了批发价格，电力批发价格在
2016 年创下了 13 年以来的新低。德国最大的电力公司 RWE，尽管 2015 年可再生能源部门
的利润翻了一番，但该公司年净亏损达到 2.25 亿美元，并且不得不暂停向其股东派发股息
（Bloomberg Markets，2016）。

EEG 先后于 2009 年、2012 年、2014 年和 2016 年进行了修订，旨在通过将大型可再生
能源项目从固定上网电价转向招标拍卖系统，与其他能源竞争，以使可再生能源"更接近市
场"。转向招标拍卖系统的企业收到市场溢价以补偿 EEG 价格和市场价格之间的差异，但只
有在投标过程中中标的企业才能获得这部分溢价。2016 年第六次光伏拍卖成功中标 27 次，
总计 163MW，平均价格为 6.9 欧分/(kW·h)，最低价为 6.23 欧分/(kW·h)。2014 年的
EEG 为特定来源的电力设定了约束性条件，作为招标拍卖的基础：太阳能为 2.5GW/a，陆
上风电为 2.5GW/a，生物质为 100MW/a，海上风电作为附加目标（到 2020 年 6.5GW，到
2030 年达到 15GW）。但是，如图 17.3 所示，德国可再生能源的增长已大大放缓，并且由于
从高固定上网电价到低固定上网电价和招标拍卖的转变，预计可再生能源将保持适度增长。

⑤ 提高能源效率。能源转型比可再生电力更全面。减少碳排放和增加可再生能源贡献比重的关键在于通过提高能效来降低能耗。如图 17.2 所示，德国的计划不仅是增加可再生能源的使用，而且还要降低消耗。德国实施欧盟的能效目标和指令，在 2007 年和 2011 年通过了两份能源效率行动计划，并在 2014 年通过了国家能源效率行动计划（NAPE）。NAPE 包括数十项效率措施，包括能源效率融资、一项新的效率投标计划、更好的信息和审计计划。《2002 年热电联产法》《2009 年可再生能源采暖法》《2002/2016 年建筑节能条例》的规定都有助于通过市场力量提高能效。

⑥ 能源民主化，增强地方经济实力。德国的能源转型始于一场计划，它助长了能源的民主化和保护文化。德国人可以转换成为电力供应者，自由地成为"生产-消费者"，即同时是生产者和消费者，人们可以出售可再生能源电力以获取利益。EEG 通过规定将可再生电力优先于化石燃料电力上网并销售，并提供有吸引力的固定上网电价补贴（尤其是小型发电站）来实现这一目标。德国的社区能源合作社的数量从 2007 年的 101 家增加到 2015 年的 1000 家。图 17.4 显示了弗赖堡的能源合作社拥有的光伏系统，公众的参与度很高。每 60 个德国人中就有 1 个是能源生产者，一些能源合作社正在从电力生产者转向电网所有者和其他能源项目，例如房屋能源翻新。德国人一直在支持能源转型，到 2015 年，德国的可再生能源部门已经创造了 350000 个相关工作岗位（在所有其他能源部门工作的总人数为 182000 人）。2015 年的一项调查发现，有 93％的德国人认为能源对国家的发展很重要（27％）或非常重要（66％）。

图 17.4　德国弗赖堡（Freiburg）在噪声防护屏障上建造的 366kW 社区光伏系统。80 位居民至少投资了 3000 欧元（系统旁居住的居民为 1000 欧元）（资料来源：Hessische/Niedersächishische Algemeine（HNA），Kassel，Germany，2016）

短短十年间，德国的能源转型（Energiewende）在发展可再生能源、提高效率、扩大清洁能源产业以及能源民主化方面取得了巨大成功。但是也有人说它太成功了，造成了公用事业部门的混乱，给整合间歇性可再生能源带来了挑战。这导致了政策的变化，从依赖较高的固定上网电价转变到降低固定上网电价以及转向大型可再生能源系统的招标拍卖。对能源转型的深入分析发现，这是德国第二次世界大战后最大的基础设施项目，可增强经济并创造新的就业机会。这有助于全球可再生能源产业的发展成熟；同时表明，应对气候变化和逐步淘汰核电可以同时发生；它是由公民和社区推动的；德国可以负担得起，其他国家也可以负担得起（Morris，Pehnt，2016）。能源转型的未来进展取决于德国 2017 年 9 月的选举，尽管所有五个主要政党都支持能源转型以及对气候保护的需求。

17.1.3.3　ACEEE 国际能源效率评分：德国第一，中国第六，美国第八

美国节能经济委员会（ACEEE）的 2016 年版"国际能源效率记分卡"研究了 22 个最大能源消耗国的能效政策（不包括可再生能源），这些国家和地区累计消耗了 75% 的能源，占全球 GDP 的 80% 以上。主要评分标准包括国家整体的努力，建筑、工业和交通运输中的政策和绩效，每项得分均以 8～10 分为满分，最高得分为 25 分。每个国家的最高总分是 100 分。下面给出了每个条件中的前四个因素：

① 国家努力（25 分）：改变能源强度（6），能源效率投资（5），发电站效率（3），能源效率目标（3）；

② 建筑（25 分）：电器和设备标准（5），住宅建筑规范（4），商业建筑规范（4），建筑物翻新政策（4）；

③ 工业（25 分）：工业能源强度（6），与制造商的自愿协议（3），能源管理者的授权（2），热电联产装机容量（2）；

④ 交通运输（25 分）：轻型汽车（4）和重型汽车的燃油经济性标准（3），轻型汽车的燃油经济性（3），人均 VMT（3）。

表 17.3 给出了结果。德国（73.5）位居第一，其次是日本（68.5）、意大利（68.5）、法国（67.5）、英国（65）和中国（64），美国与韩国并列第八。表 17.3 给出了每个条件得分排名靠前的国家。

表 17.3　ACEEE 国际能源效率记分卡的结果（只显示在 22 个国家中排名靠前的国家）

总分（100分）			国家努力（25分）			建筑（25分）			工业（25分）			交通运输（25分）		
国家	得分	排名	国家	得分	排名	国家	得分	排名	国家	得分	排名	国家	得分	排名
德国	73.5	1	德国	21	1	德国	19.5	1	德国	21	1	印度	16	1
日本	68.5	2	日本	19	2	美国	18.5	2	日本	20.5	2	意大利	16	1
意大利	68.5	3	法国	18	3	中国	18	3	英国	19.5	3	日本	16	1
法国	67.5	4	加拿大	17	4	法国	18	4	意大利	19.5	3	中国	15	4
英国	65	5	美国	16.5	5	西班牙	17.5	5	韩国	18.5	5	法国	15	4
中国	64	6	中国	16	6	加拿大	17.5	5	法国	16.5	6	韩国	14	6
西班牙	62	7	意大利	16	6	意大利	17	7	印尼	16	7	英国	14	6
韩国	61.5	8	西班牙	16	6	英国	16	8	荷兰	16	7	巴西	13	8
美国	61.5	8	英国	15.5	9	澳大利亚	15.5	9	西班牙	15.5	10	西班牙	13	8
加拿大	59	10	荷兰	15	10	荷兰	15	10	中国	15	11	德国	12	10
荷兰	58	11	波兰	15	10	土耳其	15	10	美国	14.5	12	荷兰	12	10
波兰	53.5	12	韩国	14.5	12	波兰	15	10	土耳其	14	13	波兰	12	10
						韩国	14.5	13				美国	12	10

资料来源：ACEEE，2016。

17.1.4　发展中国家的进展

自 1997 年《京都议定书》以来，人们普遍认为，应该由发达国家来领导世界向清洁能源的转型，而发展中国家只能负担化石燃料能源，只有在发达国家的大量援助下，发展中国家才能实现向清洁能源过渡。但是在过去的十年中，清洁能源技术已经取得了长足的进步，并且与直觉相反，由于对昂贵且污染较严重的柴油发电机的依赖，以及无法获得电力以及轮辐式传输网络，发展中国家反而在一定程度上受益。这些限制似乎使来自丰富的太阳能、风能、小型水力发电和生物质的分布式清洁能源成为发展中国家显而易见的一个选择。

17.1.4.1　2016 年气候展望：58 个新兴国家的清洁能源

为了衡量这一"显而易见的选择"在多大程度上得到全球投资者和政策制定者的认可，BNEF（彭博新能源财经）的"气候应对"项目分析了 58 个发展中国家，以评估清洁能源的市场条件和机遇。该样本代表了世界人口的一半，占全球国内生产总值的四分之一。该项目使用 54 个指标以 5 分制为每个国家评分，这些指标分为以下四个加权总体参数：

① 关于基本市场条件、监管结构、当地电价和电力需求预期的支持框架（权重为 40%）。

② 清洁能源投资和气候融资（30%），包括小额融资和可用资金。

③ 支持清洁能源发展的金融、制造和服务行业的低碳业务和清洁能源价值链（15%）。

④ 在公共和私人部门减少温室气体排放的温室气体管理（15%）。

表 17.4 给出了 2016 年的结果，中国（得分 2.53，满分为 5 分）排名第一，其次是三个南美国家（BNEF，2016）。

表 17.4　气候范围排名和发展中国家清洁能源得分

排名	国家	2016 年得分	2014 年得分	支持框架	投融资	价值链	温室气体管理
1	中国	2.53	2.23	1.64	2.19	5.00	3.06
2	智利	2.36	1.79	1.96	1.92	3.44	3.21
3	巴西	2.29	2.17	2.24	1.00	4.35	2.98
4	乌拉圭	2.29	1.75	2.55	2.14	1.41	2.74
5	南非	2.21	1.92	1.28	1.77	4.41	3.39
6	印度	2.17	1.85	1.85	1.19	4.42	2.72
7	乌干达	2.05	1.52	1.60	1.63	3.80	2.33
8	洪都拉斯	2.03		1.85	2.60	1.35	2.04
9	墨西哥	2.02	1.57	1.37	1.54	3.84	2.90
10	肯尼亚	2.01		1.82	1.22	3.59	2.51

资料来源：BNEF，2016。

17.1.4.2　中国成为全球能源主导

在 21 世纪，中国已成为全球能源和经济的主要参与者。在世界范围内中国已经成为：

① 人口最多的国家，拥有 13.9 亿人口（印度到 2023 年将超过中国）。

② 第二大经济体（仅次于美国）和 GDP 增长最快的国家（2003—2010 年增长 11%，2010—2016 年增长 8%）。

③ 最大的能源生产和消费国以及煤炭生产和消费国（图 1.3 和图 1.6）。

④ 第二大石油消费国（仅次于美国）和最大的石油净进口国。

如图 17.5（a）所示，2000 年以来中国取得的巨大经济增长是建立在能源消耗（主要是煤炭）上的。但是从 2010 年开始中国放慢了能源消耗的增长速度，2013 年煤炭使用量达到峰值，并开始成为世界上最大的可再生能源市场。

中国第十二个五年规划（2011—2015 年）旨在减少对化石燃料的依赖，将能源强度（单位 GDP 消耗的能源）降低 16%，将非化石能源比例提高到总能源的 11.4%，并将碳排放强度（单位 GDP 的 CO_2 排放量）降低 17%。到 2015 年实现将化石燃料的依赖度从 2010 年的 92% 降低到 88%，将非化石能源的比例从 7.9% 增加到 11.8%，并将能源强度和碳排放强度降低 17.4% 的目标。

"十三五"规划（2016—2020 年）将进一步推进到 2020 年实现以下目标：

① 碳强度比 2005 年降低 40%～45%（比 2015 年降低 22%）。

② 一次能源消费量上限为 50 亿吨标准煤（tce）（2016 年需求为 43.6 亿吨标准煤，2016 年 12 月中国宣布 2017 年需求上限为 44 亿吨标准煤）。

③ 将非化石燃料能源份额提高到 15%（2016 年达到 15%）。

④ 将煤炭份额从 2015 年的 64% 降至不到 62%（2016 年达到 62%）。

⑤ 实现至少 210GW 的风能、105GW 的太阳能光伏和 5GW 的太阳能热能并网。

为了实现这些目标，中国制定了一系列政策。固定上网电价（FITs）正在逐渐降低：2016 年，陆上风电的固定上网电价为 72～92 美元/（MW·h），海上风电为 120～140 美元/（MW·h），光伏发电为 123～151 美元/（MW·h）。

另一个挑战是一些地区的产能过剩，由于向市场输送的电力有限，一些可再生能源发电不得不减少。2015 年中国政府为可再生能源制定了有保证的调度时间，以提供一些防止削减发电量的措施。2016 年中国政府发布了可再生能源投资组合标准（RPS），目标是到 2020 年将一次能源消耗中的非水电可再生能源消耗量从 2016 年的 2.8% 提高到 9%。2017 年将启动可再生能源信贷（REC）系统以实施之前的投资组合标准（BNEF，2016）。

为帮助减少 CO_2 排放，中国已在北京、上海、深圳、广东、湖北、重庆和天津等多个地区试行了碳交易计划，并计划在 2017 年底建立全国碳交易体系。中国政府正在指导电力市场改革，以帮助建立更高效、更绿色的电力市场。2017 年全国取消了 103 座计划中的燃煤电厂，总装机容量为 120GW，其中 54GW 已在建设中（NYT，2017）。

17.1.4.3　印度：新兴巨人

印度已成为第三大主要能源消费国和发电国。从 2000 年到 2015 年，印度的市场能源使用量翻了一番，但仍不到美国的三分之一。目前印度的人口为 12.80 亿，具有巨大的增长潜力，到 2030 年将超过 15 亿。2012 年印度有 2.63 亿人无法用电，7.91 亿人没有实现现代（非固体燃料）烹饪方式（见 17.1.4.4）

图 17.5（b）显示，自 2000 年以来印度的能源大幅增长主要来自煤炭。2016 年，印度 57% 的商业能源依赖煤炭，93% 的商业能源依赖化石燃料，只有 6% 来自可再生能源。但是

印度已经采取计划和政策转向低碳资源。2016 年印度新增燃煤发电装机容量为 50GW，但《国家电力规划》预计，这些电厂至少要到 2027 年才能建成。该计划预计未来十年太阳能和风能发电装机容量将达到 100GW（Climatehome，2016）。

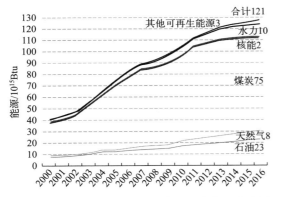

图 17.5（a）　2000—2015 年中国一次能源分布图

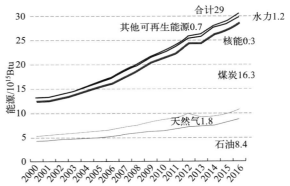

图 17.5（b）　2000—2015 年印度一次能源分布图
（资料来源：BP 2017）

作为 2015 年国家自主贡献（INDC）对 UNFCCC 承诺的一部分，印度的目标是到 2030 年将碳强度（单位 GDP 的 CO_2 排放量）比 2005 年降低 33%～35%。它还有很长的路要走，因为 2015 年的碳强度仅比 2005 年降低了 2%。印度政府还计划到 2030 年 40% 的电力从非化石能源中获取，高于 2015 年（18%）。

许多"雄心勃勃"的目标可能无法实现，但印度正在采取相关政策和计划来取得进展，具体包括加速实施屋顶太阳能计划的大多数印度邦的上网电价补贴和净计量政策，公用事业的太阳能拍卖（2015 年授予了 4.8GW 的拍卖合同），以及风电项目竞争性招标和贷款利息补贴（BNEF，2016）。

印度必须克服许多障碍以推进其清洁能源的野心，包括为 7400 个仍然没有电力的村庄提供电力实现农村电气化，新的输电基础设施以及改善配电公司的财务状况。

17.1.4.4　人人享有可持续能源（SE4A）和非洲电力计划（Power Africa）

联合国将能源描述为"连接经济增长、社会公平程度提高和使世界得以繁荣发展的环境的金线"。占世界人口 18% 的 12 亿人生活在发展中国家，这些人口中有 22% 生活的国家/地区没有电（表 17.5），其中约 97% 的人生活在撒哈拉以南的非洲和发展中的亚洲，包括印度、尼日利亚、埃塞俄比亚、孟加拉国、刚果民主共和国和印度尼西亚。占世界人口 40% 的 27 亿人，仍在使用传统生物质做饭，其中约一半生活在发展中国家和地区（主要在亚洲，特别是印度），国际能源署的《世界能源展望》根据其新政策设想预测，到 2030 年，没有电力的人口将仅下降 25%，至 9.69 亿，而没有干净烹饪设施的人口将仅下降 5%，至 26.42 亿（SE4A，2017）。

2014 年，联合国大会一致宣布将 2014—2024 年定为"人人享有可持续能源十年"（SE4A），以推进电力和现代烹饪能源的使用。SE4A 计划提出三个目标：

① 确保普及现代能源服务。
② 将全球能源效率提高一倍。

表 17.5 2014 年无电人口与现代烹饪和电气化率

地区	电力接入，2014 年				缺乏现代烹饪	
	无电人口/亿	2014 年电气化水平/%	城市电气化水平/%	农村电气化水平/%	采用传统生物燃料烹饪人口数/亿	2014 年采用传统生物燃料烹饪的人口比例/%
发展中国家	9.83	85（78①）	96	73	28.90	43（50①）
非洲	5.87	47（38）	76	27	8.07	75（75）
南亚和东南亚发展中国家	4.06	82（61）	96	79	20.84	65（73）
拉丁美洲	0.22	97（92）	99	89	0.65	20（22）
全世界	10.60	85（78）	96	73	30.40	43（50）

资料来源：SE4A，2017。

① 括号内为 2000 年水平。

③ 将可再生能源在全球能源结构中的份额提高一倍。

SE4A 的框架包括识别高影响力机会（HIOs）以及相关的计划和具体行动。已经确定了 50 种 HIOs，包括清洁能源小型电网、创新金融、能源和女性健康以及清洁烹饪解决方案的普遍采用等。2015 年《追踪进展》（Tracking Progress）报告显示，从 2010 年到 2012 年，有电力接入的人口增长了 2.22 亿，全球电气化率从 83% 增长到 85%，但是获得非固体烹饪能源的人口比例几乎没有增加，仅仅从 58% 提高到 59%（SE4A，2015），还有很长的路要走。

非洲电力计划。2013 年，奥巴马总统在开普敦大学发起了由美国国际开发署牵头的"非洲电力"计划，该倡议涉及美国 12 个机构以及 130 个公共部门和私人合作伙伴。它的最初目标是协助在撒哈拉以南非洲开发 10GW 清洁高效的发电设备，通过并网、小规模发电和离网解决方案为 2000 万个家庭和商业实体供电（图 17.6 给出了由非营利组织 Powerhive 开发的肯尼亚太阳能离网微电网项目的示例，请参见 Powerhive 官网）。在取得初步成效后，非洲电力计划的目标是到 2030 年扩大到 30GW，为 6000 万个实体供电。2016 年，奥巴马签署了《非洲电气化法案》（国会一致通过）以对该计划进行检验。

图 17.6 Powerhive：肯尼亚西部 100% 太阳能离网微电网
（资料来源：Powerhive，2016。经许可使用）

美国机构已为该计划提供了 70 亿美元资金支持，其他公共部门和私人合作伙伴也承诺提供 520 亿美元，其中包括来自私营部门的 400 亿美元。截至 2016 年已开发了 4600MW 电力，该计划正在跟踪总计 18～21GW 的项目，这些项目将于 2030 年上线。非洲电力公司的 40 名现场顾问正在跟踪总计 60GW 的其他项目，目标是将 2030 年的并网总装机容量增加到 30GW。这是一个重大的进步，但世界银行估计，到 2030 年撒哈拉以南非洲地区所有人的电力供应每年需要 1200 亿至 1600 亿美元。

17.2　联邦能源政策

长期以来，能源一直受制于强大的市场力量，但是美国联邦政府对能源市场的干预也有悠久的历史。美国能源政策的三个主要目标是确保能源的安全供应、降低能源成本以及保护环境政策和计划，旨在促进和规范常规能源的生产、提高能源效率并开发新能源。

前几章已经讨论了许多联邦能源政策，它们已经影响到能源效率和生产：提供大量能源信息和分析的联邦机构（第 1～3 章），家用电器和车辆的联邦效率标准（第 8、13 章），联邦可再生燃料标准（第 14 章），帮助管理电网和市场以及常规能源对环境的影响的联邦法规（第 2、9 章），各种联邦研究与开发、援助计划和税收优惠政策，影响了高效建筑、照明设备以及太阳能和风能开发的市场（第 6、8、11、12 章）。

17.2.1　概述和简史

1975 年之前的政府能源政策着眼于公用事业的监管、价格控制以及生产和研究（尤其是化石燃料和核能）的激励措施。自 1975 年以来，能源政策已在联邦和州两级扩大，以解决供需问题，包括使用效率，并开发常规能源和替代能源。一些政策通过监管和税收激励措施，促使政府对能源市场进行更多干预；其他一些政策则针对自由能源市场和消费者选择。

自从 1911 年将标准石油公司解散的反垄断法颁布以来，联邦政府就开始制定影响能源的相关政策。1935 年的《公用事业控股公司法》（PUHCA）授权州政府对公用事业进行监管，而 20 世纪 30 年代的《新政立法》使联邦政府成为能源开发的主要参与者，特别是西北太平洋、田纳西河谷和其他地区的水力发电。联邦政策促进和规范了核能的发展，各种补贴和激励措施帮助石油和天然气行业向前发展。煤炭受到联邦法律的影响，主要涉及矿区土地复垦、矿工安全和赔偿问题。20 世纪 70 年代早期的环境立法影响了工业、公用事业和汽车燃料燃烧产生的空气排放。

侧栏 17.4 提供了美国联邦能源政策的年表以及一些影响事件。在 2008 年之前，联邦能源政策基本上是被动的。石油供应操纵引发的 1974—1975 年和 1979—1981 年的能源危机，1991 年和 2003 年的伊拉克战争，1978 年三英里岛的核事故，1986 年切尔诺贝利和 2011 年福岛的核事故，2000—2001 年的加州电力危机和 2003 年的美国东部停电，2010 年的"深水地平线"溢油事故，以及全球气候保护运动都影响了联邦政策。

1974—1975 年能源危机和阿拉伯石油禁运之后，针对能源效率和可再生能源的第一批能源立法先后于 1975 年、1978 年和 1980 年获得通过。除了 1986 年通过的家电能效标准外，在低油价的 20 世纪 80 年代中后期，几乎没有通过任何实质性的能效政策立法。但是，在 1991 年和 2003 年伊拉克战争以及随后的油价上涨之后，1992 年、2005 年和 2007 年通过了全面的国家能源政策法案。

侧栏 17.4

美国联邦能源政策的简要年表和大事件（以加粗字体显示）

1920 年　《联邦水力法案》为联邦水力发电开辟了道路，并最终成立了邦纳维尔（Bonneviell）电力管理局和田纳西河谷管理局以及联邦能源监管委员会（FERC），后者负责规范水力发电、州际电力销售、批发电价和天然气定价。

1935 年　《公用事业控股公司法》（PUHCA）规定电力和后来的天然气公用事业受州公用事业委员会的监管。

1946 年　《原子能法》建立了原子能委员会（AEC）；1954 年的修正案确立了民用核电计划；1957 年的《普莱斯-安德森法案》中规定，联邦政府为核事故责任保险提供补贴。

1970 年　《清洁空气法》建立了国家清洁空气计划，其中包括对发电厂的控制以及将车辆排放量减少 90%；最新修正案（1990 年）建立了电厂 SO_x 的第一个总量控制和排放交易系统。

1973 年　阿拉伯国家"石油禁运"导致石油价格上涨，加油站排起了长队，天然气实施配给。

1973 年　尼克松总统宣布了"独立计划"，目标是到 1980 年实现能源自给自足，并提及 20 世纪 40 年代的"曼哈顿计划"和 60 年代的"登月计划"。

1975 年　《能源政策和节能法》将"控制进口石油价格"的政策时限延长至 1979 年；建立了战略性的石油储备和汽车油耗标准（CAFE）翻倍的标准［注：此处 CAFE 应该指 Corporate Average Fuel Economy（企业平均燃料经济性标准），而非书中的 Corporate Average Fleet Efficiency］翻倍，到 1985 年达到 27.5mi/gal。

1978 年　国家能源法案，包括：《国家节能与生产法》；《发电厂和工业燃料使用法案》（限制使用石油和天然气，后来废除）；《公用事业监管法》（PURPA）（为小型可再生能源和热电联产私人发电开放了电网，为公用事业需求管理制定了指南）；《能源税收法》（对可再生能源和节能的税收抵免政策，对耗油量大的汽车征税）；《天然气政策法案》。

1979 年　宾夕法尼亚州发生了三英里岛（Three Mile Island）核事故。

1979 年　伊朗革命和人质危机导致石油价格进一步上涨，价格到 1985 年开始下降。

1980 年　《能源安全法案》包含七项内容，涉及合成燃料、生物质和酒精燃料、可再生能源和太阳能、地热能和海洋温差能。

1981 年　里根总统发布了取消石油价格限制的行政命令。

1982 年　《核废料政策法》最终导致内华达州尤卡山（Yucca Mountain）被选为国家核废料储存库。

1986 年　在加利福尼亚州的倡议下颁布了《家电节能法》，从而确立了国家家电标准，并通过随后的修正案和行政措施对其进行了扩展。

1986 年　乌克兰发生切尔诺贝利（Chernobyl）核事故，位于苏联。

1991 年　伊拉克科威特发生海湾战争；石油价格上涨，然后到 1993 年开始下降。

1992 年　《能源政策法案》，这是一项综合性法案，扩大了非公用电力供应商进入公用事业输电网的渠道，并为公用事业重组和汽车替代燃料指令提供了机会。

1993 年　克林顿总统宣布了美国的目标，到 2000 年将温室气体排放量稳定在 1990 年的水平，并提议将生产者的能源税定为 26 美分/MBtu（煤和天然气）和 60 美分/MBtu（石油），但该提议未能在国会获得支持。

1993—1999 年　克林顿政府提出了提高电器效率的倡议和自愿性计划，例如"能源之星"（ENERGY STAR）、"建设美国"（Building America）和"新一代汽车合作伙伴计划"（PNGV）。

1997 年　第一个减少温室气体排放以应对气候变化的国际协议——《京都议定书》获得包括美国在内的 192 个国家的同意，但美国国会未批准该议定书。

2000—2001 年　重组计划存在的缺陷导致加州电力危机。

2001 年　布什总统提出了《能源政策法案》，但立法通过却花了 4 年时间。

2001 年　布什总统宣布美国不会签署减少温室气体排放的《京都议定书》，并将继续研究这一问题。

2001 年　纽约和华盛顿发生 9·11 恐怖袭击事件。

2001 年　安然（Enron）公司破产。

2003 年　北美发生最大的电力中断事故，影响了美国东部八个州和加拿大安大略省共计 5000 万人口。

2003 年　伊拉克战争爆发。石油价格暴涨，并且在紧张的市场中持续上涨，石油价格到 2008 年达到 131 美元/桶。

2005 年　经过四年激烈的辩论，制定了《能源政策法案》，这是一项全面的能源法案；核能、乙醇、太阳能和风能、清洁煤、石油和天然气以及其他供应方式的税收优惠；生物燃料的可再生燃料标准；废除《公用事业控股公司法》[《公用事业监管法》（PURPA）的一部分]；电力可靠性标准；免除约束水力压裂法的许多环境法规。

2007 年　《能源独立与安全法》将生物燃料可再生燃料标准扩展到 2008 年的 90 亿加仑和 2022 年的 360 亿加仑。到 2020 年将轻型汽车的平均燃油经济性标准（CAFE）提高到 35mi/gal；扩展了设备效率标准。

2007 年　美国最高法院在马萨诸塞州诉环保署一案中发现温室气体是《清洁空气法》应涵盖的空气污染物，并要求环保署确定汽车的温室气体排放是否危害公共健康或福利。

2008 年　美国能源价格上涨至历史最高点，原油 131 美元/桶，汽油 4.06 美元/gal 和天然气 12.5 美元/10^{12} ft^3。

2008—2009 年　美国金融次贷危机引发的美国和全球经济衰退是第二次世界大战以来最严重的一次危机，导致美国 GDP 下降和高失业率。1975 年、1982 年和 1991 年的几次世界经济衰退都是由高油价引发的。结果导致能源价格在 2009 年暴跌，原油价跌至 35 美元/桶，汽油跌至 1.67 美元/gal，天然气跌至 5.37 美元/10^{12} ft^3。

2009 年　美国油气的水力压裂技术热潮开始，特别是在得克萨斯州、北达科他州和宾夕法尼亚州。2008 年至 2015 年，美国石油产量增长了 8%，天然气产量增长了 34%，而与此同时煤炭产量下降 38%。

2009 年　奥巴马就任美国第 44 任总统。

2009 年　《经济复苏与再投资法案》（ARRA）提供了 7870 亿美元资金，用于在 2009 年至 2012 年期间通过在基础设施、教育、卫生和能源方面的短期支出来刺激经济。约 310 亿美元用于清洁能源。美国能源部的能源效率和可再生能源办公室（EERE）获得 170 亿美元，其中 115 亿美元用于各州。电力输送和可靠性办公室获得了 45 亿美元。延长了可再生能源税收抵免截止时间（风能生产税收抵免延长至 2014 年，太阳能投资税收抵免延长至 2016 年），取消了 2000 美元的太阳能信用额度限制。

2009 年　众议院通过了《美国清洁能源与安全法案》，该法案将建立类似于欧盟的碳排放交易体系和国家可再生能源投资组合标准，该标准要求所有大型公用事业公司 20% 的用电市场给可再生能源电力。参议院花费了巨大的政治成本用于通过《平价医疗法案》，该标准在参议院未获通过。

2009 年　为了回应 2007 年最高法院的裁决，环保署发布了关于温室气体排放的危险性调查结果，为通过效率标准调节车辆的温室气体排放和电厂温室气体排放奠定了基础。

2010 年　"深水地平线"（Deepwater Horizon）钻井平台爆炸事故致 11 人死亡，导致石油工业历史上最大的漏油事件，泄漏原油 490 万桶，密封油井用了 5 个月。英国石油公司（BP）在 2016 年表示，预计事故的税前费用总计 616 亿美元，包括恢复、损害赔偿和罚款。事故导致内政部（DOI）安全与环境执法局于 2016 年临时暂停了海上钻井和新的海上石油法规。

2010 年　环保署发布了关于轻型车辆 2012—2016 年款车型的企业平均燃油经济性指标和温室气体排放标准的最终规则。

2011 年　海啸造成日本福岛核电站发生故障，导致日本关闭了所有核反应堆，德国、瑞士和瑞典重启了对核能的逐步淘汰，其他国家的热情也随之降低。

2011 年　环保署颁布了 2014—2018 年款中/重型卡车燃油经济性指标和温室气体排放标准的最终规则；环保署在 2016 年发布了 2019—2027 年的第二阶段最终规则。

2012 年　环保署发布了关于 2017—2025 年款轻型汽车企业平均燃油经济性指标和温室气体排放标准的最终规则，并对 2022—2025 年款车型的标准进行了中期审查，以评估行业是否可以达到标准；在 2017 年 1 月，美国环保署确定行业已完全符合 2022—2025 年标准。

2013 年　奥巴马发表了关于气候变化的重要讲话，并发布了《总统气候行动计划》。

2015 年　美国环保署发布了天然气 [<1000lb/(MW·h)] 和煤 [<1400lb/(MW·h)，可通过高效超临界粉煤装置加上 20% 的碳捕集和存储装置来实现] 新发电厂碳污染标准（新污染源性能标准，NSPS）的最终规则。

2015 年　环保署颁布了《清洁电力计划》的最终规则，以减少现有电厂的碳污染。2016 年最高法院中止了《清洁电力计划》的实施，等待 26 个州的巡回法院对程序进行司法审查。

2015 年　环保署和美国陆军工兵部队发布了《最终清洁水法》，规定了受该法保护的美国水域（WOTUS）。

2015 年　美国作为第 197 个成员加入《巴黎协定》，做出了国家温室气体减排承诺，到 2050 年将二氧化碳排放减半，到 2100 年实现零排放，使全球平均气温保持在比工业化以前温度升高 2℃ 以内。2016 年 11 月，包括美国在内的 197 个国家中有 126 个国家批准了该协议，使该协议生效。

2015 年《2016 财年综合拨款法案》扩大了对风能、太阳能、电动汽车和先进生物燃料的税收抵免，并废除了 1975 年《能源政策和保护法案》中对美国生产的原油进行 40 年限制的条款。

2016 年 内政部宣布临时暂停联邦公共土地上开采煤矿的新租约。

2016 年 内政部发布了甲烷和废物污染防治的最终规则，以减少公共土地上石油和天然气运营中天然气的浪费和排放；发布了规范煤矿废物排放的最终河流保护条例。

2016 年 奥巴马援引 1953 年的《大陆架外陆土地法》，永久禁止在大西洋和北冰洋部分地区进行海上石油和天然气钻探。

2017 年 唐纳德·特朗普宣布就任美国第 45 任总统。

2017 年 特朗普政府发布了《美国第一能源计划》，称"致力于取消有害的和不必要的法规，例如 CAP 和 WOTUS……将拥抱页岩油气革命，为数百万美国人带来就业和繁荣……承诺支持清洁煤炭技术，振兴美国煤炭工业"。

2017 年 特朗普发布了行政命令，旨在修订/废止《清洁电力计划》、电厂 NSPS、油气甲烷排放报告和法规的最终规则，同时引发了联邦机构对碳排放社会成本的重新考虑。特朗普呼吁修订 CAFE 标准，并根据《国会审查法案》废除了最终河流保护条例。

2017 年 特朗普宣布美国退出《巴黎协定》。

这些能源政策的初衷是寻找新的解决方案，以解决石油进口依赖问题，但受到相互冲突的政治压力的束缚，政府继续推行为现有能源利益服务的过时政策。例如，在 1975 年之前，联邦能源政策通过对石油、天然气和核工业的大量补贴促进了生产，1913 年开始的"石油枯竭津贴"使石油公司从油井生产的前 10 年中获得的收入可享受 27.5% 的税收减免。这帮助建立了石油工业，使富有的石油商更加富有，这是一笔巨大的补贴。由于得克萨斯州石油商的政治影响，该法案直到 20 世纪 70 年代中期才被重新定位到石油行业的特定领域。这项补贴和其他石油与天然气补贴仍以各种形式存在，一些可持续能源倡导者估计，2005 年《能源政策法案》（EPAct）的 26 亿美元税收优惠，使该行业在享受创纪录利润的同时，获得了高达 140 亿美元的税收减免。

核电也获得了政府的大力支持，而这本来是建立核电行业所必需的。自 1954 年颁布《原子能法》以来，联邦政府一直支持核燃料循环的技术开发和直接融资，从铀浓缩到废物处理。为了重振沉寂的行业，2005 年的《能源政策法案》重新修订了《普莱斯-安德森法案》（Price-Anderson Act）（最初于 1957 年通过）的事故责任限额，为接下来的四座新核电站提供了总计 20 亿美元的"监管风险保险"，新核电站的生产可以享受 1.8 美分/（kW·h）的税收抵免，2005 年法案中的核能补贴总计 80 亿美元。

了解能源政策发展的一些政治背景是很重要的。在一个国家，每个人都有潜在的发言权，但实际上，参与思想和政策选择竞争的是强大的利益集团。在诸如能源之类的高风险领域，这种争论经常导致僵局和瘫痪。如果达成妥协，政府通常会支持现状，而不是制定政策来改变能源市场。这是 20 世纪 70 年代至 21 世纪能源政策纷争的一个教训。

2005 年的《能源政策法案》就是一个很好的例子。20 世纪 90 年代，克林顿（Clinton）政府提出的激进的能源政策提案失败后，国会在迫不得已的情况下才开始考虑能源问题。2001 年 9·11 恐怖袭击后，石油价格开始上涨，石油资源丰富的中东地区紧张局势加剧，美国不得不这么做。布什政府在 2001 年提出了一项国家能源政策，但是这项政策立即被政治化了，因为它是由一个秘密委员会制定的，布什政府拒绝透露这个委员会的成员。争论一直持续到 2005 年，当时全面而复杂的《能源政策法案》试图给所有强大的利益相关者一部分利益，法案强调激励而不是监管。该法案旨在通过为新核电站提供风险保险和生产税收抵免来启动核电行业，以可再生燃料标准推进生物燃料发展，扩展可再生电力生产税收抵免，为公共土地和海上的前沿及非常规油气生产提供特许权使用费和监管减免以及其他激励措施，并为清洁煤技术提供激励，例如整体气化联合循环技术（IGCC）和碳捕集与封存技术（CCS）。

2009—2016 年，联邦能源政策的政治性质变得更加明显。2009 年巴拉克·奥巴马在二战以来最严重的经济衰退中就职。美国《经济复苏与再投资法案》（ARRA）中大规模的经济刺激方案为支持能源研究、援助和激励措施提供了机会。超过 300 亿美元被用于清洁能源。这开启了一个致力于清洁能源和气候保护的政府。如侧栏 17.4 所述，按照时间顺序，2009 年《清洁能源和安全法案》包含了一系列措施，包括类似于欧盟的碳排放交易体系和国家可再生能源组合标准，要求所有大型公用事业公司保证其市场销售电力的 20% 来自可再生能源。该法案在众议院获得通过，但由于参议院关注于《平价医疗法案》（Affordable Care Act），该法案未能在参议院获得投票。

在这之后，特别是 2010 年共和党入主众议院之后，政府开始利用行政部门的行动来推行清洁能源和气候保护政策。环保署和能源部的一系列规定提高了汽车和电器的效率标准。美国环保署在 2009 年发布《二氧化碳危害调查报告》，称 CO_2 排放危及公众健康和福利。此后，环保署在 2012 年煞费苦心地为轻型和中型/重型车辆制定了新的能效标准。2013 年奥巴马公布了《总统气候行动计划》，其中有三大执行行动支柱：减少美国的碳污染，为美国应对气候变化的影响做好准备，领导国际社会应对全球气候变化并为其影响做好准备。

环保署和能源部的车辆和电器效率标准是减少碳排放的第一步。但最具标志性的行动发生在 2015 年，当时美国环保署完成了一项历时多年的程序，并最终制定了规范新发电厂碳排放和减少现有发电厂碳排放的清洁电力计划（CPP）的规则。大约一半的州反对清洁电力计划并起诉环保署；2016 年最高法院要求继续执行清洁电力计划，直到巡回法院裁定此案，该案于 2016 年 9 月开庭审理。2017 年 4 月法院将裁决推迟了 60 天，而特朗普政府则考虑撤销这一规定；8 月法院又将推迟时间延长了 60 天，并提醒政府，环保署有"监管温室气体的明确法定义务"。

同样在 2015 年，奥巴马帮助促成了所有主要国家的巴黎气候协议。由于共和党控制的国会不支持该协议，因此该协议不需要国会批准，政府于 2016 年 9 月批准了该协议。2015 年底，国会确实在一项拨款法案中颁布了延长太阳能和风能税收抵免的条款，这在某种程度上是为了换取废除 1975 年的原油出口禁令。在奥巴马政府的监管努力下，美国石油产量迅速增长，从 2008 年到 2015 年增长了 88%，为美国石油公司出口原油打开了前景。

紧接着 2017 年唐纳德·特朗普（Donald Trump）总统宣誓就职，随之而来的是新的能源政策重点，以及一批支持传统化石燃料、忽视气候保护担忧的内阁官员。特朗普 2017 年 1 月的《美国第一能源计划》清楚地表明了政策的重大转变。该计划内容如下：

① 致力于取消"有害"和不必要的法规，例如《气候行动计划》和《美国水源条例》。

② 将迎接页岩气和天然气革命，为数百万美国人带来就业机会和繁荣。

③ 致力于清洁煤炭技术和复兴美国煤炭工业。

④ 声明"我们对能源的需求必须与负责任的环境管理并驾齐驱"。

⑤ 没有提到能源效率和可再生能源。

特朗普总统已采取行政措施，以审查和取代清洁电力计划、新电厂排放、车辆效率标准以及其他能源和环境政策的规定，侧栏 17.5 中描述了这些内容。

以下几部分重点介绍了具体的联邦能源政策。联邦政府对能源市场的影响是复杂的。政府问责局（GAO，2014）指出，联邦政策通过以下五种方式支持和干预能源生产和消费：

① 制定标准和法规（例如：环境法规，效率标准）。

② 直接提供商品和服务（例如：能源信息署和国家实验室信息，联邦机构的电力销售）。

③ 承担风险（例如：担保贷款，有限责任，补贴保险）。

④ 提供资金（例如：拨款，研究经费）。

⑤ 征收税费和税费抵免（例如：联邦汽油消费税，公共土地上能源开发的租赁和特许权使用费，租赁和特许权使用费的减免，税收抵免和激励措施）。

下面的讨论将这些方法以更简单的方式进行组织描述，例如法规、财务政策以及计划和信息。

17.2.2　影响能源生产和消费的联邦法规

与能源有关的法规包括效率标准、生产标准、公用事业法规和环境保护法规。

17.2.2.1　能源效率标准

如第 16 章所述，国家效率标准是实现变革的最有效方法，因为它们是强制性的，因此可以使新的高效产品达到接近 100% 的普及率。1975 年和 1986 年分别为汽车和家用电器制定了联邦能效标准。它们在减少能源消耗方面产生了显著的效果。

① 车辆效率和二氧化碳排放标准。由环保署和国家公路运输安全管理局（NHTSA）管理的美国车辆效率标准在第 13 章（13.2.2～13.2.4）中进行了详细讨论。轻型车辆的标准首先在 1975 年的《能源政策和节约法》（EPCA）中制定，并在 1985 年制定了企业平均燃油经济性（CAFE）标准，制造商的平均油耗为 27.5 英里/加仑。令人难以置信的是该标准在 2010 年之前一直保持在这一水平，并最终在 2011 年款车型中提高到 31.2 英里/加仑，2015 年款提高到 35.7 英里/加仑。

受环保署 2009 年《二氧化碳危害调查报告》的影响，环保署和国家公路运输安全管理局于 2010 年和 2012 年发布了新规定，分别针对 2012—2016 年款和 2017—2025 年款车型。多年的规则制定过程是一个与汽车行业合作的过程。汽车和轻型卡车的标准如图 13.5 所示，图 13.6 对它们与其他国家的标准进行了比较。环保署和国家公路运输安全管理局估计，这些标准将在项目实施期间节省 1.7 万亿美元的燃料成本、120 亿桶石油和 60 亿吨 CO_2 排放。2016 年年底环保署最终完成了 2022—2025 年款车型的中期标准审查，发现该行业完全有能力达到标准。但特朗普政府国家公路运输安全管理局正在审查 2022—2025 年的标准，并可能提议将 2021 年款车型的标准冻结至 2025 年。

2011 年和 2016 年环保署和国家公路运输安全管理局分别发布了 2014—2018 年（第一阶段）和 2018—2027 年（第二阶段）的中型和重型卡车能效标准（见 13.2.3）。环保署和国家公路运输安全管理局估计，第二阶段卡车标准将节省 750 亿加仑的燃料，价值 1700 亿美元，在车辆的使用寿命内减少 10 亿吨的 CO_2 排放。

最后，环保署和航空管理局（FAA）与其他国家和国际组织合作，制定了第一个国际航空器效率和温室气体排放标准。

② 电器、设备和照明效率标准。1986 年的《电器节能法》紧随加州的步伐，为 14 种家用电器制定了能效标准。随后的法律和行政行动将这一数字增加到 40 项，能源部每 5 年不断更新标准。此外，2007 年《能源独立与安全法》（EISA）建立了照明效率标准，该标准将从 2012 年到 2014 年逐步实施，要求标准灯泡的能耗比白炽灯少 25% 或更多。起初此要求引起了争议，国会扬言要废除此要求，但 LED 革命接踵而至，该标准现在看来是不充分的和无关紧要的。

第 8 章深入介绍了设备标准和 LED 革命。表 8.3 和图 8.2 显示了能源部根据效率标准（990TW·h/a 和 1000 亿美元/a）和预计的 LED 照明（395TW·h/a 和 400 亿美元/a）对 2030 年的年度电力和成本节省的估计。这些节电计划使得 2030 年的风能和太阳能发电相形见绌。根据美国能源部的分析，由于设备能效标准，到 2030 年消费者将节省总计 2 万亿美元的水电费。

17.2.2.2 可再生燃料标准（RFS）

2005 年和 2007 年的《能源政策法案》提供了美国第一个联邦能源生产标准，要求供应商在其燃料供应中包括最低量的生物燃料，从 2006 年的 40 亿加仑逐渐增加到 2012 年的约 130 亿加仑（见图 14.9）。由 EPA 管理的计划旨在通过提供最低生产计划来建立生物燃料产业，以确保为投资者和生产者提供有保障的市场。2005 年法案还提供了 10 亿美元的贷款担保计划，为排名前四的工厂提供 80% 的无追索权贷款担保，每家工厂最高不超过 2.5 亿美元。在 2008 年之前，法案还提供了每加仑 0.51 美元的混合燃料生产税收抵免。

如第 14 章（14.3.1）所述，可再生燃料标准（RFS）难以实施，因为燃料市场受到全球油价、国内石油产量和生物燃料产业发展的驱动影响。后一个影响因素经验证是有问题的，因为该计划要求从传统的以玉米为基础的生物燃料（峰值为 150 亿加仑/年）转变为纤维素乙醇，而纤维素乙醇并没有按照标准发展。结果环保署不得不调整产量要求，2017 年生物燃料完成的总义务为 188 亿加仑/年，而原标准为 240 亿加仑/年。

17.2.2.3 联邦公用事业监管政策

即使各州对公用事业进行管理，它们也必须遵守联邦法律。例如，核管理委员会（NRC）负责美国核电站的规划、许可和退役。正如第 9 章所讨论的那样，联邦政府的安排可以追溯到 1935 年的《公用事业监管法》（PURPA），其中将电力"公用事业"定义为任何发电设施或电力提供者，并责令其接受各州的监管。自 1920 年《联邦水能法案》颁布以来，联邦政府一直保留着对公用事业运营的一些监管权。联邦能源监管委员会（FERC）负责州际输电、批发电价、水力发电设施许可、石油和天然气管道以及其他影响州际电力和天然气贸易的问题。

1978 年的《公用事业监管法》制定了第一个关于公用事业保护服务和非公用事业分布式发电互联的国家监管准则。1992 年和 2005 年的《能源政策法案》为政府调整和放松对公用事业的管制奠定了基础。这些法律及其实施法规规定了独立和分布式发电、公共电力运营的灵活性，消费者对电力来源的更多选择以及政府指导公用电力事业需求侧管理和重组其公用电力事业监管的权力。1992 年的法案为 20 世纪 90 年代中期至后期开始的国家公用电力事业重组和放松管制铺平了道路。

从联邦和州的角度来看，公用电力事业监管仍是一个不断变化的目标。例如，1978 年的《公用事业监管法》要求公用电力事业公司将并网的"合格"小型可再生电力和热电联产设施互连，并向这些发电站支付与公用电力事业公司购买这些电力所避免的成本相当的"发电机费用"，这项规定是分布式发电的重要第一步。然而 2005 年的《能源政策法案》废除了这一规定，主要是因为在许多但不是所有的州，这一规定已被包括净计量在内的更好的回购费率协定所取代。如果联邦能源监管委员会确定某个州没有足够的竞争市场，那么这项互连要求可能仍然适用。然而与分布式能源公用电力事业整合有关的主要问题是国家监管问题，将在第 18 章中讨论。

17.2.2.4　影响能源的联邦环境法规

联邦环境法规旨在减少污染、保护公众健康和福利以及保护包括大气层、水域和生态系统在内的自然资源。这些法律的目的是使环境和社会成本内在化，从而为清洁能源创造更公平的经济竞争环境。例如，《清洁空气法》（Clean Air Act）为燃煤电厂设定的能效标准增加了发电成本，煤矿土地复垦和矿工安全的规定增加了煤炭的成本。法规旨在将外部环境成本与能源生产和使用的不确定性内部化，从而提高这些能源的价格，并使外部性较小的能源（如可再生能源和高能效技术）更有竞争力。

许多联邦环境法规都能影响能源，这里不一一介绍了，表 17.6 列出了主要的联邦环境法规以及它们影响能源生产和消费的某些方面的部分清单。值得注意的是，2005 年《能源政策法案》将油气开采的水力压裂技术从许多环境法条款中移除，这限制了监管部门的监督。然而，环保署在 2016 年 6 月发布了一项最终条款，对油气水力压裂作业产生的废水排放进行监管。下面重点介绍对化石燃料能源生产和消费产生最大影响的一项法律：《清洁空气法》。

表 17.6　联邦环境法规及其对能源的影响

主要环境法规	能源生产	能源消耗	机构
《清洁空气法》（CAA）	石油和天然气[①]，煤炭开采许可证，监测	移动（车辆）和固定源（工厂、发电厂）	环保署
《清洁水法》（CWA）	石油和天然气[①]，煤炭开采许可证，监测	电厂废水排放	环保署
《国家环境政策法》（NEPA）	联邦土地租赁		土地管理局和森林管理局
《安全饮用水法》（SDWA）	选址（水源）	发电厂在水源附近排放	环保署
《综合环境反应、补偿和责任法》（《超级基金法》）（CERCLA）	受污染的地点	受污染的地点	环保署
《应急计划和社区知情权法》下的有毒化学物质排放清单	石油和天然气[①]，煤炭经营		环保署

续表

主要环境法规	能源生产	能源消耗	机构
《资源保护与恢复法》（RCRA）	石油和天然气[①]，煤炭经营，土地浪费		环保署
《濒危物种法》（ESA）	石油，天然气，煤炭，太阳能，风能		鱼类和野生动物管理局，国家海洋与大气管理局渔业部门
《露天采矿控制与复垦法》（SMCRA）	煤矿开采，废弃的矿山		露天采矿办公室
《外大陆架法》（OCSA）	近海石油		

① 2005 年的《环境保护法案》将石油和天然气水力压裂作业从这些法律的若干条款中免除（参见 Kosnik，2007）。

　　《清洁空气法》和污染物排放。在 2007 年最高法院认定二氧化碳为空气污染物的裁决的推动下，《清洁空气法》成为奥巴马政府试图调节碳排放的主要手段。在特朗普执政的第一年，奥巴马领导下的许多环保署行动的命运还不确定。无论如何，描述这些行动的政治、法律和政策过程是有意义的。《清洁空气法》于 1970 年通过，并于 1977 年和 1990 年进行了修订。《清洁空气法》要求环保署承担广泛的责任，以控制空气污染，保护人类健康、福利和环境质量。该法律最初关注的是一系列"标准"空气污染物，包括一氧化碳（CO）、硫氧化物（SO_x）、颗粒物（PM）、氮氧化物（NO_x）和挥发性有机化合物，挥发性有机化合物与 NO_x 结合形成城市烟雾，以臭氧（O_3）的形式测量。环保署致力于通过按行业划分车辆和固定排放源的排放标准来调节空气污染，该计划在减少美国城市空气污染方面取得了巨大成功（见表 2.6）。在这一过程中，环保署受到了州、行业和环境组织提起的大量诉讼，这些诉讼对其制定的法规产生了重大影响。

　　下面用六项监管行动说明《清洁空气法》的权威性、规则制定的复杂过程及其对化石能源生产和使用的影响：

　　① 二氧化硫总量控制与交易。长期以来，发电厂一直是 SO_x、汞和 NO_x 的主要排放源。2003 年 8 月美国东北部大停电关闭了 100 座老旧的燃煤电厂，SO_2 和 NO_x 导致的臭氧水平分别下降了 90% 和 50%，它们对空气质量的影响显而易见，这些电厂也是影响东北部天然湖泊酸雨的罪魁祸首。《清洁空气法》的挑战是在不给公用事业客户带来经济困难的情况下减少其排放。1990 年的《清洁空气法》修正案建立了第一个限额交易排放配额交易系统，以减少发电厂的 SO_2（SO_x）来控制酸雨，该项目建立了 SO_2 交易系统，在 1980 年的水平上减少了 1000 万吨的排放量。一期（1995—1999 年）覆盖 263 座 100MW 以上的电厂，二期新增 25MW 以上的电厂，可交易的配额发放给了污染源，并随着时间的流逝而减少。那些配额太少的电厂将受到罚款，他们可以通过从其他来源购买额外的配额来避免罚款。该计划的履约合规记录几乎没有瑕疵，成本估计比不采用该计划时少了 57%，总共节省了 200 亿美元（Ellerman，Harrison，2003）。该计划为其他总量控制和交易计划提供了模式，如欧盟的 CO_2 计划（见 17.1.3）。调查表明（NADP，2007），1988—2003 年美国中部由排放引起的空气硫酸盐浓度降幅较大，该计划取得了成功。

　　②《清洁空气法》第 112 条：关于燃煤电厂的"电厂汞和空气毒性标准"（MATS）。根据该法令第 112 条，环保署有权控制有毒的空气污染物。20 世纪 90 年代初，一场诉讼迫使环保署制定法规来控制发电厂排放的有毒气体。2005 年环保署发布了最终的清洁空气汞条

款（Clean Air Mercury Rule），但 2008 年华盛顿特区巡回法院撤销了这一条款，最终在 2012 年环保署发布了"电厂汞和空气毒性标准"（MATS）的最终规则，影响了 1400 家煤电厂和石油电厂。2015 年 6 月最高法院再次裁定环保署没有进行足够的成本效益分析，但是当环保署进行分析时，法院保留了该规则。环保署于 2017 年 1 月向法院提交了分析报告。据报道，截至 2016 年中所有发电厂均遵守了该规定。

③ 车辆排放标准。1970 年《清洁空气法》呼吁环保署制定车辆标准，在 5 年内将污染物排放量减少 90%。该行业起诉并败诉，但他们在 1977 年前得以实现污染物减排。1990 年的《清洁空气法》修正案为更严格的标准制定了一个长期的分级时间表。第一级从 1994 年至 1997 年逐步实施，并于 2004 年逐步取消。第二级从 2004 年至 2009 年逐步实施，并适用于 2004—2016 年款车型。三级标准在 2014 年最终确定，并适用于 2017—2025 年款车型。第 13 章（第 13.3 节）详细讨论了这些问题。针对 2025 年款车型的三级标准与一级标准相比减少了 96% 的烟雾排放（见图 13.7）。

④ 降低二氧化碳排放的车辆效率标准。2000 年以后，一些州向环保署提出请求，将温室气体纳入其车辆排放控制中，而当环保署裁定不允许时，他们提起了诉讼。环保署赢得了巡回法院的裁决，但在 2007 年，最高法院推翻了该裁决，并在马萨诸塞州诉美国环保署案（549 U. S. 497）中裁定，温室气体是《清洁空气法》定义下的空气污染物，美国环保署必须对"可能会对公众健康或福利造成危害"的排放进行监管。2009 年环保署发现有六种温室气体符合该条件。2010 年有三个州要求对这一危害调查结果进行司法审查，2012 年巡回法院一致支持美国环保署的调查结果，即通过车辆效率来控制车辆 CO_2 排放是最有效方法，美国环保署与美国国家公路交通安全管理局联合发布了控制温室气体排放的 CAFE 效率标准，如上文和第 13 章所述。

⑤ 新的温室气体排放源标准。2005 年几个州、城市和组织请求环保署制定控制发电厂和炼油厂温室气体排放的标准。2010 年的一项解决方案促使针对新建、改造和重建发电厂的 2015 年最终碳污染标准的出台。该法规要求新建和改建的设施使用最佳的减排系统（BSER）并满足排放限制。对于天然气电厂，BSER 为天然气联合循环（NGCC），CO_2 排放标准为 1000lb/（MW·h）。对于燃煤电厂，BSER 为具有燃烧后部分碳捕集与封存（CCS）的超临界粉煤（SCPC），CO_2 排放标准为 1400lb/（MW·h），要达到该标准，要求 CCS 捕集或封存 CO_2 排放量的 20%（图 17.7）。

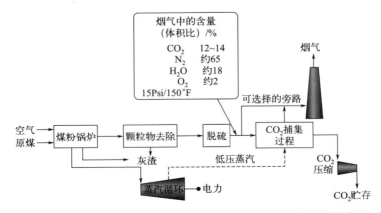

图 17.7　根据新的燃煤电厂规定，燃烧后碳捕集与封存系统需要捕获 20% 的 CO_2（PC，煤粉）（资料来源：U. S. EPA，2016）

⑥ 现有电厂的清洁电力计划。为了控制现有电厂的 CO_2 排放，环保署根据《清洁空气法》111 条（d）项制定了清洁电力计划。历经多年，涉及 430 多万条评论，最终的清洁电力计划于 2015 年发布，清洁电力计划的目标是到 2030 年将电力行业的碳排放和其他污染水平在 2005 年的基础上减少 32％。各州将制定计划，以满足过渡期（2022—2029 年）和截止期限（2030 年）的 CO_2 排放要求。各州在目标规定的指标 [lb/（MW・h）或 t] 和实现这些指标的方法（提高热效率，将煤转换为天然气，碳捕集与封存，热电联产，用可再生能源或核能替代煤炭，根据需求减少电力消耗等）方面都具有灵活性。

表 17.7 给出了清洁电力计划下各个州的目标，包括 2022 年预期排放率 [平均 1390lb/（MW・h）]、中期 [平均 1242lb/（MW・h）] 和最终 [平均 1083lb/（MW・h）] 目标、从 2022 年起减少的百分比（总体 22％）以及受影响发电的份额。各州的减排幅度为 14％～25％，但一些较大的州（得克萨斯州、佛罗里达州、宾夕法尼亚州、俄亥俄州）需要做更多的工作，以受影响的发电比例来衡量。半数的州对环保署的计划提起了诉讼，并且在华盛顿州巡回法院审理此案之前，最高法院于 2016 年 2 月中止了清洁电力计划的裁决，等待州巡回法院的裁决。州巡回法院于 2016 年 9 月审理了此案，并将裁决推迟到 2018 年，而特朗普政府的环境保护署正在研究替代方案。

表 17.7　环保署州清洁电力计划二氧化碳排放率目标

各州目标				
州	2022 年 /[lb/（MW・h）]	中期 /[lb/（MW・h）]	终值 /[lb/（MW・h）]	最终减少比例/%	份额/%
亚拉巴马州	1288	1157	1018	−21	3.7
阿肯色州	1465	1304	1130	−23	1.8
亚利桑那州	1308	1173	1031	−21	1.9
加利福尼亚州	988	907	828	−16	3.8
科罗拉多州	1534	1362	1174	−23	1.7
康涅狄格州	921	852	786	−15	0.6
特拉华州	1127	1023	916	−19	0.3
佛罗里达州	1131	1026	919	−19	7.5
佐治亚州	1337	1198	1049	−22	2.9
艾奥瓦州	1706	1505	1283	−25	1.3
爱达荷州	898	832	771	−14	0.1
伊利诺伊州	1647	1456	1245	−24	3.5
印第安纳州	1642	1451	1242	−24	4.0
堪萨斯州	1722	1519	1293	−25	1.1
肯塔基州	1711	1509	1286	−25	3.2
路易斯安那州	1451	1293	1121	−23	2.1
马萨诸塞州	982	902	824	−16	1.0
马里兰州	1712	1510	1287	−25	0.7
缅因州	910	842	779	−14	0.2
密歇根州	1526	1355	1169	−23	2.7

各州目标				
州	2022 年 /[lb/(MW·h)]	中期 /[lb/(MW·h)]	终值 /[lb/(MW·h)]	最终减少比例/%	份额/%
明尼苏达州	1596	1414	1213	−24	1.2
密苏里州	1688	1490	1272	−25	2.9
密西西比州	1173	1061	945	−19	1.8
蒙大拿州	1741	1534	1305	−25	0.6
北卡罗来纳州	1473	1311	1136	−23	3.0
北达科他州	1741	1534	1305	−25	1.1
内布拉斯加州	1727	1522	1296	−25	0.9
新罕布什尔州	1035	947	858	−17	0.3
新泽西州	962	885	812	−16	1.3
新墨西哥州	1490	1325	1146	−23	0.7
内华达州	1030	942	855	−17	1.0
纽约州	1129	1025	918	−19	2.2
俄亥俄州	1560	1383	1190	−24	4.1
俄克拉何马州	1367	1223	1068	−22	2.5
俄勒冈州	1056	964	871	−17	0.6
宾夕法尼亚州	1410	1258	1095	−22	5.4
罗得岛州	898	832	771	−14	0.3
南卡罗来纳州	1505	1338	1156	−23	1.5
南达科他州	1522	1352	1167	−23	0.2
田纳西州	1593	1411	1211	−24	1.5
得克萨斯州	1325	1188	1042	−21	11.9
犹他州	1542	1368	1179	−24	1.3
弗吉尼亚州	1156	1047	934	−19	1.95
华盛顿州	1233	1111	983	−20	0.7
威斯康星州	1537	1364	1176	−23	1.6
西弗吉尼亚州	1741	1534	1305	−25	2.6
怀俄明州	1731	1526	1299	−25	1.6
平均	1390	1242	1083	−22	

资料来源：U. S. EPA，2016。

在特朗普政府的领导下，其中一些《清洁空气法》规则和其他规定可能无法幸免。特朗普于 2017 年 3 月 28 日发布行政命令，专门针对清洁电力计划。即使清洁电力计划在法庭挑战中幸存下来，政府也可以选择取消它。特朗普政府可以通过以下三种方式来修改奥巴马政府的法规：通过不执行法规（可能会被提起诉讼），艰难的新规则制定程序以及根据《国会审查法》采取国会行动。1996 年的《国会审查法》允许国会在发布最终规则之日起 60 天内废除最终规则。上面讨论的大多数环保署规则，包括清洁电力计划都是较早发布的，不受

《国会审查法》约束。但特朗普确实签署了国会通过的法案，利用《国会审查法》废除了
2016 年 12 月发布的最终《河流保护规则》（Stream Protection Rule），该规则要求进一步控
制煤矿废物的排放，但是，参议院没有废除限制公共土地上石油和天然气运营产生的甲烷排
放的规定，《国会审查法》在 2017 年 5 月到期。本章末尾的侧栏 17.5 重点介绍了特朗普任
职后前八个月的能源政策举措。

17.2.3　联邦经济和金融能源政策

　　长期以来，联邦政策一直采用经济手段来影响市场，开发和部署有益的技术，并影响生
产者和消费者的行为。这些手段包括价格控制、税收、税收抵免和扣除、联邦采购政策、研
究和开发资金以及联邦直接支出。税收激励、研发资金和直接支出是目前影响市场转型的主
要财政手段。

　　对于能源行业的补贴存在一些争论，首先是关于什么是补贴。大多数补贴涉及政府提供
资金，并放弃特定能源活动的税收或费用收入。许多研究对联邦能源补贴的量化方式有所不
同，具体取决于补贴的内容（Pfund，Healey，2011；U. S. GAO，2014）。

　　能源信息署（EIA）定期审查联邦政府对能源的直接财政干预和补贴。表 17.8 提供了
1999 年、2007 年、2010 年和 2013 年的按能源或策略划分的直接支出、税收支出（或收入损
失）、研发资金、电力支持和贷款担保的补贴情况报告。可再生能源分为生物燃料和其他，对
于其他可再生能源而言，风能和太阳能的全部资金和支持都发生了改变。该表还列出了与 ARRA
相关的部分资金，因为这是一项重要的短期刺激措施，特别是对于可再生能源、保护和最终用
途的刺激。表中还按能源来源和资金类型列出了占总数的比例。以下是一些有趣的趋势：

　　① 1999 年的补贴总额约为 80 亿美元，2007 年为 165 亿美元，在 ARRA 短期刺激资金
的帮助下，2010 年翻了一番，达到 380 亿美元，2013 年为 290 亿美元。

　　② 2010 年和 2013 年，ARRA 基金分别占补贴总额的 36％ 和 45％。同时 2010 年和
2013 年分别占太阳能资金的 60％、风能资金的 75％ 和节能资金的 90％。

　　③ 生物燃料补贴在 2010 年增加到 70 亿美元，但在 2013 年又下降到 18 亿美元。

　　④ 1999 年包括生物燃料在内的所有可再生能源占补贴总额的 18％，2007 年为 49％，
2010 年为 40％，2013 年为 51％，再次受到 ARRA 的推动。

　　⑤ 在所有样本年中，最终用途能源约占所有资金的 20％，主要用于低收入家庭能源援
助计划（LIHEAP），该计划帮助低收入居民支付能源账单。

　　⑥ 化石燃料在 1999 年获得了 31％ 的资金，在 2007 年获得了 33％ 的资金，但在 2010 年
和 2013 年下降到 11％～12％。

　　⑦ 在四个样本年中，核能的资金比例为 5％ 到 9％ 不等。

17.2.3.1　税收政策：可再生能源和效率的激励措施

　　税收优惠对于美国可再生能源投资的增长非常重要，包括投资税收抵免（ITC）、生产税
收抵免（PTC）和投资税收减免（ITD）。一些税收抵免在 2016 年底到期，包括 500 美元的住
宅能源效率的投资税收抵免，20％的替代燃料基础设施投资税收抵免以及 1 美元/加仑的混合
生物柴油的税收抵免。解决方案 11.3 说明了投资税收抵免及其对住宅光伏系统的经济影响。
有关联邦税收优惠的更多详细信息和更新情况，请参阅可再生能源数据库（DSIRE，2017）。

表 17.8　按类型划分的能源专项补贴

补贴对象	会计年度	直接支出/亿美元	税收支出/亿美元	研发资金/亿美元	联邦电力支持/亿美元	贷款担保/亿美元	总额/亿美元	与ARRA相关/亿美元	占总数的比例/%
煤炭	1999	—	0.79	4.89	0	—	5.67	—	6.9
	2007	—	26.60	5.74	0.69	—	33.00	—	19.9
	2010	0.46	6.64	3.07	1.00	—	11.16	—	2.9
	2013	0.74	7.79	2.02	0.30	—	10.85	1.29	3.7
石油、天然气	1999	—	18.78	1.98	0	—	20.77	—	25.3
	2007	—	20.90	0.39	0.20	—	21.49	—	13.0
	2010	0.80	27.52	0.09	0.77	—	29.18	—	7.7
	2013	0.62	22.50	0.34	—	—	23.46	0.04	8.0
核能	1999	—	—	7.40	—	—	7.40	—	9.0
	2007	—	1.99	9.22	1.46	—	12.67	—	7.6
	2010	0.66	9.57	4.46	1.44	279	18.93	0.33	5.0
	2013	0.37	11.09	4.06	1.09	—	16.60	0.29	5.7
生物可再生燃料	1999	—	—	1.16	—	—	1.16	—	1.4
	2007	—	39.70	2.46	—	—	32.49	—	19.6
	2010	3.48	66.01	0.79	—	—	70.28	0.65	18.5
	2013	0.72	16.70	0.74	—	—	18.16	0.06	6.2
非生物可再生燃料：合计	1999	0.05	10.00	4.12	0	—	14.17	—	17.3
	2007	0.05	39.70	7.27	1.73	—	48.75	—	29.4
	2010	51.43	19.38	10.61	1.89	284	86.14	54.65	22.7
	2013	82.91	37.83	9.77	1.76	—	132.27	85.97	45.2
非生物可再生燃料：风能	1999	—	—	—	—	—	—	—	0.0
	2007	—	—	—	—	—	—	—	0.0
	2010	40.63	12.41	0.58	0.01	0.90	54.53	41.05	14.4
	2013	42.74	16.41	0.49	—	—	59.36	43.34	20.3
非生物可再生燃料：太阳能	1999	—	—	—	—	—	—	—	0.0
	2007	—	—	—	—	—	—	—	0.0
	2010	4.61	1.26	3.20	—	1.82	10.90	6.28	2.9
	2013	29.69	20.76	2.84	—	—	53.28	31.37	18.2
电力	1999	0	1.39	1.75	7.53	—	10.67	—	13.0
	2007	0	7.35	1.40	3.60	—	12.35	—	7.4
	2010	0.04	0.61	5.34	2.13	0.21	8.33	4.86	2.2
	2013	0.08	2.11	8.31	1.34	—	11.84	7.80	4.0
节能（如房屋节能改造）	1999	1.91	—	—	—	—	1.91	—	2.3
	2007	2.56	6.70	—	—	—	9.26	—	5.6
	2010	30.91	33.64	6.10	—	0.04	70.69	63.75	18.6
	2013	8.33	6.30	5.01	—	—	19.64	15.74	6.7

续表

补贴对象	会计年度	直接支出/亿美元	税收支出/亿美元	研发资金/亿美元	联邦电力支持/亿美元	贷款担保/亿美元	总额/亿美元	与ARRA相关/亿美元	占总数的比例/%
最终用途〔如"低收入家庭能源援助计划"（LIHEAP）〕	1999	15.45	1.03	4.87	—	—	21.35	—	26.1
	2007	22.90	1.20	4.18	—	—	28.28	—	17.1
	2010	60.01	10.11	4.27	—	10.66	85.05	11.26	22.4
	2013	35.13	19.97	4.66	—	—	59.76	20.46	20.4
总计	1999	17.41	31.99	25.00	7.53	—	81.94	—	
	2007	25.50	104.44	28.19	7.67	—	165.81	—	
	2010	147.79	173.48	34.73	7.23	16.56	379.79	136.24	
	2013	128.91	124.28	34.91	4.49	—	292.58	131.66	
占总数的比例/%	1999	21.2	39.0	30.5	9.2	0.0		0.0	
	2007	15.4	63.0	17.0	4.6	0.0		0.0	
	2010	38.9	45.7	9.1	1.9	4.4		35.9	
	2013	44.1	42.5	11.9	1.5	0.0		45.0	

数据来源：U.S.EPA，2008，2015。

（1）投资税收抵免　这是一项受欢迎的税收措施，允许投资者对他们投资于可再生能源系统的一部分资金申请税收抵免。该政策降低了这些项目的资本成本，提高了成本效益，并鼓励更多的投资。

① 太阳能光伏、太阳能热能、大型风力发电商业投资税收抵免：如果到2019年安装，则抵免额占太阳能成本的30%；如果到2020年安装，则占太阳能成本的26%；如果到2021年安装，则占成本的22%；到2021年之后安装为10%。

② 用于太阳能光伏和热水系统的个人投资税收抵免：如果在2019年安装，抵免额占成本的30%；如果在2020年安装，占成本的26%；如果在2021年安装，则占22%；在2021年之后为0%。

③ 电动汽车的投资税收抵免适用于所有电动和插电式混合动力汽车，根据电池大小，范围从2500美元（4kW·h电池）到7500美元（16kW·h或更大电池），直到20万辆汽车制造商的插电式电动汽车完成注册，之后投资税收抵免将在一年内逐步取消。

（2）生产税收抵免　这是为生产可再生能源或高效产品提供的税收优惠。投资税收抵免仅奖励能源项目投资，而生产税收抵免奖励实际绩效。生产税收抵免对风电投资产生了深远的影响。风能的可再生电力生产税收抵免为2.3美分/（kW·h）（2017年1月1日之前开始建设），而前10年风力发电生产税收抵免为1.84美分/（kW·h）（2017年1月1日后投产），该项税收抵免将于2019年12月31日到期。在生产税收抵免到期和延续的这些年中，它对风电行业产生了深远的影响，见证了风电行业的繁荣与萧条〔见图2.17（a）〕。

2015年投资税收抵免和生产税收抵免政策的延期可能会在2020年之前对太阳能和风能装机产生重大影响。彭博社（Bloomberg）预测，信贷延期可能会在2016年至2021年期间增加18GW的太阳能装机容量（增加44%，从没有投资税收抵免的41GW到有投资税收抵免优惠的59GW），并增加19GW的风力发电装机容量（增加76%，从没有生产税收抵免的25GW到有生产税收抵免的44GW）（BNEF，2015）。

17.2.3.2　联邦能源研究、开发、示范和部署

联邦最重要的能源支出之一是研究、开发和示范资金，用于投资未来的能源和系统。尽管大多数能源研究得到公司投资的支持，但联邦资金对于支持私营部门投资于不准备投入或时间跨度太长的研究工作至关重要。联邦预算通过 12 个能源部国家实验室支持能源研发，并为能源行业、研究型公司和大学提供研究补助金和合同。所有国家实验室都参与了清洁能源研究，国家可再生能源实验室和劳伦斯伯克利国家实验室在可持续能源研究方面表现最为突出。

联邦研发预算非常大，能源特别是能源计划只占很小的一部分。例如，2017 年联邦预算超过 4 万亿美元，其中可自由支配的支出为 1.2 万亿美元。可自由支配的预算中，国防和非国防开支各占 50%。联邦研发总预算为 1450 亿美元，占联邦总预算的 3.5%，占自由支配预算的 12%；国防占研发总预算的 54%，非国防占 46%。非国防研发预算 670 亿美元，其中 51% 用于健康，16% 用于太空，15% 用于普通科学，5% 用于能源（40 亿美元），4% 用于环境和资源，9% 用于其他（AAAS，2017）。

能源部 2016 年预算为 300 亿美元，其中 130 亿美元（42%）用于核武器和其他国家安全项目，50 亿美元（18%）用于基础科学，60 亿美元（21%）用于联邦核武器设施的环境清理和管理，40 亿美元（14%）用于"能源计划"（U. S. DOE，2016）。

能源计划预算主要用于能源研发，并按能源来源和策略进行分配。图 17.8（a）给出了 1978—2017 年的资金分配（以 2016 年美元币值计算）。能源研发资金已从 20 世纪 70 年代后期的约 90 亿美元的峰值下降到 90 年代中期至 21 世纪 00 年代中期的约 20 亿美元。奥巴马政府的预算为 34 亿美元，研发资金的分配发生了变化。图 17.8（b）显示，在 1948—2015 年期间，核能占研发资金的 49%，但在 2006—2015 年间，核能只获得了约 28% 的资金，能源效率和可再生能源获得了约 36% 的资金。化石能源在研发资金中所占的比例一直相当稳定（AAAS，2017）。

彩图

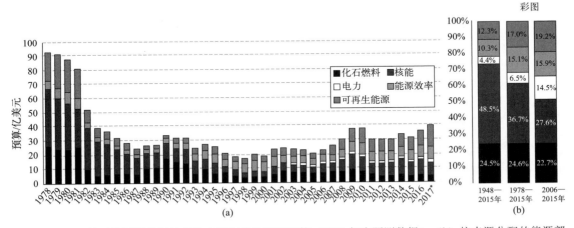

图 17.8　（a）美国能源部能源计划按来源划分的研发预算（2017 年为预测数据），（b）按来源分配的能源部资助资金（数据来源：Gallagher，Anadon，2015；U. S. DOE，2016；Sisine，2016）

图 17.8 中的数据包括美国国会在联邦年度预算中拨款的能源部可自由支配开支。强制性支出是由法律专门规定的，能源部预算包括清洁能源研发的强制性资金，以补充由任意资金支持的活动。例如，在美国国家科学院的报告《超越风暴》（*Rising Above the Gathering*

Storm）的推动下，国会于 2007 年成立了美国能源部先进能源研究计划署（ARPA-E），为高风险、高回报的研究提供资助，APRA-E 的第一笔资金来自 2009 年 4 亿美元的 ARRA 资金，2011—2016 年的后续资金为 2 亿～3 亿美元。该项目已经获得了四轮资助，包括太阳能、风能、先进生物燃料、LED 照明、电池技术、碳捕集技术、建筑能效、绿色电网整合和电网规模存储等多个项目。能源部要求在 2017 年提供 1.5 亿美元的强制性资金，作为 ARPA-E 信托提案的一部分，在 5 年内提供 18.50 亿美元的强制性资金，以切实推进清洁能源转型技术研发。

从历史上看，联邦研发资金对新能源技术产生了重大影响。联邦政府的研究基本上建立了核电产业。最近，能源效率和可再生能源的资金已经在市场上发挥了重要作用，使人们能够负担得起更高效的太阳能光伏发电（能源部的 Sunshot 计划），更高效、更实惠的电池，净零能耗建筑（第 8.5.1 节）和 LED 照明（第 8.2.3 节）。

能源部预算在特朗普政府领导下的命运尚不确定，但特朗普 2017 年 3 月的 2018 财年预算要求大幅削减研发预算，包括削减 93% 的 ARPA-E 资金、69% 的能源效率和可再生能源项目资金、44% 的化石燃料项目资金和 30% 的核能项目资金。该规定要求削减 26 亿美元，即环保署总预算的 31%。该预算预计不会像提议的那样在国会获得通过。

17.2.3.3　贷款和风险担保

贷款和风险保险是额外的金融激励措施，旨在降低潜在有益的能源技术投资者的风险。此类援助的资金通常是通过立法批准的，必须通过特定的预算法案获得拨款。根据 2005 年《能源政策法案》第 17 条的授权，创新技术贷款担保计划（LGP）鼓励在能源项目中尽早将新技术或有显著改进的技术用于商业用途。能源部贷款担保所支持的项目必须使用新的或经过重大改进的技术，对担保债务的本息提供合理的还款预期。但是，如果项目借款人拖欠贷款，政府将承担损失。第一笔贷款担保违约发生在太阳能制造商 Solyndra 身上，政府损失 5 亿美元。Solyndra 的新太阳能技术无法与成本迅速下降的传统光伏相抗衡。

LGP 已用于支持纤维素生物燃料电厂、具有碳封存设施的煤炭整体气化联合循环技术（IGCC），陷入困境的铀浓缩工厂获得 20 亿美元担保，Vogtle 核电反应堆获得 83 亿美元。

事故风险保险也是核电的联邦补贴。2005 年的《能源政策法案》将 1957 年的《普莱斯-安德森法案》延长至 2025 年，以便在核电站发生事故时分担和限制责任。

17.2.3.4　联邦采购

联邦政府是能源的主要消费者，而耗能设备和采购政策可以帮助促进能源技术的发展，并为其他消费者树立榜样。几部法律要求联邦机构增加对清洁能源的使用，包括：

① 1992 年《能源政策法案》（要求联邦公务用车必须使用替代燃料）。

② 2005 年的《能源政策法案》（建筑性能标准，到 2015 年将联邦能源使用量减少 20%，到 2013 年，机构"绿色能源"的购买量占比将上升到 7.5%）。

③ 2007 年的《能源独立与安全法》（"绿色能源"到 2010 年将达到 10%，到 2015 年将达到 15%）。

奥巴马 2015 年第 13693 号行政命令旨在将联邦政府的温室气体排放量在 2008 年的基础上减少 40%，并在 2025 年之前将可再生能源发电比例提高到 30%。这项命令促使联邦政府向拥有技术支持、网络和实施工具的机构提出联邦绿色挑战（Federal Green Challenge）。

17.2.3.5 直接资金和能源援助

联邦资金一部分用于资助低收入能源用户，并为州和地方政府提供补贴，以促进其能源规划和能效计划，这些项目已经运行了近 40 年。

① 由健康与公共服务部运营的"低收入家庭能源援助计划"（LIHEAP）每年提供 20 亿至 50 亿美元，以帮助低收入居民支付能源账单。"低收入家庭能源援助计划"的一些资金用于应对气候变化。图 17.9（a）提供了 1982—2016 年的资金情况。该计划的资金高峰期（2010—2012 年）为 900 万个家庭 2300 万人提供了服务。

② 由能源部能源效率和可再生能源办公室（EERE）管理的气候变化援助计划（WAP）通过当地的气候变化组织为低收入家庭（低于贫困水平收入的 150%）提供能源效率改善服务。图 17.9（b）提供了 1977—2016 年的气候变化援助计划资金。ARRA 刺激资金极大地推动了气候变化援助计划项目的发展，在 2010 年将资金提高了一倍。自 20 世纪 70 年代末以来，气候变化援助计划已经为 1000 多万户低收入家庭提供了良好的气候变化应对服务。

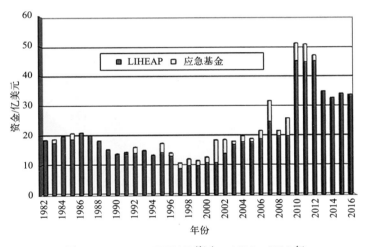

图 17.9（a） LIHEAP 资金，1982—2016 年

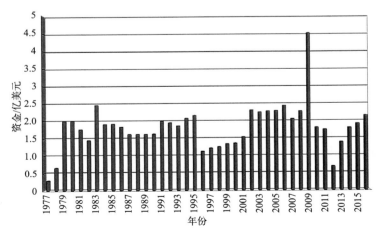

图 17.9（b） 气候变化援助计划资金，1977—2016 年

（资料来源：U.S. DHHS, 2017）

气候变化援助计划的国家评估显示，居民平均每年节省 283 美元的能源成本，投资于气候变化应对的 1 美元可产生 4.50 美元的能源效益。

③ 能源效率和可再生能源办公室的州能源计划（SEP）提供了一个基于人口的计算公式，并为所在州提供了竞争性拨款，用于能源规划、创新实践和技术援助。

④ 社区赠款计划，例如清洁城市计划（Clean Cities Program），向希望开发清洁能源的社区提供小额捐赠和技术援助。清洁城市计划已在全国范围内发展了 80 个清洁城市联盟，通过投资替代燃料和充电站来替代石油燃料。

17.2.4　联邦能源信息与教育

美国能源信息署（EIA）成立于 1977 年，是联邦政府主要的能源统计和分析机构。能源信息署的全面数据收集涵盖了各种能源和最终用途，提供了能源预测服务，并且被许多行业和研究人员使用。事实上本书中的许多数据都来自能源信息署。其他机构也提供良好的能源信息和分析服务，特别是国家实验室。

良好的消费者信息对于市场转型、降低交易成本和增加消费者选择也很重要。例如，第 8 章讨论了能源之星（ENERGY STAR）计划和家电能源标签。截至 2014 年，"能源之星"产品的购买量已超过 50 亿件，每年可节省 100 多亿美元。环保署的燃料经济（fueleconomy）网站提供详细信息，可用于比较车辆的效率和性能特征。

17.3　联邦能源政策的总结和前景

政府政策至关重要。通过法规监管、激励措施、直接资助、研发资助和信息保障，政府在引导和改造能源市场方面发挥着关键作用。本章回顾了国际和美国联邦政府促进能源市场向可持续能源转型的具体政策。在国际舞台上，欧盟和德国被强调为这场运动的领导者。欧盟和德国与其他国家和地区发挥了重要作用，通过联合国促进全球集体努力制止和适应气候变化。其中还包括中国和印度，二者将在 21 世纪的能源领域发挥越来越重要的作用。

历史上，这个大家庭中包括美国。美国有着悠久的能源历史和相关的环境政策，这些政策在过去 100 年中促进了石油和天然气工业发展，1950 年以来促进了核工业发展，最近又促进了清洁能源工业发展。奥巴马政府积极推进向可持续能源转型，在研发和监管方面进行了一系列投资，为可再生能源和化石燃料的效率创造了公平的竞争环境。奥巴马政府的《气候行动计划》、车辆和设备效率标准、新发电厂排放规则、现有发电厂的《清洁电力计划》以及巴黎气候协议的领导地位，推动美国走上了可持续能源的道路。

唐纳德·特朗普的当选很可能会改变这条道路。他在减少政府监管和支持常规能源（包括煤炭）的竞选口号中当选。他的 360 字《美国第一能源计划》缺乏具体内容，但明确承诺"致力于清洁煤炭技术，复兴美国煤炭工业"，并致力于"页岩油气革命带来就业"，同时消除"有害和不必要的法规，例如 CAP"。他的行政命令以及 2019 财年预算提案针对奥巴马的许多政策和预算重点（侧栏 17.5）。奥巴马的一些政策将被撤销，但许多政策可能更难以撤销。当前的能源市场为可再生能源和减少煤炭依赖提供了巨大的动能。我们将拭目以待。

侧栏 17.5

特朗普政府能源相关政策

在上任的头几个月里，特朗普总统发布了一系列行政命令和指令，以履行他的竞选承诺。下面总结了他到 2018 年初的与能源相关的行动。其中许多行动涉及废除最终规则，但需要新的规则制定程序，这可能要花费数年时间，并且需要接受科学界、环境和消费者团体的审查，他们表示并不会回避诉讼。

(1) 2017 年 3 月 28 日要求修订规则制定和后续政府机构行动的指令

① 2021—2025 CAFE 汽车效率和温室气体排放标准：审核和修订

a. 可能的影响：CAFE 标准是美国减少碳排放以实现《巴黎协定》承诺的主要手段（约 20%），同时为消费者节省数十亿美元的燃料成本和减少城市空气污染。

b. 前景：特朗普政府领导下的国家公路交通安全管理局可能提议通过 2025 年前冻结 2021 年的标准，从而废除有强大的科学和经济基础、环境和消费者团体广泛支持的 2022—2025 年的标准。

② 清洁电力计划规则对现有电厂 CO_2 排放的调节：审核和修订

a. 可能的影响：清洁电力计划（CPP）是减少现有碳排放源（尤其是燃煤电厂）并减少相关空气污染影响的主要手段（40%）。能源信息署预计，如果没有清洁电力计划，煤炭发电将在 2040 年之前维持当前对发电的贡献（图 3.8）。

b. 前景：清洁电力计划规则正等待巡回上诉法院的司法裁决，预计要到 2018 年晚些时候才能生效。环保署可能会以不太雄心勃勃的"围栏内"的替代方案来取代清洁电力计划，该方案将侧重于通过提高燃煤电厂的热效率来降低排放率，而不是依靠奥巴马的清洁电力计划来实现"围栏外"的发电转型方案。尽管如此，天然气和可再生能源的市场竞争对煤炭电力的影响远大于监管，因此，废除清洁电力计划是否会逆转这一趋势值得怀疑，可能会面临进一步的诉讼。

③ 新电厂 CO_2 排放的新能源绩效标准（NSPS）：审核和修订

a. 可能的影响：新能源绩效标准本质上禁止了没有碳捕集与封存技术（CCS）的新型煤炭发电。如果有竞争力的话，废除这些规定可能会为新的传统煤电开辟道路。

b. 前景：像清洁电力计划一样，新能源绩效标准规则也受到正在进行的诉讼的影响，将等待巡回上诉法院的司法裁决，预计要到 2018 年晚些时候才能生效。像其他新的规则制定一样，废除这些规则是一个艰难的过程，可能需要花费数年的时间，并且将面临诉讼问题。

④ 油气作业甲烷排放报告与规定：审核与修订

a. 可能的影响：据估计，甲烷排放控制规则将提供美国对《巴黎协定》温室气体减排目标承诺的 10%。即使没有这些规定，石油和天然气企业也有减少甲烷排放的经济动机，但报告和控制规定可确保减少排放。

b. 前景：特朗普的环保署决定废除石油和天然气甲烷排放报告规则，并将甲烷排放控制规则的实施推迟两年。国会未能通过《国会审议法案》（Congressional Review Act）废除公共土地上油气运营的甲烷排放控制规定，但美国土地管理局（Bureau of Land Management）紧随环保署的步伐，将该规定的实施推迟了两年。然而在 2017 年 7 月，华盛顿特区巡回法院（DC Circuit Court）阻止了环保署暂停甲烷排放报告规则的努力。这可能还不是故事的结局。

⑤ 在所有监管措施中考虑"碳排放社会成本"(SCC):审核和修订协议

a. 可能的影响:目前在监管规则制定中,各机构将 CO_2 的价格定为 36 美元/吨。降低该价格将对重要规则(如 CAFE 标准、CPP、NSPS 和甲烷规则)的收益-成本分析产生重大影响。

b. 前景:2007 年法院命令要求考虑碳排放社会成本,因此除非上诉和推翻该命令,否则它不会消失。但是与碳排放社会成本全额相关的假设可能会使其价值减少 80%。

⑥《国家环境政策法案》(NEPA)要求联邦机构在决策时考虑碳排放的影响:审核和修订

a. 可能的影响:联邦机构将不再需要在决策中考虑温室气体排放和气候变化的影响。

b. 前景:美国环境质量委员会(Council on Environmental Quality)可以做出这样的改变,但环保团体在《国家环境政策法案》诉讼方面有着悠久的历史。

(2)3 月 28 日生效的指令

① 取消对公共土地上新开煤矿租赁的临时禁令

可能的影响:目前煤炭市场不太可能大幅增加。

② 取消在公共土地上进行水力压裂油气生产的禁令

可能的影响:石油和天然气产量小幅增加。

(3)废除根据《国会审查法案》通过并由总统签署的规则的立法

河流保护规则:2016 年 12 月,奥巴马政府批准了《煤矿废物处置河流保护条例》,要求加强河流保护。

(4)2017 年 6 月特朗普决定退出《巴黎协议》

a. 可能的影响:许多人担心特朗普的决定将破坏该协议,减少全球缓解气候变化的努力,降低美国在国际社会中的领导地位。截至 2017 年 8 月仅发生了三号事件(美国的国际领导地位降低了)。

b. 前景:主要国家对特朗普决定的回复是该协议"不可谈判且不可逆转"。2017 年 7 月,尽管特朗普政府改变了政策,但是美国许多州、城市和企业仍组成联盟以实现美国在巴黎协定中承诺的减排目标。

(5)2019 财年预算提案

特朗普的 2019 财年预算提案是将环保署的预算削减 24%,将能源部的 EERE 预算削减 61%,取消 ARPA-E 项目、WAP 和 LIHEAP。

a. 可能的影响:大幅削减环境计划以及清洁能源研发和援助计划。

b. 前景:国会控制预算,而特朗普提议的 2019 财年削减计划未获得通过。

(6)2018 年初的其他能源政策行动

① 2017 年的《减税和就业法案》开放了阿拉斯加北极国家野生动物保护区的非荒野 1002 区,用于油气开发。

② 2018 年 2 月的预算法案将核生产税抵免的适用范围扩大到 2020 年后投入使用的核电站,总计达 6000MW,为佐治亚州陷入困境的沃格特勒(Vogtle)核反应堆提供了一大笔补贴。

③ 能源部提议联邦能源监管委员会(FERC)为储存 90 天燃料的煤炭和核能发电厂建立补贴批发价,但 FERC 拒绝了该提议。

④ 特朗普对进口太阳能电池板征收 30％的关税，并在四年内下降。征收关税的做法可能会对美国的太阳能增长产生较小影响。

⑤ 内政部（DOI）向石油和天然气钻探开放美国大部分沿海水域，这将废除奥巴马政府对大多数钻井的禁令。内政部还提议废除在墨西哥湾深水地平线爆炸后实施的海上钻井安全规定。

清洁能源和气候保护政策的倒退会带来巨大的成本。哥伦比亚大学（Columbia University）的一项研究通过估算奥巴马政策的经济和非货币化收益（包括 CPP、车辆排放和效率标准、NSPS 以及用于石油和天然气运营的甲烷废物控制）来估算特朗普放松气候管制议程的代价。研究发现，到 2030 年，这些规则的净收益将达到每年近 3000 亿美元。这些规则还将产生许多非货币化的收益，例如改善公共卫生成果、创造就业机会以及缓解气候变化等益处，缓解气候变化的受益时间将远远超过 2030 年（Rahman，Wentz，2017）。

尽管联邦政府在全国向可持续能源转型的过程中发挥了关键作用，但它并不是唯一一个干预公共市场的机构。在一些领域缺乏有效的联邦政策的情况下，许多州已经开始在能源政策方面发挥领导作用。许多社区也掀起了一股热潮，它们制定了提高能源效率、发展可再生能源和增加消费者选择的规则、激励措施和教育计划。

下一章将讨论州和社区如何补充和超越联邦能源政策。事实上，美国的国家政策可以向各州学习很多东西，也可以向其他国家学习很多东西。美国曾经是环境和能源政策的世界领导者，但现在在制定创新政策和新能源技术方面落后于许多国家。尽管有特朗普政府的"美国第一"原则，但美国必须与国际社会合作，为可持续的能源和气候变化制定有效的协议和战略。人们希望发展中国家能够在减少对碳和石油依赖的情况下发展经济，因为我们都面临着同样的命运。

第18章
美国各州和社区的能源政策和规划

　　国家领导对于实现可持续能源的有效政策至关重要。在上一章中，我们看到了国家标准和法规、联邦预算对研发的投资以及联邦对私人投资的税收激励措施的影响。但是我们也看到，联邦政策往往受制于政治风向，既得利益者可能会减缓并阻碍政策创新。例如，奥巴马政府领导下的美国联邦能源政策在以下方面采取了重大措施：通过车辆和器具标准提高能源效率；通过研发资金推动可再生能源和能效的研究与开发；通过法规应对气候变化问题。但这些措施往往得不到国会的支持。风能和太阳能的产能和发电量以每年25％～35％的速度增长，与此同时，美国国内石油和天然气产量创下了历史新高。

　　然而，从2017年1月开始，特朗普政府认为气候变化不是一个优先事项，并承诺废除烦琐的法规，进一步扩大石油和天然气生产，恢复煤炭消费。由于能源市场的变化，2016年煤炭消费量比2007年下降了40％。2018年，联邦能源政策及其对美国能源格局的影响充满了不确定性，但许多州和城市正在加紧推进清洁能源。

　　甚至在奥巴马总统的能源和气候政策出台之前，许多州和地方政府就填补了联邦能源政策的空白。这些先进的州和城市受到奥巴马能源倡议的鼓舞。在2018年，能源政策创新的源头可能会回到州和地方层面。历史上，各州一直扮演着"政策实验室"的角色，为彼此和联邦行动制定模式。在能源方面，各州在能源效率、可再生能源和气候保护方面发挥了政策实验室的作用。与联邦政府相比，各州对公用事业法规、建筑法规和土地使用政策负有主要责任。

　　在发起创新能源政策方面，地方政府也处于战略地位。虽然地方政府通常既没有财政资源，也没有上级政府的监管权力，但它们离消费点最近，能够促进社区的能源行动和教育。此外，地方政府对土地利用、运输规划、交通开发和建筑能效标准的实施具有重要的控制权。一些社区经营市政公用事业或电力合作社，并有能力开发创新公用事业项目。美国已有1000多个地方采取了减少碳排放、适应气候变化的行动。

　　特朗普总统于2017年6月决定退出《巴黎协定》，作为对这一决定的回应，多个州、城市、大学和企业组成了联盟，通过努力实现美国的减排承诺来支持巴黎承诺。"我们仍在行动"（We are still in）宣言于2017年6月5日发布，并在两个月内获得了来自9个州、244个城市、324所大学和1708家企业（代表1.3亿人）的签名；"气候"联盟包括13个州和波多黎各（Puerto Rico），代表美国三分之一的人口；"美国承诺"联盟包括9个州、227个城市、1650家企业和投资者；367位"气候市长"承诺他们的城市遵守美国的承诺。2017年8月，奥兰多成为美国第40个承诺到2030年在所有城市运营中和到2050年在全市范围内 100％使用可再生能源的城市。

Bloomberg 和 Pope（2017）的《气候的希望》（*Climate of Hope*）以及 Hawken（2017）的《反转地球暖化 100 招》中阐明了在联邦政府有限支持下缓解气候变化的一系列战略。《反转地球暖化 100 招》重点讲述了 100 个最有希望的解决方案，主要是技术性的，但也有一些社会解决方案，以期在 30 年内减少排放并遏制全球变暖。《反转地球暖化 100 招》中几乎所有的解决方案（包括本书中介绍的许多方法）都集中在建筑物、车辆、社区、农场和城市的使用上。《气候的希望》的重点集中在各州、城市、企业、投资者、大学、社区团体和个人为实施削减建议解决方案所采取的行动上。

本章介绍了美国各州和地方政府采用的各种能源政策方法，包括法规、激励措施以及能够使消费者和社区选择能源的计划。

18.1　州能源政策

州政府在如何提供和使用能源方面有着重大的权力。他们监管公用事业，制定建筑法规，规划和资助交通网络，通过税收和激励措施来提高能源效率和促进能源开发，并制定环境政策以补充国家计划。作为对联邦法规的回应，各州通过自己的倡议实施各自的能源政策。在许多情况下，州政策超越了联邦政策，这些创新后来又成为联邦政策。因此，从 20 世纪 70 年代的建筑法规和器具标准，到 20 世纪 80 年代的公用事业需求侧能效计划，到 20 世纪 90 年代的可再生能源组合标准，再到 21 世纪的气候变化举措，各州在能源政策方面发挥了必要的领导作用。当然，并非所有州对能源政策都很积极，有几个州走在了前面。

表 18.1 列出了各州关于可再生能源和效率的能源政策，对每项政策做了简要说明，并给出了参与度和作为示范性方案的州。州能源计划为制定更具体的政策奠定了基础。州政府对公用事业的监管权，或许是推进清洁能源发展的最重要途径，但各州在监管建筑和交通的效率、提供财政激励方面还有其他手段。

表 18.1　各州关于可再生能源和效率的能源政策

类别		描述	州数量及例子
州能源规划	州能源计划	州能源供需计划；大多数仅适用于公用事业，有些也是综合性的	36 个州；纽约州、加利福尼亚州、马萨诸塞州、科罗拉多州、马里兰州
	州气候行动计划	州清单，温室气体排放登记，减排目标，公用事业行动计划，交通运输	34 个州；加利福尼亚州、明尼苏达州、新英格兰
可再生能源和效率的州公用事业监管政策	重组和撤销管制	允许更多选择和竞争的州公用事业法规	14 个州；得克萨斯州、宾夕法尼亚州
	可再生能源组合标准（RPS）	要求公用事业公司的电力资源组合中具有一定数量的可再生能源	29 个州；加利福尼亚州、纽约州
	能效资源标准（EERS）	要求公用事业客户采取节能措施（按预计需求减少的百分比衡量）	20 个州；加利福尼亚州、纽约州、马萨诸塞州
	净计量	允许分布式发电机以零售价格将电力反馈回电网	41 个州

续表

类别		描述	州数量及例子
可再生能源和效率的州公用事业监管政策	公益基金	为提高能源效率提供费率基准资金	22个州
	绿色发电选择	客户根据不同的费率选择其电力的来源	12个州
	第三方购电协议（PPAs）	第三方太阳能开发商	33个州
	社区选择聚合体（CCA）	允许地方政府聚集客户来提供电力	7个州
	激励费率结构	根据一天中的时段、高峰时段、非高峰时段和反向费率来调整需求	加利福尼亚州
	脱钩	消除或分离收入和销量之间关系的州公用事业监管法规	23个州；加利福尼亚州
建筑、土地利用和器具效率的州监管政策	建筑效率标准	基于标准规范或州设计的节能建筑规范	大多数州；加利福尼亚州、马里兰州
	土地利用智能增长	本地能源和排放相关的土地使用指令	个别州；加利福尼亚州、马萨诸塞州
	器具效率标准	比联邦标准严格的器具效率标准	10个州；加利福尼亚州、康涅狄格州
州环境管理政策	超越联邦法规的首要法	空气质量、水质和废弃物管理	所有州
	煤炭、石油和天然气法规	煤炭开采、水力压裂、近海风电、燃料运输	纽约州
交通倡议	土地利用和运输整合	例如，智能增长、城市开发区、公交导向发展政策	加利福尼亚州
	减少车辆行驶里程（VMT）战略	减少车辆行驶里程	
财政激励政策	可再生能源和效率税收抵免	可再生能源和效率税收减免、退税和低息贷款	12个州
	退税、贷款	财政激励	13个州
	PACE融资、绿色银行、账单融资	融资方式	18个州
	州政府的举措	通过举例来说明	
	州建筑效率	对州建筑的特殊要求	大多数州；加利福尼亚州
	州车队	效率和替代燃料的要求	
	州设施中的可再生能源	示范项目或要求	

18.1.1　哪些州是清洁能源政策的领导者？ 美国节能经济委员会和太阳能排名

美国节能经济委员会（ACEEE）2016年第十版"州能效记分卡"（State Energy Efficiency Scorecard）审查了所有州在能源效率（不包括可再生能源）方面的政策和表现。主要标准包括各州在以下方面的政策和表现：公用事业计划和政策、交通政策、建筑能源法规和合规性、热电联产（combined heat and power，CHP）政策、州政府的举措以及器具和设备标准。每一项都有 1～7 个因素，得分最高为 2～20 分，每个州的最高总得分为 50 分。以下是每个标准中的首要因素和分配的分数：

① 公用事业计划和政策（20 分）：节电计划的节能量（7 分），节天然气计划的节能量（3 分），电力项目支出（3 分），能效资源标准（Energy Efficiency Resource Standard，EERS）（3 分）。

② 交通政策（10 分）：减少车辆行驶里程的目标（1 分），车辆行驶里程的变化（1 分），整合土地利用和运输（1 分），运输资金（1 分）。

③ 建筑能源法规（7 分）：法规严格程度（4 分），法规执行活动（2 分）。

④ 热电联产政策（4 分）：鼓励热电联产资源的政策（2 分）。

⑤ 州政府的举措（7 分）：财政激励措施（3 分），州设施/车队以身作则（2 分），能源公开政策（1 分），研发（1 分）。

⑥ 器具和设备标准（2 分）。

表 18.2 展示了 2016 年 ACEEE 州能效记分卡排名前十的州及其具体得分情况。自记分卡设立以来，加利福尼亚州和马萨诸塞州一直名列榜首，2016 年二者以 45 分（满分 50 分）并列榜首。位于西海岸和东北部的州在排名中占主导地位（参阅最新的记分卡，请访问 ACEEE 官方网站）。

表 18.2　2016 年 ACEEE 州能效记分卡排名前十的州

排名	州名	公共电力部门和公共基金计划（20 分）	交通政策（10 分）	建筑能源法规（7 分）	热电联产政策（4 分）	州政府的举措（7 分）	器具效率标准（2 分）	总分（满分 50 分）	自 2015 年来排名变化	自 2015 年以来的得分变化
1	加利福尼亚州	15	10	7	4	7	2	45	1	1.5
1	马萨诸塞州	19.5	8.5	7	4	6	0	45	0	1
3	佛蒙特州	19	7	7	2	5	0	40	0	0.5
4	罗得岛州	20	6	5	3.5	5	0	39.5	0	3
5	康涅狄格州	14.5	6.5	5.5	2.5	6	0.5	35.5	1	0
5	纽约州	10.5	8.5	7	3.5	6	0	35.5	4	3
7	俄勒冈州	11.5	8	6.5	2.5	5.5	1	35	−3	−1.5
8	华盛顿州	10.5	8	7	2.5	6.5	0	34.5	0	1
9	马里兰州	9.5	6.5	6.5	4	5.5	0	32	−2	−3
10	明尼苏达州	12.5	4	6	2.5	6	0	31	0	0

来源：ACEEE，2016。

关于可再生能源，太阳能岩石网（SolarPowerRocks.com）每年按 A～F 等级对各州的 10 项可再生能源政策进行评级，包括可再生能源组合标准（RPSs）、RPS 太阳能分拆、电力成本、净计量、互联、太阳能税收抵免、太阳能退税、绩效支付、财产税和销售税免税。在 2017 年，8 个州（马萨诸塞州、新泽西州、罗得岛州、俄勒冈州、纽约州、马里兰州、康涅狄格州、佛蒙特州）和哥伦比亚特区的总成绩均为 A，其中马萨诸塞州排名第一（SolarPowerRocks，2016）。

18.1.2 州能源政策：描述和分布

表 18.1 介绍了各种政策行动。本节描述了政策行动及其在各州的使用情况。关于公用事业政策的重要性，我们将在 18.1.3 中单独讨论。美国国家可再生能源和能源效率促进政策数据库（the Database of State Incentives for Renewables & Efficiency，DSIRE）由北卡罗来纳能源中心运营并由美国能源部资助，监视着州和地方的数千个清洁能源政策和计划。气候与能源解决方案中心（the Center for Climate and Energy Solutions，C2ES）也跟踪其进展情况。表 18.3 列出了截至 2017 年初数据库中的监管、财政和技术援助能源计划（包括公用事业计划）的数量。数据库用户可以按州排序，并获得每个项目的摘要和来源的链接。

表 18.3 2017 年按技术类型划分的州能源项目数量

技术类型	标准规章	财政	技术资源
效率合计	247	1510	1350
建筑围护结构	81	672	32
HVAC	20	1179	38
器具	14	861	41
照明	22	735	24
工业	10	479	1220
可持续能源合计	476	1101	69
太阳能	429	630	27
风能	340	363	20
其他	261	321	22

来源：DSIRE，2017。

18.1.2.1 州标准、法规

长期以来，各州根据宪法赋予的警察权力，通过建筑法规和土地使用控制措施（例如分区）来保护公众健康和安全。大多数州都将部分权力下放给了地方政府，但即便如此，州政府机构仍保留了一些监督和指导权。

① 建筑能效标准。本书第 8.3 节讨论了建筑能源法规，并讨论了 2016 年各州法规的状态和遵守情况。除了 13 个州外，其他州都有在全州范围内有效的州建筑法规。根据 1992 年的《美国能源政策条例》（EPACT），各州的法规必须纳入那些等同于《国际节能法规》（IECC）的能源标准。许多州都有统一的建筑法规并由地方官员在全州范围内执行，但其他州允许地方法规超过州最低标准。加利福尼亚、华盛顿和俄勒冈等一些州已经制定了自己的法规，这些法规等同于或超过了 IECC 的标准。加利福尼亚州的 24 项标准（Title 24）可能是全美国最全面的标准，侧栏 8.4 对其进行了总结。

② 器具和设备效率标准。如第 8.2.1 节和第 17.2.2 节所述，联邦器具和设备标准对消费者的能源和公用事业账单产生了重大影响。这些由 1986 年《器具节能法》（Appliance Energy Conservation Act）颁布的国家标准，是由 1974 年加利福尼亚州《能源节约法》

（Energy Resources Conservation Act）强制实施的、颇为成功的器具效率标准推动的。加利福尼亚州拥有全美 12％的人口，其市场规模足以制定自己的标准。虽然联邦标准在不断升级，但除了加利福尼亚州外，其他州也在提供他们自己的标准，这些标准超出了联邦规定，尤其是对于电视和电脑等电子设备，这些设备并没有联邦标准。

③ 州可再生燃料标准。2005 年和 2007 年的联邦能源法案包括生物燃料的可再生燃料标准（Renewable Fuel Standard，RFS）（参见第 14.3.1 节和第 17.2.2.2 节）。这一规定是根据各州 RFS 的相关政策制定的，尤其是明尼苏达州（Minnesota）和艾奥瓦州（Iowa）的政策。1991 年，明尼苏达州通过了一项 RFS，该标准要求在该州出售的所有汽油必须含有10％的乙醇。2004 年，明尼苏达州政府将这一标准的乙醇含量扩大到 20％（到 2013 年）。此外，州政府和私营公司联盟于 1998 年发起了一项积极的计划，推广弹性燃料汽车所使用的 E85 燃料。该州目前有 300 多家加油站出售 E85 燃料。

④ 影响能源使用的州环境标准。州政府关于空气质量、水质和生态资源保护以及能源土地整治的规定，都影响到燃料的成本、清洁能源资源和效率的竞争力。根据主要环境法的首要条款，州政府承担联邦监管项目的责任。各州也有要求对当地决策进行环境评估的州法律，如《加利福尼亚州环境质量法》和《华盛顿州环境政策法》。加利福尼亚州和华盛顿州均通过法律审查地方政府计划和决定对能源及温室气体排放造成的影响。

州政府对联邦环境法规拥有首要管辖权，并根据这些法规承担实施责任，包括《清洁空气法》（Clean Air Act，CAA）、《清洁水法》（Clean Water Act，CWA）、《露天采矿恢复和控制法案》（Surface Mining Reclamation and Control Act）等。他们必须遵守联邦最低标准，但在州法规下，他们又可以超过联邦最低标准。一些州的采矿规定比联邦法规更为严格。各州也可以采用自己的法规（比如纽约州的法律禁止在州内使用水力压裂法进行油气开发）。州法规会影响联邦政府在管道、海上钻井和其他能源开发方面的决策。

由于加利福尼亚州的人口规模和历史性城市空气质量问题，加利福尼亚州在 1970 年《清洁空气法》中被赋予了监管汽车排放的特权。加利福尼亚州政府经常与共和党政府的联邦环境保护署就此特权发生争执，但奥巴马政府提高了汽车效率和排放标准，并使之符合加利福尼亚州标准，由此诞生了全国性的标准。特朗普政府若想降低这些标准，将不得不面对加利福尼亚州（以及其他 13 个效仿它的州）保留这些标准的决心。这些州的汽车数量约占全美汽车总量的四分之一。

18.1.2.2　州能源生产和效率激励

大多数州对能源（包括化石燃料和可再生能源）生产和效率提供一些税收或其他激励措施，包括税收抵免、扣除和免税、退税、政府拨款、贷款以及生产激励等措施。各州的计划差别很大。

截至 2017 年初，DSIRE 里有 1500 个能效和 1100 个可再生能源财政激励项目。这些项目均由全美 50 个州的州政府或公用事业单位提供，包括公用事业需求侧管理（DSM）退税和贷款计划，个人和公司捐税鼓励以及其他机制。

此外，许多州允许为清洁能源投资者提供激励性质的融资计划。

① 房产评估清洁能源融资（Property Assessed Clean Energy，PACE）。PACE 是通常由地方政府提供的融资项目，可通过评估年度财产税进行偿还。美国的第一个项目是加利福尼亚州伯克利的 FIRST 项目，该项目为太阳能屋顶项目提供资金。贷款池通常与收入债券

挂钩，由于地方政府具有良好的债券评级，贷款利率颇具吸引力。PACE 在 2008—2010 年止赎率居高不下期间引起争议，当时联邦住宅管理局（Federal Housing Administration，FHA）停止为住宅相关的 PACE 提供抵押贷款保险，因为财产税（及其附带的 PACE 贷款）是在抵押贷款支付之前进行支付的。据称，这样对抵押贷款造成了进一步的威胁。尽管如此，自 2009 年以来，仍有 10 万名房主通过 PACE 贷款为提高能效和改善可再生能源利用提供了 20 亿美元资金。2016 年联邦住宅管理局（FHA）和美国能源部（DOE）都发布了 PACE 贷款的新准则，并且 FHA 开始用 PACE 贷款为住房抵押贷款提供保险（FHA，2016；DOE，2016）。

② 第三方购电协议（third-party power purchase agreements，PPAs）。PPAs 允许用户购买由第三方（业主为第一方，公用事业为第二方）拥有、安装和维护的屋顶太阳能板所产生的电力，而业主无须承担任何费用。租赁太阳能与这类似，但用户每月支付租赁费用而不是购买电力。一般情况下，第三方要求提供可用的激励措施，并向用户收取与当地公用电力公司相当的电力费用。2014 年，Solar City、Sunrun 和 Vivant 等第三方公司拥有美国 72% 的家用太阳能系统，但随着太阳能成本的下降和融资条件的改善，市场更多地转向了用户拥有的系统。美国最大的太阳能市场——加利福尼亚州，自 2015 年以来其安装的太阳能系统有 58% 为用户所有，30% 为第三方购电协议，10% 为租赁（CEC，2017）（参见图 12.4）。

③ 账单融资（on-bill financing，OBF）。允许建筑物所有者和居住者通过对其公用事业账单支付额外费用来投资清洁能源。能效措施的前期成本由公用事业公司（OBF）或第三方［账单还款（on-bill repayment，OBR）］支付。OBF 大大降低了管理成本，因为公用事业已拥有月度账单系统。6 个州（加利福尼亚州，俄勒冈州，纽约州，马萨诸塞州，伊利诺伊州，夏威夷州）要求公用事业公司提供 OBF，4 个州（明尼苏达州，佐治亚州，南卡罗来纳州，康涅狄格州）授权或支持 OBF，4 个州（肯塔基州，宾夕法尼亚州，新罕布什尔州，缅因州）制定了初步的 OBF 政策，其他 15 个州的公用事业公司自愿提供 OBF（C2ES，2017）。

18.1.2.3　州建筑、车队和采购活动中的能源管理

州政府是建筑、车队和采购活动中的主要能源消费者，它不仅需要管理能源使用以控制成本，而且其决策也有助于促进可持续能源发展，并为企业和个人消费者树立榜样。

① 新建筑：针对那些州政府资助的新建筑，几个州要求或建议其通过 LEED 或 Green Globes 绿色认证。

② 能效目标：几个州已经为州立机构和州立建筑设定了能效目标。

③ 各州的车队：各州已强制或鼓励使用弹性燃料或压缩天然气车辆。

④ 采购：州立机构和体系是燃料和电力的主要消费者，有些州使用绿色定价或绿色营销计划，利用州的购买力来推进可再生电力发展。

18.1.2.4　州能源和气候保护计划和方案

美国国家能源办公室协会（National Association of State Energy Offices，NASEO）报告称，截至 2013 年，至少有 36 个州制定了积极的能源计划。被引用最多的目标是提高能源效率（占计划的 5%）和增加可再生发电（占计划的 90%）。有 20 个州制定了能效资源标准

（EERS），7 个州制定了能效资源目标；29 个州制定了可再生能源组合标准（RPSs），其中 10 个州是在计划之后采用了可再生能源组合标准。四分之三的计划包括运输措施（替代燃料、基础设施、运输），一半的计划促进了天然气产量的增加。税收激励是实现各州目标最值得推荐的财政机制（NASEO，2013）。

令人惊讶的是，NASEO 的研究并未将气候保护作为其审查的州计划目标。许多州将能源和气候行动结合起来，因为能源计划是减少碳排放的最有效手段。34 个州已经完成了气候行动计划（Climate Action Plans，CAPs）（C2ES，2017）。侧栏 18.1 描述了科罗拉多州和马里兰州的气候行动计划。最详细的能源和气候计划来自加利福尼亚州、马萨诸塞州和纽约州，我们将在案例研究部分讨论这些计划。

侧栏 18.1

能源和气候计划：马里兰州和科罗拉多州

① 马里兰州。马里兰拥有 3000 英里的海岸线，如果气候变化得不到缓解，它将损失惨重。马里兰州气候变化委员会（Maryland's Commission on Climate Change，MCCC）于 2007 年由州长成立，并于 2015 年由立法机关编入法典。2008 年的《MCCC 气候行动计划》促成了 2009 年的《温室气体减排法案》（Greenhouse Gas Emissions Reduction Act，GGRA），GGRA 要求制定《2012 年温室气体减排计划》，概述了 150 个项目和倡议以及各州 2015 年计划的最新进展，以便在 2020 年使马里兰州的温室气体排放量比 2006 年减少 25%。这主要是一个能源计划。由于以下几项举措，该州预计将超额 10% 完成 2020 年所需减排量：《马里兰州能源效率法案》的颁布和实施（减排量的 19%）、25% 的可再生能源组合标准（减排量的 11%）、区域温室气体项目的总量管制与排放交易计划（9%）、运输技术主要是联邦能效标准（16%）、公共交通（7%）、林业（12%）、建筑法规（8%）和废物管理（4%）。2008 年，州立法机构通过了《马里兰州能源效率法案》（EmPOWER Maryland），目标是到 2015 年将人均电能和峰值需求与 2007 年相比降低 15%。为了达到该能效资源标准，公用事业公司提供了一系列的激励措施，包括用来实现该目标的回扣和服务。马里兰州环保署估计，2020 年 GGRA 带来的经济效益为 25 亿～35 亿美元的经济产出，创造 26000～33000 个新就业岗位（MDE，2015；MCCC，2015）。

② 科罗拉多州。与马里兰州一样，科罗拉多州的气候保护计划本质上也是清洁电力计划。2007 年气候行动计划的目标是到 2020 年将温室气体排放量在 2005 年的基础上减少 20%，到 2050 年减少 80%。科罗拉多州是第一个颁布可再生能源组合标准（RPS）的州（2004 年）（到 2020 年达到 30%，其中分布式发电为 3%）。可再生能源发电量占比从 2004 年的 0.5% 增长到 2014 年的 14.4%。除了可再生能源组合标准外，2007 年立法还要求到 2018 年，通过需求侧管理活动将电力销售和峰值需求在 2006 年的基础上减少 5%。《清洁空气清洁工作法》（Clean Air Clean Jobs Act）（2010 年）旨在通过将煤炭转化为天然气和其他低排放源来减少排放。科罗拉多州是第一个规范石油和天然气甲烷排放的州（2014 年）。到 2012 年，该州减少了 5.5t 二氧化碳排放，到 2030 年，其单位国民生产总值温室气体排放量（GSP）预计比 2005 年降低 37%。2015 年气候保护计划除了缓解战略外，还涉及脆弱性和适应措施（Colorado，2015）。

18.1.3　州公用事业管理

本书第 9 章对美国电力系统、公用事业的历史、包括发电和电网分配在内的电力基础设施、供需平衡的一些挑战以及电力生产的经济性提供了很好的入门知识。电力系统中有几个关键角色，如图 18.1 所示，包括：

① 投资者所有的公用事业 （investor-owned utilities，IOUs）、公共所有的公用事业（publicly owned utilities，POUs）和农村电力合作社：拥有配电线路，为用户服务，并且可以发电 （IOUs 拥有 40％的发电能力，POUs 拥有 14％，联邦设施拥有 7％）（图 18.1 中均显示为"IOU"）。

② 独立发电商 （independent power producers，IPPs）：将其电力 （拥有 40％的发电量）出售给公用事业公司，在某些情况下也供自己使用 （图 18.1 中的"IPP"）。

③ 独立的系统运营商和区域输电组织 （independent system operators and regional transmission organizations，ISOs/RTOs）：操作传输系统，并通过 IOUs、POUs 和合作社拥有的线路来分配电力 （图 18.1 中的"ISO"）。

④ 州公用事业委员会 （public utility commissions，PUCs）：管理包括公用事业供需计划以及它们收取的零售费率在内的 IOUs（图 18.1 中的"PUC"）。

⑤ 联邦能源监管委员会 （federal energy regulatory commission，FERC）：监管州际传输 （和天然气管道）和批发费率 （图 18.1 中的"FERC"）。

⑥ 公用事业用户：所有用户都接受电力并支付费用，其中一些人参与包括公用事业 DSM 计划或分布式发电 （DG）在内的分布式能源 （DERs），其中大部分来自屋顶太阳能光伏发电 （图 18.1 中的"DER"）。

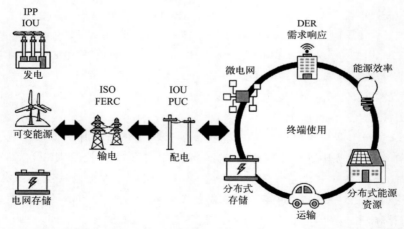

图 18.1　21 世纪新兴的电力双向流动供应链，列出了主要参与者 （定义见正文）
（来源：U.S.DOE，2017，有改动）

第 10 章重点介绍了电表的用户端以及与需求侧管理和自发电相关的分布式能源资源 （Distributed Energy Resources，DERs），并提出了分布式能源资源给传统公用事业带来的一些挑战，包括：集成 DERs，平衡电网，管理具有更高太阳能发电量的所谓鸭型曲线 （duck curve）（图 10.3），整合用于需求响应和存储的新智能技术，以及制定公平的用户零售价和自发电商的上网电价 （回购价）。公平的用户零售价和自发电商的上网电价将涵盖公用事业公司的服务成本，并能够得到令人满意的回报。

本章从监管政策角度讨论了上述问题。借助电力和天然气公用事业所需的能效计划、可再生能源和能效的授权以及公用事业费率政策，公用事业已成为国家能源政策的重要实施者。本章首先研究公用事业监管结构，然后关注全国范围内的可再生能源和效率标准及计划，以及用于 DSM 和自发电的 DERs 计划，最后回顾了这些政策给公用事业带来的破坏性挑战和一些应对政策，包括公用事业的新商业模式。这些州的政策和计划将在马萨诸塞州、纽约和加利福尼亚州的案例研究中加以说明。

18.1.3.1　公用事业结构和重组

自 1935 年《联邦公用事业控股公司法案》（Federal Public Utility Holding Company Act）颁布以来，各州在监管为公众服务的电力和天然气公用事业方面负有主要责任。这是必要的，因为大多数用户都被公用事业服务区所吸引，因此每个公用事业本质上都是垄断的。州法规的管理内容包括批准费率、发电和输电的许可证和执照、公用事业服务区的划定等行动。如第 9 章和第 17 章所述，联邦能源立法扩大了州监管机构的职责，以指导公用事业公司从事需求侧能源服务［1978 年《国家能源节约法案》（National Energy Conservation Act）］、分布式发电［1978 年《公用事业管制政策法》（Public Utility Regulatory Policies Act，PURPA）］和公用事业监管的重组（1992 年《能源政策法案》）。这些规定产生了一系列影响。

20 世纪 90 年代，一些州积极推进公用事业重组和放松管制改革，试图在发电和市场营销中建立更大的竞争，为消费者保持低价。政府的行动导致许多公用事业公司重组，在某些情况下将发电业务剥离给子公司或其他公司。这些举动为能源经纪人［例如安然公司（Enron），直到破产］创造了繁荣，这些能源经纪人在更自由的市场中买卖电力。重组的目的是在零售和批发市场上引起竞争，并鼓励垂直整合的公用事业公司最多拆分成四家公司——发电商（发电厂所有者）、输电商（输电线路所有者）、分销商（配电线路所有者）和营销商（电力的买方和卖方），其中营销商是为其他公司和零售客户服务的经纪人。在这种方式下，FERC 继续监管批发市场，各州监管零售市场。这一安排的目标是为零售客户提供从一系列供应商手中购买电力的能力，从而促进竞争并降低电价。但重组后的环境要比重组前复杂得多。有更多的人参与其中，他们都试图使自己的利益最大化。在 2000—2001 年的加利福尼亚州"重组危机"和 2003 年的东北大停电之后，可靠性和问责制成为电力行业的主要问题。重组后的系统中有多个参与方，如果出了问题，他们都倾向于指责其他参与方，而不是由一个综合性的公用事业公司为问题负责。作为回应，2005 年 EPACT 授权 FERC 认证一个国家电力可靠性组织，对所有大容量电力活动实施强制性可靠性标准。

加利福尼亚州的经历冷却了几个州重组公用事业监管的热情，放松管制改革运动在随后的几年里也被放缓了。到 2001 年，23 个州和哥伦比亚特区已经制定了一些重组计划，另有 17 个州正在考虑之中。但到 2007 年，有 8 个州效仿加利福尼亚州的做法，暂停了重组，仅剩下 14 个州和哥伦比亚特区进行积极的重组，允许终端用户从有竞争力的零售供应商那里购买电力。从市场竞争力和消费者选择的角度来看，得克萨斯州和宾夕法尼亚州似乎有成功的重组计划。在得克萨斯州，有 110 万用户（包括 18% 的居民用户）选择了当地公用事业公司以外的零售电力供应商。

18.1.3.2　可再生能源组合标准（RPS）和可再生能源发电证书（RECs）

① 可再生能源组合标准（RPS）。可再生能源组合标准是促进可再生能源发展最有效的国家政策之一，该政策要求公用事业公司在特定日期之前提供一定比例或数量的可再生能源发电服务。RPS 促进了可再生电力的开发和利用。美国有 29 个州和哥伦比亚特区确立了强制性可再生能源组合标准；有另外 8 个州设定了自愿型可再生能源配额目标，但效果远远不如标准。各州 RPS 各不相同，其中最具挑战性的标准包括加利福尼亚州〔到 2020 年 33％，到 2030 年 50％（2017 年"参议院法案 100"将其扩大至 2045 年 100％）〕、纽约州（到 2030 年 50％）、夏威夷州（到 2045 年 100％）、科罗拉多州（到 2020 年 30％）和明尼苏达州（到 2025 年 26.5％）。22 个实施 RPS 的州和哥伦比亚特区具有"太阳能/分布式划分"，这意味着特定的最小合规发电量必须来自太阳能或分布式发电。例如，亚利桑那州到 2025 年需要有 4.5％的发电量来自分布式太阳能，科罗拉多州到 2020 年需要 3％来自分布式太阳能，新泽西州到 2028 年需要 4.1％来自太阳能，哥伦比亚特区到 2023 年需要 2.5％来自太阳能，马里兰州到 2020 年需要 2.5％来自太阳能。

各州 RPS 在其他方面也有所不同，例如可再生能源的定义、发电是否必须在州内进行、公用事业公司如何遵守以及对不遵守的处罚。在大多数州，公用事业公司可以通过发展自己的可再生能源发电、从 IPPs 购买可再生能源或者缴纳罚款来遵守 RPS。

② 可再生能源发电证书（renewable energy credits，RECs）。在一些采用 RPS 的州，公用事业公司不仅可以通过自身开发可再生能源，还可以通过从其他发电商（包括小型发电商）获得 REC 来满足其要求。许多州已经建立了太阳能配额证（solar renewable energy credit，SREC）市场，以帮助公用事业公司合规化并鼓励当地太阳能的发展。如果公用事业公司没有获得可再生发电量或 SREC 来履行其 RPS 义务，则必须支付罚款（每兆瓦时支付一定金额），而一旦有罚款行为将限制其在该州获得 SREC 的最高限额。除了对当地公用事业公司的电力进行净计量，以及节省以零售价格生产的每千瓦时电力的公用事业成本外，参与者还可以分别向其公用事业公司、其所在州的其他公用事业或在某些情况下向其他州的公用事业出售其 SREC。

注册系统在月度拍卖或长期合同中出售其 SRECs。大西洋中部各州已经建立了活跃的 SREC 市场。图 18.2 显示了美国东部 SREC 市场的趋势。从 2009 年到 2011 年，新泽西州的 SREC 价格居高不下，这个面积又小、太阳光又不充足的州成为仅次于加利福尼亚州的第

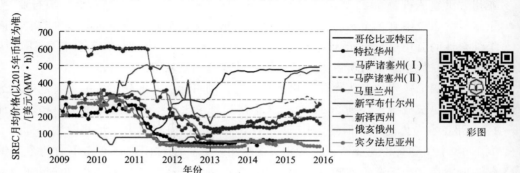

图 18.2　东部 7 个州和哥伦比亚特区的 SRECs
（来源：Barbose，Darghouth，2016）

二大太阳能州；截至目前，新泽西州仍是第四大太阳能州，占美国总产能的7%。自2012年以来，一些州的SREC价格有所下降，但马里兰州、马萨诸塞州、新泽西州和哥伦比亚特区的SREC价格为150～500美元/(MW·h)。解决方案18.1说明了SREC对太阳能系统经济性的影响。

解决方案18.1

我的SREC值多少钱？它如何改变我的太阳能经济情况？

2010年，我在弗吉尼亚州的两栋房子上自行安装了大约12kW的太阳能光伏，材料成本为5美元/W，扣除州退税和联邦税收抵免后为2美元/W（而现在价格要低得多，我可以在没有任何补贴的情况下以1.50美元/W的价格完成）。我对我的系统进行净计量，并向公用事业公司——阿巴拉契亚电力公司（Appalachian Power）以0.11美元/(kW·h)的价格支付电费，因此，我每生产1kW·h电就相当于节省了0.11美元。我在哥伦比亚特区SREC市场注册了这些系统（哥伦比亚特区在2011年之后将其市场限制在本特区内的安装，但我是在2010年注册的，当时它仍对弗吉尼亚州开放）。在2012年，我收到了一份为期5年的SRECs合同，价格为250美元/(MW·h)（减去5%的手续费），我接受了合同。我的系统每年发电约14MW·h。那么，在有SRECs前后，我的系统回报会有什么区别呢？

解决方法：

$$激励后系统初始总成本 = \frac{2\,美元}{W} \times 12kW \times \left(\frac{1000W}{kW}\right)$$

$$= 24000\,美元$$

$$布莱克斯堡地区太阳能系统年发电量 = P_{DC} \times 全日照时数/d \times 降低定额值 \times 365d/a$$

$$= 12kW \times \left(\frac{4.8h}{d}\right) \times 0.67 \times \left(\frac{365d}{a}\right)$$

$$= 14000kW \cdot h/a \ [来自式（11.5）]$$

$$每年节省电费 = \frac{14000kW \cdot h}{a} \times \left(\frac{0.11\,美元}{kW \cdot h}\right) = 1540\,美元/a$$

$$无SREC：静态投资回收期（SPP） = \frac{24000\,美元}{1540\,美元/a} = 15.6a$$

$$无SREC：投资回报率（ROI） = \frac{1}{SPP} = \frac{1}{15.6a} = 6.4\%/a$$

$$SREC\,收入 = \frac{14000kW \cdot h}{a} \times \left(\frac{MW \cdot h}{1000kW \cdot h}\right) \times \left(\frac{250\,美元}{MW \cdot h}\right) \times 0.95$$

$$= 3325\,美元/a$$

$$每年节省电费合计 = 1540\,美元/a + 3325\,美元/a = 4865\,美元/a$$

$$有SREC：静态投资回收期（SPP） = \frac{最初成本}{每年节省电费} = \frac{24000\,美元}{4865\,美元/a} = 4.9a$$

$$有SREC：投资回报率（ROI） = \frac{1}{SPP} = \frac{1}{4.9a} = 20.3\%/a$$

2017年3月，我的5年期合同[250美元/(MW·h)]到期了，我收到了一封电子邮件，邮件给了我一份新的3年期合同[2017年为470美元/(MW·h)，2018年为450美元/(MW·h)，2019年为430美元/(MW·h)，并减去了5%的费用]。我接受了这份合同。我的系统已经能自给自足了。在接下来的 3 年里，对于每 1kW·h 电，我将节省 11 美分/(kW·h)，SREC 收入 43 美分/(kW·h)，总计 54 美分/(kW·h)。14000kW·h 的话，每年总计 6000 美元。我没想到我的太阳能光伏系统这么会赚钱。现在，您应该已经了解 RPS 和 SREC 市场为何以及如何能够激励分布式太阳能了。

18.1.3.3 公益基金

公益基金（public benefit funds，PBFs）专门用于支持能效、可再生能源或研究与开发（R&D）。这些资金通常是通过对所有公用事业用户收取少量附加费［密尔/(kW·h)，1 密尔＝0.001 美元］来筹集的。20 世纪 90 年代末，许多公益基金是在公用事业公司重组的基础上建立的，目的是为那些没有得到竞争性电力市场充分支持的计划提供资金。在已设立公益基金的 22 个州和哥伦比亚特区中，有 16 个州和哥伦比亚特区资助可再生能源和能效，3 个州仅资助能效，3 个州仅资助可再生能源。另外 5 个州没有设立正式的公益基金，但有类似的公益基金，他们允许公用事业公司在账单中增加附加费以资助可再生能源和能效。清洁能源州联盟（Clean Energy States Alliance）由许多上述州的基金管理公司组成，旨在协调和分享他们在清洁能源技术开发和推广方面的经验。以下为几个州的例子：

① 康涅狄格州的公益基金收取 0.003 美元/(kW·h) 用于公用事业公司管理的能源效率，收取 0.001 美元/(kW·h) 用于非营利投资组织管理的可再生能源项目。

② 加利福尼亚州的公益基金为可再生能源收取 0.0016 美元/(kW·h)（2015 年总额为 1.3 亿美元），为能源效率收取 0.0054 美元/(kW·h)（2015 年用于电力效率的资助金额为 8.17 亿美元，天然气效率为 1.73 亿美元），为研发收取 0.0015 美元/(kW·h)（2015 年总额为 5500 万美元）（DSIRE，2017；C2ES，2017）。

③ 俄勒冈州的公益基金支持俄勒冈州能源信托基金（Energy Trust of Oregon），该基金为能源效率（2015 年为 1.48 亿美元）和可再生能源（1560 万美元）提供资金。

18.1.3.4 消费者和社区的选择

为消费者提供选择是美国促进竞争、降低价格和推动创新的方式。提供电力选择的三种方式分别是绿色定价、社区选择聚合和用户自发电。

为了增加消费者对电力资源的选择，各州、公用事业公司和第三方市场营销人员开发了一种称为绿色营销或绿色定价的方案。12 个州（新罕布什尔州、康涅狄格州、新泽西州、特拉华州、弗吉尼亚州、明尼苏达州、艾奥瓦州、科罗拉多州、新墨西哥州、密歇根州、华盛顿州和俄勒冈州）制定了要求公用事业公司向其零售客户提供绿色定价选择的法律或法规。在一些实行绿色营销的"重组"州，消费者可以选择他们购买的电力类型和来源。在其他州，公用事业公司为用户提供具有绿色价格溢价的可再生能源选择，以替代常规电力。尽管可再生电力不一定直接交付给付费用户，但公用事业公司证明，可再生能源发电量等于用户的购买量（C2ES，2017）。

在社区层面，社区选择聚合体（community choice aggregation，CCA）使地方政府能够整合单个用户的购买力，以确保整个社区范围内的能源供应合同，同时维持现有的电力供应商进行输配电服务。有 7 个州（马萨诸塞州、纽约州、俄亥俄州、加利福尼亚州、新泽西州、罗得岛州、伊利诺伊州）制定了 CCA 法律。2013 年，CCA 为 240 万用户确保了 $900 \times 10^4 MW \cdot h$ 的可再生电力。在大多数社区选择聚合体中，默认情况下用户是聚合体的一部分，但是他们可以选择退出（U. S. DOE，2017）（参见第 12.1.2 节）。

第三种用户选择是现场自发电，将在分布式能源资源中进行讨论。

18.1.3.5　分布式能源资源：需求侧管理

本书第 10 章专门介绍了分布式能源资源（DER），包括需求侧管理（DSM）、需求响应（demand response，DR）、能源存储和分布式发电（DG）。第 10 章主要讨论了技术问题，因此在这里将集中讨论政策问题。本节讨论 DSM（包括 DR），下一节讨论 DG（包括能源存储）。

如上所述，1978 年的《联邦国家能源节约法》授权和鼓励各州指导其监管的公用事业公司从事需求侧能源服务（包括负荷管理和能源效率）。几乎所有的州都要求公用事业公司进行最低成本规划，规划必须包括供应侧和需求侧两方面的选择（Eto，1996）。

DSM 计划是由公用事业纳税人资助的，这意味着该计划的成本已作为允许成本被纳入所有公用事业账单中，以提供能效服务（降低能耗）或需求响应（降低功率）。为了使 DSM 计划发挥作用，必须对公用事业公司和用户都予以激励。针对参与进来的用户，需要定价和资金激励措施，以便其投资能源效率和减少负载。而针对未参与的用户，则必须确保 DSM 成本不会提高其费率。IOUs 的利润必须与销售脱钩。在大多数受监管的电力和天然气公用事业市场费率结构下，公用事业公司的收入和利润取决于其生产和销售给用户的能源量，即所谓的吞吐量激励（throughput incentive）。而能效计划将使公用事业公司的销售和收入减少，从而使利润降低。因此，公用事业公司不愿制定节能计划。脱钩（decoupling）能够消除上述抑制因素，是一种旨在消除销售和收入之间关系的监管机制，脱钩方法有以下四种类型（C2ES，2017）：

① 收入上限脱钩。公用事业公司的最高允许收入由州公用事业委员会（PUC）设定，超过或不足的收费将通过费率调整予以退还或收回。

② 平均用户收入或固定用户费用允许对每个用户收取固定水平的费用，而不是在总销售额水平上进行收取，因此允许的总收入以一段时间内公用事业公司服务的用户数量为基础。

③ 固定成本调整类似于收入上限脱钩，但费率调整针对的是代表公用事业固定成本的销售比例。

④ 平均分配是通过固定成本费用将公用事业公司的固定成本平均分配给用户。根据用户使用的电量，仅向用户收取可变成本。

有 23 个州实行脱钩政策，其中有 14 个州用于电力和天然气公用事业公司，4 个州仅用于天然气公用事业公司，5 个州和哥伦比亚特区仅用于电力公用事业公司（参见加利福尼亚州案例）。

在过去的 25 年里，DSM 计划发生了巨大的变化。在 20 世纪 80 年代和 90 年代，DSM 计划属于公用事业的领域，但 90 年代中期的公用事业重组导致一些州实施公共福利基金收费作为提高效率的新资金来源。PBFs 建立了新的能效结构，既涉及公用事业管理计划，也涉及一些州的政府机构或独立第三方运行计划。但在 90 年代末，由于监管的不确定性和成本回收机制的丧失，DSM 资金仍在减少。随着重组运动的消退，州委员会将重点重新放在能源效率上。如图 18.3 所示，用于电力和天然气公用事业的支出从 1998 年的 9 亿美元上升到 2010 年的 39 亿美元，再上升到 2015 年的 77 亿美元。劳伦斯伯克利实验室的一项研究（Barbose，Darghouth，2013）估计，到 2025 年，电力和天然气能效计划的资金将增加到 156 亿美元，原因是主要州的全成本效益能效政策（all-cost-effective efficiency policies）、能效资源标准（EERS）目标的实现以及同行学习的影响。

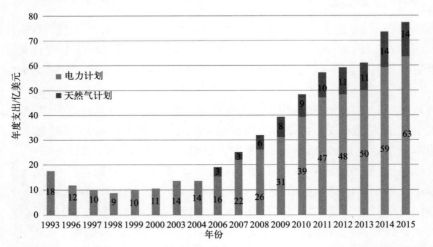

图 18.3　电力和天然气 DSM 能源效率计划年度支出。2006 年之前没有天然气数据
（来源：ACEEE，2016。经 ACEEE 许可使用）

随着支出的增加，节能量也在增加。图 18.4 描绘了 2005—2015 年需求侧管理每年实现的节电增量和峰值需求削减量。节电增量是指本报告年度各项措施实现的新节电量。需求侧管理措施是长期有效的，因此在随后的几年里，这些节电增量将继续累积。实际上，根据美国能源信息署（EIA）的计算，2015 年的节电增量为 26536GW·h，由此产生的全生命周期节电量将达到 307000GW·h（EIA，2016）。2017 年 ACEEE 州记分卡报告称，2016 年 DSM 支出和节能量与 2015 年大致相同。

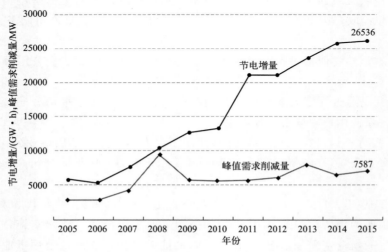

图 18.4　2005—2015 年美国 DSM 能源效率和需求响应的节电增量
（数据来源：ACEEE，2016；CEE，2016；EIA，2016）

　　2015 年的节电增量占零售总额的 0.7%。近三分之一的州通过需求侧管理每年至少节约 1% 的电力消耗。2015 年，加利福尼亚州、纽约州、伊利诺伊州和马萨诸塞州的节电增量最高，分别为 5.0GW•h（占销售量的 1.95%）、1.6GW•h（占销售量的 1.95%）、1.5GW•h（占销售量的 1.95%）和 1.5GW•h（占销售量的 1.95%）。其年度数据来源于 ACEEE 州记分卡（2016）、CEE 关于能源效率行业的年度报告（CEE，2016）和 EIA 年度报告（2016）。

　　ACEEE 认为，未来十年节电增量可能会继续增长，但从长期来看，由于新的联邦效率标准、州建筑法规的完善以及 2020 年以后州效率目标的限制，节电增量的增长将会逐渐放缓。最好的机会属于东南部各州，与其他州相比，这些州的投资水平历来较低（ACEEE，2016）。

18.1.3.6　分布式能源资源：分布式发电和净计量

　　1978 年的《公用事业管制政策法》首次要求公用事业公司购买当地发电厂生产的过剩电力，但公用事业公司只能根据购买所避免的成本（即"可避免成本"）来支付费率。这些费率普遍较低，对分布式发电的投资通常起不到激励作用。但一些公用事业公司尝试对现场发电的零售客户进行简单的净计量，2005 年的《能源政策法案》要求各州考虑将净计量作为补偿分布式发电所有者的一种选择。

　　如第 8 章和第 10 章所述，净能量计量（net energy metering，NEM）允许这些发电机通过电表侧的同步逆变器简单地接入发电机组。现场所发的电能根据需要为现场供电，但多余的电能会通过用户的零售电表反馈到电网，这实际上是将电表向后运行。每月的电表读数显示了发送到电网和从电网输送的电能，其差值为从电网汲取的净能量。用户要为净能量付费。现场发电机基本上是按其使用的电网电力或输送到电网的电力的零售价格支付的（参见图 11.22）。

　　2017 年，美国 38 个州和哥伦比亚特区（DC）（少于 2015 年的 42 个州）对某些公用事业（如 IOUs）有强制性的净能量计量规则；2 个州没有全州范围的授权，但对一些公用事业提供净能量计量；6 个州有除净能量计量以外的补偿规则。各州的净能量计量规则差别很大。各州按用户类型、公用事业类型、技术或用途来设置分布式发电的容量限制，总容量限值是特定时期或基准年公用事业高峰负荷或需求的百分比。各州采用不同的方法将每月净超额发电量（net excess generation，NEG）贷给用户。有 10 个州（加利福尼亚州、科罗拉多州、艾奥瓦州、密歇根州、伊利诺伊州、肯塔基州、阿肯色州、西弗吉尼亚州、特拉华州和新罕布什尔州）的 NEG 按零售利率计入贷项，且信用额不过期；有 18 个州的 NEG 每月按零售价计入贷项，在年底信贷会到期或降低到可避免成本费率；有 11 个州 NEG 的信贷额低于零售价，通常为可避免成本费率。

　　各州采取了净计量和相关的分布式发电互联政策，以增加可再生能源的发电量，支持新技术的部署，并为用户提供自行发电的选择。这一系列措施真的起作用了，特别是分布式屋顶太阳能光伏发电，它的装机容量从 2010 年的不足 2GW 增长到了 2016 年底的 15.4GW[参见图 2.17（b），第 11.1 节]。

　　净计量对分布式发电（DG）生产者/消费者（"产消者"）有很大的好处，包括直接为其过剩的发电提供市场，而不需要存储，同时在分布式发电系统不生产电力时，仍与电网和可靠的基本负荷相连，从而达到峰值发电。对于那些想要分布式发电但没有令人满意的地点或者没有能力为自己的系统融资的客户，许多州和公用事业公司已经将 NEM 扩展到通过"虚拟网络计量"参与异地社区太阳能发电的客户。客户拥有一个大型社区太阳能系统的股份，并根据其股份获得相应的发电量（参见第 18.2.4.5 节）。

由于渗透水平高，净计量已引起争议。几个州进行了"太阳价值"研究，结果好坏参半。在低渗透水平下，NEM 为客户和公用事业公司提供价值。但随着渗透水平提高，产消者的净能量为零，并有足够的能力满足其净使用量，拥有零售 NEM 的分布式发电可能无法支付其从公用事业获得的全部服务的成本。在假设客户需求正常的情况下，住宅客户通常会以美分/(kW·h) 来支付容量费率，该费率的计算涵盖了全部服务成本。公用事业的服务成本包括固定成本（发电容量、输电、配电、计费）和可变成本（燃料）。分布式发电 NEM 客户减少了容量（kW·h），并可能为其仍依赖的公用事业固定资产支付更少的费用。

RMI（2012）的图 18.5 对此进行了说明，该图显示了三个假设客户：没有分布式发电的传统客户、小型系统的分布式发电客户和净零能耗（zero-net-energy，ZNE）客户。传统客户的使用和容量费就支付了全部的服务成本。分布式发电客户对公用事业电力的需求少得

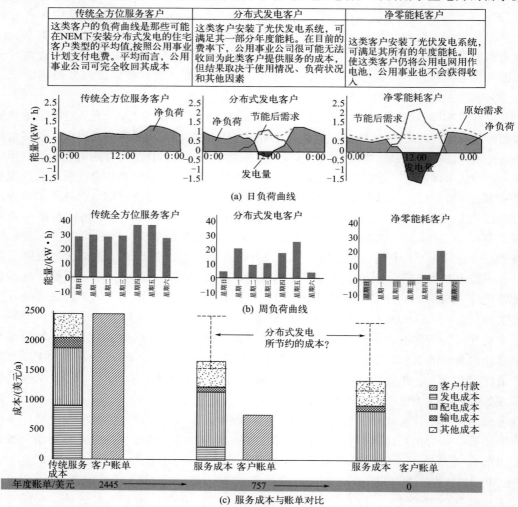

传统全方位服务客户	分布式发电客户	净零能耗客户
这类客户的负荷曲线是那些可能在NEM下安装分布式发电的住宅客户类型的平均值，按照公用事业计划支付电费。平均而言，公用事业公司可完全收回其成本	这类客户安装了光伏发电系统，可满足其一部分年度能耗。在目前的费率下，公用事业公司很可能无法收回为此类客户提供服务的成本，但结果取决于使用情况、负荷状况和其他因素	这类客户安装了光伏发电系统，可满足其所有的年度能耗。即使这类客户仍将公用电网用作电池，公用事业也不会获得收入

(a) 日负荷曲线

(b) 周负荷曲线

(c) 服务成本与账单对比

图 18.5　公用事业的噩梦：分布式发电、净计量、容量费率和公用事业服务成本。分布式发电用户从公用
事业获得的能源较少，但仍依赖电网供电和网络服务将电力输出到电网。在现有的容量费率结构下，
向分布式发电和净零能耗客户提供服务的成本可能无法收回（并且必须以更高的费率转嫁给那些
没有分布式发电的客户）。然而，这些费率结构也不承认分布式发电创造的全部价值
（来源：RMI，2012。经 Rocky Mountain Institute 许可使用）

多，支付的费用也少得多，甚至可能低于公用事业的服务成本。净零能耗客户不支付费用，但仍可获得公用电网服务。

在分布式发电的高渗透率下，为传统客户设计的容量费率结构将无法覆盖服务的总公用事业成本，因此费率必须提高，这给非分布式发电客户带来了负担，非分布式发电客户会对分布式发电客户进行交叉补贴。加利福尼亚州公用事业委员会（California Public Utility Commission）估计（CPUC，2013），到 2020 年，NEM 成本转移总额可能达到 11 亿美元。但现在容量费率有许多交叉补贴，比如从高用电量的消费者到低用电量的消费者，从城市消费者到农村消费者，他们都支付相同的费率，但服务成本却大不相同。CPUC 的研究还表明，NEM 产消者并未将其账单和"搭便车"费用归零，而是实际支付了其固定服务成本的 103％，高于非 NEM 的消费者，但低于使用太阳能之前成本的 154％，因为他们往往是用电量更高的消费者。此外，容量费率并不能完全反映分布式发电对公用事业的价值。在许多州，服务成本、容量费率、分布式太阳能发电的价值和净计量等问题引发了关于 NEM 和费率结构的争论。

18.1.3.7　公用事业、州响应和新商业模式的破坏性（颠覆性）挑战

然而以上这些并不是当今电力公司面临的唯一噩梦。爱迪生电力研究所（简称 EEI）2013 年破坏性（颠覆性）挑战研究报告描述了正在改变电力行业的技术和经济因素：分布式发电和其他分布式能源成本下降；对新分布式能源的关注度增加；消费者、监管部门和政党对需求侧管理的兴趣增强；激励这些技术的政府计划；天然气价格下降；经济和电力增长放缓；以及许多地区的电价上涨（EEI，2013）。

许多人认为这是传统公用事业公司的潜在死亡螺旋。随着电价上涨，太阳能和需求侧管理价格下降，导致更多的客户采用分布式发电和需求侧管理，从而减少了公用事业收入，因此电价不得不上涨，反过来导致更多客户采用分布式发电和需求侧管理，从而电价进一步上涨，所以一些分布式发电扩大了存储量并开始"背叛电网"（Costello，Hemphill，2014；Satchwell et al.，2015；RMI，2014）。但这对大多数人来说都不是好事，公用事业、州监管机构和客户需要找到一条将分布式发电整合到电网中的途径，并使各方都能受益。

公用事业（以及电网运营商和监管机构）除了承担服务成本外，还面临着分布式发电的另一个问题。整合可再生能源，特别是小型屋顶系统在配电网中的高度渗透，给电网的供需平衡带来了艰巨的挑战（图 10.1 和图 10.2）。这最好用"鸭型曲线"（图 10.3）来表示，太阳能的高穿透力会在午后产生过高的发电量，并逐渐上升形成陡坡，在傍晚达到更高的峰值。这可能会产生削减太阳能，以及提高产能以满足需求的挑战。解决这一问题的办法包括需求响应、电力存储和时变费率，以使需求波动和鸭型曲线趋于平坦（第 10.2.2 节）。

但在 2015—2017 年间，各州委员会关注的焦点一直是破坏性挑战，特别是净计量。这已经成为政治问题，特别是在一些太阳能分布式发电普及率高的州。2016 年，有 28 个州考虑或颁布了净计量政策的变更，有 35 个州讨论增加所有客户的固定费用，有 10 个州考虑屋顶太阳能的特定收费，有 16 个州讨论太阳能和分布式发电的价值。2017 年，这一步伐加快了，大多数公用事业行动都要求取消对分布式发电客户的净计量或增加其固定费用，并且州监管机构和立法机关中存在这样一种趋势：基于对太阳能和分布式发电价值的详细研究，从简单的净计量走向分布式发电补偿（NCCETC，2017；查看 NCCETC 季度报告）。以下是一些州行动的例子：

① 作为对 2015 年立法法案的回应，2015 年内华达州公用事业委员会终止了新的和现有分布式发电的净能量计量，并以较低的上网电价和较高的费用代替了该标准。两家大型太阳能第三方购电协议公司退出了该州。经过一年的诉讼和政治辩论，内华达州公用事业委员会针对现有分布式发电（2015 年法案之前安装的）恢复了净能量计量。2017 年，AB 405 法案颁布实施，将超额产能的信用额度从可避免成本提高到零售额的 95％，达到产能阈值后，这一比例将降低到 75％。

② 2015 年，夏威夷州公用事业委员会对新分布式发电停止了净能量计量，并设置了两种不同的上网电价政策：带储能分布式发电的高"自供电"费率和不带储能分布式发电的低"电网供电"费率。公用事业公司在 2016 年达到了电网供应的上限，因此对于新分布式发电来说，自供电是其唯一的选择。

③ 2016 年，亚利桑那州的三家 IOUs 要求更改 NEM 和住宅需求费用以及更高的固定费用。公用事业委员会决定对新分布式发电终止其净能量计量，并用上网电价代替，上网电价是根据太阳能的价值来决定的，最有可能是基于公用事业公司为公用事业规模的太阳能所支付费用的"资源比较代理"。

④ 2016 年，加利福尼亚州保留了零售净能量计量，并将在 2019 年采用分时电价（time-of-use rates）。2016 年，太平洋燃气及电力公司（PG&E）和圣迭戈燃气及电力公司（SDG&E）达到了其 NEM 上限（5％的峰值需求），并转向了"NEM-2"系统，该系统收取 145 美元的连接费和来自电网的电力附加费。

2017 年，明尼苏达州公用事业委员会批准到 2020 年将碳的社会成本从 0.44～4.53 美元/吨提高到 9.05～43.06 美元/吨，这很可能会用于该州的太阳能补贴值（Value of Solar Tariff，VOST）。目前，客户可以在 NEM 与 VOST 之间进行选择。明尼苏达州的太阳能支持政策适用范围扩展到了 2014 年建立的社区太阳能虚拟净计量规则。截至 2017 年 8 月，该州有 100MW 的社区太阳能项目正在运行（相当于全美其他地区的总和），另有 400MW 的项目正在开发中（ILSR，2017）。

大多数州的行动都解决了公用事业单位的服务成本回收问题，这是通过用净计量代替容量费率来实现的。共有以下三种选择：

① 固定费用（fixed charges）：NEM 客户支付较高的固定费用，以支付公用事业固定资源（例如输配电）的成本。

② 需量电费（demand charges）：根据一个时间间隔（如 15～30min）内的月平均最高需求，对一些 NEM 客户收取费用。

③ 时变费率（time-varying rates）：先进的计量基础设施使分时电价、可变峰值定价、临界峰值定价和实时定价成为可能（参见第 10.4 节）。

公用事业一直推行收取固定费用，因为固定收费是最容易实施的，但由于其有些武断并抑制了分布式发电的增长，固定费用面临着越来越多的反对声音。需量电费也是有争议的。人们正在形成一种共识，即不管是对分布式发电还是对所有客户而言，时变费率才是最有效的费率结构。它反映了服务的公用事业成本，提高了固定成本回收率，激励了需求响应和存储，促进了太阳能并网，并有助于解决关于 NEM 的争论（Darghouth et al.，2015；RMI，2014）。

但费率结构本身并不能解决公用事业的破坏性挑战。许多公用事业公司和爱迪生电力研究所的研究提出了两种方法：通过修改导致这些挑战（例如 NEM、费率结构和成本回收不确定性）的州政策来应对这些挑战，或者通过修改商业模式以利用这些变化带来的机遇来接受它们。

有几项研究对传统公用事业商业模式的可行性提出了挑战，这些商业模式基于不断增长的需求和对集中化技术的资本投资来满足需求，并为未来提出了新商业模式（GTM，2015；RMI，2012，2013；ACEEE，2014；MIT Energy Initiative，2016）。RMI描述了三种可供选择的商业模式（参见表18.4），它们可以服务于所谓的"分配边缘"，或公用事业公司的配电系统以及在客户处或附近的DER资产、控制系统和终端使用技术之间的接口。前两种模式（DER调度器和金融公司）涉及公用事业的分销，第三种模式通过独立的网络运营商将分销与供应分开，类似于ISO（RMI，2013）。

表18.4　落基山研究所：针对分配边缘的新的公用事业商业模式

模式	描述	利与弊
分布式资源综合管理器（DER调度器）	综合电力公司进行同行评审的最低成本规划过程，以评估满足系统要求的备选方案，包括电力投资和第三方提出的DER解决方案	利：① 在现有的商业模式中使用激励性法规，因此实现的过渡路径比其他替代方案更简单 ② 可以激励DER部署，以获得最大的系统效益 弊：对分配系统的成本建立足够的透明度，在替代解决方案之间进行权衡，这些仍然是个挑战
分布式资源金融聚合器（DER金融公司）	配电公司为投资DER的客户提供账单融资，并为DER客户提供新的费率结构，旨在收回电力分布式服务的成本以及交付给系统的DER价值	利：可以在综合电力公司的传统结构内运作，并且对市政公用事业特别有吸引力 弊：虽然有很多吸引人的理由，但做为支持流通式融资模式的安排可能难以实施
独立配电网运营商（DNO）	公共电力部门的配电职能仍然是受监管的垄断业务，与供电职能是分离的。配电公司为DER开发人员制定了定价和基于市场的激励措施，以降低分销成本	利：可以支持高水平的创新，为DER集成创造新的方法 弊：将配电职能从零售层面的供电职能中分离出来，实现向DNO的转变，需要进行深远的结构变革

来源：RMI，2013。

这些新模式的测试平台通过州监管委员会运行，它们或者响应了公用事业的提议，或者响应了委员会的倡议。这在几个州都有发生，最著名的是加利福尼亚州、纽约州、夏威夷州、马萨诸塞州和明尼苏达州，其中加利福尼亚州和纽约州的行动将在下面的案例研究中进行描述。

18.1.4　州能源政策案例：马萨诸塞州，纽约州，加利福尼亚州

（1）马萨诸塞州　《2008年全球变暖解决方案法案》（The 2008 Global Warming Solutions Act）中对全州范围的温室气体排放上限进行了设定，要求2020年要比1990年低10%～25%，2050年将减少80%。《2010年清洁能源和气候计划——2020年》（The 2010 Clean Energy and Climate Plan for 2020）将2020年的温室气体排放上限设定为25%，并制定了相应措施。在此过程中，由于该计划的制定及实施，马萨诸塞州成为美国清洁能源政策的领导者。图18.6显示2010年规划部门可实现温室气体减排27%，优于25%的目标。建筑物是最大的减排来源（9.8%），其中大部分来自2008年的《绿色社区法案》（Green Communities Act，GCA），该法案要求公用事业规划部实施"所有具有成本效益的能源效率"

用于公用事业需求侧管理。供电行业将减排 7.7％，主要来自清洁能源进口（5.4％）和扩大的 RPSs（1.2％）。交通运输行业将贡献 7.6％的减排，主要来自联邦车辆效率标准。

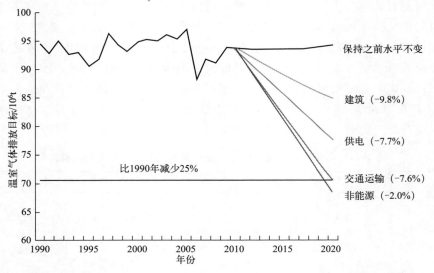

图 18.6　《2010 年清洁能源和气候计划——2020 年》中马萨诸塞州各行业温室气体排放目标（来源：Massachusetts，2015）

　　该州根据 GCA 的要求，在 2010 年计划的基础上补充了随后 3 年的电力和天然气能效计划。《2013—2015 年计划》和《2016—2018 年计划》均是由该州约 15 家电力和天然气公用事业公司（即所谓的计划管理员）共同制定的。这种高水平的公用事业参与度确保了购买和实施，并使马萨诸塞州的方法独一无二。《2016—2018 年计划》将导致零售电力销售减少 2.5％，其计划预算为 18 亿美元，终身节约成本为 0.05 美元/（kW·h）；零售天然气销售减少 1.1％，其计划预算为 6.23 亿美元，终身节约成本为 0.62 美元/撒姆。2016—2018 年的新公用事业措施包括为租户和多户住宅单元进行建筑改造、小型企业倡议以及更好的数据、评估和规划工具（Massachusetts，2015）。

　　（2）纽约州　《纽约州能源计划》设定了 2030 年的宏伟目标：可再生能源发电量占 50％，建筑能耗比 2012 年降低 23％，温室气体排放比 1990 年减少 40％。该计划与库莫州长 2014 年提出的《改革能源愿景》（Reforming the Energy Vision，REV）相协调。REV 是一项能源现代化倡议，旨在从根本上改变该州的电力分配和使用方式。REV 旨在通过改善电网，使客户能够减少能源需求，并利用技术和竞争性市场提高效率，减少排放和公用事业费用，同时保护环境和促进经济增长，从而创建一个更清洁、更高效和更经济的能源系统。

　　尽管《纽约州能源计划》涵盖了 40 多个跨能源部门的项目，但 REV 的重点是电力公用事业部门。它正在创建一个平台，以提供基于市场的可持续能源产品和服务（包括将 DER 作为核心资源）。该平台将以市场为导向，以客户为中心，而且透明、协作。由于 REV 对其他州倡议的广泛影响，它被授予了公用事业部门（Utility Dive）的"年度颠覆性想法"（Disruptive Idea of the Year）奖。

　　通过 REV，纽约州的公用事业公司正在将自己转变为平台企业，在网络边缘拥抱而不是抵制技术创新和合作。这将创造更多的资本和更高的运营效率、更高的消费者价值，以及更智能、更清洁、更有弹性的网络（Audrey Zibelman，纽约公用事业部首席执行官，2016

年 11 月 29 日)。

REV 涉及作为分布式系统平台 (Distributed System Platform，DSP) 提供商的分布式公用事业，类似于 RMI 的 DER 调度器/DER 金融公司模型 (表 18.4)。REV 可能启动的项目类型之一是 ConEd 提议，该提议是用 2 亿美元的客户、公用事业 DSM 投资和 3 亿美元较小的升级来代替 10 亿美元的变电站升级 (Hansen，Stein，2014)。

(3) 加利福尼亚州　加利福尼亚州拥有最全面、雄心勃勃的州能源和气候保护计划，该计划植根于行政、立法和选民公投行动中。加利福尼亚州人口接近 4000 万，彭博社称之为"世界上最具多样性和活力的经济体"(其 GDP 在国内生产总值中排名第六，2015 年的增长率为 3.3%)。加利福尼亚州在美国能源政策方面处于战略地位，并且自 20 世纪 70 年代以来一直处于领先地位。自 2000 年以来，加利福尼亚州更加积极地向清洁能源过渡，这对于一个如此庞大和多样化的州而言前景复杂。

加利福尼亚州在能源政策和计划制定方面有着悠久的历史，由以下三个机构主导：

① 加州能源委员会 (California Energy Commission，CEC) 成立于 1976 年，旨在预测能源需求，通过器具和建筑标准提高能源效率，开发能源技术和可再生能源。CEC 资金来源于对单位用电量收取附加费 0.22 密尔 (0.00022 美元)，即平均每月电费增加 12~14 美分。CEC 年度预算为 4 亿美元，拥有 550 名员工。CEC 必须两年编制一次《综合能源政策报告》(Integrated Energy Policy Report，IEPR)，评估主要能源趋势和问题，并提出相关建议。

② 加州公用事业委员会 (CPUC) 监管那些投资者所有的电力和天然气公用事业公司。它在 1978 年和 1982 年分别为燃气和电力公用事业公司制定了 DSM 能源效率计划，这是美国最早的计划之一。CPUC 采用了销售与效率脱钩计划，以确保即使 DSM 能源效率计划使销售额减少，公用事业公司仍能保持其预期收益。

③ 空气资源委员会 (Air Resources Board，ARB) 领导实施《全球变暖解决方案法案》(简称 "AB32 法案")，以在 2020 年实现该州 1990 年水平的温室气体减排任务，并在 2030 年实现比 1990 年水平降低 40% 的目标。加州自然资源署 (California Natural Resources Agency) 是气候变化适应倡议的牵头机构。

该书英文版网站提供了 1975 年至 2016 年加利福尼亚州能源法规和命令的概述和年表。

CEC 两年编制一次《综合能源政策报告》(IEPR)(CEC，2017)，评估主要能源趋势，并提供政策建议，以节约资源、保护环境、确保可靠和安全的能源供应、改善经济、保护公众健康和安全。应对气候变化是加利福尼亚州能源政策的基础，法律规定到 2030 年，加利福尼亚州的温室气体排放量要比 1990 年减少 40%。加利福尼亚州拥有全美最雄心勃勃的 RPS，如果参议院法案 100 最终通过，到 2030 年加利福尼亚州可再生发电配额要达到 50%，到 2045 年达到 100%。但加利福尼亚州坚持认为能源效率是实现这些目标的关键，这也是 2015 年 IEPR 的重点。详情请查看于 2018 年 1 月发布的 2017 年 IEPR。

加利福尼亚州的能源效率计划由许多部分组成，包括：

① 新建建筑的效率标准：2016 年 "Title 24 标准" 中的效率比 2013 年标准高 28%，并有望在 2020 年前实现低层住宅净零能耗。

② 联邦标准未涵盖的设备 (如电子设备) 的器具效率标准。

③ 由 CPUC 进行管理、公用事业纳税人资助的用电 DSM 计划 (参见下文)。

④《清洁能源就业法》(Clean Energy Jobs Act)(2012 年) 由公司税资助，对学校进行

能效升级。

⑤《现有建筑物能源效率行动计划》（Existing Buildings Energy Efficiency Action Plan）（2015 年）包括全州范围的基准和披露、地方政府创新资金、将能源法规应用于现有建筑升级、家庭能源评级系统（Whole House Home Energy Rating System，HERS）绩效评估和效率融资机制。

电力行业脱碳需要向集中式和分布式可再生能源转型，同时确保可靠性和成本竞争力。主要措施包括：

① RPS 要求到 2020 年合格的（非大型水力发电）可再生能源发电达到 33%，到 2030 年达到 50%。2017 年，参议院法案 100 本应将 2045 年的 RPS 提高到 100% 的可再生能源（包括水力发电），但大会推迟了这一计划。2016 年，可再生能源占 27%，有望实现 2020 年的目标。加利福尼亚州的非水力可再生能源发电（27GW）居全美首位，太阳能发电量（13GW）排名第一，风能发电量（6GW）排名第二，地热发电量（2GW）排名第一（参见图 18.7）。加利福尼亚州有一半的太阳能发电是分布式自发电（distributed self-generation）。

② 由纳税人资助的太阳能激励计划于 2006 年建立，包括 CEC 用于新建建筑太阳能的新太阳能家庭伙伴计划（New Solar Home Partnership，NSHP）、CPUC 用于改造的加州太阳能倡议计划（California Solar Initiative，CSI）和市政公用事业社区太阳能计划。CSI 的目标是到 2016 年家庭太阳能发电容量达到 3GW，但在 2015 年这一目标已经超额完成了，资金也被耗尽了。对于 NSHP 的 360MW 的目标，2016 年完成安装了目标的 55%。加利福尼亚州共有 61 万个自发电项目，总容量为 5.1GW，其住宅光伏发电量占全美住宅光伏发电总量的 40%，非住宅发电容量占全美非住宅发电容量的 50%。

③ 将间歇性可再生能源纳入电网会带来重大问题，而加利福尼亚州正在通过区域市场打造新的方法，该市场通过加利福尼亚州 ISO 来平衡供需和目标效率、需求响应、分时电价、更多样化的可再生能源组合、能源存储以及输电规划。

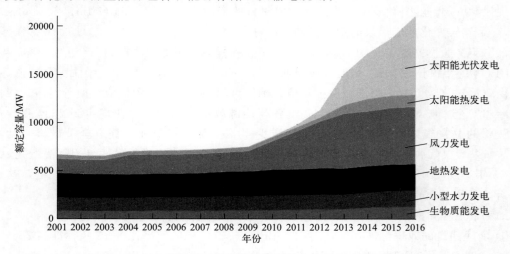

图 18.7　2001—2016 年加利福尼亚州按资源类型划分的 RPS 容量（来源：CEC，2016）

加利福尼亚州以汽车文化而闻名，交通运输是其最大的温室气体（占 37%）和空气污染物来源。因此，建立一个低碳运输系统是实现温室气体减排目标面临的挑战。

加利福尼亚州州长的目标是到 2030 年石油使用量减少 50%，到 2025 年零排放车辆达到 150 万辆，并通过低碳燃料标准和碳排放限额交易计划提高货运效率。尽管如此，CEC 运输需求预测显示，到 2026 年汽油和柴油仍是其主要的运输能源。

加利福尼亚州公用事业 DSM 计划是其能源效率政策的关键要素。如前所述，加利福尼亚州是一个早期就实现了销售与效率脱钩的州。能源效率（Energy Efficiency，EE）被视为一种采购资源。IOUs 必须首先满足那些一开始未被满足的资源需求，这可通过一切可用的能源效率和降低其能源需求的措施来实现，但前提是上述措施必须是成本效益高的、可靠和可行的。CPUC 为所有 IOUs 设定了目标，能源效率计划支持能效行业的市场转型，其实施依赖于"大棒和胡萝卜"政策：

① 大棒政策：IOUs 必须满足 CPUC 批准的节能目标和投资组合预算。投资组合必须具有成本效益，并且 20% 的预算必须交给通过竞争性投标选择的第三方实施者。

② 胡萝卜政策：效率节约和绩效激励（Efficiency Savings and Performance Incentive，ESPI）为 IOUs 创造了效益。2013 年，ESPI 取代了风险/奖励激励机制。它提供的激励（IOUs 收益）主要基于能效资源节约（71%）和事前绩效（24%），上限约为 1.8 亿美元，或占 2014 年 14 亿美元能效预算总额的 11%，即 1.54 亿美元。

从 2006 年到 2014 年，纳税人资助的能效计划提供了 18 亿美元的总资源成本净收益（总资源成本净收益＝公用事业资源节约额－计划和参与成本）。

18.2　社区能源规划与政策

社区能源规划与政策主要是针对城市和社区，它们消耗了大量的能源，因此需要向清洁能源转型过渡。地方政府通过建筑法规，以及在房屋、土地使用规划、运输和运输网络发展方面的传统权威性，一直处于提高建筑物、土地使用和运输领域能源效率的战略地位。在世界许多地方，市政府、社区领袖、公民团体和投资者已经制定了能源和气候保护计划，以补充积极的州和联邦能源政策，并替代那些有局限性的政策。

欧洲城市具有悠久的追求能源效率的传统，最近正发展更广泛的分布式和可再生能源。在过去的二十年中，许多美国城市同样也一直在实施相关的计划，其中大多数行动主要集中在建筑物、区域能源、分布式发电、土地利用、可持续交通和运输系统方面。社区能源和气候变化已成为一项国家和国际行动。在过去的十年中，一些组织建立起了富有成效的城市之间的交流网络，用来交流和学习彼此的成功经验，以及非生产性的经验（侧栏 18.2）。本节首先介绍国际社会能源活动，之后重点关注美国城市及其能源和气候变化政策。

18.2.1　关于社区能源规划与政策的国际视野

全球经济与气候委员会（the Global Commission on the Economy and Climate）在其 2014 年的《新气候经济》报告中将城市、土地利用和能源确定为未来几十年需要通过资源效率、基础设施投资和创新来实现转型的三大经济体系。对于报告中的城市，委员会建议通过鼓励更好地管理好城市发展，并优先投资于高效、安全的公共交通系统，使联系紧密的城市成为城市发展的首选形式。紧凑型城市和扩张型城市在交通方式等方面有显著差异，例如，人口几乎相等的亚特兰大和柏林具有不同的城市形式和密度，以及对私人交通的依赖。

欧洲引领着社区能源倡议的国际努力。许多欧洲城市是侧栏 18.2 中讨论的能源交换组织/网络的一部分。欧洲城市一直是社区能源规划和政策的传统领导者，其原因有以下四点，同时它们有很多值得世界其他地方借鉴的城市能源和气候效率的相关经验：

① 从历史上看，欧洲的高能源价格策略，为提高能效提供了长期的经济激励。

② 欧洲已经发展了对气候保护和环境管理的政治和文化上的认同和接受，这对于未来的经济和生活质量是必不可少的。

③ 欧洲的地理和文化适宜于紧凑的城市发展模式，这促进了热电联产（CHP）和区域供热、步行和自行车出行的广泛使用，促进了连接城内和城际系统的、集成、高效率、有成效的公交网络。

④ 欧洲城市在节能、可再生能源和气候保护方面受到省、国家层面和欧盟指令的明确和一致的要求和激励。美国已经引入了欧盟雄心勃勃的 20/20/20 气候计划，该计划旨在到 2020 年将温室气体排放在 1990 年水平的基础上减少 20%，并将能源消耗中的可再生能源份额提高到 20%，提高 20% 的能效。这些指令要求执行国家指令和激励措施，从而为省级和社区能源计划制定一致且积极的清洁能源政策。

侧栏 18.2

分享城市能源经验并促进相互学习的交流网

世界各地的城市都制定了创新的能源、气候行动和可持续性计划，一些协作组织也致力于促进城市间的学习，以交流先进的做法和经验。以下是一些值得关注的交流网。

① C40 城市气候领导联盟。包括 70 个城市，其中包括 44 个特大城市，19 个"创新型城市"和 7 个"观察者"城市。该组织成立于 2006 年，是克林顿气候倡议的一个项目，由伦敦市长肯·利文斯通（Ken Livingstone）领导，后来发展成为 C40 城市气候领导联盟。C40 代表 8% 的世界人口以及 18% 的全球 GDP。利用地方市长的力量，这些城市已采取了 8000 多种行动来应对气候变化。2012 年，该联盟宣布 C40 城市的现有行动将在 2020 年之前将温室气体年排放量减少 2.48 亿吨，并有可能在 2030 年之前减少 10 亿吨以上。2014 年，C40 与世界资源研究所和国际地方环境倡议理事会共同发布了有关社区温室气体排放清单的会计和报告协议（C40 Cities, 2016）。

② 能源城市协会。它是欧洲地方政府能源转型的一个协会。该协会成立于 1990 年，代表 30 个国家的 1000 多个城镇。通过该协会的努力，在欧洲和中国分发了"城镇能源转型的 30 条建议"。这些建议以创新方法和开创性做法为基础，为城市常见的问题提供了实用的答案。该协会提供了将近 100 个实施建议的地方实例（Energy Cities, 2016）。

③ 欧洲可持续城市组织。欧洲城市经验的交流中心，该交流中心于 1994 年在丹麦奥尔堡举行的第一届欧洲可持续城市大会上发起并实施《奥尔堡宪章》。有来自 40 个国家和地区的 3000 多个地方政府签署了该宪章。

④ 可持续城市：长期城市可持续性合作伙伴组织（PLUS Network）。位于加拿大温哥华，包括加拿大 20 个城市和地区以及全球其他 20 个城市和地区。该组织主要应用机构学习技术来促进城市间的学习。

⑤ 加利福尼亚绿色城市群。是该州 16 个先进城市的集合体，提供 7 类可持续发展政策的最佳实践，包括可适应当地使用的能源。

⑥ "发电站近零能耗"挑战。由欧洲住房联盟（欧洲公共、合作和社会住房联合会）发起，以协助欧盟各成员国朝着接近零能耗的建筑物努力。该倡议提供了社会住房领域从业者之间的泛欧知识交流，相互学习"雄心勃勃"的能源绩效法规的实际含义和成本，并向决策者提供信息。

欧洲城市能源规划和政策的例子很多，例如鹿特丹、斯德哥尔摩、哥本哈根、奥斯陆、伦敦、慕尼黑、弗赖堡、曼海姆、苏黎世和巴塞尔等。完整的清单太长了，所以在此仅描述三个有组织的项目（能源城市、市长之约、2000 瓦社会）和一些城市能源概况作为介绍欧洲社区能源计划运动的最好方式。

① 能源城市运动的重点是治理和过程导向。该组织的目标是利用其原则和《想象低能耗城市手册》，使每个欧洲城市制定本地到 2050 年的能源路线图。该手册重点介绍了地图上显示的八个"想象中的试点城市"。例如，慕尼黑通过了 2050 年协会制定的 2000W 目标：能源使用量为 2000W/人，化石能源使用量为 500W/人，CO_2 排放量为 1t/人。策略侧重于高效的新建和现有建筑物，可再生能源产生的电和热的比例为 100%，智能出行，可持续的消费者行为以及绿色经济计划（Energy Cities，2016）。

② 市长之约是欧盟的主流倡议，旨在改善社区生活质量，同时为欧盟 20/20/20 气候计划的气候和能源目标做出贡献。超过 6100 个地方当局签署了该公约，还有 4100 个地方制定了可持续能源行动计划（SEAP）。可持续能源行动计划（SEAP）遵循一个具有"基准排放量清单"的迭代过程，制定和提交行动计划（SEAP），实施、监测和提交实施报告。第一轮可持续能源行动计划（SEAP）表明签署城市 CO_2 排放为 5.5t/人，该计划旨在到 2020 年将 CO_2 排放量减少 28%（Covenant of Mayors，2016）

③ 2000 瓦社会于 1998 年在苏黎世的瑞士联邦理工学院首次建立。该运动的目标是使每个公民平均消耗 2000W 的能量，即约 48kW·h/d 和 17500kW·h/a。2000W 的能源消耗量等于 1998 年的世界平均水平。当时，瑞士公民的平均能耗约为 6000W，美国公民的平均能耗约为 12500W。关于 2000 瓦社会更多内容可参见本书英文版的网站。

18.2.2　北美城市展示了地方能源规划的可能性

美国和加拿大许多城市也积极参与解决能源和气候问题。影响地方行动的主要问题包括外部因素和内部因素。外部因素如能源价格和支出、联邦和州的资助机会、对联邦和州政策缺失的反应；内部因素如地方倡导解决的能源和环境问题、民选官员以及可用的资金。美国的社区能源计划可以追溯到 20 世纪 70 年代的"能源危机"。早期的创新者包括：俄勒冈州的波特兰市，该市于 1979 年制定了第一个综合能源计划；西雅图市的市政公用电力需求侧管理（DSM）计划；加州的戴维斯市制定了一部严格的能源建筑规范，该规范成为州级规范的典范。

联邦政府在 20 世纪 70 年代资助了开展综合社区能源管理计划试点的九个城市。一些城市尝试了市政能源管理、建筑能源法规和销售时间能源标准，住宅能源审计-改造融资计划以及太阳能公用事业等计划。但能源价格在 80 年代下降时，政府对社区能源的兴趣减弱了。

阻碍地方能源计划开发和实施的问题主要包括：对消费品或行为的控制、能源专业知识、财力以及对能源计划的政治支持都有限。整个 80 年代，与传统的地方当局有关的建筑法规和许可、土地使用法规、交通和市政公用事业计划等方面取得了一些进展（Randolph，1981，1988；Kron，Randolph，1983）。

在过去的二十年中，美国和加拿大的地方能源计划开始复兴，尤其随着其已与 2000 年后的气候行动计划联系在一起。2009—2011 年，《美国复苏与再投资法案》（ARRA）能源刺激计划拨出了 30 亿美元的联邦资金作为地方能源效率和节能整体拨款计划的资金来源，以及其他可持续社区规划补助金。能源或气候行动计划和项目值得关注的城市包括波特兰、西雅图、纽约、芝加哥、明尼阿波利斯、旧金山、洛杉矶、波士顿、温哥华和多伦多以及中型城市博尔德、奥斯汀（得克萨斯州）、阿灵顿（弗吉尼亚州）、圭尔夫等。

城市通过社区参与过程制定了三种类型的相关计划：

① 社区能源计划的重点是市政和社区能源计划和项目，以提高效率和分配能源。

② 气候行动计划的重点是减少温室气体排放，这些排放主要来自用于建筑物、电力和运输的碳能源，但也来自废物管理等其他来源，在某些情况下还来自与食品和材料消耗有关的间接来源。

③ 可持续发展计划通常包括能源和气候保护等部分，还包括废物管理、当地粮食生产、雨水管理、土地保护、气候适应和恢复力以及其他可持续性目标。

18.2.3 哪个美国城市处于领先地位？ ACEEE 城市能源效率记分卡

像国际和州记分卡一样，ACEEE 也会编制两年一度的美国城市能效记分卡，对美国 51 个最大城市的行动进行评估和排名。2017 年第三版的城市记分卡审查了城市的能源效率政策和绩效（不包括可再生能源）。主要指标包括地方政府运营的政策和绩效、社区举措、建筑政策、能源和水务公用事业以及交通政策，每项都包含 4～7 个因素，分数为 10～28 分。每个城市的总分最高为 100 分。以下是每个标准的首要考查因素和分配的分值：

① 地方政府运营（10 分）：效率目标（4.5），采购和建设政策（3），资产管理（2.5）。

② 社区范围的举措（12 分）：效率目标（7.5），区域能源和热电联产（2），城市热岛缓解（2.5）。

③ 建筑政策（28 分）：高效建筑的要求和激励措施（8），建筑法规严格性（8），法规遵从情况（6），基准、评级、透明度（6）。

④ 能源和水务（20 分）：供水服务的工作效率（5），低收入和多户家庭计划（4），电力效率支出（3），天然气效率支出（1.5），节电（3），节约天然气（1.5），能源数据提供（2）。

⑤ 交通政策（30 分）：区位效率（6），模式转换（6），交通（5），可持续交通计划（4），高效车辆（3），货运（3），面向交通发展的社会福利住房（3）。

表 18.5 展示了 2017 年 ACEEE 城市记分卡排名前九的城市的具体得分。排名前五的城市分别是波士顿、纽约、西雅图、洛杉矶和波特兰。纽约和波特兰市在地方政府运营中名列前茅，奥斯汀和明尼阿波利斯在社区举措中名列前茅，波士顿在建筑政策、能源和水务公用事业中名列前茅，波特兰市在交通运输政策中名列前茅。自 2015 年记分卡实施以来，洛杉矶、波特兰和丹佛的进步最大。

表 18.5　2017 年 ACEEE 城市记分卡

等级	城市	州	地方政府运营（10）	社区范围的举措（12）	建筑政策（28）	能源和水务（20）	交通政策（30）	总分（100）	自 2015 年以来的得分变化
1	波士顿	马萨诸塞州	8.5	9	26	20	21	84.5	2.5
2	纽约市	纽约州	9	8.5	25	13	24	79.5	1.5
3	西雅图	华盛顿州	11	7	23	14.5	19.5	75	9.75
4	洛杉矶	加利福尼亚州	8.5	10	25.5	14.5	18	76.5	25
4	波特兰	俄勒冈州	9	11	17	15	24.5	76.5	10
6	奥斯汀	得克萨斯州	8	12	25.5	12	17.5	75	12.5
7	芝加哥	伊利诺伊州	7	9	18.5	16.5	20.5	71.5	2
8	华盛顿	华盛顿特区	8	12	20	12	19	71	−5.5
9	丹佛	科罗拉多州	9	8	19.5	16	18	70.5	12
9	旧金山	加利福尼亚州	6	10	19.5	17	18	70.5	−5

资料来源：ACEEE，2017。

18.2.4　社区清洁能源倡议

以下分别介绍城市推行的清洁能源倡议的类型和示例。其中包括社区范围的计划、新建和现有建筑的效率、公用事业伙伴关系、分布式发电（包括社区太阳能、区域能源和热电联产）、运输措施（包括区位效率、模式转换和运输）。

18.2.4.1　社区范围的能源和气候保护计划

社区能源计划最初于 20 世纪 70 年代在美国城市中开始实施，80 年代进入休眠状态，随着更多城市开始进行气候保护，该计划在 2000 年后又恢复了活力。超过 1000 个城市的市长签署了《美国市长会议气候保护协议》，以制定减少社区碳排放并支持州和联邦计划的行动。几乎所有签署城市都制定了与之相关的某种计划。加利福尼亚州有 200 多个地方政府制定了应对州倡议的气候行动计划。

其中包括气候适应战略，例如纽约市 2015 年的"一个纽约"计划（OneNYC）和 2013 年的"纽约规划"（PlaNYC），规划提出了 195 亿美元的气候变化适应力建议（NYC，2013，2015），但所有气候行动计划（CAPs）都将行动与能源计划挂钩，这些能源计划通过提高效率、低碳能源、土地使用和运输以及社区能源系统来减少碳排放。下面是明尼阿波利斯、波士顿和波特兰的三个例子，它们向我们展示了当前能源和气候计划和行动的主要做法。

（1）明尼阿波利斯　明尼阿波利斯的努力包括以下几部分：《2040 年能源远景》（2014 年），针对 2025 年目标制定具体能源战略的《气候行动计划》（2013 年），以及与当地公用事业部门合作，通过效率、可再生能源和合作帮助实现这些目标的清洁能源伙伴关系（CEP）（2014 年）。明尼阿波利斯的目标是 2025 年与 2006 年相比减少 17% 的能源消耗和 30% 的碳排放，利用当地的可再生能源发电占 10%，建设 30 英里的路边自行车保护设施，并将通勤距离提高 15%，将区域交通运输量提高一倍，支持步行街区，使废物产生量持平，回收率达到 50%，并达到 15% 的废弃物堆肥率（Minneapolis，2013，2014a，2014b）。

清洁能源伙伴关系（CEP）是城市规划中一个独特的元素。在与投资者拥有的公用事业（IOU）电力公司埃克西尔能源公司（Xcel Energy）和投资者拥有的公用事业（IOU）天然气公司中点能源公司（Centerpoint Energy）制定新的特许经营协议时，城市和企业签署了清洁能源协议，以供清洁能源伙伴关系研究，确定优先级，协调、实施并监控城市清洁能源活动的进度。清洁能源伙伴关系（CEP）2017—2018 年工作计划重点关注五个能源用户领域：1～4 户型住宅、5＋户型多户住宅、小型商业、大型商业和城市企业。例如，1～4 户型住宅的细分市场的活动包括中点能源公司的能源改造贷款的账单偿还，埃克西尔能源公司研究并考虑账单融资，以及本市在出售时强制披露能源使用情况，并在出租物业广告中披露（Minneapolis CEP，2017）。2016 年，明尼苏达州公用事业委员会（PUC）批准了埃克西尔能源公司的 15 年综合资源计划，增加了 1650MW 的风能和太阳能，淘汰了燃煤电厂，并通过需求响应节省了 400～1000MW。埃克西尔能源公司建议到 2050 年实现非碳电力占比达到 79%，高于 2015 年的 51%。

除了实现到 2025 年将 2006 年温室气体排放量减少 30% 的目标之外，明尼阿波利斯气候行动计划（CAP）的目标是到 2050 年减少 80% 排放量，即所谓的 80-50 行动计划。该市聘请了西门子公司（Siemens AG）使用其"城市绩效工具"（City Performance Tool）来分析实现 2050 年目标的潜力。结合埃克西尔能源公司提出的 2050 年电力结构建议，该研究重点介绍了四种有影响力的战略，以推动当前减少能源使用量和排放量的努力：建筑效率和自动化、热电联产（CHP），减少汽车需求以及推广电动汽车。图 18.8 显示了将排放量从 2015 年的 445 万吨 CO_2 减少到 2050 年的 156 万吨的特定策略的潜在影响。这些措施将创造 550000 个新的就业机会（Siemens AG，2016）。

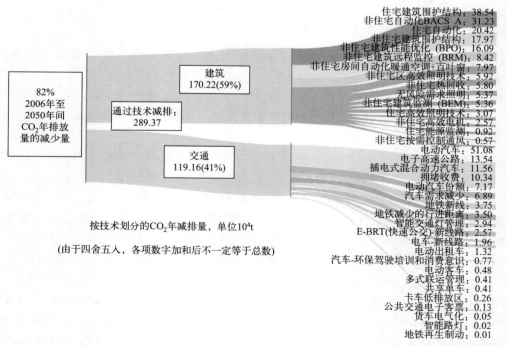

图 18.8　基于 Siemens 城市绩效工具情景的明尼阿波利斯减排途径（资料来源：Siemens AG，2016）

（2）波士顿   在能源效率方面，根据 ACEEE 记分卡，波士顿是该州排名最高的城市。该市的"绿色创新波士顿更新 2014 气候行动计划"（Greenovate Boston 2014 Climate Action Plan Update）以多年的能源和气候行动为基础，首先针对 2007 年的市政运营以及 2011 年的全市气候变化计划，设定了到 2020 年和 2050 年将温室气体排放量在 2005 年基础上分别降低 25％和 80％的目标。该市取得了长足的进步，到 2013 年总排放量比 2005 年下降了17％，三个主要行业（住宅、商业和交通运输）都有望实现 2020 年的目标（表 18.6）。

表 18.6   "绿色创新波士顿"气候行动计划的进展指标和目标

	2013 年（2005 年起）	2020 年目标
社区	温室气体减少 18％	温室气体减少 26％
完成审计	35858（2009 年起）	72000
改造	18000（2009 年起）	36000
大型建筑物	温室气体减少 22％	温室气体减少 34％
能源消耗	−4.1％	−12.5％
太阳能	全市 14.3MW	10MW（商业）
区域能源和热电联产	LBI 的 10％	LBI 的 15％
交通	温室气体减少 8.3％	温室气体减少 25％
车辆行驶里程（VMTs）	人均−0.5％	−5.5％

资料来源：Boston，2014。
注：LBI，大型建筑物及机构。

该行动计划继续推动通过清洁能源减少排放的努力，同时也促进了社区的参与，以及社区的健康和公平，并为应对气候变化的影响做好了充足的准备。该计划更新的重点是三个领域——社区、大型建筑物及机构、交通，表 18.6 列出了其中一些进展指标。社区的策略集中在建筑效率改造和低碳供暖、智能电网和宜居场所。大型建筑物及机构的策略主要是强调高性能建筑、区域供热、能源使用情况报告和披露、混合用途规划和屋顶太阳能。交通领域的策略包括完整的街道、自行车网络、交通枢纽、汽车和乘车共享、低排放车辆和汽车自动启停（Boston，2014）。

（3）波特兰（俄勒冈）   波特兰在能源和气候保护计划方面拥有悠久的历史，其历史可追溯至 1990 年的美国第一个社区能源政策计划，以及创新的 2009 年气候行动计划及 2015 年气候行动计划（Portland，2015）。这一经验为波特兰带来了长足的进步，而波特兰市通常被认为是美国可持续发展程度最高的城市之一。气候行动计划列出了该城市及周边马尔特诺马县（Multnomah）的一些发展指标：

① 2013 年碳排放总量比 1990 年减少了 14.4％。
② 2013 年人均排放量比 1990 年下降 35％，从 15t/人降低到 2013 年的 10t/人。
③ 波特兰的家庭人均能耗比 1990 年降低了 11％。
④ 波特兰拥有 390 个绿色屋顶，占地 20 英亩。
⑤ 波特兰人均汽油消费量比 1990 年减少 29％。
⑥ 波特兰是全美领先的城市，住宅和商业废物的回收率达到 70％。
⑦ 波特兰地区增加或扩展了四条主要的轻轨线和 260 英里的自行车道。
⑧ 6％的波特兰人骑自行车上班，该数字是全美平均水平的 9 倍，骑车上下班的人数比

1990 年增加了 12000 多人。

　　⑨ 在过去的 20 年里，公交乘客数量翻了一番，2013 年波特兰公共交通系统（TriMet）提供了 1 亿次乘车服务。

　　波特兰市和马尔特诺马县已承诺到 2050 年将碳排放量减少 1990 年水平的 80%，其中期目标是到 2030 年将碳排放量减少 40%。人均碳排放量目标是到 2050 年为 2t/人，2030 年为 6t/人，与之相比，1990 年为 15t/人，2013 年为 10t/人。图 18.9 显示了减排目标的轨迹，以及波特兰到 2013 年与美国平均情况（仍然比 1990 年高 6%）相比的成功率（比 1990 年低 14%）。

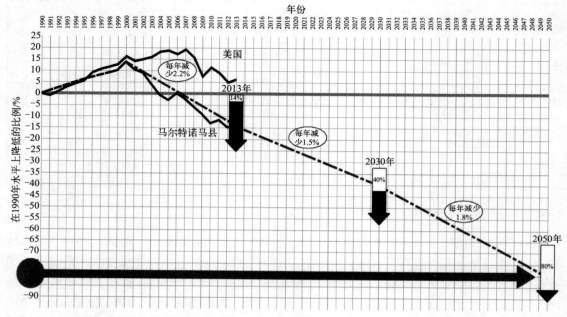

图 18.9　截至 2013 年的波特兰气候行动计划进展情况和至 2030 年与 2050 年的目标
（资料来源：Portland，2015）

　　气候行动计划更新在九个不同类别中确定了 2030 年的 20 个目标，包括建筑与能源、城市形态与交通、消费与浪费、粮食与农业、城市森林与碳封存、气候准备、社区参与与政府运营。建筑和运输与能源相关性最高，表 18.7 显示了气候行动计划中这两个行业的主要目标和行动。

表 18.7　波特兰 2015 年气候行动计划更新能源相关目标和行动

主体	行动
建筑和能源	
2010 年之前将已建建筑物的总能耗降低 25%	商业基准测试 房屋性能等级 住宅改造 能源伙伴关系 全州碳价
新建筑全部实现净零排放	升级版俄勒冈州建筑规范 最低能源绩效标准 净零能源项目

续表

主体	行动
50%的建筑能源来自可再生能源，其中10%来自现场可再生能源	与IOUs合作，每年减少3%的电力碳排放 增加15MW的现场太阳能光伏发电 社区太阳能项目 全州可再生能源政策
城市形态与交通	
创建充满活力的社区，使80%的居民可以轻松步行或骑自行车以满足所有基本的非工作需求，并允许行人通行	用于公交、自行车、行人设施的多式联运资金 城市持续增长，气候智能社区 社会福利住房，交通便利 健康社区计划 社区学校
人均车辆行驶里程比2008年降低30%	汽车共享 共享单车 自行车设施 人行道施工 TriMet运输覆盖范围和效率 青年交通卡 行人友好型多户住房标准 运输需求管理 停车策略
将乘用车的燃油效率提高到40英里/加仑	联邦效率标准 移动交通信息服务 实现最佳速度和流量的高速公路管理
将运输燃料的生命周期碳排放量减少20%	电动车 扩大充电站 低碳燃料标准 低碳燃料基础设施 避免使用焦油砂燃料源和黑碳源

资料来源：Portland，2015。

波特兰的气候行动计划在几个方面是独一无二的：

① 通过气候行动实现社会公平。采取的许多气候行动都对社区非常有利，其中包括低收入居民。这些措施主要包括针对低收入家庭的住宅能源改造，增加公交、人行道、自行车道和公园的出入口，减少污染，并减轻了住房和运输能源成本的负担。气候行动计划设了一个专门的部门关注低收入的波特兰东部地区情况。

② 健康连通的社区。像波士顿的气候行动计划一样，波特兰的气候行动计划也专注于改善社区公平和减少排放。通过针对人行道、自行车道和行人通行的可持续出行计划，可以促进积极的生活方式。该市制定了20分钟社区指数，以通过步行获得设施、产品和服务的方便程度来衡量"完整社区"。

③ 住宅改造是气候行动计划的主要内容。该市发起的非营利性组织清洁能源工程（CEW），一直是推动改造和升级住房、创造就业和房地产投资的主要组织机构。

④ 商品和服务的消费被列为碳源。这涉及一个社区的三级温室气体排放：一级排放包括燃料消耗的直接排放，二级排放包括来自购买能源的间接排放（例如，社区外部的发电），第三级包括商品和服务消费所体现的供应链总排放量。图18.10说明了基于气候行动计划消

耗的温室气体库存上限。图中，640 万吨为家庭使用燃料和电力以及在该县生产和消费的商品和服务，150 万吨包括在县内生产并在其他地方消费的商品和服务所产生的排放，而 940 万吨来自其他地方生产但在该县消费的商品和服务。1～3 级本地消费者需求导致的全球净碳排放量为 940＋640＝1580 万吨。

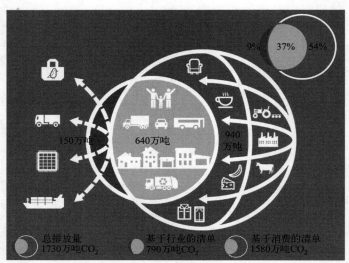

图 18.10　波特兰 2015 年气候行动计划估计城市消费的商品和服务的碳排放。进口商品和服务排放 940 万吨 CO_2，本地生产和消费商品和服务排放 640 万吨 CO_2，出口商品和服务排放 150 万吨 CO_2，净排放 790 万吨 CO_2（资料来源：Portland，2015）

18.2.4.2　建筑效率：新建筑节能规范

如前所述，大多数州都有全州范围的建筑节能法规，但在许多情况下，地区法规可能会超出州的法规。标准可以是规范性的，具有指定的最低要求，基于性能或两者兼而有之。西雅图有一个独特的案例，该案例在本书英文版的网站上有所描述。

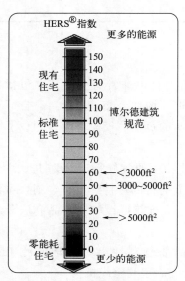

图 18.11　博尔德建筑规范远远超出了家庭能源评级系统（HERS）的新住宅标准。大型住宅的家庭能源评级系统效率更低（资料来源：Boulder，2014）

博尔德的规范基于家庭能源评级系统（HERS）（请参阅第 8 章），并且还需要其他"绿点"。HERS 指数是一种国家评级系统，得分为 100 符合标准法规（在博尔德案例中，IECC 2012），0 为零能耗住宅，其中大多数现有房屋为 100～250。图 18.11 显示了新建住宅的家庭能源评级系统指数要求。重大改建也必须符合家庭能源评级系统评分要求。博尔德规范还要求额外的绿色建筑设施，以获得超出场地开发和景观美化、雨水管理、建筑修复、废物管理、能源效率、热水和效率、照明和电器、可持续建筑材料、太阳能和其他组件的规范要求的"绿点"。新住宅单元 1500～3000 平方英尺需要 20 个绿点，3001～5000 平方英尺需要 40 个绿点，超过 5000 平方英尺的单元需要 60 个绿点（Boulder，2014）。

18.2.4.3　建筑效率：现有建筑改造和能源使用基准

高效的新建筑是非常棒的，但需要解决现有的建筑能耗库存，以实现可持续能源和满足气候目标的转型。城市正在采用两种方案：改造自有住房和租赁住房。作者已经讨论了波士顿和波特兰的自有住房改造计划方案。波士顿的公共住房项目耗资 630 万美元，并与州绿色改造计划（Green Retrofit Initiative）建立了合作伙伴关系，该计划使用公共能源效率项目，重点关注其社会福利住房（affordable housing）存量。波士顿在 2009 年至 2013 年间资助了 18000 个改造项目，目标是到 2020 年达到 36000 个。波特兰的清洁能源工程项目在俄勒冈州电力基础设施（PBF）计划资助的能源信托基金的资助下，已经改造了 4200 户家庭住宅。

波特兰还要求转售时披露能源绩效。自 2018 年起，独栋房屋的卖家必须由持证的家庭能源评估师出具一份包括家庭能源得分的绩效报告，并向房地产经纪人和潜在买家提供一份副本［图 18.12（a）］。其中包括估算月度/年度能耗成本、能效评分和碳排放足迹等内容。

一个仍然难以改造的现有建筑部门就是租赁部门，业主和租户在这方面有不同的激励措施：租户通常需要支付水电费，有节约的动机，但他不会为了别人的财产的能源效率而投钱；业主几乎没有投钱的动力，因为如果承租人支付水电费，他们的能源投资就得不到回报。社区已经采用了许多方法，包括法规、基准和披露能源性能（Johnson，Mackres，2013）。

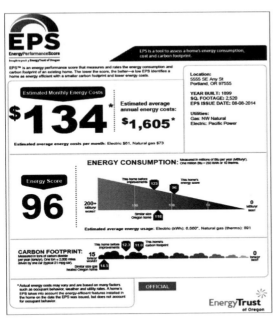

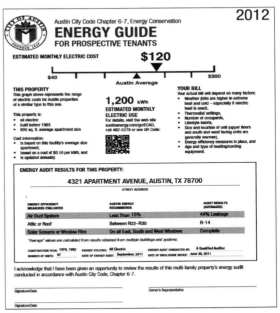

(a) 波特兰待售房屋　　　　　　　　　　　　　　(b) 奥斯汀出租房屋

图 18.12　波特兰待售房屋（a）和奥斯汀出租房屋（b）的披露表
（资料来源：Portland，2016；Carliner，2013）

博尔德通过了美国首部租房能源法规。SmartRegs 法案设定了最低要求，而一站式能效升级服务"能源智能"（Energy Smart）也简化了实施过程。第一年，能源智能注册了 2500 多个租赁单元，1000 个单元已完成升级，远远早于 2019 年 SmartRegs 合规日期。有两种方法可以实现合规性：一种是绩效路径，要求 HERS 得分 120 分；另一种是规定路径，要求在由认证的租赁能源效率检查员完成的检查表上获得 100 分（Boulder，2015）。能源智能计划为房东提供 120 美元的初始服务，包括一名持证检查员完成检查清单，就最具成本效益的措施提供建议，协助承包商选择和取得补贴，以及获得 7 个合规点的免费灯泡和淋浴喷头。其他激励措施包括博尔德的 300 美元供暖季补贴和低息（2.75%）融资，该计划的资金主要来自博尔德的用电碳税，碳税总额每年约 180 万美元，主要用于提高能源效率（Gichon，Cuzzolino，2012）。

其他城市则通过设定基准和披露能源使用情况，依靠能源使用数据为租户和其他人提供信息。至少有 11 个城市有基准测试计划，示例如表 18.8 所示。除奥斯汀和西雅图外，大多数城市都通过公共网站披露数据，在交易时将数据披露给潜在的购买者和租户，违规通常会被罚款。奥斯汀提供了一个类似于联邦能源局（DOE）的电器能源指南的非常好的能源指南，用于告知租户能源成本 ［图 18.12（b）］。其中包括估算月度能耗成本、月度耗电量等内容。BuildingRating 网站监控世界各地的基准化政策，并提供了一个有用的工具进行政策比较（BuildingRating，2017）。业主可以使用多种基准工具准备和提交数据。劳伦斯伯克利国家实验室能源基准测试网站提供了方法、数据库和工具（LBNL，2016）。

表 18.8　能源审计基准计划

范围	制定年份	建筑物数量	受影响的建筑物面积/ft^2	合规性	披露
奥斯汀	2008	2800	113000000	强制执行 处罚：500～2000 美元	买方，承租人在交易点（购买，租金）
波士顿	2013	1600	250000000	强制执行 处罚：75～200 美元/天，最高 3000 美元	公开网站年度数据
芝加哥	2013	3500	900000000	强制执行 处罚：首次违反 100 美元，以后 25 美元/天 2013 年达标率达 90%	公开网站年度数据
哥伦比亚特区	2008	2000	357000000	强制执行 处罚：100 美元/天 2014 年达标率为 83%	公开网站年度数据
明尼阿波利斯	2013	625	11000000	强制执行 处罚：警告，然后处罚 到 2013 年 11 月达到 20% 的合规率	公开网站年度数据
纽约	2009	23417	—	强制执行 处罚：首次违反 300 美元，以后 100 美元/天 2012 年达标率达 84%	公开网站年度数据
费城	2012	1900	270000000	强制执行 处罚：首次违反 300 美元，以后是 100 美元/天 2013 年达标率达 90%	公开网站年度数据

续表

范围	制定年份	建筑物数量	受影响的建筑物面积/ft²	合规性	披露
旧金山	2011	2700	205000000	强制执行 处罚：警告，然后罚款	公开网站 年度数据
西雅图	2012	3250	281000000	强制执行 处罚：500～1000 美元/季度 2012 年、2014 年达到 90%～96%	交易时的租户， 买方，贷款人 （购买，租用，装修）

资料来源：LBNL，2016。

18.2.4.4　公用事业：公共所有的公用事业和投资者所有的公用事业的伙伴关系

许多城市很幸运拥有自己的公用电力部门。有 2000 多个社区拥有电力公司，为 4800 万人提供服务，占公用事业客户的 14%，大多数服务于小城市，但有些服务于大城市，例如洛杉矶、西雅图和奥兰多。市政公用电力公司（munis）对市议会及其客户（选民）负责，而不是像投资者拥有的公共电力（IOUs）那样对股东负责。

例如，得克萨斯州奥斯汀市市政厅"奥斯汀能源"（Austin Energy）公司的使命是提供清洁的、负担得起的、可靠的能源和优质的服务。其 2014 年《资源、发电和气候保护计划》（到 2025 年）建议淘汰 100% 的煤炭和 15% 的天然气，同时增加太阳能（从 63MW 增加到 750MW，包括 200MW 当地能源）和风力（从 1000MW 增加到 1500MW），到 2025 年太阳能和风力将占其 4GW 容量的 60%，高于 2015 年的 28%。它还将为其系统增加 200MW 的等效需求响应、700MW 的能效和 10MW 的存储容量。奥斯汀能源公司为当地太阳能公司提供了有吸引力的补贴。2012 年，奥斯汀能源公司成为全国第一家利用太阳能价值研究来确定屋顶太阳能上网电价的公用事业公司（Austin Energy，2014）。

萨克拉门托市政公用事业部（SMUD）因在 1980 年当地选民反对核电的全民公决中放弃其运营的兰乔·塞科（Rancho Seco）核电站而闻名。市政公共电力公司在兰乔·塞科站点上安装了一个 2MW 的太阳能光伏电站，这不仅是为了弥补关闭的核电站损失的部分电力，而且还象征着公用事业新时代的到来。它长期以来为提高效率和可再生能源提供了一系列财政激励，与住宅建筑商合作开发净零能源细分市场（图 15.16），并为那些无法安装自己的系统的人群提供社区太阳能共享服务。

西雅图城市之光有幸使用约 98% 的清洁电力（90% 的水电，4% 的核能，4% 的风能，1% 的沼气），但长期以来它一直致力于通过投资电力需求侧管理（DSM）能源效率来保持这种水平。1977 年起该公用事业公司运行了各种程序，到 2006 年累计节省了 11.9TW·h 的能源，减少了 120GW 的负荷。该项目仍在运营，预计 2016—2017 年的节约潜力为 26MW，2016—2025 年为 128MW（Seattle City Light，2007，2015）。

但没有市政公用电力事业的城市并非没有选择。之前讨论过的明尼阿波利斯社区能源伙伴关系在城市和服务于城市的私人公用事业之间建立了一种独特的合作安排。社区选择聚合（18.1.3.4）允许社区选择其电源。博尔德市于 2010 年由选民投票决定创建自己的市政公用电力部门，并与投资者拥有的公共电力（IOUs）提供者埃克西尔能源公司解除合作关系。这实施起来并不容易。博尔德已经成立了一家市政电力公司，但仍在与埃克西尔能源公司和州公用事业委员会（PUC）协商收购埃克西尔能源公司的资产。

18.2.4.5　分布式能源：社区太阳能，区域能源和热电联产，微电网

① 社区太阳能。城市可以通过在住宅和商业建筑上推广屋顶太阳能以及社区规模的太阳能系统来促进当地太阳能的发展。例如，屋顶太阳能光伏系统变得越来越便宜，但是许多潜在客户却对技术、成本和系统购买过程感到困扰。因此出现了社区太阳能计划，这类计划通过与当地政府、非营利组织和本地私人安装商合作，在当地开展活动，在消费者中建立信任，激发同行接受，扩大业务，并进一步降低安装成本（包括节省大量硬件购买成本，并降低客户获取、融资和许可的软成本）。波特兰出现了第一个"阳光行动"计划项目，在短短三年的时间内增加了 1.7MW 的分布式光伏，并建立了一个强大和稳定的安装经济产业。这一理念迅速传播开来，数十个社区开始了自己的项目，华盛顿、马萨诸塞州和佛蒙特州等少数几个州开展了全州范围的宣传活动。"阳光行动"计划项目在太阳能政策较强的州比较成功，这些州拥有大部分的太阳能发电能力，而其他州则落在后面。

尽管弗吉尼亚州是落后的州之一，但布莱克斯堡（Blacksburg）决定在 2014 年尝试一场"阳光行动"计划。在市政府、非营利组织和私人安装商的合作下，该市开展了一项为期3 个月的活动，提供了一套交钥匙价格为 3.55 美元/W 和过程简单的安装项目。有数百户家庭签约，安装了 55 个项目，总功率达到 300kW，这是过去 10 年安装容量的 3 倍。太阳能安装项目在布莱克斯堡的成功令其在弗吉尼亚州的另外 30 个社区得到了实行，安装成本从原本的 3.45 美元/W 降低到了 2 美元/W，这还是在没有计算 5～10kW 规模的太阳能系统安装会有一定抵税额的前提下（Solarize Piedmont，2017）。

"阳光行动"计划适用于那些有性能良好的太阳能屋顶的住户，但是由于遮阳的问题，全国大约一半的住宅和商业屋顶不适合太阳能（NREL，2016）。社区规模的太阳能是一种可行的解决方案。社区共享太阳能或太阳能花园允许客户购买大型中央太阳能电池阵列的一部分，以换取根据其份额产生的电力的账单抵免。侧栏 12.1 描述了 BARC 电气合作社（弗吉尼亚州）社区太阳能项目。各州（例如，明尼苏达州、科罗拉多州、马萨诸塞州、佛蒙特州、纽约州）的社区太阳能的市场正在不断增长，其虚拟电价计量（净计量）等支持性政策使成员能够获得系统输出的零售价值，就好像他们的份额是在自家屋顶上一样。2016 年，社区太阳能市场激增至 206MW，是之前安装的累计装机容量的两倍。绿能科技研究预计，到 2020 年，市场每年将增长 500MW（GTM，2017）。科罗拉多州是社区太阳能的早期领导者，但明尼苏达州已成为 2017 年的"新贵"（ILSR，2017）。

许多太阳能花园是由第三方安装商与电力购买协议签订合同或由当地公用事业公司开发的，但大部分由社区或当地政府开发。图 18.13 显示了位于佛蒙特州 Randolph 中心的183kW 社区太阳能农场及其 36 个成员家庭。该系统的安装成本为 2.70 美元/W，并于 2016年 12 月上线（Vermont Solar Cooperative，2017）。

② 区域能源与热电联产。欧洲人均低能耗成功的秘诀之一是广泛使用热电联产（CHP）系统以及区域能源分配系统。从第 10 章知道，热电联产系统可以捕获燃烧发电产生的废热，并将其用于工业和商业运营。在许多欧洲国家，热电联产占总发电量的 30％或更多，丹麦更是超过 50％。在美国则只有 8％的容量（约 80GW）是热电联产，这 8％容量中的 87％用于工业，而其中 70％用于化学、精炼和造纸行业，只有大约 13％的热电联产容量用于大学、区域能源、政府以及大型建筑物。

图 18.13　佛蒙特州 Randolph 中心 183kW 社区太阳能农场及其 36 个成员家庭
（资料来源：VermontSolarCooperative. Org）

区域能源系统使用绝热管网将集中供热或制冷水从中央水源输送到住宅和商业建筑以及工业设施。区域能源系统是热电联产热能的天然市场，但它们也可以在不发电的情况下为建筑物提供有效的能源。与单独的供热和制冷系统相比，区域能源的优势在于它们可以依靠多种燃料，包括天然气、生物质、城市垃圾、工业废热、热电联产热能或太阳能。许多欧洲的区域能源系统在采用混合燃料来源的情况下运行，以增加多样性并对冲燃料价格波动。

美国最大的城市运营的区域能源系统位于明尼苏达州的圣保罗（图 18.14），该系统可为 500 多个客户建筑物提供服务，为市区的 80%（3200 万平方英尺）供热，并为 60% 的地区提供冷气。其 CHP 电站提供 25MW 电力和 65MW 热能。2003 年其能源从 90% 的煤炭和石油转变为 70% 的城市可再生生物残渣。该系统还增加了一个 650 万加仑的蓄热池，并在 2011 年增加了一个 1.2MW 的太阳能热系统。

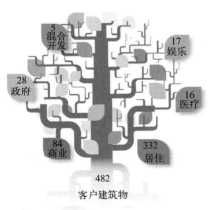

图 18.14　明尼苏达州圣保罗市热电联产供暖系统。该系统服务于市中心的大部分地区，并计划沿着轻轨线路向西延伸至综合能源走廊（资料来源：District Energy st. Paul，2016）

③ 微电网（Microgrids）。从图 12.2 中可以知道，微电网是通常连接到较大电网的小规模电网，断电时也可以独立运行。它们生成、分配和控制流向本地客户的电流，并且可以集成分布式能源、需求响应和存储。2016 年微电网容量为 1.5GW，约占美国总容量的 0.1%。

7 个州（纽约、佐治亚、得克萨斯、加利福尼亚、马里兰、俄克拉何马和阿拉斯加）占了其中的 80%。到 2020 年，容量有望增长到 3.7GW（GTM，2016）。柯林斯堡市开发了由五个大型机构和工业团体组成的微电网系统（图 18.15）。该系统有 4MW 的发电量和 760kW 的需求响应"减载"（可以关闭需求以匹配供应）。该系统的目标是整合分布式资源的组合，增加可再生能源的发电量，将峰值负荷降低 20%～30%，并提高可靠性。

图 18.15　科罗拉多州的柯林斯堡市微电网（发电量为 4.3MW，760kW 减载负荷）

18.2.4.6　交通倡议：高效的土地利用，多种模式，有效交通

第 15 章讨论了减少交通能源使用和 CO_2 排放以及改善城市空气质量和社区健康的社区行动。这些行动首先通过城市密度、紧凑化和混合使用、行人和交通导向来实现高效的土地利用。其次，举措还包括设计有自行车道和人行道的有吸引力和宜居的社区。最后，通过有效、方便和负担得起的公共交通、汽车和自行车共享计划、电动汽车充电站等措施，扩大出行选择，减少能源消耗和排放。

西雅图的 2013 年气候行动计划展示了一种综合方法。由于西雅图几乎所有的电力都来自水电和风能，它的最大的气候保护挑战就是减少交通运输的排放。该计划制定了雄心勃勃的目标：到 2030 年，乘用车的排放量将比 2008 年减少 82%，车辆行驶里程减少 20%，每英里温室气体排放量减少 75%；到 2017 年，公共交通和自行车的载客量将增加两倍。此外，它的"城市中心/村庄"（Urban Centers/Villages）项目的目标是让 45% 的家庭生活在紧凑的混合用途城市村庄，这些城市村庄将有一个最低的步行评分，用以衡量步行到想去的地方有多容易。这一策略侧重于交通选择（扩大公交、步行、自行车和多式联运选择）、完整的社区（可步行的社区村庄）和经济信号（停车和道路收费以及其他反映驾驶真实成本的措施）（Seattle，2013）。

18.2.4.7　生态区和生态村：可持续能源，一次一个社区

自全球行动计划家庭/社区生态团队方法（1990 年）、全球生态村网络（20 世纪 90 年代中期）和伦敦计划建设 10 个低碳区的措施实施以来，人们十分重视基层的努力，动员家庭和邻里采取主动行动，在小的社区范围内增加行为改变和环境改善投资。我们看到了波士顿、波特兰和西雅图的气候行动计划如何强调社区的可持续能源、气候保护、健康和宜居性。

生态区（Ecodistricts）致力于从社区到城市的可再生。该组织始于波特兰可持续发展研究所，该研究所与波特兰市合作，目标是加快波特兰五个试点生态区的社区规模可持续性。图 18.16 中的地图给出了它们的位置，图中说明了为南滨水区试点区（South Water-front）设想的一些设计和技术。南滨水区是俄勒冈州卫生服务大学和 LEED-ND 社区中的高密度城市生活区，附近有电缆车、有轨电车、轻轨、自行车道和步行道为其服务。

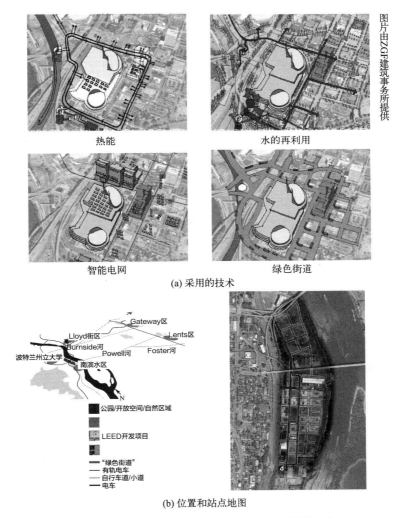

图片由ZGF建筑事务所提供

热能　　　　　　　　　水的再利用

智能电网　　　　　　　绿色街道

(a) 采用的技术

公园/开放空间/自然区域
LEED开发项目
"绿色街道"
有轨电车
自行车道/小道
电车

(b) 位置和站点地图

图 18.16　波特兰的原始生态区和南滨水区的详细信息
（资料来源：Bennett，2010；PSI，2010。经许可使用）

2014 年，波特兰的努力扩展到了生态区的目标城市计划（Ecodistricts' Target Cities），该计划依据克林顿全球倡议承诺而发起，旨在在 8 个北美城市开发 10 个项目，具体包括华盛顿（3 个项目）、波士顿和马萨诸塞州的剑桥、奥斯汀、亚特兰大、丹佛、洛杉矶和渥太华。这些项目侧重于治理和领导力模型、评估和分析平台、范围界定和可实施融资策略（Ecodistricts.org，2015）。

18.3 本章总结

虽然国家政策对向可持续能源转型至关重要，但能源是在社区消费的，因此社区必须执行这些政策。美国的许多州和市政府已经采取主动，以超过联邦政策的速度推进可持续能源转型。这些州和社区的能源和气候保护政策和项目尤其重要，因为美国将在 2017—2018 年经历一个更加保守的联邦政府和国会，而且奥巴马政府清洁能源议程的命运前途未卜。

特朗普总统于 2017 年 6 月决定退出《巴黎协定》，作为对这一决定的回应，多个州、城市、大学和企业组成了联盟和组织，通过努力来实现美国的减排承诺以支持该协定。2017 年 6 月 5 日发布的"我们仍在行动"宣言在两个月内获得了 9 个州、244 个城市、324 所大学和 1708 个企业的签名，代表了 1.3 亿人口；"气候"联盟包括 13 个州和波多黎各，代表了美国三分之一的人口；"美国承诺"联盟包括 9 个州、227 个城市和 1650 个企业和投资者；367 个"气候市长"成员同意他们的城市将遵守美国所做的承诺。这些州和城市成为致力于清洁能源和气候保护的核心力量。

然而，州和地方的清洁能源政策在全国范围内并不一致。东北部、西海岸以及中西部和山区的一些州在促进清洁能源和气候保护方面最为积极。马萨诸塞州、加利福尼亚州和纽约州因其综合能源项目而备受瞩目。建筑能源法规也有相当大的差异。加州的建筑规范升级有望到 2020 年实现住宅零能耗，到 2030 年实现商业零能耗。

各州借助其监管机构，通过电力需求侧管理和公益基金项目，以及可再生能源组合标准、公益基金和净计量政策，让公共电力部门参与提高能效和响应需求的工作。公共电力部门的许多变化不仅涉及供应和销售，还涉及电表用户端的效率和分布式发电。兼顾效率和自发电导致的销量下降，以及需要整合间歇性的现场太阳能发电，这都给公共电力部门带来了颠覆性的挑战。有些地方通过政策制定过程来应对这些变化，其他地方则通过新的公共电力业务模式寻求机会。一些州，如纽约和加利福尼亚，已经推动公共电力公司采用新的模式。

地方政府处于战略地位，可通过其传统的权力机构提高建筑物、土地使用和运输的能源效率。在世界许多地方，市政府、社区领导人、公民团体和投资者已经制定了能源和气候保护计划，以补充积极的州和联邦能源政策，并取代效果有限的政策。欧洲的地方城市因其在高效利用土地、可步行和可骑行的场所、交通、建筑效率和可再生能源方面的创新方法而备受瞩目。

美国城市还为气候保护和清洁能源制定了宏伟的目标。波特兰、明尼阿波利斯和波士顿因其创新性项目受到关注。城市可以通过多种方式向更可持续的能源转型，包括新的和现有的建筑能效、为买家和租户提供更透明的建筑能源信息、公用事业伙伴关系、通过社区太阳能和区域能源促进分布式能源发展、基于社区的行动计划和可持续交通计划。2017 年 8 月，奥兰多成为美国第 40 个承诺到 2030 年在所有城市运营中以及到 2050 年在整个城市使用

100％可再生能源的城市。

在详细的《2018 年美国可持续能源简报》中，彭博新能源财经和可持续能源商业委员会指出，美国能源行业的历史性转型在 2017 年加快了步伐，将美国的温室气体排放量降至 25 年来的低点，同时创造了就业机会并控制了成本。其亮点包括：

① 美国新的风能和太阳能项目建设，以及西部干旱的缓解，推动可再生能源发电在一年内从占电力总量的 15％上升到 18％。

② 消费者在电力方面的支出比例比任何时候都要小，而家庭支出的总能源成本份额也徘徊在历史最低点附近，风能和太阳能的合同价格持续暴跌。

③ 2016 年，可再生能源和能源效率部门雇用了大约 300 万美国人，其中四分之三的工作是在能源效率方面。太阳能领域是所有电力技术中增长最快的就业机会创造者。

④ 美国经济增长正在加速，但能源消耗却没有相应的增长。

⑤ 电力部门的排放再次下降，因此交通运输业连续第二年保持了其作为最大排放部门的地位。

⑥ 公共电力部门和独立开发商继续在基础设施上投资，以改善电网运营并支持清洁能源的增长。

⑦ 全球清洁能源投资回升至历史第二高位。美国投资追平了 2016 年的水平。

⑧ 在续航里程较长的车型的推动下，插电式汽车的新销量加速增长。与此同时，作为纯电动汽车关键成本组成部分的锂离子电池组的价格同比下跌了 23％。

⑨ 联邦政府放弃了对气候变化问题的国内和国际社会参与，促使次国家层面和私营部门参与者做出更大的气候承诺。

⑩ 公司在能源转型中发挥着越来越重要的作用，对清洁能源的要求越来越高，并试图从能源效率中获取收益。

我们正在取得进步。但是向可持续能源的转型需要城市、州、国家政府和国际组织、企业家、创新者、技术专家和设计师、投资者和金融机构、私营公司、社区组织、政治活动家和消费者的共同努力。这需要所有人的努力。一切将由你决定。这将是一场赌注很高而时间很紧的博弈。

参考文献

第 1 章

British Petroleum （BP）. 2017. Statistical Review of World Energy 2017. http：//www. bp. com/en/global/
corporate/energy-economics/statistical-review-of-world-energy. html

Enerdata. 2017. Global Statistical Yearbook 2017. https：//www. enerdata. net/research/

International Energy Agency （IEA）. 2017. Key World Energy Statistics. https：//www. iea. org/statistics/

Organisation for Economic Cooperation and Development （OECD）（A. Maddison）. 2001. The World Economy：
A Millennial Perspective. http：//www. oecd. org/dev/development centrestudiestheworldeconomyamillen-
nialperspective. htm

Smalley，R. 2005. Our Energy Challenge. Illinois Science and Humanities Symposium.

U. S. Energy Information Administration （EIA）. 2017a. International Energy Database. https：//www. eia.
gov/beta/international/

U. S. Energy Information Administration （EIA）. 2017b. *Monthly Energy Review*，April. https：//
www. eia. gov/totalenergy/data/monthly/

World Bank. 2014. Global GDP Data. http：//data. worldbank. org/

第 2 章

ACEEE. 2014. Advanced Appliance and Equipment Standards. Policy Brief. http：//aceee. org/policy-brief/ad-
vanced-appliance-and-equipment-efficiency-standards

ACEEE. 2016. International Energy Efficiency Scorecard. http：//aceee. org/portal/national-policy/interna-
tional-scorecard

Bloomberg New Energy Finance （BNEF）. 2017a. This Is What the Demise of Oil Looks Like. https：//
about. bnef. com/blog/this-is-what-the-demise-of-oil-looks-like/

Bloomberg New Energy Finance （BNEF）. 2017b. More Bang for the Buck：Record New Renewable Power Ca-
pacity Added at Lower Cost. https：//about. bnef. com/blog/bang-buck-record-new-renewable-power-capac-
ity-added-lower-cost/

Blunden，J. ，D. Arndt，eds. 2017. State of the Climate in 2016. Special Supplement to the *Bulletin of the
American Meteorological Society* 98 （8）（August）.

Brown，L. ，et al. 2015. *The Great Transition：Shifting from Fossil Fuels to Solar and Wind Energy*. New
York：W. W. Norton.

Conca，J. 2014，2017. A nuclear waste：Why Congress shouldn't bother reviving Yucca Mountain. *Forbes*.

Condliffe，J. 2017. Clean Coal's Flagship Project Has Failed. *MIT Technology Review* （June 29）. https：//
www. technologyreview. com/s/608191/clean-coals-flagship-project-has-failed/

Frankfurt School-UNEP Centre/BNEF. 2017. Global Trends in Renewable Energy Investment 2017. http：//
fs-unep-centre. org/publications/global-trends-renewable-energy-investment-2017

Global Wind Energy Council （GWEC）. 2017 Global Statistics. http：//gwec. net/global-figures/graphs/

Houser，T. ，S. Hsiang，R. Kopp，K. Larsen. 2015. *Economic Risks of Climate Change：An American*

Prospectus. New York: Columbia University Press.

Hsiang, S., R. Kopp, et al. 2017. Estimating economic damage from climate change in the United States. *Science* 356: 1362-1369. http: //science. sciencemag. org/content/356/6345/1362. full?ref＝finzine. com％20

Hubbert, M. K. 1971. The energy resources of the earth. *Scientific American* (September).

Hughes, J. D. 2014. Drilling Deeper: A Reality Check on U. S. Government Forecasts for a Lasting Tight Oil and Shale Gas Boom. Post Carbon Institute. http: //www. postcarbon. org/books _ and _ reports/

Hughes, J. D. 2015. Shale Gas Reality Check. Post Carbon Institute. http: //www. postcarbon. org/books _ and _ reports/

Hughes, J. D. 2016. Tight Oil Reality Check. Post Carbon Institute. http: //www. postcarbon. org/books _ and _ reports/

Intergovernmental Panel on Climate Change (IPCC). 2014. 5th Assessment Synthesis Report. https: // www. ipcc. ch/report/ar5/

International Atomic Energy Agency. 2014. Decommissioning of Facilities. http: //www-pub. iaea. org/ MTCD/Publications/PDF/Pub1652web-83896570. pdf

International Energy Agency (IEA). 2016. CO_2 Emissions from Fuel Combustion. http: //www. iea. org/ bookshop/729-CO2 _ Emissions _ from _ Fuel _ Combustion

International Energy Agency (IEA). 2017a. Key World Energy Statistics. https: //www. iea. org/statistics/

International Energy Agency (IEA). 2017b. 2016 Snapshot of Global Photovoltaic Markets. http: //www. iea-pvps. org/index. php?id＝266

Jackson, R., A. Vengosh, J. W. Carey, et al. 2014. The environmental costs and benefits of fracking. *Annual Review of Environmental Resources* 39: 7. 1-7. 36.

Karl, T., A. Arguez, B. Huang, J. Lawrimore, J. McMahon, M. Menne, T. Peterson, R. Vose, H-M. Zhang. 2015. Possible artifacts of data biases in recent global surface warming hiatus. *Science* 348: 1469-1472.

Melillo, J., T. C. Richmond, G. Yohe (eds.). 2014. Climate Change Impacts in the United States. The Third National Climate Assessment. U. S. Global Change Research Program. doi: 10. 7930/J0Z31WJ2. http: // nca2014. globalchange. gov/

MIT Carbon Capture and Sequestration Project Database. 2015. https: //sequestration. mit. edu/tools/projects/

National Aeronautics and Space Administration (NASA). 2017. GISS Surface Temperature Analysis. https: //data. giss. nasa. gov/gistemp/graphs/

National Oceanic and Atmospheric Administration (NOAA). 2017a. Global Climate Report: Annual 2016. https: //www. ncdc. noaa. gov/sotc/global/201613

National Oceanic and Atmospheric Administration (NOAA). 2017b. Trends in Atmospheric Carbon Dioxide. Earth System Research Laboratory. https: //www. esrl. noaa. gov/gmd/ccgg/trends/

Renewable Energy Policy Network for the 21st Century (REN21). 2016. Renewables Global Status Report. http: //www. ren21. net/wp-content/uploads/2016/06/GSR _ 2016 _ Full _ Report. pdf

Royal Canadian Expert Panel (P. Gosselin, S. Hrudey, et al.). 2010. Environmental and Health Impacts of Canada's Oil Sands Industry. https: //rsc-src. ca/sites/default/files/pdf/RSCreportcompletesecured9Mb _ Mar28 _ 11. pdf

Solar Energy Industries Association (SEIA) and GTM Research. 2017. U. S. Solar Market Insight. http: // www. seia. org/sites/default/files/rRKZ8mQgY6SMI2017Q2. pdf

Steinman, B. A., M. Mann, S. Miller. 2015. Climate change. Atlantic and Pacific multidecadal oscillations and Northern Hemisphere temperatures. *Science* 347: 988-991.

U. S. DOE. 2017. Alternative Fuel Data Center（AFDC）. https：//www. afdc. energy. gov/

U. S. EIA. 2015a. World Shale Resource Assessments. https：//www. eia. gov/analysis/studies/worldshalegas/

U. S. EIA. 2015b. Annual Energy Outlook 2015. https：//www. eia. gov/outlooks/aeo/

U. S. EIA. 2016. U. S. Crude Oil and Natural Gas Proved Reserves. https：//www. eia. gov/naturalgas/crudeoilreserves/

U. S. EIA. 2017a. International Energy Database. https：//www. eia. gov/beta/international/

U. S. EIA. 2017b. Monthly Energy Review，April. https：//www. eia. gov/totalenergy/data/monthly/

U. S. EIA. 2017c. Today in Energy：U. S. Electric Generating Capacity in 2016. https：//www. eia. gov/today-inenergy/detail. php?id＝30112

U. S. EPA. 2005. Environmental Impact Statement for Mountain Top Mining. http：//www. who. int/phe/health _ topics/outdoorair/databases/en/

U. S. EPA. 2015. Air Emissions Inventory. https：//www. epa. gov/air-emissions-inventories

U. S. EPA. 2016a. Hydraulic Fracturing for Oil and Gas：Impacts from the Hydraulic Fracturing Water Cycle. https：//cfpub. epa. gov/ncea/hfstudy/recorddisplay. cfm?deid＝332990

U. S. EPA. 2016b. Air Quality Trends. https：//www3. epa. gov/airnow/airaware-2016/trends. html

U. S. Geological Survey（C. J. Schenk）. 2012. An Estimate of Undiscovered Conventional Oil and Gas Re-sources of the World. https：//pubs. usgs. gov/fs/2012/3042/fs2012-3042. pdf

U. S. Nuclear Regulatory Commission. 2014. Continued Storage of Spent Nuclear Fuel. https：//www. nrc. gov/waste/spent-fuel-storage/wcd. html

Wiser，R.，M. Bolinger. 2017. 2016 Wind Technologies Market Report. U. S. DOE，EERE，LBNL. ht-tps：//emp. lbl. gov/publications/2016-wind-technologies-market-report

World Health Organization（WHO）. 2014. Air Pollution Deaths. http：//www. who. int/phe/health _ topics/outdoorair/databases/en/

World Health Organization（WHO）. 2016. Global Health Observatory Data. Exposure to Ambient Air. http：//www. who. int/gho/phe/outdoor _ air _ pollution/exposure/en/

World Nuclear Industry Status Report（WNISR）. 2016. The Independent Assessment of Nuclear Develop-ments in the World. https：//www. worldnuclearreport. org/-2016-. html

World Resources Institute（WRI）. 2016. CAIT：Country Greenhouse Gas Emissions Data. http：//www. wri. org/resources/data-sets/cait-country-greenhouse-gas-emissions-data

World Resources Institute（WRI）. 2017. CAIT Climate Data Explorer. http：//cait. wri. org/

第 3 章

Arabella Advisors. 2016. The Global Fossil Fuel Divestment and Clean Energy Investment Movement. ht-tps：//www. arabellaadvisors. com/wp-content/uploads/2016/12/Global _ Divestment _ Report _ 2016. pdf

Bloomberg New Energy Finance（BNEF）（M. Liebreich）. 2016. BNEF EMEA Future of Energy Summit. http：//www. bbhub. io/bnef/sites/4/2016/04/BNEF-Summit-Keynote-2016. pdf

Bloomberg New Energy Finance（BNEF）. 2017a. Clean Energy Investment 2016. https：//about. bnef. com/clean-energy-investment/

Bloomberg New Energy Finance（BNEF）. 2017b. Liebreich and McCrone：The Shift to "Base-Cost" Renew-ables. 10 Predictions for 2017. https：//about. bnef. com/blog/10-renewable-energy-predictions-2017/

Bloomberg New Energy Finance（BNEF）. 2017c. New Energy Outlook 2017. https：//about. bnef. com/new-energy-outlook/，https：//about. bnef. com/blog/henbest-energy-2040-faster-shift-clean-dynamic-distribu-ted/

Citi GPS：Global Perspectives & Solutions. 2015. Energy Darwinism II：Why a Low Carbon Future Doesn't Have to

Cost the Earth. https：//www. citivelocity. com/citigps/ReportSeries. action?recordId＝41&src＝Home

Clack，C.，S. Qvist，et al. 2017. Evaluation of a proposal for reliable low-cost grid power with 100％ wind，water，and solar. *Proceedings of the National Academy of Sciences* 114（26）：6722-6727.

Electric Power Research Institute. 2005. Program in Technology Innovation：Electric Power Industries Technology Scenarios.

Fawcett，A.，G. Iyer，L. Clarke，J. Edmonds，N. Hultman，et al. 2015. Can Paris pledges avert severe climate change? *Science* 350：1168-1169.

Frankfurt School-UNEP Centre/BNEF. 2017. Global Trends in Renewable Energy Investment 2017. http：//fs-unep-centre. org/publications/global-trends-renewable-energy-investment-2017

The Guardian. 2015. https：//www. theguardian. com/environment/2015/dec/13/paris-climate-agreement-signal-end-of-fossil-fuel-era

Henbest，S. 2017. Energy to 2040—Faster Shift to Clean，Dynamic，Distributed. https：//about. bnef. com/blog/henbest-energy-2040-faster-shift-clean-dynamic-distributed/

IEA. 2016a. Technology Roadmaps. https：//www. iea. org/roadmaps/

IEA. 2016b. World Energy Outlook 2016. http：//www. worldenergyoutlook. org/publications/weo-2016/

IEA. 2017. Energy Technology Perspectives. Tracking Clean Energy Progress. http：//www. iea. org/etp/tracking2017/

Institute for the Future. 2011. Reinventing Energy Futures：Four Visions. http：//www. iftf. org/our-work/people-technology/technology-horizons/reinventing-energy-futures/

Intergovernmental Panel on Climate Change（IPCC）. 2002. TAR：Climate Change 2001：Summary for Policy Makers. IPPC Third Assessment Report（TAR）. http：//www. ipcc. ch/

Intergovernmental Panel on Climate Change（IPCC）. 2014. AR5：5th Assessment Synthesis Report. https：//www. ipcc. ch/report/ar5/

Jacobson，M. Z. 2015. Written Testimony to U. S. House of Representatives.（November）. http：//web. stanford. edu/group/efmh/jacobson/Articles/I/15-11-19-HouseEEC-MZJTestimony. pdf

Jacobson，M. Z.，M. A. Delucchi，G. Bazouin，Z. A. F. Bauer，C. C. Heavey，E. Fisher，S. B. Morris，D. J. Y. Piekutowski，T. A. Vencill，T. W. Yeskoo. 2015. 100％ clean and renewable wind，water，sunlight（WWS）all-sector energy roadmaps for the 50 United States. *Energy and Environmental Sciences* 8：2093-2117. doi：10. 1039/C5EE01283J

Jacobson，M. Z.，M. A. Delucchi，Z. A. F. Bauer，S. C. Goodman，W. E. Chapman，M. A. Cameron，C. Bozonnat，L. Chobadi，H. A. Clonts，P. Enevoldsen，J. R. Erwin，S. N. Fobi，O. K. Goldstrom，E. M. Hennessy，J. Liu，J. Lo，C. B. Meyer，S. B. Morris，K. R. Moy，P. L. O'Neill，I. Petkov，S. Redfern，R. Schucker，M. A. Sontag，J. Wang，E. Weiner，A. S. Yachanin. 2017a. 100％ Clean and renewable wind，water，and sunlight all-sector energy roadmaps for 139 countries of the world. *Joule*. http：//dx. doi. org/10. 1016/j. joule. 2017. 07. 005

Jacobson，M.，M. Delucchi，et al. 2017b. The United States can keep the grid stable at low cost with 100％ clean，renewable energy in all sectors despite inaccurate claims. *Proceedings of the National Academy of Sciences* 114（26）：E5021-E5023.

Liebreich，M. 2017. BNEF EMEA Future of Energy Summit 2017. https：//about. bnef. com/blog/liebreich-state-industry-keynote-bnef-global-summit-2017/

Lovins，A. 2011. Reinventing Fire. Rocky Mountain Institute. https：//www. rmi. org/insights/reinventing-fire/

Lovins，A. 2012. Reinventing Fire TED Talk. https：//www. youtube. com/watch?v＝u-Kq89M0t18

Mooney，C. 2017. A bitter scientific debate just erupted over the future of America's power grid. *The Wash-*

ington Post （June 19）. https：//www. washingtonpost. com/news/energy-environment/wp/2017/06/19/a-bitter-scientific-debate-just-erupted-over-the-future-of-the-u-s-electric-grid/?utm _ term＝. c1b12f2f98c0

National Renewable Energy Laboratory （NREL）. 2012 Renewable Electricity Futures Study. https：//www. nrel. gov/analysis/re _ futures/

Pacala，S. ，R. Socolow. 2004. Stabilization wedges：Solving the climate problem for the next 50 years with current technologies. *Science* 305：968.

Princeton Carbon Mitigation Initiative （CMI）. 2012. Stabilization Wedges Game. https：//cmi. princeton. edu/wedges/

Solar Energy Industries Association （SEIA）. 2016. Solar Means Business. http：//www. seia. org/campaign/solar-means-business-2016

The Solutions Project. 2017. www. thesolutionsproject. org

U. S. EIA. 2015. Annual Energy Outlook （AEO） Retrospective Review：Evaluation of 2014 and Prior Reference Case Projections. https：//www. eia. gov/outlooks/aeo/retrospective/pdf/retrospective. pdf

U. S. EIA. 2016. International Energy Outlook. https：//www. eia. gov/outlooks/ieo/

U. S. EIA. 2017. Annual Energy Outlook. https：//www. eia. gov/outlooks/aeo/

Vibrant Clean Energy. 2017. Response to Jacobson et al. （June 2017）. http：//www. vibrantcleanenergy. com/wp-content/uploads/2017/06/ReplyResponse. pdf

Williams，J. H. ，B. Haley，F. Kahrl，J. Moore，A. D. Jones，M. S. Torn，H. McJeon. 2014. Pathways to Deep Decarbonization in the United States. The U. S. Report of the Deep Decarbonization Pathways Project of the Sustainable Development Solutions Network and the Institute for Sustainable Development and International Relations. http：//unsdsn. org/wp-content/uploads/2014/09/US-Deep-Decarbonization-Report. pdf

World Energy Council （WEC）. 2016. World Energy Scenarios 2016：The Grand Transition. https：//www. worldenergy. org/publications/2016/world-energy-scenarios-2016-the-grand-transition/

World Energy Council （WEC）. 2017. World Energy Issues Monitor. https：//www. worldenergy. org/publications/2017/world-energy-issues-monitor-2017/

第 5 章

Balogh，S. ，M. Guilford，S. Arnold，C. Hall. Unpublished data 2012，EROI of US coal.

Bhandari，K. ，J. Collier，R. Ellingson，D. Apul. 2015. Energy payback time （EPBT） and energy return on energy invested （EROI） of solar photovoltaic systems：A systematic review and meta-analysis. *Renewable and Sustainable Energy Reviews* 47：133-141.

Brandt，A. R. ，J. Englander，S. Bharadwaj. 2013. The energy efficiency of oil sands extraction：Energy return ratios from 1970 to 2010. *Energy* 55：693-702.

Cleveland，C. J. 2005. Net energy from the extraction of oil and gas in the United States. *Energy* 30：769-782.

Cleveland，C. J. ，R. Costanza，C. A. S. Hall，R. Kaufmann. 1984. Energy and the U. S. economy：A biophysical perspective. *Science* 225：890-897.

Dale，M. ，S. Krumdieck，P. Bodger. 2011. A dynamic function for energy return on investment. *Sustainability* 3：1972-1985. http：//www. mdpi. com/2071-1050/3/10/1972/pdf

Farrell，A. ，R. Plevin，B. Turner，A. Jones，M. O' Hare，D. Kammen. 2006. Ethanol can contribute to energy and environmental goals. *Science* 311：506.

Gagnon，L. ，C. Belanger，Y. Uchiyama. 2002. Life-cycle assessment of electricity generation options：The status of research in year 2001. *Energy Policy* 30：1267-1278.

Gagnon，N. ，C. Hall，L. Brinker. 2009. A preliminary investigation of energy return on energy investment for global oil and gas production. *Energies* 2 （3）：490-503.

Gallagher，P.，W. Yee，H. Baumes. 2016. 2015 Energy Balance for the Corn Ethanol Industry. USDA. Office of the Chief Economist，Office of Energy Policy and New Uses.

Guilford，M.，C A. S. Hall，P. O' Connor，C. J. Cleveland. 2011. New long term assessment of energy return on investment（EROI）for U. S. oil and gas discovery and production. *Sustainability* 3：1866-1887.

Gupta，A.，C. A. S. Hall. 2011. A review of the past and current state of EROI data. *Sustainability* 3：1796-1809.

Hall，C. A. S.，C. J. Cleveland，R. Kaufman. 1986. *Energy and Resource Quality：The Ecology of the Economic Process*. New York：Wiley.

Hall，C.，J. Lambert，S. Balogh. 2014. EROI of different fuels and the implications for society. *Energy Policy* 64：141-152.

Inman，M. 2013. Behind the numbers on energy return on investment. *Scientific American*. April.

Knapp，K.，T. Jester. 2001. Empirical investigation of the energy payback time for photovoltaic modules. *Solar Energy* 71（3）：165-172.

Lambert，J.，C. Hall，S. Balogh，A. Gupta，M. Arnold. 2014. Energy，EROI and quality of life. *Energy Policy* 64：153-167.

Lenzen，M. 2008. Life cycle energy and greenhouse gas emissions of nuclear energy：A review. *Energy Conversion and Management* 49：2178-2199.

McDonough，W.，M. Braungart. 2002. *Cradle to Cradle：Remaking the Way We Make Things*. New York：North Point Press.

McDonough，M.，M. Braungart. 2013. *The：Upcycle：Beyond Sustainability—Designing for Abundance*. New York：North Point Press.

Murphy，D.，C. Hall，M. Dale，C. Cleveland. 2011. Order from chaos：A preliminary protocol for determining the EROI of fuels. *Sustainability* 3：1888-1907.

Pimentel，D.，T. W. Patzek. 2005. Ethanol production using corn，switchgrass，and wood；Biodiesel production using soybean and sunflower. *Natural Resources Research* 14（1）：65-76.

Pradhan，A.，et al. 2011. Energy life-cycle assessment of soybean biodiesel revisited. *Transactions of the American Society of Agricultural and Biological Engineers*.

Raugei，M.，R. Frischknecht，C. Olson，P. Sinha，G. Heath. 2016. Methodological Guidelines on Net Energy Analysis of Photovoltaic Electricity，IEA-PVPS Task 12，Report T12-07：2016. http：//www. iea-pvps. org

Raugei，M.，P. Fullana-i Palmer，V. Fthenakis. 2012. The energy return on energy investment（EROI）of photovoltaics：Methodology and comparisons with fossil fuel life cycles. *Energy Policy* 45：576-582.

Raugei，M.，E. Leccisi. 2016. A comprehensive assessment of the energy performance of the full range of electricity generation technologies deployed in the United Kingdom. *Energy Policy* 90：45-59.

Shapouri，H.，J. A. Duffield，M. Wang. 2004. The 2001 Net Energy Balance of Corn Ethanol. USDA. Office of the Chief Economist，Office of Energy Policy and New Uses.

University of California，Berkeley Cool Climate Network（CCN）. 2015. Smart Tools for a Cooler Planet. http：//coolclimate. berkeley. edu/

U. S. Department of Agriculture（USDA），National Renewable Energy Laboratory（NREL）（J. Sheehan，V. Camobreco，J. Duffield，M. Graboski，H Shapouri）. 1998. Life Cycle Inventory of Biodiesel and Petroleum Diesel for Use in an Urban Bus.

U. S. Department of Energy，National Renewable Energy Laboratory（NREL）. Life Cycle Inventory Database. http：//www. nrel. gov/lci/

U. S. EIA. 2017. Monthly Energy Review. https：//www. eia. gov/totalenergy/data/monthly/

U. S. EPA. 2015. Emissions & Generation Resource Integrated Database (EGRID). https：//www. epa. gov/energy/emissions-generation-resource-integrated-database-egrid

第 6 章

ASHRAE. 1993. *ASHRAE* 1993 *Handbook*：*Fundamentals*. New York：American Society of Heating，Refrigerating and Air-Conditioning Engineers.

ASHRAE. 1995. 90. 1 *Code Compliance Manual*. New York：American Society of Heating，Refrigerating and Air-Conditioning Engineers.

ASHRAE. 2005. *Handbook of Fundamentals*. New York：American Society of Heating，Refrigerating and Air-Conditioning Engineers.

Lstiburek，J. 2005. *Builder's Guide to Hot-Humid Climates*. Westford，MA：Building Science Press.

Meier，A. 1994. Infiltration：Just ACH50 divided by 20? *Home Energy*. http：//homeenergy. org/article/nav/blowerdoor/id/1015

Randolph，J.，K. Geeley，W. Hill. 1991. *Evaluation of Virginia Weatherization Program*. Blacksburg，VA：Virginia Center for Coal and Energy Research.

U. S. Department of Energy. 2012. 2012 *Buildings Energy Data Book*. Office of Energy Efficiency and Renewable Energy. https：//catalog. data. gov/dataset/buildings-energy-data-book.

U. S. EIA. 2015. Annual Energy Outlook. https：//www. eia. gov/outlooks/aeo/

U. S. EIA Buildings Technologies Program（D. Christensen，X. Fang，J. Tomerlin，J. Winkler）. 2011. Field-Monitoring Protocol：Mini-Split Heat Pumps.

第 7 章

Balcomb，D.，R. Jones，C. Kosiewicz，G. Lazarus，R. McFarland，W. Wray. 1983. *Passive Solar Design Handbook*. New York：American Solar Energy Society.

Department of Business，Economic Development & Tourism（DBEDT）and the American Institute of Architects. 2001. *Field Guide for Energy Performance，Comfort，and Value in Hawaii Homes*. Honolulu：State of Hawaii.

Masters，G. M. 2013. *Renewable and Efficient Electric Power Systems*，2nd ed. IEEE Press，Wiley.

National Renewable Energy Laboratory（NREL）（A. P. Dobos）. 2014. PVWatts Version 5 Manual. https：//www. nrel. gov/docs/fy14osti/62641. pdf

Raman，A. P.，M. A. Anoma，L. Zhu，E. Rephaeli，S. Fan. 2014. Passive radiative cooling below ambient air temperature under direct sunlight. *Nature* 515.

Swisher，J. N. 1985. Measured performance of passive solar buildings. *Annual Review of Energy* 10（November）：201-216.

Tyler，H.，S. Stefano，P. Alberto，M. Dustin，K. Steinfeld. 2013. CBE Thermal Comfort Tool. Center for the Built Environment，University of California Berkeley. http：//cbe. berkeley. edu/comforttool/

第 8 章

ACEEE（A. Lowenberger et al.）. 2012. The Efficiency Boom：Cashing In on the Savings from Appliance Standards. Res. Rpt. A123.

ACEEE（J. Mauer et al.）. 2013. Better Appliances：An Analysis of Performance，Features，and Price as Efficiency Has Improved. Rpt. A132. http：//aceee. org/sites/default/files/publications/researchreports/a132. pdf

ACEEE. 2014a，2016. Advanced Appliance and Equipment Standards. Policy Brief. http：//aceee. org/policy-brief/advanced-appliance-and-equipment-efficiency-standards

ACEEE (J. Amann). 2014b. Energy Codes for Ultra-Low-Energy Buildings: A Critical Pathway to Zero Net Energy Buildings. Res. Rpt. A1403. http://aceee.org/research-report/a1403

ACEEE (M. DiMascio). 2014c. How Your Refrigerator Has Kept Its Cool over 40 Years of Efficiency Improvements. http://aceee.org/blog/2014/09/how-your-refrigerator-has-kept-its-co

Appliance Standards Awareness Project (ASAP). 2017. https://appliance-standards.org/national

Athena Sustainable Materials Institute (SMI). 2016. Software Tools for LCI. http://www.athenasmi.org/our-software-data/overview/

Booz Allen Hamilton. 2015. Green Building Economic Impact Study. Prepared for U. S. Green Building Council. http://go.usgbc.org/2015-Green-Building-Economic-Impact-Study.html

*CAL*Green. 2016. Guide to the 2016 California Green Buildings Standards Code. California Buildings Standards Commission. https://www.documents.dgs.ca.gov/bsc/CALGreen/CALGreen-Guide-2016-FINAL.pdf

California Energy Commission (CEC). 2016. Title 24 Building Code. http://www.energy.ca.gov/title24/orc/overview/2016_overview.html

California Public Utility Commission (CPUC). 2015. New Residential Zero Net Energy Action Plan 2015-2020. http://www.cpuc.ca.gov/General.aspx?id=10740

Consortium for Research on Renewable Industrial Materials (CORRIM). 2005. Life Cycle Environmental Performance of Renewable Building Materials in the Context of Residential Construction. Phase I Research Report. http://www.corrim.org/

McGraw-Hill Construction (now Dodge Data and Analytics). 2014. World Green Building Trends.

National Institute of Standards and Technology (NIST). 2011. Building for Environmental and Economic Sustainability (BEES) software. https://www.nist.gov/news-events/news/2011/02/announcing-bees-online

National Renewable Energy Laboratory (NREL) (R. Anderson et al.). 2006. Analysis of Residential System Strategies Targeting Least-Cost Solutions Leading to Net Zero Energy Homes. http://www.nrel.gov/docs/fy06osti/38170.pdf

PHIUS + 2015: Passive Building Standard—North America. http://www.phius.org/phius-2015-new-passive-building-standard-summary

RESNET. 2016. Home Energy Rating. http://www.resnet.us/energy-rating

U. S. DOE. 2014. DOE Zero Energy Ready Home National Program Requirements. https://energy.gov/eere/buildings/downloads/doe-zero-energy-ready-home-national-program-requirements-rev-05

U. S. DOE. 2015a. Solid State Lighting R&D Plan. Prepared by Bardsley Consulting, SB Consulting, SSLS, Inc., LED Lighting Advisors, Navigant Consulting, Inc. DOE/EE-1228. https://energy.gov/sites/prod/files/2015/06/f22/ssl_rd-plan_may2015_0.pdf

US. DOE. 2015b. https://energy.gov/eere/buildings/guidelines-participating-doe-zero-energy-ready-home

U. S. DOE. 2016. Building Energy Codes Program. Status of State Building Codes. https://www.energycodes.gov/status-state-energy-code-adoption

U. S. DOE. 2017. DOE Solid-State Lighting Program. Modest Investment, Extraordinary Impacts. https://energy.gov/sites/prod/files/2017/01/f34/ssl-overview_jan2017.pdf

U. S. EPA. 2015. National Program Requirements ENERGY STAR Certified Homes. https://www.energystar.gov/index.cfm?c=bldrs_lenders_raters.nh_v3_guidelines

U. S. EPA. 2016. ENERGY STAR Unit Shipment and Market Penetration Report Calendar Year 2015 Summary. https://www.energystar.gov/ia/partners/downloads/unit_shipment_data/2015_USD_Summary_Report.pdf?725f-f45d

U. S. Green Building Council (USGBC). 2013. LEED v4 Protocol. http://www.usgbc.org/leed-v4

U. S. Green Building Council (USGBC). 2016. Project Examples. http://www.usgbc.org/projects

第 9 章

Brown，R.，J. Koomey. 2002. Electricity use in California：Past trends and present usage patterns. *Energy Policy*（also LBNL-47992）31：849-864.

California Energy Commission. 2010. Cost of Generation Model Users Guide. CEC-200-2010-002.

Epstein，P. R.，J. J. Buonocore，K. Eckerle，M. Hendryx，B. M. Stout，R. Heinberg，R. W. Clapp，B. May，N. L. Reinhart，M. M. Ahern，S. K. Doshi，L. Glustrom. 2011. Full cost accounting for the lifecycle of coal. Ecological economics reviews. *Annals of the New York Academy of Sciences* 1219：73-98.

International Atomic Energy Agency. 2015. The Fukushima Daiichi Accident：Report by the Director General. http：//www-pub. iaea. org.

Koomey，J.，H. Akbari，C. Blumstein，M. Brown，C. Calwell，S. Carter，R. Cavanagh，A. Chang，D. Claridge. 2010. Defining a standard metric for electricity savings. *Environmental Research Letters* 5：1.

Massachusetts Institute of Technology. 2003. *The Future of Nuclear Power：An Interdisciplinary MIT Study*. Cambridge，MA：MIT.

Masters，G. M. 2013. *Energy Economics Tutorial in Renewable and Efficient Electric Power Systems*. IEEE Press，Wiley.

第 10 章

Akhil，A. A.，G. Huff，A. B. Currier，B. C. Kaun，D. M. Rastler，S. B. Chen，A. L. Cotter，D. T. Bradshaw，W. D. Gauntlett. *DOE/EPRI* 2013 *Electricity Storage Handbook in Collaboration with NRECA*. Albuquerque，NM：Sandia National Laboratories.

California Independent System Operator. 2016. What the Duck Curve Tells Us about Managing a Green Grid. Folsom，CA. https：//www. caiso. com/Documents/FlexibleResourcesHelpRenewables _ FastFacts. pdf

Hledik，R.，J. Chang，R. Lueken. 2016. The Hidden Battery：Opportunities in Electric Water Heating. The Brattle Group. https：//www. eenews. net/assets/2016/02/10/document _ gw _ 03. pdf

Lazar，J. 2014. *Teaching the "Duck" to Fly*. The Regulatory Assistance Project（RAP）. http：//www. raponline. org/wp-content/uploads/2016/05/rap-lazar-teachingducktofly-2014-jan. pdf

Swisher，J. N. 2002. *Cleaner Energy，Greener Profits：Fuel Cells as Cost-Effective Distributed Energy Resources*. Snowmass，CO：Rocky Mountain Institute.

Woolf，T.，M. Whited，E. Malone，T. Vitolo，R. Hornby. 2014. *Benefit-Cost Analysis for Distributed Energy Resources：A Framework for Accounting for All Relevant Costs and Benefits*. Cambridge，MA：Synapse Energy Economics.

第 11 章

Ardani，K.，E. O'Shaughnessy，R. Fu，C. McClurg，J. Huneycutt，R. Margolis. 2017. Installed Cost Benchmarks and Deployment Barriers for Residential Solar Photovoltaics with Energy Storage. National Renewable Energy Laboratory，NREL/TP-7A40-67474.

ERDA/NASA. 1977. Terrestrial Photovoltaic Measurement Procedures. Cleveland，OH：ERDA/NASA/1022-77/16，NASA TM 73702.

Orlandi，I.，A. McCrone，D. Battley，N. Tyabji，J. Falzon，A. Lerner. 2016. How Can Pay-As-You-Go Solar Be Financed? Bloomberg New Energy Finance.

Shockley，W.，H. J. Queisser. 1961. Detailed balance limit of efficiency of p-n junction solar cells. *Journal of Applied Physics* 32：510.

Solar Energy Industries Association（SEIA）. 2016. Solar Industry Data：Solar Industry Growing at a Record

Pace. www. seia. org/research-resources/solar-industry-data.

Swanson，R. M. 2006. A vision for crystalline silicon photovoltaics. *Progress in Photovoltaics* 14（5）：443-453.

Youngren，E. 2011. Shortcut to Failure，Why Whole System Integration and Balance of System Components Are Crucial to Off-Grid PV System Sustainability. IEEE Global Humanitarian Technology Conference，Seattle，WA.

第 12 章

GreenTechMedia. 2016. Six charts that show the US clean energy revolution is here. U. S. DOE. *Revolution Now*. https：//www. energy. gov/revolution-now

Jacobson，M. Z. ，M. A. Delucchi，M. A. Cameron，B. A. Frew. 2015. Low-cost solution to the grid reliability problem with 100% penetration of intermittent wind，water，and solar for all purposes. *Proceedings of the National Academy of Sciences* 112（49）：15060-15085.

Masters，G. M. 2013. *Renewable and Efficient Electric Power Systems*. Hoboken，NJ：Wiley Interscience.

Mehos，M. ，C. Turchi，J. Jorgenson，P. Denholm，C. Ho，K. Armijo. 2016. On the Path to SunShot：Advancing Concentrating Solar Power Technology，Performance，and Dispatchability. NREL/TP-5500-65688.

NREL（W. Musial，B. Ram）. 2010. Large-Scale Offshore Wind Power in the United States：Assessment of Opportunities and Barriers. National Renewable Energy Lab，NREL/TP-500-40745.

Sovacool，B. K. 2013. The avian benefits of wind energy：A 2009 update. *Renewable Energy* 49：19.

Wiser，R. ，M. Bolinger. 2016. Wind Technologies Market Report，2015. Lawrence Berkeley National Labs. https：//energy. gov/sites/prod/files/2016/08/f33/2015-Wind-Technologies-Market-Report-08162016. pdf

第 13 章

Air Transport Action Group. 2010. Beginner's Guide to Aviation Efficiency. http：//www. atag. org

Aquiléra，A. ，J. Grébert. 2014. Passenger transport mode share in cities：Exploration of actual and future trends in a worldwide survey. *International Journal of Automotive Technology and Management* 14（3/4）：203-216. http：//www. inderscienceonline. com/doi/pdf/10. 1504/IJATM. 2014. 065290

Argonne National Laboratory（ANL）(A. Moawad et al.). 2016. Assessment of Vehicle Sizing，Energy Consumption，and Cost through Large-Scale Simulation of Advanced Vehicle Technologies. http：//www. ipd. anl. gov/anlpubs/2016/04/126422. pdf

Argonne National Laboratory（ANL）(J. Zhou). 2017. Light Duty Electric Drive Vehicles Monthly Sales Updates. https：//www. anl. gov/energy-systems/project/light-duty-electric-drive-vehicles-monthly-sales-updates

Bloomberg. 2015. The Real Cost of Filling Up：Gasoline Prices around the World. https：//www. bloomberg. com/graphics/gas-prices/#20171：United-States：USD：g

Bloomberg New Energy Finance（BNEF）. 2017. Electric Vehicle Outlook 2017. https：//about. bnef. com/electric-vehicle-outlook/

IEA. 2016a. Energy Analysis and Modelling Transport. https：//www. iea. org/media/training/eetw2016/transport/D. 1 _ Quantative _ Transport. pdf

IEA. 2016b. Energy Technology Perspectives 2016. Towards Sustainable Urban Energy Systems. https：//www. iea. org/publications/freepublications/publication/EnergyTechnologyPerspectives2016 _ ExecutiveSummary _ EnglishVersion. pdf

International Council on Clean Transportation（ICCT）. 2016. Global Passenger Vehicle Standards. http：//

www. theicct. org/info-tools/global-passenger-vehicle-standards

Journeys. 2011. Passenger Transport Mode Shares in World Cities. https：//www. lta. gov. sg/ltaacademy/doc/J11Nov-p60PassengerTransportModeShares. pdf

Kintner-Meyer，M. ，K. Schneider，R. Pratt. PNNL. 2007. Impacts Assessment of Plug-In Hybrid Vehicles on Electric Utilities＝and Regional U. S. Power Grids. Part 1：Technical Analysis https：//www. ferc. gov/about/com-mem/5-24-07-technical-analy-wellinghoff. pdf

National Highway Transportation Safety Administration（NHTSA）. 2016. Corporate Average Fuel Economy. https：//www. nhtsa. gov/laws-regulations/corporate-average-fuel-economy

Navigant Research. 2016. Autonomous Vehicles. https：//www. navigantresearch. com/research/autonomous-vehicles

Oak Ridge National Laboratory（ORNL），U. S. DOE. 2016. *Transportation Energy Data Book* 2016. 35th edition. http：//cta. ornl. gov/data/index. shtml

Ramachandran，S. ，U. Stimming. 2015. Well to wheel analysis of low carbon alternatives for road traffic. *Energy & Environmental Science* 8：3313-3324. http：//pubs. rsc. org/en/content/articlehtml/2015/EE/C5EE01512J

U. S. DOE. 2016a. EV Everwhere Grand Challenge. https：//energy. gov/sites/prod/files/2014/02/f8/eveverywhere _ road _ to _ success. pdf

U. S. DOE. 2016b. Revolution. . . Now. The Future Arrives for Five Clean Energy Technologies—2015 Update. https：//energy. gov/sites/prod/files/2016/09/f33Revolutiona％CC％82％E2％82％ACNow％202016％20Report _ 2. pdf

U. S. Department of Transportation. 2016. National Transportation Statistics. https：//www. rita. dot. gov/bts/sites/rita. dot. gov. bts/files/publications/national _ transportation _ statistics/index. html

U. S. EPA. 2016. Light Duty Automotive Technology，CO_2 Emission，and Fuel Economy Trends：1975-2016. https：//www. epa. gov/sites/production/files/2016-11/documents/420s16001. pdf

Weiss，M. ，J. Heywood，A. Schafer，E. Drake，F. AuYeung. 2000. On the Road in 2020：A Life Cycle Analysis of New Automobile Technologies. MIT Energy Lab Report EL 00-003.

第 14 章

Crooks，E. 2015. Biofuel needs $ 70 oil to compete，says Dupont. *Financial Times*（November 4）. https：//www. ft. com/content/bb4077e8-821c-11e5-8095-ed1a37d1e096

European Commission. 2014. State of Play on the Sustainability of Solid and Gaseous Biomass Used for Electricity，Heating and Cooling in the EU. http：//ec. europa. eu/energy/sites/ener/files/2014 _ biomass _ state _ of _ play _ . pdf

Farrell，A. ，R. Plevin，B. Turner，A. Jones，M. O'Hare，D. Kammen. 2006. Ethanol can contribute to energy and environmental goals. *Science* 311：506.

Gallagher，P. ，W. Yee，H. Baumes. 2016. 2015 Energy Balance for the Corn Ethanol Industry. USDA. Office of the Chief Economist，Office of Energy Policy and New Uses.

IEA. 2004. Biofuels for Transport：An International Perspective. https：//www. cti2000. it/Bionett/All-2004-004％20IEA％20biofuels％20report. pdf

Manders，J. （CEWEP）. 2013. How the Waste-to-Energy Industry Contributes to Energy Efficiency across Europe. http：//www. lsta. lt/files/events/2013-11-05-06 _ EHP _ Briuselis/2013-11-05 _ pranesimai/14 _ 131105 _ 2C _ 1400 _ 1530＋Manders＋DHC. pdf

National Renewable Energy Laboratory（NREL）（J. Sheehan，T. Dunahay，et al. ）. 1998. A Look Back at the U. S. Department of Energy's Aquatic Species Program—Biodiesel from Algae. NREL/TP-580-24190

National Renewable Energy Laboratory（NREL）. 2017. Biogas Potential in the United States. https：//

www. nrel. gov/docs/fy14osti/60178. pdf

Ragauskas，A.，C. Williams，et al. 2006. The path forward for biofuels and biomaterials. *Science* 311（27 January 2006）：484-489.

Renewable Energy Policy Network for the 21st Century（REN21）. 2014. Renewables 2014 Global Status Report. See also 2016 report. www. ren21. net

Renewable Fuel Association（RFA）. 2016. Annual Industry Outlook. http：//www. ethanolrfa. org/resources/publications/outlook/

Schmer，M.，K. Vogel，et al. 2008. Net energy of cellulosic ethanol from switchgrass. *PNAS* 105：464-469.

U. S. DOE（R. Perlack，L. Wright，A. Turhollow，R. Graham，B. Stokes，D. Erbach）. 2005. Biomass as Feedstock for a Bioenergy and Bioproducts Industry：The Technical Feasibility of a Billion-Ton Annual Supply. Oak Ridge National Laboratory. https：//ag. tennessee. edu/SunGrantInitiative/Documents/DOE%20Regional%20Feedstock%20Partnership/billion _ ton _ vision. pdf

U. S. DOE（T. Nguyen et al. ）. 2013. Well-to-Wheels Greenhouse Gas Emissions and Petroleum Use for Mid-Size Light-Duty Vehicles. https：//www. hydrogen. energy. gov/pdfs/13005 _ well _ to _ wheels _ ghg _ oil _ ldvs. pdf

U. S. DOE. 2015. EERE Energy Impacts：Biorefineries Give Local Farmers Opportunities for Additional Income. https：//energy. gov/eere/articles/eere-energy-impacts-biorefineries-give-local-farmers-opportunities-additional-income

U. S. DOE（M. H. Langholtz，B. J. Stokes，L. M. Eaton）. 2016a. 2016 Billion-Ton Report：Advancing Domestic Resources for a Thriving Bioeconomy，Volume 1：Economic Availability of Feedstocks. ORNL/TM-2016/160. Oak Ridge National Laboratory，Oak Ridge，TN.

U. S. DOE. 2016b. 2016 National Algal Biofuels Technology Review. EERE. https：//energy. gov/sites/prod/files/2016/06/f33/national _ algal _ biofuels _ technology _ review. pdf

U. S. DOE. 2017. Alternative Fuel Data Center（AFDC）. https：//www. afdc. energy. gov/

U. S. EIA. 2016a，2017a. Monthly Biodiesel Production Report. International Energy Data. https：//www. eia. gov/biofuels/biodiesel/production/

U. S. EIA. 2016b. Today in Energy：Southern States Lead Growth in Biomass Electricity Generation. https：//www. eia. gov/todayinenergy/detail. php?id＝26392

U. S. EIA 2017b. Monthly Energy Review，April. https：//www. eia. gov/totalenergy/data/monthly/

U. S. EPA. 2016a. Energy Recovery from the Combustion of Municipal Solid Waste. https：//www. epa. gov/smm/energy-recovery-combustion-municipal-solid-waste-msw

U. S. EPA. 2016b. Landfill Methane Outreach Program：Landfill Gas Energy Project Data and Landfill Technical Data. https：//www. epa. gov/lmop/landfill-gas-energy-project-data-and-landfill-technical-data

U. S. EPA. 2016c. Renewable Fuel Standard Program. https：//www. epa. gov/renewable-fuel-standard-program

U. S. EPA. 2017. Advancing Sustainable Materials Management：Facts and Figures Report. https：//www. epa. gov/smm/advancing-sustainable-materials-management-facts-and-figures-report

U. S. Forest Service，USDA（M. Goerndt et al. ）. 2015. Potential for Coal Power Plants to Co-Fire with Woody Biomass in the U. S. North，2010-2030. https：//www. fpl. fs. fed. us/documnts/fplgtr/fpl _ gtr237. pdf

World Health Organization. 2014. Air Pollution Deaths. http：//www. who. int/phe/health _ topics/outdoorair/databases/en/

第 15 章

ACEEE（E. Mackres，J. Barrett，et al. ）. 2015a. Local Energy Efficiency Policy Calculator（LEEP-C）. Res. Rpt. U1506. www. aceee. org/research-report/u1506

ACEEE（D. Ribeiro，T. Bailey）. 2015b. Local Energy Efficiency Self-Scoring Tool，Version 2. 0. Res. Rpt. U1511. http：//aceee. org/research-report/u1511

American Public Transportation Association（APTA）. 2014. Public Transportation Fact Book 2014. http：// www. apta. com/resources/statistics/Pages/transitstats. aspx

American Public Transportation Association（APTA）. 2016. Public Transportation Fact Book. http：// www. apta. com/resources/statistics/Pages/transitstats. aspx

Arlington County. 2009. The Arlington Experience：Congestion to Mobility—TOD and Community Sustainability. http：//dls. virginia. gov/GROUPS/transit/meetings/100609/arlington. pdf

Bloomberg New Energy Finance（BNEF），McKinsey &. Company. 2016. An Integrated Perspective on the Future of Mobility. https：//www. bbhub. io/bnef/sites/4/2016/10/BNEF _ McKinsey _ The-Future-of-Mobility _ 11-10-16. pdf

Boswell，M. ，A. Greve，T. Seale. 2012. *Local Climate Action Planning*. Washington，DC：Island Press.

California Department of Transportation（CalTrans）. 2002. Statewide Transit-Oriented Development Study：Factors for Success in California. http：//www. dot. ca. gov/hq/MassTrans/Docs-Pdfs/TOD-Study-Final-Rpt. pdf

California Housing Partnership Corporation. 2014. Why Creating and Preserving Affordable Homes Near Transit Is a Highly Effective Climate Protection Strategy. http：//www. transformca. org/transform-report/ why-creating-and-preserving-affordable-homes-near-transit-highly-effective-climate

Calthorpe，P. 1993. *The Next American Metropolis. Ecology，Community，and the American Dream*. New York，NY：Princeton Architectural Press.

Calthorpe，P. ，W. Fulton. 2001. *The Regional City*. Washington，DC：Island Press.

Center for Neighborhood Technology（CNT）. 2016a. Boston Interactive Map. H＋T Greenhouse Gas Emissions. https：//htaindex. cnt. org/compare-greenhouse-gas/

Center for Neighborhood Technology（CNT）. 2016b. TOD Database. http：//www. cnt. org/tools/tod-database/

Cervero，R. ，K. Kockelman. 1997. Travel demand and the 3Ds：Density diversity，and design. *Transportation Research Part D：Transport and Environment* 2：199-219. http：//www. worldtransitresearch. info/ research/2186/

Ewing，R. ，R. Cervero. 2010. Travel and the Built Environment. *Journal of the American Planning Association* 76：1-30. http：//www. climateplan. org/wp-content/plugins/downloads-manager/upload/Travel _ Built _ Environ. pdf

Federal Highway Administration（FHWA）. U. S. Department of Transportation. 2017. Traffic Volume Trends. https：//www. fhwa. dot. gov/policyinformation/travel _ monitoring/tvt. cfm

Fisher，M. 2015. America's once magical—now mundane—love affair with cars. *The Washington Post*，September 2.

Frece，J. 2000. Smart Growth presentation at Virginia Tech.

Greenblatt，J. ，S. Shaheen. 2015. Automated vehicles，on-demand mobility，and environmental impacts，Report no. LBNL-1006312. *Current Sustainable/Renewable Energy Reports* 2（3）：74-81. doi：10. 1007/ s40518-015-0038-5

ICLEI Local Governments for Sustainability. 2015a. ClearPath. Online Software for Completing GHG Inventories，Forecasts，Climate Action Plans，and Monitoring. http：//icleiusa. org/clearpath/

ICLEI. 2015b. Five Milestones of Emissions Management. http：//icleiusa. org/programs/emissions-management/5-milestones/

Jaffe, M. , D. Erley. 2000. Protecting Solar Access for Residential Development: A Guidebook for Local Officials. American Planning Association, U. S. HUD, U. S. DOE.

Jonathan Rose Companies. 2010. Projects: Highlands Garden Village. http: //www. rose-network. com/all-projects/highlands-garden-village-mixed-use-and-mixed-income-community

Kron, N. , J. Randolph. 1983. Problems in Implementing Energy Programs in Selected United States Cities. ANL/CNSV-TM-139. Argonne National Lab.

McKinsey & Company (J. Manyika, M. Chui, et al.). 2015. Unlocking the Potential of the Internet of Things. http: //www. mckinsey. com/business-functions/digital-mckinsey/our-insights/the-internet-of-things-the-value-of-digitizing-the-physical-world

National Association of Realtors, Portland State University. 2015. Community Preference Survey. https: //www. nar. realtor/reports/nar-2015-community-preference-survey

National Renewable Energy Laboratory (NREL)(A. Aznar, M. Day, et al.). 2015. City-Level Energy Decision Making: Data Use in Energy Planning, Implementation, and Evaluation in U. S. Cities. http: //www. nrel. gov/docs/fy15osti/64128. pdf

National Research Council. 2009. Driving and the Built Environment: The Effects of Compact Development on Motorized Travel, Energy Use, and CO_2 Emissions. Report 298. https: //www. nap. edu/catalog/12747/driving-and-the-built-environment-the-effects-of-compact-development

Navigant Research. 2016. Autonomous Vehicles. https: //www. navigantresearch. com/research/autonomous-vehicles

Newman, P. , J. Kenworthy. 2006. Urban design to reduce automobile dependence. *Opolis*: *Journal of Suburban and Metropolitan Studies* 2: 1 article 3.

Newman, P. , J. Kenworthy. 2016. *The End of Automobile Dependence*: *How Cities Are Moving beyond Car-Based Planning*. Washington, DC: Island Press.

Oak Ridge National Laboratory (ORNL), U. S. DOE. 2016. *Transportation Energy Data Book* 2016. 35th edition. http: //cta. ornl. gov/data/index. shtml

Polzin, S. 2016. Implications to Public Transportation of Emerging Technologies. National Center for Transit Research, University of South Florida. https: //www. nctr. usf. edu/wp-content/uploads/2016/11/Implications-for-Public-Transit-of-Emerging-Technologies-11-1-16. pdf

Randolph, J. 1981. The local energy future: A compendium of community programs. *Solar Law Reporter* 3 (2)(July/August): 253-282.

Randolph, J. 1988. The limits of local energy programs: The experience of U. S. communities in the 1980s. Proceedings of International Symposium: Energy Options of the Year 2000, Wilmington, DE, pp. 41-50.

Randolph, J. 2008. Comment on Reid Ewing and Fang Rong' s "The impact of urban form on U. S. residential energy use. " *Housing Policy Debate* 19: 45-52.

Rocky Mountain Institute. 2016. Peak Car Ownership: The Market Opportunity of Electric Automated Mobility Services. https: //www. rmi. org/insights/reports/peak-car-ownership-report/

Stone, B. 2007. Urban and rural temperature trends in proximity to large US cities: 1951-2000. *International Journal of Climatology* 27: 1801-1807.

Stone, B. 2016. Urban Heat Island Plan for Louisville Metro. Georgia Tech Urban Climate Lab. http: //www. urbanclimate. gatech. edu/projectList. shtml

Stone, B. , M. Rodgers. 2001. Urban Form and Thermal Efficiency. How the Design of Cities Influences the Urban Heat Island Effect. *APA Journal* 67: 186-198. http: //www. urbanclimate. gatech. edu/pubs/Urban%20Form%20and%20Thermal%20Efficiency. pdf

Transportation Sustainability Research Center（TSRC）（S. Shaheen）. 2016. Innovative Mobility Carsharing Outlook. http：//tsrc. berkeley. edu/node/968

United Nations Human Settlements Programme. UN Habitat for a Better Urban Future. 2015. Guiding Principles for City Climate Action Planning. http：//e-lib. iclei. org/wp-content/uploads/2016/02/Guiding-Principles-for-City-Climate-Action-Planning. pdf

Urban Land Institute（ULI）. 2015a. America in 2015：Survey of Views on Housing，Transportation，and Community. http：//uli. org/wp-content/uploads/ULI-Documents/America-in-2015. pdf

Urban Land Institute（ULI）. 2015b. Emerging Trend in Real Estate United States and Canada. https：//uli. org/wp-content/uploads/ULI-Documents/Emerging-Trends-in-Real-Estate-2015. pdf

U. S. Conference of Mayors（USCM）. 2016. Mayors Climate Protection Center. https：//www. usmayors. org/category/task-forces/mayors-climate-protection-center/

U. S. EPA. 2005. Urban Heat Island. https：//www. epa. gov/heat-islands

U. S. EPA. 2010. Smart Growth Illustrated. http：//www. epa. gov/smartgrowth/case. htm

Wheeler，S. 2008. State and municipal climate action plans：The first generation. *Journal of the American Planning Association* 68：267-278.

第 16 章

ACEEE（C. Russell，B. Baatz，et al. ）. 2015. Recognizing the Value of Energy Efficiency's Multiple Benefits. Res. Rpt. IE1502. http：//aceee. org/research-report/ie1502

American Energy Innovation Council（AEIC）. 2011. Catalyzing American Ingenuity：The Role of Government in Energy Innovation. http：//bipartisanpolicy. org/wp-content/uploads/sites/default/files/AEIC%20Report. pdf

Beurskens，L. 2003. Experience Curve Analysis：Concerns and Pitfalls in Data Use. PHOTEX Workshop，June 2003. ECN Policy Studies.

Bloomberg New Energy Finance（BNEF）（M. Liebreich）. 2016a. BNEF EMEA Future of Energy Summit. http：//www. bbhub. io/bnef/sites/4/2016/04/BNEF-Summit-Keynote-2016. pdf

Bloomberg New Energy Finance（BNEF）. 2016b. Battery Assault. https：//www. bloomberg. com/gadfly/articles/2016-09-04/battery-assault

Bodde，L. 1976. Riding the experience curve. *Technology Review* 78：n. 5.

Duke，R. ，D. Kammen，1999. The economics of energy market transformation programs. *The Energy Journal* 20：15-64.

Gallup. 2017a. Environmental Protection vs. Economic Growth. http：//www. gallup. com/poll/1615/environment. aspx

Gallup. 2017b. Americans Concern over Climate Change at Three-Decade High. http：//www. gallup. com/topic/category _ climate _ change. aspx

Geller，H. 2003. *Energy Revolution：Policies for a Sustainable Future*. Washington，DC：Island Press.

Jenkins，N. ，L. Campoy，E. Becker，J. Livingston. 2004. *Emerging Technologies，Energy Efficiency，Roles and Linkages*. San Francisco，CA：ACEEE.

Leiserowitz，A. ，E. Maibach，et al. 2016. Climate Change in the American Mind：March 2016. Yale Program on Climate Change Communication. http：//climatecommunication. yale. edu/publications/climate-change-american-mind-march-2016/

Lovins，A. 2011. Reinventing Fire. Rocky Mountain Institute. https：//www. rmi. org/insights/reinventing-fire/

Lovins，A. ，et al. 2004. *Winning the Oil End Game*. Boulder，CO：Rocky Mountain Institute.

Mallon，K. （ed. ）. 2006. *Renewable Energy Policy and Politics*. London：Earthscan.

Margolis，R. 2003. Photovoltaic Technology Experience Curves and Markets. Presentation at NCPV and Solar

Program Review Meeting. Denver，Colorado，March 24.

Nadel，S. 2012. Rebound Effect：Large or Small? An ACEEE White Paper. http：//aceee. org/files/pdf/white-paper/rebound-large-and-small. pdf

Organisation of Economic Development and Cooperation/International Energy Agency. 2000. *Experience Curves for Energy Technology Policy*. Paris：Author.

Owens，D. 2012. *The Conundrum：How Scientific Innovation，Increased Efficiency，and Good Intentions Can Make Our Energy and Climate Problems Worse*. New York：Riverhead Books.

Pew Research Center（R. Wike）. 2016a. What the World Thinks about Climate Change in 7 Charts. http：//www. pewresearch. org/fact-tank/2016/04/18/what-the-world-thinks-about-climate-change-in-7-charts/

Pew Research Center（C. Funk，B. Kennedy）. 2016b. The Politics of Climate Change. http：//www. pewinternet. org/2016/10/04/the-politics-of-climate/

Rubin，E.，I. Azevedo，et al. 2015. A review of learning rates for electricity supply technologies. *Energy Policy* 86：198-218.

Sathaye，J.，S. Murtishaw. 2004. Market Failures，Consumer Preferences，and Transaction Costs in Energy Efficiency Purchase Decisions. California Climate Change Center. Rpt. 2005-2010. LBNL CEC-500-2005-020.

Smil，V. 2003. *Energy at the Crossroads*. Cambridge，MA：The MIT Press.

Solar Energy Industries Association（SEIA）. 2016. www. seia. org/research-resources/solar-industry-data

Swanson，R. 2006. A vision for crystalline silicon photovoltaics. *Progress in Photovoltaics* 14（5）：443-453.

第 17 章

ACEEE. 2016. International Energy Efficiency Scorecard. http：//aceee. org/portal/national-policy/international-scorecard

American Association for the Advancement of Science（AAAS）. 2017. R&D Budget and Policy Program. https：//www. aaas. org/program/rd-budget-and-policy-program

Bloomberg Markets. 2016. RWE CEO Sees Tough Years Ahead for Conventional Power Plants. https：//www. bloomberg. com/news/articles/2016-11-17/rwe-ceo-sees-tough-years-ahead-for-conventional-power-plants

Bloomberg New Energy Finance（BNEF）. 2015. Impact of Tax Credit Extensions for Wind and Solar. https：//data. bloomberglp. com/bnef/sites/4/2015/12/2015-12-16-BNEF-US-solar-and-wind-tax-credit-impact-analysis. pdf

Bloomberg New Energy Finance（BNEF）. 2016. Climatescope 2016. http：//global-climatescope. org/en/

British Petroleum（BP）. 2017. Statistical Review of World Energy 2017. http：//www. bp. com/en/global/corporate/energy-economics/statistical-review-of-world-energy. html

Brookings Institution（D. Saha，M. Muro）. 2016. Growth，Carbon，and Trump：States Are "Decoupling" Economic Growth from Emissions Growth. https：//www. brookings. edu/blog/the-avenue/2016/12/08/decoupling-economic-growth-from-emissions-growth/

Climate Action Tracker（CAT）. 2016. Assessments of Country Emission Commitments and Actions. http：//www. climateactiontracker. org/

Climate Brief. 2016. Interactive Mapping on US States "Decoupling" Economic Growth and Emissions. https：//www. carbonbrief. org/mapped-us-states-decoupling-economic-growth-emissions

Climatehome（K. Mathiesen）. 2016. India to Halt Building New Coal Plants in 2022. http：//www. climatechangenews. com/2016/12/16/india-to-halt-building-new-coal-plants-in-2022/

Congressional Budget Office. 2013. Effects of a Carbon Tax on the Economy and the Environment. https：//www. cbo. gov/publication/44223

Database on State Incentives for Renewables and Efficiency（DSIRE）. 2017. http：//www. dsireusa. org/

DLR（Deutches Zentrum fur Luft-und Raumfahrt），Stuttgart Institute. 2012. Long-Term Scenarios and Strategies for the Deployment of Renewable Energies in Germany in View of European and Global Development. http：//www. dlr. de/dlr/Portaldata/1/Resources/documents/2012 _ 1/leitstudie2011 _ kurz _ en _ bf. pdf

Ellerman，A.，D. Harrison. 2003. Emissions Trading in the U. S.：Experience，Lessons，and Considerations for Greenhouse Gases. Pew Center on Global Climate Change. http：//web. mit. edu/globalchange/ www/PewCtr _ MIT _ Rpt _ Ellerman. pdf

Environmental Defense Fund and International Emissions Trading Association（EDF/IETA）. 2016. Carbon Pricing：The Paris Agreement's Key Ingredient. http：//www. ieta. org/resources/Resources/Reports/ Carbon _ Pricing _ The _ Paris _ Agreements _ Key _ Ingredient. pdf

European Commission（EC）. 2005. EU Action on Climate Change：EU Emissions Trading—An Open Scheme to Promote Global Innovation. http：//www. europarl. europa. eu/RegData/etudes/BRIE/2015/568334/ EPRS _ BRI（2015）568334 _ EN. pdf

European Commission. 2016a. 2020 Climate and Energy Package. https：//ec. europa. eu/clima/policies/strategies/2020 _ en

European Commission（EC）. 2016b. Post-2020 Reform of the EU Emissions Trading System. http：// www. europarl. europa. eu/RegData/etudes/BRIE/2016/579092/EPRS _ BRI（2016）579092 _ EN. pdf

European Environmental Program（EEA）. 2016. 1. Overall Progress towards European Union's "20-20-20" Climate and Energy Targets. https：//www. eea. europa. eu/themes/climate/trends-and-projections-in-europe/1-overall-progress-towards-the

Gallagher，K. S.，L. D. Anadon. 2015. DOE Budget Authority for Energy Research，Development，& Demonstration Database. Harvard Kennedy School Belfer Center for Science and International Affairs. http：// www. belfercenter. org/publication/doe-budget-authority-energy-research-development-demonstration-database-1

Hessische/Niedersächsische Allgemeine（HNA），Kassel，Germany. 2016. https：//www. hna. de/kassel/ kreis-kassel/kaufungen-ort43178/solar-autobahn-aschaffenburg-modell-a44-6601644. html

Horowitz，J.，J.-A. Cronin，H. Hawkins，L. Konda，A. Yuskavage. 2017. Methodology for Analyzing a Carbon Tax. Office of Tax Analysis，U. S. Department of the Treasury.

IEA. 2016. Decoupling of Global Emissions and Economic Growth Confirmed. https：//www. iea. org/newsroom/news/2016/march/decoupling-of-global-emissions-and-economic-growth-confirmed. html

IEA. 2017. PVPS Annual Report 2016. Photovoltaic Power Systems Technology Collaboration Programme. iea-pvps. org/index. php?id=6&eID=dam _ frontend _ push&docID=3951

Klessmann，C.（Ecofys）. 2014. Experience with Renewable Electricity Support Schemes in Europe. https：// www. slideshare. net/Ecofys/renewable-electricity-support-schemes-in-europe

Klessmann，C.（Ecofys）. 2016. Current Status and Recent Trends：European Outlook—Trends in Support Systems for Renewable Electricity（Dansk Energy Workshop）. https：//www. danskenergi. dk/～/media/ Uddannelse/1057/Corinna _ Klessman. ashx

Kosnik，R. 2007. The Oil and Gas Industry's Exclusions and Exemptions to Major Environmental Statutes. Oil and Gas Accountability Project. https：//www. earthworksaction. org/files/publications/PetroleumExemptions1c. pdf

Lee，J.，A. Pearce. 2016. How Trump can influence climate change. *The New York Times*. https：// www. nytimes. com/interactive/2016/12/08/us/trump-climate-change. html? _ r=0

Morris，C.，M. Pehnt. 2016. The German *Energiewende* Book. Heinrich Boll Stiftung. https：//book. energytransition. org/

National Atmospheric Deposition Program. 2007. Isopeth Maps. http：//nadp. sws. uiuc. edu/data/annual-maps. aspx

New York Times （M. Forsythe）. 2017. China cancels 103 coal plants，mindful of smog and wasted capacity. https：//www. nytimes. com/2017/01/18/world/asia/china-coal-power-plants-pollution. html? mcubz＝1

Pfund，N. ，B. Healey. 2011. What Would Jefferson Do? The Historical Role of Federal Subsidies in Shaping America's Energy Future. DBL Investors. https：//www. dri. edu/images/stories/foundation/forums/What-Would-Jefferson-Do-HANDOUT. pdf

Poser，H. ，J. Altman，et al. 2014. Development and Integration of Renewable Energy：Lessons Learned from Germany. FAA Financial Advisory AG （Switzerland）. http：//catskillcitizens. org/learnmore/germany _ lessonslearned _ final _ 071014. pdf

Powerhive. 2016. http：//www. powerhive. com/about/

PVdatabase，fesa GMbH. 2006. http：//www. pvdatabase. org/projects _ view _ detailsinfo. php?ID＝376&file＝pic

Rahman，N. ，J. Wentz. 2017. The Price of Climate Deregulation：Adding Up the Costs and Benefits of Federal Greenhouse Gas Emission Standards. Columbia Law School. Sabin Center for Climate Change Law，August. http：//columbiaclimatelaw. com/files/2016/06/Rahman-and-Wentz-2017-08-The-Price-of-Climate-Deregulation. pdf

Regional Economic Models，Inc. （REMI）（S. Nystrom，P. Luckow）. 2014. The Economic，Climate，Fiscal，Power，and Demographic Impact of a National Fee-and-Dividend Carbon Tax. http：//citizensclimatelobby. org/wp-content/uploads/2014/06/REMI-carbon-tax-report-62141. pdf

Sisine，F. ，Congressional Research Service. 2016. Renewable Energy R&D Funding History：A Comparison with Funding for Nuclear Energy，Fossil Energy，and Energy Efficiency. http：//nationalaglawcenter. org/wp-content/uploads/assets/crs/RS22858. pdf

Sustainable Energy for All （SE4A）. 2017. SE4A Global Tracking Framework. Progress toward Sustainable Energy 2017. http：//www. se4all. org/sites/default/files/eegp17-01 _ gtf _ full _ report _ final _ for _ web _ posting _ 0402. pdf

U. S. Department of Health and Human Services （DHHS）. 2017. Funding for Low Income Home Energy Assistance Program （LIHEAP） and Weatherization Assistance Program （WAP）. https：//liheapch. acf. hhs. gov/Funding/funding. htm

U. S. DOE. 2016. FY 2017 Budget Justification. https：//energy. gov/cfo/downloads/fy-2017-budget-justification

U. S. EIA. 2008. Federal Financial Interventions and Subsidies in Energy Markets 2007. SR/CNEAF/2008-01. https：//www. eia. gov/analysis/requests/2008/subsidy2/pdf/subsidy08. pdf

U. S. EIA. 2015. Direct Federal Financial Interventions and Subsidies in Energy in FY2013. https：//www. eia. gov/analysis/requests/subsidy/pdf/subsidy. pdf

U. S. EPA. 2016. Clean Power Plan. https：//fas. org/sgp/crs/misc/R44145. pdf

U. S. Government Accountability Office （GAO）. 2014. Information on Federal and Other Factors Influencing U. S. Energy Production and Consumption from 2000 to 2013. GAO-14-836. http：//www. gao. gov/assets/670/666270. pdf

World Bank. 2016. State and Trends of Carbon Pricing. Washington，DC：World Bank Group. http：//documents. worldbank. org/curated/en/598811476464765822/State-and-trends-of-carbon-pricing

World Resources Institute （N. Aden）. 2016. The Roads to Decoupling：21 Countries Are Reducing Carbon Emissions while Growing GDP. http：//www. wri. org/blog/2016/04/roads-decoupling-21-countries-are-reducing-carbon-emissions-while-growing-gdp

第 18 章

ACEEE (M. Kushler，D. York). 2014. Utility Initiatives：Alternative Business Models and Incentive Mechanisms. Policy Brief. http：//aceee. org/policy-brief/utility-initiatives-alternative-business-models-and-incen

ACEEE. 2016. The State Energy Efficiency Scorecard. http：//aceee. org/state-policy/scorecard

ACEEE. 2017. The City Energy Efficiency Scorecard. http：//aceee. org/local-policy/city-scorecard

Austin Energy. 2014. 2014 Value of Solar at Austin Energy. Clean Power Research. http：//www. austintexas. gov/edims/document. cfm?id=199131

Barbose，G. ，N. Darghouth. 2016. Tracking the Sun IX：The Installed Price of Residential and Non-residential Photovoltaic Systems in the United States. LBNL，DOE SunShot. https：//emp. lbl. gov/sites/all/files/ tracking _ the _ sun _ ix _ report. pdf

Barbose，G. ，C. Goldman，et al. 2013. The Future of Utility Customer-Funded Energy Efficiency Programs in the United States：Projected Spending and Savings to 2025. LBNL-39931. https：//emp. lbl. gov/sites/ all/files/lbnl-5803e. pdf

Bennett，R. 2010. "Portland Ecodistrict Initiative. " New Partners for Smart Growth Conference. Seattle， WA. https：//www. newpartners. org/2010/program. html

Bloomberg，M. ，C. Pope. 2017. *Climate of Hope：How Cities，Businesses，and Citizens Can Save the Planet*. New York：St. Martin's Press. https：//www. climateofhope. com/

Boston. 2014. Greenovate Boston 2014 CAP Update. http：//www. cityofboston. gov/climate/

Boulder. 2014. Boulder Energy Conservation Code for New Buildings. https：//bouldercolorado. gov/plan-develop/energy-conservation-codes

Boulder. 2015. SmartRegs for Rental Housing. https：//bouldercolorado. gov/plan-develop/smartregs

BuildingRating. 2017. Sharing Transparency for a More Efficient Future. http：//www. buildingrating. org/

C40 Cities. 2016. Network of World's Megacities Committing to Addressing Climate Change. http：// www. c40. org/

California Energy Commission (CEC). 2016. Tracking Progress. Renewable Energy. http：//www. energy. ca. gov/ renewables/tracking _ progress/documents/renewable. pdf

California Energy Commission (CEC). 2017. Integrated Energy Policy Report. http：//www. energy. ca. gov/ 2017 _ energypolicy/

California Public Utility Commission (CPUC). 2013. California Net Energy Metering Ratepayer Impacts Evaluation.

Carliner，M. 2013. Reducing Energy Costs in Rental Housing. The Need and the Potential. Joint Center for Housing Studies of Harvard University. http：//www. jchs. harvard. edu/sites/jchs. harvard. edu/files/carliner _ research _ brief _ 0. pdf

Center for Climate and Energy Solutions (C2ES). 2017. State Policy Maps：On-Bill Financing. https：// www. c2es. org/us-states-regions/policy-maps/on-bill-financing

Colorado，State of. 2015. Colorado Climate Plan：State Level Policies and Strategies to Mitigate and Adapt. http：//cwcbweblink. state. co. us/WebLink/ElectronicFile. aspx?docid=196541&searchid=243b8969-739b-448c-bd2d-699af9b7aea0&dbid=0

Consortium on Energy Efficiency (CEE). 2016. Annual Industry Reports. https：//www. cee1. org/annual-industry-reports

Costello，K. ，R. Hemphill. 2014. Electric utilities' "death spiral"：Hyperbole or reality? *The Electricity Journal* 27：7-26. https：//www2. aeepr. com/Documentos/Ley57/Tarifa/Attachment% 20RH-1% 20Costello-Hemphill%20Death%20Spiral%202014 _ Final%20Pub. pdf

Covenant of Mayors. 2016. http：//www. globalcovenantofmayors. org/

Darghouth，N.，R. Wiser，G. Barbose，A. Mills. 2015. Net Metering and Market Feedback Loops：Exploring the Impact of Retail Rate Design on Distributed PV Deployment. U. S. DOE：SunShot. LBNL. https：//emp. lbl. gov/sites/all/files/lbnl-183185 _ 0. pdf

Database on State Incentives for Renewables and Efficiency (DSIRE). 2017. http：//www. dsireusa. org/

District Energy St. Paul. 2016. http：//www. districtenergy. com/

Ecodistricts. 2015. https：//ecodistricts. org/

Edison Electric Institute (P. Kind). 2013. Disruptive Challenges：Financial Implications and Strategic Responses to a Changing Retail Electric Business. http：//www. eei. org/ourissues/finance/documents/disruptivechallenges. pdf

Energy Cities. 2016. The European Association of Local Authorities in Energy Transition. http：//www. energy-cities. eu/

Eto，J. 1996. The Past，Present，and Future of U. S. Utility Demand-Side Management Programs. LBNL. https：//emp. lbl. gov/sites/all/files/39931. pdf

Federal Housing Administration (FHA). 2016. FHA Rules on PACE. http：//www. fhanewsblog. com/2016/07/more-about-fha-loans-for-home-with-pace-assessments/

Gichon，Y.，M. Cuzzolino. 2012. Cracking the Nut on Split-Incentives：Rental Housing Policy. http：//aceee. org/files/proceedings/2012/data/papers/0193-000251. pdf

GreenTechMedia (GTM). 2015. The Future of Utility Business Models，This Time without Fixed Charges. https：//www. greentechmedia. com/articles/read/The-Future-of-Utility-Business-Models-This-Time-Without-Fixed-Charges

GreenTechMedia (GTM) (O. Saadeh). 2016. U. S. Microgrids 2016：Market Drivers，Analysis and Forecast. https：//www. greentechmedia. com/research/report/us-microgrids-2016

GreenTechMedia (GTM)(M. Munsell). 2017. U. S. Community Solar Outlook 2017：America's Community Solar Market Will Surpass 400MW in 2017. https：//www. greentechmedia. com/articles/read/us-community-solar-market-to-surpass-400-mw-in-2017

Hansen，L.，E. Stein. 2014. Reforming the Energy Vision. http：//www. aeeny. org/presentations/AEENY _ March17 _ ReformingEnergyVision031715. pdf

Hawken，P. (ed). 2017. *Drawdown：The Most Comprehensive Plan Ever Proposed to Reverse Global Warming*. London：Penguin Books. www. drawdown. org

Institute for Local Self-Reliance (ILSR). 2017. Why Minnesota's Community Solar Program Is the Best. https：//ilsr. org/minnesotas-community-solar-program/

Johnson，K.，E. Mackres. 2013. Scaling Up Multifamily Energy Efficiency Programs：A Metropolitan Area Assessment. Research Report E135. Washington，DC：ACEEE.

Kron，N.，J. Randolph. 1983. Problems in Implementing Energy Programs in Selected United States Cities. ANL/CNSV-TM-139. Argonne National Lab.

Lawrence Berkeley National Laboratory. 2016. Energy Benchmarking. http：//energyiq. lbl. gov/

Maryland Commission on Climate Change (MCCC). 2015. Final Report to Governor Larry Hogan and Maryland General Assembly (December). http：//www. mde. maryland. gov/programs/Marylander/Documents/MCCC2015FinalReport. pdf

Maryland Department of Environment (MDE). 2015. The 2015 Greenhouse Gas Emissions Reduction Act Plan Update (October). http：//news. maryland. gov/mde/wp-content/uploads/sites/6/2015/10/GGRA _ Report _ FINAL _ 10-29-15. pdf

Massachusetts. 2015. Massachusetts Clean Energy and Climate Plan for 2020. http：//www. mass. gov/eea/docs/eea/energy/cecp-for-2020. pdf

Minneapolis，City of. 2013. Climate Action Plan. http：//www. minneapolismn. gov/www/groups/public/@ citycoordinator/documents/webcontent/wcms1p-109331. pdf

Minneapolis，City of. 2014a. Energy Vision for 2040. http：//www. minneapolismn. gov/www/groups/public/@citycoordinator/documents/webcontent/wcms1p-113989. pdf

Minneapolis，City of. 2014b. Clean Energy Partnership. https：//mplscleanenergypartnership. org/

Minneapolis Clean Energy Partnership（CEP）. 2017. 2017-2018 Workplan. https：//mplscleanenergypartnership. org/about/2017-2018-workplan/

MIT Energy Initiative. 2016. The Utility of the Future. https：//energy. mit. edu/wp-content/uploads/2016/12/Utility-of-the-Future-Full-Report. pdf

National Association of State Energy Officials. 2013. An Overview of Statewide Comprehensive Energy Plans，2002 to 2011. https：//www. naseo. org/Data/Sites/1/naseo _ 39 _ state _ final _ 7-19-13. pdf

New York City. 2013. plaNYC. Progress Report 2013：A Greener，Greater New York. http：//www. nyc. gov/html/planyc/downloads/pdf/publications/planyc _ progress _ report _ 2013. pdf

New York City. 2015. One New York：The Plan for a Strong and Just City. http：//www. nyc. gov/html/onenyc/downloads/pdf/publications/OneNYC. pdf

North Carolina Clean Energy Technology Center（NCCETC）. 2017. The 50 States of Solar. A Quarterly Look at America's Fast-Evolving Distributed Solar Policy Conversation（2016）. https：//nccleantech. ncsu. edu/the-50-states-of-solar-report-2016-annual-review-and-q4-update/

NREL（P. Gagnon，R. Margolis，et al. ）. 2016. Rooftop Solar Photovoltaic Technical Potential in the United States：A Detailed Assessment. http：//www. nrel. gov/docs/fy16osti/65298. pdf

Portland. 2015. 2015 Climate Action Plan. https：//www. portlandoregon. gov/bps/66993

Portland. 2016. Home Energy Score—Proposed Policy. https：//www. portlandoregon. gov/bps/article/588501；www. homeperformance. org/news-and-resources/news/portland-oregon-passes-landmark-policy-disclose-energy-performance

Portland Sustainability Institute（PSI）. 2010. Portland Ecodistricts. https：//www. pdx. edu/sustainability/tags/ecodistricts?page＝1

Randolph，J. 1981. The local energy future：A compendium of community programs. *Solar Law Reporter* 3（2）（July/August）：253-282.

Randolph，J. 1988. The limits of local energy programs：The experience of U. S. communities in the 1980s. Proceedings of the International Symposium：Energy Options of the Year 2000. Wilmington，DE，pp. 41-50.

RMI. 2012. Net Energy Metering，Zero Net Energy and the Distributed Energy Resource Future. Adapting Electric Utility Business Models for the 21st Century. https：//rmi. org/wp-content/uploads/2017/04/eLab _ PGE _ Adapting _ Utility _ Business _ Models _ for _ 21st _ Century _ Report _ 2012. pdf

RMI. 2013. New Business Models for the Distribution Edge. The Transition from Value Chain to Value Constellation. https：//rmi. org/wp-content/uploads/2017/04/eLab _ PGE _ Adapting _ Utility _ Business _ Models _ for _ 21st _ Century _ Report _ 2012. pdf

RMI（D. Glick，M. Lehrman，O. Smith）. 2014. Rate Design for the Distribution Edge. Electricity Pricing for a Distributed Resource Future. https：//rmi. org/wp-content/uploads/2017/04/2014-25 _ eLab-RateDesign-fortheDistributionEdge-Full-highres-1. pdf

Rode，P. ，and G. Floater. 2014. Accessibility in Cities：Transport and Urban Form. The New Climate Economy Cities Paper 03. London School of Economics. https：//files. lsecities. net/files/2014/11/LSE-Cities-2014-Transport-and-Urban-Form-NCE-Cities-Paper-03. pdf

Satchwell，A. ，P. Cappers，et al. 2015. A Framework for Organizing Current and Future Electric Utility

Regulatory and Business Models. U. S. DOE，LBNL. https：//emp. lbl. gov/sites/all/files/lbnl-181246. pdf

Seattle. 2013. Climate Action Plan. http：//www. seattle. gov/Documents/Departments/OSE/2013 _ CAP _ 2013 0612. pdf

Seattle City Light. 2007. Energy Conservation Accomplishments：1977-2006. http：//www. seattle. gov/light/ Conserve/Reports/accomplish _ 1. pdf

Seattle City Light. 2015. 2016 Conservation Potential Assessment. http：//www. seattle. gov/light/Conserve/ docs/SCL _ 2016 _ CPA _ Volume-I. pdf

Siemens AG. 2016. Minneapolis：80 by 50? Using the City Performance Tool （CyPT） to Test City Sustainability Targets. http：//www. ci. minneapolis. mn. us/www/groups/public/@clerk/documents/webcontent/ wcmsp-178225. pdf

Solarize Piedmont. 2017. Piedmont Environmental Council. https：//www. pecva. org/our-mission/energy-solutions/solarize-pec

U. S. DOE. 2016. Property Assessed Clean Energy Programs. Best Practice Guidelines. https：//energy. gov/ eere/slsc/property-assessed-clean-energy-programs

U. S. DOE. 2017. Quadrennial Energy Review：Second Installment：Transforming the Nation's Electricity System. https：//energy. gov/epsa/quadrennial-energy-review-second-installment

U. S. EIA. 2016. Demand Side Management Data. https：//www. eia. gov/electricity/data. php # elecenv

Vermont Solar Cooperative. 2017. Randolph Solar Farm. http：//www. vermontsolarcooperative. org/randolph-coop-solar-farm/

World Energy Council （WEC）. 2015a. https：//www. worldenergy. org/wp-content/uploads/2012/10/PUB _ Energy _ and _ urban _ innovation _ 2010 _ WEC. pdf

World Energy Council （WEC）. 2015b. World Energy Trilemma：Priority Actions on Climate Change and How to Balance the Trilemma. https：//www. worldenergy. org/wp-content/uploads/2015/05/2015-World-Energy-Trilemma-Priority-actions-on-climate-change-and-how-to-balance-the-trilemma. pdf

www. bcse. org. 2018. 2018 Sustainable Energy in America Factbook. Bloomberg New Energy Finance and The Business Council for Sustainable Energy.

中英文词汇对照表

American Clean Energy and Security Act（2009）	《美国清洁能源与安全法案》（2009）
American Council for an Energy Efficient Economy（ACEEE）	美国节能经济委员会（ACEEE）
database	数据库
International Energy Efficiency Ranking	国际能源效率排名
local energy calculators	本地能源计算器
on rebound effect	反弹效应
State Energy Efficiency Scorecard	州能源效率记分卡
U. S. City Energy Efficiency Scorecard	美国城市能源效率记分卡
American dream	美国梦
American Recovery and Reinvestment Act	《美国经济复苏和再投资法案》
American Society of Heating，Refrigerating and Air-Conditioning Engineers（ASHRAE）	美国采暖、制冷和空调工程师协会（ASHRAE）
90—1975 standard	90—1975 标准
90. 1—2013 standard	90.1—2013 标准
90. 1—2016 standard	90.1—2016 标准
on energy audits	关于能源审计
American Society of Testing and Materials（ASTM）	美国材料与试验协会（ASTM）
American Wind Energy Association	美国风能协会
amortized costs	摊销成本
amperes	安培，安
ancillary services，aggregating loads for	辅助服务，聚合负载
Annual Energy Outlook（AEO）（EIA）	年度能源展望（AEO）（美国能源信息署）
annual energy savings（AES）	年度节能量（AES）
annual fuel utilization efficiency（AFUE）	年度燃料利用效率（AFUE）
Appliance Energy Conservation Act（1986）	《电器节能法》（1986）
appliances	器具
See also heating，ventilating，and air conditioning（HVAC）systems	参见供暖、通风和空调（HVAC）系统
California standards	加州标准
efficiency regulations	效率法规
labeling	标签
smart	智能
technology improvements	技术改进
Arab oil embargo	阿拉伯国家的石油禁运

battery storage	电池储能
BEES software（NIST）	BEES 软件（NIST）
benchmarking programs	基准测试程序
benefit-cost（B/C）ratio	效益成本（B/C）比率
See also cost- effectiveness analysis	参见成本效益分析
best system of emission reduction（BSER）	最佳减排系统（BSER）
beta particles	贝塔粒子，β 粒子
billing data	账单数据
Billion-Ton Study（DOE，ORNL）	十亿吨研究（美国能源部，橡树岭国家实验室）
binding energy	结合能
biodiesel and renewable diesel	生物柴油和可再生柴油
bioethanol fuel	生物乙醇燃料
E10 and E85	E10 和 E85，加入 10％和 85％变性乙醇的汽油
EROI	能源投资回报率
history of	历史
infrastructure and fueling stations	基础设施和加油站
market for	市场
net energy and GHG analysis of	净能量和温室气体分析
prices	价格
production capacity for	生产能力
production impacts	生产影响
production processes	生产过程
subsidies	补贴
trends in	趋势
U. S. Renewable Fuel Standard	美国可再生燃料标准
cellulosic bioethanol	纤维素生物乙醇
biomass energy	生物质能
See also bioethanol fuel，biodiesel and renewable diesel	参见生物乙醇燃料，生物柴油和可再生柴油
biomass-fired power plants	生物质燃烧发电厂
carbon cycle and bioenergy	碳循环和生物能
carbon emissions	碳排放
co-firing biomass	共热解生物质
definitions	定义
emerging technologies	新兴技术
landfill methane recovery and methane digestion	垃圾填埋场的甲烷回收和甲烷消化
life-cycle analysis	生命周期分析

Intended Nationally Determined Contribution（INDC）climate pledges	预期国家自主贡献（INDC）气候承诺
Paris Agreement	《巴黎协定》
state protection plans and programs	州保护计划和项目
UN Framework Convention on Climate Change（UNFCCC）	《联合国气候变化框架公约》（UNFCCC）
U. S. consumer views of	美国消费者的观点
voluntary consumer action on	自愿消费行动
Climate of Hope（Bloomberg and Pope）	《气候的希望》（布隆伯格，波普）
Climatescope Project（BNEF）	气候观测项目（BNEF）
Clinton，Bill，and administration	比尔·克林顿政府
Clinton Climate Initiative	克林顿气候倡议
Clinton Global Initiative	克林顿全球倡议
closed systems	封闭系统
coal	煤
See also fossil fuels consumption trends	参见化石燃料的消费趋势
conventional coal-fired steam power plants	常规燃煤蒸汽发电厂
electricity production from	电力生产
emission rates	排放率
EROI	能源投资回报率（EROI）
impacts of	影响
integrated gasification combined-cycle（IGCC）power plants	整体煤气化联合循环（IGCC）发电厂
Mercury and Air Toxics Standards（MATS）for Power Plants	电厂汞和空气毒性标准（MATS）
mountaintop removal（MTR）	山顶移除（MTR）
processing and residual ash disposal	加工和残余灰分处理
reserves and R/P index	储量和 R/P 指数
resource limits	资源限制
shift to natural gas plants from	转向天然气电厂
supercritical pulverized coal with partial carbon capture	具有部分碳捕集与封存的超临界煤粉发电技术
transport of	运输
U. S. consumption and production of	美国的消费和生产
coefficient of performance（COP）	性能系数（COP）
co-firing biomass	共热解生物质

whole community energy and sustainable mobility	全社区能源和可持续交通
commutators	换向器
compact fluorescent（CFL）bulbs	紧凑型荧光灯（CFL）灯泡
Comprehensive Community Energy Management Plans	综合社区能源管理计划
compressed air energy storage（CAES）	压缩空气储能（CAES）
compressed natural gas（CNG）	压缩天然气（CNG）
compressive air conditioning systems	压缩空调系统
concentrating solar power（CSP）systems	集中式太阳能（CSP）系统
condensation	冷凝
conductive thermal resistance	传导热阻
Conference of Parties（COP）	缔约方大会（COP）
Congress for New Urbanism（CNU）	新城市主义大会（CNU）
Congressional Budget Office（CBO），U. S.	国会预算办公室（CBO），美国
Congressional Review Act（CRA）	《国会审查法案》（CRA）
Consortium for Research on Renewable Industrial Materials（CORRIM）	可再生工业材料研究联盟（CORRIM）
consumer values and choice	消费者价值和选择
consumption and use of energy	能源消耗和使用情况
energy audits and	能源审计
energy dilemma and	能源困境
global	全球
U. S. trends	美国趋势
control devices，smart	控制设备，智能
convection	对流
conversion efficiency	转换效率
Cool-Climate Network（UC Berkeley）	凉爽气候网络（加州大学伯克利分校）
cooling capacity	制冷能力
cooling degree-days（CDD）	空调度日数（CDD）
cooling loads	制冷负荷
avoiding	避免
calculations	计算
dehumidification and	除湿
human comfort and	人体舒适程度
windows and	窗户

cool pavements	凉路面
cool roofs	凉爽的屋顶
coolth	冷量
copper-indium-gallium diselenide (CIGS) cells	铜铟二硒化镓 (CIGS) 电池
copper-indium-selenium (CIS) cells	铜铟硒 (CIS) 电池
corn ethanol process	玉米乙醇工艺
Corporate Average Fuel Economy (CAFE) standards	企业平均燃油经济性 (CAFE) 标准
cost-effectiveness analysis	成本效益分析
cost of conserved energy (CCE)	能源节约成本 (CCE)
Coulomb's law	库仑定律
Council of American Building Officials (CABO)	美国建筑官员委员会 (CABO)
covalent bonds	共价键
Covenant of Mayors	《市长契约》
cradle-to-cradle analysis	从摇篮到摇篮的分析
cradle-to-gate assessment	从摇篮到门的评估
cradle-to-grave analysis	从摇篮到坟墓的分析
critical peak pricing	关键峰值定价
crude oil	原油
See oil and petroleum	参见石油
crystalline silicon (c-SI) cells	结晶硅 (c-SI) 电池
currents，electrical	电流
current transducers (CTs)	电流传感器 (CT)
curtailments，solar energy	削减，太阳能
Czochralski (CZ) method	丘克拉斯基 (CZ) 法
	D
Dakota Access pipeline	达科他州输油管道
data analysis，interpretation，and presentation	数据分析、解释和演示
Database of State Incentives for Renewables & Efficiency (DSIRE)	国家可再生能源和能效奖励数据库 (DSIRE)
dataloggers	数据记录器
data sources and access	数据源和访问权限
decoupling，utility	公用事业解耦
Deep Decarbonization Pathways Project (DDPP) (SDSN)	深度脱碳途径项目 (DDPP) (可持续发展解决方案网络)
Deepwater Horizon blowout	深水地平线井喷事件

deep water oil drilling	深水石油钻探
degree-days	度日数
cooling degree-days（CDD）	空调度日数（CDD）
heating degree-days（HDD）	采暖度日数（HDD）
degression rate，FIT	递减率，固定上网电价
dehumidification	除湿
demand charges	需求负荷
demand for energy	能源需求
See consumption and use of energy	参见能源消耗和使用
demand response（DR）	需求响应
demand side management（DSM）	需求侧管理（DSM）
Denmark	丹麦
density，urban	密度，城市
Denver	丹佛
Department of Energy（DOE），U. S.	美国能源部（DOE）
See also Energy Information Administration	参见能源信息署（EIA）
Advanced Research Projects Agency-Energy（ARPA-E）	先进能源研究计划署（ARPA-E）
Billion-Ton Study（ORNL）	十亿吨研究（ORNL）
budget	预算
Challenge Home program/ZERH	挑战住宅项目/ZERH（准净零能源住宅）
electricity savings projections	节电预测
EV Everywhere Grand Challenge	"无处不在的电动汽车"挑战赛
Fuel-vehicle life-cycle analysis	燃油车辆的生命周期分析
LED lighting research program	LED 照明研究项目
National Algal Biofuels Technology Review	《国家藻类生物燃料技术评论》
Office of Energy Efficiency & Renewable Energy（EERE）	能源效率和可再生能源办公室（EERE）
SuperTruck project	超级卡车项目
depreciation	折旧
derate factor，PV	降额系数，太阳能光伏
DER Dispatcher	分布式能源资源调度器
DER Finance Co.	分布式能源资源金融公司
desired future conditions（DFCs）	预期的未来条件（DFC）
deuterium	氘

Drilling Deeper projection	深度钻探计划
dry natural gas production	干天然气生产
duck curves	鸭型曲线
ductless mini-split heat pumps	无导管微型分体式热泵
DuPont Cellulosic Bioethanol Plant（Nevada，IA）	杜邦纤维素生物乙醇厂（艾奥瓦州内华达市）
dynamos	发电机

E

E10（gasohol）	E10（乙醇汽油）
E85	E85（乙醇汽油）
EarthCraft	EarthCraft 认证项目
east-west orientation	东西方向
ecodistricts	生态区
ecological footprint	生态足迹
See also carbon footprint	参见碳足迹
economic energy policies	经济能源政策
economic potential	经济潜力
economics and economic analysis	经济和经济分析
climate change and	气候变化
of combined heat and power systems	热电联产系统
for conventional power plants	传统发电厂
cost-effectiveness	成本效益
economic value of energy	能源的经济价值
fuel prices and affordability	燃料价格和可负担能力
life-cycle costing	生命周期成本
market forces and investment scenarios	市场力量和投资情景
market penetration	市场渗透率
of nuclear power vs. natural gas and renewables	核能和天然气与可再生能源
of PV systems	光伏系统
spreadsheet analysis	电子表格分析
time value of money	货币时间价值
economies of scale	规模经济
edge effects	边缘效应
Edison Electric Institute（EEI）	爱迪生电气研究所（EEI）
Edison Electric Light Company	爱迪生电气照明公司
effective value of current	电流的有效值
efficiency	效率

Energy Resources Conservation Act（Calif.，1974）	《能源资源保护法》（加州，1974）
Energy Resources Group（ERG），UC Berkeley	能源资源小组（ERG），加州大学伯克利分校
energy return on energy investment（EROI）	能源投资回报率（EROI）
energy sectors	能源行业
energy security	能源安全
Energy Security Act（1980）	《能源安全法案》（1980）
EnergySmart（Boulder）	能源智能计划（博尔德）
ENERGY STAR	能源之星
energy storage	储能
See also batteries	参见电池
applications of stationary storage	固定型储能设备的应用
batteries and electrical storage	电池和电力存储器
electric water heaters	电热水器
ice storage systems	蓄冰系统
molten salts thermal energy storage（TES）systems	熔盐热能储存（TES）系统
PV systems and batteries	光伏系统和电池组
smart home devices	智能家居设备
Stanford Energy System Innovations（SESI）	斯坦福大学能源系统创新项目（SESI）
thermal	热
Energy Tax Act（1978）	《能源税法案》（1978）
Energy Technology Perspectives（ETP）（IEA）	能源技术前景（ETP）（IEA）
energy thermometer	能量温度计
Energy Trust of Oregon	俄勒冈州能源信托基金
energy use per capita	人均能源消耗量
English system（U. S. Customary System）	英制系统（美国习惯系统）
enhanced oil recovery（EOR）	提高石油采收率（EOR）
enthalpy	焓
enthalpy of formation	生成焓
entropy	熵
environmental assessment	环境评价
air pollutant and carbon emissions from combustion of fossil fuels	化石燃料燃烧产生的空气污染物和碳排放量
carbon footprint calculation	碳足迹计算
emission rates for electricity	电力排放率

European Union（EU）	欧盟（EU）
about	关于
community energy initiatives	社区能源倡议
Energy Performance of Buildings Directive（EPBD）	建筑能效指令（EPBD）
energy targets	能源目标
ETS system	排放交易系统
renewable energy policies	可再生能源政策
"EV Everywhere Grand Challenge"（DOE）	"电动汽车无处不在大挑战"（美国能源部）
exajoules（EJs）	艾焦，10^{18} J
Executive Order 13693（2015）	行政命令第 13693 号（2015）
exothermic reactions	放热反应
experience curves	经验曲线
externalities	外部性，外部效应

F

Fahrenheit scale	华氏温标，华氏温度单位
Federal-Aid Highway Acts（1944，1956）	《联邦援助公路法案》（1944，1956）
Federal Aviation Administration（FAA）	联邦航空管理局（FAA）
federal energy policy	联邦能源政策
See policy，U. S. federal	参见政策，美国联邦
Federal Energy Regulatory Commission（FERC）	联邦能源监管委员会（FERC）
Federal Green Challenge	联邦绿色挑战
Federal Highway Act（1921）	《联邦公路法案》（1921）
Federal Housing Administration（FHA）	联邦住房管理局（FHA）
federally owned utilities	联邦所有的公用事业公司
Federal Water Power Act（1920）	《联邦水力法案》（1920）
fee-and-dividend（F&D）carbon tax	费用和股息（F&D）碳排放税
feebates	股息
feed-in tariffs（FITs）	固定上网电价（FIT）
financial energy policies	金融能源政策
FIRST program（Berkeley，Calif.）	FIRST 气候融资项目（加州伯克利市）
Fischer-Tropsch（FT）method	费-托合成
fission	裂变
fission fragments	裂变碎片
fixed charge rate（FCR）	固定费率（FCR）
fixed cost adjustment，utility	固定成本调整，公用事业

World Energy Outlook（WEO）（IEA）	世界能源展望（WEO）（IEA）

G

gamma radiation	伽马辐射，γ辐射
gamma rays	伽马射线，γ射线
gaseous fuels，defined	气体燃料，定义
See also biomass and biofuels	参见生物质和生物燃料
gasohol（E10）	乙醇汽油（E10）
gasoline	汽油
See oil and petroleum；transportation energy	参见石油；运输能源
gas to liquid（G2L）fuel	天然气转化合成液体燃料（G2L）
gateways	网关
General Electric Company	通用电气公司
generators	发电机
geothermal energy	地热能源
geothermal heat pumps（GHPs）	地热热泵（GHP）
Germany	德国
Global Business Network（GBN）	全球商业网络（GBN）
Global Commission on the Economy and Climate	全球经济与气候委员会
Global Ecovillage Network	全球生态村网络
Global Energy Monitor（WEC）	全球能源监测器（WEC）
Global Warming Solutions Act（Mass.，2008）	《全球变暖解决方案法案》（马萨诸塞州，2008）
Google	谷歌
Government Accountability Office（GAO）	政府问责局（GAO）
gravitational forces	引力
green bonds	绿色债券
Green Building movement	绿色建筑运动
See also whole energy building；zero net energy buildings（ZNEBs）	参见全建筑能源；净零能源建筑（ZNEB）
Green Cities California	加州绿色城市群
Green Climate Fund	绿色气候基金
Green Communities Act（GCA）（Mass.）	《绿色社区法案》（GCA）（马萨诸塞州）
greenhouse effect	温室效应
greenhouse gas（GHG）emissions	温室气体（GHG）排放
See also carbon dioxide（CO$_2$）emissions；climate change	参见二氧化碳（CO$_2$）排放；气候变化
aircraft and	飞机

California and	加利福尼亚州
carbon footprint and	碳足迹
Deep Decarbonization Pathways Project and	深度脱碳途径项目
EPA regulation of	环保署法规
EU policies	欧盟政策
GHG-neutral status	温室气体中性状态
ICLEI tools	国际地方环境行动理事会（ICLEI）工具
Minneapolis goals	明尼阿波利斯的目标
vehicle emissions standards	车辆排放标准
by vehicle fuel	车辆燃料
wood products and	木材产品
Greenhouse Gases，Regulated Emissions，and Energy Use in Transportation（GREET）model（ANL）	温室气体、排放管制和交通能源使用量（GREET）模型（阿贡国家实验室）
Greenovate Boston	绿色创新波士顿计划
green pricing	绿色定价
Green Retrofit Initiative	绿色改造计划
green roofs	绿色屋顶
Green Roofs Project	绿色屋顶项目
Greentech Media（GTM）	绿能科技研究（GTM）
grid balancing	电网平衡
grid-tie PV systems	并网光伏系统
ground-source heat pumps	地源热泵

H

half-lives	半衰期
health impacts，human	健康影响，人类
heat	热
See thermal energy	参见热能
heat collection elements（HCEs）	集热元件（HCE）
heating，ventilating，and air conditioning（HVAC）systems	加热、通风和空调（HVAC）系统
AFUE	年均燃料利用率
compressive air conditioning systems	压缩空调系统
COP	性能系数
EER and SEER	能效比和季节能效比
forced-air central heating systems	强制空气流通中央供暖系统

high-quality transit areas（HQTAs）	高质量的过境区域（HQTA）
high-voltage dc（HVDC）	高压直流（HVDC）
history of energy in human civilization	人类文明中的能源史
hole-electron pairs	空穴-电子对
Home Energy Rating System（HERS）	住宅能源评级系统（HERS）
homojunction PV cells	同质结光伏电池
Housing and Transportation Affordability Index（CNT）	住房和交通负担能力指数（社区技术中心）
hybrid electric vehicles（HEVs）	混合动力汽车（HEV）
hydraulic fracturing（fracking）	水力压裂
hydrogen as fuel	氢作为燃料
hydrogenated vegetable oils（HVOs）	氢化植物油（HVO）
hydrolysis，enzymatic	水解，酶
hydronic heating systems	热水供暖系统
hydropower	水电

I

Ice Bear 30（IceEnergy）	冰熊 30（冰能源公司）
ice storage systems	冰储存系统
ICLEI	国际地方环境行动理事会
idling stop	急速停止
IECC Residential Energy Code	IECC 住宅能源规范
Imagine Low Energy Cities Handbook	《想象低能耗城市手册》
Impact Estimator for Buildings（Athena Sustainable Materials Institute）	建筑影响评估机构（雅典娜可持续材料研究所）
incentives	激励
independent distribution network operator（DNO）	独立配电网运营商（DNO）
independent power producers（IPPs）	独立发电商（IPP）
independent system operators（ISOs）	独立系统运营商（ISO）
India	印度
indoor air quality	室内空气质量
infiltration	渗透
information for planning and policy	关于规划和政策的信息
infrared（IR）	红外线（IR）
infrastructure，electric	基础设施，电力
See electric power systems，centralized	参见电力系统，集中式
In-Home Display（IHD）	家庭显示器（IHD）

innovation，diffusion of	创新，扩散
Innovative Technology Loan Guarantee Program（LGP）	创新技术贷款担保计划（LGP）
Institute for the Future	未来研究所
Institutional Investors Group on Climate Change（IIGCC）	气候变化问题机构投资者团队（IIGCC）
integrated gasification combined-cycle（IGCC）power plants	整体煤气化联合循环（IGCC）发电厂
Intended Nationally Determined Contributions（INDCs）	国家自主贡献（INDC）
interactive use portals	交互式使用入口
interest，tax-deductible	利息，免税
Intergovernmental Panel on Climate Change（IPCC）	政府间气候变化专门委员会（IPCC）
internal combustion engine（ICE）	内燃机（ICE）
internal energy	内能
internal gains	内部收益
International Atomic Energy Agency（IAEA）	国际原子能机构（IAEA）
International Code Council（ICC）	国际标准委员会（ICC）
International Emissions Trading（IET）	国际排放交易（IET）
International Energy Agency（IEA）	国际能源署（IEA）
as data source	作为数据来源
Energy Technology Perspectives（ETP）	能源技术前景（ETP）
role of	角色
transport energy recommendations	运输能源建议
World Energy Outlook（WEO）	世界能源展望（WEO）
International Energy Conservation Code（IECC）	国际节能法规（IECC）
International Energy Outlook（IEO）（EIA）	国际能源展望（IEO）（EIA）
International Energy Scorecard（ACEEE）	国际能源记分卡（ACEEE）
International Organization for Standardization（ISO）14000 standards	国际标准化组织（ISO）14000 标准
International Renewable Energy Agency（IRENA）Remap 2030 study	国际可再生能源机构（IRENA）重新规划 2030 年研究
International System（SI）	国际系统，国际单位制（SI）
International Thermonuclear Experimental Reactor（ITER）	国际热核实验反应堆（ITER）
International transfer of mitigation outcomes（ITMOs）	缓解成果国际转让（ITMO）
Internet of Things（IoT）	物联网（IoT）
inverted block rates	反向批量定价

inverters	逆变器
investment in clean energy	清洁能源投资
investment tax credit（ITC）	投资税收抵免（ITC）
investment tax deductions（ITDs）	投资税收减免（ITD）
investor-owned utilities（IOUs）	投资者所有的公用事业公司（IOU）
ionization	电离
Iowa	艾奥瓦州
isotopes	同位素
J	
Joint Implementation（JI）	联合履行机制（JI）
Jonathan Rose Company	乔纳森·罗斯公司
joules	焦耳，焦
K	
Kelvin scale	开氏温标
Kenya	肯尼亚
kerosene lamps	煤油灯
Keystone pipeline	基石输油管道
kilocalories	千卡，大卡，kcal
kilowatts	千瓦，kW
kinetic energy	动能
Kyoto Protocol	《京都议定书》
L	
lamps，kerosene vs. solar	灯，煤油和太阳能
landfill gas（LFG）	垃圾填埋气（LFG）
landfill methane recovery	垃圾填埋场甲烷回收
land use patterns	土地利用模式
community initiatives	社区倡议
compact development，housing size，location，transport，and energy use	紧凑的开发、住房大小、位置、交通运输和能源使用
consumer preferences	消费者偏好
five Ds of efficient land use	高效土地利用的 5D 策略
LEED-ND guidelines and	LEED-ND 指南
metropolitan land use and transportation	都市土地利用和交通
pedestrian-and transit-oriented development（TOD）	步行和公交导向型发展（TOD）
solar access and	太阳能接入

sprawl	城市蔓延
urban density and transportation	城市密度和交通
urban heat island and	城市热岛
VMT	车辆行驶里程（VMT）
latent heat	潜热
latent heat of fusion	熔化潜热
latent heat of vaporization	汽化潜热
Lawrence Berkeley National Laboratory（LBNL）	劳伦斯伯克利国家实验室（LBNL）
learning investments	学习投资
learning rate（LR）	学习率（LR）
lease condensate（L. C.）	伴生气凝析油
LED（light-emitting diode）lighting	LED（发光二极管）照明
LEED certification programs	LEED 认证项目
See also U. S. Green Building Council	参见美国绿色建筑委员会
growth of	增长
history of	历史
LEED-BD＋C（building design＋construction）	LEED-BD＋C（建筑设计＋建造）
LEED-BO＋M（building operations＋maintenance）	LEED-BO＋M（建筑运营＋维护）
LEED-CI（commercial interiors）	LEED-CI（商业室内设计）
LEED-CS（core and shell buildings）	LEED-CS（核心和外壳建筑）
LEED-EB（existing buildings）	LEED-EB（现有建筑）
LEED-H（homes）	LEED-H（住宅）
LEED-ID＋C（interior design＋construction）	LEED-ID＋C（室内设计＋建造）
LEED-NC（new construction）	LEED-NC（新建）
LEED-ND（neighborhood development）	LEED-ND（社区发展）
life-cycle thinking and	生命周期思想
overview	概述
levelized avoided cost of electricity（LACE）	平准化度电节约成本（LACE）
levelized cost of energy（LCOE）	平准化度电成本（LCOE）
levelizing factor（LF）	均化因子（LF）
life-cycle analysis	生命周期分析
of alternative fuels	替代燃料
environmental analysis	环境分析
of hydrogen production	氢生产

mass number	质量数
mass wall passive solar	蓄热墙型被动式太阳能
maximum power point（MPP）	最大功率点（MPP）
maximum power point tracker（MPPT）	最大功率点跟踪器（MPPT）
Mayors Climate Agreement	市长气候协议
McKinsey & Company	麦肯锡公司
mechanical energy	机械能
melting point temperature	熔点温度
merchant power plants	商业发电厂
Mercury and Air Toxics Standards（MATS）for Power Plants	《电厂汞和空气毒性标准》（MATS）
meters	计量器，仪表
See also net energy metering（NEM）	参见净能量计量（NEM）
methane（CH₄）	甲烷
combustion	燃烧
digestion	消化
emission reporting	排放报告
leakage	泄漏
methane steam reforming（MSR）	甲烷蒸汽重整制氢（MSR）
oxidization	氧化
methanol	甲醇
microalgae	微藻
microgrids	微电网
mini-split heat pumps	微型分离式热泵
Minneapolis	明尼阿波利斯
Minnesota	明尼苏达州
Mission Innovation initiative	任务创新计划
mobile communication technology（MCT）	移动通信技术（MCT）
mobile phone charging，solar PV	手机充电，太阳能光伏
mobility	流动性
See community transportation and mobility	参见社区交通和流动性
Model Energy Code（MEC-1983）	标准能源法案（MEC-1983）
Modified Accelerated Cost Recovery System（MACRS）	改进的加速成本回收系统（MACRS）
modules，PV	光伏组件
molecules	分子

net present value（NPV）	净现值（NPV）
The New Climate Economy（Global Commission on the Economy and Climate）	《新气候经济》（全球经济与气候委员会）
New Energy Outlook（NEO）（BNEF）	新能源展望（NEO）（BNEF）
New Policies Scenario（IEA WEO）	新政策情景（IEA WEO）
New SolarHome Partnership（NSHP）（Calif.）	新太阳能家庭伙伴计划（NSHP）（加州）
New Source Performance Standards（NSPS）	新能源性能标准（NSPS）
New York State Energy Plan	纽约州能源计划
99% design temperature	99%设计温度
nitrate salts，molten	硝酸盐，熔融
nitrogen oxides（NO$_x$）	氮氧化物（NO$_x$）
NMOG+NO$_x$ emission standard	NMOG+NO$_x$排放标准
nonmethane organic gases（NMOGs）	非甲烷有机气体（NMOG）
nonutility generators（NUGs）	非电力公司发电机（NUG）
normal operating cell temperature（NOCT）	正常工作电池温度（NOCT）
North American power grid	北美电网
Norwegian Government Pension Fund	挪威政府养老基金
n-type materials	n型材料
nuclear energy	核能
chemical energy vs	化学能
fission	（核）裂变
fusion	（核）聚变
gravitational forces，electrical forces，and binding energy	引力、电场力和结合能
radioactivity，nature of	放射性，性质
nuclear fuel "cycle"	核燃料"循环"
nuclear power	核能
decline of	衰落
Deep Decarbonization Pathways Project and	深度脱碳途径项目
electricity production from	电力生产
funding for	拨款
Fukushima meltdown，Japan	日本福岛核事故
Germany and	德国
impacts	影响
life-cycle costing	生命周期成本计算

reactors	反应堆
U. S. consumption and production of	美国的消费和生产
waste from	废物
Nuclear Regulatory Commission（NRC）	核管理委员会（NRC）
nuclear waste	核废料
Nuclear Waste Policy Act（1982）	《核废料政策法案》（1982）
nucleons	核子

O

Oak Ridge National Lab（ORNL）	橡树岭国家实验室（ORNL）
Obama，Barack，and administration	奥巴马政府
CAFE standards and	企业平均燃油经济性标准
Clean Power Plan	清洁电力计划
energy politics and	能源政治
Executive Order 13693（2015）	行政命令第 13693 号（2015）
offshore drilling ban	海上钻井禁令
Power Africa initiative	非洲电力倡议
President's Climate Action Plan	总统气候行动计划
stimulus package	刺激方案
offshore drilling	海上钻井
offshore wind farms	海上风电场
Ohm's law	欧姆定律
"Ohm's law" of heat transfer	传热欧姆定律
oil and petroleum	石油
See also fossil fuels；transportation energy	参见化石燃料；运输能源
alternative fuel energy use compared to	替代燃料能源使用对比
Canadian oil sands	加拿大油砂
consumption trends	消费趋势
deep water drilling	深水钻井
dependency on	依赖性
energy dilemma and	能源困境
enhanced oil recovery（EOR）	提高石油采收率（EOR）
EROI	能源投资回报率
hydraulic fracturing（fracking）	水力压裂
offshore drilling ban	海上钻井禁令
peak oil debate	石油峰值辩论
prices	价格

passive solar heating	被动式太阳能加热
about	关于
direct gain，mass wall，and sunspace types	直接得热型、蓄热墙型和阳光室型
load/collector ratio（LCR）	负荷/集热比（LCR）
performance estimation	性能评估
sun-tempered houses	"太阳能"房屋
thermal mass	热质量
peakers	峰值发电厂
peak oil debate	石油峰值辩论
peak shaving	削减峰值
peak-watts approach	峰值功率法
pedestrian-oriented development	步行导向型发展
peer-to-peer car sharing	点对点汽车共享
peer-to-peer ride sharing	点对点乘车共享
per capita energy use	人均能源消耗量
Petawatt-hour（PWh）	拍瓦时（PW·h，10^{15} W·h）
petroleum	石油
See oil and petroleum	参见石油
phase change materials	相变材料
PHIUS+	美国被动式房屋研究所
photobiological water splitting	光生物分解水
photoelectric effect	光电效应
photoelectrochemical water splitting	光电化学水分解
photons	光子
photosynthesis	光合作用
photovoltaic（PV）systems	光伏（PV）系统
See also solar power	参见太阳能
battery storage and	电池存储
California incentive programs	加州激励计划
from cells to modules to arrays to systems	从单元到模块再到阵列最终到系统
community solar projects	社区太阳能项目
cost reductions	成本降低
for developing countries	对于发展中国家
duck curves，curtailment，and	鸭型曲线，消减

power-split (series-parallel) hybrid powertrain configuration	功率分流（串并联）混合动力系统配置
power stations	发电站
power vs. energy	电力与能源对比
Premier Gardens (Sacramento，Calif.)	总理花园（萨克拉门托，加州）
present-thinkers	现在思考者
present value savings (PVS)	现值储蓄（PVS）
President's Climate Action Plan (2013)	总统气候行动计划（2013）
pressure energy	压力能
pressurized water reactors (PWRs)	压水反应堆（PWR）
Price-Anderson Act (1957)	《普莱斯-安德森法案》（1957）
price controls	价格控制
primary energy	一次能源
Princeton Scorekeeping Method (PRISM)	普林斯顿记分法（PRISM）
private investment and energy futures	私人投资和能源期货
probable reserves	可能储量
procurement	采购
product efficiency standards	产品能效标准
production of energy	能源的生产
bioethanol	生物乙醇
biomass impacts	生物量影响
coal	煤
federal policies and	联邦政策
fracking trends	水力压裂趋势
global trends	全球趋势
natural gas	天然气
nuclear	核
petroleum	石油
state policies and	州政策
U. S. trends	美国趋势
production standards	生产标准
production tax credits (PTCs)	生产税收抵免（PTC）
programmable communicating thermostats (PCTs)	可编程通信温控器（PCT）
progress ratio (PR)	进步率（PR）

RE100 initiative	百分百可再生能源（RE100）倡议
rebates	退税
rebound effect	反弹效应
rectifiers	整流器
Reforming the Energy Vision（REV）（N. Y.）	改革能源愿景（REV）（纽约州）
regenerative braking	再生制动
Regional Economic Models，Inc.（REMI）	区域经济模型公司（REMI）
Regional Greenhouse Gas Initiative（RGGI）	区域温室气体倡议（RGGI）
regional transmission organizations（RTOs）	区域输电组织（RTO）
regulations	法规
See also policy，utility regulation on appliances	参见关于电器的政策、公用事业法规
environmental	环境
federal utility regulations	联邦公用事业法规
state energy regulations	州能源法规
types of	类型
for vehicle efficiency and emissions	车辆效率和排放量
Reinventing Energy Futures（Institute for the Future）	重塑能源未来（未来研究所）
Reinventing Fire（Lovins）	重塑能源（洛文斯）
renewable energy	可再生能源
See also biomass energy；photovoltaic（PV）systems；solar power；transition to clean，sustainable energy；wind power	参见生物质能源；光伏（PV）系统；太阳能；向清洁、可持续能源过渡；风能
base-cost renewables	基于成本的可再生能源
California and	加利福尼亚州
community choice aggregations（CCAs）	社区供电集成选择（CCA）
consumption trends	消费趋势
cost reductions for	成本降低
Deep Decarbonization Pathways Project（DDPP）	深度脱碳途径项目（DDPP）
electricity production from	电力生产
EU policies	欧盟政策
hydropower	水电
microgrids	微电网
power purchase agreements（PPAs）	电力购买协议（PPA）
private and public investment in	私人和公共投资
relative importance of	相对重要性
renewability and sustainability	可再生性和可持续性

cooling loads and	制冷负载
green or vegetated	绿色的或植物的
heat loss through	热损失
rotational energy	转动能
R/P index（static reserve index）	R/P 指数（静态储备指数）
run-time meters	运行时间仪表
rural electric cooperatives	农村电力合作社
R-values	热阻
center-of-glass	玻璃中心
combined convective-radiative	对流辐射混合
of common building materials	普通建筑材料
defined	定义
of home construction techniques	住宅建筑技术
walls，R-11 and R-35	墙壁，$R11$ 和 $R35$
of wall studs	墙体立柱
of windows	窗户

S

saccharization	糖化
Sacramento，Calif.	加利福尼亚州萨克拉门托市
salts，molten	熔融盐
Sandia National Laboratory	桑迪亚国家实验室
San Diego County，Calif.	加利福尼亚州圣迭戈县
scenarios，future	场景，未来
See future visioning for energy	参见能源的未来愿景
scrubbers	洗涤器
sea level rise	海平面上升
seasonal energy efficiency ratio（SEER）	季节能效比（SEER）
Seattle City Light	西雅图城市之光电力公司
Seattle Climate Action Plan	西雅图气候行动计划
selective catalytic reduction（SCR）technology	选择性催化还原（SCR）技术
self-driving electric drive vehicles	自动驾驶电动汽车
self-generation，on-site	自发电，现场
See distributed energy resources（DERs）	参见分布式能源（DER）
series-parallel（power-split）powertrain configuration	串并联（功率分流）动力系统配置
series powertrain configuration	串联动力系统配置

for living things	对于生物
overview	概述
solar spectrum	太阳光谱
solar fractions	太阳能分数
solar gardens	太阳能花园
solar heat gain coefficient（SHGC）	太阳能得热系数（SHGC）
solar home systems	太阳能家用系统
Solarize programs	太阳能计划
solar lanterns，portable	太阳能灯，便携式
solar load ratio（SLR）	太阳能负荷比（SLR）
solar noon	正午
solar power	太阳能
See also photovoltaic（PV）systems	参见光伏（PV）系统
concentrating solar power（CSP）systems	集中式太阳能（CSP）系统
EROI	能源投资回报率
global trends	全球趋势
U. S. trends	美国趋势
solar thermal energy for buildings	建筑物的太阳热能
cooling loads	制冷负荷
human thermal comfort	人体热舒适度
orientation of buildings and windows	建筑物和窗户的朝向
passive solar	被动式太阳能
rooftop solar collector spacing	屋顶太阳能集热器间距
shadow diagrams	阴影图
solar angles and overhangs	太阳高度角和屋檐
sun path diagrams	太阳路径图
water heaters	热水器
SolarPowerRocks.com	太阳能岩石网
solar renewable energy credits（SRECs）	太阳能可再生能源积分（SREC）
solar savings fraction（SSF）	太阳能节能分数（SSF）
Solar Shade Control Act（Calif.，1978）	《遮阳控制法案》（加利福尼亚州，1978）
solar thermal hot water systems	太阳能热水系统
solid，crystalline state	固态，晶态
solid oxide fuel cells（SOFCs）	固体氧化物燃料电池（SOFC）
solid polymer electrolyte（SPE）cells	固体聚合物电解质（SPE）电池
solid-state lighting（SSL）	固态照明（SSL）

solution wedges	解决方案楔形工具
Solution Project	解决方案项目
Solyndra	索林佐公司
Spain	西班牙
specific heat	比热容
specific power（SP）	功率系数（SP）
spectrally selective，low-emissivity glass	光谱选择性，低辐射玻璃
spectrum，solar	光谱，太阳能
spinning reserves	旋转备用
split system air conditioners	分体式空调
sprawl	蔓延
spreadsheet analysis	电子表格分析
stack-driven infiltration	温差驱动的渗透作用
standard test conditions（STCs）	标准测试条件（STC）
Stanford Energy System Innovations（SESI）	斯坦福能源系统创新（SESI）
State Energy Conservation Program（SECP）	州节能计划（SECP）
State Energy Efficiency Scorecard（ACEEE）	州能源效率记分卡（ACEEE）
state energy policy	州能源政策
See policy，state	参见政策，州
State Energy Program（SEP）	州能源计划（SEP）
State of the Climate report（American Meteorological Society and NOAA）	气候状况报告（美国气象学会与美国国家海洋和大气管理局）
state utility regulation	州公用事业法规
See utility regulation，state	参见公用事业法规，州
static reserve index（R/P index）	静态储备指数（R/P 指数）
Stefan-Boltzmann law of radiation	斯特藩-玻尔兹曼辐射定律
stoichiometry	化学计量学
St. Paul，Minn.	明尼苏达州圣保罗市
stranded fossil fuel assets	搁置的化石燃料资产
straw bale-walled buildings	草砖建筑
Stream Protection Rule	《河流保护规则》
street orientation	街道方向
subsidies	补贴
sulfur oxides（SO_x）	硫氧化物（SO_x）
Summer nuclear project	Summer 核电站项目
sun path diagrams	太阳路径图

electricity	电力
hydrogen	氢气
infrastructure for	基础设施
life-cycle analysis of	生命周期分析
market for	市场
natural gas and CNG	天然气和压缩天然气
prices	价格
trends	趋势
trend analysis	趋势分析
tritium	氚
Trombe walls	特隆布墙
Trump, Donald, and administration	唐纳德·特朗普和美国政府
America First Energy Plan	美国第一能源计划
CAFE standards and	企业平均燃油经济性（CAFE）标准
California and	加利福尼亚州
Clean Power Plan and	清洁电力计划
DOE budget and	能源部预算
executive orders	行政命令
market transformation and	市场转型
Paris Agreement withdrawal	退出《巴黎协定》
R&D funding and	研发资金
turbines	涡轮机
two-by-two scenario matrices	二乘二情景矩阵
2-degree scenario（2DS）	2℃情景（2DS）
2000-Watt Society	2000瓦特社会
typical meteorological year（TMY）	典型气象年

U

Uber	优步
ultimate recoverable quantity（Q_∞）	最终可采量（Q_∞）
ultraviolet（UV）	紫外线（UV）
UN Conference on Environment and Development (Rio Earth Summit, 1992)	联合国环境与发展会议（里约地球首脑会议，1992）
UN Conference on the Human Environment (Stockholm, 1972)	联合国人类环境会议（斯德哥尔摩，1972）
UN Development Programme（UNDP）	联合国开发计划署（UNDP）

UN Environment Programme（UNEP）	联合国环境规划署（UNEP）
UN Framework Convention on Climate Change（UNFCCC）	《联合国气候变化框架公约》（UNFCCC）
uniform present value factor（UPVF）	统一现值系数（UPVF）
United Kingdom	联合王国（英国）
United States	美国
See also policy，state；policy，U. S. federal；specific agencies and initiatives	参见政策，州；政策，美国联邦；具体机构和倡议
air pollution	空气污染
Annual Energy Outlook（AEO）（EIA）	年度能源展望（AEO）（EIA）
automobile culture	汽车文化
biomass energy in	生物质能源
efficiency gains and poor ranking	效率提高和排名靠后
energy supply and consumption trends	能源供应和消费趋势
energy use and climate change surveys	能源使用和气候变化调查
nuclear power	核能
transportation energy use	运输能源使用
units of energy	能量单位
the upcycle	上升周期
uranium（U-235 and U-238）	铀（U-235 和 U-238）
urban density	城市密度
urban growth boundary	城市增长边界
urban heat island	城市热岛
Urban Land Institute（ULI）	城市土地研究所（ULI）
U. S. Agency for International Development（USAID）	美国国际开发署（USAID）
U. S. Conference of Mayors' Climate Protection Agreement	《美国市长会议气候保护协议》
U. S. Customary System（English system）	美国习惯系统（英制单位）
use of energy	能源的使用
See consumption and use of energy	参见能源消耗和使用
U. S. Green Building Council（USGBC）	美国绿色建筑委员会（USGBC）
See also LEED certification programs	参见 LEED 认证计划
U. S. National Laboratories	美国国家实验室
utility bill data	公用事业账单数据
utility decoupling	公用事业解耦

historical development of	历史发展
offshore wind farms	海上风电场
power in the wind	风力功率
relative importance of	相对重要性
turbine power curves	涡轮机功率曲线
turbine technology	涡轮机技术
U. S. trends	美国趋势
wood，biomass energy from	木材，生物质能
World Energy Council（WEC）	世界能源理事会（WEC）
World Energy Issues Monitor（WEC）	全球能源问题监测（WEC）
World Energy Outlook（WEO）（IEA）	世界能源展望（WEO）（IEA）
World Energy Scenarios（WEC）	世界能源情景（WEC）
X	
Xcel Energy	Xcel 能源公司
Y	
yieldco	yieldco 模式，一种投资于多个项目的模式
Yucca Mountain Nuclear Waste Repository	尤卡山核废料储存库
Z	
zero，absolute	绝对零度
Zero Energy Ready Home（ZERH）program（DOE）	准净零能源住宅（ZERH）计划（DOE）
zero net energy buildings（ZNEBs）	净零能源建筑（ZNEB）
See also nearly zero energy buildings（NZEB）	参见近零能源建筑（NZEB）
California Title 24 and ZNE	加州 24 条标准和净零能耗
DOE Zero-Energy Ready Home	能源部准零能源住宅
EarthCraft certification	Earthcraft 认证
energy efficiency and	能源效率
net metering and	净计量
path to	路径
solar homes	太阳能住宅
terminology	术语